Umweltgeschichte

Bernd Herrmann

Umweltgeschichte

Eine Einführung in Grundbegriffe

2., überarbeitete und verbesserte Auflage

Bernd Herrmann
Institut für Zoologie und Anthropologie
Georg-August-Universität Göttingen
Göttingen, Deutschland

ISBN 978-3-662-48808-9 ISBN 978-3-662-48809-6 (eBook)
DOI 10.1007/978-3-662-48809-6

Die Deutsche Nationalbibliothek verzeichnet diese Publikation in der Deutschen Nationalbibliografie; detaillierte bibliografische Daten sind im Internet über http://dnb.d-nb.de abrufbar.

Springer Spektrum

Planung und Lektorat: Stefanie Wolf

Gedruckt auf säurefreiem und chlorfrei gebleichtem Papier.

Springer-Verlag GmbH Berlin Heidelberg ist Teil der Fachverlagsgruppe Springer Science+Business Media
(www.springer.com)

Für Gabriel und Johanna

Vorwort

Aus verschiedenen Gründen hätte ich dieses Buch, obwohl ich mich bereits seit einiger Zeit mit „Umweltgeschichte“ befasst habe, nicht früher verfassen können. Unter anderem, weil ich einen für mich befriedigenden systematischen Zugang zum komplexen Stoff erst spät gefunden habe. Keine meiner Vorlesungen hat einen solchen grundlegenden inhaltlichen Wandel von Vorlesungssemester zu Vorlesungssemester erfahren wie die „Einführung in die Umweltgeschichte“. Deren „Disziplinierung“ lag mir sogar länger am Herzen, als es nach meinem Vortrag „Über die Disziplinierung der Umweltgeschichte“ am Wissenschaftskolleg zu Berlin 1996 zu vermuten wäre. Ich hätte es wohl auch nicht verfassen können, weil es der Ermutigung des Freundes Dieter Czeschlik bedurfte, dem ich als meinem Verleger nicht nur Dank für dieses Werk schulde. Das konkrete Gespräch darüber begann bereits vor etlichen Jahren, die Abfassung haben wir schließlich endgültig 2009 verabredet. Ich habe Dieter Czeschlik als einen Förderer der Wissenschaft im Geiste jenes verlegerischen Ethos erlebt, für das die Verbreitung des Gedankens mindestens ebenso wichtig war wie der wirtschaftliche Erfolg. Ich hoffe, dass auch nach ihm, der sein bisheriges Berufsleben ungefähr zeitgleich mit mir beendete, Verleger seines Zuschnitts und seines Selbstverständnisses die Entstehung von Büchern anregen werden.

Der Begriff *Umweltgeschichte* wird mit kleinen, aber entscheidenden Nuancierungen verwendet. Kulturwissenschaftler benutzen den Begriff ausschließlich für die Diskussion menschlicher Angelegenheiten, nicht der Natur an sich. Naturwissenschaftler sehen das gelassener und haben weniger Probleme damit, Naturbetrachtungen zuzulassen, die im Kern nicht anthropozentrisch gedacht sind (bei etwas gutem Willen kann der Leser dieses scheinbare logische Problem leicht selbst auflösen). So läuft mein Vorschlag für die Praxis vorderhand darauf hinaus, Umweltgeschichte als historische Humanökologie zu begreifen. Es herrscht aber offenbar ein heimlicher Konsens darüber, diesen Bereich nicht intensiv zu berühren, was allein an der auffällig geringen Zahl humanökologischer *Lehrbücher* erkennbar ist, ein Gebiet, das doch wahrlich im Zentrum menschlichen Interesses stehen sollte. Hierfür sind drei einfache Gründe erkennbar:

Wendet sich der Umwelthistoriker[1] *dem* Menschen zu, steht er vor dem unauflösbaren Dilemma, Konstanten der Naturaneignung, der Verfügbarmachung von Natur und ihre Ausbeutung, gegenüber der endlos scheinenden Zahl der von Menschen praktizierten strategischen Muster aufzurechnen. Denkt er den Menschen konstant, ist ihm der Vorwurf deterministischer Sichtweise oder gar teleologischer Dogmatik gewiss. Denkt er die Verschiedenheiten, dann sind der Beliebigkeit von Argumentationslinien und Aussagen keine Grenzen gesetzt, weil es keine Bezugsgrößen mehr gibt.

Wendet sich der Umwelthistoriker *der* Natur zu, ist er in einem endlosen Definitionsstreit gefangen, ob denn Natur *an sich* oder als *Vorstellung und Wille*, als *Chaos* oder als *konstruktive Aufgabe*, als entrückte *romantische Projektion* oder als realer schmutzverkrusteter *Haufen am Bahndamm* usw. zu begreifen sei, was denn gar *die Natur des Menschen* sei. Kurz, er verstrickt sich in einem Knäuel von Fäden ebenso zäher wie um sich selbst kreisender Diskussionen. Aus beidem folgt, dass sich jeder bei einer frontalen Annahme des Themas auf seine Weise verhebt.

Deshalb besteht die Herausforderung darin, das Thema über einen systematisierenden Zugang zu dekonstruieren, um weiteren Arbeiten auf dem Gebiet zu einem Konsensrahmen zu verhelfen. Ebenso hoffe ich, dass sich die hier vorgestellte Thematik künftig zu einem breiter aufgestellten produktiven wissenschaftlichen Wissensgebiet entwickeln wird. *Ob* Umweltgeschichte als akademisches Fach gelehrt wird, ist für das hier vorgelegte Werk zunächst zweitrangig. Als thematisch orientierter Zugang bündelt es einschlägige Erwägungen und bemüht sich um ihre Verbindung zu einem einheitlichen Ansatz. *Falls* Umweltgeschichte im Sinne eines disziplinären Zuschnittes akademisch gelehrt wird, ist es die Absicht des Werkes, ein Systematisierungsangebot bereitzustellen, an dem sich auch akademisches Lernen orientieren kann.

Die Schwierigkeit einer „Einführung" besteht bekanntlich sowohl in der stofflichen Auswahl als auch in der Knappheit der Darstellung, um dem Leser eine Orientierung zu vermitteln. Als Wissenszusammenhang ist Umweltgeschichte ein voraussetzungsvoller Bereich zwischen den Natur- und Kulturwissenschaften. In einem sehr basalen Verständnis werden in dieser Einführung die Voraussetzungen umwelthistorischer Erörterungen vorgestellt, Prolegomena also. Es ist nicht Aufgabe dieser Einführung, einen ereignisgeschichtlichen Katalog zu präsentieren. Nicht das anekdotische Ereignis ist von Interesse, sondern dasjenige, was in seiner Bedingtheit den Hinweis auf die Struktur liefert. Es geht also vorrangig um jene Gedanken und Einsichten, die in den konkreten umwelthistorischen Analysen gewöhnlich bereits vorausgesetzt werden. Deshalb spielen auch Differenzierungen nach den Mustern von Alltagsgeschichte oder Elitengeschichte eine sehr nachgeordnete Rolle. Die Einführung erfährt keine zeitliche und örtliche Begrenzung, bezieht sich aber in Darstellung und Beispielen überwiegend auf das neuzeitliche Mitteleuropa, zumeist vor 1900. Die Einführung versteht sich keinesfalls als normativer Text. Vielmehr wäre ein Ziel der Einführung auch erreicht, wenn sie eine Hilfe bei der Abwä-

[1] In diesem Werk ist zusammen mit der männlichen Form eines Ausdrucks immer auch die weibliche mit gemeint.

gung umwelthistorischer Sachverhalte im Hinblick auf ein eigenes unabhängiges Urteil wäre. Hierfür sehe ich insofern Bedarf, weil ein Teil der umweltbezogenen Ratgeber-, Bekenner- und Befindlichkeitsliteratur das historische Beispiel gern und häufig funktionalisiert.

Diese Einführung ist selbstverständlich eine subjektive Sichtweise auf die Gegenstände der Umweltgeschichte und die Gedanken, die über sie existieren. Es handelt sich selbstverständlich auch um eine ausschnitthafte Sichtweise. Nicht nur, weil Bücher Verlagsvorgaben folgen, sondern auch, weil mir das Ziel des Buches durch eine exemplarische Darstellung erreicht scheint und nicht durch eine enzyklopädische. Damit wird von vornherein auf die strikte Einhaltung textlicher Symmetrien oder Proportionen verzichtet. Verzichtet wird auch auf den Anspruch, verfügbare Literatur möglichst systematisch oder umfassend zu zitieren. Dieser Anspruch ist einschlägigen Enzyklopädien oder spezielleren Darstellungen überlassen. Es gibt viele kluge Autoren, die zur Entstehung und Differenzierung von „Umweltgeschichte" beigetragen haben. Bei einigen bleibt unklar, warum ihre Beiträge keinen höheren Verbreitungsgrad erreicht haben. Bei anderen ist das Missverhältnis zwischen Aufklärungszuschreibung und Aufklärungsleistung offenkundig, und sie sind dennoch ewige Bestandteile von Zitationsmantras. Die hier getroffene Literaturauswahl verdankt sich weder dem Ziel, Autoren für den Leser sichtbar nach Lob und Tadel zu sortieren, noch beabsichtigt sie eine Zusammenstellung oder Revision bisher erschienener einschlägiger Veröffentlichungen. Vielmehr ist die Literatur auf jene beschränkt, die mir an jeweiliger Stelle argumentativ hilfreich erscheint, unabhängig davon, ob sie zur kanonischen umwelthistorischen Literatur gezählt wird. Ob damit der Geschmack, das Urteil oder die Einsicht des Lesers oder des Kollegen getroffen ist, kann nur offenbleiben. Um Verständnis bitte ich jene Kollegen, die ihre Veröffentlichung ggf. vergeblich unter den Zitaten suchen. Mehr noch, ich kann nicht ausschließen, dass bei mir im Laufe der Jahre Gelesenes oder Erträge von Diskussionen mit Kollegen zum anonymen eigenen Wissensgut geworden ist oder sich schließlich als vermeintlich eigener Gedanke verfestigt hat. Bei allen, die sich durch meine Formulierungen und Darstellungen in dieser Hinsicht übergangen oder verletzt fühlen, darf ich mich vorauseilend entschuldigen. Zugleich bitte ich zu bedenken, dass manche Ideen und Gedanken auch und unabhängig von anderen in ähnlicher Weise gedacht, möglicherweise sogar formuliert werden können, ohne dass Originalitäts- oder Prioritätsrechte verletzt würden.

Ausdrücklich bedankt seien die Kollegen, die mir durch Überlassung von Abbildungsmaterial oder bei der Literaturbeschaffung halfen, besonders jene Kollegen, deren Vorlagen ich dann schließlich doch nicht verwendet habe.

Angesichts tagespolitisch geschuldeter vermeintlicher oder tatsächlicher Einsichten in den unförderlichen Umgang mit Naturgütern oder dem naturschädlichen Umgang mit Kulturgütern (wir leben mitten im prognostizierten Klimawandel, wir hören nach Fukushima vom Willen zum Ausstieg aus der Atomenergie), erlebt der umwelthistorische Rekurs eine zarte Blüte. Hoffentlich verbleibt diese nicht im Zustande eines bloß gefühlten Entwicklungsstadiums, sondern schafft es noch bis zur Frucht: sich endgültig und real akademisch zu etablieren.

Ich danke meiner Lektorin Stefanie Wolf vom Springer-Verlag für die freundliche und geduldig unterstützende Begleitung des Vorhabens, besonders für ihr Verständnis angesichts des mehrfach verschobenen Abgabetermins, und der Copy-Editorin Dr. Claudia Schön. Für die Sorgfalt und Einfühlung, mit der sie dem Manuskript endgültige Buchgestalt gaben, danke ich der Herstellerin Rosemarie Unger (i. H. Springer) und den beteiligten Mitarbeitern des Herstellungsbetriebs le-tex in Leipzig, namentlich Nadja Kroke. Vor allem aber danke ich meiner Frau Susanne für ihre Geduld und ihr Verständnis, mit denen sie mich und meinen sogenannten Ruhestand, oft zum beklagenswerten Nachteil ihrer eigenen Interessen, erträgt.

Göttingen, am 30. Mai/31. Oktober 2012 Bernd Herrmann

Für die zweite Auflage wurde der Text durchgesehen, ersetzt oder ergänzt, missverständliche Formulierungen wurden präzisiert und Einsichten der neueren Literatur dort eingearbeitet, wo sie einen gedanklichen Fortschritt erbrachten. Dem Verlag und meiner Lektorin Stefanie Wolf danke ich für die Bereitschaft zur zweiten Auflage. Den Mitarbeitern von der le-tex publishing services GmbH in Leipzig danke ich für die schwierige Arbeit der Einfügung der Änderungen, die mit Umsicht und Sorgfalt erfolgte. Insbesondere sei die Arbeit von Frau Claudia Heinig sowie Frau Sorina Moosdorf hervorgehoben. Ein besonderer Dank gilt meiner Frau Susanne.

Göttingen, Oktober 2015 Bernd Herrmann

Inhaltsverzeichnis

Einführung 1

1.1 Einleitung

Die Welt wird durch Menschen in einer anderen Weise verändert, als es geologische Prozesse oder andere naturale Abläufe in einer menschenfrei gedachten Welt vermöchten. Vielmehr formen Menschen ihre Umgebung nach ihrem Bilde, nach ihren Vorstellungen, bewusst oder unbewusst produzieren sie im wahrsten Wortsinn durch ihre wirklichkeitsändernden Handlungen „Weltbilder" (siehe Abb. 1.1).

Meindert Hobbema, der 1689 die „Große Allee von Middelharnis" malte, stellt eine Allee geschneitelter Bäume in den Bildmittelpunkt. Links und rechts der Straße liegen unterschiedlich genutzte Landparzellen, die eine aus menschlicher Ingenieurskunst vervielfältigte Natur zeigen, in Form gebracht und ausgerichtet, diszipliniert, nicht nur auf die menschlichen Bedürfnisse hin, sondern auch auf eine Naturvorstellung hin, in der erst menschliche Fähigkeiten die Natur vollenden. Alles unterliegt einem selbstverständlichen Nützlichkeitsgebot, unter dem die Natur hervorgebracht und auf den Menschen und zu seinem Dienst hin ausgerichtet wurde. Die Alleebäume des Bildes spenden nicht einmal mehr Schatten für den Müßiggang, sondern sind nur noch Produktionsmaschinen für Futter und Einstreu im Tierstall. Der Weltbildcharakter setzt sich im Hintergrund fort: Nicht mehr auf eine Kirche oder einen Herrschaftssitz führt die Allee, sie endet irgendwo am belanglosen Dorfrand. Längst bestimmt eine bürgerlich geprägte Gesellschaft das Leitbild der Umgebung. Die Basis bildet die Landwirtschaft im Vordergrund, das Gehöft im Mittelgrund ist Ort der familiären Keimzelle der Gesellschaft, dessen Gebäude die Unabhängigkeit und zugleich den Schutzraum des Individuums darstellt. Die Allee verbindet als Transport- und Kommunikationsweg Gehöft und dörfliche Gemeinschaft und führt zu anderen Orten. Von einem dieser Orte schaut der Betrachter hinüber.

Hier bildet eine emanzipierte calvinistische Bürgergesellschaft einen Ausschnitt ihres Idealbildes einer produktiven Agrarlandschaft ab. Das Bild ist ein Produkt visueller Welterzeugung. Es zeigt seinerseits eine verdinglichte Welterzeugung, wie sie an Ort und Stelle aus der Wirkung von Überzeugungssystemen, Normen und individuellem Willen

B. Herrmann, *Umweltgeschichte*, DOI 10.1007/978-3-662-48809-6_1

Abb. 1.1 Meindert Hobbema (1638–1709) „Große Allee von Middelharnis“ (1689). Ölgemälde auf Leinwand, 104 × 141 cm. National Gallery, London

durch die Bearbeitung der Elemente der naturalen Umgebung entstanden ist. Diese Landschaft ist eingebettet in unbeeinflussbare naturale Abläufe entlang dem Zeitstrahl. Sie schließt sie, z. B. wie hier als Jahreszeit, mit ein.

Alle Kulturlandschaften reflektieren auf diese Weise „Weltbilder“ der in ihnen tätigen Menschen. Weil Menschen und historische Abläufe verschieden sind, sind selbst ähnliche anthropogene Landschaften tatsächlich je eigenartig, und jede noch so eigenartige anthropogene Landschaft ähnelt in gewisser Weise allen anderen, weil allen gemeinsam ist, spezifische Grundbedürfnisse von Menschen zu decken.

Umweltgeschichte analysiert jene Prozesse, die den Umgang einer Gesellschaft und ihrer Mitglieder mit den Elementen ihrer naturalen Umgebung bestimmen oder beeinflussen. Umweltgeschichte behandelt die historischen Voraussetzungen, die zum heutigen Zustand der Ökosysteme unter menschlichem Einfluss geführt haben. Umweltgeschichte ist das zentrale Element einer ökologischen Grundbildung. Ohne Verständnis der systemischen Zusammenhänge und der langzeitlichen Wirksamkeit menschlicher Handlungen, ihrer Folgen und Nebenfolgen, ist die gegenwärtige Hoffnung auf einen angemessenen Umgang mit „Natur“ hinfällig. Die Bedeutung der historischen Dimension erkennt man allein schon an den Szenarien des gegenwärtig diskutierten Klimawandels, die ihren Ausgang z. B. beim historisch dokumentierten CO_2-Anstieg in der Atmosphäre nahmen. Dass die Gletscher heute schmelzen, weiß man ebenfalls nur aus Vergleich mit historischen Dokumenten.

1.1.1 Was ist eine umwelthistorische Arbeit?

Gewiss kann man Umweltgeschichte auf verschiedene Weise betreiben und Einsichten unter dieser Thematik subsumieren, die auf ganz unterschiedliche Weise und über eigenständige Zugänge gewonnenen wurden. Das kann die Zuordnung einer Arbeit als „umwelthistorisch" unsicher machen.

Am einfachsten macht es sich eine verbreitete Haltung, die ohne weitere Umstände einer Arbeit das Prädikat „umwelthistorisch" verleiht. Einordnungsfragen werden dabei unter Hinweis auf „Komplexität der Materie", auf „disziplinär nicht organisierbarem Facettenreichtum" bagatellisiert.

Gelegentlich wird behauptet, Umweltgeschichte sei eine interdisziplinäre Veranstaltung. Auch damit scheint lästige Definitionsarbeit zu entfallen. Tatsächlich unterstützt diese Behauptung am Ende auch nur disziplinäre Begehrlichkeit, denn nach einem kategorischen Urteil hätten „interdisziplinäre" Themen lediglich ihre Disziplin noch nicht gefunden. Diese Setzung wäre nur dann richtig, wenn sie zugleich die Möglichkeit einräumte, dass unter den bisher bekannten Disziplinen bzw. Teildisziplinen eine für das spezifische Thema geeignete nicht gefunden wurde. Die Annahme, Umweltgeschichte weise alle Merkmale einer Einzelfachlichkeit auf, folgt aber lediglich gedanklicher und administrativer Bequemlichkeit. Dabei wird u. a. übersehen, dass in der Umweltgeschichte universalwissenschaftliche Aspekte und Querschnittthemen umfänglich vertreten sind.

Häufig erfolgt eine disziplinäre Zuordnung der Umweltgeschichte zu den Geschichtswissenschaften. Diese Zuordnung ist inhaltlich nicht zwingend, aber wissenschaftsstrategisch verständlich, weil durch sie Teilhabe am riesigen, herausfordernden und zukunftsdominierenden Umweltthema angemeldet wird. Lange vor der wahrnehmbaren Herausbildung der als „umwelthistorisch" bezeichneten Arbeiten, die doch nennenswert erst ab den 1980er Jahren veröffentlicht wurden, hatten z. B. bereits die anthropologischen Disziplinen mit der bis heute beispielhaften Behandlung des Themas in *„Man's role in changing the face of the earth*" (Thomas et al. 1955) Grundlegendes geleistet. Ähnliches gilt für zahlreiche Publikationen aus vielen anderen Fachgebieten schon vor dieser Zeit, jedoch bestenfalls randständig für die eigentlichen Geschichtsdisziplinen. Selbst das heute im Kontext viel zitierte Buch *„The silent spring*" (Carson 1962) stammt nicht von einem Historiker – Rachel Carson war Biologin. Der voreiligen Zuordnung des neu entstandenen Forschungsgebietes entsprach ein unsicherer Inhaltskatalog. Beides hat letztlich bis heute die Herausbildung wissenschaftssystematisch sicherer Kriterien für umwelthistorische Arbeiten behindert.

In der Umweltgeschichte wird die untersuchte Wirklichkeit nicht im Sinne eines einzelfachlichen Verständnisses reduziert. Dennoch mangelt es an der Einsicht, dass „Umweltgeschichte" kein einzelfachlich dominierbares Terrain sein *kann*, und es fehlt an Verständnis für die Perspektive der fruchtbaren und Erkenntnis befördernden disziplinenübergreifenden Wissensproduktion. In dieser wird einzelfachliches Wissen über die Fächergrenzen hinaus verknüpft und voraussetzungsvoll ein emergentes Wissen hervorgebracht. Denn anders als in den übrigen Themengebieten der Geschichtsdisziplinen geht es in der Umweltgeschichte nicht mehr allein um selbstbezügliche Analysen menschlichen Handelns. Da die Gegenstände und Tatsachen der naturalen Umwelt Regeln und Gesetzmäßigkeiten folgen, die ihren Ursprung auch außerhalb des menschlichen Wollens und Handelns haben, ist Umweltgeschichte allein mit den Mitteln der geisteswissenschaftlichen Geschichtsdisziplinen nicht zu betreiben. Umweltgeschichte unterscheidet sich aber von im eigentlichen Sinne universalwissenschaftlichen Ansätzen und Ansprüchen, weil sie ihre Voraussetzungen nicht selbst hervorbringt.

> Den interessante mit hilfreiche umweltgeschichte liefert ihnen kulturen umgang erreichbaren in einblicke den menschlicher und naturgütern.

Der Sinn dieses Satzes erschließt sich nicht spontan aus einem linearen Textverständnis, weil die Anordnung der Satzelemente dem entgegensteht. Sie dient hier zur didaktischen Pointierung.

Umweltgeschichte ist ein Wissenszusammenhang, der mit den Methoden historisch arbeitender Naturwissenschaften und denen der historisch arbeitenden Geistes- und Gesellschaftswissenschaften die Aneignung der Natur durch den Menschen *und* die Einflussnahme naturaler Verhältnisse auf menschliche Wahrnehmung und Handlung thematisiert. In der vorliegenden „Umweltgeschichte" steht die historische Zeit im Vordergrund. Schließlich bildete sie die unmittelbare Voraussetzung für die heutigen Zustände in der Welt. Zentrale Forschungsfelder sind die *Rekonstruktion* und die *Rezeption* naturaler Zustände. Die Rekonstruktion soll dabei eine möglichst verlässliche Aussage über den naturalen Zustand zu einem bestimmten Zeitpunkt an einem bestimmten Ort geben. Die Rezeptionsforschung untersucht parallel die Handlungen und Auffassungen der Zeitgenossen, vergleicht mit den rekonstruierten Sachverhalten und bewertet vor dem Hintergrund seitdem gewonnener Einsichten. Nicht immer sind beide Elemente in einer Arbeit mit umwelthistorischem Anspruch vertreten. Das mag mit der Schwerpunktsetzung einer Arbeit oder der Quellenlage erklärt werden. Auffallend ist jedoch, dass in der Regel das naturwissenschaftliche Element unterrepräsentiert oder vernachlässigt wird. Ein Naturereignis, eine landschaftliche Konstellation oder ein Elementarereignis als bloße Hintergrundfolie machen aus einer historischen Abhandlung noch keine Untersuchung über Auswirkungen der naturalen Gegebenheiten als hinreichende oder notwendige Bedingung des Lebens der historischen Akteure und Passeure, ihrer Reaktionen und Wirkungen auf das naturale Gefüge und seinen Wandel.

Die Praxis der Wissensproduktion hat in der Regel sichere Anhaltspunkte für die Verortung einer Fragestellung im Wissenschaftsgeschehen. Wissenschaftspraktisch verlangt eine wissenschaftliche Frage immer nach der zuständigen Kompetenz zu ihrer Beantwortung und damit nach einem anerkannten methodischen Repertoire oder einer spezifischen

Vorgehensweise, die gegebenenfalls zu entwickeln sind. Bei sogenannten Querschnittfragen finden sich zu ihrer Beantwortung Fächerverbünde oder es werden zu ihrer Beantwortung forschungsfördernde Strukturen eigener Art geschaffen, die sich einer disziplinären Vorherrschaft verweigern. Derartige Wissenszusammenhänge können ihre Fragestellungen und Probleme nur durch eine Zusammenlegung mehrerer einzelfachlicher Kompetenzen zum Zwecke einer besonders voraussetzungsvollen Wissensproduktion bearbeiten. „Umweltgeschichte" ist ein solcher, transdisziplinärer Wissenszusammenhang. Ob disziplinär zugeordnet oder transdisziplinär angelegt, in jedem Fall werden Regeln zur Beantwortung einer Klasse gleicher oder ähnlich gelagerter wissenschaftlicher Fragen aufgestellt und befolgt. Diese Regeln ergeben sich nicht ohne den Willen zu ihrer Entdeckung, Entwicklung und Einhaltung. Sie legen fest, was in einer wissenschaftlichen Betrachtung dargestellt wird und wie diese Darstellung erfolgt, bilden also wissenschaftstheoretisch die Semantik und Syntax der Darstellung. In der Klasse der zu untersuchenden Gegenstände, deren Bedeutung mit Hilfe der Syntax spezifisch verbunden wird, sind real- und ideengeschichtliche Elemente ebenso vertreten wie ökosystemisches Grund- und Spezialwissen. Die spezifische Syntax ergibt sich aus der ökosystemischen Orientierung und mit der Anordnung der Elemente bei der Bearbeitung umwelthistorischer Fragestellungen. Es ist diese Syntax, mit deren Hilfe die Wörter des oben stehenden Satzes in eine Ordnung gebracht werden:

> Umweltgeschichte liefert interessante und hilfreiche Einblicke in den Umgang menschlicher Kulturen mit den ihnen erreichbaren Naturdingen.

Man kann sich vorstellen, dass die Wörter des Satzes stellvertretend für Einzelelemente einer wissenschaftlichen Betrachtung stehen. Erst die Verbindung der Einzelelemente nach den Regeln der spezifischen wissenschaftlichen Betrachtung führt zu den spezifischen Einsichten im konkreten Wissensbildungsprozess. Im Beispiel macht allein die Anordnung der Wörter aus der Behauptung die Wahrheit, nach der das Ganze mehr ist als die Summe seiner Teile. Im Falle der Umweltgeschichte ergibt sich die spezifische sinnstiftende Bedeutung aus den Regeln, nach denen Umweltgeschichte als Forschungsfeld betrieben wird. Die Inhalte des Forschungsfeldes, seine Semantik, sind durch ein ökosystemisch basiertes Paradigma festgelegt, das die Wechselwirkungen zwischen den Dingen und den Institutionen menschlicher Ursache und den naturalen Prozessen und ihren Elementen zum Gegenstand hat. Wie in allen Geschichtsdisziplinen bedarf auch Umweltgeschichte der Vergegenwärtigung des Vergangenen durch das Rekonstruktionsmittel einer Erzählung. Welche Erzählungen produziert Umweltgeschichte?

1.1.2 Was ist Umweltgeschichte?

Eine historische Erzählung ist eine Erklärung und nicht gleichbedeutend mit der bloßen Beschreibung eines früheren Zustandes. Alles bedarf einer historischen Erklärung, was sich nicht augenscheinlich als Resultat einer vernünftigen Absicht von selbst versteht oder was als Ergebnis eines in seiner Komplexität nicht bekannten Prozessgeschehens erscheint. Historische Erklärungen führen zusätzliche Faktoren ein, berücksichtigen also hinzutretende Bedingungen, die die ursprüngliche Absicht im Ergebnis beeinflusst oder verändert haben. Oder sie führen die Absicht selbst auf ihre Bedingung zurück und legen die Dispositionen des Willens frei und auseinander (nach Lübbe 1977).

Die Mehrheit aller umwelthistorisch arbeitenden Wissenschaftler ist sich darin einig, dass in einer umwelthistorischen Arbeit Aussagen und Bewertungen verschiedenfachlicher Herkunft zusammengeführt werden. Im Falle einer umweltgeschichtlichen Arbeit reicht es daher nicht, auf die additive Wirkung bloßer Schlüsselelemente zu vertrauen, wodurch sich dem Leser die umwelthistorische Qualität eines Aufsatzes erschließen würde, ohne dass in der Arbeit selbst ein Mindestmaß an Systematisierungsanstrengung unternommen würde. Ein Autor muss sich über Ebenen, Hierarchien, Skalen und Systematiken der von ihm gebündelten Wissenselemente im Klaren sein. Wenn Umweltgeschichte nicht als Attitüde, als historisierender Reflex oder als bloße Moderatorenaufgabe missverstanden werden soll, wird man in der Umweltgeschichte um Systematisierungsangebote zum Stoff, zur Thematik, zur Bearbeitung und zur Ableitung nicht herumkommen. *Wenn* ein eigenständiger umwelthistorischer Wissenszusammenhang besteht, *dann* besitzt er auch eine Systematik, eine Struktur. Denn: „Die Wissenschaft baut sich ganz und gar auf der Unterscheidung zwischen Zufälligem und Notwendigem auf, die gleichzeitig die zwischen Ereignis und Struktur ist." (Lévi-Strauss 1973, S. 35). Das vorliegende Buch ist in seiner Gesamtheit ein solcher Systematisierungsvorschlag.

> Umweltgeschichte befasst sich mit der Rekonstruktion von Umweltbedingungen in der Vergangenheit sowie mit der Rekonstruktion der Wahrnehmung und Interpretation der jeweiligen Umweltbedingungen durch die damals lebenden Menschen. Sie bewertet den zeitgenössischen Zustand der Umwelt und die zeitgenössischen umweltwirksamen Normen, Handlungen und Handlungsfolgen nach wissenschaftlichen Kriterien.
>
> Umweltgeschichte befasst sich also mit sozionaturalen Kollektiven in historischen Kontexten und systematisiert die Abläufe in diesen Kollektiven nach soziokulturellen und naturalen Kriterien.

„Umweltgeschichte" ist ein eklektizistischer Wissenszusammenhang, der seiner Thematik nach kulturwissenschaftliche, gesellschaftswissenschaftliche und naturwissenschaftliche Zugänge enthält. Umweltgeschichte kann keine wissenschaftliche Disziplin im klassischen Verständnis sein: Ihre zentrale Grundfrage (Wie sind Menschen im Verlauf der Geschichte mit ihrer Umwelt umgegangen und welche Gründe hatten sie dafür?) ist so weit gefasst, dass sie sich weder inhaltlich noch methodisch einheitlich beantworten lässt. Ohnehin kann es eine unmittelbare Antwort auf die Grundfrage nicht geben, und jede mittelbare Antwort verlangt nach Operationalisierung. Sie besteht zuerst in der Festlegung konkreter zeitlicher, räumlicher, kultureller und sozialer Bezüge.

Nachdem diese Festlegung erfolgte, beobachtet in der Umweltgeschichte ein heutiger Wissenschaftler Menschen einer historischen Epoche bei ihrem Umgang mit Umwelt (Beobachtung zweiter Ordnung). Er kann dies nur nach Maßgabe und Umfang verfügbarer geeigneter historischer Quellen. Eine „teilnehmende Beobachtung" durch den Wissenschaftler, wie sie sich aktualistisch für einen ethnologischen oder soziologischen Feldforscher ergäbe, ist in der historischen Perspektive selbstverständlich ausgeschlossen. Bestenfalls möglich erscheint eine „dichte Beschreibung".

Dabei wird eine besondere Problematik offenbar. Die im Rahmen einer historischen Beobachtung freigelegten Handlungsalternativen der historischen Akteure bilden in Wirklichkeit eine Projektion der Handlungsalternativen, wie sie der Historiker in der betreffenden Lage wahrnimmt, in die Vorstellungswelt des historischen Akteurs sowie eine vom Historiker hergestellte Verbindung der äußeren Handlungsweise des Akteurs mit dem inneren Akt der Wahl zwischen angeblich vorhandenen Alternativen (Kondylis 1999, S. 169). Die historische Erzählung ist immer eine Hervorbringung eines Sachverhaltes durch die subjektive Position des Wissenschaftlers. In der Umweltgeschichte ergibt sich erkenntnistheoretisch zusätzlich eine besondere Komplikation, weil die Rekonstruktion eines naturalen Sachverhaltes anderen Aussageprinzipien und Aussagesicherheiten folgt als diejenige eines soziokulturellen. Naturwissenschaftliche Aussagen sollen grundsätzlich frei von Werturteilen sein. Deshalb wird es erforderlich, die wissenschaftlichen Grundsätze der Erfassung von „Wirklichkeit" und „Wahrheit" in diesen Bereichen gesondert zu bedenken, zu vergleichen und adäquat zusammenzuführen. Die historisch arbeitenden Naturwissenschaften vertrauen auf die Setzung, dass die gegenwärtig zu beobachtenden Prozesse in der Natur auch in der Vergangenheit und im Prinzip in gleicher Weise abgelaufen sind. Demgegenüber haben es historisch arbeitende Sozial- und Kulturwissenschaftler mit historischen Menschen zu tun, deren Motive und Handlungen sich – wenn überhaupt – nur bedingt nach aktualistischen Prinzipien erschließen lassen. Damit ergibt sich die besondere Schwierigkeit der Erfüllung jenes Postulates, nachdem aufzuzeigen wäre, „wie es eigentlich gewesen" ist (Leopold Ranke 1795–1886). Denn die Objektivität von Aussagen über historische soziokulturelle Sachverhalte findet ihre Begrenzung sowohl in der Subjektivität des Bearbeiters (hierzu u. a. Baberowski 2010; Ginzburg 1993, 2001; Kondylis 1999; Paravicini 2010; Suter und Hettling 2001), als auch in der zeitabhängigen Erschließungsmöglichkeit des Weltbildes der historischen Akteure. Die Geschichtswissenschaft als solche bezieht sich ganz wesentlich auf ein psychologisches Apriori, nachdem hinter geschichtlichen Ereignissen eine Verbindung von Handlung und Sinnhaftigkeit anzunehmen ist. Geschichte ist die Geschichte psychischer Vorgänge (Simmel 1892) – in seiner Ausführung eine Vorwegnahme des Gedankens der Wirklichkeit als Repräsentation. Ob die angenommenen Intentionen der Handlung und ihre Interpretation einander entsprechen, ist im Grundsatz unsicher. Alle Geschichtsrelevanz zielt nach Simmel auf handelnde Subjekte und ginge auch von diesen aus. Deshalb fehlen in seiner Aufzählung der äußeren Vorgänge, die das menschliche Interesse hervorriefen, die naturalen Bedingtheiten. Diese (irrige) Einstellung gegenüber objektiv geschichtsmächtigen und geschichtsbildenden naturalen Gegebenheiten, die damit Determinanten für Geschichtsverläufe sind (z. B. Robinson und Wiegandt 2008), ist in der Geschichtstheorie nicht selten anzutreffen. Den Naturfaktoren billigte Simmel später, etwa als Hunger, als Klima und Boden, Einfluss auf die Psychologie der Völker zu. Dieser Einfluss wäre immer eine Wirkung der Vorstellung, ein ähnlicher Gedanke, wie ihn später Ernst Cassirer mit den symbolischen Formen ausdrückt. Diejenigen Zustände, deren Kausalität historische „Gesetze" aussagen, sind nach Simmels Einsicht keine wirklichen Teile der Entwicklung. Sie sind nur Erscheinungen und Abstraktionen der wirkenden Kräfte. In den Naturwissenschaften werden Erscheinungen als Dinge-an-sich behandelt, zwischen denen reale und produktive Kausalität herrscht. In der Geschichtswissenschaft ist diese Einreihigkeit des Erkenntnismaterials ausgeschlossen (Simmel 1892, S. 48 ff.).

Handlung zwischen zwei Personen als allererst angenommene Voraussetzung eines jeden Ablaufs menschlicher Geschichte, führt in der umwelthistorischen Betrachtung vorhersehbar und unverzüglich in ein Dilemma. Der Pestbazillus „handelt" nicht, der Klimawandel ebenso wenig, dennoch kommt beiden Geschichtsmacht zu. Beide verfolgen auch keine Absicht, sodass die Interpretation der durch sie geschaffenen, existentiell neuen Situation auch nicht mehr auf dem psychologischen Apriori gründen kann. Intention und Interpretation menschlicher Handlungen im naturalen System stehen nichtmenschliche Antagonisten gegenüber, die allein und immer den Regeln naturaler Prozesse folgen. Die naturale Umwelt „reagiert" auf menschliche Eingriffe und ruft durch ihre Prozessabläufe menschliche Reaktionen hervor. Aber die naturale Umwelt ist kein „Akteur" im handlungstheoretischen Sinn der Geschichtsdisziplin. Dennoch „zwingt" sie betroffene Menschen, sich den Regeln ihrer Prozessabläufe unterzuordnen. Die Missachtung oder Nichtbeherrschung dieser Regeln – man könnte auch von „falschem Handeln" sprechen – führt unvermeidlich in existentielle Bedrohungen. In der Umweltgeschichte steht also dem handelnden Menschen eine „Handlungs-" Macht gegenüber, deren Wirksamkeit allein aus den angestoßenen Prozessabläufen und prozesswirksamen Zufällen erwächst. Weder Vorstellung noch Wille lassen auf der flachen Hand ein Kornfeld wachsen. Sondern das Korn wächst, einmal in die Erde gebracht, auf der Grundlage naturaler Prozesse, die der Mensch nicht (grundlegend) verändern kann. Er kann in diese Prozesse eingreifen und setzt mit jedem seiner Eingriffe doch bloß einen neuen, eigengesetzlichen Prozess in Gang. Oder er beendet diese Prozesse – zum eigenen Nachteil.

Die von Simmel postulierte Verbindungslosigkeit von Sein und Sollen und Vorstellen (Matthias Jung) entspricht völlig naturwissenschaftlicher Einsicht. Das aktualistische Prinzip der Naturwissenschaften setzt in der Umweltgeschichte fixe, nicht relativierbare und nicht hintergehbare Randbedingungen, wie sie die bloße soziokulturelle Geschichtswissenschaft nicht kennt. Der Umweltbegriff legt seinerseits den erkenntnistheoretischen Rahmen fest, wonach das historische Ereignis bzw. der historische Prozess als Ergebnis eines multifaktoriellen, systemischen Geschehens zu betrachten ist. Innerhalb dieses Geschehens üben alle Komponenten und Lebewesen aufeinander Einfluss aus, wenn auch in unterschiedlichem Maße. Umweltgeschichte ist ihrem Gegenstand nach eine Geschichtsbetrachtung unter ökosystemischer Perspektive. Je nachdem, auf welche Systemelemente mit welcher Modalität der Fokus gelegt wird, wird die jeweilige wissensproduzierende Erzählung spezifische Einsichten hervorbringen. Sie müssten sich gleichen, wenn die gleichen/selben systemischen Variablen betrachtet und die gleichen/selben Randbedingungen zugrunde gelegt werden. Das ist von einem deterministischen Geschichts- wie Naturverständnis völlig unterschieden. Es gründet sich allein auf die Analysen der angenommenen wie der sicheren Kausalzusammenhänge im System, in dem Zufall ein selbstverständliches Element ist.

Umweltgeschichte ist neben der „Politischen Ökologie" (s. u.) und der „Allgemeinen Humanökologie", die sich mit den ökologischen Grundlagen und Ansprüchen *des Menschen* befasst, einer der drei konstitutiven Anteile von „Humanökologie". Sie ist die Ausweitung der Humanökologie in die historischen (und vorhistorischen) Zeiten. Allgemeines humanökologisches Grundwissen wird in diesem Buch nicht vermittelt. Hierfür wird zum einen auf Lehrbücher der Ökologie verwiesen (z. B. Begon et al. 1998; Smith und Smith 2009; Townsend et al. 2009), zum anderen auf Lehrbücher zur „Humanökologie", einem hybridem Lehr- und Forschungsgebiet. Es existieren drei thematische Hauptzugänge zur Humanökologie. Einmal eine biologiezentrierte, naturwissenschaftliche Ausrichtung (z. B. Goudie 1994; Nentwig 2005), mit Ergänzungen in den genetischen Bereich hinein (z. B. Durham 1991). Gerade die genetischen Anpassungen innerhalb bestimmter Kulturen verweisen auf eine enge Verflechtung zwischen und wechselseitige Abhängigkeit von Biologie und Kultur beim Menschen, die den zweiten Zugang ausmachen (z. B. Harris 1989; Moran 2008; Schutkowski 2006). Was „Humanökologie" sei, wird von Naturwissenschaftlern und Sozialwissenschaftlern unterschiedlich aufgefasst. Während in der naturwissenschaftlichen Annäherung eine weitgehende inhaltliche Übereinstimmung besteht, weisen Auffassungen in den Sozialwissenschaften, die den dritten Zugang ausmachen, eine erhebliche thematische Varianz auf (z. B. Park und Burgess 1921; Gläser und Teherani-Krönner 1992; Meusburger und Schwan 2003; Serbser 2003; Steiner 2002).

Menschen werden, mit Blick auf die Umwelt, sozialwissenschaftlich z. B. als „Ausbeuter" (*appropriateur*), geschichtswissenschaftlich als „Störer" oder naturwissenschaftlich als „nahezu universell befähigte Durchsetzer von Eigeninteressen" aufgefasst. Gemeinsam ist diesen drei wissenschaftlichen Konzepten, dass sie die Ökonomie als das spezifische Element der Ökologie des anatomisch modernen Menschen auffassen. Ebenso, dass diese, samt ihren Folgen, das gegenwärtige Erscheinungsbild des Planeten Erde maßgeblich beeinflusst. Der „anatomisch moderne Mensch" ist fossil seit etwa 200.000 Jahren oder etwas weniger nachweisbar. Kulturell/ökonomisch handelte es sich um Wildbeuter, die ihren Lebensunterhalt durch Jagen, Fangen und Sammeln („aneignen") und Tausch (Ofek 2001) sicherten. Seit etwa 40.000 Jahren sind die Nachfahren dieser anatomisch modernen Menschen (*Homo sapiens sapiens*) die alleinige Menschenart auf der Erde. Sie begannen vor mindestens 23.000 Jahren (Snir et al. 2015) oder etwas weniger unabhängig voneinander an verschiedenen Orten der Erde ihre Lebensgrundlage auf die Basis einer produzierenden Ökonomie umzustellen. Historisch setzte der Übergang von der aneignenden zur produzierenden Lebensweise eine sich selbst beschleunigende Spirale umweltwirksamer Handlungen, Folgen und Nebenfolgen in Gang, unter denen die Bevölkerungszunahme die wahrscheinlich gravierendsten Folgen für das planetare Ökosystem hat.

Da es in diesem Buch um eine Systematisierung umwelthistorischer Grundelemente geht, werden Beispiele der „Politischen Ökologie" weitestgehend ausgespart. Hierunter verstehe ich Bewertungen unter dem Eindruck historischer Entwicklungen von solchen Zuständen und Prozessen, die sich im gegenwärtigen, tagespolitischen Rahmen abspielen und nicht der kritisch-distanzierten Beurteilung verpflichtet sind, sondern die Möglichkeit der Einflussnahme anstreben. Sofern eine solche Bewertung mit wissenschaftlichem Anspruch betrieben wird, läuft sie in besonderer Weise Gefahr, sich als politische Interessenvertreterin zu positionieren. Damit wäre nicht nur die Einbuße wissenschaftlicher Unabhängigkeit verbunden, es resultierte auch ein methodisches und inhaltliches Defizit, weil die Interessenlage Art und Umfang der Ergebnisse der Forschungsarbeit beeinflusst, indem nicht mehr die voraussetzungslose und ergebnisoffene Analyse bestimmend ist. Nicht *die* Wissenschaft kann Politikberatung zu ihrer Aufgabe machen, wohl aber der einzelne Wissenschaftler. Er vertritt dann allerdings nicht mehr seine wissenschaftliche Einsicht, sondern wandelt diese zu einem politischen Argument zur Durchsetzung seiner gesellschaftlichen Zukunftsvorstellung. Nach meiner Auffassung sind Gegenstände der Politischen Ökologie daher keine Gegenstände oder Aufgaben der Umweltgeschichte und von dieser klar geschieden.

„Umweltgeschichte" ist ein Kollateralprodukt der öffentlich geführten Umweltdiskussion der 1960er und 1970er Jahre. Sie entsprang dem üblichen Muster, wonach neue Konstellationen, Sachverhalte oder Sichtweisen Anlass eines historisierenden Reflexes sind (z. B. Pfister 2007; Sieferle 2009). Sie hat ihren Umweltbegriff ohne größere Reflektions- oder Definitionsarbeit aus der öffentlichen und umgangssprachlichen Debatte übernommen, die ihrerseits den Umweltbegriff aus den Lebenswissenschaften entliehen hatte. Bis heute sind nur geringe Anstrengungen unternommen worden, „Umwelt" als Zentralbegriff für die „Umweltgeschichte" zu präzisieren. Für die Begriffsbildung „Umweltgeschichte" ergibt sich aus geschichtstheoretischer wie aus pragmatischer Sicht ein klarer Anschluss an den lebenswissenschaftlichen Bedeutungsinhalt für „Umwelt" (siehe Kap. 2).

Eine Wissenschaftsgeschichte der Umweltgeschichte, in der die einzelfachlichen Stränge der Umweltgeschichte zu einer epistemologischen Synthese verbunden wären, fehlt. Anstelle einer Geschichte der Umweltgeschichte sind bisher vor allem Untersuchungen über die Geschichte der Umweltschutzbewegungen erarbeitet worden (z. B. Friedrich Ebert Stiftung 2003; Radkau 2011).

1.2 Bestandsaufnahmen, Vergleiche

1.2.1 Bestandsaufnahmen

Bei der Betrachtung der Erde aus einiger Distanz muss die besondere Bedeutung der großen Zahl von Menschen für das globale Ökosystem auffallen. Ende 2011 lebten 7 Mrd. Menschen, für 2050 werden ca. 10 Milliarden prognostiziert. Man nimmt an, dass im Jahre 1800 weltweit ca. 1 Milliarde Menschen lebten, um 1500 nur etwa 500 Millionen. Von keinem anderen Säugetier ist aus der Geschichte eine vergleichbar anhaltende Zunahme der Individuenzahlen bekannt. Da die Erde als geschlossenes System zu betrachten ist, war dieses Bevölkerungswachstum mit einem ansteigenden Druck auf die natürlichen Ressourcen verbunden, aus denen die Lebensansprüche der Menschen gedeckt werden. „Natürliche Ressourcen" heißt für Menschen vor allem Nahrung, Rohstoffe und Energie. Sie werden unmittelbar oder mittelbar den Regionen der Erde entnommen, allermeist solchen Räumen, die Menschen mit anderen Organismen teilen.

Allgemein werden die Beziehungsgeflechte der Organismen untereinander und mit ihrem Raum als „Ökosystem" bezeichnet. Ökosysteme weisen Strukturen und Funktionen auf. Unter die Strukturen werden geologische, chemische, physikalische und klimatische Eigenschaften sowie das Spektrum der Lebewesen gerechnet. Die Funktion eines Ökosystems wird in dessen Stoffkreislauf und Energiefluss gesehen, die in den meisten Ökosystemen durch deren Fähigkeit zur Selbstregulation aufrechterhalten wird. In allen Ökosystemen, in denen Menschen sich aufzuhalten vermögen, ernten sie die Nahrungsnetze ab oder kontrollieren oder unterbrechen vielfältig die Stoff- und Energiekreisläufe. Daher besteht vor dem Hintergrund des menschlichen Bevölkerungszuwachses Anlass, sich perspektivisch mit der Leistungsfähigkeit der Ökosysteme der Erde auseinanderzusetzen. Diese Leistungsfähigkeit wird zudem durch menschliche Interessen, sei es das Interesse Einzelner oder dasjenige von Gruppen oder ganzer Staaten, beeinflusst. Die Vereinten Nationen gaben daher im Jahre 2001 mit dem „Millenium Ecosystem Assessment" (MEA) eine Art Bestandsaufnahme in Auftrag. Der 2005 veröffentlichte Bericht „machte deutlich, dass die Ökosysteme der Erde immer mehr zerstört werden. Ein großer Erfolg des Berichts ist in der Rückschau, dass er den Begriff der ‚Ökosystemdienstleistungen' [*ecosystem services*] fest etabliert hat: Die Natur stellt Nahrung, Wasser, Holz, Fasern und genetische Ressourcen kostenlos zur Verfügung, sie reguliert Klima, Überflutungen, Krankheiten, Wasserqualität und Abfallbeseitigung, sie bietet Erholung, ästhetisches Vergnügen und spirituelle Erfüllung und sie unterstützt die Bodenbildung und den Nährstoffkreislauf. Schon 2005 befanden sich 15 dieser 24 Ökosystemdienstleistungen, die der Bericht untersuchte, in einem Zustand fortgeschrittener oder anhaltender Zerstörung" (Deutsche Unesco Kommission, http://www.unesco.de/mea.html).

Der Titel des Berichtes „Ecosystems and Human Well-Being" betont zwar den Anspruch aus menschlicher Perspektive, koppelt diesen aber an den Erhalt der Lebensräume und Lebewesen. Eine Zusammenfassung betrachtet das Gesamt aller Ökosysteme, Unterberichte widmen sich der Wüstenbildung, der Biodiversität und Wasser bzw. Feuchtgebieten. Ergänzungen liefern Berichte zu den Schwerpunkten Gesundheit und Unternehmen/Industrie. Außerdem gibt es 20 Berichte zu regionalen Schwerpunkten.

Zentrales Ergebnis des MEA sind vier Hauptaussagen (MEA, Synthesis, S. 1):

- „Während der vergangenen 50 Jahre haben Menschen die Ökosysteme schneller und umfassender verändert als in irgendeinem vergleichbaren früheren Zeitraum der Geschichte, im Wesentlichen, um die wachsenden Ansprüche für Nahrung, Trinkwasser, Holz, Fasern und Treibstoff zu decken. Dies führte zu einem substantiellen und weitestgehend irreversiblen Verlust von Vielfalt des Lebens auf der Erde."

- „Die Veränderungen der Ökosysteme haben ganz erheblich zum Netto-Gewinn menschlichen Wohlbefindens und der wirtschaftlichen Entwicklung beigetragen. Aber diese Errungenschaften wurden erkauft durch wachsende Kosten in Form der Schwächung vieler ökosystemischer Dienste, ansteigende Risiken bei nichtlinearen Änderungen und Verschlimmerung der Armut eines Teiles der Menschen. Werden diese Probleme nicht in Angriff genommen, werden sie den Nutzen der Ökosysteme für spätere Generationen erheblich vermindern." Als Gründe für die Schwächung der ökosystemischen Dienste werden vor allem Umwandlungen von Habitaten, Übernutzung, invasive Arten, Umweltverschmutzung und anthropogener Klimawandel genannt.
- „Der Abbau ökosystemischer Dienste wird wahrscheinlich in der ersten Hälfte dieses Jahrhunderts erheblich zunehmen und ist damit ein Haupthindernis auf dem Weg, die Millenium Development Goals (MDG) zu erreichen."
  Die Vereinten Nationen hatten acht MDGs formuliert: Ausrottung des extremen Hungers und der extremen Armut; eine Grundschulausbildung für alle Kinder; Gleichheit der Geschlechter fördern und Frauenrechte stärken; Kindersterblichkeit reduzieren; Gesundheitssituation der Mütter verbessern; HIV/AIDS, Malaria und andere Krankheiten bekämpfen; die Nachhaltigkeit der Umwelt sichern; eine globale Partnerschaft für Entwicklung entwickeln. Sämtliche Ziele hängen nicht nur vom politischen Willen ab, sondern in sehr unmittelbarer Weise von der weiteren Leistungsfähigkeit der Ökosysteme.
- „Der Herausforderung, dem Abbau der Ökosysteme entgegen zu wirken bei gleichzeitiger Steigerung der Nachfrage nach ihren Diensten, kann z. T. mit den vom Millenium Assessment vorgestellten Szenarios erfolgreich begegnet werden. Dies macht jedoch tiefgreifende Änderung in der Politik, in Institutionen und praktischer Umsetzung erforderlich, die derzeit noch nicht ergriffen wurden.
  Es existieren viele Optionen, ökosystemische Dienste zu stärken bzw. zu erhalten, indem negative Folgen gemindert oder positive Synergien gestärkt werden."

Der MEA benennt eine Vielzahl negativer Entwicklungen und unterstreicht seine Diagnose mit globalen Übersichtskarten, Diagrammen und Tabellen. Derartige hochaggregierte Datensätze haben für den Fernerstehenden leicht etwas Abstraktes. Eines der konkreten lokalen Beispiele des MEA betrifft das Ende der Kabeljaufischerei vor Neufundland (Abb. 1.2). Diese hatte eine lange Geschichte, die bereits bis ins 14. Jahrhundert. zurückreicht, als englische Fischer aus Bristol wahrscheinlich erstmals die Bänke vor Neufundland erreichten. Seinen ersten historischen Höhepunkt hatte der Kabeljau an sich da aber bereits hinter sich: Die Normannen wären nicht bis Island, Grönland und „Vinland" und zurück gekommen, hätten sie nicht Stockfisch (eben sehr wahrscheinlich Kabeljau) als Reiseproviant mit sich geführt (Kurlansky 1999). Zu diesem Zeitpunkt lag die spätere immense Bedeutung des neufundländischen Kabeljaus für die globale industrielle Fischindustrie und Welternährung noch in weiter Ferne. Ganz bestimmt erschien unvorstellbar, dass diese „unerschöpflichen" Fischbestände eines Tages erschöpft sein und ein Beispiel

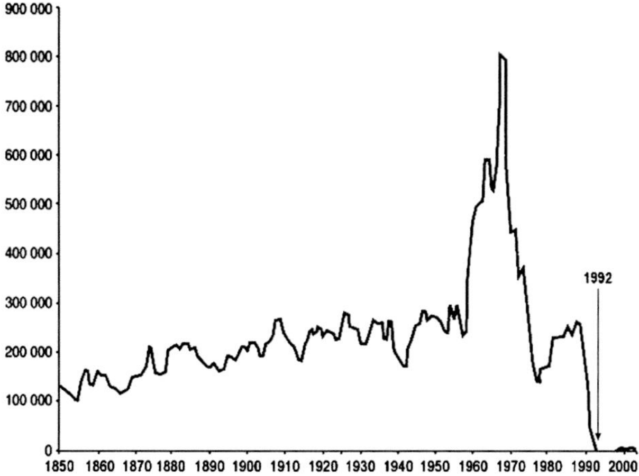

Abb. 1.2 Zusammenbruch der atlantischen Kabeljaubestände vor Neufundland 1992. *Ordinate*: Fangmengen in Tonnen; *Abszisse*: Jahreszahlen (Quelle/Bildrechte: Millenium Ecosystem Assessment, Synthesis). Nach Hunderten von Jahren, in denen Kabeljau vor Neufundland gefangen wurde, kam es 1992 zum Zusammenbruch des Kabeljaufangs. Bis in die späten 1950er Jahre erfolgte Fischfang durch saisonale Wanderfischerei und kleine lokale Fischfänger. Seit dem Ende der 1950er Jahre begannen große Hochseetrawler mit dem Fang aus größeren Tiefen. Dies führte zu einem starken Anstieg der Fangmengen bei gleichzeitigem Verlust der nachwachsenden Biomasse. Durch internationale Abkommen verabredete Fangquoten verfehlten das Ziel, den Rückgang zu stoppen und ihn umzudrehen. Die Kabeljauvorkommen gingen in den späten 1980er und frühen 1990er Jahre auf extrem niedrige Niveaus zurück, was schließlich 1992 zu einem Moratorium des kommerziellen Fischfangs führte. 1998 wurde küstennaher Fischfang in kleinem Maßstab erlaubt, aber die Fangmengen nahmen weiterhin ab, sodass 2003 das offizielle Ende des Kabeljaufangs vor Neufundland erklärt wurde

dafür abgeben könnten, an dem die Dramatik der ökosystemischen Degradation sichtbar gemacht werden kann.

Ein weiterer, vergleichsweise überraschender Befund des MEA war ferner die Tatsache, dass in den 30 Jahren nach 1950 mehr Land in Ackerland verwandelt wurde, als in den 150 Jahren zwischen 1700 und 1850, in denen nicht nur der europäische Landesausbau, sondern auch der koloniale forciert wurden. Ein Viertel der Landfläche der Erde ist heute bewirtschaftet, durch Ackerflächen, Wanderfeldbau, Tierproduktion und Süßwasser-Aquakulturen. Die Ausdehnung der Pflanzenproduktion (z. B. Stichwörter Sojabohnen, Palmöl) geschieht wesentlich auf Kosten von Waldbeständen. Jährlich gehen etwa 52.000 km^2 verloren, die damit für wichtige andere ökosystemische Dienste entfallen. Ihnen werden Wiederaufforstungen in der halben Größenordnung gegengerechnet. Dabei ist offensichtlich, dass Wiederbewaldungsflächen nicht dieselbe Leistungsfähigkeit besitzen können wie mehrhundertjährige Waldökosysteme. Gleichzeitig gehen jährlich große Anteile der landwirtschaftlich genutzten Erdoberfläche durch Degradierung irreversibel verloren, etwa durch Erosion, Versalzung und Desertifikation. Sie sollen ebenfalls mehr als 50.000 km^2 betragen.

Land macht nur ein knappes Drittel der Erdoberfläche aus. Davon entfällt seinerseits ein Drittel auf Hochgebirge, Wüsten und nicht nutzbares Land. Ein knappes weiteres Drittel ist von Wald bedeckt. Das verbleibende gute Drittel ist durch Dauerkulturen und Weideland genutzt. Mit einer einfachen Dreisatzrechnung lässt sich die Problemlage aus dem Verhältnis von landwirtschaftlicher Produktionsfläche und jährlicher Bodendegradierung vergegenwärtigen.

Der MEA ist die vorläufig aktuellste Studie über die Lage des Weltsystems, die 1972 mit einem Bericht des „Club of Rome zur Lage der Menschheit" begann, der von Mitarbeitern des Massachusetts Institute of Technology erarbeitet wurde. Unter dem Titel „Limits to Growths" machte er 1972 in einem „Weltmodell" auf fünf aktuelle Haupttrends weltweiter Probleme aufmerksam (Meadows et al. 1973). Für die künftige Lage der Menschheit wurden als besonders gravierend in ihren komplexen Wechselwirkungen die beschleunigte Industrialisierung, das rapide Bevölkerungswachstum, die weltweite Unterernährung, die Ausbeutung der Rohstoffreserven und die Zerstörung des Lebensraums identifiziert. Eindeutig war die Diagnose, wonach das Bevölkerungswachstum und das Produktionswachstum ein Wachstum zum Tode wäre, wobei die Bevölkerungszunahme zugleich als Ursache und Folge der Ausplünderung von Ressourcen und des Ruins von Lebensräumen erkannt wurde. Die Diagnose ergänzten ein Aufruf zur radikalen Änderung der Denkgewohnheiten, Verhaltensweisen und Gesellschaftsstrukturen. Der Bericht kam zu dem Ergebnis, dass durch den Ausgleich des sozialen Gefälles, die Verbesserung von Geburtenkontrolle, Ernährung und medizinische Versorgung, die Entwicklung haltbarer Produkte, die Rückgewinnung von Rohstoffen und die Gewinnung von rohstoffunabhängigen Energiequellen der Zustand eines stabilen Gleichgewichtes auf der Erde erreichbar wäre. Damit wäre nicht nur der absehbare Zusammenbruch des Mensch-Umwelt-Systems zu verhindern. Vielmehr würde eine auf 7–8 Mrd. begrenzte Erdbevölkerung neben ausreichendem Lebensstandard größere Chancen einer individuellen und sozialen Entwicklung bieten. Der Bericht „Die Grenzen des Wachstums" brachte schlagartig die bis dahin nur einigen Spezialisten bekannten Sachverhalte ins weltweite Bewusstsein und war ein Höhepunkt der ersten Welle von Zukunftsszenarien, die um 1970 veröffentlicht wurden (siehe Anmerkungsapparat in „Grenzen des Wachstums").

Die 1970er Jahre wurden zu einem Jahrzehnt von Bestandsaufnahmen, angeführt durch die Vereinten Nationen im Rahmen internationaler Großkonferenzen: über Umwelt (1972), Bevölkerung (1974), Nahrungsmittel (1974), Siedlungsprobleme (1976), Wasser (1977), Wüstenausbreitung (1977), Wirtschaft und Technologie im Verhältnis zur Entwicklung (1979).

Der amerikanische Präsident Jimmy Carter erteilte 1977 seinem Umweltrat und dem Außenministerium den Auftrag, „die voraussichtlichen Veränderung der Bevölkerung, der natürlichen Ressourcen und der Umwelt auf der Erde" bis zum Ende des 20. Jahrhunderts zu untersuchen. Der Bericht wurde 1980 vorgelegt (http://www.geraldbarney.com/G2000Page.html, Global 2000 (1980)) und kam zu besorgniserregenden Ergebnissen:

Der Druck auf Umwelt und Ressourcen sowie der Bevölkerungsdruck würde sich verstärken und die Qualität menschlichen Lebens auf diesem Planeten zunehmend beeinflussen. Die Belastungen wären zum Zeitpunkt des Berichts bereits so stark, dass ihretwegen vielen Millionen Menschen die Befriedigung ihrer Grundbedürfnisse nach Nahrungsmitteln, Wohnraum, Gesundheit und Arbeit und jede Hoffnung auf eine Besserung versagt wären. Gleichzeitig nähme die Belastbarkeit der Erde – die Fähigkeit biologischer Systeme, Ressourcen für die Bedürfnisse der Menschen zur Verfügung zu stellen (der MEA hat das 25 Jahre später „ökosystemische Dienste" genannt) – immer mehr ab. Die sich in Global 2000 widerspiegelnden Trends deuteten nachdrücklich auf einen zunehmenden Abbau und eine Verarmung der natürlichen Ressourcenbasis auf der Erde hin. Wenn die Trends verändert und die Probleme verringert werden sollten, würden weltweit mutige und entschlossene neue Initiativen erforderlich, um die Bedürfnisse der Menschen zu befriedigen. Gleichzeitig sei die Fähigkeit der Erde, Leben zu ermöglichen, zu schützen und wiederherzustellen. Grundlegende natürliche Ressourcen – Agrarland, Fischgründe, Wälder, mineralische Rohstoffe, Energie, Luft und Wasser – müssten erhalten und der Umgang mit ihnen verbessert werden. Eine weltweite Veränderung der Politik wäre erforderlich, bevor sich die Probleme weiter verschlimmerten und die Möglichkeiten für wirkungsvolles Handeln immer stärker eingeschränkt würden.

Die anhaltende allgemeine Besorgnis über den Zustand der Umwelt veranlasste 1987 den Deutschen Bundestag zur Einrichtung einer Studienkommission „Vorbeugende Maßnahmen zum Schutz der Erdatmosphäre", die 1989 den Bericht „Protecting the Earth's Atmosphere. An International Challenge" vorlegte (Deutscher Bundestag 1989). Nach dem gleichen Muster legte die jetzt erweiterte Studienkommission 1990 den Bericht über „Vorbeugende Maßnahmen zum Schutz tropischer Regenwälder. Eine internationale Aufgabe höchster Priorität" vor (Deutscher Bundestag 1990).

Schließlich gab sich die Bundesregierung 1992 einen ständigen „Wissenschaftlichen Beirat der Bundesregierung Globale Umweltveränderungen (WBGU)", der 1992 im Vorfeld der Konferenz der Vereinten Nationen über Umwelt und Entwicklung („Konferenz" oder auch „Erdgipfel von Rio") als unabhängiges wissenschaftliches Beratergremium eingerichtet wurde. Der WBGU legte 1993 sein erstes Hauptgutachten (http://www.wbgu.de/hauptgutachten/) mit dem Thema „Welt im Wandel – Grundstruktur globaler Mensch-Umwelt-Beziehungen" vor. Hatte der Club of Rome in seinen „Grenzen des Wachstums" wichtige Themen der Ressourcenlage und Umweltänderungen noch nicht oder nur sehr marginal angesprochen, hatten Global 2000 und der WBGU in ihren Hauptgutachten lange vor dem MEA mit der Beschreibung von Ist-Zuständen nachteiliger Umweltentwicklungen globalen Ausmaßes begonnen. Besonders der Klimawandel, der Verlust biologischer Vielfalt, die Bodendegradation, die Verknappung und Verschmutzung von Süßwasser sowie die Übernutzung der Meere zählten zu den weltweit voranschreitenden kritischen Veränderungen der natürlichen Umwelt. Zuletzt wurde der Transformationsprozess diskutiert, der sich aus dem abzeichnenden Ende fossiler Brennstoffe für die Nachhaltigkeit menschlicher Gesellschaften ergäbe. Der WBGU stimmt mit dem MEA und den MDGs der Vereinten Nationen überein, dass diese Veränderungen durch die Ausbreitung nicht nachhaltiger Lebensstile und Produktionsweisen sowie eine steigende Energie- und Ressourcennachfrage verursacht und beschleunigt werden. Ebenso wären absolute Armut und Bevölkerungswachstum wichtige Faktoren des Globalen Wandels, der letztlich zu einer wachsenden Verwundbarkeit aller Gesellschaften führt. Neben Industrieländern wären vor allem die am wenigsten entwickelten Länder gegenüber Naturkatastrophen, Nahrungskrisen und Erkrankungsrisiken anfällig. Dadurch würden zunehmend Entwicklungschancen behindert und globale Sicherheits- und Gerechtigkeitsfragen aufgeworfen. In den letzten Jahren sei daher immer deutlicher geworden, dass die globalen Umwelt- und Entwicklungsprobleme nur durch eine grundlegende Transformation bisheriger Wirtschaftsweisen zu bewältigen sind.

Alle genannten Berichte, die die Lage des Weltsystems beschreiben, stimmen nicht nur hinsichtlich der Hauptursachen und -problemfelder überein. Sie sind sich auch darin einig, dass die nachhaltige Gestaltung des Globalen Wandels die größte Herausforderung für Politik und Wissenschaft für die Zukunft darstellten.

Beschreibungen des Weltsystems setzen voraus, dass über die einzelnen Bestandteile des Systems profunde Daten vorliegen. Vielfach existierte bis zum Zeitpunkt der Erstellung dieser Berichte nur Einzelwissen. Für zwei Themenfelder wurde diese Situation als besonders nachteilig begriffen, und es begannen Aktivitäten zur konzertierten und konzentrierten Datensammlung und Analyse auf diesen Gebieten: der Erforschung der Klimaentwicklung und der Biodiversität.

Das Umweltprogramm der Vereinten Nationen (UNEP) etablierte 1988 gemeinsam mit der Weltorganisation für Meteorologie (WMO) das „Intergovernmental Panel on Climate Change“ (IPCC; Zwischenstaatlicher Ausschuss für Klimaänderungen). Als Aufgaben des IPCC wurden die Bereitstellung gesicherter wissenschaftlicher Einschätzungen über den klimatischen Wandel und seine möglichen Konsequenzen für Umwelt, Wirtschaft und Gesellschaft definiert. Der IPCC ist eine wissenschaftliche Körperschaft, die selbst jedoch keine Forschung durchführt oder Klimadaten erhebt. Vielmehr prüft und bewertet er die neuesten wissenschaftlichen, technischen und sozio-ökonomischen Informationen, die weltweit gewonnen werden, im Hinblick auf das Verständnis des klimatischen Wandels. Zurzeit liegt der Fünfte Bericht des IPCC vor (AR 5, 2014, http://www.ipcc.ch). Die sich abzeichnende Erwärmung des Erdklimas ist mit zum Teil als dramatisch eingeschätzten Folgen verbunden. Allein der Anstieg der Meeresspiegel infolge der Verkleinerung der Eismengen an den Polen und die Ausdehnung von trocken fallenden Gebieten werden Bevölkerungsströme und wirtschaftliche Folgekosten immensen Ausmaßes nach sich ziehen. Die weltwirtschaftlichen Kosten der Klimaänderung sind im Auftrag der britischen Regierung 2006 in einem nach seinem Autor Nicholas Stern benannten „Stern-Bericht“ mittlerweile abgeschätzt worden (webarchive.nationalarchives.gov.uk/). Obwohl der Bericht selbst betonte, dass er eher illustrativen Charakter hätte und nicht zu wörtlich genommen werden sollte, sind aus ihm durch die öffentliche Rezeption weitgehende konkrete Prognosen abgeleitet worden. Der Bericht geht von der Klimawirksamkeit der Treibhausgase aus und spricht sich für deren Begrenzung aus. Das wirksamste Steuerungsmittel sieht er in einem Handel mit Zertifikaten, der auf der Grundlage von Emissionsbeschränkungen für

CO_2 beruht. Des weiteren sollten gezielt innovative Ansätze zum Einsatz kohlenstoffarmer Technologien gefördert und Hemmnisse für den effizienteren Energieeinsatz beseitigt werden.

Für die Erfassung der Lage der Biodiversität wurde im Zusammenhang mit dem „Übereinkommen über die Biologische Vielfalt" eine dem IPCC vergleichbar arbeitende Struktur geschaffen. Dem Übereinkommen (Convention on Biological Diversity, CBD, http://www.cbd.int/), das auf der Konferenz von Rio (1992) beschlossen wurde, traten bisher die meisten Staaten der Erde bei. Begleitend hat das Umweltprogramm der UN (UNEP) die Studie über die Bewertung der globalen Biodiversität (Global Biodiversity Assessment, GBA) in Auftrag gegeben, die 1995 vorgelegt wurde (Heywood 1995). Obwohl der GBA von der CBD finanziert wird, agiert er als unabhängige Kooperative engagierter Wissenschaftler, die keine politischen Empfehlungen ausspricht. Der GBA von 1995 kommt übereinstimmend mit den anderen Weltzustandsberichten zu dem Resultat, dass die Biodiversität durch Rückgang und Verlust bedroht sei. Als Hauptgründe werden demographische, ökonomische, institutionelle und technologische Faktoren angeführt. So würden Bevölkerungswachstum und wirtschaftliche Entwicklung den Bestand biologischer Ressourcen besonders belasten. Die gegenwärtigen Wirtschaftsformen würden biologische Diversität nicht adäquat bewerten und die ökonomischen Märkte würden die global gewonnenen Einsichten in den Wert von Biodiversität lokal nicht berücksichtigen. Als Ergebnis stelle sich anhaltender Rückgang und Verlust von Habitaten oder ihre Umwandlung für andere Nutzungen ebenso ein, wie Übernutzung biologischer Ressourcen, Artensterben und Rückgang genetischer Diversität, Umweltverschmutzung und Klimawandel.

Während der GBA bis in sehr detaillierte Fragen der ökologischen, genetischen und organismischen Diversität vordringt, liefert der MEA ergänzende Übersichtsdarstellungen.

Auf der Umweltkonferenz in Nagoya (2010) erklärten die UN die Jahre von 2011 bis 2020 zur „Dekade der Biodiversität" (Übersicht unter www.nachhaltigkeit.info).

Mehr als zehn Jahre vor dem GBA hatten die Akademie der Wissenschaften der USA und die Smithsonian Institution in Washington 1986 ein „Nationales Forum über BioDiversität" durchgeführt. An dieser Anhörung nahmen mehr als 60 Biologen, Wirtschaftswissenschaftler, Landwirtschaftsexperten, Philosophen, Vertreter von Hilfsorganisationen und großen Banken teil. Die Beiträge wurden von dem bekannten Evolutions- und Soziobiologen Edward Wilson (1988/1992) herausgegeben. Die Konferenz thematisierte nicht nur Bestandsaufnahmen für bedeutende Ökosysteme, sondern machte auch auf die Abhängigkeit des Menschen von der biologischen Vielfalt und auf eine Vielzahl damit verbundener Seitenprobleme lange vor dem MEA aufmerksam. Viele bereits im GBA angesprochene Themen sind später „popularisiert" worden. Ein Verdienst des Forums ist die Publizität, zu der sie dem Begriff „Biodiversität" verhalf und auf die Verknüpfung der Biodiversität mit zahlreichen anderen Feldern des kulturellen und wirtschaftlichen Lebens hinwies. Nachdenklich muss allerdings stimmen, dass ausgerechnet unter der Federführung von Biologen die Beiträge zum „Nationalen Forum über BioDiversität" wie auch zum GBA einem dezidierten Anthropozentrismus verpflichtet sind, während diese Grundposition beim MEA eher zu erwarten war.

Schließlich ist auf den schmalen, aber gehaltvollen programmatischen Band aus dem Unesco-Programm „Der Mensch und die Biosphäre“ (MAB) hinzuweisen, der zum Thema „Biodiversität“ 1991 von Otto Solbrig verfasst wurde (Solbrig 1994).

Mittlerweile verfügen die Vereinten Nationen (UN) und ihre Unterorganisationen direkt oder indirekt über die qualifiziertesten Instrumentarien zur Umweltbeobachtung und über die adäquaten Prognosekapazitäten zur Abschätzung künftiger Entwicklungen. Das bedeutet keineswegs, dass die zugrunde liegenden wissenschaftlichen Daten von allen Wissenschaftlern und von der durch sie beratenen Politik in gleicher Weise bewertet werden. Hier erwähnt wurden, vor allem wegen ihres grundsätzlichen Charakters, nur solche Aktivitäten, Ereignisse und Beurteilungen, die sich sehr unmittelbar mit einzelnen oder komplexen Umweltelementen befasst haben. Selbstverständlich müssten andere umweltwirksame Faktoren in vergleichbarer Weise beurteilt werden. Hier ist z. B. an gesellschaftliche Bedingungen (z. B. Stichwort *entitlement*, Anspruchsberechtigung), machtpolitische Strukturen (z. B. Stichwort Ölreserven) oder sozio-demographische Entwicklungen (z. B. Stichwort Urbanisation) zu denken. Über die Unterorganisationen der UN und ihren jeweiligen Aktivitäten ergeben sich hierzu vielfältige Zugangsmöglichkeiten.

Bestandsaufnahmen auf nationaler Ebene und Zustandsberichte hierzu sind für die Bundesrepublik Deutschland über das Bundesamt für Naturschutz, Bonn (http://www.bfn.de/), das Umweltbundesamt, Dessau (http://www.umweltbundesamt.de/) und die beauftragten Landesämter der Bundesländer erreichbar.

Die enorme Wirkung all dieser Berichte, Modelle und Vorhersagen auf die öffentliche Diskussion, die nationale wie die internationale Politik, verschafft an einem Punkt Klarheit, der für die Umweltgeschichte von geschichtstheoretischer Bedeutung ist: Sie bedeutet, dass der materiellen Basis und den Voraussetzung für das menschliche Leben und Handeln, die in der Ressourcenlage und den ökosystemischen Diensten des Weltsystems liegen, auch auf ihren kleinsten Skalen, Geschichtsmacht zugebilligt wird.

Prognosen haben zwei grundlegende Eigenschaften:

Sie sind einmal bloße Fortschreibungen (Extrapolationen) möglicher Entwicklungen auf der Grundlage bisheriger Erfahrungen. Sie können in der Regel prognosewirksame Zufälle nicht berücksichtigen, weil diese selbstverständlich noch unbekannt sind. Nach der Prognose von „Grenzen des Wachstums“ wären z. B. die Weltsilbervorräte längst erschöpft. Durch den zwischenzeitlichen technischen Fortschritt hat sich das Szenario hin zu den Seltenen Erden verlagert, die für den Bericht 1972 noch ohne jede Bedeutung waren. Global 2000 hielt es beispielsweise für möglich, dass bis zum Jahr 2000 zwischen einer halben Million und zwei Millionen biologischer Arten – 15–20 % aller auf der Erde lebenden Arten – ausgestorben sein könnten. Unter anderen traf auch diese Annahme nicht ein. Weder war die wirkliche Zahl der um 1980 existierenden Arten bekannt, noch ist bis zum Jahr 2000 ein Artensterben derartigen Ausmaßes registriert worden.

Prognosen sind zum anderen geeignet, das Verhalten ihrer Adressaten bzw. deren politischen Entscheidungen so zu beeinflussen, sodass die vorhergesagten Endzustände selten oder gar nicht eintreten.

Bestimmt werden die Resultate der hier genannten Befunde zum Weltökosystem und seinem Zustand an diese Hoffnung geknüpft und mit Handlungsoptionen verbunden. Die versuchte Abwendung eines Endunheils muss dem befürchteten Ergebnis, das sich bei Nichthandeln einstellen würde, eine Ergebnisalternative entgegensetzen. Diese wurde bereits in den „Grenzen des Wachstums" (1973) Jahren unter dem Begriff „Nachhaltigkeit" eingeführt. Für seine Etablierung ist in der Bundesrepublik Deutschland der erforderliche politische Rahmen durch das „Konzept Nachhaltigkeit" der Enquete Kommission „Schutz des Menschen und der Umwelt – Ziele und Rahmenbedingungen einer nachhaltigen zukunftsträchtigen Entwicklung" (1998) vergleichsweise spät gesetzt worden. Die Hauptgutachten des WBGU (ab 1993) sind sämtlich unter der Vorgabe der Nachhaltigkeit abgefasst.

Eine Prognose ist zwar in die Zukunft gerichtet. Zu ihrer Formulierung bedarf es jedoch langer Reihen von belastbaren Daten, die aus der Geschichte stammen. Sie beschreiben einerseits die Grundlagen für einen gegenwärtigen Zustand, von dem die Prognose ausgeht. Ein Beispiel wäre die Temperaturkurve (Abb. 1.3), die aus direkt gemessenen Beträgen und abgeschätzten Werten zusammengesetzt wurde.

Gleichzeitig enthalten die Datenreihen Hinweise auf jene Bedingungsgefüge, denen sich der Ist-Zustand verdankt, oder bilden diese sogar direkt ab. So weist beispielsweise

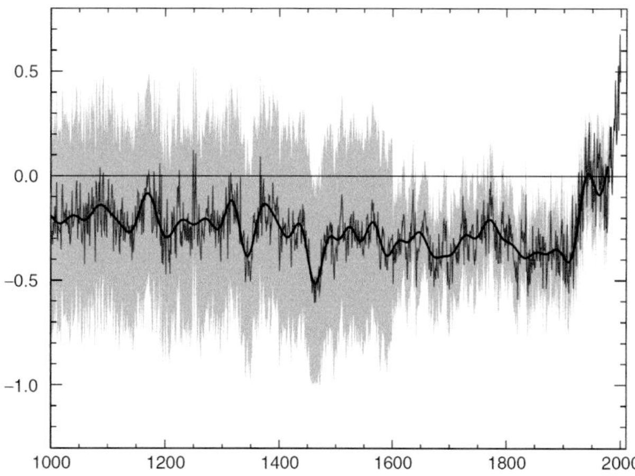

Abb. 1.3 Abweichungen der Verlaufskurve der Oberflächentemperatur der Erde, bezogen auf das Mittel der Jahre 1961 bis 1990 (*Null-Linie*), zwischen dem Jahr 1000 CE und 2000 CE auf der nördlichen Hemisphäre (Quelle/Bildrechte: IPCC Bericht III, 2001, Synthesis S. 3). *Abszisse*: Temperaturabweichung in °C; *Ordinate*: Jahre CE. Die *Kurve* beruht auf Proxidaten aus Jahresringen von Gehölzpflanzen, Korallen, Eiskernbohrungen und historischen Daten. Die *zentrale Linie* repräsentiert die 50-Jahres-Mittel, die darüber und darunter liegende *dunkelgraue Kurve* den jahresgenauen Verlauf. Der *hellgraue* Bereich repräsentiert den 95 %-Konfidenzbereich. Ab etwa 1850 ergänzen Thermometerdaten die Proxidaten und lösen diese gegen Ende des 20. Jahrhunderts vollständig ab. Die 1990er Jahre waren sehr wahrscheinlich das wärmste Jahrzehnt und 1998 das wärmste Jahr des Jahrtausends

dieselbe Temperaturkurve auf eine globale Klimaänderung hin, deren Ursache im Wesentlichen in technischen Prozessen seit der Industrialisierung und der zunehmenden Erschließung fossiler Energieträger gesehen wird.

Nun verliefen diese Prozesse in verschiedenen Regionen der Erde nicht synchron, was seinerseits Gründe hauptsächlich in macht- und marktpolitischen Konstellationen hatte. Ganz bestimmt waren dies auch nur die letzten Umdrehungen einer sich selbst beschleunigenden Spirale, deren Verlauf am Ende von einer Vielzahl nicht einmal unmittelbar klimarelevanter Sachverhalte und Zufälle abhing. Die Suche nach dem alles in Gang setzenden Erstereignis ist einerseits sinnlos, weil sie schließlich nach dem Anfang der Geschichte selbst fragt. Die Suche kann andererseits zu vielen Anfängen führen, weil jeder benannte Anfang willkürlich gesetzt ist. Aus wissenschaftspraktischen Gründen kann die Verabredung auf einen Anfang einer Entwicklung vorteilhaft sein. Auf jeden Fall führt der versuchte Blick in die Zukunft zurück in die Vergangenheit, zurück in die Geschichte.

1.2.2 Vergleiche

Wenn das Auftreten eines „Jahrtausendhochwasser" im statistischen Mittel als in tausend Jahren einmal vorkommendes Ereignis prognostiziert wird, ist dies eine Vorhersage auf der Grundlage von Anzahl und Intensitäten früherer Hochwasser. Methodisch wird dabei auf das Mittel des Vergleichs zurückgegriffen.

Ein seit der Antike hinlänglich bekannter Seufzer lautet: „Früher war alles ..." Gewiss war „früher", wann immer das war, manches „anders". Ob es etwa „besser" war, ist letztlich deshalb nicht zu entscheiden, weil ein „besser" ohne inhaltliche Vorgabe und ohne Verabredung von Maßstäben lediglich das diffuse Gefühl eines Erzählers ohne objektivierbare Aussage ausdrückt. Fraglos bezieht sich die Formel des „Früher war ..." auf eine gegenwärtige Standortbestimmung, die sich aus einem Vergleich mit einem früheren Gefühl, einer früheren Beobachtung, einem früheren Prozessgeschehen oder einer bloßen Annahme eines Früheren ergibt. Ob dieser Vergleich zu einem qualifizierten, belastbaren Ergebnis führt, ließe sich für die Behauptung, wonach es z. B. „früher im Winter kälter" war, schnell und präzise mit Hilfe der Wetteraufzeichnungen bis zu ihren Anfängen zurückverfolgen und durch Rückgriff auf Proxidaten auch darüber hinaus (Abb. 1.3). In einer solchen Kurve sind objektivierbare Aussagen zusammengefasst, die eine Vorstellung vom tatsächlichen Geschehen vermitteln. Eine thematisch gleiche Kurve, die aus den subjektiven Einschätzungen zeitgenössischer Beobachter erstellt würde, wäre infolge der Unsicherheit des sprachlichen Ausdrucks und ihm innewohnender subjektiver Urteile („bitterkalt", „bleierne Hitze") als Wirklichkeitsbeschreibung wenig brauchbar.

Der Vergleich ist ein Grundprinzip der wissenschaftlichen Methode schlechthin. Ohne programmatischen oder intuitiven Vergleich würde der wissenschaftliche Prozess sofort zum Erliegen kommen, weil die Unterschiede von Gegenständen, Phänomenen und Abläufen keine weiterführenden Fragen mehr aufwerfen und keine Antworten mehr nahelegen würden. Die bloße Feststellung beispielsweise, jemand sei „krank", kann solange nicht zur Besserung seiner Situation führen, wie nicht durch Differentialdiagnosen die Natur seiner Krankheit festgestellt wird. Keine Therapie kann gelingen, wenn nicht zwischen den möglichen Krankheiten und dann zwischen den für sie bereitstehenden Medikamenten unterschieden werden kann. Das Mittel der Feststellung und zur Weiterführung ist der Vergleich. Der Vergleich fragt nach Ähnlichkeiten und Unterschieden zwischen zwei oder mehreren Phänomenen, um aus einer möglichen Differenz oder einer möglichen Übereinstimmung eine Hypothese zu stützen oder zu verwerfen. Selbst dann, wenn der Vergleich nicht gezogen wird, ist er immer mit anwesend. Indem eine Sache oder Begebenheit scheinbar bloß benannt oder beschrieben wird, wird implizit immer mit ausgesagt, was oder wie sie nicht ist.

In den Naturwissenschaften führte die vergleichende Betrachtung, die erkenntnistheoretisch auf dem Prinzip der Induktion beruht, u. a. zur Formulierung der physikalischen Gesetze, zur Entdeckung der geologischen Erdzeitalter, zur Aufstellung des Periodensystems der chemischen Elemente, zur phylogenetischen Systematik der Organismen. Selbst ein für die Natur- wie die Geschichtswissenschaften gleichermaßen elementares Phänomen wie das der Zeit, ist nur durch den Vergleich zweier Zustände zu begreifen („früher" vs. „später"). In den Naturwissenschaften ist eine vergleichende Betrachtung vergleichsweise unproblematisch, weil sie sich darauf berufen, dass heute als gültig erkannte Prinzipien, Regeln oder Gesetze des Ablaufes naturaler Prozesse in der Vergangenheit in derselben Weise abgelaufen sind (sogen. Aktualismus).

Vergleiche sind aber auch in den Kultur- und Gesellschaftswissenschaften selbstverständlich. Die Aufdeckung der Wortstämme und Sprachfamilien, die Entwicklungsgeschichte der Weltreligionen, die Entwicklungsgeschichten der Alphabete und Schriftzeichen, der gesellschaftlichen Normen, der Handlungsverbindlichkeiten in verschiedenen Kulturen, die Organisation von Gesellschaftsformen und die Eigenarten gesellschaftlicher Großalternativen, alle Kenntnis über sie und vieles andere erwuchs aus der vergleichenden Betrachtung, ohne dass hier Hilfsmittel ähnlich dem Aktualismus-Prinzip zur Verfügung standen. Schließlich ist bis heute unklar, zu welchen Anteilen und in welchem Umfang das komplexe menschliche Verhalten archetypisch und universell ist. Sicher ist nur, dass einige unwillkürliche mimische Grundmuster und Lautäußerungen dazu gehören. Aber bereits für spontan und universell gehaltene Gesten verdanken sich kultureller Einübung. Und obwohl sich die Muster generativen Verhaltens des Menschen sämtlich auch bei seinen tierlichen Verwandten finden und jeweils evolutionsbiologisch sinnvollen Strategien zugeordnet werden können, fallen die Entscheidung für oder gegen eine bestimmte Organisation von Familie und Fortpflanzung beim Menschen nach kulturellen Optionen. Auch dies sind Einsichten vergleichender Betrachtung.

Für historische Sachverhalte erscheint die Methode des Vergleichens auf den ersten Blick schwieriger, und manche begegnen ihr mit einer grundsätzlichen Skepsis.

Dabei ist auch die Geschichtswissenschaft dem Vergleich gegenüber aufgeschlossener, seit u. a. Marc Bloch (1928) den Gewinn dieser Methode durch Hinweis auf deren gesellschaftswissenschaftliche Erprobung benannte. Die von Haupt und Kocka (1996) aufgeführten Kriterien und Vorzüge des historischen Vergleiches sind spezifisch nur hinsichtlich der behandelten konkreten Themen. Sie sind es nicht in grundsätzlicher Hinsicht. In ihrer Erörterung lassen Haupt und Kocka zudem offen, wann und wie eine Geschichtsforschung ohne jede (auch implizite) vergleichende Betrachtung auskommen kann und zu welchem Zweck diese dann betrieben würde.

Haupt und Kocka (1996, S. 21 ff.) gehen für ihre Erörterung des historischen Vergleichens von drei Setzungen aus. 1. Die für die Geschichtswissenschaft konstitutive Quellennähe dürfe nicht aufgegeben, aber auch nicht überbetont werden. 2. Historikern ginge es immer um die Erfassung des Wandels der Wirklichkeit in der Zeit. 3. Teile der Wirklichkeit könnten nur sehr begrenzt außerhalb ihres Zusammenhangs mit anderen Teilen der Wirklichkeit begriffen werden. Von daher sei dem Verfahren der Variablenisolierung und -verarbeitung in der Geschichtswissenschaft engere Grenzen gezogen.

Vergleiche dienten methodischen Zwecken (S. 12 ff.): In *heuristischer* Hinsicht erlaubten sie, Probleme und Fragen zu identifizieren, die man ohne ihn nicht oder nur schwer erkennen oder stellen würde. In *deskriptiver* Hinsicht dienten Vergleiche vor allem der deutlichen historischen Profilierung der einzelnen Fälle, oft auch eines einzigen, besonders interessanten Falls. In *analytischer* Hinsicht leiste der Vergleich einen unersetzbaren Beitrag zur Erklärung historischer Sachverhalte. In *pragmatischer* Hinsicht habe der Vergleich oft verfremdende Wirkung, weil er den Blick für andere Konstellationen öffne.

Vergleiche ließen sich (S. 15 ff.) synchron/diachron bzw. sympatrisch/allopatrisch oder in Kombination durchführen, als kontrastive oder als verallgemeinernde Vergleiche. Sie dienten der Freilegung von Ähnlichkeiten und Unterschieden, von Konvergenzen und Divergenzen, sie könnten soziale, kulturelle, politische und wirtschaftliche Prozesse, Institutionen, Regeln u. Ä. genauer konturieren, die „Originalität" von Gesellschaften freilegen und den Forscher in Distanz zum Forschungsgegenstand bringen. Die Aussage: „Vergleiche können als indirekte Experimente dienen und das ‚Testen' von Hypothesen ermöglichen" (S. 13) befindet sich in größter denkbarer Konvergenz zur naturwissenschaftlichen Betrachtungsweise. In seiner Erörterung des historischen Vergleichs hat Kaelble (1999) hervorgehoben, dass Historiker im Vergleich mit Ethnologen und Soziologen spezifische Umgangsformen mit dem Raum, mit der Zeit, mit Begriffen und mit Quellen pflegten. Historiker wären auch weniger spezialisiert als die anderen Gesellschaftswissenschaften und würden den historischen Kontext in besonderer Weise würdigen. Naturwissenschaftler, die in ihrer Ausbildung am Experiment gelernt haben, Randbedingungen und mögliche Einflussfaktoren zu erfassen, zu beobachten und zu berücksichtigen, werden vielleicht erstaunen, wenn für den historischen Vergleich die Beachtung jeweiliger Kontexte für die Vergleichsgrößen als besonders erforderlich betont wird. Demgegenüber führt die von Robinson und Wiegandt (2008) zusammengestellte Aufsatzsammlung in beispielhafter Weise vergleichende Geschichtsbetrachtung unter Berücksichtigung naturaler Faktoren vor.

Die Nähe des historischen Vergleichs zu einer Experimentalsituation bedeutet, auch in einer historischen Betrachtung nach empirischen Prinzipien und nach *Ceteris-Paribus*-Regeln zu verfahren. Umweltgeschichte kann als Geschichte von Langzeitversuchen unter natürlichen Bedingungen begriffen werden. Unter diesem Blickwinkel wird die Weltengeschichte zum Weltengericht (Schiller), und zwar in Echtzeit. Umweltgeschichte ist ohne vergleichende Betrachtung nicht denkbar. Dies ist nicht nur durch die elementare Eigenschaft einer jeden historischen Erörterung begründet, die nur verständlich wird durch eine In-Beziehung-Setzung zum Standpunkt des Betrachters. Sie ist außerdem auch durch eine Fundamentaleigenschaft der naturalen Systeme begründet, in und mit denen sich Geschichte vollzieht. Naturale organismische Systeme weisen keine Konstanz auf, sie variieren in Zeit und Raum und sie zeigen Resilienzeigenschaft. Mit ihr wird die Fähigkeit von Organismen und Ökosystemen bezeichnet, nach Änderungen durch existentielle Bedingungsfaktoren oder Störungen wieder in ihren Ausgangszustand zurückzukehren. Damit zusammen hängt auch das Hysterese-Verhalten. So können Organismen und Ökosysteme nach Änderung von Lebensbedingungen eine Zeitlang Stabilität aufrechterhalten. Mit „Verzögerung" wechseln sie dann in einen anderen, vorzugsweise ebenfalls stabilen Zustand. So führt der Saure Regen erst nach Jahrzehnten zu sichtbaren Vegetationsschäden. Die langfristige Folge wäre wahrscheinlich eine stabile Baumsteppe. Gegenmaßnahmen beanspruchen zusätzlich Zeit, weil auch sie im System erst mit zeitlicher Verzögerung zu Änderungen führen. Ohne Kenntnis dieses Umstandes würde eine einfachere Querschnittsuntersuchung zu keinem sinnvollen Ergebnis oder sogar zu einer falschen Schlussfolgerung führen. Synchrone und diachrone Vergleiche an vergleichbaren und unterschiedlichen Standorten bilden die Grundlage für das Verständnis der organismischen- und ökosystemischen Prozesse. Diese Prozesse bewirken unmittelbar oder mittelbar Reaktionen einer menschliche Gesellschaft oder bestimmter Akteursgruppen in ihr. Umgekehrt führt individuelles, gesellschaftliches oder institutionelles Handeln zu Folgen in ökosystemischen Prozessabläufen. In der umweltgeschichtlichen Betrachtung werden beide Wirkungsrichtungen und Wirkungszeiten analysiert. So ist der Zusammenbruch der atlantischen Kabeljaubestände (Abb. 1.2) nicht als Momentaufnahme registrierbar, sondern bedarf des Vergleiches in diachroner Perspektive (Zeitschnitte), der Analyse der Handlungsweise von Institutionen (internationale Abkommen) und von Akteuren (Fischindustrie). Gäbe es nur die gegenwärtigen atmosphärischen Temperaturmessungen und keine Archive für Wetterdaten und historische Temperatur-Proxidaten (Abb. 1.3), und hätte man keine Kenntnis von der Langzeitwirkung (Hysterese) der Treibhausgase, wäre es unmöglich, aktuell den Klimawandel zu prognostizieren.

Naturale Systeme und menschliche Gesellschaften zeigen hinsichtlich ihres Verhaltens in Abhängigkeit von der Zeit insofern ein konvergentes Verhalten, als in beiden durch die regelhaften Prozessabläufe und durch wirksame Zufälle Änderungen der inneren Zustände herbeigeführt werden, ohne dass es in einer bestimmten Weise zu „grundsätzlichen" Veränderungen kommen müsste. Ein Wald wäre auch in 50 Jahren noch ein Wald, jedoch infolge Sukzession von erheblich anderer Zusammensetzung. Der Zufall eines außergewöhnlich umfangreichen Windbruchs, etwa durch den Orkan Kyrill im Januar 2007, verändert augenblicklich die erwartete Waldgeschichte.

In vergleichbarer Weise vermitteln menschliche Gesellschaften und ihre Institutionen trotz innerer Veränderungen das Bild eines geringen äußerlichen Wandels. Auch hier können außerdem Zufälle zu erheblichen Verschiebungen führen, wenn sie geschichtsmächtig sind. So hat die Bundesrepublik Deutschland zwar immer noch ihre Verfassung („Grundgesetz“) aus dem Jahre 1949, die den normativen Rahmen setzt. Die Bundesrepublik ist aber inhaltlich und geographisch gegenüber ihrem Ursprungsjahr 1949 erheblich verändert.

Als Schlussfolgerung ergibt sich, dass es in der umwelthistorischen Betrachtung ein Fehler wäre, nur den gesellschaftlichen und institutionellen Prozessen immanenten Änderungen Rechnung zu tragen. Auch Ökosysteme ändern sich, ohne sich äußerlich zu ändern.

Literatur

Baberowski J (2010) Was sind Repräsentationen sozialer Ordnungen im Wandel? Anmerkungen zu einer Geschichte interkultureller Begegnungen. In: Baberowski J (Hrsg) Arbeit an der Geschichte. Wie viel Theorie braucht die Geschichtswissenschaft? Campus, Frankfurt/Main, S 7–18

Begon ME, Harper JL, Townsend CR (1998) Ökologie. Spektrum, Heidelberg

Bloch M (1928) Pour une histoire comparée des sociétés européennes. Revue de syntèse historique 46. Hier zitiert nach der deutschen Übersetzung: Für eine vergleichende Geschichtsbetrachtung der Europäischen Gesellschaften. In: Middell M, Sammler S (Hrsg) (1994) Alles Gewordene hat Geschichte. Die Schule der Annales in ihren Texten 1929–1992. Reclam, Leipzig, S 121–167

Carson R (1962) Der stumme Frühling. Biederstein, München

Deutscher Bundestag (Hrsg) (1989) Protecting the Earth's Atmosphere: An International Challenge. Interim Report of the Study Commission of the 11th German Bundestag „Preventives Measures to Protect the Earth's Atmosphere“. Deutscher Bundestag, Referat Öffentlichkeitsarbeit

Deutscher Bundestag (Hrsg) (1990) Protecting the Tropical Forests: a High Priority International Task. Report of the Enquete Commission „Preventives Measures to Protect the Earth's Atmosphere“ of the 11th German Bundestag, 2. Deutscher Bundestag, Referat Öffentlichkeitsarbeit

Deutscher Bundestag (Hrsg) (1998) Konzept Nachhaltigkeit. Vom Leitbild zur Umsetzung. Abschlußbericht der Enquete-Kommission „Schutz des Menschen und der Umwelt – Ziele und Rahmenbedingungen einer nachhaltig zukunftsträchtigen Entwicklung“ des 13. Deutschen Bundestages. Deutscher Bundestag, Referat Öffentlichkeitsarbeit

Durham WH (1991) Coevolution. Genes, cultures, and human diversity. Stanford Univ Press, Stanford

Friedrich Ebert Stiftung (Hrsg) Beiträge zum Rahmenthema „Umweltgeschichte und Geschichte der Umweltbewegungen“. Archiv für Sozialgeschichte 43

Ginzburg C (1993) Mikro-Historie. Zwei oder drei Dinge, die ich von ihr weiß. Historische Anthropologie 1:169–192

Ginzburg C (2001) Die Wahrheit der Geschichte: Rhetorik und Beweis. Wagenbach, Berlin

Gläser B, Teherani-Krönner P (Hrsg) (1992) Humanökologie und Kulturökologie. Westdeutscher Verlag, Opladen

Global 2000 (1980) Global 2000. Der Bericht an den Präsidenten. Zweitausendeins, Frankfurt/Main

Goudie A (1994) Mensch und Umwelt. Spektrum, Heidelberg (Übersetzung der 1. englischen Auflage; 6. englische Aufl 2005)

Harris M (1989) Kulturanthropologie. Campus, Frankfurt/M

Haupt HG, Kocka J (Hrsg) (1996) Geschichte und Vergleich. Ansätze und Ergebnisse international vergleichender Geschichtsschreibung. Campus, Frankfurt/M

Heyword VH (Hrsg) (1995) The Global Biodiversity Assessment. UNEP. Cambridge Univ Press, Cambridge

IPCC Berichte: http://www.ipcc.ch/publications_and_data/publications_and_data_reports.shtml

Kaelble H (1999) Der historische Vergleich. Eine Einführung zum 19. und 20. Jahrhundert. Campus, Frankfurt/M

Kondylis P (1999) Das Politische und der Mensch. Grundzüge der Sozialontologie. Bd 1. Akademie Verlag, Berlin

Kurlansky M (1999) Kabeljau: Der Fisch, der die Welt veränderte. Claassen, Düsseldorf

Lévi-Strauss C (1973) Die Wissenschaft vom Konkreten. In: Lévi-Strauss C (Hrsg) Das wilde Denken. Suhrkamp, Frankfurt/M, S 11–48

Lübbe H (1977) Geschichtsbegriff und Geschichtsinteresse. Analytik und Pragmatik der Historie. Schwabe, Basel

Meadows D, Meadows D, Zahn E, Milling P (1973) Die Grenzen des Wachstums. Bericht des Club of Rome zur Lage der Menschheit. Rohwolt, Reinbeck

Meusburger P, Schwan T (Hrsg) (2003) Humanökologie. Ansätze zur Überwindung der Natur-Kultur-Dichotomie. Franz Steiner, Wiesbaden

Millenium Ecosystem Assessment (2005) Ecosystems and human well-being: synthesis. Island Press, Washington/DC. http://www.maweb.org/documents/document.356.aspx.pdf

Moran E (2008) Human adaptability. An introduction to ecological anthropology. Westview, Boulder

Nentwig W (2005) Humanökologie. Springer, Berlin

Ofek H (2001) Second human nature. Economic origins of human evolution. Cambridge Univ Press, Cambridge

Paravicini W (2010) Die Wahrheit der Historiker. Oldenbourg, München

Park RE, Burgess EW (1921) Introduction to the science of sociology. Univ of Chicago Press, Chicago

Pfister C et al (2007) Umweltgeschichte – interdisziplinärer Anspruch und gängige Forschungspraxis. In: Di Giulio A (Hrsg) Allgemeine Ökologie. Innovationen in Wissenschaft und Gesellschaft. Festschrift für Ruth Kaufmann-Hayoz. Haupt, Bern, S 51–64

Radkau J (2011) Die Ära der Ökologie. Eine Weltgeschichte. Beck, München

Robinson J, Wiegandt K (2008) Die Ursprünge der modernen Welt. Geschichte im wissenschaftlichen Vergleich. Fischer, Frankfurt/M

Schutkowski H (2006) Human Ecology. Biocultural adaptations in human communities. Springer, Berlin

Serbser W (Hrsg) (2003) Humanökologie. Ursprünge-Trends-Zukünfte. Lit, Münster

Sieferle R (2009) Der Gegenstand der Umweltgeschichte. In: Kirchofer A (Hrsg) Nachhaltige Geschichte. Festschrift für Christian Pfister. Chronos, Zürich, S 35–46

Simmel G (1892) Die Probleme der Geschichtsphilosophie: eine erkenntnistheoretische Studie. Duncker & Humblot, Leipzig (hier zitiert nach der digitalisierten Fassung http://www.archive.org/details/dieproblemederg00simmgoog); die zweite Auflage von 1905 bis zur fünften von

1923 unterscheiden sich hinsichtlich der Grundaussage, auf die hier abgestellt wird, substantiell nicht)

Smith TM, Smith RL (2009) Ökologie. Pearson Studium, München

Snir A et al (2015) The origin of cultivation and proto-weeds, long before neolithic farming. PLoS One. doi:10.1371/journal.pone.0131422

Solbrig OT (1994) Biodiversität. Wissenschaftliche Fragen und Vorschläge für die internationale Forschung. Deutsches Nationalkomitee für das UNESCO-Programm „Der Mensch und die Biosphäre" (MAB). Deutsche UNESCO-Kommission, Bonn

Steiner F (2002) Human ecology. Following nature's lead. Island, Washington Covelo London

Suter A, Hettling M (Hrsg) (2001) Struktur und Ereignis. Geschichte und Gesellschaft. Z f hist Sozialwiss. Sonderheft 19. Vandenhoeck u Ruprecht, Göttingen

Thomas WL, Sauer C, Bates M, Mumford L (Hrsg) (1955) Man's role in changing the face of the earth. Univ of Chicago Press, Chicago

Townsend CR, Begon M, Harper JL (2009) Ökologie. Springer, Berlin

WBGU Hauptgutachten. http://www.wbgu.de/hauptgutachten/

Wilson EO (Hrsg) (1992) Ende der Biologischen Vielfalt? Der Verlust von Arten, Genen und Lebensräumen und die Chancen für eine Umkehr. Spektrum, Heidelberg (deutsche Übersetzung der Amerikanischen Originalausgabe von 1988)

2 Orientierung und thematische Annäherung

2.1 Orientierungsfragen

Im Folgenden werden kategoriale Fragen in unterschiedlichen Komplexitätsgraden dargestellt. Sie sollen als Beispiele das Verständnis für die anschließenden Kap. 3 zu zentralen Begriffen und Themenfeldern vorbereiten.

2.1.1 Umgebung – Umwelt

„Zeit“ und „Raum“ bilden in verbreiteter menschlicher Anschauung die Kulisse, in der sich „Geschichte“ abspielt. Physiker würden dies bestreiten und darauf drängen, dass „Zeit“ und „Raum“ nicht nur das Tableau bereiten. Was im Maßstab des Weltalls und im herrschenden naturwissenschaftlichen Weltbild physikalisch richtig ist, kann sich im Maßstab eines subjektiven menschlichen Lebens anders darstellen. Hier wird „Zeit“ nur als Differenz zwischen zwei Zuständen erfahren, am einfachsten in Gestalt des vorrückenden Sekundenzeigers, schwerer fassbar schon in den unvermeidlichen Vorgängen des Alterns, das nicht kontinuierlich erlebt, sondern als Differenz plötzlich bewusst wird, als Differenz des Zustands wie der Fähigkeit.

Und „Raum“ ist zunächst nichts als eine überbrückte Distanz, die von Himmel und Erde begrenzt ist, und deren horizontales Ende willkürlich festgesetzt werden kann. Raumgrenzen können medial sein, wenn Luft, Wasser und Erde Trennlinien bilden, sie können geomorphologisch sein, wenn Berg und Ebene den Raum teilen, sie können ökosystemisch durch Abgrenzungen zwischen den Lebensgemeinschaften eines mitteleuropäischen Waldes und der angrenzenden Flussaue entstehen. Raumgrenzen mögen politisch durch Herrschaftsgrenzen festgelegt sein, zeitlich etwa den Wandel eines Waldes in Ackerland markieren, oder sie mögen als emotionale Hervorbringungen in Volksliedern und Dichtungen besungen oder mythisch belegt werden. Am Ende der Beobachtungs- und

B. Herrmann, *Umweltgeschichte*, DOI 10.1007/978-3-662-48809-6_2

Wahrnehmungsskalen trennen Raumgrenzen die Umgebung eines Menschen von seiner „Umwelt".

Niemand kann der „Umwelt" entkommen, weil sie konstitutiver Teil seiner selbst ist. Seit ihrer spezifischen Entdeckung durch Jakob Johann von Uexküll (1864–1944) ist sie, gemeinsam mit der Genetik, das bestimmende Epistem der modernen Biologie geworden und hat darüber hinaus eigentlich alle Bereiche des gesellschaftlichen und kulturellen Lebens erreicht. Von Uexküll (1921) hatte „Umgebung" von „Umwelt" geschieden und als entscheidende Differenz diejenige zwischen der bloßen Aufnahme von Objekten im Raum („Umgebung") und dem „Weltbild" eines Lebewesens benannt, das durch bestimmte Beziehungen des Lebewesens zu seiner Außenwelt entsteht („Umwelt", später auch synonym „Eigenwelt"). In diese „Umwelt" treten nur Dinge subjektiver Bedeutung ein und bilden erst durch ihre Rezeption im Individuum und der darauf beruhenden Wechselwirkung „die Umwelt", während alle anderen Elemente der Umgebung bedeutungslos wären. Ideenmäßig knüpft diese Entdeckung an ältere, milieutheoretische Vorstellungen an. Das Wort „Umwelt" ist ein Neologismus aus dem Jahre 1800, und beschreibt „die den Menschen umgebende Welt" (DWB). Im Verständnis von Uexkülls ist „Umwelt" ein Einflussbereich, in den Dinge der Umgebung eintreten, im Individuum wirken und Außenwirkungen erzeugen, der aber in jedem Falle ein individueller Bereich bleibt und sich damit grundsätzlich der Erfahrbarkeit durch andere Lebewesen entzieht. Das je spezifische Lebewesen und der Raum „Umwelt", in dem es sich bewegt, bilden also eine nicht vermittelbare Einheit. Damit wird Umwelt zu einem Relationsbegriff. Anders als „Umgebung" ist „Umwelt" *nicht er-lebbar*, sondern nur *lebbar*. Sie lässt sich nicht vergegenständlichen.

Der angelegten individualistischen Perspektive ist von Uexküll nicht weiter nachgegangen. Individuelle Umwelttönungen akzeptierte er zwar für Menschen, individualistisches Verhalten bei Tieren klassifizierte er jedoch als „aberrant". Diese Einschätzung ist letztlich nur verständlich, wenn das von der Biologie beobachtete je individuelle Verhalten eines Tieres in eine ontologische Zuweisung zum so genannt arttypischen Erfahrungs- und Reaktionsspektrum gewandelt werden soll.

Aber anders als von Uexküll intendierte, operationalisierten die Biowissenschaften „Umwelt" hin zu einem reinen Dingbegriff. Damit waren Objektivierung und Verwendungsmöglichkeit für Gruppen von Lebewesen gewonnen. Die frühen Profiteure des Gedankens von Uexkülls haben seinen Umweltbegriff, der anstoßgebend fruchtbar für die Entstehung der ökologischen Disziplinen und der Verhaltensforschung wurde, allerdings für „eng" gehalten und ihn inhaltlich geändert. Die Biologen nehmen mit dem Umweltbegriff mittlerweile Bezug „auf dasjenige außerhalb des Subjekts, was dieses irgendwie angeht" (Thienemann 1958, S. 9) Die unter den (deutschsprachigen) Biologen des 20. Jahrhunderts gängige Verständnisformel für „Umwelt" ist von Friederichs (1943, S. 157; 1950, S. 70) „für den praktischen Gebrauch" als „Komplex der direkten und der konkret greifbaren indirekten Beziehungen zur Außenwelt" herausgearbeitet worden. Dabei handelt es sich eigentlich nur noch um die Verwendung des scheinbar gleichen Begriffs. Denn die ursprüngliche Idee des „Weltbildes" eines Organismus ist aus dem heute gebräuchlichen Umweltbegriff – zumindest im naturwissenschaftlichen Kontext – gänzlich herausgenommen. Aus biowissenschaftlicher Sicht war dies vorteilhaft und folgerichtig, weil die Natur-Wissenschaft für ihre Aussagen über „Umwelt“ messbare Größen, brauchbare analytische Kategorien und reproduzierbare Zugangsmöglichkeit zum Forschungsgegenstand benötigt und das Subjektive aus der Naturwissenschaft entfernt. Dies betrifft sowohl das Subjektive des Beobachters oder Experimentators als auch das Individuelle des Untersuchungsobjekts. Eine Betrachtungsbeschränkung auf die Umwelt nur eines einzigen Lebewesens, eine subjektive Biologie, stünde im Konflikt mit den allgemeinen Zielen der Naturwissenschaft. Nur durch Gleichsetzung des Befundes am Individuum als stellvertretend für das Regelverhalten der gesamten Art ist in der Biologie dieses Problem zu lösen, also durch Absehen von Individualität bzw. deren Preisgabe. Erst in den letzten Jahrzehnten hat die Verhaltensforschung dem individuellen Verhalten von Tieren Aufmerksamkeit geschenkt. In der Ökologie gelten allgemein nach wie vor idealtypische ontologische Zuweisungen.

Die Abtrennung des nationalsozialistischen Deutschland von der internationalen Entwicklung war auch für die Entwicklung der Ökologie als Disziplin folgenreich. Zwar blieben deutsche Biologen auf diesem Sektor nahe an der internationalen Leistungsspitze. Doch wurde bei der Rezeption des internationalen Schrifttums der Begriff „*environment*“ umstandslos mit „Umwelt“ übersetzt. Dabei wurde der Begriff „environment“ ursprünglich 1827 von Thomas Carlyle zur Übersetzung des deutschen Wortes „Umgebung“ in die englische Sprache eingeführt. Spätestens damit wurden alle sub- und metatextlichen Bedeutungen des Begriffs ausgeblendet. Damit war in den Biowissenschaften die begriffliche Differenzierungsmöglichkeit nach dem von Uexküllschen Prinzip in „Umgebung“ und „Umwelt“ gänzlich verloren.

In der Überlegung von Uexkülls spielten die sozialen Interaktionen zwischen den Lebewesen zwar eine Rolle. Den komplexen interindividuellen und vielfältigen sozialen und kulturellen Äußerungen und Bezügen bei Menschen hat er in seinem Konzept keine besondere Aufmerksamkeit gewidmet. Deshalb sind Rückgriffe auf von Uexküll missverständlich, wenn sie gleichzeitig der Betonung sozialgeschichtlicher Aspekte in der Umweltgeschichte den Vorrang einräumen. In diesen Fällen scheint der Umweltbegriff dem Milieubegriff von Auguste Comte (1798–1857) und Nachfolgern stark angenähert, womit die den Einzelnen unmittelbar umgebende *gesellschaftliche* Umwelt gemeint ist. Dies geschah vor dem Hintergrund der Entwicklung einer soziologischen Generaltheorie. Die Konsequenz dieses ideenmäßigen Anschlusses müsste deshalb eine soziologische Analyse sein, keine umwelthistorische. Das Missverständnis beruht auf der gleichzeitigen Verwendung des Milieubegriffs sowohl in den Forschungsprogrammen der aufkommenden Soziologie und denen der zeitgenössischen Zoologie. Beide verwendeten den Begriff in unterschiedlichen Zusammenhängen. Biologen hatten vor von Uexküll „Milieu“ im Anschluss an die französischen Enzyklopädisten als reinen medialen Umgebungsbegriff, als Raumwirkung aufgefasst (*un espace matériel dans lequel un corps est placé*; z. B. Luft, „saures Milieu“ der Chemie).

Übriggeblieben war also noch zu Lebzeiten von Uexkülls der Begriff „Umwelt“ im ursprünglichen Verständnis seines Geschwisterbegriffs „Umgebung“. In den Lebenswissenschaften, von denen aus sich die allgemeine Verwendungspraxis des heutigen Umweltbegriffs ableitet, wird der Begriff „Umwelt" in alltagssprachlicher Bedeutung synonym für „Ökologisches" verwendet. Tatsächlich ist es heute auch gängige biologische Praxis, einen von komplexen Bedeutungsinhalten weitgehend befreiten Umweltbegriff zu verwenden. Zumeist bezeichnet dieser, jenseits seines erkenntnistheoretischen anderen Ursprungs, nur noch Forschungsfelder. Er ist damit auch in der Biologie zu einer Black-Box-Vokabel geworden, vergleichbar der umgangssprachlichen Verwendung des Begriffs „Gesellschaft". Eine analytische, erklärende Qualität wohnt ihm heute nicht inne, er etikettiert nur Zuordnungen. Von Uexkülls Name fehlt in Standard-Lehrbüchern der Ökologie. Der aufregende Umweg, den der Begriff zwischenzeitlich mit ihm genommen hatte, führte zirkulär wieder auf einen einfachen Bedeutungsinhalt zurück, nämlich auf „*die den Organismus umgebende Welt*".

Dies schloss nach ursprünglichem Verständnis Effekte des Verhaltens von Nachbarorganismen nicht mit derselben Sicherheit ein, wie sie heute selbstverständlich mit eingeschlossen sind. Erst die nach von Uexküll aufkommende Verhaltensforschung hat hier zwar zu einer Bewusstseinserweiterung geführt. Entscheidend ist dabei aber die Betrachtungsebene oder Skala, auf der eine Beobachtung stattfindet. Individuelles Verhalten oder dasjenige von Kleingruppen von Lebewesen summiert sich in arttypischer Weise zu einem Kollektivverhalten, das auf der Populationsebene Ausdruck in der spezifischen Populationsökologie findet: So raubt der Fuchs zwar das Kaninchen, aber damit ist keine Aussage über das Prinzip des Räuber-Beute-Verhaltens und das der wechselseitigen Bestimmung der Populationsgröße (viele Füchse, wenig Kaninchen und umgekehrt) gemacht. Oberhalb einer allgemein unbestimmten Grenze wird in den Konzepten der Biologie das beobachtete individualistische Verhalten zu einem determinierenden Prinzip abstrahiert, das ebenso messbarer Bestandteil des Selektionsregimes wird wie andere Standortfaktoren auch.

Die Dinge der Natur, zwischen und mit denen wir uns in einem weitesten Sinne aufhalten, stellen also das Tableau, „*die Umgebung*". „Umgebung" ist damit eine relationale Form von „Natur", die sich allein dem beschreibenden Bezug zu einem bestimmten Naturelement verdankt. Es gibt demnach die Umgebung eines Steines wie die einer Pflanze oder eines Tieres. Vereinfachend können diese „Umgebungen" als gleich gedacht werden, wenn Stein, Enzian und Murmeltier auf derselben Maienwiese vorkommen. Aber allein jene Elemente der Maienwiese, die für die Murmeltierindividuen kollektive (artliche) Bedeutung haben, bilden die „Murmeltier-*Umwelt*". Ob in dieser Umwelt alle Elemente, die an Ort und Stelle vorkommen, für das Murmeltier Bedeutung haben, oder es nur einige wenige sind, ist am Ende nicht beantwortbar. Es ist eine philosophische Frage, keine praktische.

Der „Umwelt"-Begriff war bei von Uexküll mindestens teilweise als individualistischer Begriff angelegt. Da die Biologie aber bestrebt ist, sich der strengen Gesetzlichkeit der nomothetischen Naturwissenschaften zu nähern und an die Stelle des Zufalls die Notwendigkeit zu setzen und damit Ereignis und Struktur voneinander zu trennen, werden anstelle von Aussagen über Individuen solche über Kollektive angestrebt, z. B. über Arten, Gattungen, Familien usw. Entsprechend spricht die Biologie etwa seit den 1940er

Jahren von „*der* Umwelt *der* Fliege“ und meint damit, dass alle Fliegen-Umwelten im Grundsatz gleich wären. Entsprechend gilt, dass Mensch, Hund und Fliege, die im selben Zimmer leben, zwar in derselben Umgebung leben, aber dennoch verschiedene Umwelten haben. Die Umwelten sind je und spezifisch voneinander geschieden, weil die einzelnen Dinge der Umgebung für jedes dieser Lebewesen unterschiedlich bedeutungsvoll oder bedeutungslos sind. Es ist die Bedeutung, welche die Dinge oder Sachverhalte aus der Umgebung zu einer Umwelt verbindet. Jede Rede über Natur, die nicht nur abstrakt über ihre Elemente redet, sondern konkreten Bezug nimmt, nimmt Bezug auf Umgebung oder Umwelt. Wenn in der Vorstellung der Biologie „Bedeutung“ als konstitutiv für eine Naturbetrachtung anzusehen ist, dann kann es eine konkrete Beschäftigung mit Natur nur in der Repräsentation von „Umwelt“ geben.

Mit dieser Differenzierung ist offenbar, dass die Ebene, auf die sich eine Betrachtung bezieht, für den Erkenntnisgewinn der Umweltgeschichte bedeutsam ist. Es ergibt sich ein unkompliziertes, pragmatisches und von vornherein auf Scheinobjektivität verzichtendes Deutungsmittel. Diesem Interpretament zufolge hätte man auf der kleinsten, der subjektivsten Ebene die „Umwelt“, dann folgt, bei abnehmender Bedeutung für das Subjekt, die „Umgebung“, und schließlich die abstrakte „Totalität des Existierenden“. Mit dieser skalenabhängigen Betrachtung ist es gleichzeitig und ohne aufwendige theoretische Erwägungen möglich, sowohl über Amazonien oder den Klimawandel als auch über meinen kleinen Kater zu sprechen. Eine zugebilligte Skalenspezifität würde, bei Anerkennung skalenabhängiger Emergenzen, auch Komplexitätszunahmen innerhalb des Betrachtungssystems zulassen und anerkennen und wäre in der Lage, auch zufällige Erscheinungen zu integrieren.

Die ehemals soziale Tönung des Milieubegriffs haben die Biologen einem einfachen Umgebungsbegriff untergeordnet, der aus der Aufzählung der Umgebungselemente, also additiv, gebildet wird. In dieser Umgebung herrschen physiko-chemische Determinanten. Ihre Ensembles bestehen aus Wasser, Luft und Erde, aus Berg und Tal, aus Land und Meer und Tieren und Pflanzen, aber auch aus „Verhalten“. Und von diesem Umgebungsbegriff her und in diesem Verständnis kam der Umweltbegriff in die Alltagssprache und auch in die Umweltgeschichte. Gewiss werden die Biowissenschaften mit dem Hinweis auf die o. g. Definition von Friederichs („*Komplex der direkten und der konkret greifbaren indirekten Beziehungen zur Außenwelt*“) oder ähnlicher Formulierungen auch den sozialen Bezügen der Lebewesen untereinander Bedeutung einräumen, weil auch sie Wirkungen und Gegenwirkungen im Lebewesen, zwischen den Lebewesen und zwischen Lebewesen und den Substraten der Umgebung erzeugen. Sie werden aber nicht in gleicher Weise als bestimmend für den Ablauf innerhalb einer Biozönose angesehen, wie das etwa für menschliche Gemeinschaften selbstverständlich unterstellt wird.

Am Ende bleibt die Unsicherheit auch innerhalb eines wissenschaftlichen Gesprächs, ob der Begriffsgebrauch situativ „Umgebung“ klar von „Umwelt“ scheidet und sich die Gesprächspartner dessen bewusst sind. In diesem Buch wird der Begriff „Umwelt“ (mit Ausnahme des Einleitungskapitels, in dem noch keine begriffliche Differenzierung vorgenommen wurde) ausschließlich im Sinne subjektiver Bezüge von Akteuren zu Elementen ihrer Umgebung verwendet.

Es sind *seine* subjektiven Bezüge, mit denen ein Autor Teilhabe beanspruchen oder behaupten kann, die das Abfassen einer „Umweltgeschichte“ aus menschlicher Perspektive ermöglichen, ohne dass am Ende die Trennung zwischen Umwelt und Umgebung zu einem erkenntnistheoretischen Problem werden muss. Die Frage, ob und unter welchen Prämissen z. B. eine „Umweltgeschichte der Zecken“ oder eine „Umweltgeschichte der Alpen“ geschrieben werden kann, lässt sich beantworten, aber eigentlich nicht entscheiden. Da wir nach Thomas Nagel nicht wissen können, wie es sich anfühlt, eine Fledermaus zu sein, ist es unmöglich, eine Umweltgeschichte der Fledermaus, der Zecken oder gar der Alpen zu verfassen. Wenn der Gegenstand der Betrachtung aber in meine (wissenschaftliche) Umwelt eintritt, dann kann ich „*meine* Umweltgeschichte der Zecken“ oder „der Alpen“ verfassen. Und so wird es ja wohl auch sein, dass keine zwei Autoren über dieselbe Sache dasselbe Buch schreiben, also immer eine je subjektive Sicht formulieren. Allerdings dürfte die Wirklichkeit hier mit der Illusion von Autoren kollidieren.

2.1.2 Natur – Umwelt

2.1.2.1 Natur I

Die Umgebung enthält zumindest Anteile von „Natur“. Die Rede über „Natur“ wird gewöhnlich so geführt, als redete man über objektiv Gegebenes und als redeten damit alle über dasselbe. Allermeist wird übersehen, dass selbst die bloßen Wahrnehmungen *von* Natur und darauf gründende Aussagen *über* Natur kulturell geprägten Mustern und häufig ontologischen Zuweisungen folgen.

Der Hinweis auf den Wandel des Weltbildes von geozentrisch zu heliozentrisch mag hier als Argument noch auf Akzeptanzprobleme stoßen, weil sich die Beobachtung (des täglichen Sonnenlaufs) kontraintuitiv zur Wirklichkeit (die Erde umkreist die Sonne) verhält. Ein einfacher gewähltes Beispiel betrifft das Farbsehen, das allen Menschen, mit Ausnahme genetisch farbuntüchtiger Individuen, die Fähigkeit verleiht, weit über eine Million Farben wahrzunehmen (Variationen des Farbtons mal Variationen der Sättigung mal Variationen der Helligkeit). In keiner bekannten Sprache steht jedoch eine solche Anzahl von Bezeichnungen für die Vielfalt der Farben zur Verfügung, die physiologisch wahrgenommen werden.

Befragt man Menschen nach Farben in der Natur, ergibt sich Überraschendes. Seit der Analyse Gladstones (1858) über das Farbspektrum in den Epen Homers müsste eigentlich geklärt sein, dass Naturbeschreibung kulturabhängig ist. Bei Homer ist der Himmel nicht blau, auch spricht er von einem „weindunklen Meer“, er kannte Schafe mit „veilchenfarbiger“ Wolle und chloritische Farbnuancen von Menschen und Gegenständen, die wir keinesfalls mit einem grünlichen Farbton verbinden würden. Dem Einwand, bei Homer handele es sich um dichterische Mittel oder um Unbestimmtheiten der Übersetzung („*gavagai*“-Argument in Anlehnung an van Orman Quine 1998), kann mit Forschungserträgen der Ethnologie entgegnet werden. Ausgerechnet Ethnien, die in der Südsee leben, die wegen des blauen Meeres und des blauen Himmels eine Sehnsuchtsregion vieler Europäer ist, bezeichnen die Farbe des Meeres und des Himmels als „schwarz“ (weitere Beispiele und eine Hinführung zum Problembereich „Sprache“ und „Naturwahrnehmung“ bei Deutscher 2010). So tief sind die kulturellen Einübungen in den sensorischen Apparat der Menschen eingepasst, dass selbst optische Täuschungen, deren Wahrnehmung keiner Kultur*technik* unterliegen sollten, interkulturell unterschiedlich beschrieben werden (Yan et al. 2007). Die Autoren ziehen aus interkulturellen Vergleichen kognitiver Leistungen den Schluss, dass Kognition selbst ein Konstrukt ist.

Eine Aussage über die „Natur“ etwa der Fledermaus ist also entgegen der Lehrbuch-Behauptung der Biologie nicht wirklich möglich, weder – wie es von Uexküll möglich schien – über deren „subjektives Welterleben“ noch über ihre objektiven Eigenschaften. Denn die Beobachtung der so genannt objektiven Eigenschaften wird nicht zuletzt auch noch gleichfalls über Kulturtechniken vermittelt und unterliegt damit der Gestaltung der Wirklichkeit durch Bedeutungszuschreibungen durch Vermittlungsprozesse:

> Der Mensch kann der Wirklichkeit nicht mehr unmittelbar gegenübertreten; er kann sie nicht mehr als direktes Gegenüber betrachten. Die physische Realität scheint in dem Maße zurückzutreten, wie die Symboltätigkeit des Menschen an Raum gewinnt. Statt mit den Dingen hat es der Mensch nun gleichsam ständig mit sich selbst zu tun. So sehr hat er sich mit sprachlichen Formen, künstlerischen Bildern, mythischen Symbolen oder religiösen Riten umgeben, daß er nichts sehen oder erkennen kann, ohne daß sich dieses artifizielle Medium zwischen ihn und die Wirklichkeit schöbe. (Cassirer 1944, S. 50)

Die Hauptursache hierfür liegt vermutlich letztlich im menschlichen Bedürfnis, der individuellen Existenz einen Sinn zuzuschreiben:

> Kultur ist ein vom Standpunkt des Menschen aus mit Sinn und Bedeutung bedachter endlicher Ausschnitt aus der sinnlosen Unendlichkeit des Weltgeschehens. (Weber 1922)

Wie jede Rede überhaupt ist folglich auch jede Rede über „Natur“ kulturell konstruiert und hat damit immer metaphorischen Gehalt.

Inwieweit Unterschiede im Ausdrucksvermögen unterschiedlicher Sprachen Konsequenzen für die Naturwahrnehmung selbst haben, wird kaum noch kontrovers diskutiert. Sprache formuliert Wissen, sowohl hinsichtlich ihrer grammatischen Ordnung als auch hinsichtlich ihrer kognitiven Inhalte, die als Wortbedeutungen vermittelt werden. Wenn beispielsweise im Russischen das Hilfsverb „haben“ fehlt, ist das aber höchstens eine besondere Herausforderung für den Übersetzer. In der russischen Bildung der deutschsprachigen Aussage „Ich habe ein Bein“ wird „Bein“ zwar grammatisch zum agierenden Subjekt und „ich“ als Objekt dem grammatischen Regime des Subjekts (Bein) unterworfen. Deshalb erlangen Beine noch längst keine autonome Funktion über die Mobilität des „Ich“. Die im Russischen äquivalente buchstäbliche Bildung lautet „Bei mir (ist) ein Bein“ [У меня (есть) нога]. Die Ordnung und Bedeutung der Wörter drückt in diesem

Falle weder aus, dass russische Menschen glaubten, ihre Beine wären neben ihrem Körper, noch, dass Russen keine klare Vorstellung von Eigentum hätten oder diese sich im Russischen sprachlich nicht eindeutig ausdrücken ließe. Die Annahme, die Sprache selbst würde Einfluss auf das Denken, schließlich sogar auf die Wahrnehmungen nehmen, ist als „Sapir-Whorf-Hypothese" bekannt geworden. Sie hatte ihren Ursprung u. a. darin, dass in manchen Sprachen nur zwei oder drei oder sechs Farbwörter vorkommen. Tatsächlich sind auch Angehörige von Ethnien, deren Sprache lediglich zwei Sammelbegriffe für Farbtöne enthalten (z. B. einen für dunkle und kalte Farben bzw. einen für helle und warme Farben), souverän in der Lage, die Fokalfarben *zu benennen*. Dieser Befund gilt als ein Hinweis auf ein universelles Wahrnehmungsprinzip, das hinter dem kulturspezifischen sprachlichen Differenzierungsvermögen steht (Rosch 1977) und als ein entscheidender Einwand gegen die Sapir-Whorf-Hypothese. Er ist zugleich auch ein Hinweis darauf, dass Menschen Tatsachen objektiv wahrzunehmen vermögen. Der Sprach-Skeptizismus der europäischen Philosophie in der ersten Hälfte des 20. Jahrhunderts (z. B. Wittgenstein) hatte *avant la lettre* mit einem konstruktivistischen Problem zu tun, für das Wittgenstein den Begriff „Bild" verwendet und das heute im Begriff der „Repräsentation" aufgelöst ist (s. u.). Offensichtlich werden das Denken und die Wahrnehmung durch die Sprache selbst nicht beeinflusst, die ein Beobachter spricht, sondern – und das ist nun nicht überraschend – die Art und Weise, wie er seine Umgebung beschreibt, wie er sie einteilt. Bedient sich die Sprache metaphorischer Ausdrucksmittel, ist die bloße Qualität der Metapher geeignet, die Handlung zu beeinflussen (Thibodeau und Boroditsky 2011).

Sprache hat Bedeutung in wissensproduzierenden Erzählungen. Dass auch in den Naturwissenschaften wissensproduzierende Erzählungen Bedeutung haben, scheint weder allgemein bekannt noch von Naturwissenschaftlern allgemein eingeräumt. Herausragende Beispiele für wissensproduzierende Erzählungen der Naturwissenschaften sind Darstellungen der Astronomie über die Ereignisse nach dem „Urknall" oder die Evolutionstheorie der Biologie (Mayr 1998, Kap. 4). Es handelt sich um plausible Konstruktionen einer bestimmten wissenschaftlichen Kultur, die mit Wörtern spezifischer Bedeutung erzählt werden, nicht um objektive Wahrheiten. Kein Erzähler einer historischen Begebenheit oder Bedingung ist „dabei" gewesen oder kann sich dafür verbürgen, „wie es eigentlich gewesen" ist im Sinne einer absoluten Wahrheit. Insofern unterliegen die Erzählungen über Historisches der Einsicht in ihren konstruktiven, ihren notwendig ephemeren Charakter und erfordern einen selbstkritischen Umgang mit Wortbedeutungen und mit der verwendeten Sprache. Es ist eine geschichtswissenschaftliche Binsenweisheit, dass Bedeutungen desselben Wortes sich in den Zeitläuften verändern können. Es wäre allein deshalb kurzschlüssig, eine etwa 200jährige Textstelle ungeprüft eins zu eins als identisch mit ihrem Verständnis heutiger Wortbedeutungen anzunehmen.

2.1.2.2 Natur II

Zweifellos muss auch von einer außerkulturell existierenden Natur ausgegangen werden, die unabhängig von menschlicher Beobachtung und Bewertung gegeben ist („*unmediated flux*", Katherine Hayles). Danach ist Natur als unabhängiges Ding, als bloßer Gegenstand aus Bestandteilen gegeben, dessen Gegenstände und Prinzipien der Selbstorganisation die Naturwissenschaften aufzuklären sich bemühen. Die Naturwissenschaften erheben in ihrem „szientifischen" Naturbild den Anspruch, über diese Natur „objektive" Aussagen machen zu können. Gewiss ist eine Aussage etwa über die Wirkung der Schwerkraft kulturunabhängig möglich, nicht aber eine Aussage zu ihrer Bedeutung.

Im umwelthistorischen Zusammenhang werden weder Aussagen auf der Grundlage strenger naturwissenschaftlicher Gesetzmäßigkeiten angestrebt noch wird die Ableitung solcher Gesetze betrieben. Selbstverständlich werden die Gesetzmäßigkeiten und Regeln des naturwissenschaftlichen Wissens anerkannt (Aktualismus). Aber für die hier verhandelten erkenntnistheoretischen Probleme im Umgang mit Aussagen über Natur genügt allermeist der Rückgriff auf Hochwahrscheinlichkeitsaussagen auf der Grundlage „normischer Generalisierungen" (Gerhard Schurz), nach dem Muster „normalerweise haben Laubbäume grüne Blätter" bzw. „während der kleinen Eiszeit war es kälter als heute". Aussagen dieser Art können im umwelthistorischen Diskurs solange als „objektiv" in einem pragmatisch-heuristischen Sinne gelten, wie keine anderen normischen Generalisierungen in Widerspruch treten oder solange keine spezifische Diskursabhängigkeit der Aussage erkannt wird.

Aus dem Fehlschluss, der auf der Annahme beruht, es gäbe eine kulturfreie Aussage zu Naturbeobachtungen unter dem Eindruck des kulturellen Wandels, wie er sich in den Zeitläuften darstellt, folgt häufig ein weiterer Fehlschluss: Bewertungskategorien werden häufig als vermeintlich „objektiv", als „natürlich vorgegeben" angesehen. Doch die Dinge in der Natur sind lediglich so, wie sie sind, nicht aber so, *weil sie so sein sollen* (der so genannte „naturalistische Fehlschluss" s. str., u. a. nach David Hume 1711–1776). Bewertungen sind kulturell bedingte, normative Setzungen. Jeder aus der Natur abgeleiteten Handlungsoption liegt eine vorher erfolgte menschliche – kulturabhängige – Bewertung zugrunde.

Ob die Naturwissenschaft „objektive" Aussagen über eine „objektiv existierende Natur" machen kann, braucht hier nicht weiter verfolgt zu werden. Die „Wirklichkeit" der Umweltgeschichte ist selbst dort, wo sie naturwissenschaftliche Aussagen verwendet, eine kulturgeschichtliche, in der jede Differenz zwischen Wirklichkeit und „Repräsentation" überwunden ist. Unter Repräsentation wird die Hervorbringung von Vorstellungen mit den Mitteln der Sprache verstanden. Die Sprache verbindet Vorstellungen der Menschen mit ihrer realen wie ihrer fiktiven Welt (Vorstellungen im Sinne der „Bilder" Wittgensteins). *Diese* „Repräsentationen" nicht nur der Vorstellungen, sondern auch die Herstellung dieser Vorstellungen, sind das, was Menschen als „wirklich" begreifen: „Die Wirklichkeit ist ein Modus der Repräsentation" (Baberowski 2010). Im Grunde handelt es sich dabei um eine Ableitungsvariante des Begriffs der Wirklichkeit und der „Vorstellung einer Wirklichkeit" nach Immanuel Kant). Wenn in diesem Buch von „Wirklichkeit" gesprochen wird, dann unter diesem Verständnis. Diese Position bestreitet keineswegs die Existenz historischer Tatsachen, z. B. den Ausbruch des Vesuvs im Jahre 79 CE, sie bestreitet auch keineswegs die Möglichkeit einer Rekonstruktion nahe am phänomenologischen Ablauf von Handlungen und Prozessen. Die Position bestreitet lediglich, aber nachdrücklich, die Möglichkeit einer Rekonstruktion ohne das subjektive Element. Wäre dies nicht so, blieben die möglichen Aspekte jeder Geschichtsschreibung begrenzt und Geschichtsschreibung würde sich allmählich erschöpfen.

Alles, womit Menschen in ihrer Umgebung umgehen, wird von ihnen symbolisiert, wird mit Sinn und Bedeutung belegt, die Elemente der Umgebung sind nicht einfach mehr bloße Elemente der Umgebung (Ernst Cassirer). Sie werden zu den Elementen der „Umwelt" und immer symbolisch belegt, sodass sie „als mehr erscheinen gleichzeitig zu dem, was sie buchstäblich an Ort und Stelle sind" (Adorno 2003, S. 111). Deshalb ist Umweltgeschichte von Naturgeschichte zu unterscheiden und geschieden. Am Ende aber können beide zusammenfallen. Man kann die Naturgeschichte nämlich auch als eine nicht einmal besonders extreme Variante der Umweltgeschichte auffassen, wobei sich jene von dieser wesentlich durch die Behauptung unterscheidet, dass man kulturfrei und zeitunabhängig über „Natur" sprechen könne.

2.1.3 „Mensch, Natur und Umwelt" – falsche Kategorien

Im Falle von „Natur und Umwelt" wird vielfach und kontextabhängig der Begriff der „Natur" synonym den Begriffen von „Umgebung" und „Umwelt" verwendet. In einem systematischen Verständnis ist „Natur" zunächst einfach alles, was in unserer und möglichen anderen Welten an belebten und unbelebten Dingen existiert, die „Totalität alles Existierenden" (Hans-Dieter Mutschler). Kontextabhängig präzisierende Naturbegriffe erweisen sich lediglich als pragmatische Varianten unreduzierter wie reduzierter Perspektiven des Totalitätskonzeptes.

Die antike Begriffspraxis, „dem Menschen" das gegenüberzustellen, was nicht von ihm geschaffen wurde, und summarisch als „Natur" zu bezeichnen, bildet auch die Grundlage der heute verbreiteten gängigen Naturauffassung. Einer Differenzierung der Aufklärung folgend, wird „Natur" noch in „belebte" und „unbelebte Natur" geteilt, und schließlich als Gegenbegriff zu „Kultur" benutzt.

Diese Auffassung erreicht insgesamt ihre begriffliche Grenze, wenn Hervorbringungen des Menschen in Kategorien anderer Lebewesen bemessen werden. Wenn der Damm des Bibers, der Hügel der Termite und das Netz des Spinne der „Natur" zuzurechnen sind, ergibt sich z. B. das Problem, ob, oder bis zu welchem Ausmaß, eine vom Menschen gebaute Laubhütte, ein Steinhaus oder eine Stadt „Natur" sind. Würden wir Menschen in derselben Weise beobachten können, wie wir dies mit Bibern, Termiten und Spinnen tun, hätten wir kaum Zweifel, dass das Prinzip der Behausung – und in vielen Regionen der Welt dann sogar die Behausung unter Verwendung rechter Winkel – eine instinktgesteuerte Sache wäre.

Nur vordergründig kann der Mensch letztlich dem Naturzwang entgehen. Selbst dort, wo er die Natur ingeniös verändert oder vermeintlich intellektuell überwindet, kann er dies nur unter Beachtung bzw. in Grenzen der Naturgesetze. Alle Hervorbringungen des Menschen sind in Möglichkeiten seiner Existenz begründet und damit Möglichkeiten seiner Natur. Wenn „Kultur“ als „zweite Natur des Menschen“ (Johann Gottfried Herder und Nachfolger) gelten soll, dann aus der Annahme, dass Kultur eine spezifische Hervorbringung aus der menschlichen Natur ist. Versteht man Kultur als spezifisch ökologisch adaptive Strategie des Menschen, sind alle kulturellen Hervorbringungen „natürlich“ und in ihnen bewegt sich der Mensch immer in der „Natur“, selbst wenn er im Flugzeug sitzen sollte und Flugzeuge als solche vorbildhaft in der übrigen (nicht vom Menschen gemachten) Natur nicht vorkommen. Dass sich der Mensch selbst, angesichts seiner wie unbegrenzt scheinenden Fähigkeiten, als von den Gesetzen der Natur nicht begrenzt erfährt, ist eine Selbsttäuschung. Die Kategorie „Kultur“ kann also nicht von der Kategorie „Natur“ getrennt werden und wechselseitig in Gegensatz gebracht werden.

Diese philosophisch gewonnene Einsicht bestreitet die Interpretation des Menschen als das Produkt eines gesonderten kreationistischen Aktes. Vielmehr unterliegt er nach dieser Einsicht, wie jedes andere Phänomen der uns bekannten Welt, den Gesetzmäßigkeiten, die sich aus den Eigenschaften der Materie und der chemischen Elemente, ihren Verbindungen und der Fähigkeit komplexerer Moleküle, sich selbst zu organisieren, ergeben. Die Annahme eines kreationistischen Aktes oder einer sonstwie philosophisch begründeten Herausgehobenheit des Menschen ist die Wurzel des Denkens in der „Natur-Kultur“-Opposition. Sie scheint, bis auf den heutigen Tag, weitestgehend bestimmend zumindest für das abendländische Denken. Da war antik zunächst die Rede von der „Kultur“, die nicht nur die Hervorbringungen der Menschen von denen der „Natur“ abgrenzte, sondern auch die Ordnungsleistung der Menschen in der als chaotisch erscheinenden Natur thematisierte. Die christliche Dogmatik zementierte diese Sicht, die Natur selbst wurde als „Buch der Natur“ zu Offenbarung (interessanterweise hält Gott in der Darstellung von Hieronymus Boschs „Weltengericht“ (d. i. „der Garten der Lüste“, ca. 1500) dieses Buch auf seinem Schoß, siehe: # 340, http://www.garyschwartzarthistorian.nl).

Einen ganz wesentlichen Schub erhielt diese Auffassung ausgerechnet durch das „Ende der Naturgeschichte“ (Lepenies 1978; hierzu auch: Borst 1995), in der mit der Einführung der Zeitkonzepte in den Wissenschaften jene „Wissenschaften des Nacheinander“ (Georg Simmel) entstanden. Letztlich beendeten paradoxerweise sie die Vorstellungen einer einheitlichen Naturgeschichte, obwohl sie alle Phänomene der Natur auf eine einheitliche Grundlage stellten. Und sie zementierten damit die Natur-Kultur-Dichotomie. Tatsächlich werden Hinweise auf andersartige Bezüge zwischen „Natur“ und „Kultur“, die ehedem vor dem Hintergrund jenes kreationistischen Akts als Häresien galten, weiterhin nachrangig behandelt. Dabei sind andere Auffassungen, die sich auch in der europäischen Denktradition nachweisen lassen, weltweit verbreitet. Am nachdrücklichsten hat hierauf Philippe Descola (2013) aufmerksam gemacht. In seinen Arbeiten verweist er darauf, dass die seit der Renaissance bei uns zur unumstößlichen Gewissheit geronnene Trennung von Natur und Kultur lediglich *eine von vielen Möglichkeiten* ist, die Totalität des Existierenden einzuteilen. Descola geht von der Beschaffenheit eines wahrnehmenden Lebewesens aus („Physikalität“), die im Innenleben des Lebewesens Vorstellungen („Interiorität“) mit Hilfe ihrer entsprechenden physischen Organe und Prozesse hervorrufen. Mit dieser Auffassung befindet er sich überraschend nahe der Auffassung von Uexkülls.

Auf diese Wahrnehmungsvoraussetzung würden sich vier unterschiedliche Ontologien gründen: Neben dem uns geläufigen „Naturalismus“ existierten, durch eine Art Kombinationsmatrix von Erscheinungsweisen der Physikalität und der Interiorität festgelegt, noch der „Animismus“, der „Totemismus“ und der „Analogismus“. Die Grundmuster dieser vier Dispositionen scheinen bestimmend für die Auffassungsvielfalt über die Beschaffenheit von Natur, die augenscheinlich auch noch in europäischen Regionen zur Zeit des Mittelalters vorkam.

Die gängige Natur-Kultur-Dichotomie scheint zwar heute und innerhalb unseres logischen Systems eine gewisse heuristische Brauchbarkeit zu haben, stellt aber philosophisch objektiv einen Kategorienfehler dar, ähnlich jenem von Körper und Geist. Wie man jenen von Descola aufgezeigten nicht-naturalistischen Dispositionen in der Ordnung der existierenden materiellen Welt nachspüren könnte, um eben das epochenspezifische „Naturgefühl“ regional freizulegen, wäre eine zentrale Fragestellung und Aufgabe der Umweltgeschichte. Solange aber Umweltgeschichte von Wissenschaftlern betrieben wird, deren präferiertes Interpretament ein naturalistisches Natur-Kultur-Verständnis (i. S. Descolas) ist, dürfte die Bewertung der jeweiligen historischen Situation vorgesteuert oder überhaupt festgelegt sein. Man dringt offenbar vor allem deshalb nicht in die Tiefe, weil die „Umwelt“ als so geläufig und selbsterklärend angenommen wird, dass ihre Problematisierung unterbleiben kann. Ein erkenntnistheoretischer Kardinalfehler.

Aus pragmatischen Gründen ist einzuräumen, dass die spezifischen Handlungs-, Vorstellungs- und Kommunikationsmuster von menschlichen Sozialverbänden als „Kultur“ zur heuristisch schnellen Demarkation gegenüber „Natur“ verwendet werden können. Freilich lässt sich die Dichotomie nach dem alten Muster von „das vom Menschen Gemachte“ vs. „dem nicht vom Menschen Gemachten“ nicht mehr aufrechterhalten, weil es Verschiebungen im Verständnis von Natur gegeben hat: Der „Wald“ kann „Natur“ sein, selbst dann, wenn er ein Wirtschaftsforst ist. Vollends verwirrend wird diese Systematik, wenn z. B. Zugvögel auf einem Baggersee rasten. Eine klare Trennung von Natur und Kultur wird nicht gelingen, weil beide Bereiche sich tatsächlich ständig durchdringen. Zweckmäßiger wäre, die im „Umwelt“-Begriff angelegte Funktionalisierung von Umgebungs-Elementen als Systematisierungsansatz zu verwenden: Diejenigen Elemente der Umgebung, die Bedeutung für mich haben und damit zu meiner Umwelt werden, bilden die Elemente meiner Kultur, sofern diese Kategorie beibehalten werden muss. Umgebungselemente werden durch mindestens eines der folgenden Kriterien zu Kulturbestandteilen: durch Wahrnehmung, durch Bedeutungszuschreibung und durch materielle Veränderung.

Die scheinbare Opposition „Natur – Kultur“ hat neben ihrer Funktion als schnelles heuristisches Orientierungsinstrument eine weitere. Diese ist subtiler und eine uralte Kulturtechnik, die zwischen Menschen, Menschengruppen und ihren Artefakten sowie Menschen und übrigen Lebewesen einen unangemessenen Wertungskeil treibt. Einen Aspekt dieses Bewertungssystems hat Brigitta Hauser-Schäublin (2001, S. 16) für die ethnologische Literatur besonders sichtbar gemacht:

> „Natur“ wird dann in der Regel ins Feld geführt, wenn es darum geht, [soziale] Unveränderlichkeiten zu begründe; aus diesem Grunde werden sie in einer Natur verankert. Mit „Kultur“ wird dann argumentiert, wenn Veränderlichkeit, Modifizierbarkeit betont werden soll. Das Gegensatzpaar dient dazu, Ungleichheiten zu schaffen und zu legitimieren.

Überträgt man diese Feststellung auf eine allgemeinere Ebene, können also einer „Natur“- bzw. einer „Kultur“-Diagnose durchaus auch herabsetzende Motive unterliegen. In diesem Sinne avancieren Zuschreibungen zu „Kultur“ zu Repräsentanten des „Fortschritts“ und das dem Naturreich Zugeordnete zu Repräsentanten der Rückständigkeit. Unter diesem Vorverständnis werden „Natur und Kultur“ dann auch oft zum Synonym von „Natur und Mensch“.

In der Rede über die „belebte und unbelebte Natur“ werden häufig absolute Aussagen gemacht. Unbestreitbar gibt es Bereiche, in denen solche Aussagen möglich sind: Es sind die Bereiche bloßer Phänomene. Sätze wie „Die Schwerkraft ist eine Eigenschaft von Masse.“; „Mitochondrien sind für die Zellatmung erforderlich.“ oder „Heute blüht der Apfelbaum.“ werden ohne Umstände als absolut und ggf. zutreffend akzeptiert. Solche Aussagen betreffen Grundeigenschaften eines Naturelementes, auf dessen Allgemeingültigkeit durch normische Generalisierung vertraut werden kann. Solchen Aussagen kommen damit gleichsam „archimedische“ Fixpunkt-Eigenschaften zu. „Eigenschaft“ wird damit zu einer möglichen synonymen Wortbedeutung von „Natur“, wie es z. B. die „Natur des Bären ist“, den Winterschlaf zu halten. Wenn die Rede über „Natur von Natur“ spricht, also über eine als typisch geltende Eigenschaft eines Naturdinges, verlässt jede dieser Reden aber die Ebene des ausschließlich gesicherten Wissens und nimmt Elemente ontologischer Zuschreibungen auf.

Auf der Ebene der Bedeutungen existiert keine „archimedisch“ sichere Natur. Diese Einsicht schließt aus, dass es „richtige“ und „falsche“ Natur gibt, weil die Vorstellung von Eigenschaften der Natur, die eine solche Aussage zuließe, notwendig einer teleologischen Naturvorstellung folgt. Eine teleologische Naturvorstellung behauptet, dass die Abläufe in der Natur auf ein bestimmtes Ziel ausgerichtet wären (z. B. auf „Höherentwicklung“, auf „Stabilität“ oder auf „Nachhaltigkeit“). In allen Fällen handelt es sich um Wertvorstellungen, die in Naturkonzepte oder in Naturphantasien münden. Diese wirken auf die handelnden Menschen zurück. Die Dinge der Natur sind aber, zunächst und ausschließlich, einzig, was sie sind und wie sie sind. Sie sind nicht so, weil sie so sein sollen. Selbstverständlich transportiert auch diese Aussage ein bestimmtes Naturkonzept, dem z. B. eine kreationistische Naturauffassung diametral gegenübersteht. Das bedeutungsfreie Naturkonzept, das also den naturalistischen Fehlschluss nicht vollzieht, gilt derzeit zumindest in den Naturwissenschaften als verbindlich.

2.1.3.1 „Mensch und Natur“, „Mensch und Umwelt“

Die Überschrift führt zwei häufig benutzte Topoi des Umwelt- und Umweltgeschichtsdiskurses auf. Sie werden in der Hoffnung eingesetzt, ihre Verwendung schaffe Orientierung und Klarheit. Das Gegenteil ist der Fall. „Mensch und Natur“ wie auch „Mensch und

Umwelt“ sind hier nicht als Aufzählungen zu verstehen. In beiden, mehr oder weniger synonym verwendeten Wortfügungen werden vielmehr Bereiche voneinander abgesetzt, einander gegenübergestellt. Diese Gegensatzbildung ist tatsächlich erkenntnishinderlich.

In Alltag und Wissenschaft spielen binäre Begriffe eine große Rolle. Ihre analytische Qualität wird aus Antonymen ersichtlich, die als Abgrenzungsbegriffe wie „links und rechts“, „Mann und Frau“, „domestiziert und wild“ nicht nur alltagstaugliche Orientierungen erlauben, sonder wissenschaftliches Systematisieren überhaupt erst ermöglichen. Solche Gegenbegriffe stehen einander in dichotomen „Entweder – Oder“-Oppositionen gegenüber. Gegenbegriffe müssen allerdings dieselbe kategoriale Eigenschaft besitzen, weil sie sonst zu unbrauchbaren Ordnungen führten, wenn z. B. Tiere etwa wie folgt gruppiert würden:

> a) Tiere, die dem Kaiser gehören, b) einbalsamierte Tiere, c) gezähmte, d) Milchschweine, e) Sirenen, f) Fabeltiere, g) herrenlose Hunde, h) in diese Gruppierung gehörige, i) die sich wie Tolle gebärden, j) die mit einem ganz feinen Pinsel aus Kamelhaar gezeichnet sind, k) und so weiter, l) die den Wasserkrug zerbrochen haben, m) die von weitem wie Fliegen aussehen. (Borges, zit. nach Foucault 1980, S. 17)

Ordnungswille und Naturdiskurs stellen häufiger Begriffe gegenüber als wären sie Gegenbegriffe, wo es zunächst nur um Abgrenzungen zwischen einem und einem anderen (Dingen wie Sachverhalten oder Personen) bzw. Abgrenzungen des sprechenden Subjektes gegenüber dem Anderen geht. „Mutter und Sohn“ bilden eine abgrenzende Aufzählung, keine Gegenbegriffe. „Mann“ und „orange“ können weder eine Aufzählung noch Gegenbegriffe bilden. In beiden Fällen fehlt eine kategoriale Kompatibilität. Ebenso bilden „Mensch und Natur“ wie auch „Mensch und Umwelt“ weder eine Aufzählung noch sind sie kategorial kompatibel, obwohl sie so verwendet werden. Es ist offensichtlich, dass „Mensch“ auf jede denkbare Weise Teil von „Natur“ ist, also ihr nicht kategorial gegenübergestellt werden kann. Als Unterbegriff von Natur und als Begriff, der nicht skalierbarer ist, kann „Mensch“ *logisch* der „Natur“ auf keine Weise gegenübergestellt werden. Die Verwendungspraxis der Begriffe läuft darauf hinaus, „Mensch“ wie einen Spielstein in einem skalierbaren System („Natur“) vertikal zwischen den Betrachtungsebenen und horizontal auf der Skalenebene hin und her zu schieben. Dabei ändern sich zwar die Eigenschaften des Systems mit den Skalenebenen, „der Mensch“ bleibt merkwürdigerweise davon unberührt und immer gleich. Ihm wird ontologisch in einem „archimedischen“ Sinne eine absolute Gesamteigenschaft zugewiesen. Die Formulierung fällt auf die antike, voraufklärerische Formel vom „Menschen“ und der ihm gegenüberstehenden „Natur“ zurück.

Die Begriffspaarung „Mensch und Umwelt“ ist erkenntnistheoretisch ebenso falsch wie Descartes' Kategorienbildung im Falle von „Körper und Geist“ (Ryle 2002). Auf besondere Weise ist „Mensch und Umwelt“ grundsätzlich falsch, weil derjenige Teil der Umgebung, der als Umwelt subjektive Bedeutung für einen Menschen oder ein Kollektiv hat, nicht zu vergegenständlichen ist. Es ist nicht zufällig dieselbe Problematik, die sich für den biologischen Begriff der „ökologischen Nische“ ergibt, die gebildete Biologen *in* der Existenz eines Organismus sehen und nicht *um* einen Organismus herum, so wie es die Gesprächspraxis suggeriert (falsch z. B. in: „Der Waschbär fand in Europa eine unbesetzte ökologische Nische.“ – richtig in: „Die Standortfaktoren Mitteleuropas und die Lebensansprüche der Waschbären entsprachen weitgehend einander, was zu einer Etablierung des Waschbärs führte.“). Die Standortfaktoren, die in einem logischen Sinne an zwei unterschiedlichen Orten niemals identisch sein können, werden auf messbare Minimalgrößen reduziert, auf diskrete Messbereiche verteilt. Damit können sie in allgemeine Aussagen über Ansprüche und Ressourcen überführt werden. Letztlich aber bedingen nicht die Standortfaktoren den Organismus, sondern es bedingen sich Standortfaktoren und Organismus auf subtile Weise wechselseitig. Wie die Nische und der Organismus als Einheit zu betrachten sind, so fallen auch „Mensch“ und „Umwelt“ zusammen. Umwelt ist nur *lebbar*, nicht aber *erlebbar*. Umwelt ist kein Dingbegriff und im logischen Sinne kann es daher keine zwei gleichen „Umwelten“ geben, nicht einmal für dasselbe Individuum. Deshalb ist die Begriffspaarung „Mensch und Umwelt“ falsch und irreführend, weil es keine Trennungsmöglichkeit des Menschen von seiner Umwelt gibt. In einem tatsächlichen Sinn reden die beiden Begriffsgegenüberstellungen der Überschrift immer über „Mensch und Umgebung“.

Gegen die Alltagsmacht der Topoi „Mensch und Natur“ sowie „Mensch und Umwelt“ anzutreten, wäre jedoch Zeitverschwendung. Ihre Macht ergibt sich daraus, dass sie das grundsätzliche Selbstverständnis der Menschen in ihrem Verhältnis zur Natur gleichzeitig einerseits vorbestimmen und andererseits behaupten, es bloß zu beschreiben. Menschen erfahren sich als irgendwie aus der Natur herausgehoben. Deshalb können „Natur“ und besonders „Umwelt“ als Gegenüber, als Gegenbegriff konstruiert werden. Dieses Verständnis wird von allen naturwissenschaftlichen Anthropologien („menschlicher Sonderweg“), kulturwissenschaftlichen Anthropologien („Exzentrizität“) und fast allen Überzeugungssystemen (der Mensch als Ergebnis eines besonderen kreationistischen Aktes) propagiert. Gegen die Wirkmacht dieser Formulierungen haben es soziologische Anthropologien mit ihrer Aufforderungen zur Überprüfung der Standortbestimmung schwer, deren Belehrungsinhalt in der Aussage mündet, dass der Mensch nicht herausgehoben und nur eine Spezies unter vielen sei (*New Environmental Paradigm* von Dunlap und Catton 1979, und Nachfolger). Dabei enthalten dann auch die wissenschaftlichen Positionen Überzeugungsargumente, denen Wirklichkeitswert zugeschrieben wird. Nach den Regeln der Wissenschaft müsste die sozialwissenschaftliche Auffassung (der Mensch als eine Spezies unter vielen und, daraus resultierend, keine Ableitung von Sonderansprüchen) eigentlich von allen anderen wissenschaftlichen Auffassungen geteilt werden. Dem stehen aber offenbar nicht nur wissenschaftliche Selbstverständnisse, sondern auch, noch viel unmittelbarer, die alltägliche Wirklichkeitserfahrung entgegen. Sie folgt einem Diktum von Karl Marx: „Der Mensch tritt dem Naturstoff selbst als eine Naturmacht gegenüber.“ Damit wird faktisch eine Sonderrolle des Menschen begründet und ausgeblendet, dass z. B. andere Lebewesen sich auch als „naturmächtig“ erweisen können: Die Wurzel sprengt den Fels, das Virus löscht Leben aus.

Für historische Betrachtungen allemal, aber auch für naturwissenschaftliche Reflexionen ist daran zu erinnern, dass Aktualismus, idealtypische Generalisierungen und Abstraktionen denkökonomische Verkürzungen darstellen. Wer etwa gebildet über „den Elefant" oder „den Wald" oder über „Herrschaft" redet, weiß, dass diese Lebewesen oder Biozönosen oder Institutionen sich vor 200 Jahren hinsichtlich der Einzelkomponenten, genetisch und legitimatorisch von dem unterscheiden, was wir heute darunter verstehen, ohne, dass diese Differenz zunächst zu einem erkenntnistheoretischen Problem würde. Selbstverständlich gilt dies auch für die abstrakte Rede über „den Menschen", für jede ontologische Klassifikation seiner Eigenschaften. Vor dieser Denkfalle ist wohl kaum pointierter gewarnt worden, als mit diesem Hinweis: „Jede wie immer geartete ‚Idee vom Menschen überhaupt' begreift menschliche Pluralität als Resultat einer unendlich variierbaren Reproduktion eines Urmodells und bestreitet damit von vornherein und implicite die Möglichkeit des Handelns. Das Handeln bedarf einer Pluralität, in der zwar alle dasselbe sind, nämlich Menschen, aber dies auf die merkwürdige Art und Weise, dass keiner dieser Menschen je einem anderen gleicht, der einmal gelebt hat oder lebt oder leben wird." (Arendt 1960, S. 15).

2.1.3.2 Der Mensch und seine Nische

Die Formulierung der Überschrift erklärt sich einzig aus einer methodisch gebotenen operationalen Dissoziation. Im eigentlichen Sinne repräsentieren Organismen funktional ihren spezifischen Umweltbereich, die Nische. Der Organismus und seine Nische sind deshalb nicht als Aufzählungs- oder Oppositionsbegriffe misszuverstehen, sondern als Synonyma. Aus wissenschaftspraktischen Gründen wird „Nische" als das Wirkungsfeld einer Art im Ökosystem operationalisiert.

Gleichzeitig verdankt sich die Stellung einer Art im Ökosystem ihrem Wirkungsfeld. Organismen verändern durch ihre Aktivitäten die Lebensbedingungen, in denen sie und ihre Nachkommen sich entwickeln, existieren und selektiert werden. Die wechselseitigen Rückkoppelungen zwischen den organismischen Aktivitäten und der selektiv wirksamen Umwelt werden als „Nischenkonstruktion" bezeichnet, um damit den aktiven Anteil einer Art am Prozess der wechselseitigen Beeinflussung zu betonen. Es ist offensichtlich, dass dieses Konzept ideenmäßig an von Uexkülls Umweltbegriff anschließt, obwohl heutige Autoren, wie von Kendall et al. (2011) versammelt, diese Verbindung nicht thematisieren.

Die ökologische Nische des Menschen ist seine kulturelle Repräsentation (Hardesty 1972, und Nachfolger). Das Konzept der Nischenkonstruktion erweist sich als besonders geeignet für das Verständnis der menschlichen Evolution und der menschlichen Geschichte (im Folgenden nach Jablonka 2011). Es vereint die (bio-) ökologischen Aspekte menschlichen Lebens mit seinen sozialen und symbolischen Facetten. Es betont die aktive Rolle, die Menschen bei der Hervorbringung ihrer Welt und ihrer eigenen Evolution spielen. Die Bedeutung sozialer Praktiken und Überzeugungssysteme, die sich in unterschiedlichen Zeitspannen ändern können, einander beeinflussen und verändern und dabei wiederum komplexe Muster kultureller Änderungen hervorzubringen vermögen, werden von der Lehrbuchbiologie nicht angemessen gewürdigt. Besonders bedeutsam ist die Möglichkeit, dass eine nischenkonstruierende Art genetische Veränderungen hervorzubringen vermag. Entweder bei sich selbst, wie das auf den Menschen vielfach zutrifft, oder bei Arten, die der Mensch durch Nischenkonstruktion beeinflusst, am einfachsten erkennbar in den von ihm domestizierten Arten. Diese Koevolution von Genen und Kultur, die ihrerseits die kulturelle Kapazität zur Nischenkonstruktion beeinflusst, kann zu einer Beschleunigung kultureller Entwicklung führen, womit die spezifischen menschlichen kognitiven und affektiven Merkmalskomplexe als Ergebnis sich selbst verstärkender Effekte erklärt werden können.

Das Konzept der Nischenkonstruktion bildet ein vereinheitlichendes Erklärungsmodell und ist als synthetische Theorie für die Umweltgeschichte in besonderer Weise nutzbar. So können beispielsweise Veränderungen einer Landschaft und der Verteilung von in ihr lebenden Arten auf einfache Weise mit den Handlungsweisen von Menschen korreliert werden. Das trifft ebenso auf populationsgenetische Daten zu, die aus kulturellen Gründen erklärbar werden (weitere Ausführungen bei Kendall et al. 2011).

Wenn nicht schon aus den weiter oben vorgetragenen Gründen die Problematik der Unterscheidung zwischen „Natur" und „Kultur" einsichtig ist, dann begründet das Konzept der Nischenkonstruktion eine weitere Verkomplizierung bzw. Unsicherheit bei der Verwendung von Evidenzvokabeln wie „natürlich" und „anthropogen".

Das Konzept der Nischenkonstruktion überholt auch zwei in der Umweltgeschichte häufiger zitierte Setzungen, die in gewisser Weise das gleiche aussagen. Eine stammt vom Ethnologen Maurice Godelier. Sie behauptet, dass der Mensch Geschichte habe, weil er die Natur verändere. Die andere stammt von Karl Marx und behauptet, dass der Mensch der Natur selbst als Naturmacht gegenübertrete (s. o.). Es wird erkennbar, dass beide Setzungen, unabhängig von ihrer sonstigen rhetorischen und analytischen Eignung, keine wirklichen Alleinstellungsmerkmale des Menschen mehr beschreiben. Beide Setzungen sind nur noch in einem vordergründigen, suggestiv sinnfälligen Verständnis zu verwenden.

2.2 Thematische Annäherungen

Im Folgenden werden umwelthistorische Betrachtungen in unterschiedlichen Komplexitätsgraden dargestellt. Sie sollen als Vorwissen für die anschließenden Kapitel zu zentralen Begriffen und Themenfeldern und als Beispiele deren Verständnis erleichtern.

2.2.1 Verloren? Gewonnen?

Die Liste der Tiere und Pflanzen, die in den vergangenen Jahrhunderten bei uns einen Rückgang der Individuenzahlen erlebt haben und deshalb als bedroht angesehen werden, mutet beträchtlich an. Einschlägige Angaben finden sich in „Roten Listen". Allerdings fehlen jegliche Maßstäbe. Selbstverständlich lasst sich argumentieren, dass jeder Artenrückgang ein Verlust ist. Bedenklich ist ein Artenrückgang nicht als solcher. Bedenken verursachen Umfang und Geschwindigkeit des heutigen Rückgangs, die offenbar ohne historische, vielleicht aber mit erdgeschichtlichen Parallelen sind. Dabei scheint von vornherein festzustehen, dass es immer derselbe Mechanismus wäre: Der Mensch verdränge oder dezimiere den Bestand. Tatsächlich erweist sich anthropogener Landnutzungswandel als hauptsächliche Ursache heutiger Biodiversitätsverluste, weit vor klimatisch bedingten Verschiebungen. Listen für Artenzuwächse nehmen sich dagegen offenbar bescheidener aus (Kowarik 2010, vgl. auch van Kleunen et al. 2015).

Häufig wird übersehen, dass bereits vor dem großen Kolumbianischen Austausch (ab 1492) zahlreiche Tier- und Pflanzenarten nach Europa eingeführt wurden (sog. Archäophyten bzw. Archäozoen), mit der Neolithisierung, mit der römischen Expansion, im Zuge der Völkerwanderung, der karolingischen Ostexpansion, mit dem maurischen Kalifat in Spanien usw. Sie sind hier „eingebürgert", werden als „einheimisch" wahrgenommen und ihre Populationsdynamiken als „normal" bewertet, einfach, weil man an sie gewöhnt ist. Tier- und Pflanzenarten, die Menschen aus Gründen wirtschaftlicher Nutzung, aus ästhetischen Gründen oder anderweitiger Steigerung von Lebensfreude oder auch unbeabsichtigt in neue Lebensräume verbracht haben, konnten sich ggfls. auch außerhalb menschlicher Obhut erfolgreich etablieren (in Europa vorkolumbianisch z. B.: Damhirsch; Kornrade). Gebietsfremde Arten können zu Veränderungen der Funktionsabläufe in Biozönosen bzw. Ökosystemen führen und die ursprünglichen Lebensgemeinschaften beeinträchtigen. In diesen Fällen spricht man von „invasiven Arten". Nach 1500 eingeführte Arten werden gewöhnlich als „Neozoen" bzw. „Neophyten" klassifiziert und nicht als Zugewinn gerechnet. Unter biologischen Gesichtspunkten ist das ein falscher Purismus.

Verlustrechnungen müssten die Zugewinne mithilfe eines Verrechnungskalküls gegenrechnen. Die Einheit dieses Kalküls könnte eigentlich nur das Genom eines Organismus' sein, wobei dann den einzelnen Genomen vermutlich sogar je gleiches Gewicht zukommen müsste, unabhängig vom Komplexitätsgrad des Organismus. Weil als Bewertungsgrundlage nicht die genetische Komplexität dienen könnte, sondern die ökosystemare Funktionalität. Wie aber wollte man z. B. die Funktionalität eines (verlorenen) Waldrapps gegen die eines (gewonnenen) Emus aufrechnen? Am Ende würden womöglich einem verlorenen Braunbärengenom 50 neue Mikrobenarten gegenüberstehen. Wie wäre dann eine Verlustklage zu führen? Für die Gewonnen-Verloren-Diskussionen fehlen belastbare Kriterien und Maßstäbe, bloße saldierende Listen sind hierfür nicht geeignet. Das Beklagen eines Biodiversitätsverlustes hat seine Kriterien vor dem Hintergrund des evolutiven Wandels und natürlicher Sukzessionen abzuwägen. Mittlerweile kann als gesichert gelten, dass die höchste Artenvielfalt in Mitteleuropa nicht in den menschenarmen Gebieten der Nacheiszeit herrschte, sondern zur Zeit der agrarisch genutzten Mosaiklandschaften des 19. Jahrhunderts (Herrmann 2007, S. 155). Was nichts anderes bedeutet, als dass es einen zwischenzeitlichen – letztlich anthropogenen – Artengewinn gegeben hatte. Ausgerechnet auf dieses Artenoptimum zweifelhafter Zeugenschaft wird häufig ein Biodiversitätsverlust bezogen. Die Berechtigung hierfür ist auch deshalb fragwürdig, da Sollwerte für Artenzahlen reine Phantasiewerte sind. Ein Hintergrund der abstrakten Verlustklage, gegenüber der gegenwärtig berechtigten Besorgnis wegen des aktuellen anthropogenen Artenrückgangs, liegt in der Vorstellung von einer statischen Natur, die auf dem Jahrtausende eingeübten Schöpfungskonzept beruht (vgl. Abschn. 3.9). Selbstverständlich wird mit dieser Einsicht der gegenwärtige überschießende Naturverbrauch nicht verteidigt.

2.2.1.1 Beispiel Lachs

Eine Verlustklage wird auch hinsichtlich etwaiger Rückgänge bei den Bestandszahlen der Individuen geführt. Sie ist z. B. der Hintergrund für die Annahme, wonach „es keine Maikäfer mehr" gäbe.

Das Bedauern müsste direkt zu Erkundigungen über eine *„potentielle natürliche Häufigkeit"* führen. Diese Häufigkeit müsste angeben, welche Individuendichte einer biologischen Art an einem bestimmten Ort theoretisch zu erwarten ist. Ein solcher Gedanke ist jedoch bis heute zumindest nicht ernsthaft konkretisiert worden. Weder in der Ökologie noch im Naturschutz existieren z. B. Verbreitungskarten oder andere Informationsmedien, aus denen die Abundanz von Tier- oder Pflanzenarten im Sinne einer „potentiellen natürlichen Häufigkeit" abzulesen wäre. Selbstverständlich weiß man, wo Elefanten vorkommen, und man wird sie deshalb bei uns nicht erwarten. Beim Löwen ist das schon unsicherer, weil er noch in der Antike mindestens in Kleinasien und wohl auch in Griechenland vorkam. Es geht hier um häufige wie seltene als heimisch angesehene Arten, deren Häufigkeit äußerstenfalls in lokalen Einzelstudien für spezielle Arten erfasst ist. Dabei läge es nahe, auf die Aussage „Es gibt keine Maikäfer mehr" mit der Frage „wo?" zu reagieren. Erst der Abgleich mit einer „potentiellen natürlichen Häufigkeit" könnte dann zu der Aussage berechtigen, dass es an einem bestimmten Ort „zu wenige" Maikäfer gäbe. Erwägungen zur potentiellen natürlichen Häufigkeit kämen ohne historische Arten- und Individuenzahlen nicht aus. Über deren Rekonstruktionsmöglichkeit liegen bisher nur wenige Untersuchungen vor. Zudem fehlt eine allgemein akzeptierte methodische Vorgehensweise zu deren Gewinnung. Von den besonderen Problemen, die sich dabei für Quantifizierungen aus Proxidaten historischer Arten- und Individuenhäufigkeiten ergeben, zeugt u. a. das Paradebeispiel eines sprichwörtlich gewordenen Bestandsverlustes: der Lachs (*Salmo salar*) in Mitteleuropa. Allgemein wird davon ausgegangen, dass der Lachs in den 1950er Jahren in Deutschland ausstarb. Als ursächlich werden Wasserverschmutzung und wasserbauliche Maßnahmen angegeben.

Zedler's Universal-Lexikon (Bd. 16, 1737) gibt an, dass Weichsel, Oder, Elbe einschließlich Saale und Mulde Flüsse mit hohem Lachsaufkommen wären. Die Elb-Lachse würden als die besten und schmackhaftesten gelten. Auch würden die Lachse aus Weser, Rhein und Mosel diejenigen aus Schelde, Themse, Loire und Garonne an Güte bei Weitem übertreffen. Bei Antwerpen würden so schlechte Lachse gefangen, dass die Knechte in Holland mit ihren Herren aushandelten, wie oft sie wöchentlich Lachs essen müssten. Ob tatsächlich die „deutschen" Lachse die besten waren, muss hier offenbleiben. Sofern Zedler als einer unkritisch-generalisierenden Quelle vertraut werden darf, waren Lachse also in den meisten mitteleuropäischen Flüssen verbreitet. Geschlechtsreife Lachse kehren nur zur Laichzeit in die Flüsse ihrer frühen Entwicklung zurück, wo sie dann gefangen werden. Bleiben sie aus, bleibt auch der Nachwuchs aus. Interessanterweise stellte bereits Zedler einen Rückgang des Lachsfangs fest. So wären z. B. noch zu Beginn des

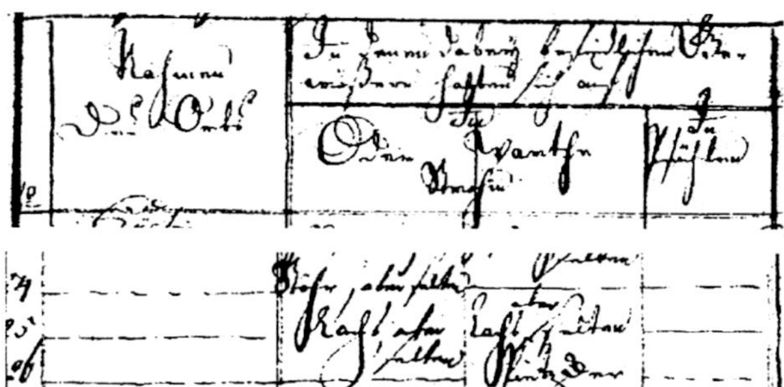

Abb. 2.1 Ausriss aus einer „Tabelle von denen hiesigen Orths in denen Gewässern und Flüssen und Seen befindlichen Fisch-Arthen, auch deren Natur und Versetzungszeit derselben betreffend", die der Magistrat der Stadt Küstrin über das Vorkommen von Fischarten in Oder und Warthe vom Februar 1782 als Zuarbeit für die Enzyklopädie des Fischspezialisten Markus Elieser Bloch verfasste. Dank Unterstützung der königlichen Administration konnte Bloch seine „Naturgeschichte der Fische Deutschlands" (1782–1784) so auf vergleichsweise präzise Daten gründen (vollständige Liste siehe Abb. 4.4; Details in Herrmann 2006). Gemäß Positionen 24 und 25 kamen Stör und Lachs in der Oder vor, „aber selten". Der Stör fehlte in der Warthe, der Lachs war dort ebenfalls selten. Einer solchen Liste ist selbstverständlich nicht zu entnehmen, ob die Seltenheit des Vorkommens auf einer grundsätzlich geringen Individuendichte der Arten in diesem Flusssystem beruhte, oder ob hier ein Rückgang vorliegt. Bezieht man die Angabe von Zedler über die abnehmende Lachshäufigkeit in der Oder in die Bewertung dieser Quelle mit ein, dann hätte man zwei Angaben, die mit einem zeitlichen Abstand von 50 Jahren ähnliche Aussagen machen und sich damit gegenseitig stützen

18. Jahrhunderts im Fürstentum Breslau aus der Oder „bisweilen" 300–500 Lachse gefangen worden. Wegen des Rückgangs hätte zwischenzeitlich der Magistrat die Abgabe aller Lachse bei Vermeidung hoher Strafe verfügt (vgl. Abb. 2.1).

Präziser lesen sich die Angaben bei Johann Georg Krünitz (1792) und die Hinweise auf den bereits damals registrierten Rückgang der Häufigkeit des Lachses. Auch der angebliche Widerwille selbst der so genannt kleinen Leute, die inflationär heruntergekommene Herrenspeise zu essen, wird ausführlich behandelt. Letztlich handelt es sich dabei auch um ein Verstärkungsargument, mit dem der Rückgang betont wird. Angeblich wären zwischen Danzig und England Gesindeverträge dieser Art üblich gewesen. Tatsächlich konnte bis heute kein derartiger Vertrag oder ein belastbarer Nachweis seiner bloßen mündlichen Verabredung ausfindig gemacht werden. Klaus Schwarz (1995/96 und 1998) hat die Dienstbotengeschichte für den Weser-Lachs verfolgt und kommt zu einem verblüffenden Urteil. Es handele sich um eine frühe Version einer Wandersage, einer *urban legend*. Historisch richtig sei vielmehr, dass Lachs vom Mittelalter bis ins 20. Jahrhundert eine durchgehend teure Herrenspeise war. Zwischen 1620/30 und 1670/80 stieg aus bislang unbekannten Gründen mindestens in Deutschland die Zahl der gefangenen Lachse. Entsprechend sei der Preis gesunken. In der Folgezeit entstand die Legende, der Edelfisch sei ehedem selbst von Dienstboten verabscheut worden.

Diese Schlussfolgerung steht in Kontrast zu anderen Kenntnissen. Krünitz (ab 1773) listet unter dem Lemma „Lachs" (Bd. 58, 1792) die Einkünfte (leider nicht die Fangquoten) der Stadt Hameln aus der Lachsfischerei über das 18. Jahrhundert auf und fasst zusammen:

> Höchst auffallend ist die große Verschiedenheit der Einkünfte, welche die Kämmerey zu Hameln, während der verzeichneten Jahre, nach vorstehendem authentischen Extracte, von dem dortigen Lachs=Fange genossen hat. Daß bey der Administration der Gewinn immer geringer gewesen ist, als bey der Verpachtung, stimmt mit andern Erfahrungen sehr gut überein. Aber fast unbegreiflich ist es, wie zwischen beyden Benutzungs=Arten der große Abstand hat eintreten können, den obiger Extract angiebt. In dem zwölfjährigen Zeitlaufe von 1775 bis 1787, hat die Kämmerey von dem Lachs=Fange 14550 Rthlr. Einkünfte gehabt; und in einem gleichen Zeitraume von 1739 bis 1751, brachte derselbe, theils durch Administration, theils durch Verpachtung, nur 651 Rthlr. 34 Gr. 2 Pf., folglich nicht einmahl die Hälfte dessen auf, was izt der Pacht eines einzigen Jahres bringt. Ob bloß Unkunde der Ergiebigkeit dieser Fischerey, oder fehlerhafte Einrichtung der Anstalten dazu, oder Wandel in der Menge der sich bey Hameln stellenden Lachse, oder erweiterter Absatz und daher entstandene Erhöhung der Preise, oder sonst irgend etwas, obigen großen Unterschied des Nutzens dieses Productes verursacht habe, das sind Umstände, welche unbekannt geblieben sind, die aber wohl weitern Aufschluß verdienten.

Man könnte daraus mit gebotener Vorsicht auf Schwankungen des Lachsangebotes schließen. Dass er ehedem wenigstens regional ein Massenfisch gewesen sein muss, belegen allerdings auch Hinweise aus deutschen Kochbüchern des frühen 19. Jahrhunderts in denen ausdrücklich auf die Ablehnung des Fisches durch Dienstboten hingewiesen wird.

Dass Schwankungen im Fischbestand vorkommen, möglicherweise in Abhängigkeiten von großen Zyklen von Meeresströmungen, Salinität und Wassertemperatur, ist historisch belegt (weiterführend Hoffmann 2008). Fischer aus Bristol folgten z. B. den Fischschwärmen, die vor der Ausbreitung des polaren Wassers auswichen, bereits 1470/80 bis in den Bereich der Neufundlandbank. Der Kabeljaufang kam Ende des 17. Jahrhunderts zwischen Island und den Färöer Inseln völlig zum Erliegen (1685 bis 1704). Ursächlich sollen Meeresströmungen und Klimaverschiebungen gewesen sein (Lamb 1989). Welche Auswirkungen solche Schwankungen auf den Lachs hatten, ist bisher offenbar nicht untersucht. Aber im 18. Jahrhundert scheint die Diskrepanz zwischen Lachsfang und allgemeiner Erwartung aufgefallen zu sein. Schwarz zitiert aus einer Quelle zum Lachsvorkommen in der Saale und stellt diesen Angaben die Fangquoten bei Bad Kösen gegenüber, wo zwischen 1567 und 1600 in 17 Jahren überhaupt keine und lediglich in 9 Jahren drei oder mehr Lachse gefangen wurden. Errechnet man daraus eine durchschnittliche Fangquote, ergibt diese über einen Zeitraum von 33 Jahren am Ende des 17. Jahrhunderts ganze 3 Exemplare pro Jahr. Eine solche Quote missachtet allerdings die registrierten starken Schwankungen und sagt zudem wenig über die allgemeine Lachshäufigkeit aus, weil der Lachs zumeist an Wehren gefangen wurde. Daraus resultieren eine höhere Fangwahrscheinlichkeit bei niedrigem Wasserstand und eine geringere Wahrscheinlichkeit bei höherem. Die Fangquote ist also gleichzeitig sowohl ein Indikator für den mittleren Wasserstand wie für die Lachshäufigkeit. Man müsste daher die Fangquoten von am Flusslauf aufeinanderfolgenden Fangstationen kennen, um aus deren Quoten verlässlich auf die Lachshäufigkeit schließen zu können. Die Rekonstruktion historischer Fischbestände ist komplex und schwierig (Wolter et al. 2005) und die bloße Erinnerung kann trügen (Sáenz-Arroyo et al. 2005). Das aber ist ein allgemeines Phänomen sich verschiebender Referenzrahmen (*shifting baselines*) bei der Wahrnehmung und Bewertung der eigenen Umwelt.

Eine Ableitung historischer Individuenzahlen muss zunächst die mittleren Populationsschwankungen innerhalb des betrachteten Ökosystems kennen. Bestandsschwankungen sind innerhalb der Prozessabläufe in einem Ökosystem normal und natürlich. In aller Regel existieren aber keine Kenntnisse über die numerischen Auswirkungen ökologischer Prozessabläufe in historischer Zeit. Vergleicht man hilfsweise jedoch mit den heutigen Bestandszahlen, ergeben sich lediglich absolute Beträge ohne vergleichende Aussagekraft. In der Tat ist es ein Faktum, dass gegenwärtig kaum oder keine Lachse gefangen werden. Es ist daher sehr wahrscheinlich, dass der Lachs hinsichtlich seiner Häufigkeit einen historischen Absturz erlebt hat. Zumal aus seiner Biologie bekannt ist, dass er immer in seinen Heimatfluss zurückkehrt und nicht auf andere Flüsse ausweicht. Aber stärkere Bestandsschwankungen gab es offenbar auch historisch.

2.2.1.2 Beispiel Sperling

Eine dem Lachs vergleichbare Häufigkeitsabnahme hat auch der Haussperling (*Passer domesticus*) zu verzeichnen, dessen Bestandsrückgänge zuletzt so auffallend waren, dass er zum Vogel des Jahres 2002 avancierte.

Der Haussperling ist in Europa eine invasive Spezies und ein Kulturfolger, der in Europa archäologisch erstmals für die Bronzezeit nachgewiesen wurde. Der Vogel hält sich selten weiter als in einem Radius von maximal 1000 m um eine menschliche Siedlung auf, weil er ganzjährig auf das Zubrot aus den menschlichen Haushalten angewiesen ist. Über mittelalterliche Sperlingsschwärme liegen keine Berichte vor. Geringe Siedlungsdichte und relativ geringe menschliche Bevölkerungszahlen sind plausible Hauptgründe für ihr Fehlen. Als nach dem Dreißigjährigen Krieg die Bevölkerungszahlen zunahmen und Ackerbau und Landesausbau intensiviert wurden, mehrten sich in Mitteleuropa Berichte, wonach große Sperlingsschwärme als Ernteschädlinge erhebliche Schäden verursachten. Richtig ist, dass große Zahlen einfallender Sperlinge den Totalverlust der Getreideernten ganzer Ackerschläge bewirken können. In praktisch allen mitteleuropäischen Territorien wurden bald darauf „Sperlingssteuern" eingeführt. Jeder Untertan hatte, zumeist abhängig auch von der Größe seines Grundbesitzes, eine bestimmte Anzahl von Sperlingsköpfen abzuliefern, um der Sperlingsplage Herr zu werden (Abb. 2.2).

Die Steuer konnte, dysfunktional zu ihrer Intention, häufig auch durch Zahlung an die Armenkasse o. ä. kompensiert werden. Herrmann (2003) hat die Steuer für Brandenburg Preußen zwischen 1733 und 1767 massenstatistisch ausgewertet. Erwartungsgemäß bildete diese tatsächlich die Dynamik der menschlichen Population bzw. der sich verlagernden Besitzverhältnisse ab statt derjenigen der Sperlinge Rechnung zu tragen (Abb. 2.3).

Je mehr Menschen in Brandenburg-Preußen wohnten, desto mehr Sperlingsköpfe wurden vor dem Siebenjährigen Krieg eingeliefert. Danach stieg zwar die Anzahl der Einwohner, aber Änderungen der Eigentums- und Pachtverhältnisse führten zu einer Zunahme

Renovirtes und geschärftes

EDICT,

Wegen Vertilgung derer schädlichen

Hamster

und

Sperlinge,

im Hertzogthum Magdeburg, dem Fürstenthum

Halberstadt, und der Grafschaft Hohnstein.

De Dato Berlin, den 9ten December, 1764.

Magdeburg,

Gedruckt bey Nicolaus Günthern Königl. Preuß. Hofbuchdrucker.

Abb. 2.2 „Renovirtes und geschärftes Edict wegen Vertilgung derer schädlichen Hamster und Sperlinge im Herzogthum Magdeburg, dem Fürstenthum Halberstadt, und der Grafschaft Hohnstein" vom 9. Dezember 1764, Titelblatt. Mit solchen Edikten, die nicht nur ausgehängt, sondern u. a. auch in den Kirchen öffentlich verlesen wurden, hielt man die Bevölkerung zur Bekämpfung der als schädlich eingestuften Tiere an und informierte sie über die abzuliefernden Anzahlen von Sperlingsköpfen und Hamsterfellen

des Bevölkerungsanteils mit geringfügiger Steuerpflicht – und damit zu einer Abnahme der eingelieferten Sperlingsköpfe. Im Durchschnitt lag die Zahl jährlich in diesen Jahren zwischen 350.000 und 400.000 Köpfen. Das könnte – konservativ geschätzt – einem Viertel bis einem Sechstel der Gesamtpopulation entsprochen haben. Wenn auch die zeitgenössischen Schadensschätzungen zum Teil absurd hohe Beträge annehmen (Krünitz Bd. 157, 1833), muss doch der betriebswirtschaftliche wie auch volkswirtschaftliche Schaden durch Sperlinge sehr erheblich gewesen sein (Herrmann und Woods 2010). Es waren das Anfliegen der Getreidehalme und ihr Umknicken, was das Mähen mit der Sense unmöglich machte, und es war das Anpicken der Ähren, aus der die Körner auf den Boden fielen, die damit verloren waren.

Es kann als sicher angenommen werden, dass die Sperlingspopulationen ihr generatives Verhalten auf die jährlichen Entnahmemengen eingestellt hatten. Humanökologisch

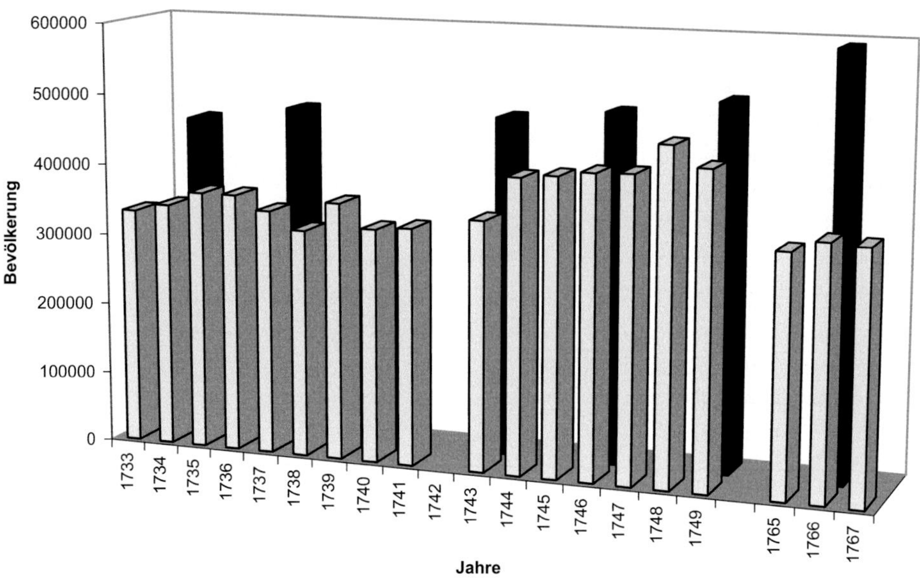

Abb. 2.3 Anzahl der jährlich nach der Verordnung einzuliefernden Sperlingsköpfe (*vordere Säulenreihe*) in Brandenburg 1733–1767 nach erhaltenen Akten des Preußischen Geheimen Staatsarchivs, Berlin-Dahlem (aus Herrmann 2003). Die hinter Säulenreihe gibt die Bevölkerungszahlen Brandenburgs zu den jeweiligen Jahren der Zählungen wieder. Nach dem Siebenjährigen Krieg stieg die Bevölkerung in Brandenburg erheblich, aber es kam zu einer Konzentration von Grundbesitz und Pachten, wodurch der absolute Gesamtbetrag der Sperlingssteuer abnahm. Eine Unterscheidung in Haus- oder Feldsperling wurde nicht vorgenommen. Die Gesamtzahlen geben das auf der Grundlage von Eigentumsverhältnissen gestaffelte Abgabensoll wieder. Von diesem konnte man sich durch Zahlung freikaufen. Selten wurden mehr als 2 % des Sperlingssolls geldlich hinterlegt, eine absolute Ausnahme stellt das Jahr 1745 dar, in dem 4,8 % des Solls durch Freikaufen fehlten. Der Eifer der Untertanen hielt sich allerdings ohnehin in Grenzen: in keinem der ausgewerteten Jahre wurde in einem der brandenburgischen Kreise nach der Aktenlage auch nur ein Sperlingskopf mehr eingeliefert, als es der Pflichtbetrag vorsah. Da auch kein einziger Additionsfehler feststellbar ist, möchte man den perfekten Zahlen zwar im Prinzip trauen, aber bei den Einern und Zehnern der Endbeträge nur von „größerer Wahrscheinlichkeit" sprechen und eine gewisse Glättung bei der Buchführung nicht ausschließen

kann der Gewinn letztlich nicht in der Entnahme dieser Sperlinge gelegen haben, sondern muss einmal in dem (zeitgenössisch nicht erkannten) Gewinn durch den Verzehr von Schadinsekten für die Aufzucht von jährlich um 350.000 Sperlingen bestanden haben. Ganz überwiegend dürfte es sich um unerfahrene Jungvögel gehandelt haben, die ihr Leben als Tribut lassen mussten. Zum andern trugen die erlegten Vögel zur Versorgung der menschlichen Population mit tierlichem Protein bei. Die Brustmuskulatur war hierbei der Hauptlieferant und soll ähnlich Kalbfleisch schmecken. Angeblich (Krünitz Bd. 157, 1833) konnte sich der Geschmack mit demjenigen ehedem besonders geschätzter Singvögel messen. Je Vogel wäre die Muskelmasse mit ca. 5 Gramm eigentlich zu vernachlässigen. Volkswirtschaftlich gesehen belief sich das Gesamtgewicht der genießbaren Muskelmasse bei der Zahl der erlegten Vögel auf 1800 bis 2000 kg. Das entsprach dem damaligen Bruttogewicht von 9–10 Kühen (Schönmuth und Löber 2006): kein dramatischer Betrag, aber vor dem Hintergrund der preußischen Wirtschaftslage jener Dekaden dann auch wieder nicht ganz zu vernachlässigen. Um die Sinnhaftigkeit der Sperlingssteuer wurde heftig gestritten. Schadensabschätzungen folgten Überzeugungsargumenten, ihnen lagen bestenfalls ausschnitthafte betriebswirtschaftliche Beobachtungen zugrunde. In die Polemik gegen die Steuer mischten sich Stimmen, die aus moralischen Gründen die Sperlingsbekämpfung grundsätzlich ablehnten, weil sie unzulässigerweise in den göttlich gegebenen Naturhaushalt eingreife. Diese Sorge suchte man mit dem Hinweis zu entkräften, dass man nicht wissen könne, welche Zeit der Schöpfer selbst dem Sperling zum Verbleib auf Erden eingeräumt habe. Der Mensch könne sich auf den göttlichen Willen verlassen, dem auch die Sperlingskampagne unterläge.

Die Sperlingssteuern wurden im Verlauf des späten 18. Jahrhunderts nicht mehr mit der früheren Vehemenz eingetrieben und zu Beginn des 19. Jahrhunderts ausgesetzt. Vermutlich spielten hierbei die Fortschritte in der landwirtschaftlichen Produktion eine Rolle. Von größerer Bedeutung war allerdings die Verbreitung der Einsicht, dass Singvögel allgemein und auch Sperlinge von ökonomischem Nutzen für die menschliche Agrarwirtschaft und Gesundheit sind, weil sie für schädlich gehaltene Insekten vertilgen. Allerdings verblieben die Singvögel trotz des jetzt aufkommenden (Sing-)Vogelschutzes insgesamt im heimlichen Status der potentiellen Schädlinge und der Nahrungsreserven, wie die Aufhebung des Singvogelschutzes in Zeiten von Engpässen, zuletzt während Ersten Weltkrieges, in Deutschland zeigt (Klose 2004).

Noch einmal kam es um 1900 zu einer hohen Sperlingsdichte. Zur Jahrhundertwende gab es im Deutschen Reich etwas mehr als 4 Mio. Pferde, die für Transportaufgaben und Personenverkehr eingesetzt wurden. Dic unvorstellbaren Mengen Pferdedung, in denen die Großstädte fast erstickten, waren unerschöpfliche Nahrungsgrundlage für den Sperlingsbestand. Dann kamen die Automobile, auf den Feldern ernteten später die Maschinen ohne Kornverluste, in den landwirtschaftlichen Betrieben wurde die Fütterung des Viehs in die Stallungen verlegt und der Pestizideinsatz gegen Agrarschädlinge erschwerte die Aufzucht der Jungvögel, weil das Insektenangebot zurückging. Der Kommensalismus mit dem Sperling war fast am Ende, als dieser aus Gründen des Bestandsschutzes zum Vogel des Jahres wurde. Sein Rückgang schien vor dem Hintergrund seines ehedem zahllosen Bestandes bedenklich. Dass diese Superabundanz aber Folge einer anthropogenen Nische war, blieb unerwähnt. Er kam als Kulturfolger, verdankte seinen numerischen Aufstieg einer anthropogenen Lizenz, die im späten 17. Jahrhundert begann und bis ins 20. Jahrhundert dauerte (Herrmann und Woods 2010). Wer immer die Frage beantwortet, wie viele Sperlinge heute zu erhalten wären, teilt mit dieser Zahl lediglich einen Teil seiner persönlichen Naturutopie mit. Aus der Geschichte oder „aus der Natur“ ableitbar ist eine solche Zahl nicht.

2.2.1.3 Beispiel Kaninchen

Angeblich lassen sich die Bezeichnungen „Iberische Halbinsel“ und „Hispanien“ vom phönizischen „*i shephan*“ ableiten, was „Land der Klippschiefer“ bedeute. Dem liegen zwei Verwechselungen zugrunde: einmal durch die Phönizier, die ca. 1100 BCE Spanien erreichten. Sie trafen dort die ihnen unbekannten Kaninchen an, die wie heimatliche Klippschiefer erschienen. Die phönizische Wurzel des Wortes ist im hebräischen „*shaphan*“ (Klippschiefer) enthalten. Luther kannte keinen Klippschiefer. Er übersetzte „*shaphan*“ mit „Kaninchen“. Damit berichtigte er zwar unwissentlich das phönizische Fehlurteil, er versetzte aber die Nager dadurch vorzeitig in die Levante, wohin sie erst in den Jahrhunderten nach der Zeitenwende eingeführt wurden. „Spanien“ leitet sich aus der lateinischen Adaptation (*Hispania*) des Phönizischen her.

Ursprünglich in den wärmeren Steppen Asiens beheimatet, kamen die Kaninchenvorfahren im Tertiär nach Europa. Einig ist sich die zoogeographische Forschung darüber, dass der Ursprung des heute in weiten Teilen der Welt verbreiteten (europäischen) Wildkaninchens (*Oryctolagus cuniculus*) in seinem eiszeitlichen Refugium auf der spanischen Halbinsel zu sehen ist. Die Ursprungspopulation lässt sich molekulargenetisch im Nordosten der Halbinsel lokalisieren. Die Römer brachten das Kaninchen nach Italien, verbreiteten es im Mittelmeerraum und vielleicht auch schon bis in das Golfklima Südenglands (Boback 1970), wo es mit Sicherheit seit dem 11. Jahrhundert nachweisbar ist. Kaninchenfleisch galt als Delikatesse. Dank seiner großen klimatischen Anpassungsfähigkeit ist das Kaninchen mittlerweile in vielen Zonen der Erde verbreitet. Es bevorzugt ein gelockertes Buschland als Rückzugsmöglichkeit und zur Anlage seiner Wohn- und Satzröhren sowie eingestreute Freiflächen zur Nahrungsaufnahme. Derartige Kombinationen sind heute im Abstandsgrün von Wohnsiedlungen und städtischen Grünanlagen häufiger als in der Agrarlandschaft, weshalb das Wildkaninchen zu einem regelrechten Stadtbewohner geworden ist. Bevorzugt wird für die Anlage der Röhren trockener, lockerer Boden, wie er auch im Umfeld von Industrieanlagen oder -brachen vorkommt. Allerdings kann sich das Wildkaninchen auch mit ungünstigeren Verhältnissen arrangieren, wenn auch zum Preis geringerer Reproduktionsraten. Permafrostboden und Höhenstufen über 500 m begrenzen offenbar den besiedlungsfähigen Raum. Sofern das Zusammenspiel von Bodenverhältnissen, der klimatischen Randbedingungen, des Nahrungsangebots und (durch Fehlen) des Raubfeinddrucks günstig ist, können sich innerhalb vergleichsweise kurzer Zeit erhebliche Kaninchenpopulationen mit hohem Schadenspotential aufbauen. Diese Erfahrung machte man nach Strabo und Plinius (Naturgeschichte 8, lxxxi, 217–218) bereits früh auf den Balearen, auf denen sich die ausgesetzten Kaninchen so vermehrten, dass zur Zeit von Kaiser Augustus eine durch Fraßschäden hervorgerufene Hungersnot den Einsatz Römischer Legionen zur Eindämmung der Plage erzwang. Die Kaninchen wurden mit domestizierten Wildiltissen (Frettchen, *Mustela puterius furo*) aus den Röhren gejagt (Nachtsheim und Stengel 1977).

Die Ausbreitung des Wildkaninchens vom römischen Mittelmeerraum in den Raum nördlich der Alpen erfolgte intentional im Mittelalter. Es ist möglich, dass die Normannen Kaninchen aus dem französischen Süden an die nordfranzösischen Küsten brachten.

Abb. 2.4 Allmähliche Ausbreitung des Wildkaninchens durch Gehegehaltung in den Niederlanden und Belgien. *Schwarze Kreise*: archäozoologische Belege, Jahrhundertangabe für Datierung der Funde; *schwarze Quadrate*: Jahresangaben für Nachweise aus Schriftquellen; *weißes Quadrat*: Der Graf von Holland verleiht seiner Gemahlin die Gehegerechte für das gesamte Grafschaftsgebiet; ältester Beleg für Kaninchen und Kaninchenhaltung in den Niederlanden (Quelle/Bildrechte: Lauwerier und Zeiler 2001)

Sicher ist, dass die Kaninchenhaltung in den Klöstern betrieben und durch sie verbreitet wurde. Ein erster Nachweis stammt aus 1149, als Abt Willibald von Corvey an der Weser seinen Amtsbruder Gerald von der französischen Abtei Solignac im Berry um zwei Paar Kaninchen bittet. Dass er um zwei Paar Kaninchen statt eines Rammlers und dreier Zibben bittet, wurde als Hinweis gewertet, dass er mit der Fortpflanzung des Kaninchens noch nicht vertraut war. Sein Wunsch folgt andererseits alttestamentarischen Vorstellungen für Gründerpopulationen (Archen-Erzählung, Genesis 6). Für 1231 gibt es einen Nachweis für Schleswig Holstein, womit gewöhnlich das Freisetzungsjahr des seitdem als Neozoon die mitteleuropäische Landschaft bewohnenden Wildkaninchens angegeben wird (Geiter et al. 2002). Das Kaninchen wird eines der historisch ersten Beispiele für mögliche ausufernde Folgen der Freisetzung einer Art (Abb. 2.4).

Pelzerzeugung, Gaumenfreuden und Jagdvergnügen machten Kaninchen zu einer sehr einträglichen bzw. prestigeträchtigen Sache. Die Tiere wurden zunächst, wie von den Römern mit Hasen erprobt und dann auch mit Kaninchen praktiziert, bis in die Neuzeit in größeren Freigehegen gehalten. Solche Gehege wurden in Teilen Englands sowie in Frankreich und den angrenzenden Niederlanden (van Dam 2007; Sheail 1978), Norddeutschland und dann weiter nach Osten angelegt. Beispielsweise ließ Kurfürst Friedrich Wilhelm (der Große Kurfürst, 1620–1688) ein Kaninchengehege auf der Berliner Pfaueninsel (zwischenzeitlich deshalb auch „Kaninchenwerder“) errichten, deren Anlage er vermutlich während seiner Jugendzeit in den Niederlanden kennenlernte. Über weitere Details der europäischen Ausbreitung, insbesondere in den europäischen Osten und Südosten hinein, die nicht sehr zügig war, berichtet Boback (1970).

In den Gehegen erhielten sie im Winter Zufütterung. Zwar war die Stallhaltung in Mitteleuropa bereits im 16. Jahrhundert verbreitet. Aber Kaninchenfleisch blieb vorerst Herrenspeise bzw. Diätetikum und Kaninchenjagd zunächst noch Privileg des Adels. Pelztragen war ohnehin den Vornehmen vorbehalten. Da Kaninchen soziale Tiere sind und sich wegen schneller Ermüdung bei eiliger Flucht nicht weit von ihrem Bau entfernen, bedurfte es keiner hermetischen Gehegegrenzen. Die Gehegekaninchen fielen entsprechend auch in die Ackerfluren benachbarter Bauern ein, denen der Schaden vom Adel nicht ersetzt wurde. Gelegentlich wurde immerhin gestattet, die Kaninchen zu verjagen. Der allmähliche Übergang des Kaninchens in den bürgerlichen Bereich gelingt wohl zuerst in den Niederlanden (van Dam 2007; Abb. 2.5). Er ist mindestens dort zugleich ein Prozess, an dem die allmähliche Partizipation von Bürgern, die Durchsetzung bürgerlicher Interessen und der Wandel von Privilegien in öffentliche Zugangsmöglichkeiten beobachtet werden können. Was mit dem sozio-kulturellen Übergang in den bürgerlichen Bereich begann, führte schließlich spätestens seit dem 19. Jahrhundert zur sicheren Fleischproduktion in den Kaninchenställen auch der ärmsten Bevölkerungsteile, ein Beispiel auch für das Phänomen des kulturellen Absinkens durch die sozialen Schichten im Prozess der Geschichte.

Die ersten frei lebenden Populationen von Wildkaninchen gründeten sicher Ausbrecher aus den Gehegen. Der Tierbestand konnte sich, so legt das englische Beispiel nahe, zunächst dauerhaft nur durch ständigen Ersatz aus den Gehegepopulationen und nach der späteren Auflassung der Gehege durch die freigesetzten Tiere etablieren (Sheial 1978). Ursächlich hierfür war nicht etwa die mäßige Anpassungsleistung der Kaninchen, sondern angeblich die Jagdleidenschaft der Menschen. Nicht nur dieser musste der Nager auszuweichen lernen, sondern auch den Beutegreifern. Aber die waren ihm im Prinzip aus der iberischen Heimat bekannt. Von den Wildkaninchen in den Gehegen, in denen bereits sehr selektive Zucht betrieben wurde (van Dam 2007), führte dann die Domestikation insbesondere durch die absolute Reproduktionskontrolle bei Stallhaltung direkt zum Hauskaninchen. Dessen leichte Züchtbarkeit und zahlreiche Rassen machten es zu einem Modellorganismus der Domestikationsforschung und Erbpathologie (Nachtsheim und Stengel 1977). Man vermutet, dass der mehrere Jahrhunderte währende Anpassungsprozess an das mitteleuropäische Klima zu widerstandsfähigeren Schlägen führte. Damit war das Überleben der Wildkaninchen auch außerhalb des mediterranen Ausbreitungsraumes und außerhalb menschlicher Obhut möglich. Uns begegnen sie heute meist als Überlebenskünstler auf verblüffend kleinen Grünlandoasen urbaner Lebensräume.

Hatten die Pyrenäen der nacheiszeitlichen Ausbreitung des Wildkaninchens in den resteuropäischen Raum zunächst verhindert, war mit den Römern seine mediterrane Ausbreitung erfolgt. Als Nagetier befindet sich das Kaninchen nicht in direkter Nahrungskonkurrenz mit dem Menschen. Wegen der ansehnlichen Reproduktionsraten waren Wildkaninchen schon früh als Nahrungsreserve des Menschen geschätzt. Sie wurden vielfältig auf Inseln ausgesetzt, um den Seefahrern auf ihren beginnenden Weltumsegelungen und Interkontinentalreisen als frischer Proviant zu dienen. Dabei konnten sich die Kaninchen

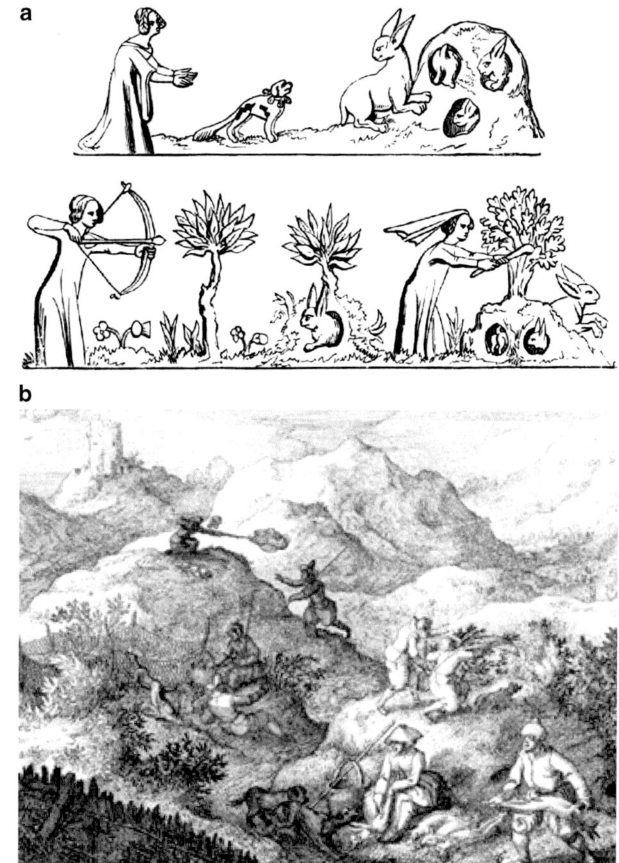

Abb. 2.5 **a** Mittelalterliche Kaninchenhaltung im Gehege und Kaninchenjagd als Freizeitvergnügen auch von vornehmen Damen in Frankreich (Ménagier de Paris, 1393); **b** Methoden der Kaninchenjagd in den Niederlanden. Dort wurden in Dünenlandschaften große Freigehege angelegt, eine Umgebung, die den Kaninchen sehr behagte und zahlreichen Nachwuchs begünstigte. *Im Mittelgrund links*: Abfangen von Tieren mit Stellnetzen, Hunden und Frettchen (im Korb). *Hinten*: Lustjagd mit Gewehr (*links*) bzw. Armbrust (*rechts*). *Im rechten Vordergrund* die Jagdstrecke, die an Ort und Stelle ausgeweidet wird. Stich von Pieter Serwouter d. Ä., 1612 (Quelle: van Dam 2007; Bildrechte liegen bei Universitätsverlag Göttingen)

als Bedrohungen der Vegetation und damit indirekt auch von Faunenelementen erweisen. Durch den historischen Bericht über die Kaninchenplage auf den Balearen zurzeit von Kaiser Augustus lässt sich ahnen, welche Kaninchenprobleme mit der Neuzeit auftreten werden. Beispielsweise kam es bereits kurz nach dem Aussetzen einer Häsin mit ihren Jungen auf Porto Santo (Madeira) 1418 zu einer kaninchenbedingten Verwüstung, in deren Folge die portugiesische Niederlassung aufgelassen wurde. Bei ausreichender Lebensgrundlage führte der fehlende Raubfeinddruck zu einer Überpopulation von Kaninchen. Die Individuenzahlen regeln sich mittelfristig über Futterangebot und Unterangebot auf die Tragekapazität der Insel ein. Der anhaltende Selektionsdruck hatten ausgereicht, um nach 400 Jahren auf Porto Santo die kleinste heute lebende Wildkaninchenrasse entstehen zu lassen, von der Darwin glaubte, dass es eine neue Art wäre. Nachtsheim konnte diese Annahme durch Kreuzungsexperimente widerlegen. Erbliche Miniaturisierung ist eine bekannte Anpassung an Inseln als Lebensraum, aber weitere Jahrhunderte der Isolation, zufällige Mutationen und mögliche Epidemien würden vermutlich Darwins Annahme Wirklichkeit werden lassen können.

Probleme mit der Eingewöhnung des Kaninchens in neue Lebensräume hatten auch die menschliche Wahrnehmung und menschliches Eigeninteresse. Wenn die Nager den Menschen, wie auf den Balearen geschehen, ihre vegetabile Lebensgrundlage zerstören, befinden sich die Ansprüche von Mensch und Tier nicht im Gleichgewicht. Im konkreten Falle laufen die menschlichen Interessen gegen die Herausbildung eines Gleichgewichtes, das dem Kaninchen Teilhabe zubilligen würde. Die Häufigkeit des als schädlich eingestuften Organismus soll unter die Schadensschwelle gedrückt, also bekämpft und möglicherweise ausgerottet werden. Damit ist das Grundprinzip der Schädlingsbekämpfung im Agrarsystem benannt. Und offenbar war dies auch letztlich der Grund, warum Kaninchen zum Gegenstand einer ersten Risikokalkulation wurden. Leonardo Pisano, genannt Fibonacci, stellte 1202 zahlentheoretischen Erwägungen an, für die er das Beispiel eines Kaninchenzüchters wählt, dem er die potentielle Nachkommenschaft eines einzigen Paares innerhalb eines Jahres berechnet. Dabei geht er von unbiologischen Setzungen aus:

- die Kaninchen hätten immer paarweisen Nachwuchs;
- sie würden einen Monat nach ihrer Geburt geschlechtsreif;
- sie sind innerhalb des Betrachtungszeitraums weder unfruchtbar noch sterblich.

Daraus ergibt sich die „Fibonacci-Folge“, eine in der Biologie auch aus anderen Zusammenhängen bekannte Zahlenreihe, die in diesem Fall mit einem Paar (Ahnenpaar) startet. Nach einem Monat leben 2 Paare, nach zwei Monaten 3, dann 5, dann 8, bis nach 12 Monaten 377 Paare leben. Beeindruckender wird die Zahl allerdings, wenn sie für zwei Jahre berechnet wird. Dann ergeben sich bereits 59.084 Paare, also fast 120.000 Individuen. Was als Zahlenspielerei begann, wird später zur Grundlage für wirtschaftliche Erwägungen und Risikokalkulationen – und hätte früh auch als Warnung vor den Folgen von Freisetzungsexperimenten dienen können, denn der Algorithmus würde eine einfache Überschlagskalkulation möglicher Schadensausmaße gestatten.

Es ist nur scheinbar anthropozentrisch, wenn von „Verwüstung“ eines Lebensraumes durch neu ankommende Wildkaninchen gesprochen wird. Denn der Neuankömmling stört zunächst einmal eine stabile Altsituation mit allen darin befindlichen Lebewesen – nicht nur für Menschen und deren Interesse. Im engeren Sinn menschliche Interessen waren nachteilig betroffen, als die spätestens im 17. Jahrhundert ausgesetzten Kaninchen u. a. auf den Nordseeinseln die Vegetation abfraßen, mit der die Dünen befestigt sind. Angeblich gelang es nur auf Juist, wieder eine Kaninchenfreiheit herzustellen. Küstenschäden durch Beeinträchtigung der Dünenlandschaft wurden früh auch auf dem Festland beobachtet, in den Niederlanden, in England, wie auch etwa im 17. Jahrhundert in den Dünen von Warnemünde. Gewiss waren dies temporäre und lokale Probleme, selbst dann, wenn eine ganze spanische Stadt durch Kaninchentunnel bedroht gewesen sein sollte (Plinius 8, xliii, 104). Das Kaninchen stammte aus dem eiszeitlichen Refugialraum am westlichsten Zipfel Europas und begann nun mit menschlicher Hilfe wieder in die Richtung seiner tertiären Urheimat zu wandern. Seine Einführung folgte zwar ohne jede Kenntnis bzw. ohne jegliche Überlegung der populationsbiologischen Folgen für die Arten des neuen Lebensraumes.

Aber die europäisch-asiatische Landmasse stellt letztlich einen kontinuierlichen Verbund wechselnder Lebensräume dar, sodass retrospektiv von den biologischen Rahmenbedingungen her ein Ausbleiben von Massenvermehrungen und Populationszusammenbrüchen dramatischen Ausmaßes (sogenannten Gradationen) erklärbar sind. Außerdem erwies sich die Stallhaltung der Hauskaninchen als so einfach, dass den Wildkaninchen gegenüber das Interesse sehr nachließ, wenn sie nicht als Agrarschädlinge oder Lästlinge verfolgt wurden bzw. werden. Wildkaninchen können Vektoren von auch für Menschen gefährlichen Erregern sein, darunter Erreger der Tularämie (Hasenpest), deren Gefährlichkeit für den Menschen mit dem Hinweis beschrieben ist, dass ihre Erreger zum Repertoire der Biowaffen gehören.

Blieben bei der Besiedlung Europas durch Kaninchen größere Probleme aus, ergaben sich aus der Freisetzung in der neu entdeckten *Terra Australis* Probleme von ungeahntem Maßstab. Bereits mit den ersten europäischen Kolonisatoren 1788 kamen Hauskaninchen nach Australien. Mehr als 30mal wurden Kaninchen eingeführt, sodass bereits zu Beginn des 19. Jahrhunderts jede größere Siedlung Kaninchen hielt, von wo sie in die Wildnis entweichen konnten. Als eigentlicher Beginn der verhängnisvollen Entwicklung gilt die Freisetzung von bis zu 24 Wildkaninchen in einem Park der Hafenstadt Geelong, Victoria, die 1859 mit dem Schiff *Lightning* aus England kamen. Freisetzungsgrund war, der Jagdleidenschaft nachgehen zu können, weshalb ihnen 1864 sogar eine gesetzliche Schonzeit zugebilligt wurde. Innerhalb weniger Jahrzehnte breiteten sich die Nachkommen dieser Kaninchen in zuvor unvorstellbaren Individuenzahlen mit einer Durchschnittsgeschwindigkeit von 130 km pro Jahr aus. Die Ausbreitung war erstaunlicherweise am schnellsten in Gebieten mit geringen Niederschlägen und in Savannen mit Dornsträuchern und niedrigen Bäumen (Abb. 2.6). Kaninchen wurden Nahrungskonkurrenten für die extensive Tierhaltung. Die 1980er Ausbreitungsgrenze folgt im Wesentlichen einer Niederschlagsgrenze; nördlich von ihr fallen während des Sommers mehr als 400 mm Regen. Insgesamt kommen nördlich des Wendekreises Kaninchen nur noch in verstreuten Kolonien vor, die dann völlig ausdünnen (Williamson 1996).

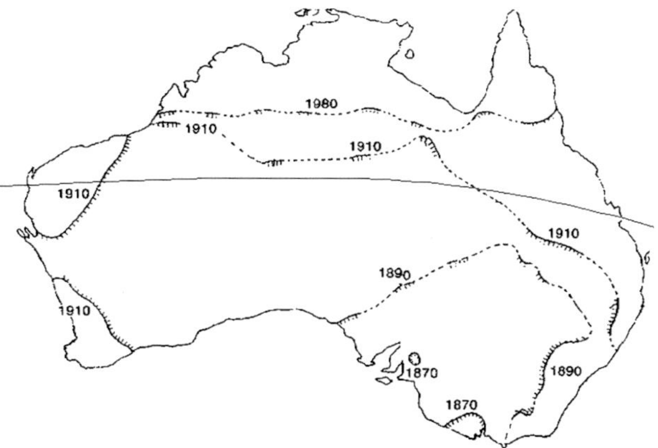

Abb. 2.6 Vereinfachte Karte der Kaninchenausbreitung in Australien. Ausbreitungsfronten für 1870, 1890, 1910 und für 1980. *Durchgezogene Linie*: Wendekreis des Steinbocks (adaptiert nach Williamson 1996)

Die ersten Farmen mussten bereits 1881 aufgelassen werden, weil den Schafen keine Nahrungspflanzen mehr zur Verfügung standen. Um 1890 schätzte man die Zahl der Kaninchen auf 20 Mio. Versuche, die Tiere mit Hunden, Wieseln, Hermelinen, Frettchen oder Katzen zu bekämpfen, brachten keinen Erfolg, eher neue Probleme. Auch eine Zaunanlage mit einer Gesamtlänge von 3256 km, die Westaustralien kaninchenfrei halten sollte und zwischen 1901 und 1907 gebaut wurde, brachte nicht den erhofften Erfolg. Zwischen 1903und 1908 wurden allein in Victoria jährlich 13,5 Mio. Kaninchen getötet. Neuseeland, das zwar wegen seiner höheren Niederschläge ein weit geringeres Kaninchenproblem teilte, und Australien exportierten zusammen um 1930 jährlich um 100 Mio. Felle für die Rauchwarenmärkte (Nachtsheim und Stengel 1977): mehr als ein Viertel der Weltproduktion, unter Einschluss der Hauskaninchen.

Das europäische Wildkaninchen ist ein Lehrbuchbeispiel für eine vom Menschen außerhalb ihres natürlichen Verbreitungsgebietes angesiedelten Art. Ist der neue Lebensraum frei von Konkurrenten, Beutegreifern und Parasiten, können sich solche Arten mit großem Erfolg etablieren und zu einer Bedrohung der einheimischen Lebewesen werden, zu *invasiven Arten*. Durch ihre vergleichsweise hohen Reproduktionsraten haben die Kaninchen auch schnell den Interessensbereich der Menschen und damit Schädlingsstatus erreicht.

Eine Kontrolle der Kaninchenpopulationen konnte erst durch eine weitere, ebenfalls invasive Spezies erreicht werden: das Myxoma-Virus. Dieses Virus wird von Mücken übertragen. Es kommt in zwei amerikanischen Kaninchenarten der Gattung *Sylvilagus* vor. Bei beiden Arten verursacht es kleine Hauttumoren. Gelangt das Virus in das Wildkaninchen *Oryctolagus cuniculus,* ändert es seine Virulenz. Ebenso ändert sich das Krankheitsbild, wobei die Ursache hierfür nicht verstanden ist. Für Wildkaninchen ist eine Myxoma-Infektion tödlich und der Krankheitsverlauf quälend. Es kommt zu Schwellungen und Entzündungen im Bereich der Schleimhäute an Augen, Lippen, in der Mundhöhle, auch in den Ohren und im Genitalbereiche. Der Tod tritt nach knapp zwei Wochen ein. Der fatale Verlauf der Krankheit beim Wildkaninchen war lange bekannt und der Einsatz des Erregers zur Kaninchenbekämpfung wurde bereits 1919 vorgeschlagen. Aber erst seit 1950 bekämpfte man in Australien Kaninchen mit dem Myxoma-Virus. Freilandversuche mit dem Virus bereits in den 1930er und 1940er Jahren blieben erfolglos. Nach einem erneuten erfolglosen Freilandversuch in Australien 1950 brach dort plötzlich und unerwartet doch noch die Seuche aus. Wenig später wurde das südamerikanische Virus auch in Europa freigesetzt. Der französischer Bakteriologe Paul Armand-Delille infizierte 1952 auf seinem Besitz Wildkaninchen, über die er sich geärgert hatte. Die Seuche breitete sich innerhalb weniger Jahre über ganz Europa aus und dezimierte die europäische Kaninchenpopulation bis 1957 um mehr als 90 %. Man verklagte ihn auf horrende Summen – wegen entgangenen Jagdgenusses. Verurteilt wurde er 1955 zu symbolischen 5000 Francs (heute ca. 8 €) und bereits 1956 vom Agrarministerium für seine Verdienste um Forst- und Landwirtschaft geehrt. Die für die Ausbreitung der Seuche erforderlichen Insektenvektoren fanden sich offenbar leicht im breiten europäischen Spektrum von Stechmücken und Stechfliegen; nach Australien wurden sie – wiederum – eingeführt.

Nach anfänglichen Mortalitätsraten nahe bei 100 % nahm die Sterblichkeit der Kaninchen rapide ab: sie entwickelten Resistenzen. Auch die Myxoma-Viren entwickelten sich weiter. Sie folgten einem bekannten Muster, das der Medizingeschichte im Zusammenhang bei plötzlicher Seucheninduktion bekannt ist: Die Viren reduzierten ihre Virulenz. Auch hierfür gibt es biologische Erklärungen, denen hier nicht weiter nachgegangen wird (ausführlich in Williamson 1996). Australische Kaninchen werden gegenwärtig mit Giftködern bekämpft.

Das Beispiel ist nur oberflächlich betrachtet ein biologisches. Tatsächlich hängt es mit vielfältigen Interessenlagen zusammen, mit kolonialer Ideologie, mit Anpassungsverweigerung, mit naturräumlich unangemessener Agrarwirtschaft, mit Unkenntnis von verfügbarem Wissen und mangelnder Einsichtsfähigkeit. Das Beispiel hält viele Lehren bereit. Nicht nur solche, deren Regeln längst die Lehrbücher der Biologie und Gesellschaftswissenschaften bereichern, sondern auch für jene Fälle, die in der Zukunft liegen. Außerdem ist es vom Ende her, von den Auswirkungen her betrachtet unerheblich, ob eine Freisetzung intentional erfolgte oder durch unbeabsichtigte Einschleppung. Die Bemühung, potentielle invasive Spezies abzuwehren, ist angesichts globaler physischer Vernetzung dringlich, sofern perspektivisch ein globaler Faunen- und Floren-Austausch unerwünscht bleibt. Aufmerksamkeit müsste sich auch besonders auf die künftig vermehrte Freisetzung genetisch veränderter Organismen richten.

2.2.1.4 Und Pflanzen?

Das Kaninchen ist eine Chiffre für Probleme, die sich aus der Verbringung von Tieren in einen neuen Lebensraum ergeben. Gleiches gilt durchaus für Pflanzen.

So sehr ist ihr Anblick in Mitteleuropa vertraut und alltäglich, dass die Robinie (Falsche Akazie, *Rubinia pseudoacacia*) hier als invasive Neophyte kaum im Bewusstsein ist. Sie wurde um 1600 aus Nordamerika eingeführt. Ihre Verbreitung wird im 18. Jahrhundert propagiert, um Engpässen der Brennholzversorgung vorzubeugen (Popplow 2006). Auf sie traf in besonderer Weise zu, was den Anfang vieler intentionaler Freisetzungen markiert: eine naive, beste Absicht. Heute stehen, längst außerhalb jeder Kontrollierbarkeit, Robinien vor allem auf Brachen, Ruderalflächen, Waldgrenzstandorten und selbst in mancher Stadt als anspruchsloser Straßenbaum. Häufig befindet sie sich, vorzugsweise an Bahndämmen, in Nachbarschaft zu einer anderen Neophyte ihrer nordamerikanischen Heimat, der Kanadischen Goldrute (*Solidago canadensis*).

Das Bundesamt für Naturschutz (BfN) hat ein Handbuch mit Portraits und Hinweisen für 32 prekäre invasive Pflanzenarten zusammengestellt (www.floraweb.de/neoflora/), in dem jedoch historische Details nicht weiter verfolgt werden. Sie finden sich in Übersicht bei Kowarik (2010). Darunter sind Arten, die das Landschaftsbild nachhaltiger verändern, als es eine Robinie bewirkt. Sie steht an einem Baumstandort und erscheint in den begleitenden Bestand eingebettet. Wenn jedoch das „Indische“ (Drüsige) Springkraut (*Impatiens glandulifera*) eine Talaue erobert, ändert sich deren Erscheinungsbild, ebenso, wenn sich dort der Riesen-Bärenklau (*Heracleum mantegazzianum*) ansiedelt. Dann wird der Spaziergang zu einem Risiko, weil die Berührung des Bärenklaus bei Sonneneinstrahlung durch phototoxische Inhaltsstoffe zu Hautrötungen und Schwellungen bis hin zu schweren Verbrennungen führt.

Eines der eindrucksvollsten Beispiele für das Bedrohungspotential durch eine invasive Pflanze stellt heute die ursprünglich in China, Korea und Japan vorkommende Kudzu (*Pueraria montana*) im Südosten der USA dar (www.invasiveplantatlas.org/). Kudzu ist eine verholzende Kletterpflanze aus der Familie der Schmetterlingsblütler, die bis zu 30 m Höhe erreicht und jährlich bis zu 20 m austreiben kann. In ihrer asiatischen Heimat werden die Sprossen gegessen, und aus den Wurzelknollen lassen sich nahrhafte Nudeln und Suppen herstellen. In den Blättern finden sich medizinisch nutzbare Wirkstoffe.

Im Jahre 1876 wurde sie zur Weltausstellung in Philadelphia erstmals in die USA verbracht und als Futter- und Zierpflanze beworben. Japanische Erfahrungen mit Kudzu zur Erosionsvorbeugung und bei der Befestigung von Straßenböschungen veranlassten die USA seit den „*Dust-Bowl*"-Jahren ab 1935, mit Kudzu-Setzlingen einer weiteren Erosion entgegen zu wirken. Zugleich war mit Kudzu eine bei den Weidetieren beliebte Futterpflanze gefunden. Das war insgesamt so erfolgreich, dass ein wahres „Kudzu"-Fieber ausbrach. Man veranstaltete Kudzu-Feste und Miss-Kudzu-Wahlen. Kudzu gab es als Müsli, Hundefutter und Ketchup. Kudzu konnte auch wie Heu produziert und verfüttert werden (www.invasivespeciesinfo.gov/index.shtml).

Seit Anfang der 1950er Jahre änderte sich das Bild und damit die Einstellung gegenüber Kudzu, als deren invasive Eigenschaft offensichtlich wurde. Sie wurde als schädliches Unkraut eingestuft und ihre Verwendung als Bodendecker 1953 verboten. Wie für viele Adventivpflanzen üblich, weil vom Selektionsdruck der Herkunftsregion befreit, zeigte Kudzu gegenüber seiner Erscheinung im Ursprungsgebiet veränderte Eigenschaften, vor allem ein überschießendes Wachstum. Die Pflanzensprossen wachsen pro Tag bis zu 30 cm und während der Wachstumsperiode insgesamt 15–20 m. Die Pflanze breitet sich überwiegend durch Rhizome aus, die im Boden dichte Geflechte bilden und so tief verlaufen können, dass ihre Entfernung praktisch nicht mehr möglich ist. Die Pflanzen überwuchern Flächen und bedecken jegliche Altvegetation, die infolge der Verschattung abstirbt (www.invasive.org/; Abb. 2.7). Mechanische Entfernung von Altbeständen ist praktisch ausgeschlossen, eine Bekämpfung mit Herbiziden bringt bislang nur Teilerfolge.

Weitere Beispiele invasiver Pflanzen in der Neuen Welt einschließlich der Erläuterung der historischen Umstände, die ihre Verbreitung begünstigten, hat Crosby (1991/2004) zusammengestellt. Die europäischen Siedler brachten nicht nur die anbauwürdigen Pflanzen mit. In ihren Schürzentaschen und im Saatgut fanden sich auch Samen unerwünschter Ackerkräuter, die sich in den neuen Lebensräumen außerordentlich erfolgreich etablierten und mit großer Geschwindigkeit ausbreiteten. Klee und Gras wurden von den englischen Kolonisten wegen ihrer Verwertbarkeit als Viehfutter ausgesät. Sie breiteten sich in den Neuengland-Staaten und westwärts so schnell aus, dass die ersten Siedler, die in das heutige Kentucky kamen, dort auf das „*Kentucky blue grass*" stießen, was nichts anderes als die ihnen vorausgeeilte europäische Wiesenrispe (*Poa pratense*) war.

Als besonders betroffen stellte sich Südamerika heraus, wo an der peruanischen Küste Endivien und Spinat, die aus Kolonistengärten ausgewildert waren, Dickichte von bis

Abb. 2.7 Befall mit Kudzu (*Pueraria montana*) in den südöstlichen USA. Die Pflanze bedeckt ein Feld, das dadurch praktisch verloren ist. Oberirdische Ranken und unterirdische Sprosse besorgen die unaufhaltsame Ausbreitung. Die Ranken der verholzenden Kletterpflanze bringen den Baumbestand durch Verschattung zum Absterben (Foto/Bildrechte liegen bei: Kerry Britton, USDA Forest Service, Bugwood.org)

zu sechs Fuß Höhe bildeten. In den Höhenstufen der Anden wucherte Minze in den Tälern. Noch zu Darwins Zeiten war die Pampas in Argentinien und Uruguay über Hunderte von Quadratkilometern von wilden Artischocken, bekanntlich eine Distelart, bedeckt und erstickte alles Leben. Pfirsichbäume überwucherten weite Teile des Landes, sodass sie, wie Darwin berichtete, das hauptsächlich verwendete Brennmaterial in Buenos Aires lieferten. Die Ausbreitung der Endivien ist vermutlich von einer anderen invasiven Spezies gezügelt worden. Garcilaso de la Vega berichtet, dass im frühen 16. Jahrhundert unendliche Zahlen von Ratten das Land überrannten und alle Feldfrüchte auffraßen (Mann 2005). Die erfolgreichste invasive Spezies, deren Heimat die Alte Welt war, ist möglicherweise der Löwenzahn, „über dessen Reich [heute] die Sonne nie untergeht“ (Crosby 1991/2004). Der „Erfolg“ der Altweltpflanzen in den von Europäern neu erschlossenen Kontinenten beruhte tatsächlich wohl auf zwei sich unterstützenden Prozessen. Einmal bereiteten die europäischen Kolonisten ihren mitgebrachten Pflanzen (und Tieren) ähnliche Lebensbedingungen wie in Europa. Zum anderen können eingeführte Arten sich wechselseitig unterstützen. Die Widerständigkeit der Lebensgemeinschaften gegen nicht einheimische Arten wird durch eine weitere Ansiedlung nichteinheimischer Arten herabgesetzt und führt zu erheblichen Änderungen im neuen Lebensraum. Simberloff und

Von Holle (1999) prägten hierfür den Begriff „*invasional meltdown*". Er bezeichnet die akkumulativen und besonders nachteiligen Folgen des Zusammenwirkens biologischer Invasionen auf die bisherigen Lebensgemeinschaften. Offensichtlich ist *Homo sapiens* eine Schlüsselart für diesen „invasiven Kollaps". Wie ein solcher Kollaps noch entstehen kann, lehrt ein anderes Beispiel invasiver Art. Es wurde von Hernando de Soto ausgelöst, der am 30. Mai 1539 mit 600 Soldaten, 200 Pferden und 300 Schweinen in Florida anlandete. De Soto berichtete von zahlreichen Siedlungen, die auf Sichtweite dicht beieinandergestanden hätten. Nach De Soto besuchte für mehr als einhundert Jahre kein Europäer das von ihm durchstreifte Gebiet. Als die Franzosen dann die Gegend 1682 unter La Salle per Kanu bereisten, fanden sie über mehr als 200 Meilen keine einzige indianische Siedlung. Man darf annehmen, dass die indianische Bevölkerung durch eingeschleppte Krankheiten dezimiert wurde. Neben Menschen selbst sind vor allem Schweine vermehrungsstark und gelten als Vektoren für zahlreiche Krankheiten, die Mensch, Hirsch und auch Truthahn gefährlich werden können. Nicht nur die Nahrung der Indianer wurde durch Infektionskrankheiten dezimiert. Die indianische Bevölkerung im Gebiet, das nach De Soto von La Salle besucht wurde, sank in diesen 150 Jahren von vermutlich 200.000 Menschen auf ca. 8500 Köpfe (Mann 2005; zahlreiche ähnliche Beispiele bei Crosby 1991/2004).

2.2.2 Fragen und die Tatsache, dass Leben nur einen Versuch in Echtzeit hat

Nach dem Erwachen aus ihrem Winterschlaf werden Igel allermeist nur als Opfer des Straßenverkehrs wahrgenommen. Die Opfer können Erfahrung nicht mehr in Wissen umsetzen und nicht an ihre Nachkommen weitergeben. Hundert Jahre Autoverkehr reichten offensichtlich nicht aus, Igelmutanten, die keine Neigung zur Überquerung von Straßen zeigen, so zahlreich hervorzubringen, dass die Opferzahlen rapide abnehmen (entsprechende Lernprozesse finden offensichtlich auch nicht bei der autofahrenden Spezies statt). Also werden Igel weiterhin überfahren. Eine andere mögliche Sichtweise blendet die Opfer völlig aus und stellt fest, dass diejenigen Igel, welche die Überquerung der Straße geschafft haben, dort ausreichende Lebensbedingungen vorfinden, dass mit ihren zahlreichen Nachkommen der Verlust ihrer Artgenossen kompensiert werden kann. Eine dritte Betrachtung könnte als Variante der zweiten Hypothese gebildet werden. Danach hätten die Igel eine irgendwie geartete Vorstellung von der Gefahr, die bei einer Straßenüberquerung droht. Diese würde angesichts der großartigen Reproduktionsmöglichkeit auf der anderen Straßenseite aber vernachlässigt. Und so weiter …

Selbstverständlich verweist diese Schilderung täglicher kleiner Dramen auf ein übergeordnetes Dilemma: Mit dem Wissen von heute wird retrospektiv das Handeln menschlicher Gemeinschaften in ihren naturalen Umwelten beurteilt, und es werden Gründe gefunden, warum das spezifische Handeln erfolgreich oder erfolglos sein musste. Solche Gründe fundieren häufig Überzeugungen, auf denen Vorschläge für künftige Entwicklungen basieren. Dabei mangelt es den meisten retrospektiven Analysen an der Möglichkeit, hinreichende und notwendige Bedingungen für den Endzustand einer konkreten Entwicklung benennen, geschweige denn, sie sicher unterscheiden zu können. „Wir raten uns durchs Leben" (Karl Popper 1902–1994), jedenfalls derzeit noch, wenn es um die detaillierte Beurteilung ganz konkreter sozionaturaler Systeme geht.

Die folgenden Abschnitte führen von einigen grundsätzlichen Fragen hin zu Beispielen des Umgangs menschlicher Gesellschaften mit naturräumlichen Grundlagen ihres Lebensraums. Hierbei geht es erneut um Vorverständnisse für das nachfolgende Kap. 3.

2.2.2.1 Eine didaktische Frage

Man stelle sich vor: Ein Autokonzern betreibt viele Niederlassungen. Die am Hauptsitz des Konzerns gebauten Autos gehen zum größten Teil über die Niederlassungen an die Käufer. Von den Niederlassungen fließen die Einnahmen an die Konzernzentrale, die Produktentwicklung betreibt, Mitarbeiter und Lieferanten bezahlt, Erträge abschöpft, Kapital für Investitionen ansammelt und ihre Niederlassungen angemessen alimentiert. Der Konzern lebt davon, dass in seinen Niederlassungen mehr erwirtschaftet wird, als allein zu deren Unterhalt (Subsistenz) erforderlich wäre. Verkaufen die Niederlassungen zu wenig Autos, hat der Konzern ein Problem. Wie viele seiner Niederlassungen, die keinen Gewinn erwirtschaften, kann ein Konzern sich als reines Zuschussgeschäft leisten? Theoretisch mag diese Frage beantwortbar sein, aber Ökonomen werden hier ganz zurückhaltend. In der Praxis erweist sich das Management eines solchen Unternehmens allein schon deshalb als ziemlich diffizil, weil Produktentwicklung und Käuferverhalten nur begrenzte Synchronitäten aufweisen.

Anders gewendet: Ist ein historisches Königreich mit abgabenpflichtigen Lehnsherren, Siedlungen usw. nach ähnlichen Gesichtspunkten bilanzierbar, wie man sie etwa auf einen heutigen Industriekonzern anwenden würde? Kann man komplexe historische Abläufe mit ökonomischen bzw. energetischen Modellierungen angemessen beschreiben? Und läge in einer solchen Bilanzierung, wenn nicht *der* Schlüssel, so doch zumindest *ein* Schlüssel zur raum-zeitlichen Dauerhaftigkeit menschlicher Gesellschaften und ihrer Institutionen?

Zu Beginn des 14. Jahrhunderts, als das klimatische Optimum des Hochmittelalters längst überschritten war, begann in Mitteleuropa ein Prozess der Konzentration von Siedlungen, noch bevor die Bevölkerungsverluste durch das Seuchengeschehen von 1348 wirksam werden und dieses „Siedlungssterben" beschleunigen konnten. Wie es eine Bilanzierungstheorie voraussagen würde, gab man zunächst die marginalen Standorte auf, die unter den früheren klimatischen Optimalbedingungen noch einträglich waren. Das könnte ein Hinweis darauf sein, dass der Unterhalt einer solchen Siedlung jetzt mehr Energie (Nahrung) und mehr Energie- und Produktäquivalente (Geld) verzehrte und Güter verbrauchte, als diese Siedlung hervorbrachte. Eine Selbstversorgung, geschweige denn eine Überschussproduktion, war in solchen Fällen offenbar nicht mehr möglich. Man wird einwenden, dass eine solche Betrachtung verkürzt und unzulänglich bleiben muss. Schließlich wäre zu beachten, dass Konzentrationsprozesse nicht nur energetisch von Erträgen, von naturräumlicher Beschaffenheit wie Bodengüte und Wegesystemen und anderem mehr abhängig seien. Sie hätten auch strategische Gründe, macht- und marktpolitische Gründe, vielleicht auch religiöse. Kurz, der weitere Bestand der Siedlung müsste unter der gemeinsamen Perspektive von Umwelt, Herrschaft, Wirtschaft und Kultur analysiert werden. Die Ergebnisse dieser Betrachtung könnten erklären, warum manche Siedlung erhalten blieb, obwohl sie eine energetische Negativbilanz aufweisen mochte. Dabei ist die Antwort in solchen Fällen immer einfach: weil sie um der Erreichung anderer Ziele willen oder wegen anderer Interessenlagen substituieren konnte. Substituierung bedeutet Zufuhr von Energie und Material, die nicht an Ort und Stelle erwirtschaftet werden. Offenbar beruhen alle komplexeren Organisationen menschlicher Gemeinschaften samt ihren Institutionen auf dem Prinzip der Durchbrechung lokaler Energieflüsse und Stoffströme. Die Siedlung verfügte vielleicht über eine strategische Schlüssellage, produzierte möglicherweise ein gesuchtes seltenes Produkt, war ein nachgefragter Handelsplatz oder besaß eine Wallfahrtskirche mit wichtigen Reliquien – beides einträgliche Quellen für Sach- und Geldwerte.

Naheliegenderweise beruhen Kalküle zur Aufrechterhaltung von Interessenlagen letztlich auf elementarem menschlichen Verhalten und auf Regeln menschlicher Kooperation. Nach Abzug aller kulturellen Spezifika besteht eine Gesellschaft allererst aus menschlichen Individuen, deren Verhalten sich an einer biologischen Leine befindet; einzig über deren Länge wird gestritten. Die biologische Evolutionstheorie weist im Kern erhebliche Übereinstimmungen mit ökonomischen Erklärungen auf (z. B. Gayon 2012). Der zentrale biologische Prozess, der den Fortgang des Lebens überhaupt trägt, ist die Reproduktion. Ob jemand im Leben erfolgreich war, wird nach biologischem Verständnis an der Zahl seiner Nachkommen gemessen. Dabei geht es am Ende nicht einmal um leibliche Nachkommen, sondern nur um genetische Einheiten. Anstelle eigener Nachkommen kann ein Individuum deshalb auch indirekt evolutionsbiologisch erfolgreich sein, wenn seine Geschwister hohe Reproduktionsraten aufweisen. Im Hinblick auf die Verbreitung eigener Gene wären eigene Nachkommen zwar effizienter, aber der Seitenweg über Geschwisternachkommen eröffnet auch verhaltensbiologische Optionen, die viele Strategien in menschlichen Kulturen plausibel machen. Die Möglichkeit zur indirekten Weitergabe von Genen über Geschwister und Geschwisterkinder ist zudem ein Kompensationsmechanismus, mit dem individuelles reproduktives Scheitern ausgeglichen werden kann. Die Weiterentwicklung der theoretischen Grundlagen der Evolutionsbiologie hat durch Anregungen der ökonomischen Theorie profitiert, vor allem von Gary Becker. Anleihen ökonomischen Denkens werden besonders in der Soziobiologie eingesetzt, die „Kosten" und „Nutzen" des Soziallebens untersucht und auf dieser Grundlage Strategien sozialer Konkurrenz und des altruistischen Verhaltens erklärt (Voland 2009).

2.2.2.2 Ein „Zweck" des Lebens?

Schwierig wird es, wenn Biologen behaupten, dass der Sinn oder Zweck des Lebens (eines Lebewesens) in seiner Reproduktion läge. Diese Behauptung ist eine teleologische Setzung für einen an sich sinnfreien Prozess, der einzig auf der Eigenschaft bestimmter Moleküle zur Selbstorganisation beruht. Nach deren zufälliger Entstehung in der Frühzeit der Erde führte der Prozess der Selbstorganisation notwendig zur Hervorbringung von Lebewesen, deren Miteinander durch Konkurrenz und Kooperation geregelt wird. Ihre Erscheinungsformen können ebenfalls als Varianten von Kosten-Nutzen-Kalkülen verstanden werden. Produkte dieser Prozesse sind Nachkommen, die lediglich ihre Ergebnisse in zeitlicher Reihe sind. Ihre Existenz verdankt sich allein dem Umstand, dass der sich selbst organisierende Prozess nach dem einleitenden Erstereignis und seit Hervorbringung der genetischen Codierung gerichtet, aber nicht zielsuchend, und unter zunehmender Komplexität abläuft.

Es ist unmittelbar einsichtig, dass Kulturen versuchen, mit Hilfe von Überzeugungs- oder Sinngebungssystemen (Ideologien bzw. Religionen) den Prozess des Lebens mit jenem Sinn und jener Bedeutung zu belegen, die aus ihm selbst nicht ableitbar sind. Es besteht allgemein und übergreifend Einigkeit darin, dass ununterbrochene Dauer („Permanenz") des Prozessgeschehens nicht nur seine Elementareigenschaft repräsentiere, sondern zugleich seinen Selbstzweck. Es handelt sich um eine Variante des Teleonomie-Konzeptes, das nach Einsicht des Biologen Colin Pittendrigh (1918–1996) allen Lebewesen durch ihr genetisches Programm eine „*purpose fulness toward survival*" (Zielgerichtetheit auf Überleben) verleiht, eine Einsicht, die sich bereits aus den Ausführungen Nicolai Hartmanns (1912) ergibt. Von dieser Grundeigenschaft allen Lebens geht letztlich auch jede Befassung mit „Umwelt" aus.

2.2.2.3 Wachstum ist prozessimmanent – aber begrenzt

Alle naturalen bzw. auf sie aufbauenden Prozesse, und damit auch die technologischen, folgen einem Prozessablauf, der dem von Benjamin Gompertz (1779–1865) und Pierre-François Verhulst (1804–1849) entdeckten mathematischen Prinzip folgt (logistische Funktion; Abb. 2.8). Der Prozess selbst läuft nicht mit gleichbleibender Intensität oder Geschwindigkeit ab. Denn beispielsweise kann eine biologische Art weder auf unbegrenzten Lebensraum noch auf unbegrenzte Lebenserwartung hoffen, oder es ist für ein Produkt irgendwann auch eine Marktsättigung erreicht, oder es wird der für einen technischen Prozess einzusetzende Energie- oder Rohstoffaufwand so groß, dass er nicht mehr lohnend erscheint. Eine weitere Steigerung ist unter gegebenen Randbedingungen dann nahezu nicht mehr möglich, der Prozess läuft von nun an auf gleichbleibend hohem Niveau, vorausgesetzt, die für seinen Unterhalt erforderlichen Mittel stehen zur Verfügung (stabiles Gleichgewicht nahe der „Umweltkapazität").

Der Lebensraum einer Petrischale ist ein geschlossenes Systems und ein Modellfall für das Leben auf einer einsamen Insel. Wird der Nährstoff in einer Petrischale mit einem Mikroorganismus beimpft, vermehrt sich dieser nach den Regeln logistischen Wachstums. Die Individuenzahl bleibt nach Erreichen der Umweltkapazität dann so lange konstant, wie es das Nahrungsangebot erlaubt. Mit dessen Abnahme verringert sich die Zahl der Organismen. Schließlich ist der Nährboden aufgebraucht und das letzte Bakterium stirbt. Derart hermetisch abgeschlossene Systeme, wie in der Petrischale sind als Lebensraum auf der Erde selten. In aller Regel erhalten Ökosysteme aus ihrer Umgebung mindestens eine Energiezufuhr in Form des Sonnenlichtes. Mit seiner Hilfe synthetisieren die zur Photosynthese befähigten Pflanzen energiereiche chemische Verbindungen und bilden

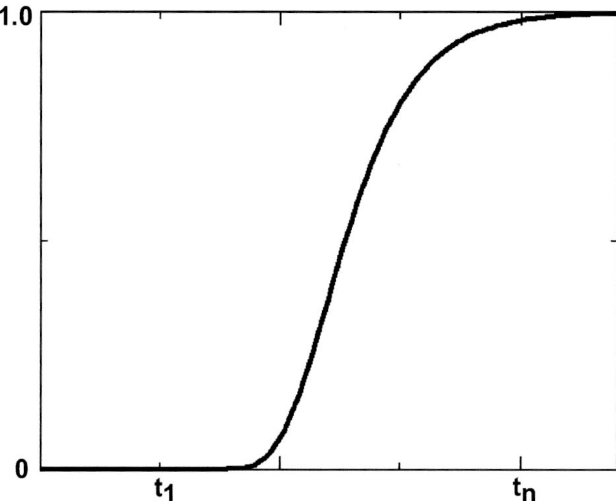

Abb. 2.8 Beispiel einer Logistischen Kurve. Dargestellt sein könnte ein Wachstum oder eine zunehmende Wahrscheinlichkeit in den Grenzen zwischen 0 und 1 über der Zeitachse (t). Wachsende Größen können z. B. Bevölkerungszahlen sein, aber auch absatzfähige Güter oder Optimierungsaufwand in technischen Prozessen. Der steile Kurvenanstieg beschreibt ein Idealwachstum, bei dem in kurzer Zeit bzw. mit geringem Ressourcenaufwand große Zuwächse erzielt werden. Sind für den Prozess erforderliche Grundbedingungen im verfügbaren Zeitraum begrenzt, z. B. der Siedlungsraum einer Art, kann ein Zuwachs nur noch in geringem Umfang erfolgen, weil das System sich nahe an seiner „Kapazitätsgrenze" bewegt. Deshalb verläuft die Kurve im oberen Teil asymptotisch. Für eine weitere Steigerung des Ergebnisses wäre ein verhältnismäßig höherer zeitlicher Aufwand oder Aufwand an Ressourcen erforderlich als vorher. In diesem Kurvenabschnitt gilt das Gesetz vom „abnehmenden Grenznutzen", das Hermann Heinrich Gossen (1810–1858) zunächst für ökonomische Prozesse formulierte. Danach stiftet der Konsum eines Gutes mit zunehmender Menge einen immer geringeren Zusatznutzen (Grenznutzen). Die Gültigkeit des abnehmenden Grenznutzens für alle logistisch ablaufenden Prozesse ist offensichtlich. Zum Beispiel wird der Unterhalt einer Anzahl Menschen nahe an der Kapazitätsgrenze durch Raum- und Ressourcenverbrauch verhältnismäßig aufwendiger als davor. Die Jagd nach den letzten Kaninchen auf einer vorgegebenen Fläche beansprucht mehr Zeitaufwand, als ehedem bei vielen Kaninchen pro Tier aufzuwenden war. Für den Fall, dass die Kurve das Wachstum einer Population beschreibt, wäre unter der „Kapazitätsgrenze" die absolute Begrenzung der andauernden Deckungsfähigkeit aller Lebensansprüche einer Population durch die absolute Begrenztheit der ökosystemaren Dienstleistungen des Lebensraums zu verstehen. Die Werte 0 und 1 der Ordinate sind relative Größen. Ihre numerischen Dimensionen sind für sämtliche Populationen verschieden und durch Konkurrenz- wie Kooperationsverhalten beeinflussbar. Menschliche Bevölkerungen vermeiden bei der Ressourcenabschöpfung häufig den Bereich des abnehmenden Grenznutzens (vgl. Abb. 3.33) und stabilisieren die Population (z. B. durch kontrazeptives Verhalten, vgl. Abb. 3.42) auf einem Niveau, auf dem weiterhin ein Ressourcenüberangebot besteht. Sie verlegen damit die realen Kapazitätsgrenzen unterhalb der theoretisch möglichen Kapazitätsgrenzen, um Pufferkapazitäten für Engpasssituationen vorzuhalten. Das Verhalten ist biologisch wie kulturell adaptiv und dient der Verstetigung der sozionaturalen Gesamtprozesse („Nachhaltigkeit"). Dieselbe Graphenfunktion beschreibt das Wachstum technischer Systeme und Prozesse und die mit ihnen verbundenen kulturellen Entwicklungen (Trömel und Loose 1995)

Strukturen, die am Anfang eines Nahrungsnetzes stehen. Von diesen Primärproduzenten hängt direkt wie indirekt der gesamte übrige Energiefluss und Stoffstrom im Ökosystem ab. Schiene die Sonne weiter auf das Gras und fräßen die Kaninchen pro Zeiteinheit nur so viel Gras, wie nachwächst, und raubten die Füchse nur so viele Kaninchen, wie pro Zeiteinheit nachgeboren werden, können Gras, Kaninchen und Füchse in diesem Gleichgewicht theoretisch zeitlich unbegrenzt koexistieren. Allerdings gibt es in den Organismen selbst wie im von ihnen bewohnten Ökosystem zahlreiche Störpotentiale und Einflussfaktoren, die den Eintritt eines solchen Gleichgewichtes beeinflussen. Das können Mutationen in Gras, Fuchs oder Kaninchen sein, Krankheiten oder grasfressende Schafe oder kaninchenjagende Habichte sein. Gras, Fuchs und Kaninchen „regulieren" ihr Miteinander durch Rückkoppelungsprozesse. Bei Permanenz eines Ökosystems befinden sich dessen Elemente, trotz ständiger innerer Veränderungen, z. B. als Folge begrenzter Lebensdauern oder Störfaktoren, in einem „stabilen Gleichgewicht". Charakterisiert ist das stabile Gleichgewicht nicht durch einen bestimmten Betrag, sondern durch einen Korridor. Er resultiert daraus, dass Gras, Füchse und Kaninchen ihre Masse bzw. ihre Zahlen nicht konstant halten. Vielmehr oszillieren die Individuenzahlen von Fuchs und Kaninchen phasenverschoben um den Gleichgewichtszustand: viel Gras – viele Kaninchen, viele Kaninchen – wenig Gras – viele Füchse, wenig Gras – viele Füchse – wenig Kaninchen, wenig Kaninchen – viel Gras – wenig Füchse. Hintergrund der Oszillation jeder Population ist wiederum das logistische Bevölkerungswachstum. Beschrieben sind solche zwischenartlichen Konkurrenzsituationen durch eine Erweiterung der logistischen Gleichung (Lotka-Volterra-Modell).

2.2.2.4 Dauerhaft? Gescheitert?

Das Leben auf einer isolierten Insel, wie in historischer Zeit auf der Osterinsel oder auf Grönland, ist von der Experimentalsituation eines Bakterienlebens auf einer Petrischale nicht so verschieden, wie es im ersten Moment den Anschein hat. Beide Fälle sind als Beispiele für den falschen Umgang mit der Kapazität ihrer jeweiligen Umgebung popularisiert (Diamond 2005).

Dabei ist dem Untergang der Wikingersiedlungen auf Grönland diese vordergründige Lehre eigentlich nicht abzugewinnen. Im Jahre 985 CE erreichten die Wikinger (Norse) die Südspitze Grönlands und gründeten dort ihre erste Siedlung; später kamen zwei weitere Siedlungsareale an der Westküste hinzu (Abb. 2.9.) Um 1300 lebten vermutlich 3000 Menschen auf bis zu 300 Farmstellen; die Zahl der Kirchen stieg auf über 30, es gab einen eigenen Bischof. Zu dieser Zeit war die Landwirtschaft wegen klimatischer Gunst hinreichend ertragreich, es konnte Weide- und Milchwirtschaft betrieben und Gerste gesät werden. Baumwuchs war allerdings begrenzt, aber der Hausbrand und das Werkholz standen durch Treibholzansammlungen, die der Labradorstrom über viele Jahrhunderte aus Nordamerika hierher verfrachtet hatte, zunächst reichlich zur Verfügung. Der Einfluss dieser so genannten Landnahme, mit der die Kolonisation der Färöer, Islands und Grönlands vom heutigen Norwegen und später vom heutigen Dänemark aus bezeichnet wird,

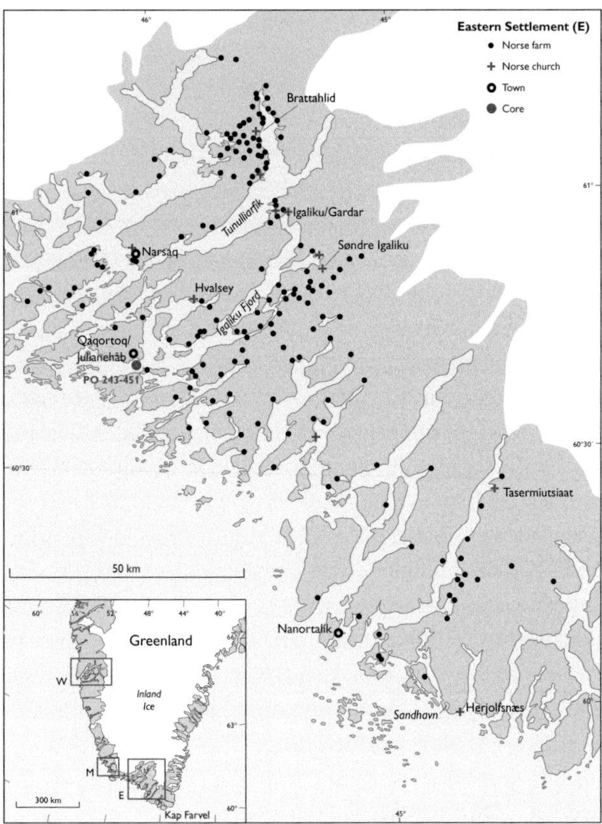

Abb. 2.9 Verteilung von Farmstellen (*schwarze Punkte*) der kolonisierenden Wikinger in Grönland. Die Südspitze Grönlands (*E = Eastern Settlement*) wurde um 1000 CE erschlossen, die weiteren Siedlungsschwerpunkte lagen an der Westküste (*W = Western Settlement*) und im kleineren, weniger bedeutsamen Mittelbereich (*M = Middle Settlement*); der bekannte Siedlungsplatz Herjolfsnes liegt an der Südspitze des Eastern Settlements. *Kreuze* = Kirchen und Abteien. *Kreise* = die heutigen Städtchen Narsaq, Julianehåb und Nanortalik (Karte mit freundlicher Genehmigung aus Mikkelsen et al. 2001)

auf die Lebensgemeinschaften dieser Inseln, braucht hier nicht weiter verfolgt zu werden (hierzu Dugmore et al. 2005).

Denn niemand konnte vorausahnen, dass dem recht marginalen Standort Grönland durch die Klimaveränderungen im Zusammenhang mit der „Kleinen Eiszeit" keine längerfristige Perspektive vergönnt war. Die Wikingersiedlungen waren u. a. wegen Eisengeräten, Töpferwaren, bis hin zu Glasscheiben und einer bronzenen Kirchenglocke abhängig vom Warenaustausch mit der dänisch-norwegischen Küste. Durch das vordringende Packeis kam es zur Unterbrechung dieser Verbindung, die mindestens bis ins 16. Jahrhundert andauerte. Vordringendes Inlandeis und sinkende Temperaturen schränkten auf Grönland den Wirtschaftsraum kontinuierlich ein. Ein großer Teil der Farmstellen war bereits um 1350 aufgelassen, auf einzelnen Hofstellen konnten Haustiere noch eine Zeit in Ställen gehalten werden. Skelettfunde von Herjolfsnes an der grönländischen Südspitze belegen körperliche Belastungen und Mangelkrankheiten der Menschen (Lynnerup 2011). Die Befunde der archäologischen Grabungen in Herjolfsnes aus den 1920er Jahren förderten u. a. Skelette unbestatteter Menschen zutage, die augenscheinlich vor Entkräftung am späteren Auffindeort verstarben. Man fand bis aufs Heft abgenutzte Eisenmesser. Aufzeichnungen belegen letzte Nachfahren um 1400, archäologisch wird das Siedlungsende auf ca. 1450 geschätzt. Es ist möglich, dass ein Teil der Wikinger infolge der sich verschlechternden Lebensumstände Grönland bereits vor 1350 mit dem Ziel Neufundland verließ.

Wäre die Klimaveränderung als alleiniger Grund des „Untergangs" der Wikinger auf Grönland anzunehmen, würde eine schicksalhafte Entwicklung außerhalb jeder Möglichkeit menschlicher Einflussnahme vorliegen. Die Wikinger wären den Veränderungen ihres Naturraumes und den damit verbundenen Belastungen für Mensch und Tier ausgesetzt gewesen, die sie schließlich unausweichlich ins Verderben führten. Worin bestand die Unausweichlichkeit aber angesichts der Tatsache, dass es zeitgleich Inuit-Gruppen auf Grönland gab? Sie rückten mit dem Eis langsam an die Küste des grönländischen Südens vor und richteten ihre Lager gewissermaßen in Sichtweite zu den fjordständigen Farmen der Wikinger ein. Es gab erwiesenermaßen Kontakte zwischen beiden Gruppen. Während die Landwirtschaft unter jede Produktivitätsgrenze fiel und den Wikingern damit die Lebensgrundlage wegbrach, standen die Inuit jedoch vor keinen besonderen Subsistenzproblemen. Sie deckten ihren Lebensunterhalt wie eh und je als Jäger und Sammler, nur eben etwas weiter südlich als vordem, während die Wikinger auf ihren Parzellen sitzen blieben. Den Inuit gleich, hätten sie sich an den Fjordmündungen einrichten und Meeressäuger jagen können. Sie sahen aber offenbar keine Möglichkeit (Barlow et al. 1998), ihren Lebensstil in europäischer Agrartradition flexibel mit den Möglichkeiten einer kulturellen Adaptation von Überlebenstechniken der Inuit anzureichern oder sie völlig dagegen einzutauschen. Weder eigneten sie sich Jagdtechniken mit Harpunen und Kajaks an, noch stellten sie sich auf Robbenfang ein. Nicht einmal in der Kleidung scheinen sie dem Inuit-Vorbild gefolgt zu sein. Man erkannte darin ein Versagen der politischen wie klerikalen Elite der Wikinger (McGovern 1991). Sie hätten am althergekommenen Lebensstil festgehalten, weiter dem Brettspiel gefrönt und Kirchenbauten geplant, statt die Gemeinschaft zur Übernahme von Kulturtechniken der Inuit zu ermutigen und damit das Überleben zu sichern: Ein Klammern an die kulturelle Identität um den Preis des Untergangs anstelle des Überlebens unter Aufgabe bisheriger Lebensformen.

So überzeugend und pointiert ein solches Urteil über die Fähigkeit respektive Unfähigkeit von Menschen ist, sich mit plötzlichen Änderungen der äußeren Lebensverhältnisse arrangieren zu müssen, so wirft das Urteil eine grundsätzliche Frage auf. Offenbar wäre es objektiv richtig gewesen, durch kulturelle Flexibilität das Überleben zu sichern (McGovern und andere)? Schließlich hätten die dänischen Kolonisten, die ab 1720 in Grönland ankamen, ohne Umstände von den Inuit das Jagen mit Harpune u. a. übernommen, obwohl ihnen schwerlich eine aufgeklärtere Haltung zuzubilligen gewesen wäre als den Wikingern 300 Jahre zuvor. Das Argument stellt letztlich den Erhalt der körperlichen Existenz über die spirituelle und kulturelle Qualität einer Gemeinschaft. Als offenkundiger Maßstab werden damit nachhaltiges Überleben und Siedlungskontinuität herangezogen.

Eine solche Sichtweise ist zulässig, vielleicht sogar plausibel, deswegen aber noch keineswegs ausgemacht. Ist die Geschichte nicht vielmehr voll von Beispielen, wonach Menschen lieber ihr Leben aufgaben, oder zumindest dazu bereit waren, als ihre kulturelle Identität? Das gilt sowohl für einzelne Menschen wie für ganze Gruppen. Was aus der Sicht einer Beurteilungsgrundlage sinnlos erscheint, ist es aus der Sicht einer anderen nicht notwendigerweise. Hätten seinerzeit alle Wikinger Grönland verlassen, bevor die Verbindungen nach Europa oder Amerika abbrachen, würde gewiss eine andere Diskussion geführt. Vermutlich würde dann kaum jemand auf die Idee kommen, hierin ein „Versagen" der politischen bzw. religiösen Elite zu sehen, die ihre Leute zur „Flucht" überredet hätten, anstatt sich vorausschauend in Inuit-Techniken zu üben. Wahrscheinlich würden Klugheit und Weitsicht der Führer gelobt. Im Übrigen war den vor 1350 wahrscheinlich nach Nordamerika abgewanderten Grönländern dort auch keine Permanenz beschieden, obwohl die Option auf einen ganzen Kontinent bestand.

Das zweite Beispiel von Geschichte nach Art der Petrischale liefern die Osterinsulaner vor der Entdeckung durch Europäer. Nach ihrer Ankunft aus dem über 4000 km entfernten Polynesien hackten sie – so die gängige Erzählung – den Wald ab, der ehedem aus 16 Millionen Bäumen bestand und auf ihrer 160 km^2 großen Insel die wichtigste Lebensgrundlage war. Sie leisteten sich den Luxus miteinander konkurrierender Stammesgesellschaften, führten gegeneinander Kriege und steckten unendlich viel Energie in die Erzeugung riesiger Steinbilder. Die Erträge des späten Gartenbaus sicherten einer größeren Bevölkerungszahl offenbar keinen hinreichenden Unterhalt mehr (Bork 2006; Abb. 2.10). Als die Bäume gefällt waren, gab es u. a. auch kein Holz mehr für den Hausbrand und die Herstellung von Booten oder Bast für die Herstellung von Fischernetzen. Einen letzten Ausweg als Nahrung boten die Seevögel, deren Bestand drastisch dezimiert wurde. Die Osterinsulaner waren nach mehr als 500 Jahren um die Permanenz ihres Lebensunterhalts gebracht. Ob ausschließlich selbst durch einen ökologischen Raubbau verschuldet, dabei beschleunigt durch Dürreperioden oder durch die bei der Besiedlung mit eingeschleppte Polynesische Ratte, die die Palmensamen verzehrte, oder durch abträgliche kulturelle Präferenzen, ist bezüglich ihrer Anteile nicht abschließend entschieden. Der Kollaps der indigenen Kulturen auf der Osterinsel trat um 1680 ein, rund drei Jahrzehnte vor der Ankunft der Europäer. Der Fall der Osterinsel wurde als Musterbeispiel ökologischer Misswirtschaft popularisiert (Diamond 2005).

Erstaunlich ist, dass die Osterinsulaner als Nachfahren polynesischer Inselbewohner einen so unbedachten Umgang mit ihrem Lebensraum gepflegt haben sollen. Das Erstaunen beruht auch auf dem Zweifel, dass den Insulanern eine vorauseilende Einsicht in die späteren Folgen und Nebenfolgen ihrer Handlungen verborgen geblieben sein sollten. Man weiß von indigenen Gruppen um deren vorauseilende Besorgnis, etwa durch das Beispiel, das der Anthropologe Lewis Binford (1931–2011) von einem Inuit-Großvater erzählte, der seinem Enkel das Speeren von Robben lehrte, obwohl sie mehrere Hundert Kilometer von der Küste entfernt lebten. Befragt über diesen Umstand, erklärte der Großvater, dass sein Enkel diese Fertigkeit besitzen müsse, um von der entfernten Küste Nahrung herbei zu schaffen, falls zu Lebzeiten des Enkels einmal die Karibus ausblieben.

Das Beispiel verweist auf eine einfache Lehre: Eine generationenübergreifend tradierte Erfahrung ist besonders nützlich, wenn das befürchtete Ereignis nur unregelmäßig und selten und nicht innerhalb jeder Generation auftritt. Von den Polynesiern ist bekannt, dass in ihrer oralen Tradition sehr umfangreiche und komplexe historische Erzählungen weiter-

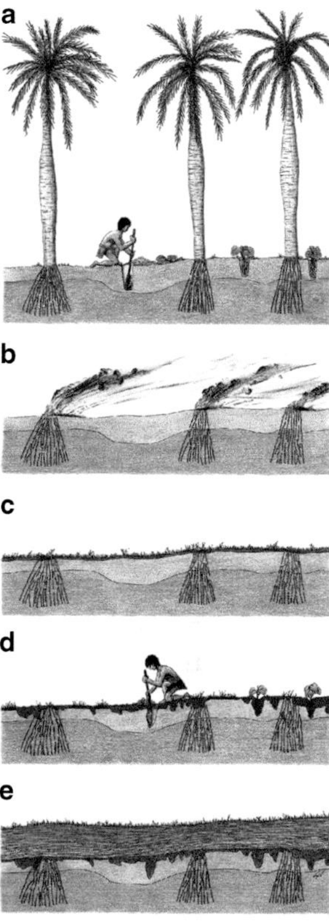

Abb. 2.10 Phasen der Landnutzung im Südwesten der Poike-Halbinsel, Osterinsel. Für die Nahrungserzeugung in Gartenkulturen war, nach dem Wegfall eines dichten Palmwalddachs, das Mulchen mit Steinen eine erfolgreiche Strategie zum Erhalt förderlicher Bodenfeuchte. Auf polynesischen Inseln ist das Mulchen, v. a. mit Muschelschalen, verbreitet. – Von oben nach unten: **a** in den Palmenwald integrierter Gartenbau; **b** Rodung des Palmenwaldes und Anlage von Bränden; **c** Grünlandentwicklung und Bildung eines Humushorizontes, **d** extensiver Gartenbau im Offenland; **e** Ablagerung eines geschichteten Feinsediments als Erosionsfolge (Rekonstruktion und Abbildung: H.-R. Bork 2006)

gegeben werden. Diese Erzählungen enthalten subtextlich u. a. mnemotechnische Hilfen zum Navigieren nach Konstellationen des Sternenhimmels. Die Polynesier verfügten also über präzise Beobachtungen von Naturphänomenen, über deren beständige Überprüfung durch tätige Seefahrt und darüber hinaus ebenso über deren komplexe informationelle Vermittlung und Rezeption. Sie hatten auch Erfahrungen mit dem Leben in den limitierten Ökosystemen ihrer Archipele. Angesichts dieses Hintergrundes wäre das Verhalten der Osterinsulaner, das angeblich jegliche Korrektur durch empirische Belehrung vermissen lässt, überraschend. Tatsächlich scheint das gängige Untergangsszenario auf unsicheren paläokologischen und archäologischen Daten sowie der verbreiteten Denkfalle monokausaler Argumentationen zu beruhen. Belastbare Befunde gehen heute von einer insgesamt anhaltend stabilen Bevölkerungszahl um 4.000 Individuen vor der Ankunft der Europäer aus, weil die Gartenkulturen offenbar ausreichende Ernährungsgrundlagen lieferten, trotz zunehmender Verluste im Palmenbestand. Diese waren offenbar eher eine Folge der Vertilgung der Palmensamen durch Ratten als durch übermäßigen Holzeinschlag. Jedenfalls folgte auf den einst üppigen Palmenbestand in einer langanhaltenden, allmählichen Sukzession eine für menschlichen Aufenthalt weniger günstige Graslandschaft. Insgesamt ist die Ökozid-Theorie, die Annahme eines plötzlichen ökologischen und gesellschaftlichen

Zusammenbruchs vor der Entdeckung durch die Europäer durch ökologisches Missmanagement, in Frage gestellt. Auch die alternative Genozid-Theorie, nach der eingeschleppte Krankheiten und Versklavungen durch Europäer den drastischen Bevölkerungsrückgang zur Folge gehabt hätten, liefert allein keine befriedigende Erklärung. Werden hingegen in einer Modellierung die Daten für menschliche Bevölkerungsdynamik, Rattenpopulationen und Palmenvegetation ergänzt durch Schätzungen der Agrarproduktion und epidemischer Effekte, tritt an die Stelle aufmerksamkeitsheischender Untergangsszenarios das plausible Bild eines langen und langsamen Niedergangs (Brandt und Merico 2015).

Die Gemeinsamkeit zwischen Osterinsulanern und den Grönländischen Wikingern besteht zunächst im Leben auf einer geographisch bzw. durch klimatische Ungunst extrem entlegenen Insel. Beide Bevölkerungen erlebten – aus jeweils völlig unterschiedlichen Ursachen – eine Verdrängung durch andere Bevölkerungen und Kulturen, letztlich also ökologische Sukzessionen. Schließlich wäre zu erwägen, dass die Ursachen und Erwartungshaltungen, welche die Gründerpopulationen der Wikinger nach Grönland und die der Polynesier auf die Osterinsel führten, mindestens ebenso interessant sein dürften wie deren späteres vermeintliches Scheitern. Diesen Aspekten nachzugehen, dürfte kaum möglich sein. Ob sich in ihnen Hinweise auf Gründe für die letztlich fatale Entwicklung finden, dürfte außerdem nicht zuletzt deshalb fraglich sein, weil klimatischer Wandel (Grönland) nicht vorhersehbar war. Hingegen konnten sich die Osterinsulaner mit dem zunehmenden Verlust des Palmenbestandes und einer sich abzeichnenden ökologischen Herausforderung offensichtlich resilient arrangieren. Die Holzkohledatierungen liefern keinen Anhalt für einen abrupten Kollaps, der Niedergang verlief schleichend und wurde vermutlich letztlich erst durch die Peruanischen Sklavenraubzüge im 19. Jahrhundert besiegelt.

Unabhängig von möglichen Ursachen und abstrahierend von tatsächlichen Gegebenheiten stellt sich die Geschichte der polynesischen Kolonie auf der Osterinsel bis nach dem Eintreffen der Europäer her als ein historisches Experiment dar. Das Experiment könnte allgemein zu vier Schlussfolgerungen führen:

1. Die Vernachlässigung ökologischer Grundregeln führt Menschen in existentielle Probleme.
2. Menschen treten als Störer natürlicher Ökosysteme auf.
3. Menschen sind unfähig, ihre kulturellen Einübungen an naturale Gegebenheiten anzupassen.
4. Menschen ruinieren Ökosysteme.

Die erste Schlussfolgerung ist nach gegenwärtiger Einsicht so richtig wie trivial. Dabei scheint offenbar für Menschen das Muster der sich selbst regulierenden Kaninchen-Fuchs-Beziehung nach dem Lotka-Volterra-Modell nicht einmal als Denkmodell erträglich. Die Schlussfolgerungen 2 und 3 sind in ihrer Generalisierung falsch, 4 ist unter bestimmten Randbedingungen zutreffend.

Die Schlussfolgerungen bedürfen der Erläuterung: In einem Ökosystem, in einer Lebensgemeinschaft, „stören“ die Organismen einander zwangsläufig, weil sie innerartlich wie zwischenartlich um Raum und Nahrung konkurrieren. Es gibt keinen vorbestimmten ökologischen Störungsgrad, der einem Individuum oder einer Art zugewiesen wäre. Die Fähigkeit von Menschen, Naturräume umzugestalten, ist ein Teil der menschlichen Natur. Sie verdankt sich der Befähigung zu komplexen kognitiven Leistungen und hohem interindividuellen Informationsaustausch, was gewöhnlich als Bestandteil von „Kultur" bezeichnet wird. Mit der Gestaltung eines Naturraumes entkoppeln sich Menschen zugleich und in erheblichem Umfang von der Autonomie naturaler Prozesse, indem sie diese moderieren. Der Preis für das Management liegt im deutlich erhöhten Risiko des Scheiterns. Kultur kann Menschen zu der Einsicht geleiten, die Beeinflussung der naturalen Prozesse um eines langfristigen Vorteils willen zu begrenzen. Ob dies geschieht, hängt nicht nur davon ab, dass die Möglichkeit des Scheiterns im Rahmen der kulturellen Wirklichkeitsrezeption überhaupt erkannt werden kann. Man denke nur an die existenzielle Sicherheit, in der sich die Europäer zur Zeit der Voraufklärung wähnten, weil Gott angeblich die Welt vollendet erschaffen und zum Nutzen der Menschen eingerichtet hätte. Eine Begrenzung menschlicher Einflussnahme wird auch nur dann umzusetzen sein, wenn sie mit den Vorstellungen von gesellschaftlicher Entwicklung zu vereinbaren ist. Man kann in der UN-Konferenz für Umwelt und Entwicklung 1992 in Rio de Janeiro einen solchen allgemeinen Willen erkennen. Zugleich wird deutlich, dass die Umsetzung der dort formulierten Ziele, einschließlich derjenigen nachfolgender Konferenzen etwa zum Klimaschutz, in Abhängigkeit von unterschiedlichen gesellschaftlichen Vorstellungen erfolgt. Manche herrschenden gesellschaftlichen Vorstellungen respektive politischen Interessen bestreiten sogar die Richtigkeit der Datenbasis, auf denen die Beschlüsse gründen, und damit die Gültigkeit der zugrunde gelegten Wirklichkeitserfassung.

Schließlich bezieht sich die Diagnose eines ökosystemischen Ruins denktheoretisch auf ein Szenarium, das evolutionsbiologisch keinen Anlass zu Beunruhigung liefern dürfte. Für den Prozess der organismischen Evolution wäre die absolute Dominanz einer Art mit der langfristigen Konsequenz vielfältiger Arten- und Habitatverluste lediglich die Verwirklichung *einer* evolutionsbiologisch möglichen Entwicklung. Offenbar wünschen sich aber die meisten Menschen, in einer Welt zu leben, in der die menschliche Dominanz und ihre Folgen begrenzt werden und Permanenz (Aller) als leitende Idee gilt.

Es gibt auf der Erde kaum ein isolierteres Ökosystem als die Osterinsel. Insulare Ökosysteme sind zudem empfindlich ausbalanciert. Es wäre angemessener, anstelle dieses seltensten aller möglichen Fälle (und zudem ungeeigneten Einzelfall, s. o.) solche Lehrbeispiele für ökosystemisches Fehlverhalten beizubringen, die nicht in isolierten Lebensräumen abgelaufen sind. Derartige Beispiele sind jedoch nur mit Mühe zu finden, sofern man von jenen Plätzen der Verwüstung absieht, an denen Vertreter wirtschaftlicher Eigeninteressen vor allem in den letzten 150 Jahren Ressourcenabbau betrieben. Allermeist beginnt die Kausalkette der Auflassung von Siedlungsplätzen nicht mit einer anthropogenen ökologischen Devastierung, sondern mit z. B. klimatischen Veränderungen ohne anthropogene Anteile. Wenn sich unter solchen verändernden Konstellationen die bisherige Nutzung des Naturraumes als schwere Hypothek für die weitere Existenz von Menschen erweist, wird ein ökologisches Fehlverhalten diagnostiziert. Es handelt sich dabei um eine retrospektive Bewertung, die unter den Bedingungen etwaig anders verlaufender Umweltänderungen nicht zu stellen wäre (Lauer 1981).

Beispielsweise wurde im nordamerikanischen Südwesten das Siedlungsgebiet der früheren Anasazi in Arizona, Colorado und Neu Mexico ab etwa 1100 CE von einer anhaltenden Dürreperiode betroffen und schließlich weitgehend aufgelassen. Das betraf u. a. heute so bekannte archäologische Siedlungsplätze wie Mesa Verde und Chaco Canyon. Die Ursachen der Auflassung waren allerdings vielfältig, und die anhaltende Dürreperiode nur ein Faktor unter mehreren (Axtell et al. 2002; Lekson und Cameron 1995). Dabei ist auch von Bedeutung, dass der Siedlungsraum ohnehin ein Standort mit beschränkter Produktivität war. Ein umweltrelevanter Faktor war die ethnientypische Bauweise mit zum Teil mehrstöckigen Wohngebäuden. Dadurch war bereits früh der Bestand höherer Baumarten in der näheren Umgebung erschöpft. Nachteilig davon betroffen war auch die Speicherkapazität für Wasser im Boden. Die Keimung von Sämlingen für nachwachsenden Baumbestand war auf kalte, feuchte Sommer angewiesen, ihr Aufwachsen auf nachfolgende Perioden ohne Feuer. Lange Baumstämme mussten aus zunehmend größerer Entfernung herbeigeschafft werden (mehr als 75 km), was übrigens auch für das Hauptnahrungsmittel Mais galt (Reynolds et al. 2005). Engpässe beim Brennstoff für den Hausbrand erzwangen die Auflassung von Siedlungen. Alle Gründe gelten jedoch nur lokal und für bestimmte Zeit, sodass gegenwärtig ein sehr unvollständiges, gleichzeitig aber auch differenziertes Bild über das Ende der Pueblo-Kultur besteht. Der Siedlungsraum wurde schließlich teilweise aufgelassen, die noch dort lebenden Menschen wanderten ab. Sie wurden zu Vorfahren der heutigen Pueblo-Kulturen (*Ancestral Pueblo*).

Auch in diesem Beispiel überlagern sich spezifische Nutzungen des Naturraumes, die Nachlaufeigenschaft des Systems, die klimatisch bedingte Verschiebung und kulturelle Präferenzen in einer Weise, dass mit einem Urteil über ökologisches Fehlverhalten zurückhaltend umgegangen werden muss. Für kleinere Bevölkerungsgruppen der *Ancestral Pueblo* stellte z. B. das Ausweichen von der Hochebene in Canyons eine ökologische Alternative dar (Abb. 2.11). Tatsächlich verweist aber das Beispiel, wie alle ähnlich gelagerten, auf ein Grundproblem, dem sich Menschen seit der Erfindung und Praktizierung des Ackerbaus gegenübersehen: Anders als in der Ökonomie des Jägers und Sammlers zwingt die agrarische Produktion zur Ortstreue. Damit ist prinzipiell die kurzfristige Möglichkeit des elastischen Ausweichens ganz erheblich reduziert. Sie würde die Preisgabe der Investitionen des bisherigen langwierigen Kultivierungsprozesses bedeuten. Außerdem laufen die Prozesse allmählicher Biotopänderungen vergleichsweise langsam. Bevölkerungen können ihre Reproduktion solchen Änderungen anpassen. Im Falle akuter Dürreperioden in Agrargesellschaften steht der populationsbiologische Begriff der „Anpassung“ jedoch oft für den Hungertod.

Ein nach heutiger Kenntnis gravierendes Ressourcenproblem bekamen die indianischen Bewohner der Stadt Cahokia. Cahokia liegt östlich von St. Louis in Illinois, nahe an einem Altarm des Mississippi in strategisch und agrartechnischer Optimallage in der östlichen Talaue (Dalan et al. 2003). Es ist heute ein Landschafts-Ensemble von Monumenten indianischer Aktivität des 11. bis 14. Jahrhunderts, das aus Erdhügeln unterschiedlicher

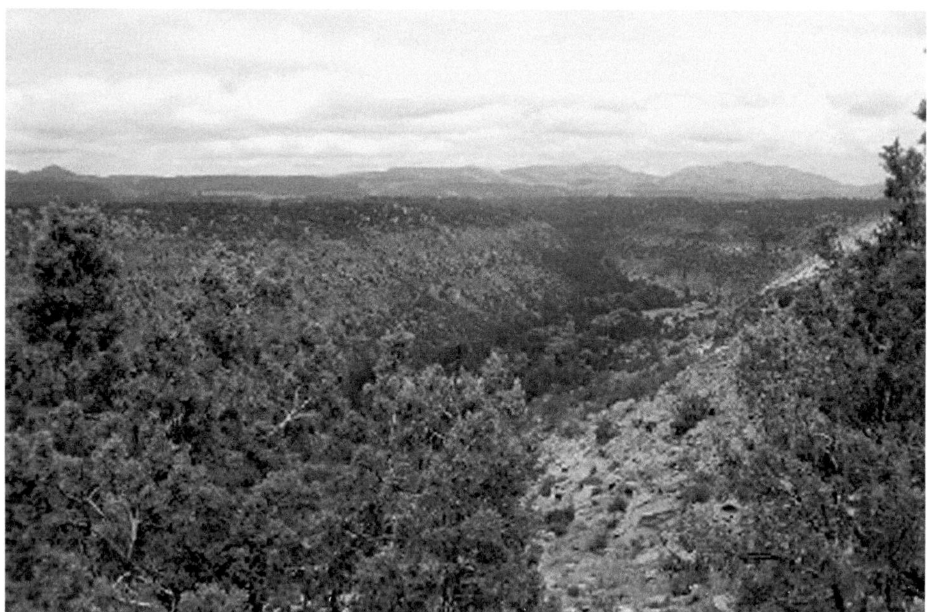

Abb. 2.11 Blick in den Frijoles Canyon, Bandelier Nationalpark, Neu Mexiko, USA. Eine dichtere Besiedlung setzt erst mit der Dürreperiode in der Mitte des 12. Jahrhunderts ein. Zwischen 1235 und 1440 stieg die Bevölkerung trotz klimatischer Verschlechterung von 200 auf 550 Personen. Im Canyon selbst steht durch einen Bach permanent Wasser zur Verfügung, auch zum Gartenbau. Außerdem wurde Oberflächenwasser (Regenwasser, Schmelzwasser von der Hochfläche) in Sammelbecken gespeichert

Größe und Funktionalität besteht. Die Hügel dienten z. T. als Sitz für den Haupttempel (Monks Mound, Abb. 2.12); Wohnhügel der Chiefs und Bestattungshügel für herausgehobene Persönlichkeiten (Fowler et al. 1999). Zu diesem Ensemble gehörte eine permanente indianische Siedlung, deren Größe auf 20.000 bis 30.000 Individuen geschätzt wird, also wahrscheinlich der Größe des zeitgenössischen Paris entsprach oder darüber lag. Infolge eines Erdbebens in der Mitte des 14. Jahrhunderts rutschte eine Seite von Monks Mound ab. Dieses Schlüsselereignis, in eigenartiger Koinzidenz zum Villacher Erdbeben von 1348 (Borst 1981), fand bereits zu einer Zeit des sich abzeichnenden Niedergangs von Cahokia statt und schien ihn zu beschleunigen, da Cahokia am Ende des 14. Jahrhunderts in die Bedeutungslosigkeit fiel. Der Niedergang wurde wahrscheinlich durch Einfälle feindlicher Stämme aus dem Norden beschleunigt. Cahokia gilt als kultureller und linguistischer Nukleus der Diversifizierung indianischer Stämme in der Neuzeit. Vor allem ist Cahokia an den eigenen Umweltproblemen (zunehmender Ressourcenmangel an Nahrung, Brennholz und Bauholz für Fortifikationen) gescheitert. Allein für den Hausbrand wurde ein täglicher Bedarf von Baumkronen aus einer Waldfläche von einem Hektar berechnet. Die Erschöpfung der Auenwälder und Platzbedarf zwangen zu intensiver Sammeltätigkeit und Gartenbau auch auf den Höhenstufen (*Bluffs*) im Hinterland, die an keiner Stelle näher als

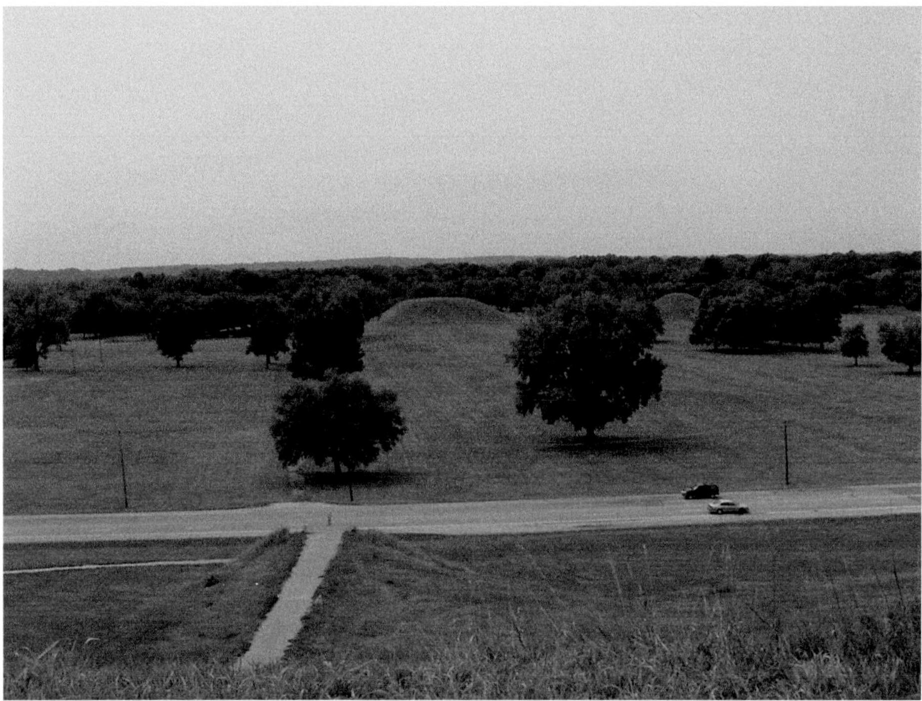

Abb. 2.12 Cahokia. Das Weltkulturerbe-Areal umfasst rund vierhundert Hektar. Die Blickrichtung führt von der größten Erdpyramide, dem Monk's Mound, auf deren unterer Terrasse der schmale Fußweg zur Straße verläuft, in östliche Richtung. Im *Bildhintergrund* wird die Talaue des Mississippi von der 3–5 km entfernten Höhenstufe der Bluffs begrenzt. Im *Bildmittelgrund* ist eine Wohn- bzw. Zeremonialpyramide erkennbar, *rechts davon zwischen den Bäumen* eine zweite. Die Straße, die seit der Mitte des 19. Jahrhunderts durch das Areal führt, wobei damals dessen Bedeutung nicht bekannt war, markiert die ehemalige Grenze der zentralen Plaza der Siedlung Cahokia. Die Plaza war mindestens ebenso groß wie diejenige in Teotihuacan, der sie in Anlage und hinsichtlich des ausgeklügelten geometrischen Systems ähnelt. In dieses System sind die Hügel einbezogen. Die Hügel sind Erdwerke, die bei größerer Höhe zur Gewährleistung ihrer Stabilität aus verschiedenen Bodenqualitäten aufgeschüttet wurden. Die Hangabrutschung am Monk's Mound infolge des Erdbebens in der Mitte des 14. Jahrhunderts ist noch heute sichtbar, sie befindet sich *rechts* neben dem Standort des Fotografen außerhalb des Bildausschnitts

3 km an die Siedlung heran reichten. Die Siedlung scheiterte zum Teil sicherlich an ihrer Größe. Die Versorgungsleistung musste allein durch menschliche Muskelkraft, ohne technische Transporthilfen und ohne Unterstützung durch Zug- oder Tragtiere, bewerkstelligt werden. Entscheidend wurde die Schere, die sich unter den damaligen örtlichen Bedingungen von Infrastruktur und erntefähiger Energiemenge ergab. Wenn Menschen über längere Strecken Nahrungsmittel, Brennholz und Nutzholz herbeischaffen müssen, führt diese Sammeltätigkeit allmählich zu einer entfernungsabhängigen Erschöpfung des Umlandes. Gleichzeitig wird dem Jagdwild der Lebensraum entzogen, sodass insgesamt

immer weitere Strecken zur Deckung des Lebensbedarfs zurückgelegt werden müssen. Der Punkt ist vorhersehbar, an dem die Transportkosten den energetischen Ertrag der Sammeltätigkeit übersteigen. Stehen dann keine technischen Innovationen zur intensivierten Bewirtschaftung der genutzten Flächen zur Verfügung oder zur Ausweitung des Sammelgebietes durch effizienteren Transport oder lassen sich keine neuen Ressourcen erschließen, ist eine Bevölkerungsabnahme unausweichlich.

Ökologisch „falsches" Verhalten wird in der Geschichte nicht erst mit dem Eintritt in die agrarproduzierende Gesellschaft beobachtet. Prähistoriker sehen z. B. die Ursachen für das steinzeitliche Aussterben von Großsäugern im europäischen Quartär (Quartäre Aussterbewellen) und im nacheiszeitlichen Nordamerika eher in Überjagungen (*Overkill*) als in Umweltveränderungen begründet. Für agrarproduzierende Gesellschaften ist das Risiko eines Kollapses ihres anthropogenen Ökosystems immanent. Ökologisches Fehlverhalten wird stets diagnostiziert am Ende eines Etablierungsprozesses, in dem gerade dessen bisherige Anpassungsleistung erfolgreich war – solange eben das Ende der Petrischale noch nicht in Sicht war. Wird dabei von „scheitern" gesprochen, ist mit dieser Bewertung zugleich ihr heimlicher Maßstab eines wie immer gearteten Zieles von Geschichte eingeführt. Nicht die unendliche Vielzahl „gelungener" Langzeitexperimente zieht viele Forscher an; es ist die „Katastrophe", auf die sich Umweltgeschichtsforschung überproportional konzentriert.

Die aufgeführten Beispiele lehren, dass für die Permanenz menschlicher Siedlungstätigkeit eine sortierende Betrachtung nach kulturellen bzw. gesellschaftlichen Faktoren einerseits und ökologischen Faktoren andererseits dysfunktional ist. Evolutionsbiologisch gesehen ist Kultur eine kollektive Anpassungsleistung, mit deren Hilfe der reproduktive Erfolg *im* Kollektiv gesichert wird, nicht *des* Kollektivs als Ganzem. Unter den Gesichtspunkten von Permanenz menschlicher Bevölkerungen in einem gegebenen Raum, und von Anpassungsleistungen an wechselnde ökologische Randbedingungen, wird verständlich, dass von einer dauerhaft konstanten Bevölkerungsgröße nicht ausgegangen werden kann. Eine konstante Bevölkerungsgröße bei nachteiliger Umweltsituation wäre nur befristet unter der Bedingung einer suboptimalen Versorgungslage möglich, oder es müssten Innovationen eine sinkende Ressourcenlage kompensieren. Es ist aber in jedem Falle eine erfolgreiche evolutionäre Strategie, im Hinblick auf das Weiterbestehen einer menschlichen Gemeinschaft, auf Umweltveränderungen elastisch mit einer wachsenden oder sinkenden Bevölkerungsgröße zu reagieren, gegebenenfalls mit räumlichem Ausweichen.

Nach biologischen Kriterien, wie sie für nichtmenschliche Organismen gelten, wäre es unerheblich, auf welche Weise die Bevölkerungsgröße einer veränderten Umweltkapazität angepasst wird. Solange man aber für menschliche Gesellschaften nicht zwischen den autonomen biologischen (passiven) Vorgängen einerseits und etwaigen kulturellen (aktiven) Maßnahmen zur Bevölkerungsregulierung andererseits unterscheidet, ist die Bewertung eines Anpassungsprozesses insgesamt als *kulturelle* Leistung mindestens problematisch. Die kulturelle Anpassung bietet die *Möglichkeit* zu flankierenden Maßnahmen, angefangen von agrartechnischen oder prozesstechnischen Innovationen bis hin zur Vergrößerung der bewirtschafteten Fläche. Dies war zunächst die einfachste und sicherste Methode der

Ertragssteigerung. Und damit ist ein entscheidendes Kriterium benannt. Die Permanenz menschlicher Besiedlung in einem Raum hängt primär von der Möglichkeit ab, bedarfsabhängig die lokalen Stoffströme und Energieflüsse zu durchbrechen. Dieser Vorgang ist von so fundamentaler Bedeutung, dass die gesamte Weltgeschichte seit der Entstehung von Agrarsystemen auf dieser Ausweitung gründet und in der letztlich die Ursache der Globalisierung zu sehen ist.

Das für unsere Weltregion eindrucksvollste Beispiel einer kontinuierlichen Anwesenheit von Menschen und der späteren kontinuierlichen Siedlungstätigkeit durch sie ist Vorderasien, namentlich die Region des so genannt Fruchtbaren Halbmondes. Seit der Migration aus ihrer Ursprungsregion in Afrika vor näherungsweise 100.000 Jahren durchstreiften anatomisch moderne Menschen diese Region und gründeten dort vor mehr als 10.000 Jahren die ersten vom Bodenbau abhängigen ortsfesten Siedlungen. Der Vorgang selbst war begleitet von mehrfachen klimatischen Wendepunkten, u. a. dem Ende der letzten Eiszeit. An sie schloss sich eine globale Erwärmungsphase um rund 5 °C an, begleitet von der Ausdehnung der Wälder. Als vor rund fünfeinhalbtausend Jahren die globale Durchschnittstemperatur wieder abzunehmen begann und es dadurch wieder trockener wurde, dehnten sich allmählich die Wüsten aus. Die Aridisierungsschübe, die das Ende der Wärmeperiode markieren (Eitel 2007), fallen zusammen mit gesellschaftlichen Innovationen und der Entstehung von Stadtstrukturen an Euphrat und Tigris (Issar und Zohar 2004). Ähnliche Entwicklungen mit migrationsbedingter Erhöhung von Bevölkerungsdichte lassen sich in den Flussoasen von Niger, Nil und Indus beobachten (Eitel 2007). Es ist intuitiv einsichtig, dass die raumzeitlich konstante menschliche Anwesenheit und spätere Siedlungstätigkeit keine kontinuierliche Zunahme verzeichneten, sondern selbstverständlich erheblichen Schwankungen unterworfen waren. Die Vorgänge werden an verschiedenen Stellen in Kap. 3 ausführlicher behandelt.

Aus der Perspektive derartiger Beispiele ließen sich nun unendlich viele „Erfolgsgeschichten" über den intelligenten Umgang menschlicher Bevölkerungen mit variierenden Umweltbedingungen berichten. Für diese Beurteilung ist deren Betrachtungsskala entscheidend. Unter einem großen Betrachtungsmaßstab erhalten objektiv kleine Dinge große Bedeutung; kleine Betrachtungsmaßstäbe reduzieren den Einfluss von Einzelheiten auf den Gesamtzusammenhang zwischen den Dingen. Ob sich eine Betrachtung auf eine kleinmaßstäbliche allgemeine Übersicht konzentriert, wie zuletzt mit den Beispielen aus Vorderasien, oder ob gleichsam mikrohistorisch den Lebensläufen der Osterinsulaner nachgespürt wird, ist für die Schlussfolgerungen von entscheidender Bedeutung. In umwelthistorischen Arbeiten werden aus kleinskaligen Untersuchungen häufiger generalisierende Aussagen abgeleitet. Unter den Aspekten des historischen Vergleichens und des historischen Experimentes spricht zunächst nichts gegen eine solche Schließweise. Nicht selten werden dabei aber Grundregeln des Rationalismus (Lakatos und Musgrave 1974) missachtet, etwa die *ceteris-paribus*- und *non-sequitur*-Regeln sowie das Parsimonitätsgebot. Häufiger noch wird übersehen, dass historische Entwicklungen in sozionaturalen Kollektiven keiner monotonen Logik folgen. Damit sind z. B. Umkehrschlüsse grundsätzlich problematisch und nur sehr begrenzt möglich.

Das polynesische Leben auf der Osterinsel hatte zum historischen Zeitpunkt außer für die Betroffenen selbst keine Bedeutung im Weltengeschehen. Es ist auch absolut zweifelhaft, ob ihr Schicksal – außer während ihrer Auswanderung aus Polynesien und seit dem Kontakt mit Europäern – mit dem anderer Menschen verbunden war. Das im Wortsinn marginale Geschehen auf der Osterinsel wird gegenwärtig nicht nur wirkungsvoll inszeniert. Ihm wird durch umweltdidaktische Texte auch keine weitere Botschaft abgerungen als diejenige, dass eine Verletzung ökosystemarer Grundregeln zur existenziellen Gefährdung führen kann. Für diese Einsicht bedurfte es nicht des Extremfalls Osterinsel.

Aus den Beispielen ist neben der Bedeutung des Betrachtungsmaßstabs eine weitere Einsicht abzuleiten. Sie betrifft die fünf ökosystemaren Grundkategorien Zeit, Raum, Stoff, Energie und Information. Zeit, Raum, Stoff und Energie sind in allen Beispielen limitierende Faktoren. Dass dies auch für die Kategorie Information gilt, ist unmittelbar einsichtig. Als ökosystemische Kategorie bezieht sich „Information" zunächst auf die genetischen Programme der Organismen, aber das erfahrungsabhängig und durch selbstständige Denkleistung erworbene Wissen ist für die Existenz einer menschlichen Gesellschaft ebenso bedeutsam. Dieses Wissen steigt mit der Zahl der Individuen in einer Gesellschaft und den Modalitäten, die in ihr zum freien Wissensaustausch gefunden werden.

Literatur

Internetquellen

www.floraweb.de/neoflora/

www.invasive.org/

www.invasivespeciesinfo.gov/index.shtml

Literatur

Adorno T (2003) Ästhetische Theorie. Suhrkamp, Frankfurt/M. 2003

Arendt H (1960) Vita Activa oder Vom tätigen Leben. Kohlhammer, Stuttgart

Axtell R, Epstein J, Dean J, Gumerman G, Swedlund A, Chakravarty S, Hammond R, Parker J, Parker M (2002) Population growth and collapse in a multiagent model of the Kayenta Anasazi in Long House Valley. Proc Natl Acad Sci 99(Suppl 3):7275–7279

Baberowski J (2010) Was sind Repräsentationen sozialer Ordnungen im Wandel? Anmerkungen zu einer Geschichte interkultureller Begegnungen. In: Baberowski J (Hrsg) Arbeit an der Geschichte. Wie viel Theorie braucht die Geschichtswissenschaft? Campus, Frankfurt/M., S 7–18

Barlow L, Sadler J, Ogilvie A, Buckland PC, Amorosi T, Ingimundarsson J, Skidmore P, Dugmore A, McGovern T (1998) Ice core and environmental evidence for the end of Norse Greenland. The Holocene 7:489–499

Boback A (1970) Das Wildkaninchen (Oryctolagus cuniculus (Linné, 1758)). Neue Brehm Bücherei. Bd 415. Ziemsen, Wittenberg

Bork H-R (2006) Landschaften der Erde unter dem Einfluss des Menschen. Wissenschaftliche Buchgesellschaft, Darmstadt

Borst A (1981) Das Erdbeben von 1348. Historische Zeitschrift 233:529–569

Borst A (1995) Das Buch der Naturgeschichte. Plinius und seine Leser im Zeitalter des Pergaments. Winter, Heidelberg

Brandt G, Merico A (2015) The slow demise of Easter Island: insights from a modeling investigation. Frontiers in Ecology and Evolution 3(13). http://dx.doi.org/10.3389/fevo.2015.00013

Cassirer E (1996) Versuch über den Menschen. Einführung in eine Philosophie der Kultur. Meiner, Hamburg (1944)

Crosby A (1991) Die Früchte des weißen Mannes. Ökologischer Imperialismus 900–1900. Campus, Frankfurt/M. (2. engl. Aufl. 2004)

Dalan R, Holley G, Woods W, Watters H, Koepke J (2003) Envisoning Cahokia, a landscape perspective. Northern Illinois Univ Press, Dekalb

van Dam P (2007) Ein Neubürger in Nordeuropa. Menschliche und natürliche Einflüsse auf die Assimilierung des Kaninchens in den Niederländischen Dünen 1300–1700. In: Herrmann B (Hrsg) Beiträge zum Göttinger Umwelthistorischen Kolloquium 2004–2006. Universitätsverlag Göttingen, Göttingen, S 163–176

Descola P (2013) Jenseits von Natur und Kultur. Suhrkamp, Berlin

Deutscher G (2010) Im Spiegel der Sprache. Warum die Welt in anderen Sprachen anders aussieht. Beck, München

Diamond J (2005) Kollaps. Warum Gesellschaften überleben oder untergehen. Fischer, Frankfurt (hier zitiert nach der amerikanischen Ausgabe: Diamond J (2005) Collaps. How societies choose to fail or succeed. Viking, New York)

Dugmore A, Church J, Buckland P, Edwards K, Lawson I, McGovern T, Panagiotakopulu E, Simpson I, Skidmore P, Sveinbjarnardóttir G (2005) The Norse landnám on the North Atlantic islands: an environmental impact assessment. Polar Record 41(216):21–37

Dunlap RE, Catton Jr WR (1979) Environmental sociology. Ann Rev Sociol 5:243–273

DWB = Deutsches Wörterbuch

Eitel B (2007) Kulturentwicklung am Wüstenrand. Aridisierung als Anstoß für frühgeschichtliche Innovation und Migration. In: Wagner G (Hrsg) Einführung in die Archäometrie. Springer, Berlin, S 301–319

Foucault M (1980) Die Ordnung der Dinge. Suhrkamp, Frankfurt/M. ([1966])

Fowler M, Rose J, Vandeer Lest B, Ahler S (1999) The Mound 72 Area. Dedicated and sacred space in early Cahokia. Illinois State Museum Reports of Investigations 54

Friederichs K (1943) Über den Begriff der „Umwelt" in der Biologie. Acta Biotheoretica 7:147–162

Friederichs K (1950) Umwelt als Stufenbegriff und als Wirklichkeit. Studium Generale 3:70–74

Gayon J (2012) Economic natural selection: what concept of selection? Biological Theory 6(4). doi: 10.1007/s13752-012-0042-6

Geiter O, Homma S, Kinzelbach R (2002) Bestandsaufnahme und Bewertung von Neozoen in Deutschland. Forschungsbericht 296 89 901/01 UBA-FB 000215. Umweltbundesamt, Berlin

Gladstone WE (1858) Studies on Homer and the Homeric age. Bd 3. Oxford Univ Press, Oxford, S 457–499. http://www.archive.org/stream/studiesonhomerho03glad#page/n503/mode/2up/search/+483

Hardesty D (1972) The human ecological niche. American Anthropologist 74:458–66

Hartmann N (1912) Philosophische Grundfragen der Biologie. Vandenhoeck und Ruprecht, Göttingen

Hauser-Schäublin B (2001) Von der Natur in der Kultur und der Kultur in der Natur. Eine kritische Reflexion des Begriffspaares. In: Brednich RW, Schneider A, Werner U (Hrsg) Natur-Kultur: volkskundliche Perspektiven auf Mensch und Umwelt. Waxmann, Münster, S 11–20

Herrmann B (2003) Historische Humanökologie und Biodiversitätsforschung. In: Gradstein S, Willmann R, Zizka G (Hrsg) Biodiversitätsforschung. Die Entschlüsselung der Artenvielfalt in Raum und Zeit. Kleine Senckenberg Reihe, Bd 45. Schweizerbarth, Stuttgart, S 225–236

Herrmann B (2006) „Auf keinen Fall mehr als dreimal wöchentlich Krebse, Lachs oder Hasenbraten essen müssen!" – Einige vernachlässigte Probleme der „historischen Biodiversität". In: Baum HP, Leng R, Schneider J (Hrsg) Wirtschaft – Gesellschaft – Mentalitäten im Mittelalter. Festschrift zum 75. Geburtstag von Rolf Sprandel. Beiträge zur Wirtschafts- und Sozialgeschichte 107, S 175–203

Herrmann B (2007) Ein Beitrag zur Kenntnis von Schädlingsbekämpfungen und ihren Konzepten im 18. und frühen 19. Jahrhundert an Beispielen aus Brandenburg-Preußen. In: Engelken K, Hünniger D, Windelen S (Hrsg) Beten, Impfen, Sammeln. Zur Viehseuchen- und Schädlingsbekämpfung in der frühen Neuzeit. Universitätsverlag Göttingen, Göttingen, S 135–189

Herrmann B, Woods W (2010) Neither biblical plague nor pristine myth: a lesson from central European sparrows. The Geographical Review 100(2):176–186

Hoffmann R (2008) Medieval Europeans and their aquatic ecosystems. In: Herrmann B (Hrsg) Beiträge zum Göttinger Umwelthistorischen Kolloquium 2007–2008. Universitätsverlag Göttingen, Göttingen, S 45–64

Issar A, Zohar M (2004) Climate change – environment and civilisation in the Middle East. Springer, Berlin

Jablonka E (2011) The entangled (and constructed) human bank. Philosophical Transactions of the Royal Society B 366(1566):784

Kendal J, Tehrani J, Odling-Smee J (Hrsg) (2011) Theme issue „human niche construction". Philosophical Transactions of the Royal Society B 366 (1566)

van Kleunen M et al (2015) Global exchange and accumulation of non-native plants. Nature 14910:1–7. doi:10.1038/nature

Klose J (2004) Aspekte der Wertschätzung von Vögeln in Brandenburg: Zur Bedeutung von Artenvielfalt vom 16. bis zum 20. Jahrhundert. Math.-Nat. Dissertation, Universität Göttingen

Kowarik I (2010) Biologische Invasionen. Neophyten und Neozoen in Mitteleuropa. Ulmer, Stuttgart

Krünitz JG (ab 1773) Oekonomische Enzyklopaedie. (hier zitiert nach der Online-Version unter http://www.kruenitz1.uni-trier.de/)

Lamb HH (1989) Klima und Kulturgeschichte. Rowohlt, Reinbek

Lakatos I, Musgrave A (Hrsg) (1974) Kritik und Erkenntnisfortschritt. Vieweg, Braunschweig

Lauer W (1981) Klimawandel und Menschheitsgeschichte auf dem mexikanischen Hochland. Akademie der Wissenschaften und Literatur, Mainz. Abhandlungen der Mathematisch-Naturwissenschaftlichen Klasse 1981 (2). Steiner, Wiesbaden

Lauwerier R, Zeiler J (2001) Wishful thinking and the introduction of the rabbit to the low countries. Environmental Archaeology 6:86–90

Lekson S, Cameron C (1995) The abandonment of Chaco Canyon, the Mesa Verde migrations and the reorganization of the Pueblo world. Journal of Anthropological Archaeology 14:184–202

Lepenies W (1978) Das Ende der Naturgeschichte. Wandel kultureller Selbstverständlichkeiten in den Wissenschaften des 18. und 19. Jahrhunderts. Suhrkamp, Frankfurt

Lynnerup N (2011) When populations decline. Endperiod demographics and economics of the Greenland Norse. In: Meier T, Tillesen P (Hrsg) Über die Grenzen und zwischen den Disziplinen. Archaeolingua Alapítvány, Budapest, S 335–345

Mann C (2005) 1491. New revelations of the Americas before Columbus. Knopf, New York

Mayr E (1998) Das ist Biologie. Spektrum, Heidelberg

McGovern T (1991) Climate, correlation, and causation in Norse Greenland. Arctic Anthropology 28:77–100

Nachtsheim H, Stengel H (1977) Vom Wildtier zum Haustier, 3. Aufl. Parey, Berlin

van Orman Qine W (1998) Wort und Gegenstand. Reclam, Stuttgart

Pfister C et al (2007) Umweltgeschichte – interdisziplinärer Anspruch und gängige Forschungspraxis. In: Di Giulio A (Hrsg) Allgemeine Ökologie. Innovationen in Wissenschaft und Gesellschaft. Festschrift für Ruth Kaufmann-Hayoz. Haupt, Bern, S 51–64

Popplow M (2006) Hoffnungsträger „Unächter Acacien-Baum“. Zur Wertschätzung der Robinie von der Ökonomischen Aufklärung des 18. Jahrhunderts bis zu aktuellen Konzepten nachhaltiger Landnutzung. In: Meyer T, Popplow M (Hrsg) Technik, Arbeit und Umwelt in der Geschichte. Günter Bayerl zum 60. Geburtstag. Waxmann, Münster, S 297–316

Reynolds A, Betancourt J, Quade J, Patchett P, Dean J, Stein J (2005) 87Sr/86Sr sourcing of ponderosa pine used in Anasazi great house construction at Chaco Canyon, New Mexico. Journal of Archaeological Science 32:1061–1075

Rosch E (1977) Human categorization. In: Warren NC (Hrsg) Studies in cross-cultural psychology. Bd 1. Academic Press, London, S 1–49

Ryle G (2002) Der Begriff des Geistes. Reclam, Stuttgart ([1969])

Sáenz-Arroyo A, Roberts C, Torre J, Cariño-Olvera M, Enríquez-Andrade R (2005) Rapidly shifting environmental baselines among fishers of the Gulf of California. Proc Roy Soc B 272:1957–1962

Schönmuth G, Löber M (2006) Beziehungen zwischen Körpergröße und Leistungen beim Rind. Züchtungskunde 78:324–335

Schwarz K (1995/96) Der Weserlachs und die bremischen Dienstboten. Bremisches Jahrbuch 74/75: 134–173

Schwarz K (1998) Nochmals: Der Lachs und die Dienstboten. Bremisches Jahrbuch 77:277–283

Sheail J (1978) Rabbits and agriculture in post-medieval England. Journal of Historical Geography 4:343–355

Simberloff D, Von Holle B (1999) Positive interactions of nonindigenous species: invasional meltdown? Biological Invasions 1:21–32

Thibodeau PH, Boroditsky L (2011) Metaphors we think with: the role of metaphor in reasoning. PLoS One 6(2): e16782. doi:10.1371/journal.pone.0016782

Thienemann A (1958) Leben und Umwelt. Vom Gesamthaushalt der Natur. Deutsche Buchgemeinschaft, Berlin

Trömel M, Loose S (1995) Das Wachstum technischer Systeme. Naturwissenschaften 82:160–169 von Uexküll J (1921) Umwelt und Innenwelt der Tiere, 2. Aufl. Springer, Berlin

Voland E (2009) Soziobiologie. Die Evolution von Kooperation und Konkurrenz. Spektrum, Heidelberg

Weber M (1922) Die „Objektivität" sozialwissenschaftlicher und sozialpolitischer Erkenntnis. In: Gesammelte Aufsätze und Wissenschaftslehre. UTB Mohr, Tübingen, S 180 ([1968])

Williamson M (1996) Biological invasions. Chapman & Hall, London

Wolter C, Bischoff A, Wysujack K (2005) The use of historical data to characterize fish-faunistic reference conditions for large lowland rivers in northern Germany. Archiv für Hydrobiologie 15:37–51

Yan S, Lüer G, Lass U (2007) Kulturvergleichende Wahrnehmungs- und Kognitionsforschung. In: Trommsdorff G, Kornadt HJ (Hrsg) Erleben und Handeln im kulturellen Kontext. Enzyklopädie der Psychologie: Kulturvergleichende Psychologie, Bd 2. Hogrefe, Göttingen, S 1–58

Zedler JH (ab 1732) Grosses vollständiges Universal Lexicon aller Wissenschaften und Künste. (hier zitiert nach der Online-Version unter http://www.zedler-lexikon.de/)

Grundbegriffe und Themenfelder 3

In diesem Abschnitt werden Begriffe und Themenfelder vorgestellt, die als Voraussetzungen für umwelthistorische Analysen und Darstellungen grundlegende Bedeutung haben.

3.1 Strukturen, Bereiche und Ereigniskataloge

3.1.1 Fachwissenschaftliche Grundlagen

Umweltgeschichte entsteht als *emergentes* Wissen durch die Zusammenführung von segmentiertem einzelfachlichen Wissen und Einsichten zu einem fächerübergreifenden Wissenszusammenhang.

Dieses Wissen ist qualitativ neu, setzt aber kompetente einzelfachliche Beiträge voraus. Das Wissen über den Umgang von Menschen mit ihrer Umgebung und Umwelt ist auf zahlreiche Disziplinen verteilt, und letztlich kann umwelthistorisches Wissen wohl aus jedem Fachgebiet bereitgestellt werden. Für die Frage, welche Einzelfächer vorrangig zur Umweltgeschichte beitragen, ist zunächst entscheidend, für welchen Zeitraum umwelthistorische Forschung allgemein zeitlich einsetzen soll. Naturwissenschaftler hätten zwar kaum Schwierigkeiten damit, Umweltgeschichte auch auf menschenfreie geologische Zeiten auszudehnen. Die Eingangssetzung (Abschn. 1.1) hatte Umweltgeschichte an „Menschen" geknüpft. Ein logisches Problem ergibt sich nun daraus, dass wissenschaftlich gesehen mit „Menschen" nicht nur Vertreter von *Homo sapiens* bezeichnet werden. Außer *H. sapiens* kennt die Wissenschaft noch andere Menschenarten, wie *H. habilis, H. ergaster, H. antecessor, H. heidelbergensis, H. erectus und H. neanderthalensis.* Mindestens für einige von ihnen sind komplexe soziokulturelle Verhaltensweisen beweisbar. Dem geschichtstheoretischen Ausgangsbegriff des menschlichen Handelns müsste daher artübergreifende Bedeutung zugeschrieben werden (zu diesem Problem auch Herrmann 2009). Das käme einer Revolution in den Geschichtswissenschaften gleich, weil der Geschichtsbegriff dann überhaupt auf zahlreiche in sozialen Verbänden lebende Organismen

B. Herrmann, *Umweltgeschichte*, DOI 10.1007/978-3-662-48809-6_3

auszuweiten und damit grundsätzlich artübergreifend wäre. Ohne diesem fundamentalen Problem weiter nachzugehen, soll sich Umweltgeschichte gemäß pragmatischer Sanktion vor allem mit der Menschheitsgeschichte der letzten 10.000 Jahre befassen. Aus Vergleichsgründen und soweit überhaupt möglich, kann sie gelegentlich auch bis zum Auftreten des anatomisch modernen Menschen zurückgehen. Dieser ist in Europa mindestens seit 40.000 Jahren nachweisbar. In Ausnahmefällen wird man auch auf noch ältere Ereignisse zurückgreifen.

Aus dieser zeitlichen Festlegung ergibt sich, dass einzelne Disziplinen der historisch arbeitenden Naturwissenschaften, wie z. B. Astrophysik oder Geologie, für die Umweltgeschichte keine besondere praktische Bedeutung haben. Allerdings spiegeln Astrophysik und Geologie durchaus grundsätzliche Vorstellungen über Erdzeitalter und unsere wissensbasierten Fantasien über die Totalität alles Existierenden.

Diejenigen Fächer, auf deren einzelfachliche Expertise in der Umweltgeschichte intensiv zurückgegriffen wird, sind den Bereichen

- Naturwissenschaftliche Grundlagen,
- Historische Lebenswissenschaften,
- Historische Sozial- und Kulturwissenschaften und
- Technikgeschichte und Materialkunde

zuzuordnen. Ihre umwelthistorisch produktiven Hauptvertreter werden im Folgenden benannt. Es bedarf keiner Betonung, dass quellenspezifische Erfordernisse eine selbstverständliche Erweiterung des hier genannten Fächerkataloges durch Hinzuziehung geeigneter Spezialfächer mit sich bringen.

3.1.1.1 Naturwissenschaftliche Grundlagenfächer

Allgemeine Biologie: Die *Allgemeine Biologie* trägt das basale Paradigma der Umweltgeschichte, das Ökosystemkonzept, bei (Abschn. 3.1.2). „Umwelt" ist ohne einen Raumbezug nicht denkbar. Dabei ist der „Raum" primär ein physischer. Begrenzt ist der Raum nach unten durch den Boden, der nicht nur die Menschen trägt, sondern als Substrat auch essenziell für das Leben der meisten höheren Pflanzen und Tiere und Grundlage der Landwirtschaft ist. Neben der *Bodenkunde* ist auch das Wissen über die Gestalt der Erdoberfläche basal, weil die *Geomorphologie* Bedeutung für das Klima hat. Ereignisraum für das Klima ist der nach oben scheinbar unbegrenzte Raum oberhalb des Bodens. Im Zusammenspiel mit der Oberflächengestalt der Erde bildet das Klima die Grundlage für die Ausbildung der Biome. Dies erklärt die allgemeine Bedeutung der *Klimatologie* (Abb. 3.1), die gegenwärtig besondere Aufmerksamkeit erfährt.

Die Geographie, insbesondere die *Anthropogeographie*, stellt mit ihrer Erforschung der räumlichen Struktur und Entwicklung der Erdoberfläche und der räumlichen Organisation menschlichen Handelns den vierten Grundlagenbereich.

Ein vergleichbares Raumwissen über materielle Qualitäten, wie es die naturwissenschaftlichen Grundlagenfächer bereitstellen, existiert in den Sozial- und Kulturwissen-

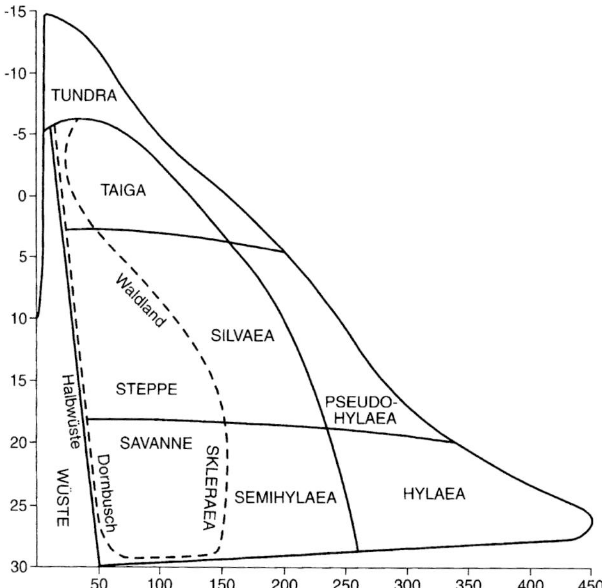

Abb. 3.1 Verteilung der wichtigsten terrestrischen Biomtypen in Abhängigkeit von mittlerer Jahrestemperatur (*Ordinate*: °C) und mittlerem jährlichen Niederschlag (*Abszisse*: Dekaliter). *Silvaea*: Landschaftstyp der sommergrünen Laubwälder; *Hylaea*: Landschaftstyp der tropischen Regenwälder; *Skleraea*: Landschaftstyp der Trockenwälder und Trockenstrauchheiden. Die *gestrichelte Linie* umschließt den Bereich mit stark variierenden Anteilen von Wäldern, Gebüsch-Formationen und Grasland (adaptiert nach Schaefer 2003)

schaften nicht. Daher fehlt in dieser Grundlagenkategorie ein entsprechender fachlicher Beitrag. Allerdings sind weite Bereiche der Anthropogeographie eher den Sozial- als den Naturwissenschaften zuzurechnen.

3.1.1.2 Historische Lebenswissenschaften

Die Einsicht, dass die Geschichte der Menschen durch Aktivitäten der anatomisch modernen Menschen (*H. sap. sapiens*) von einer Geschichte der Biodiversitätsnutzung zu einer Geschichte der umfassenden Biodiversitätslenkung wurde, ist von grundlegender Bedeutung.

Die Grundlage des komplexen Lebens auf der Erde sind allererst die grünen Pflanzen. Sie prägen die Biome in spezifischer Weise. Ihre erdzeitliche Entwicklung und Verteilung ist mit der Entstehung der Kontinente und ihrer Klimazonen verbunden. Die *Vegetationsgeschichte* untersucht u. a. die Gründe für diese Verteilung. In der Verteilung werden nicht nur limitierende Faktoren für die Nutzung von Naturräumen durch Menschen erkennbar, sie reflektiert zugleich und auf eine sehr unmittelbare Weise die Innutzenstellung von Biodiversität durch Domestikation und Kolonisierungen. Den historischen Beziehungen von Menschen und Pflanzen unter besonderer Berücksichtigung kulturgeschichtlicher

Bezüge geht die botanische Teildisziplin der *(Palaeo)-Ethnobotanik* nach. Sie hat in der *Archaeozoologie* ihre zoologische Komplementärdisziplin. Numerisch ist die menschliche Nutzung der zoologischen Biodiversität, die mindestens 30-fach diejenige der pflanzlichen Diversität übersteigt, absolut und relativ viel geringer. Der Zoogeographie kommt u. a. deshalb im umwelthistorischen Zusammenhang nicht die gleiche Bedeutung zu wie der Vegetationsgeschichte.

Für die humanbiologische Komponente der Umweltgeschichte ist die *Historische Anthropologie* zuständig, die sich mit allgemeiner Bevölkerungslehre und mit der Biologie vor- und frühgeschichtlicher und historischer Bevölkerungen befasst. Ihre wissenschaftspraktische Zuständigkeit reicht bis an Übergänge zu Ethnologie, Sozialanthropologie und Soziologie. Die Historische Anthropologie berührt auch medizinische Fragen früherer Bevölkerungen, wenn Krankheiten und speziell das Seuchengeschehen thematisiert werden. Seuchengeschichte und Epidemiologie sind Schwerpunktthemen der *Medizingeschichte*. Sie greift gegebenenfalls auf Einsichten der Ethnomedizin zurück.

3.1.1.3 Historische Sozial- und Kulturwissenschaften

Die Auflistung der umwelthistorischen Zuliefererfächer aus den Geisteswissenschaften erfolgt hier ohne Berücksichtigung einer wissenschaftssystematischen Positionierung.

Grundsätzliches Wissen über kollektive Verhaltensweisen in menschlichen Gesellschaften steuern *Soziologie* und *Sozialpsychologie* bei. Über den Umgang mit den Naturdingen aus eher zeitgeschichtlicher Sicht erarbeitet die *Kulturanthropologie* Analysen innerhalb und Vergleiche zwischen den europäischen Ethnien. In gleicher Weise befasst sich die *Ethnologie* mit außereuropäischen Kulturen, wobei infolge koloniengeschichtlicher Bezüge dort ausgeprägt historische Fragestellungen häufiger vorkommen.

Es dürfte intuitiv einsichtig sein, dass sämtliche Teilbereiche der Geschichtswissenschaften umwelthistorisches Wissen erarbeiten können. Die Hauptbeiträge zur Umweltgeschichte stammen bisher aus der *Alten Geschichte*, der *Mittleren Geschichte* und der *Geschichte der Neuzeit*. Die Neueste Geschichte konzentriert sich im Umweltbereich auf Themen, die große Überschneidungen mit politikwissenschaftlichen Forschungen aufweisen. Sie wird hier wegen der pragmatischen Begrenzung dieser Einführung nicht weiter berücksichtigt, obwohl eine mögliche Instrumentalisierung der Umweltgeschichte bei politikberatender Funktion gesehen wird.

Unter den thematisch aufgestellten Teildisziplinen der Geschichtswissenschaft hat die *Wirtschafts- und Sozialgeschichte* wegen ihrer inhaltlichen Fokussierung, die insbesondere die Umwelt und umweltwirksames Handeln in den Blick nimmt, eine herausgehobene Bedeutung. Hierhin gehören auch *Agrargeschichte* und *Forstgeschichte* als Spezialfälle der Wirtschaftsgeschichte im Grenzbereich zu den Naturwissenschaften.

Insofern soziale Kollektive sich handlungstheoretisch an Moden, an Systemen von Selbstverständlichkeiten bzw. Überzeugungssystemen politischer wie religiöser Art orientieren, kommt neben sozialpsychologischen Ansätzen auch der *Religionsgeschichte* Bedeutung zu. Diese wäre in den Anfängen des umwelthistorischen Diskurses einmal beinahe als Leitdisziplin missverstanden worden, als man zeitweilig glaubte, der „Raubbau an der Natur" in der Gegenwart wäre ursächlich auf bestimmte Motive der christlichen Meistererzählungen zurückzuführen (White 1967).

Handlungen in menschlichen Gemeinschaften unterliegen neben moralischen Normen auch normativen Regeln, die dem Bereich der *Rechtsgeschichte* zuzuordnen sind. Tatsächlich wird über umweltbezogene Probleme erstmals in Schriftquellen im Zusammenhang mit Regeln des Zusammenlebens, staatlicher Ordnung und Rechtssystemen berichtet.

Die beitragenden kulturwissenschaftlichen Fächer kann man sich beinahe in beliebiger Zahl hinzudenken. Wenn beispielsweise die Autobiographie des Begründers des Mogulnreiches in Indien, Zahir ad-Din Muhammad Babur (1483–1530), umwelthistorisch ausgewertet würde, welche wissenschaftlichen Disziplin sollte man für unzuständig erklären? Das Beispiel macht darüber hinaus deutlich, dass auch die *Kunstgeschichte* einen erheblichen Anteil an umwelthistorischer Wissensproduktion hat.

Es ist einsichtig, dass die *Literaturwissenschaften* ebenso zu beteiligen sind, vor allem, weil sie verlässlichste Angaben zum Rezeptionswandel von Naturphänomenen zu geben vermögen.

Mit dem Hinweis auf die archäologischen Disziplinen, voran die *Ur- und Frühgeschichte* oder *Prähistorische Archäologie*, wird die Aufzählung der sozial- und kulturwissenschaftlichen Fachdisziplinen ohne jeden Anspruch auf Vollständigkeit beendet. Weitere Hinweise ergeben sich unter Abschn. 3.1.3.

3.1.1.4 Technikgeschichte und Materialkunde

Als spezifisches kulturelles Element von Menschen stellt „die Technik" jene Kräfte und Hilfsmittel zur Verfügung, mit denen „der Mensch der Natur als Naturmacht gegenüber tritt". Die *Technikgeschichte* ist damit umwelthistorisch von besonderem Interesse, wenn man sich beispielsweise allein die Wege vor Augen führt, die im Verlauf der Geschichte zur energetischen Optimierung oder zur Gewinnung mineralogischer Ressourcen beschritten wurden.

Eng mit der Geschichte der Verarbeitung von Naturgütern ist die historische Materialkunde, die *Archäometrie*, verknüpft. Sie liefert Hinweise auf die Herkunft, Verarbeitungsprozesse und Handelswege von Ressourcen und naturalen Veredelungsprodukten, sowohl biogener als auch anorganischer Herkunft.

Die Technikgeschichte arbeitet zwar überwiegend mit Schriftquellen, führt aber zur Prüfung von Beschreibungen technischer Apparate oder von Verfahrenstechniken auch Versuche durch, die sich teilweise mit archäometrischen Arbeiten bzw. Arbeiten zur experimentellen Archäologie überschneiden.

3.1.2 Sechs Elemente des Ökosystems und die menschliche Nische

Die Lebenswissenschaften definieren ein „Ökosystem" als die Gesamtheit der Beziehungsgefüge der Lebewesen (z. B. Smith und Smith 2009). Ihre beiden Grundbestandteile werden gebildet aus einer belebten, einer biotischen Komponente, der Lebensgemeinschaft (Biozönose), und einer unbelebten, abiotischen Komponente, dem Lebensraum (Biotop). Sie bilden gemeinsam die Struktur des Systems. Seine Struktur beruht auf der physikalischen Gliederung des *Raumes*, auf der Menge und der Verteilung des *Stoffs* und auf der Diversität aller Lebewesen im System, der *Biota*. Das primäre Beziehungsgefüge der Arten beruht auf dem Energiefluss über Nahrungsketten. An ihrem Beginn stehen die *Primärproduzenten*, die grünen Pflanzen, die in der Lage sind, durch Photosynthese organische Verbindungen zu bilden und damit *Energie* zu binden. Von ihnen ernähren sich unmittelbar jene *Konsumenten*, die wiederum ihrerseits direkt oder indirekt konsumiert werden. Am äußersten Ende der Nahrungskette führen die *Reduzenten* die Stoffwechselprodukte oder organismischen Reste wieder dem Stoffkreislauf zu. Im Unterhalt des Stoff- und Energiekreislaufs wird die Hauptfunktion eines Ökosystems gesehen.

Ökosysteme erscheinen zeitlich stabil. Dies beruht zum einen auf ihrer Fähigkeit zur begrenzten Selbstregulierung, unter die auch die Resilienz, das elastische Reagieren auf Störungen geringeren Ausmaßes, zu rechnen ist. Zum anderen gründet die Stabilität von (terrestrischen) Ökosystemen in der Regel auf dem relativ stabilen Endstadium von Vegetationsentwicklungen in einem Raum (vgl. Abb. 3.1), dem so genannten Klimaxstadium, das sich allerdings nicht unabhängig von den tierlichen Organismen in der Lebensgemeinschaft entwickeln. Innerhalb eines Klimaxgebietes kommt es zur mosaikartigen Sukzession von Gemeinschaften verschiedenen Alters. Damit ist auf die Bedeutung von *Zeit* verwiesen.

„Stabilität" ist ein skalenabhängiges Beobachtungsartefakt. So, wie die Häufigkeit von Fuchs und Hase tatsächlich phasenversetzt um eine Kapazitätsgrenze oszilliert, ergibt sich aus dem Miteinander aller Organismen im Ökosystem nur bei hinreichendem Betrachtungsabstand der Eindruck einer systemischen Stabilität. Bei näherer Betrachtung und Beobachtung der Einzelkomponenten weisen diese durchaus individuelle, numerische und relationale Unschärfen auf.

Die Summe aller Rückkopplungseffekte im selbstregulierenden System ist diejenige *Information*, der sich das Ökosystem letztlich verdankt. Die Information wird in ökologischer Zeit, in biologischen Zeitstrukturen erworben und umgesetzt, die Zeit ist konstitutiver Faktor alles Ökologischen.

Der ökosystemare Informationsfluss gründet primär auf den genetischen Programmen aller im Ökosystem miteinander in Beziehung stehenden Organismen. Die genetischen Programme enthalten jene Informationen, die in den Organismen und ihrem Verhalten umgesetzt werden. Den genetischen Codierungen liegen Selektionsvorteile für diejenigen Individuen zugrunde, deren zufällige Anpassung an Umweltverhältnisse mit einer höheren Nachkommenzahl prämiert wurde und die deshalb die Vorfahrengenerationen stellen. Neben der genetischen Prädisposition kann jedoch auch eine nicht genetisch basierte Verhaltensleistung individuelle reproduktive Vorteile bringen. Derartiges Erfahrungswissen wird z. B. bei sozialen Säugetierarten über Traditionsbildung weitergegeben. Im Falle menschlicher Gemeinschaften ist intuitiv einsichtig, dass ein Ansammeln von Erfahrungswissen und seine innovative Verknüpfung abhängig sind von der Bevölkerungszahl und -dichte. Die ökosystemare Grundkategorie „Information" beinhaltet daher nicht nur für menschliche Gemeinschaften auch die durch Tradition weitergegebene Information. Sie wird „tradigenetisch" vermittelt, durch Tradition gleichsam „vererbt", und ist für das menschliche Leben von mindestens ebenso existenzieller Bedeutung wie die genetische Information. Fällt die Individuenzahl unter eine kritische Grenze, reicht offenbar die biologische Grundausstattung von Menschen allein nicht aus, das Überleben einer Sozialgemeinschaft zu sichern. Für eine menschliche Gemeinschaft ist gedankliche Vielfalt offenbar von ebenso großer Wichtigkeit wie genetische Vielfalt. Auf welchem informationellen Gebiet auch immer der Flaschenhals auftritt, sei er genetisch, sei er tradigenetisch, er stellt eine ernsthafte Bedrohung des weiteren Bestands einer Bevölkerung dar. Der Begriff „Tradition" suggeriert im weitesten Sinne die Weitergabe rein kognitiver Leistungen. Es ist mittlerweile jedoch hinreichend gesichert, dass auch physiologische Zustände als gleichsam „körperliches Erfahrungswissen" einer Generation für die nachfolgende gravierende Konsequenzen haben kann (z. B. Roseboom et al. 2011). Damit kennen Biologen neben der genetischen und tradigenetischen Information eine dritte Informationsqualität. Als „epigenetischer" Einfluss modifiziert sie die Eigenschaften eines Organismus auf allen Ebenen seiner Umwelt. Beispiele sind etwa fruchtschädigende pharmakologische Substanzen, wie Contergan, aber auch allgemeine Lebensumstände. So ist beispielsweise die Inzidenzrate von Brustkrebs japanischer Frauen in Japan niedrig, steigt jedoch erheblich bei japanischen Immigrantinnen nach den USA. An der Aufdeckung derjenigen Mechanismen, die zu DNA-Veränderungen somatischer Zellen führen und derjenigen Mechanismen, bei denen somatische Einflüsse generationenübergreifende Folgen haben, wird gegenwärtig in der Epigeneseforschung intensiv gearbeitet. Eine ausschließlich Gen-zentrierte Idee von Vererbung entspricht nicht mehr dem heutigen Verständnis der Evolutionsbiologie (Jablonka und Lamb 2007).

Die Lehrbuchbiologie betont einseitig den Einfluss von Umwelt auf den Organismus. Ein synthetisches Konzept, das nicht nur dem heutigen Verständnis der verschiedenen Informationsflüsse im Ökosystem entspricht, sondern damit auch die Organismen und ihre Umwelt besser als Produkte ihrer Wechselwirkungen begreift, liegt mit dem Konzept der „Nischenkonstruktion" vor (Kendal et al. 2011; Boyd und Richerson 2005). Das Konzept ist im Grunde eine pointiertere Version früherer ökosystemarer Vorstellungen, des Umwelt-Konzeptes, wie es bereits bei Uexküll gedacht ist und der anonymen ontologischen Einsicht *„all forms of life modify their contexts"*, die durch Lynn White (1967) bekannt wurde. Danach beeinflussten Organismen die selektive Wirkung ihrer eigenen Umwelt (und damit auch diejenige anderer Organismen) in einem solchen Maße, dass eine Änderung des Selektionsdrucks der Umwelt für die gegenwärtige und künftige Organismengeneration eintritt. Die aktive Änderung der Umwelt und ihres Selektionsdruckes wird in den Aktivitäten von Menschen besonders deutlich, als deren spezifische Nische „Kultur" begriffen werden muss (vgl. Abschn. 2.1.3). Sie bewirkt und ermöglicht fundamentale Änderungen selektiver Umweltparameter, die ihrerseits selektive Konsequenzen für Menschen und die mit ihnen gemeinsam lebenden Organismen haben. Menschen „konstruieren" damit einen Lebensraum, der ihren Bedürfnissen in spezifischer Weise entspricht. Diese „Konstruktion" erfolgt zunächst nicht absichtsvoll und gezielt auf ein bestimmtes

Ergebnis hin, sondern durch gezielte Förderung erkannter Vorteile nach opportunistischen Indienststellungen. In Gang gesetzt und positiv rückgekoppelt, läuft der Prozess nach Art einer sich selbst beschleunigenden Spirale ab: beispielsweise traten nach der Entscheidung für eine Domestikation milchgebender Herdentiere (Ren, Schaf, Ziege, Rind, Kamel usw.) vor 6000 bis 8000 Jahren im Gebiet des Ural bzw. des vorderasiatischen Fruchtbaren Halbmondes erstmals Menschen auf, die trotz zunehmenden Individualalters Rohmilch problemlos konsumieren konnten, da sie Lactose-tolerant waren. Eigentlich verhindert ein hochkonserviertes Säugermerkmal zum Schutz der nächsten Kindergeneration den anhaltenden Konsum von Rohmilch durch eine einsetzende Unverträglichkeit, weil der Milchzucker nicht mehr abgebaut werden kann. Rohmilchverträglichkeit geht auf einen einzigen Basenaustausch im Genom zurück, wobei bereits Heterozygote Lactose-tolerant sind. Der problemlose Verzehr von Rohmilch ermöglicht einen einfachen und kontinuierlichen Zugang zum tierlich produzierten Nahrungsmittel, ohne das Tier als wertvolle Ressource schädigen zu müssen. Die seit dem Auftreten der Lactosetoleranz bis heute vergangenen ca. 240 Generationen reichten aus, dass gegenwärtig rund 80 % aller Europäer lactose-tolerant sind und damit den größten relativen Anteil an der Weltbevölkerung mit dieser genetischen Eigenschaft stellen.

Die Europäer haben nach dem Verständnis des Konzeptes der Nischenkonstruktion aus dem Verbund mit domestizierten Wiederkäuern und der Lactosetoleranz einen spezifischen Nischenanteil „konstruiert". Die komplexe nischentypische Wechselwirkung zwischen allen Beteiligten lässt sich grob skizzieren: Die herbivoren Wiederkäuer unterstützen z. B. durch Weidetätigkeit die Öffnung der Landschaft für den Ackerbau. Dadurch werden bestimmte Pflanzengesellschaften gefördert. Die Herdentiere profitieren durch Schutz vor Raubfeinden, Nahrungskonstanz, Pflege und dem eingeschränkten Versprechen von Nachkommen. Die Nähe zu den Tieren bringt den Menschen Zoonosen, etwa Pocken und Tuberkulose, wovon wiederum die Pathogene profitieren, die Menschen ihrerseits mit genetischen oder kulturellen Mechanismen abwehren. Wie beliebig komplex und verzweigt eine derartige systemische Wechselwirkung auch weitergedacht wird, am Ende muss es sich mindestens für die Schlüsselart (hier also Menschen) „lohnen", das System aufrechtzuerhalten. Der „Lohn" muss in menschlichen Gesellschaften nicht unbedingt in Nachkommen oder energetischen Erträgen liegen, er kann auch in sozialen Vorteilen (z. B. Prestige, Privilegien) oder spirituellen Vorteilen (z. B. fromme Lebensführung mit Heilsversprechung) gesehen werden.

3.1.3 Quellen und Archive

Ein Umgang von Menschen mit ihrer Umgebung und Umwelt kann historisch nur über Quellen erschlossen werden. Eine leitende Beschreibung und Systematik von historischen Quellen hat A. v. Brandt vorgelegt (2012), der hier wesentlich gefolgt wird.

Quellen können nicht als absolut gesehen werden. Der Aussagewert einer Quelle bezieht sich auf ihre kontextualisierten Eigenschaften, d. h. ihre relative Bedeutung für das jeweilige historische Problem oder Ereignis bzw. naturwissenschaftlich auf ein Ereignis, ein Phänomen oder ein Prozessgeschehen.

Systematisch werden Quellen zunächst in „Überreste“ und „Tradition“ unterschieden. Überreste wären „alles, was unmittelbar von den Begebenheiten übrig geblieben ist.“ Tradition wäre „alles, was von den Begebenheiten übrig geblieben ist, hindurchgegangen und wiedergegeben durch menschliche Auffassung“. Diese Unterscheidung bereitet insofern logische Probleme, als jede Kontextualisierung mit symbolhafter Ausdeutung verbunden ist. Damit wird die Grenzziehung zwischen den Kategorien schwieriger, als es auf den ersten Blick erscheint. Ein analoges Problem ergibt sich bei der Unterscheidung von unabsichtlichen Quellen („unwillkürliche“ als Überrest) und absichtlichen („willkürliche“, „zum Zweck historischer Kenntnis“, als Tradition). Gemeint ist allerdings, dass bei „unwillkürlichen Quellen“ eine absichtsvolle inhaltliche Vorsteuerung nicht angenommen wird.

In der Umweltgeschichte existieren komplizierte Grenzfälle, die sich quellentheoretisch nicht einfach zuordnen lassen: Beispielsweise sind domestizierte Pflanzen und Tiere zweifellos nicht zum Zweck historischer Kenntnis gezüchtet worden. Landrassen und Sorten lassen sich indes auch nicht ohne die Weitergabe solcher historisch gesammelter Kenntnisse erhalten, die über jene Informationen hinausgehen, die in den Organismen selbst enthalten sind. Ähnliches gilt für die Weitergabe technischer Prozesse.

Zu den *Unabsichtlichen Quellen*, also solchen, die aus anderen Zwecksetzungen als der historischen Unterrichtung entstanden sind, zählen:

- *Sachüberreste:* Landschaftsformen, Gebäude, Kunstwerke, Gegenstände des täglichen Bedarfs aller Art, Abfall und organismische Überreste (Landrassen, Sorten, menschliche Skelette, Pflanzen- und Tierreste);
- *Abstrakte Reste:* Institutionen aller Art, Rechts- und Verfassungszustände in mündlicher Überlieferung, Sitten und Gebräuche, Sprachen und Sprachformen, Orts- und Flurnamen;
- *Schriftgut:* das aus geschäftlichen oder privaten Bedürfnissen der jeweiligen Gegenwart entstanden ist und nicht darauf gerichtet ist, die Nachwelt historisch zu belehren, sondern einem gegenwärtigem oder auf die Dauer gedachten Zweck zu erfüllen. Diese Quellen stellen die überwiegende Menge des Schriftgutes der Archive, die nicht nur staatlich organisiert sein können. Gerade in Umweltbelangen können Privat-, Firmen- und Verbandsarchive bis hin zu Archiven gelehrter Gesellschaften und Akademien verwertbare Informationen enthalten. Der Archivbestand setzt sich zumeist aus Urkunden und Akten zusammen: Gesetze und Verträge, Privilegien und Mandate, Schenkungs-, Kauf- und Verkaufsurkunden, Geschäftsbriefe, Gerichts und Verwaltungsakten, politische Korrespondenzen, Protokoll- und Rechnungsbücher. Hierzu gehören ferner Schriftquellen des nichtgeschäftlichen Bereichs, wie Privatbriefe, Werke der Dichtkunst, der Unterhaltung, usw., soweit aus ihnen nur immer Erkenntnisse über einen historischen Zustand oder Vorgang geschöpft werden können. Vorrangig hilfreiche Einblicke in Umweltfragen gewähren u. a. archivierte Werke der Wissenschaft, hier insbesondere akademische Preisschriften und wissenschaftliche Nachlässe.

Die *Absichtlichen Quellen* geschichtlicher Erkenntnis, die also „willkürlich und zum Zweck der historischen Unterrichtung der Nachwelt von einem oder mehreren Autoren, Berichterstattern oder Kuratoren geschaffen“ wurden, bestehen hauptsächlich aus literarischen Quellen mit historischem Inhalt. Darunter fallen auch mündlich überlieferte Sagen, Mythen, Märchen oder Erzählungen. Schriftlich überlieferte Quellen sind u. a. Annalen, Chroniken, Biographien, Memoiren, statistische und medizinische Topographien, Kataster, aber auch ein großes Spektrum vielfältiger anderer Druckwerke.

Absichtsvoll überlieferte Sachüberreste finden sich z. B. in Museen, Zeughäusern, Arsenalen, Kuriositätenkabinetten, naturwissenschaftlichen Sammlungen, Freilandmuseen und Schutzgebieten.

Zum handwerklichen Umgang mit Quellen gibt wiederum von Brandt (2012) ausführliche Anleitungen. In einem erheblichen Ausmaß gleichen die grundsätzlichen Probleme bei der Kontextualisierung einer Quelle den erkenntnistheoretischen Problemen in der forensischen Spurenwürdigung (vgl. Herrmann und Saternus 2007), die auch für das „Umweltmonitoring“ relevant ist. Die Kontextualisierung einer Quelle kann in der umwelthistorischen Forschung zu drei besonderen Schwierigkeiten führen, vor allem wenn sie sich auf Sachüberreste bezieht. Erstens ist wahrscheinlich, dass eine Quelle das Resultat eines historisch und materiell einmaligen Ereignisses ist. Obwohl ähnliche Ereignisse möglicherweise zahlreich dokumentiert sind, unterscheiden sie sich letztlich materiell durch beteiligte Personen, Gegenstände, konkrete Handlungen. Ist das Ereignis einmalig, dann sind es auch die über es berichtenden Quellen. Einmalige Ereignisse verdanken sich dem Zufall, nicht den Notwendigkeiten regelhafter Abläufe. Als einmalige Ereignisse haben sie selbst keine wiederkehrende Struktur. Daher ist jede Quelle nicht nur historisch einmalig, sondern sie ist es auch hinsichtlich ihres materiellen und ideenmäßigen Inhaltes. Erst aus einer Reihe bzw. Serie ähnlicher Quellen werden strukturelle Rückschlüsse möglich. Dabei stützen sich die Folgerungen aus den Einzelquellen im Sinne von Indizien wechselseitig.

Die zweite Schwierigkeit besteht in der Kontextualisierung einer Quelle und einem damit verbundenen logischen Problem. Es existieren zahlreiche Quellen, jedoch sind nicht alle für die konkret untersuchte historische Fragestellung relevant, weil sie über unverbundene Ereignisse berichten. Vielfach sind umwelthistorisch ergiebige Quellen keinesfalls unmittelbar als solche erkennbar oder gar sinngemäß etikettiert. Aus der Fülle möglicher Quellen sollen die themenrelevanten herausgefunden werden, also diejenigen, die in den thematischen Kontext zu stellen sind. Das ist nur möglich, wenn eine Hypothese über den historischen Vorgang eingeführt wird, der durch die Quellenuntersuchung doch erst ermittelt werden soll. Die mögliche Kontextualisierung einer Quelle kann also zunächst nur vorläufigen Charakter haben, bis ihre Eignung durch Gegenprüfungen zweifelsfrei feststeht.

Damit ist das dritte Problem angesprochen, das in der „wissensproduzierenden Erzählung“ über den quellenkundlich rekonstruierten Sachverhalt liegt. Wissensproduzierende Erzählungen werden in der Wissenschaft vielfältig eingesetzt, wenn die allgemeine Kenntnis die sichere Beschreibung historischer Vorgänge erlaubt, aber unmittelbare Zeugen nicht existieren. Sie sind nicht nur in den Geschichtsdisziplinen sondern auch in den Naturwissenschaften geläufig (z. B. als „Die Geschichte des Universums" oder als „Evolution der Organismen"). Jede Bewertung einer Quelle ist ein Beitrag zu einer wissensproduzierenden Erzählung über den Hergang des Ereignisses. Die Erzählung läuft aber Gefahr, Überzeugungsargumente zu enthalten, also Bewertungen, die sich der Auffassung des Forschers verdanken, die aber nicht auf allgemein akzeptierten Schlussfolgerungen beruhen oder über das verlässlich Aussagbare spekulativ hinausgehen. Die Bewertung der Quelle wird damit zu einem intellektuell wie methodisch sehr anspruchsvollen Bereich historischer Forschung.

Quellenkritisch sind drei Grundsätze zu bedenken:

- Zusätzlich zu den logischen Schließmitteln von Induktion und von Deduktion nutzt Quellenarbeit auch die Abduktion als Erkenntnismittel.
- Das Fehlen eines Beweises (in/aus einer Quelle) bedeutet nicht den Beweis seines Fehlens.
- Für die Hypothesen- bzw. Modellbildung gelten in den Naturwissenschaften Parsimonitätsprinzip, *Ceteris-paribus*-Regel und nichtmonotone Logik (normische Gesetze). Davon kann nur das Prinzip normischer Regeln für Beweisführungen der Geschichtsdisziplinen adaptiert werden. Sofern die Beweisführung im konkreten Fall nicht formallogisch geführt werden kann, gilt das Plausibilitätsprinzip der hermeneutisch-verstehenden Methode. Lediglich serielle Quellen können ähnliche Beweisführungen wie in den analytischen Naturwissenschaften gestatten.

3.1.3.1 Archive sind Ereigniskataloge

Dass historische Quellen bzw. das für bewahrenswert Gehaltene in Archiven und Museen aufbewahrt werden, gilt selbstverständlich auch für die Quellen zur Umweltgeschichte. Die fraglos meisten umwelthistorisch nutzbaren Quellen liegen mit den in öffentlichen und privaten Archiven aufbewahrten Schriftquellen vor. Wege ihrer Nutzbarmachung sind am Beispiel der Bestände des Niedersächsischen Landesarchivs aufgezeigt worden (Steinsiek und Laufer 2012).

Ohne Quelle ist ein historisches Ereignis, eine Einsicht oder eine Emotion für die Wissenschaft verloren. Umwelthistorische Quellen erstrecken sich über die gesamte Bandbreite historischer Quellen, einschließlich solcher, die von der eigentlichen Geschichtswissenschaft weder wahrgenommen noch ausgewertet werden (können). Für vorschriftliche Zeiten ist man völlig auf Sachüberreste angewiesen. Zweckmäßig werden umwelthistorische Sachverhalte an Ereignissen festgemacht, beispielsweise wird einem Hochwasser eine Jahreszahl zugeordnet. Damit kann (und muss) das historische Umfeld für die angemessene Einordnung und hinsichtlich seiner Auswirkung mit untersucht werden. Hierfür sind v. a. die klassischen Quellen der Geschichtswissenschaft heranzuziehen, die unter dem Gesichtspunkt ihrer umwelthistorischen Relevanz zu lesen sind. Neben der Rekonstruktion des physischen Ereignisses, geht es dabei vor allem um seine Wahrnehmung und Verarbeitung. Ob ein Ereignis (von dem man aus Sachüberresten Kenntnis hat) in den Quellen Niederschlag findet und die Art der Aufmerksamkeit, die es bei den Zeitgenossen erfährt, geben Hinweise auf dessen zeitgenössisch zugeschriebene Bedeutung und seine Bewertung. Umgekehrt stünde eine archivalische Suche nach mentalitätsgeschichtlichen und rezeptionsgeschichtlichen Einstellungen zu umwelthistorischen Fragen, die nicht ereignisorientiert erfolgte, vor erheblichen methodischen Herausforderungen, da sie schwerlich die Gesamtheit aller Quellen analysieren könnte.

Für *Sachüberreste* gilt, dass sie nicht immer formal archiviert sind. Ein Landschaftsensemble, ein Waldbestand, ein Bodenprofil u. ä. befinden sich nicht in einem Gebäude und haben dennoch Archivcharakter. In erster Linie ist bei umwelthistorischen Sachüberresten aber an naturkundliche und technikgeschichtliche Museen zu denken. Historische Museen konzentrieren ihre Sammlungen mehrheitlich auf Objekte der politischen bzw. kunstgewerblichen Repräsentation als solche der Umweltgeschichte.

Allerdings bergen kunsthistorische Museen häufiger umwelthistorisch nutzbare Quellen. So hat die europäische Malerei zwischen dem „Wunderbaren Fischzug" von Konrad Witz (gest. 1446) und den Walchensee-Darstellungen von Lovis Corinth (gest. 1926) bzw. den ländlichen Motiven Max Liebermanns (gest. 1935) zahlreiche Werke gegenständlicher Malerei und Zeichenkunst hervorgebracht, die brauchbare Hinweise enthalten. Selbstverständlich besteht eine Differenz zwischen Darstellung und Abbildung, und selbstverständlich ist ein Gemälde keine Fotografie. Aber kunsthistorische Quellenkritik und Bildinterpretation bewahren vor Fehlschlüssen und geben den Rahmen statthafter Schlussfolgerungen vor (Imhof 1991; Herrmann 2010). Die europäische Malerei liefert u. a. Belegstücke für die Bekanntheit bzw. das Vorkommen von Faunen- und Florenelementen, Kulturpflanzen und Domestikationsformen von Tieren. Und ihre Kenntnis ist vor allem wegen der Landschaftsdarstellungen und deren normativer Wirkung für die Herausbildung von Landschaftsleitbildern in Europa unverzichtbar.

Einen der unmittelbarsten Zugänge zu umwelthistorischen Gegebenheiten bietet das Genre der „Monatsbilder" und „Vierjahreszeitenbilder" oder verwandte Sujets, die mehrheitlich Ideallandschaften darstellen, aber mitunter auch sehr konkrete räumliche Bezüge aufweisen können (z. B. Ambrogio Lorenzettis Allegorie der Guten und Schlechten Regierung im Palazzo Pubblico in Siena von 1338/39). Sehr bekannt sind die Monatsbilder im Stundenbuch des Herzogs von Berry, angefertigt von den Brüdern von Limburg (gest. 1416), die Augsburger Monatsbilder (Werkstatt von Jörg Breu d. Ä., um 1531) und die Vier Jahreszeiten von Joos de Momper (gest. 1635). Mit ihren Abbildungen der Alltagsarbeit geben diese Bilderzyklen ebenso Einblicke in die Organisation und den Ablauf landwirtschaftlicher Arbeit in Spätmittelalter und Früher Neuzeit wie in den ländlichen Müßiggang (Abb. 3.2).

Diese Monatsbilder sind zugleich Kalender agrarwirtschaftlicher Tätigkeiten. Sie haben ideengeschichtliche Vorläufer bis zurück in die Antike. Thematisch stellen sie eine Verbindung zu den gedruckten bäuerlichen Tätigkeitskalendern her, von der Hausväterliteratur der Renaissance über den „Rheinischen Boten" Johann Peter Hebels bis zu den Ratgebern heutiger Tage.

Abb. 3.2 Die vermutlich älteste Schneeballschlacht der Kunstgeschichte. Eine Vergnügung adeliger Personen vor einem Kastell, eine Form jahreszeitentypischer Umweltrezeption. Ausschnitt aus dem Monatsbild Januar aus dem Monatszyklus im Adlerturm des Kastells von Buonconsiglio in Trento, Südtirol (Frescomalerei, um 1400)

Damit ist das schwierige Terrain der literarischen Quellen erreicht, unter denen die Ratgeberliteratur am gezieltesten über die Rezeptionsgeschichte naturaler Elemente berichtet. Allerdings ist sie meist einseitig auf Nützlichkeits- und Ertragsaspekte ausgerichtet. Dabei wurden Naturdinge aus Gründen der Erbauung bereits sehr viel früher geschätzt, bevor sie bei uns von mittelalterlichen Minnesängern entdeckt wurden. Die literarische Naturrezeption erreicht in der Barockdichtung und der Literatur der Aufklärung einen ersten Höhepunkt, der von der Naturrezeption der Romantik noch überboten wurde. Das Erstaunen über Naturdinge wächst seit dem 16. Jahrhundert stetig und wird mit den Aufdeckungen der Naturwissenschaft seit der Aufklärung zunehmend verweltlicht. Max Weber nannte diesen Prozess treffend die „Entzauberung der Welt". An die Stelle theologischer Erbauungsliteratur über die Natur als Buch der Offenbarung (Physikotheologie) tritt nun eine profane Unterhaltungsliteratur, treten Reisebeschreibungen, Expeditionsberichte und Zitate von Naturtopoi in der Belletristik. Eine besondere Literaturgattung stellen weltanschauliche Abhandlungen über Naturdinge dar, die sowohl von Naturwissenschaftlern als auch Geisteswissenschaftlern verfasst wurden.

Eine gewisse Überleitung zu den umwelthistorischen Quellen der Naturwissenschaften stellt die Namensforschung dar. Sie erschließt aus Namen von Flüssen, Landschaften, Flurstücken und Ortsnamen umwelthistorische Informationen (z. B. Udolph 2011). Beispielhaft seien Flussnamen erwähnt. Sie gehören als Derivate von Altbezeichnungen zu den stabilsten Elementen in Sprachen und bewahren oft, trotz Änderungen durch lautliche Entwicklung in einem Sprachraum, ihre ursprüngliche Bedeutung. Sie sind deshalb ein Hinweis auf kontinuierliche Raumnutzung. Zahlreiche alte mitteleuropäische Gewässernamen tragen die Namensbedeutungen von „Wasser", „Fluss", „fließen", „strömen", „sumpfig" und stammen noch aus der voreinzelsprachlichen Zeit Europas. Diese alteuropäische Hydronymie muss spätestens in der zweiten Hälfte des zweiten Jahrtausends vor unserer Zeitrechnung (*Before the Christian Era*, BCE) voll ausgebildet gewesen sein (Krahe 1954). Änderungen von Flussnamen kommen bei Änderungen politisch-kultureller Einflussbereiche vor (z. B. Dnjepr), manchmal ändert sich aus gleichen Gründen eine

Bezeichnung während des Stromverlaufs (z. B. Rio Grande – Rio Bravo). Jüngere mitteleuropäische Flussnamen können erstaunlich differenzierte umwelthistorische Hinweise enthalten. Kettner (1972) hat Namen niedersächsischer Flussläufe in semasiologische Gruppen zusammengefasst, die auf Wahrnehmungs- und Nutzungsmuster verweisen. Die von ihm gefundenen Hinweise aus den verwendeten Namen haben allgemeine Bedeutung. Sie bezeichnen Wasserläufe nach:

- den *Eigenschaften des Wasserlaufs:*
  Eigenschaften des Wassers (Farbe, Geschmack, Geruch, Schnelligkeit, Menge, Größe, Breite, Tiefe, usw.);
  Eigenschaften des Flussbettes und des Ufers (Bodenart, Mineralien, Namen von Tieren und Pflanzen, die überwiegend im und am Wasser leben, usw.);
- der *Umgebung des Wasserlaufs:*
  natürliche Umgebung (naturräumliche Umgebung wie Geländeform, Wald, Heide usw., Namen von Tieren und Pflanzen, die nicht überwiegend im oder am Wasser leben und nicht Haustiere bzw. Kulturpflanzen sind);
  durch den Menschen gestaltete Umgebung (Nutzungsformen und Besitzer des Landes am Fluss, Namen von Haustieren und Kulturpflanzen usw.);
- der *Nutzung des Wasserlaufs:*
  (Fischerei, Flachsbereitung, Mühlen- und Hüttenbetriebe, Viehtränken und -schwemmen, Übergänge, usw.);
- der *Lage des Wasserlaufs:*
  (Wörter, die die Lage des Flusses im Verhältnis zu anderen Wasserläufen oder zu einem Ort bezeichnen; Ortsnamen, Flurnamen, Quellnamen, Teichnamen, Bezeichnungen für Gebäude oder Bauwerke, die mit der Nutzung des Flusses nichts zu tun haben, Wörter, die auf Grenzlagen des Flusses weisen, usw.).

Für den süddeutschen Raum und angrenzende Gebiete hatte Adolf Bach (1954) Ortsnamen mit Zeigerqualität zusammengestellt. Danach verweisen z. B. auf Urbarmachung von Wald- bzw. Gehölzlandschaften durch Brandrodungen oder Fällungen folgende Suffixe: -rent, -rod, -schlag, -stoch, -brand, -schwend, die Wortendungen *-bruch* und *-ried* auf Marschland.

Über derartige Namensverwendungen ergeben sich weitere Verbindungen zu alten Kulturlandschaftselementen, deren Lage und Zustand in der Bundesrepublik Deutschland von den „Heimatbünden" in den Bundesländern dokumentiert werden. Ebenso enthalten die Schriftenreihen des Bundesamtes für Naturschutz einschlägige und weiterführende Hinweise.

Bezüglich naturwissenschaftlicher Quellen sind aus umwelthistorischer Sicht zwei inhaltliche Erweiterungen des Quellenverständnisses erforderlich:

Die erste betrifft die Einsicht, dass unter den Begriff des kulturellen Erbes auch Belegstücke von Pflanzen, Tieren, von menschlichen Überresten, von Mineralien und von landschaftlichen Nutzungsformen und quasi natürliche Formierungen fallen. Auch sie sind über naturkundliche Sammlungen, Freilandmuseen und Schutzgebiete zugänglich.

Dabei wäre das komplexeste umweltbezogene Archiv die Landschaft selbst, die im aristotelischen Sinn einen Behälter aller übrigen Erfahrungsinhalte darstellt. Landschaft entsteht über einen Zeitraum aus dem Zusammenwirken von Menschen mit den von ihnen genutzten naturalen Ressourcen. Sie ist die an Ort und Stelle konstruierte Nische. Zu ihrer Konstruktion tragen im Falle der Kulturlandschaft allermeist die Menschen bei, letztlich aber alle Biota. Archivalisch ergibt sich das Problem, dass – anders als bei sonstigen Archivbeständen, die unverändert bleiben sollen – eine Landschaft kontinuierlicher Veränderung unterliegt (Abb. 3.3).

Die Nutzungsmöglichkeiten von Quellen mögen vielleicht durch die Quellenlage selbst begrenzt sein, eher jedoch noch durch ungeeignete oder unangemessene Befragungstechniken. Am geläufigsten ist Erfolglosigkeit durch Verwendung anachronistischer Begrifflichkeiten oder Vorstellungen von Prozessabläufen. Bezeichnungen für die Dinge der Umwelt unterliegen starken zeitlichen und regionalen Variationen. Wer z. B. über die Pflanze „Löwenzahn" forscht, wäre gut beraten, sich vorher im „Großen Zander" (Erhardt et al. 2008) zu informieren, welche Trivialnamen diese Pflanze in seinem Untersuchungsgebiet getragen hat und ob diese Pflanze unter verschiedenen wissenschaftlichen Namen geführt wurde. Sollte das besondere Interesse den Nutzungsformen dieser Pflanze gelten, wird ein erster Blick in „A. Engler's Syllabus der Pflanzenfamilien" (Engler 2009) hilfreich sein. Erste Einblicke in technikgeschichtliche Prozessabläufe gewähren etwa die „Enzyklopädien" von Diderot und d'Alembert (ab 1751) und Krünitz (ab 1773), für die jüngere Zeit immer die großen Konversationslexika und Enzyklopädien.

Die Nutzung ähnlicher Hilfsmittel vor Beginn einer Archivarbeit über naturkundliche oder ingenieurwissenschaftliche Gegenstände ist zu empfehlen, ebenso ein Beratungsgespräch durch eine Fachperson. Soll beispielsweise eine klimahistorische Arbeit nicht allein auf Proxidaten, wie phänologische Beobachtungen der Obstbaumblüte, oder über Hochwassermarken, subjektive Wetteraufzeichnungen, auf Mitteilungen über Weinqualitäten, Erntemengen u. Ä. gegründet werden, die als Schriftquellen zugänglich sind (Gläser 2001), müssen andere Archive bemüht werden. Geläufig sind in diesem Zusammenhang z. B. archivierte dendrochronologische Analysen, die ursprünglich zu reinen Datierungszwecken angelegt wurden. Mittlerweile können aus diesen Daten jahrgenau die Biomassezuwächse eines Baumes ermittelt werden, die wiederum klimarelevante Auskünfte ermöglichen. Auswertungen von Jahrringen von schottischen Mooreichen und von Borstenkiefern in Arizona erlaubten u. a. eine präzise Datierung der antiken Vulkanexplosion des Thera auf Santorin in das Jahr 1627 BCE, die den Untergang der Minoischen Kultur markiert. Selbst ein Schädlingsbefall des Baumes ist aus der Jahrringentwicklung rekonstruierbar (Schweingruber 1996, 2007). Derartige und vergleichbare Untersuchungen sind Aufgaben historisch arbeitender, hochspezialisierter Naturwissenschaftler.

Die zweite Erweiterung ergibt sich aus der Tatsache, dass umwelthistorisch nutzbare Archive in den archivierten naturwissenschaftlichen Gegenständen selbst enthalten sein können, wie am Jahrringbeispiel bereits erkennbar ist. Dies hängt zusammen mit der ein-

Abb. 3.3 Der Mensch verändert die Landschaft, die den Menschen verändert, der die Landschaft verändert. Blick auf eine Talaue der deutschen Mittelgebirgslandschaft mit gegenwärtiger Mischnutzung. Zwischen kleineren Siedlungen, die als Ortsteile eine städtische Verwaltungsstruktur bilden, liegen ausgedehnte Agrarflächen mit Feldscheunen. Sie werden von Stromversorgungsleitungen überspannt. Im *rechten* Bildmittelgrund befindet sich eine Biogasanlage eines großen Energiekonzerns, mit der eine Verstromung nachwachsender Ressourcen betrieben wird. Hierfür werden zumeist Hochleistungssorten von Mais eingesetzt, deren Biomasseproduktivität pro Flächeneinheit in der Größenordnung der Produktivität tropischer Regenwälder liegt. Die Pflanzen werden regional angebaut und bedürfen intensiver Düngung, zumeist verbunden mit überdosierter Stickstoffversorgung (Gülledüngung), was Konsequenzen für die Nitratbelastung des Grundwassers hat. Mais ist eine stark erosionsfördernde Pflanze. Noch vor einigen Jahrzehnten befand sich hier eine reine Agrarlandschaft mit geringer Siedlungstätigkeit, die mit Pferden bewirtschaftet wurde, lange davor überwiegend mit Ochsen. Die Ackerschläge waren kleiner dimensioniert, es gab mehr Ackerrandstreifen und Zwischengehölze. Diese Mosaiklandschaft hatte nicht nur eine höhere Biodiversität als heute, es veränderte sich auch das Artenspektrum mit der Zeit. Auf dem höchsten Bergrücken *im Hintergrund* steht gegenwärtig ein Fernsehturm in Nachbarschaft zu einer mittelalterlichen Burgruine. Die Sequenz Burgturm, Kirchturm, Wasserturm, Fernsehturm/Antennenmast steht für Landschafts-, Technik- und Gesellschaftswandel im Zeitraffer

fachen Tatsache, dass „Archive" allgemein eigentlich Ereigniskataloge sind. Historische Ereignisse finden auf bekannten Wegen ihren Niederschlag in den gängigen historischen Archiven. Die originelle umwelthistorische Auswertung eines Archivs von früheren Jahrgängen wissenschaftlicher Zeitschriften, mit der die Abnahme des atmosphärischen 13 C zwischen 1880 und 2000 erfasst wurde (Yakir 2011), steht für die fast grenzenlosen Möglichkeiten, Archive umwelthistorisch nutzbar zu machen.

Selbst ein Organismus (d. i. sein Überrest) kann zu einem umwelthistorischen Archiv werden, wenn und sofern sich in ihm umweltbiographische Ereignisse niederschlagen. In den meisten Organismen bilden sich neben einmaligen Ereignissen auch circadiane, saisonale bzw. circannuale Ereignisse ab, desgleichen chronische bzw. akute Ereignisse. Eine simple Regel kann für die Eignungsprüfung erste Hilfestellung liefern: Sämtliche biologische Materialien, die unter Normalbedingungen überdauerungsfähig sind, enthalten saisonale und/oder circannuale Informationen und umweltbiographische Hinweise. Befinden sich die weniger dauerhaften Gewebe durch besonderes Liegemilieu (anaerobe Feuchtkonservierung im Boden) oder konservatorische Präparation (z. B. Herbarien, Feuchtpräparate) jedoch noch im organismischen Verband, können auch sie relevante Informationen liefern.

Die Regel ersetzt keine Einzelfallprüfung, zumal der methodische Fortschritt die Zugangsmöglichkeiten beständig erweitert. Quellenkritisch ist zu bedenken, dass bei archivierten Organismen oder organismischen Resten liegezeit- und liegemilieuabhängige Materialveränderung vorkommen können. Werden solche Dekompositionsphänomene nicht berücksichtigt, können gravierende Fehlbewertungen die Folge sein.

Auch in technisch prozessierten Gegenständen finden sich materialbedingte wie prozessbedingte Hinweise. Einblicke in das Spektrum möglicher Methoden an Materialien, die im weitesten Sinne als archäologische oder jüngere kulturhistorische Materialien beigebracht werden, bieten Lehrbücher der Archäometrie (Herrmann 1994; Brothwell und Pollard 2001; Wagner 2007; Hauptmann und Pingel 2008) und Umweltarchäologie (Dincauze 2000; Reitz und Shackley 2012).

Es übersteigt jede praktikable Möglichkeit, überblicksartig über mögliche umwelthistorische Archive zu berichten, zu deren Materialien gleichzeitig eine oder mehrere naturwissenschaftlich spezifische Erschließungsmethode/n existiert/existieren, wie am nachfolgenden Beispiel veranschaulicht wird:

Gedacht sei eine magazinierte menschliche Skelettserie vom Bestattungsplatz einer zugehörigen Siedlung. Als serielle Quelle erlauben die Skelette Aussagen zum numerischen Geschlechterverhältnis, zum Altersaufbau der Bevölkerung und zur mittleren Lebenserwartung. Damit sind die zentralen ökologischen Parameter einer Bevölkerung erfasst. Sozialgeschichtlich relevante Kenndaten, wie etwa die durchschnittliche Körperhöhe, der Abhängigenindex (gegenwärtig die Anzahl der unter 15-Jährigen plus Anzahl der über 65-Jährigen geteilt durch die Anzahl der 16–64-Jährigen) und eine Morbiditätsstatistik, soweit sie sich knochenaffinen Erkrankungen oder Symptomkomplexen verdankt, ergänzen das Bild. Das Krankheitsspektrum ist makroskopisch nur begrenzt zu beurteilen. Unter Hinzuziehung röntgenstrahlenbasierter bildgebender Verfahren und histologischer Methoden kann weiter differenziert werden. Mithilfe molekulargenetischer Verfahren sind heute bereits einige Infektionskrankheiten nachweisbar. Das betrifft vorzugsweise solche, deren Erreger über die gesamte Blutbahn verteilt werden. Besonders interessant sind Nachweise von Gensequenzen, die für Erbkrankheiten typisch sind. Ihr stammesgeschichtliches oder zeitliches Auftreten lässt sich an Skelettserien zurückverfolgen. Deshalb weiß man beispielsweise, dass eine als ΔF508 bezeichnete genetische Variante in Europa seit wenigstens 4000 Jahren vorkommt. Sie ist ein sehr guter Indikator für Cystische Fibrose (CF), einer schweren Erbkrankheit. Erstaunlicherweise ist heute jeder 20. Mensch in Mitteleuropa heterozygoter Träger der CF-Eigenschaft. Es ist die höchste Heterozygotenrate für eine Erbkrankheit in der europäischen Durchschnittsbevölkerung. Der Heterozygotenvorteil besteht darin, dass Elektrolytverluste, wie sie bei Durchfallerkrankungen geläufig sind, minimiert werden. Zweifellos ein adaptiver Vorteil beim Verzehr von mikrobiologisch belasteten Nahrungsmitteln und Trinkwasser, wie sie vor der Verbreitung des Kühlschrankes häufig waren. (In jüngerer Zeit haben schwere zeitweilige Umweltbelastungen in einigen mitteleuropäischen Regionen die Inzidenzraten für ΔF508 erhöht). Die molekularen Informationen erlauben auch, Wanderungs- und Besiedlungsgeschichte zu rekonstruieren, im Falle tierlicher Reste auch Handelsrouten. Wanderungs- und besiedlungsgeschichtliche Hinweise können alternativ auch über die Analysen stabiler Isotope des Knochens gewonnen werden. Sie erlauben auch Rückschlüsse auf Ernährungshauptkomponenten (Breistandard, Fleischstandard, Trophiestufe) bis hin zur Angabe über die Durchschnittstemperatur des Trinkwassers.

Das Spektrum der umwelthistorischen Auskunftsmöglichkeiten durch Untersuchungen organismischer Gewebe ist so umfangreich, wie entsprechende analytische Methoden erfolgreich eingesetzt werden können. Mittlerweile kann auch die Stoffklasse der Alkaloide in bodengelagerten menschlichen Knochen nachgewiesen werden, eine Voraussetzung dafür, Drogenkonsum oder z. B. Mutterkornvergiftungen nachzuweisen. Für andere Nachweismöglichkeiten, wie etwa von Steroiden und Lipiden, wurden gegenwärtig erst begrenzte Fragestellungen entwickelt.

Umwelthistorisch nutzbare Informationen ergeben sich auch aus der Strukturanalyse des Knochengewebes selbst. Die Schmelzstrukturen menschlicher Zähne werden in einem mehrtägigen Rhythmus gebildet. Störungen dieser Schmelzbildungsphasen sind histologisch nachweisbar. Im Röntgenbild langer Knochen können Linien auf Krankheitsereignisse oder saisonale Wachstumsschübe hinweisen, die im Extremfall u. a. mit Erntezyklen korrelieren. Im histologischen Querschnittsbild von Knochen von Kindern und Jugendlichen sichtbare Wachstumsereignisse gaben u. a. Hinweis auf altersgruppenspezifische Ernährungssituationen, die im Zusammenhang mit kulturellen Praktiken (Initiationen) gedeutet wurden.

Für die umwelthistorische Forschung, die in aller Regel keine eigenen Quellen produziert, sondern auf Funde und Befunde, edierte Quellen und aggregierte Datensammlungen zurückgreift, ist die Bewertung solcher Arbeitsgrundlagen unabdingbar. In beispielhafter Gültigkeit ist ein solcher Weg von der Quelle bzw. dem Befund bis hin zum verallgemeinerungsfähigen Datum im Abschlussbuch des DFG-Sonderforschungsbereichs „Tübinger Atlas des Vorderen Orients“ (Rölling 1991) dargestellt.

Umwelthistorische Archive bergen zahlreiche Gegenstände, in denen Ereigniskataloge und umweltbiographische Daten eingeschrieben sind, ähnlich dem hier gegebenen Beispiel. Allerdings bedarf es zuweilen der Geduld und einer mitunter zeitaufwendigen Methodenentwicklung, bis die umwelthistorische Relevanz des archivierten Quellenguts zugänglich wird.

3.2 Räume

3.2.1 Der Raum gibt vor. Menschen passen (sich) an

Anatomisch moderne Menschen sind Kosmopoliten. Sie besiedeln erfolgreich (dauerhaft und reproduktiv) praktisch alle erreichbaren, wirtlichen Lebensräume der Landmassen der Erde. Lediglich in den Wüsten und in der unerreichbaren Antarktis fehlen sie. Umweltgeschichte konzentriert sich daher auf die Landmassen und ihre Wasserläufe, wobei Inseln als Sonderfälle der Landmassen zu betrachten sind. Die Weltmeere sind nicht besiedelbar, können aber genutzt werden. Es sind diese ressourcenspezifischen Nutzungsaspekte (Fischerei, Jagd auf Großsäuger), die in speziellen umwelthistorischen Arbeiten erörtert werden.

Menschen leben erfolgreich in Gegenden, deren mittlere Jahresdurchschnittstemperatur zwischen −17 °C und +38 °C liegt. Sie leben in Höhenstufen zwischen dem Meeresspiegel und 5500 m. Die Siedlungsaktivität fällt oberhalb 4000 m und nahe den Temperaturextrema deutlich ab. Allerdings hängt das weniger mit den Menschen zusammen, vielmehr in erster Linie von der nahe den Extremen reduzierten Biomasseproduktion, auf die Menschen angewiesen sind. Menschen sind also „eurytop", sie kommen in vielen verschiedenartigen Lebensräumen vor. Sie können Schwankungen lebenswichtiger Umweltfaktoren innerhalb weiter Grenzen ertragen, allerdings überwiegend indirekt durch das Abpuffern mittels kulturell erworbener Mittel (nicht im eigentlichen Sinne „euryök").

Nach naturwissenschaftlichen Erkenntnissen liegt die Urheimat der anatomisch modernen Menschen in Afrika, aus dem vor über 100.000 Jahren ihre Auswanderung über Kleinasien erfolgte. Als neue Menschenform konnten sie sich in Asien vor mindestens 60.000 Jahren etablieren. Etwa vor 50.000 Jahren wurden Australien und Neuguinea erreicht, Europa hingegen erst vor 40.000 Jahren vorwiegend aus Kleinasien besiedelt. Über die Behringstraße wanderten vor rund 15.000 Jahren Gruppen aus dem asiatischen Raum nach Nordamerika ein und sind seit mindestens 10.000 Jahren auch in Südamerika nachweisbar. Erst seit wenigen Tausend Jahren besiedeln Menschen die pazifischen Inseln.

Für kein anderes Säugetier sind eine vergleichbare Ausbreitungsgeschwindigkeit und derart diverse Ausbreitungsräume bekannt – ausgenommen, sie treten als sogenannte Kulturfolger des Menschen auf. Das allgemeine Kosmopolitentum der Menschen beruht einmal auf spezifischen genetischen Anpassungen jeweiliger Gruppen, ein Mechanismus, der anderen Tieren eigentlich auch „zur Verfügung" stünde. Offenbar weisen Menschen schon von sich aus eine erhebliche Toleranz gegenüber wechselnden Umweltbedingungen auf. Betroffen sind davon vor allem Merkmale der physiologischen Leistungsfähigkeit und des Körperbaus, die thermoregulatorische Funktion haben, bis hin zu Anpassung an spezifische pathogene Belastungen. Mögliche physiologische Akklimatisationsvorgänge erleichtern Anpassungen an neue Lebensräume, zumeist allerdings nur innerhalb gewisser Grenzen. Damit ist auch ohne unmittelbare detaillierte materielle Beweise offensichtlich, dass kulturelle Innovationen in fraglichen Räumen kompensatorisch an die Stelle biologischer Defizite getreten sein müssen. Fehlen genetisch bedingte Adaptationen, ist eine Migration in Räume hinein erschwert, in denen besondere Anpassungen vorteilhaft sind, die kulturell nicht ohne Weiteres zu kompensieren sind. Diese Erfahrung mussten insbesondere die Europäer nach 1500 CE machen, als sie in Regionen vordrangen, die klimatisch nicht den europäischen Verhältnissen entsprachen, und ihnen u. a. eine genetische Immunität gegen tropische Malaria fehlte. Hier wurde durch Wissen der indigenen Bevölkerungen in den eroberten Gebieten Südamerikas ein Gehaltsstoff aus der Rinde des Chinarindenbaums zum hilfreichen Mittel – und wohl zum ersten Fall des Diebstahls indigenen pharmazeutischen Wissens von weltgeschichtlicher Bedeutung (Hobhouse 1992). Die Spanier mussten im neu eroberten Südamerika bald auch ihr administratives Zentrum vom 3400 m hoch gelegenen Cuzco u. a. deshalb in das auf Meeresspiegelhöhe liegende Lima verlegen, weil sich die Europäer wegen der fehlenden genetischen Höhenanpassung nicht erfolgreich reproduzieren konnten.

Eine Anpassung an biologische Zeitstrukturen in anderen Lebensräumen (z. B. Halberg et al. 1983) kann in den Zeiten von Fußwanderungen oder bei Reisen zu Pferd bzw. mit Fahrzeugen geringer Geschwindigkeit kein Problem bedeutet haben, weil die langsame Fortbewegung den Ausgleich der Differenzen zwischen den lokalen äußeren Zeitgebern herstellte. Von Bedeutung ist allerdings, ob Ausbreitungen auf der Höhe ähnlicher Breitengrade erfolgte, also bei ähnlichen Tag-Nacht-Längen oder über größere Breitengraddifferenzen hinweg. Hierbei geben die Kontinente unterschiedliche Ausbreitungsrichtungen vor. Außerdem ist für Erörterungen von Raumbezügen entscheidend, welche Skalenebene betrachtet wird. Je nach Betrachtungsraum, ob global, kontinental, regional oder lokal, sind generalisierende Aussagen von relativer Aussagegüte. Systemische biologische Regeln sind umso gültiger, je kleiner der Betrachtungsmaßstab gewählt ist, wobei die zunehmende Aussagepräzision mit abnehmender Aussagerelevanz verbunden ist. Gleichzeitig sind Anpassungsleistungen auf der Populations- oder Individualebene in der Regel so spezialisiert, dass sie präzise nur auf eine bestimmte biologische Population oder ein bestimmtes sozionaturales Kollektiv zutreffen, also Aussagepräzision und -relevanz *gleichsinnig* eigentlich nur für großmaßstäbliche Beobachtungsfälle zutreffen.

3.2.2 Menschen verändern Räume

Mindestens gleichwertig, teilweise den biologischen Anpassungen überlegen, ermöglichen kulturelle und soziale Anpassungen ein Leben und Überleben in alten wie neuen Räumen. Ursächlich hierfür ist die für ausnahmslos alle Gruppen anatomisch moderner

Menschen geltende Fähigkeit zur Anpassung von Umweltbedingungen an die praktizierte Lebensweise. Sie kann als Ergebnis eines „Aushandlungsprozesses" zwischen den gegebenen naturalen Determinanten des Lebensraums, den normativen Setzungen und Verbindlichkeiten des Handelns der Gruppe und den ihnen verfügbaren Technologien gesehen werden. Das Ergebnis dieses Aushandlungsprozesses ist eine Festlegung auf Mindeststandards von Lebensansprüchen, die sich letztlich aus der Ökologie einer Gruppe ergeben und die in der spezifischen Ökonomie ihre handlungspraktische Umsetzung finden. Die Ökonomie von Menschen ist also vollständig ein Teil ihrer Ökologie, während ihre Ökologie selbstverständlich mehr als die Ökonomie beinhaltet. Grundsätzlich stehen Menschen drei Ökonomien zur Auswahl, deren Umsetzungen unterschiedlich intensive Auswirkungen auf den Lebensraum haben (Tab. 3.1).

Die vereinfachende Systematik der Tab. 3.1 kann vielen Ausnahmen nicht gerecht werden, wobei u. a. die Wirkung der Jäger-Sammler-Kulturen in der Regel unterschätzt wird. So waren etwa am nacheiszeitlichen Verlust der Megafauna in Europa und vor allem in Nordamerika Aktivitäten von Jägerkulturen beteiligt. Auch die Kältezonen des Sibirischen Boreals hat man ursächlich mit Auflichtungen des Baumbestandes bei klimatisch bedingter geringer Biomasseproduktion durch Jägerkulturen in Verbindung gebracht, wodurch der Wärmerückhalt der Erde in dieser Region reduziert würde und die Albedo zunahm. Die von den indigenen Australiern praktizierte Treibjagd mit Feuerfronten nach der Besiedlung des Kontinents hatte dauerhafte Folgen für australische Landschaftsformen und feuerresistente Florenbestände.

Tatsächlich muss von weit differenzierteren Ökonomien ausgegangen werden, zu deren Kennzeichen jeweils sehr spezielle soziokulturelle Anpassungen zu rechnen sind. Die Nutzung der Biome erfolgt auf ökologisch unterschiedliche Weisen (Tab. 3.2). Eine ökologische Stratifizierung in der Nutzung derselben Raumparzelle durch zwei oder mehrere menschliche Gruppen, etwa Jäger und Sammler und Landbau betreibende Gruppen, ist nicht bekannt. Sie ist im Grundsatz auch auszuschließen, weil alle Kulturen im Wesent-

Tab. 3.1 Zusammenhang zwischen der Einflussnahme der Menschen auf das genutzte Ökosystem und der von ihnen praktizierten Ökonomie. Die Qualität der Einflussnahme beruht auf der Grunddichotomie von aneignender vs. produzierender Ökonomie

Praktizierte Ökonomie	Zustand der Ressourcen	Einflussnahme	Zustand des Ökosystems
Jäger Sammler Fischer	Nicht domestiziert	Geringfügig, reversibel	Ursprünglich
Brandrodungsfeldbau Gartenbau Einfache Viehzucht	Teilweise domestiziert	Regelmäßig, reversibel	Teilweise verändert
Pastoralismus Landwirtschaft Industrialismus	Fast ausschließlich domestiziert	Ständig, mindestens teilweise irreversibel	Anthropogen gestaltet

Tab. 3.2 Beispiele für die in einzelnen Biomen besetzten ökonomischen Nischen als Ausdruck gruppenspezifischer Anpassung zur Raumerschließung. In allen Biomen der Erde finden sich alle dort umsetzbaren Formen von Ökonomien realisiert, was ein Beleg für die flexiblen soziokulturellen Organisationsformen menschlicher Gemeinschaften ist (übersetzt aus Harrison et al. 1977, S. 398, unter Verwendung terminologischer Mindestanpassungen). Die Tabelle ist ausschließlich als illustrierendes Beispiel zu lesen; sie enthält terminologische Anachronismen und Inkompatibilitäten: So werden nicht nur gleichzeitig Namen von Menschengruppen, prähistorischen Fundorten, Sprachfamilien und geographischen Regionen verwendet, sondern auch unterschiedliche Zeithorizonte, die dem klimatisch-vegetationsgeschichtlichen Wandel Rechnung tragen. Die Tabelle ist nicht als Beleg für ein biologistisches Fortschrittsmodell misszuverstehen

	Sammler	Jäger	Viehzüchter	Hirtennomaden	Einfacher Landbau	Fortgeschrittener Landbau
Äquatoriale Regenwälder	Siamang	Pygmäen Melanesier			Amazonien New Guinea	Indonesien Java
Tropischer Wald und Buschland	Grand Chaco Indianer	Bantu	Bemba		Indo-Dravide SAm Indianer	
Tropische Graslandschaften	Australier	Hadza	Niloten	Niloten	NAm Indianer	Hamiten
Halbwüsten und Wüsten	Khoisan Australier			Beduinen Tuareg	Oasenbewohner	Bewohner von Flussoasen
Wälder der gemäßigten Breiten	Australier Mesolithisches Europa	Tasmanier Predmost	Eisenzeitliche Europäer		Frühe chinesische Kulturen	Kleinbäuerliche Chinesen
Mediterranes Buschland	Khoisan	Kalifornische Indianer	Balkan	Berber	Neolithikum Eisenzeit Maori	Mittelalterliches Europa
Graslandschaften der gemäßigten Breiten	Paläolithisches Europa	NAm Indianer	Mongolen	Burjaten Mongolen	Sioux Indianer	Pawnee Indianer
Boreal	Feuerländer	Samojeden		Sami		
Tundra		Inuit		Sami		

lichen bodengebundene Biomasse abernten und die Biomasseproduktivität eine primär flächenabhängige Größe darstellt. Menschengruppen mit unterschiedlichen Ökonomien können daher nicht auf derselben Fläche dauerhaft koexistieren, wohl aber kann dieselbe Gruppe Kombinationsformen unterschiedlicher Ökonomien praktizieren.

Der Einfluss von Jäger-Sammler-Ökonomien auf den Lebensraum wird allgemein als gering und von reversibler Wirkung angenommen. Auf längere Zeiträume bezogen muss eine solche Annahme mindestens relativiert werden. Sammler, die standortbezogene Nutzungen betreiben, fördern in der Regel Pflanzen, die sie regelmäßig abernten, und Jäger erlegen nach Möglichkeit ihre Jagdbeute nicht opportunistisch, sondern wählen aus. Damit verschiebt sich im Schweifgebiet zumindest das numerische Verhältnis unter den autochthonen Pflanzen und der Altersverteilung innerhalb regelmäßig bejagter Tiergruppen.

Die systematische Förderung von genutzten Tier- und Pflanzenarten und Verdrängung unerwünschter Arten beginnt mit der Entstehung einer intentional produzierenden Ökonomie. Sie kommt durch die Entwicklung des Ackerbaus auf, der mindestens in drei verschiedenen Erdregionen entwickelt wurde. In Anlehnung an die „technische Revolution" des 18. Jahrhunderts, die sich der zentralen Erfindung der Dampfmaschine verdankte, hat man für den Übergang von der aneignenden Ökonomie (sammeln – jagen) zur landwirtschaftlich produzierenden Ökonomie den Begriff der „neolithischen Revolution" gefunden. Namengebend war hier der Zeit- und Kulturhorizont der vorderasiatischen Domestikationsregion, im so genannt Fruchtbaren Halbmond, in dem die Landwirtschaft vor 10–12.000 Jahren entwickelt wurde.

Die Neolithischen Revolutionen sind eine folgenschwere Form der Naturaneignung. Sie markieren den Übergang von der Biodiversitätsnutzung, wie er ähnlich bis dahin von allen Lebewesen praktiziert wurde, zu einer Biodiversitätslenkung. Diese wird bald nach der Erfindung des Ackerbaus und der Domestikation von Nutztieren ergänzt durch die systematische Suche nach und Ausbeutung von mineralischen Komponenten, die mit Massenbewegungen verbunden sind. Man schätzt, dass die gegenwärtigen weltweiten Massenbewegungen durch Bautätigkeit und Lagerstättenabbau die erosionsbedingten Massenbewegungen auf der Erde übertreffen.

Die Menschheitsgeschichte der letzten 10.000 Jahre gründet sich vollständig auf die Schlüsselbegriffe Biodiversitätslenkung und Massenbewegung. Für die Gesamtheit der Einflüsse von Menschen in einem Ökosystem ist der Begriff „Hemerobie" gefunden worden.

Seit der Erfindung der Landwirtschaft fand ein allmählicher und zunehmender Landnutzungswandel statt (Abb. 3.4).

Während die großen Wasserflächen der Ozeane bis zur Entwicklung hochseetüchtiger Schiffe absolute Barrieren für die menschliche Mobilität darstellten, boten die innerkontinentalen Flussläufe seit je eine natürliche und optimale Infrastruktur für Transport und Kommunikation (Abb. 3.5). In Kolonisierungslandschaften blieben sie es bis zur Entwicklung effizienter Landtransportsysteme (Transportmittel und Straßen, Eisenbahn).

3.2.3 Deterministisch?

Es hat den Anschein, dass sich die Entstehung einer produzierenden Wirtschaftsweise und einer damit verbundenen gesellschaftlichen Differenzierung einer Notwendigkeit verdankt, die auf gleichartigen Determinanten beruhte, die zu bestimmten Zeitpunkten weltweit und unabhängig gegeben waren. Vielleicht war in einzelnen Gunsträumen zu be-

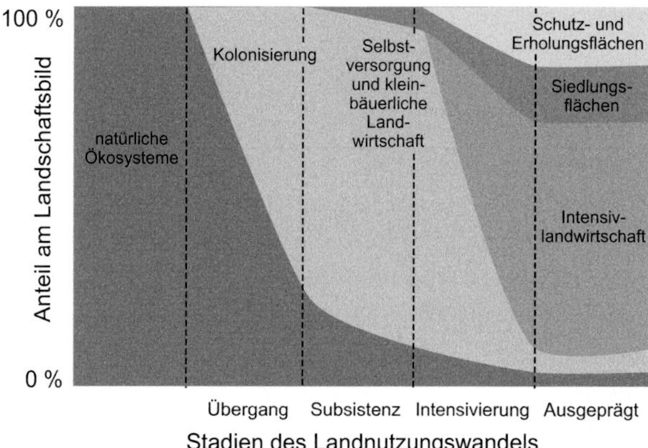

Abb. 3.4 Übergänge der Landnutzung, wie sie sich in einer gedachten Region im Laufe der Zeit abgespielt haben. Zusammen mit einem demographischen und wirtschaftlichen Wandel scheinen Gesellschaften auch einer Abfolge verschiedener Landnutzungsformen zu folgen: die natürlichen Ökosysteme werden mit der Urbarmachungsphase beeinträchtigt, es schließen sich Subsistenzwirtschaft und kleinbäuerliche Wirtschaftsweise an, neben denen sich städtische Strukturen als neue Formen der Landnutzung etablieren. Zeitgleich mit der Entstehung der Intensivlandwirtschaft vom modernen Typus entstehen Schutz- und Erholungsgebiete. Heute befinden sich verschiedene Regionen der Erde in verschiedenen Phasen der Landnutzung, abhängig von ihrer Geschichte, von sozialen und ökonomischen Faktoren. Nicht alle Regionen der Erde durchlaufen diese Phasen der Landnutzung linear; sie können für längere Zeit in einem Stadium verharren, während andere eine teilweise oder gänzlich beschleunigte Entwicklung zeigen (aus/Bildrechte liegen bei: Foley 2005)

Abb. 3.5 Flusssysteme bilden eine natürliche Infrastruktur für Orientierung, Transport und Kommunikation in unwegsamen oder landseitig nicht kolonisierten Regionen. Der vergleichsweise einfache Transport von Gütern auf Flüssen mit geringem Gefälle war Voraussetzung wie Beschleunigung für die Ausweitung lokaler Stoffströme (Flusssystem im brasilianischen Regenwald zwischen Xingu und Araguaia. Bildrechte liegen bei: Vimage 4.1, Dr.-Ing. Rolf Böhm, Kartographischer Verlag Bad Schandau, http://www.boehmwanderkarten.de)

stimmten Zeitpunkten die tradigenetisch angesammelte Informationsmenge ausreichend, oder es gab einen geringfügigen Anstieg der Bevölkerungsdichte, die einem bestimmten kritischen Schwellenwert des Informationsaustauschs und der Informationsverarbeitung vorausgesetzt ist. Damit wäre die grundlegende ideengeschichtliche Voraussetzung gegeben gewesen, mit der Menschen mittels der produzierenden Wirtschaftsweise der Natur als Naturmacht gegenübertreten konnten. Die Naturmacht liegt in der jetzt planvollen Steuerung der Stoffkreisläufe und der Energieflüsse im Ökosystem, die auf Bedürfnisse der Menschen ausgerichtet werden. Obwohl der Übergang zur Landwirtschaft mit objektiven Nachteilen verbunden war (erhöhte Arbeitsintensität, noch unsichere Versorgungslage, erhöhtes Krankheitsrisiko), erwiesen sich die Perspektiven offensichtlich als insgesamt günstig. Sie bestanden vor allem in der Erhöhung der Flächenkapazität für Menschen (Zunahme der Bevölkerungszahl und -dichte) und in den daraus möglichen gesellschaftlichen und technologischen Differenzierungen und Informationsdichten.

Mit den Neolithischen Revolutionen setzten nach Einsicht Julian Stewards (1949) in allen betroffenen Regionen raumbezogene Wechselwirkungen ein, die mit der Hervorbringung funktional ähnlicher soziokultureller Organisationsmuster oder Entwicklungsstufen verbunden waren: Auf die Ökonomie der Jäger und Sammler folgte eine Stufe beginnender Landwirtschaft. Sie führte über eine Phase gesellschaftlich prägender Landwirtschaft zu regionaler Blütezeit, die in erste Eroberungszüge mündete. Es schlossen sich Umbruchszeiten an, in denen sich neue gesellschaftliche Strukturen bildeten, die zu periodischen Eroberungen führten. Das Aufkommen von Metallkulturen, vor allem solchen, die Eisen und Stahl verwendeten, führte zu Großreichen mit ebenfalls periodischen Zusammenbrüchen. Schließlich entstanden im Gefolge der Industriellen Revolution zunehmend technisierte Gesellschaften mit territorialen Ansprüchen. Die globale Übernahme der technischen wie prozesstechnischen Errungenschaften der Industriellen Revolution markiert das eigentliche Ende regionaler Sonderwege in der Ressourcenaneignung einschließlich der Landwirtschaft, die auf eine industrielle Erzeugung bei globaler Vernetzung umgestellt wurde.

Die elementarste Determinante zur Entstehung Neolithischer Revolutionen bestand in der materiellen Voraussetzung in Form domestizierbarer Pflanzen und Tieren. Offenbar war das Angebot geeigneter Organismen nicht gleichmäßig über die Kontinente verteilt (Abb. 3.6).

Harlan (1971) benannte drei regional abgrenzbare Zentren der Domestikation: Naher Osten, Nord-China und MesoAmerika, sowie drei „Nicht-Zentren": das Afrikanische, das SE-Asiatische und das S-Amerikanische Nicht-Zentrum. Für den Domestikationsvorgang ist nach neuerer Einsicht kennzeichnend, dass die Domestikation auf Diversitätserhalt und Diversitätsgewinn durch Introgressionen (dem Einbau genetischer Sequenzen bei Hybridisierung) zwischen den so genannten Wildtypen und den domestizierten Formen beruht. Es ist also nicht nur denkbar, sondern wahrscheinlich, dass die heutigen Wildtypen domestizierter Pflanzen und Tiere seit den Neolithischen Revolutionen durch den Domestikationsprozess ebenfalls genetische Änderungen erfahren haben. In der Überblicksarbeit von Smith (1995) wurden Harlans Schlussfolgerungen im Wesentlichen beibehalten und um ein Domestikationsareal im östlichen Nordamerika ergänzt (Tab. 3.3).

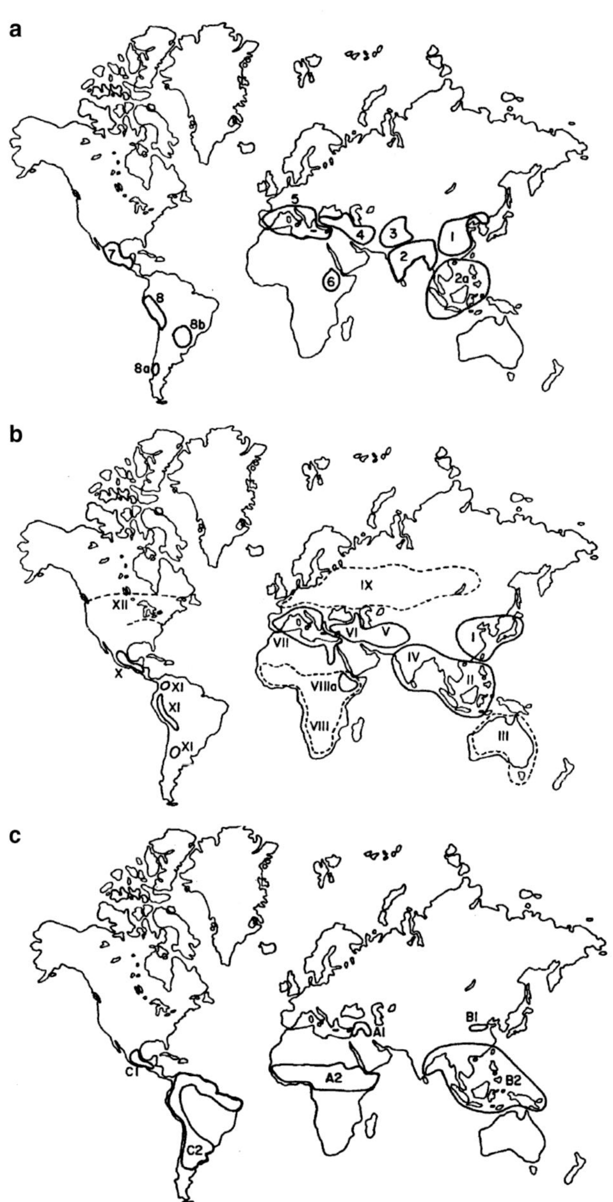
a
5
4
3
1
2
2a
6
7
8
8b
8a
b
IX
XII
VII
VI
V
I
IV
II
X
XI
XI
VIIIa
VIII
XI
III
c
A1
B1
C1
A2
B2
C2

Abb. 3.6 Regionale Räume der Entstehung des Ackerbaus, adaptiert nach Harlan (1971). Die Grundidee eines naturräumlichen Zusammenhangs zwischen dem Angebot an geeigneten Organismen und dem regionalen Ursprung der Agrikultur stammt vom sowjetischen Genetiker Vavilov, der 1926 eine Karte mit 8 Ursprungszentren domestizierter Pflanzen vorstellte, die augenfälligerweise sämtlich zwischen dem 20. und 45. Breitengrad und in temperierten und gebirgigen Regionen liegen (**a**). Zhukovsky relativierte 1968 Vavilovs Idee. Er sah Anlass, die Zentren geographisch etwas zu verlagern. Außerdem wies er darauf hin, dass Ursprungszentren und Domestikationszentren nicht kongruent und die allgemeinen Beziehung zu Zentren hoher genetischer Diversität komplex wären (**b**), weshalb sich zusätzlich zu den Zentren Domestikationszonen über weit ausgedehnte Areale erstreckten. Harlan (**c**) differenzierte schließlich dahin gehend, dass es neben den von ihm angenommenen drei regional sehr umschriebenen Domestikationszentren bzw. Zentren der unabhängigen Entstehung des Ackerbaus auch sogenannte Nicht-Zentren gebe. In ihnen würden sich ebenfalls Domestikationsvorgänge abspielen, wobei sich diese Nicht-Zentren über Zonen von 5–10.000 km Ausdehnung erstrecken könnten. Harlans Zentren und Nicht-Zentren enthalten auch die Ursprungsregionen der wichtigsten domestizierten Tierarten. In der gegenwärtigen biologischen Literatur, die sehr stark von biodiversitätserhaltenden Ideen durchzogen ist, hat sich eine besondere Verwendung des Begriffs des „*biodiversity hotspot*" (Meyers et al. 2000 und frühere Arbeiten) für bestimmte Areale eingebürgert. Dabei bezeichnet der Begriff nicht nur eine allgemein überdurchschnittliche Biodiversität, sondern ist per definitionem *gleichzeitig* an eine bestimmte, bezifferbare Gefährdung gebunden worden, die für den biologischen Bestandsschutz leitend sein soll. Daher bedarf es der Aufmerksamkeit, ob der Begriff lediglich i. S. einer allgemein hohen Biodiversität verwendet wird oder für einen Algorithmus steht, der in bestimmter Weise biologische Diversität *und* seine Gefährdung verbindet. An sich liegt nahe und trifft auch zu, dass die acht oder neun Zentren, in denen sich Ackerbau entwickelte, in Arealen allgemeiner Hotspots der Biodiversität liegen. Meyers, der zusammen mit Mitarbeitern den Begriff des „*biodiversity hotspots*" auf konservatorische Ideen begrenzte und damit Referenzstatus erlangt hat (Meyers et al. 2000), haben insgesamt 25 solcher Hotspots ausgemacht. Nicht alle sind naturräumlich für den Landbau geeignet bzw. ihr Biodiversitätsangebot ist für menschliche Nutzung weitgehend ungeeignet. Einige Hotspots verdanken sich überhaupt nur einem besonders rücksichtslosen Umgang mit den Naturdingen

Landwirtschaftliche Produktion ist, in welcher Form auch immer, an bestimmte Temperaturfenster und Lichtmengen, innerhalb derer die Kulturpflanzen optimal gedeihen, sowie verfügbares Wasser gebunden. Die produktivsten Landwirtschaftsflächen befinden sich zurzeit in den gemäßigten Breiten aller Kontinente, dem Indischen Subkontinent und in China sowie in subtropischen Bereichen mit ausreichender Wasserverfügbarkeit.

Für den Gartenbau genügt, Wasser in begrenzter Menge heranschaffen oder ein begrenztes Wasservorkommen an Ort und Stelle nutzen zu können (z. B. Oasen). Sobald die jährliche Verdunstungsmenge die Menge verfügbaren Regens überschreitet, muss extensiver Landbau auf Bewässerungssysteme zurückgreifen. Entsprechend ergeben sich naturräumliche Zusammenhänge zwischen Regenmengen und Formen der Landwirtschaft.

In den gemäßigten Zonen steht ausreichend Regen für eine erfolgreiche Landwirtschaft zur Verfügung (Regenfeldbau). Bei sinkender Regenmenge ist ein Feldbau bis zu jährlichen Niederschlagsmengen zwischen 5–400 mm (Trockenfeldbau) möglich. Unterhalb 400 mm sind Bewässerungssysteme erforderlich.

Tab. 3.3 Entstehungszeiten von Landwirtschaft. Bei archäologischen Funden dieses Alters sind nur Näherungsdatierungen bzw. Mindestdatierungen möglich. Ein Austausch von Kenntnissen zwischen erreichbaren Domestikationszentren ist möglich, ebenso eine Übernahme von Saatgut (*BCE*: Before the Christian Era; *a*: Jahre). Unkrautsamen vom Jäger-Sammler-Lagerplatz Ohalo II (See Genezareth) verweisen auf Nutzung kultivierter Pflanzen bereits vor 23.000 Jahren

Domestikationsregion	Älteste Kulturpflanzenfunde BCE [a]
Naher Osten	> 11.000 (~ 23.000)
Indien	~9000
Südchina	~9000
Nordchina	~7800
MesoAmerika	~6000
Anden	>5000
Östl. N-Amerika	~4500
Subsahara. Afrika	~9000
Trop. Afrika	~7000
Neuguinea	~9000
Australien	>5000

Es ist auffällig, dass etliche Zentren der Domestikation bzw. Entstehungszonen früher Zivilisationen in Regionen lagen, in denen klimatischer Wandel sich innerhalb kurzer Zeit besonders intensiv bemerkbar machte und die dort lebenden Menschen einem Anpassungsdruck aussetzte (z. B. Issar und Zohar 2004), der offenbar kulturtreibend wirkte: Menschen und ihre Umwelt bilden ein raum-zeitliches und gesellschaftlich bestimmtes Gesamtsystem, in dem Innovationen als Antworten auf Erfordernisse gefunden werden. Issar und Zohar haben hierfür den Begriff des „neodeterministischen Paradigmas“ geprägt, der gewiss nicht an Vorläufer wie Huntington (1930, 1945) anschließt, eher noch an Ratzel (1901) oder den Umweltpsychologen Hellpach (1911/77). Die naturräumlichen Verhältnisse geben durch ihre jeweiligen äußeren Merkmale (Klima, Relief, Boden) und Biota (natürlich vorkommende wie kultivierte Pflanzen und Tiere) einen Handlungsrahmen vor, der in ähnlichen Regionen unabhängig voneinander zu ähnlichen bis identischen Problemlösungen führt (Mächtle und Eitel 2009). Prägnante umwelthistorische Entwicklungslinien sind skizziert für Europa (Sieferle), Afrika (Weinart), China (Elvin) und Amerika (McNeill) in Herrmann und Dahlke (2009).

3.2.4 Naturgefahren

Leben ist als solches einem grundsätzlichen Gefährdungsrisiko ausgesetzt. Bezüglich des Raumes, der Biome, der Ökosysteme, der Lage einer Siedlung u. a. m. haben Menschen zumindest eine theoretische oder eine begrenzte Wahlmöglichkeit. Eine Wahlmöglichkeit entfällt jedoch hinsichtlich bestimmter ökosystemischer Raumhypotheken, die hinzunehmen sind und gegen die Menschen, wenn überhaupt, nur mit erheblichem bis außerordentlichem kulturellem und technologischem Einsatz versuchen können, sich zu schützen. (Zu Ereignissen und Bewertungen weiter unter Abschn. 3.4). Kenntnisse über natürliche Gefährdungspotentiale in Räumen basieren ganz überwiegend auf historischem Wissen. Eine Voraussagbarkeit im Sinne einer Eintrittsvermeidung ist praktisch nicht gegeben. Einzig die Erinnerung an frühere Ereignisse bewahrt das Wissen um *mögliche* Gefährdungen. Das historische Wissen wird damit zu einer unverzichtbaren Informationsquelle im Hinblick auf die Ressourcensicherung.

3.2.4.1 Physikalische Naturgefahren

Hierbei handelt es sich um geophysikalische, meteorologische, hydrologische und klimatologische Gefahren, die von extremen Naturereignissen ausgehen, wie Erdbeben, Blitzschlag und Gewitter, Frost, Hagel, regionale Stürme, Sturmfluten, Tornados, tropische Stürme, Tsunamis, Massenbewegungen, Winterstürme, Meteoriten, Überschwemmungen, Vulkanausbrüche, Trockenheiten und Dürren. Diese sind nicht gleichmäßig über die Lebensräume der Erde verteilt, wie eine „Weltkarte der Naturgefahren" ausweist (NATHAN = *Natural Hazards Assessment Network* der Münchener Rück-Versicherung, erreichbar unter http://www.munichre.com/nathan).

Für die Entstehung der umwelthistorischen Forschung in Deutschland hat ein Erdbebenereignis besondere Bedeutung (Borst 1981), das sich 1348 im Raum Villach (heute Österreich) ereignete und Mitteleuropa erschütterte. Schadensbeben dieses Ausmaßes sind in Mitteleuropa, einer Zone relativer tektonischer Ruhe, selten. Immerhin treten auch hier regelmäßig kleinere Beben auf (Abb. 3.7).

3.2.4.2 Biogene Naturgefahren

Hierzu zählen gesundheitsschädliche oder gefährliche Pflanzen und Tiere, die regional begrenzte Verbreitungsgebiete aufweisen. Dass einzelne Pflanzen oder nur Teile von ihnen für Menschen Berührungsgifte enthalten können oder ungenießbar sind, zuweilen auch hochgiftig, war in der Zeit vor der naturwissenschaftlichen Analyse der Inhaltsstoffe und der Erforschung ihrer Wirkung ein Erfahrungswissen. Allerdings scheint die Nutzung der Inhaltsstoffe von Pflanzen zu Linderungs- oder Heilzwecken ein stammesgeschichtlich früh erworbenes Wissen zu sein, wie durch Verhaltensbeobachtungen im Tierreich verschiedentlich zu beobachten ist. Zudem überwinden Aromastoffe von Nahrungspflanzen die Plazentaschranke und konditionieren so (zumindest im Tierversuch) bereits die Embryonen auf präferierte Nahrung.

Pflanzen enthalten häufig Bitterstoffe mit abträglicher Wirkung, weshalb bei der Züchtung von Kulturpflanzen gegen Bitterstoffe selektiert wurde. Die Fähigkeit „bitter" in unterschiedlichen Intensitäten (von Phenylthiocarbamid) schmecken zu können, beruht auf einer genetisch dominant vererbten Eigenschaft. Die Schmeckerfähigkeit ist regional und kontinental unterschiedlich verteilt, ein möglicher Zusammenhang mit der Entstehung und Ausbreitung der Landwirtschaft auf den Kontinenten ist eine offene Frage (Cavalli-Sforza et al. 1994).

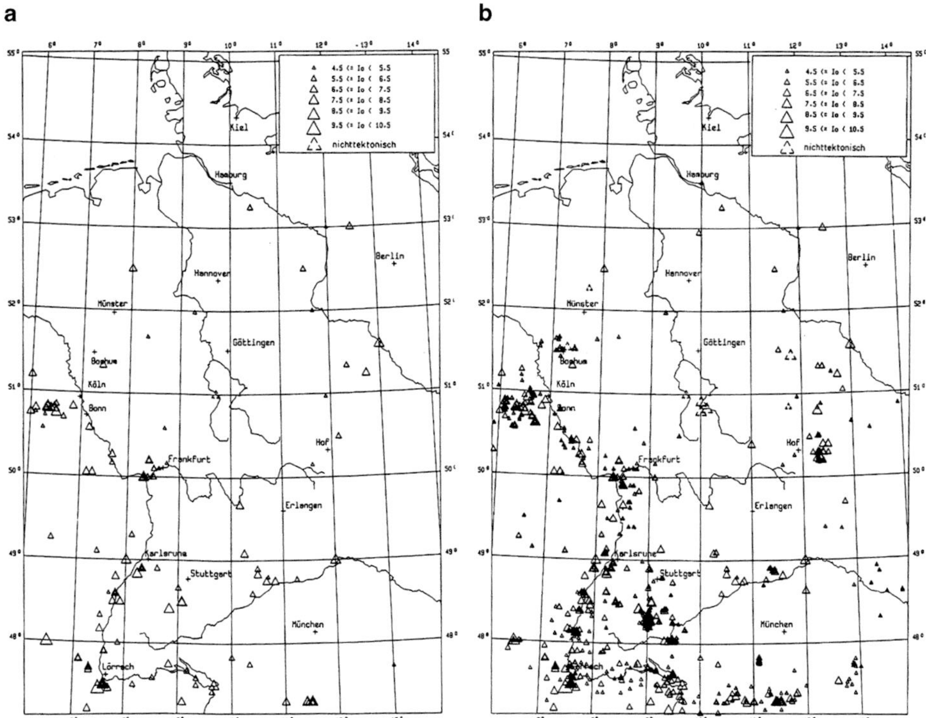

Abb. 3.7a,b Karte der Erdbebenepizentren für die Bundesrepublik Deutschland mit Randgebieten (aus/Bildrechte liegen bei: Leydecker 1986). **a** Epizentrenkarte für die Jahre 1000–1799; **b** Epizentrenkarte für die Jahre 1000–1981. Der Vergleich veranschaulicht sowohl die Kontinuität der Ereignisse als auch die zunehmende Präzision und Bedeutung naturwissenschaftlicher Weltbeobachtung seit ca. 1800. Erfasst wurden für den Zeitraum von annähernd 1000 Jahren über 1890 Erdbeben, die offenbar keinen erwähnenswerten Schaden anrichteten. Immerhin sind 37 Schadensbeben bekannt geworden. Ausgewertet wurden Chroniken, für jüngere Zeitabschnitte Zeitungen und Berichte, über naturkundliche Ereignisse, dann naturwissenschaftlich präzise Beschreibungen und schließlich instrumentelle Aufzeichnungen bzw. Berichte seismologischer Stationen. Dass die Zahl der registrierten und bewertbaren Ereignisse zur Gegenwart hin ansteigt, ist ein selbsterklärendes Artefakt durch Überlieferungen und die Beobachtungsmöglichkeiten. Der Oberrheingraben und die Niederrheinische Bucht zeigen über die Jahrhunderte stetige seismische Aktivität, während die Schwäbische Alb erst im 20. Jahrhundert zum aktivsten Erdbebengebiet in der Bundesrepublik (vor 1989) wurde. Ein entsprechender Erdbebenkatalog wurde auch für die DDR und angrenzende Gebiete erstellt (Grünthal 1988)

Wie von Pflanzen kann von giftigen oder räuberischen Tieren ein Gefährdungspotential ausgehen. Bekannt sind die regional begrenzten Vorkommen der giftigsten Tiere, die zumeist unter den Wirbellosen (Schnecken, Spinnen, Insekten) und nur vereinzelt unter den Wirbeltieren (Frösche, Schlangen) gefunden werden. Einen Kreuzzug gegen Kreuzottern, der einzigen einheimischen Schlange mit gefährlicher Giftwirkung, gab es beispielsweise noch in der Mitte des 19. Jahrhunderts in mitteldeutschen Herrschaften. Bei Säugetieren vorkommende Gifte haben allgemein für Menschen keine lebenspraktische Bedeutung. Gefahren durch größere wehrhafte oder räuberische Tiere wären allerdings gegeben. Sie wurden als Gefährdungspotential durch gezielte menschliche Aktivitäten mittlerweile regional ausgerottet, dezimiert oder in „Schutzräume" abgedrängt.

3.2.4.3 Unkraut und Schadorganismen

Als eine besondere Belastung für das Agrarregime erweisen sich naturräumlich vorkommende Pflanzen und Tiere, die mit dem Menschen um die Agrarparzelle bzw. die auf ihr erzeugte Biomasse konkurrieren.

Der unerwünschte Pflanzenwuchs kann bei bloßer mechanischer Bekämpfung des Unkrauts so viel Arbeitskraft binden und das Unkraut dem Boden so viel Nährstoffe entziehen, dass die Kosten der Bekämpfung den Nutzen zumindest temporär übersteigen. Immerhin besteht in der physischen Entfernung des Unkrauts eine Erfolg versprechende Gefahrenabwehr und ist angesichts der Kosten, die in der Kultivierung des Bodens stecken, unvermeidlich. Eine Abwehrmöglichkeit war praktisch nicht gegeben, wenn die Kulturpflanzen von Pathogenen (Pilze, Viren, Bakterien) befallen wurden, die zu Beeinträchtigungen der Pflanzenentwicklung hin bis zu ihrem Absterben führen konnte. Bei frühen Kulturformen scheint dies ein geringeres Problem gewesen zu sein. Vermutlich weisen erst die neuzeitlichen Hochleistungssorten reduzierte Resistenzen auf. Durchbrüche gegen Pflanzenpathogene konnten einmal durch die Zucht resistenter Kulturpflanzen erreicht werden, bereits vor der (Wieder-)Entdeckung der Vererbungsregeln im Jahre 1900. Aber erst durch die erfolgreiche Synthese von Pflanzenschutzmitteln (vereinzelt nach 1880, dann ab den 1930er Jahren) standen wirksame Bekämpfungsmittel gegen mikrobiologische Schadorganismen zur Verfügung. Seit Längerem versucht man, natürliche genetische Resistenzen aus alten Landsorten zu identifizieren und auf Hochleistungssorten zu übertragen.

Höhere Tiere, die durch Abfressen oder Durchwühlen die Pflanzenkulturen schädigen, werden in allen Agrarkulturen aus der einheimischen Fauna gestellt. Auch hierbei sind die naturräumlichen Lasten weltweit ungleich verteilt. Während Mäuse, Ratten, Hamster und Sperlinge u. a. als Kulturfolger der Menschen und als Vorratsschädlinge ein quasi selbstgemachtes Problem darstellen, gehören andere Organismen, wie etwa Heuschrecken, zum naturräumlich autochthonen Repertoire bestimmter Regionen, ebenso wie der Blutschnabelwebervogel (*Quelea quelea*), der in Afrika zu den ökonomisch gravierendsten Schadorganismen zählt.

Die Verbringung von Schadorganismen zwischen den Biomen oder Ökosystemen ist ein Risiko, das mit der Verbringung von Pflanzen oder Pflanzenprodukten und Tieren seit der Domestikation zwischen den Kontinenten der Alten Welt begann, sich nach 1500 CE verschärfte oder seitdem durch Freisetzung entstand (weiter unter Abschn. 3.3).

3.2.4.4 Chronobiologie, Krankheiten, Pathogene

Die Lebensrhythmen der Organismen weisen individuelle und regionale Unterschiede auf. Daraus ergeben sich auch für Menschen individuelle diurnale Biorhythmen (Peschke

2011), die vor allem die Zellproliferation und die Aufnahmebereitschaft für stoffwechselaffine Verbindungen betreffen. Lebensrhythmen hängen auch ab von der geographischen Breite und der Jahreszeit, die, wie etwa die Sterberate, ein saisonal schwankendes, aber spiegelbildliches Verhalten zwischen der nördlichen und der südlichen Hemisphäre aufweisen, weil die Monate des Nord-Sommers denen des Süd-Winters entsprechen. Auch die Amplitude der Jahresschwankungen nimmt bei Menschen bei vielen jahresrhythmischen Phänomenen, wie beispielsweise der Geburtenhäufigkeit, zu den Polen hin zu, während am Äquator keine sicheren Jahresschwankungen nachzuweisen sind und der Tag-Nacht-Rhythmus dominiert. Wo der Lebensraum ausgeprägte saisonale Schwankungen aufweist, entstehen synchronisierte rhythmische Schwankungen zwischen koexistierenden Organismen. Dabei ist zwischen den Folgen bloßer äußerer jahreszeitlicher Veränderungen zu unterscheiden, wie der Temperaturverhältnisse, saisonal abhängiger Ernährungslage und gedrängter Lebensweise im Winter, also von Exo-Rhythmen, und von Endo-Rhythmen, denen spontan-rhythmische Vorgänge in den Organismen selbst zu Grunde liegen, etwa der Aktivität und Virulenz der Erreger. Auch die Abwehr-Leistung des Organismus kann jahresrhythmischen Schwankungen unterliegen. Ein wichtiger Zeitgeber für die Jahresrhythmik geht in den gemäßigten Breiten vom Einfluss der UV-Strahlung auf die menschliche Haut aus. Jene geht im Winter in der Nordhemisphäre praktisch auf null zurück und zeigt einen steilen Wiederanstieg im Februar–März. Infolge damit verbundener hormonaler Regulation spricht man von einer hormonalen Winterruhe, die von einer hormonalen Frühjahrskrise beendet wird (Beispiele aus Hildebrandt 1995).

Zu den Gefahren, die unmittelbar vom Lebensraum ausgehen, gehören Belastungen mit krebserregender ultravioletter Strahlung, die äquatornah und in Gebirgsregionen erheblich sind. Zahlreiche Menschengruppen sind durch bestimmte Hautstrukturen und eingelagerte Farbstoffe genetisch an dieses Expositionsrisiko angepasst. Andere Belastungen, wie regionaler Mangel an essentiellen Spurenelementen, wie beispielsweise Jod oder Selen, führen zu klaren klinischen Erscheinungsbildern, während etwa der ausschließliche Konsum von Trinkwasser geringer Härtegrade, das bei Untergrund aus vulkanischen Gesteinen häufig ist, nur statistisch das Herzinfarktrisiko steigert. Einzelne Krankheitsbilder sind enzyklopädisch in zeitlich-historischer Perspektive zusammengestellt (Kiple 1993), wobei auch geographische Bezüge erwähnt werden, sofern diese bekannt sind. Übersichten im Sinne eines Atlas über geographische Verteilungen von Krankheitsrisiken existieren offenbar nur für seuchenartige Infektionskrankheiten. Während der „Weltseuchenatlas" von Rodenwaldt und Jusatz (ab 1952) immerhin in den Darstellungen der Ausbreitungswege zu einzelnen Seuchenzügen bis an den Anfang des 19. Jahrhunderts zurück geht, haben die Verbreitungsarten der WHO nur aktualistische Bezüge.

Infektionskrankheiten sind weltweit ungleich verteilt. Die Ungleichverteilung beruht zunächst auf ökologischen Ansprüchen der Erregerorganismen und den von ihnen genutzten Vektoren, die ungleich zwischen den Biomen verteilt sind. Im Beispiel der Malaria betrifft dies die Lebensansprüche der Erreger der Gattung *Plasmodium* und ihrer Vektoren der Mückengattung *Anopheles*. Stehen geeignete Wirte, im Falle der Malaria sind dies zumeist Rinder und Menschen, oder Vektoren außerhalb eines durchseuchten Gebietes nicht zur Verfügung, bleibt die Krankheit regional begrenzt. Die meisten Erreger sind wirts- und vektorabhängig, woraus sich regionale Verbreitungsräume ergeben. Werden diese Schranken durchbrochen, wie bei der Vogelgrippe oder Pest, sind großflächige Seuchenzüge möglich, durchaus von geschichtlichem Ausmaß – wie das europäische Seuchenereignis von 1347, das sich als „Der Schwarze Tod" von Innerasien bis nach Europa ausbreitete und hier ein Drittel bis die Hälfte der Bevölkerung forderte. In ähnlicher Größenordnung, zwischen 40–50 Mio., lag die Zahl der Todesopfer der weltweiten Grippepandemie von 1919 (Kiple 1993). Infektionskrankheiten können durch menschliche Aktivitäten in neue Räume vordringen und sich etablieren, wie etwa Gelbfieber in der Karibik und Südafrika im Gefolge der Sklavenimporte aus Afrika. Sie wandern u. U. auch mit den tierlichen „Kulturfolgern" oder breiten sich über Wildpopulationen unter ihren domestizierten Verwandten aus oder werden von Zugvögeln in überflogenen Arealen verbreitet.

Die große Zahl genetisch bedingter unterschiedlicher Serum-, Zellwand- und Zellproteine beim Menschen und ihre auffallende geographische Ungleichverteilung (Cavalli-Sforza et al. 1994) wird ursächlich vor allem mit Anpassungen an das regionale Krankheitsspektrum erklärt. Träger bestimmter genetischer Eigenschaften, die z. B. Hämoglobinvarianten erzeugen, haben gegenüber Nichtträgern etwa den Vorteil, in malariabelasteten Gegenden leben zu können, ohne an der Malaria zu erkranken. Solche natürlichen Ausleseprozesse dauern Tausende von Jahren, weshalb etwaige Einwanderer gegenüber der Altbevölkerung benachteiligt sind. Derartige Faktoren spielen bei Kolonisierungsereignissen eine wesentliche Rolle. So wussten holländische Vertreter der Ostindienkompanie und der späteren Kolonialadministration, dass ihnen in Hinterindien eine durchschnittliche Überlebenszeit von weniger als einem Jahr zur Verfügung stand. Diffiziler sind soziokulturelle Muster, mit deren Hilfe ein krankheitsbedingter regionaler Selektionsnachteil abgepuffert werden kann. Lehrbuchbeispiel ist hier ein Enzymdefekt (Glukose-6-Phosphat-Dehydrogenase-Mangel), der in Verbindung mit dem Verzehr von Faba-Bohnen einzelnen afrikanischen Gruppen eine gewisse Malaria-Resistenz verschafft. Dies führt auf das weite Feld der manifesten Koevolutionen zwischen Menschen und anderen Organismen bzw. ihrer Nutzung in bestimmten Lebensräumen (Durham 1991). Beispielsweise ist der genetische Polymorphismus, auf dem die Fähigkeit beruht, Rohmilch auch jenseits des Säuglingsalters beschwerdefrei verdauen zu können (Lactosetoleranz), selbst unter den rindernutzenden Kulturen weltweit unterschiedlich häufig verteilt. Es ist ein Beispiel dafür, dass unterschiedliche Koevolutionen zwischen soziokulturellen und naturalen Komplexen ein gleiches Ergebnis (Rindernutzung) haben können.

3.2.5 Raumgestaltung und Landschaft

Klima, Relief und Boden sind die Determinanten, welche letztlich für die Ausbreitung und Verbreitung von Pflanzen und ihrer Schadorganismen und damit über Tiere und ihre Schadorganismen entscheidend sind. Da in den Ökosystemen letztlich alle Organismen mit allen irgendwie zusammenhängen, beschreibt die Sequenz Pflanze → Tier → Raumgestalt die Zusammenhänge nicht wirklich zutreffend. Tatsächlich organisieren die meisten Pflanzen ihre Fortpflanzung und Verbreitung mittels tierlicher Aktivitäten, ein Sachverhalt, der sich auf der Grundlage des Interesses von Tieren an Pflanzen herausbilden konnte. Tiere und Pflanzen koexistieren nicht nur, sondern bilden koevoluierte Gemeinschaften, wie der Blick auf Blüte und Biene und Eichel und Häher veranschaulicht. Kommen arealbedingt hauptsächlich Pflanzen vor, die wie Gräser auf Bienen verzichten, sondern ihren Pollen dem Wind anvertrauen, stellen sich weidegängige Großsäuger ein, die paradoxerweise durch Abweiden die anhaltende Existenz dieser Pflanzen sichern. Oder Tiere organisieren, wie der Biber, den Naturraum für eine Lebensgemeinschaft neu. So finden sich in einem Ökosystem unendlich viele großflächige und kleinteilige Pflanzen-Tier-Gemeinschaften. Unabhängig von menschlicher Anwesenheit ergeben sich in den Biomen Raumeindrücke, die allein durch die Gemeinschaft dort vorkommender Pflanzen und Tiere gebildet und unterhalten werden. Wenn es in einer solchen Lebensgemeinschaft einen aktiveren Teil gibt, der hauptursächlich für die Dynamik des Raumeindruckes ist, sind es die Tiere. Unter ihnen sorgen die Großherbivoren für die Beständigkeit des Gesamtbildes, die Samenfresser und -verbreiter für seinen Erhalt, dessen Kreislauf mit der bodenbewohnende Fauna beginnt und endet. Gewöhnlich wird ein solcher Raumeindruck als „Naturlandschaft“ bezeichnet. Naturlandschaften existieren nicht einfach voraussetzungslos, sondern verdanken sich bei genauem Hinsehen vor allem der landschaftswirksamen Tätigkeit tierlicher Schlüsselarten (Herrmann 2012; Holtmeier 2002). Sie sind „zoogen“, nicht nur durch die Tätigkeit einzelner Tiere oder kleiner Gruppen hervorgebracht, vielfach auch durch die Herden von Großherbivoren, also „poimniogen“ entstanden (griechisch *poimne*: Herde).

In dieser Landschaft decken alle dort lebenden Organismen, gewissermaßen über wechselseitige „Aushandlungsprozesse“, ihre Lebensansprüche. Kommt ein Neuankömmling hinzu und gelingt ihm die erfolgreiche Etablierung, wie beispielsweise dem Waschbären oder dem Drüsigen Springkraut in der deutschen Mittelgebirgslandschaft, ändert sich die Naturlandschaft, wenn auch faktisch nicht wahrnehmbar. Die Naturlandschaft sieht für das in ihr vorkommende Reh, für den Eichelhäher, die Wespe, den Fliegenpilz, die Fichte und die Wiesenrispe immer gleich aus, obwohl ihre jeweiligen Umwelten (also das, *was sie direkt angeht*) sicher sehr voneinander unterschieden sind.

Wie allgemein beim standortabhängigen Zusammenwirken von Tieren und Pflanzen, ergeben sich auch durch menschliche Anwesenheit in einem Lebensraum zwangsläufig Pflanzen- und Tierensembles, die sich am Ende ohne Anwesenheit von Menschen nicht eingestellt hätten. Nicht so sehr das bloße Durchqueren, bei dem sich Wege herausbilden oder auch schon mal Samen aus den Taschen fallen können, sondern die andauernde Anwesenheit von Menschen führt notwendig zu einer Änderung des Landschaftsbildes. Indem sie zur produzierenden Wirtschaftsweise übergehen und Massenbewegungen in Gang setzen, verändern sie allein aus Gründen der Ressourcensicherung die Landschaft. Dabei ist ihre Tätigkeit nur dann direkt auf die Landschaft gerichtet, wenn es um Massenbewegungen zur Fortifikation geht. Alle andere Tätigkeiten, in Sonderheit landwirtschaftliche, bringen Landschaftsprospekte nicht absichtsvoll hervor, sondern beiläufig, als notwendige Folge einer auf Verstetigung zielenden Produktion, wie etwa die Weinterrassen des Rheintals. Menschen wirken in der produzierenden Wirtschaftsform in der von ihnen genutzten Landschaft ebenso und einzig auf die Deckung ihrer Bedürfnisse hin, wie es alle anderen Lebewesen auch tun. Insofern kann es eigentlich keine „Kulturlandschaft" geben, sondern ausschließlich nur Naturlandschaften. Es sei denn, der Anspruch auf Deckung der Lebensbedürfnisse würde für Menschen als „unnatürlich" eingestuft.

Der Gebrauch des Wortes „Landschaft" ist unproblematisch, solange sein Inhalt als irgendwie zusammenhängender und mehr oder minder als Einheit erkennbarer Landstrich verstanden wird. Nach dem Lehrbuch „ist [eine Landschaft] definitionsgemäß ein Teilraum der Erdoberfläche, der sich durch ein Mosaik lokaler und sich wiederholender Ökosysteme und Biozönosen und Ökosystemkomplexe aufbaut. Dieses Landschaftsmosaik ist strukturell und funktionell charakterisiert, wobei unter anderem die Faktoren Relief, Böden, Klima, Wasserhaushalt, Vegetation, Tierwelt und der menschliche Einfluss die entscheidenden Rollen spielen" (Smith und Smith 2009). Komplex wird der Begriff durch die möglichen Dimensionen des menschlichen Einflusses, wenn er als Pauschalbegriff „zur Beschreibung des Verhältnisses von Mensch und Natur" verwendet wird und es um die „Genese räumlicher Anordnungen sowie um die Prägung einer Landschaft durch Eingriffe des Menschen" geht (Sieglerschmidt 2008). Kulturlandschaft besagt nicht nur, dass an Ort und Stelle ein bebautes Land vorliegt, es besagt vielmehr, dass dem eine Metabedeutung in Form eines geistigen Gehaltes zugeschrieben wird, die Landschaft in diesem Falle als „objektivierter Geist" (Hard 2002) begriffen wird, wie das üblicherweise in der praktizierten Begriffsdichotomie von Naturlandschaft und Kulturlandschaft vollzogen ist (z. B. Konold 1996).

Kulturlandschaft ist eine Landschaft aber bereits dann, wenn Menschen sie nicht einmal betreten, ihr aber bestimmte Eigenschaften zuschreiben. Hierzu gehören z. B. spirituell aufgeladene Landschaften, beispielsweise Uluru (Ayers Rock) für indigene Australier oder der Berg Fuji für Japaner. Hierzu gehören auch Landschaften, die von Kopfgeburten bevölkert werden, die Wirkung auf die Überzeugungssysteme der Menschen haben. Wer an Drachen, Satyrn oder Baba Jagas glaubt, für den haben sie reale Wirkung. Die ausschließliche Verwendung des Kulturlandschaftsbegriffs für tiefgreifend umgestaltete Flächen unter landwirtschaftlicher Nutzung o. ä. wird diesem Faktum einer möglichen Zuschreibung spiritueller Eigenschaften nicht gerecht. Angemessen wäre daher, von „Kolonisierungslandschaften" zu sprechen, wenn der physische Eingriff durch Menschen thematisiert oder betont werden soll.

In den Bereich der Spekulation gehören Versuche der „evolutionären Ästhetik", angeblich ubiquitär von Menschen formulierte Landschaftspräferenzen als evolutives Erbe auszugeben (Orians 1980). Was als frühevolutive Konditionierung ausgegeben wird, u. a. der Abri im Rücken des Urahn und vor ihm die abschüssige Wiese mit unverbaubarer Hanglage und das murmelnde Bächlein im Talgrund, kam im Entstehungsraum der anatomisch modernen Menschen entweder gar nicht vor oder man führt irrig die mitteleuropäischen Parklandschaft auf afrikanische Baumsavannen zurück. Die Kunstgeschichte hat die Hervorbringung der Parklandschaft dagegen klar als Erfindung des 17. Jahrhunderts identifiziert. Außerdem kann jede Herde von Wiederkäuern ohne jeglichen metaphysischen Überbau in einer mitteleuropäischen Talaue eine Parklandschaft hervorbringen, die ursprünglich eine poimniogene Landschaft ist (Herrmann 2012).

Im Vordergrund der Landschaftsrezeption steht hierzulande ihre ästhetische Qualität, die sich dem Betrachter ausschließlich in der frei genießenden Anschauung offenbaren soll (Ritter 1989), obwohl Landschaft auf ästhetische Weise auch politisch aufgeladen sein kann (Warnke 1992). Die Raumwissenschaft setzt der ästhetischen Aufladung aufwendige Ordnungsversuche entgegen, um ihr den analytisch angemessenen Platz zuzuweisen (Hard 1970; Bartels 1968). Aber ausgerechnet die nicht objektivierbaren, ästhetischen Zuschreibungen gerieten hierzulande zu normativen Leitbildern, indem das Bundesnaturschutzgesetz in § 1 „die Vielfalt, Eigenart und Schönheit [. . .] von Natur und Landschaft" unter Schutz stellt. Der Gesetzgeber vertraut in der praktischen Anwendung der Norm auf „den Standpunkt des gebildeten, für den Gedanken des Natur- und Landschaftsschutzes aufgeschlossenen Durchschnittsbetrachters" (Gassner et al. 2003). In die Zukunft zielt die „Europäische Landschaftskonvention" aus dem Jahr 2000, die das Landschaftsbild als kulturelles Erbe pflegen will (www.coe.int/t/dg4/culturalheritage/landscape/default_en.asp).

Die menschlichen Wahrnehmungen und Bewertungen von Landschaften und ihren Elementen sind selbstverständlich keine Naturkonstanten, sondern kulturell vermittelt, bereiten aber hinsichtlich ihrer Objektivierung Probleme. Diese erreichen ihre analytischen Grenzen an einem prägnanten Beispiel: Große Areale des Regenwaldes in Amazonien stehen auf *„terra preta"*, einem Anthrosol (Glaser und Woods 2004). Die Vegetation ist an diesen Standorten nicht nur indirekt durch den Boden selektiert, sondern auch direkt durch den beständigen Brandrodungsfeldbau der vergangenen Jahrtausende. Was als „Regenwald" die Folie für den Inbegriff einer Naturlandschaft liefert, trägt diese Bezeichnung in diesem Fall mit zweifelhafter Berechtigung.

Die Geschichte der „Naturlandschaft" folgt einer anderen Eigenzeit als diejenige der „Kulturlandschaft". Letzte wird relativ wie absolut mit umso höherer Dynamik verändert, je mehr sie sich der Gegenwart annähert (Poschlod 2015). Dabei wird häufig übersehen, dass die „Kulturlandschaft" der Neuzeit im Wesentlichen durch die Bedürfnisse der Städte und die von ihnen bzw. ihren Bewohnern ausgehenden Zwänge geprägt ist. Während eine Transformation von „Naturlandschaft" in „Kulturlandschaft" jederzeit möglich erscheint, wirft eine „Renaturierung" von „Kulturlandschaft" in eine „naturnahe Landschaft", in der sich „die Natur das zurückholt, was ihr gehört", in eine „Naturlandschaft", eine erkenntnistheoretische Aporie auf: Genetisch verbleibt eine „renaturierte" Landschaft wegen ihres „künstlichen" Ursprungs im Status der „Kulturlandschaft".

Zahlreiche „Historische Atlanten" versuchen, in allgemeiner bis spezieller Weise die Transformation der Landnutzung seit den Neolithischen Revolutionen in ihrer Entwicklung für viele Regionen der Erde nachzuzeichnen. Für die Verfolgung der Landschaftsentwicklungen in historischer Zeit wird man zunächst auf den Wissensbestand der Historischen Geographie zurückgreifen (Schenk 2011). Besonders interessant können dabei zeitlich gestaffelte so genannte „Landesaufnahmen" (Generallandesvermessungen) sein (z. B. Kraatz 1975), Landkarten, die aus fiskalisch-administrativen, militärischen oder rein geographischen Interessen erstellt wurden. Bekannte Beispiele sind u. a. die „Matrikelkarten" der Schwedischen Landesaufnahme von Pommern aus 1692–98 und der zwischen 1817 und 1861 für Österreich erstellte „Franziszeische Kataster". Sie sind parzellengenaue Belege für Landnutzung und ermöglichen sogar in Verbindung mit anderen Quellen weitreichende Rekonstruktionen landwirtschaftlicher Stoffströme (Bundesministerium für Wissenschaft und Verkehr 2000).

Alte Planungskarten können auch für die Rekonstruktion ökologischer Zustandsbilder zu bestimmten Zeitschnitten oder als Grundlage des restituierenden Naturschutzes eine Fülle von Informationen bieten (Jakupi et al. 2003).

Vor allem in der Aufklärungsliteratur verschmilzt der Landschaftsbegriff häufig mit Ökosystembezeichnungen (Tab. 3.4). Ein Grund hierfür liegt im Fehlen eines Gegenbegriffs zur „anthropogenen Landschaft". Die „natürliche Landschaft" stellt diesen Begriff nicht, sofern eine „natürliche Landschaft" einen Zustand darstellen soll, in dem die Organismen (zunächst unter Abwesenheit von Menschen) ihre Lebensansprüche „aushandeln". Eine natürliche Landschaft enthält keineswegs eine Bestandsgarantie für alle Arten.

Eine „anthropogene Landschaft" ist eigentlich auch immer deshalb eine „natürliche" Landschaft, weil sie an Ort und Stelle aus und nach den Bedürfnissen der dort lebenden Menschen entstanden ist, die eben nichts anderes sind als Ausdruck *ihrer* Natur (Herrmann 2012). Die Abgrenzungsbegriffe „Naturlandschaft" vs. „Kulturlandschaft" übernehmen letztlich auch eine Verwendungspraxis der ethnologischen Kolonialliteratur – schließlich geht es auch bei Landschaften um Kolonisierungsprozesse. Die Komplementarität ergibt sich aus jener Einsicht, die Brigitta Hauser-Schäublin (2001) für die ethnologische Literatur herausgearbeitet hat: „‚Natur' wird dann in der Regel ins Feld geführt, wenn es darum geht, [soziale] Unveränderlichkeiten zu begründen; aus diesem Grunde werden sie in einer Natur verankert. Mit ‚Kultur' wird dann argumentiert, wenn Veränderlichkeit, Modifizierbarkeit betont werden soll. Das Gegensatzpaar dient dazu, Ungleichheiten zu schaffen und zu legitimieren." Sowohl für die Herausbildung wie für die Formulierung von Landschaftsleitbildern ist die Kenntnis dieser unterschiedlichen Begriffshintergründe von Bedeutung.

In umwelthistorischen Erörterungen treten Landschaften einerseits als Verbindungen von Vorstellungen über die physische Raumbeschaffenheit und der biotischen Ausstattung und sozio-ökonomischen Vorstellungen von Herrschaft, Eigentum und Wirtschaftsweise auf. Normativ stellen sie Rechtsräume dar und sind ästhetisch mit Tableaus bestimmter Ensembles und Anmutungen verbunden. Zu den metaphysischen Hervorbringungen der Landschaft gehört dann auch die „Heimat", die ein mentalitätengeschichtlicher Begriff bzw. „Raum" ist.

So konstant eine Landschaft auch für den Betrachter erscheinen mag – beispielsweise hat die Toskana ihr Erscheinungsbild seit der versuchten Agrarreform der Gracchen (2. Jahrhundert BCE) nicht nennenswert geändert – alles was in einer Landschaft vorkommt, hat sich durch die Zeiten verändert, seien es die genetischen Eigenschaften von

Tab. 3.4 Ökosystem- und Landschaftstypen, geordnet nach zunehmender menschlicher Beeinflussung (aus WBGU 2000 nach Haber; verändert). Die Landschaftsdiagnosen sind zugleich Folge impliziter oder expliziter Leitbilder öffentlicher Diskurse einschließlich des Naturschutzes. Ihre Bewertungen resp. Einstufungen unterliegen mentalitätsgeschichtlich variablen Qualitätsvorstellungen. Eine naturbelassene Parzelle mit „Wildnis" würde derzeit als „wertvoll" eingestuft. Nach antiker Vorstellung war es dagegen die Aufgabe des Menschen, die als Chaos vorgegebene Natur durch Eingriff zu ordnen. Ebenso wäre es einem mittelalterlichen Menschen schwerlich eingefallen, „Wildnis, Wüstenei" als erstrebenswerten Naturzustand anzusehen. Es ist erstaunlicherweise die Stufe der wirtschaftlichen Überproduktivität der Moderne, die sich den naturkonservierenden Impuls leisten und das zu ihm führende Räsonnement kultivieren kann (Lübbe 1986)

A. Biologisch geprägte Ökosysteme „Naturlandschaften, naturnahe Landschaften" Grenze zwischen naturbetonten und anthropogenen Ökosystemen „Kulturlandschaften im eigentlichen Sinne"	Überwiegend aus natürlichen Bestandteilen zusammengesetzte und durch biologische Vorgänge gekennzeichnete Ökosysteme 1. Natürliche Ökosysteme Vom Menschen nicht oder kaum beeinflusst, selbstregelungsfähig. Beispiel: Tropischer Regenwald, Meer, Flüsse, Seen 2. Naturnahe Ökosysteme Vom Menschen zwar beeinflusst, doch Typ 1 ähnlich; ändern sich bei Aufhören des Einflusses kaum, selbstregelungsfähig. Beispiele: Viele mitteleuropäische Laubwälder, Hochmoore, Flachmeere, Flüsse, Seen 3. Halbnatürliche Ökosysteme Durch menschliche Nutzungen aus Typ 1 oder 2 hervorgegangen, aber nicht bewusst geschaffen; ändern sich bei Aufhören der Nutzung. begrenzt selbstregelungsfähig; Pflege erforderlich. Beispiele: Heiden, Trockenrasen, Streuwiesen, Niederwälder, Stauseen, Teiche, Kanäle und kanalisierte Flüsse 4. Agrar- und Forstökosysteme, Aquakultur Vom Menschen bewusst für Erzeugung biologischer Nahrungs- und Rohstoffe geschaffene „Nutzökosysteme" aus Nutzpflanzen und -tieren; völlig von menschlicher Pflege abhängig; Selbstregelung unerwünscht; Funktionen werden von außen gesteuert. Beispiele: Felder, Forste, Weinberge, Plantagen, Wiesen, Weiden, Fischteiche, Aquakulturen
B. Technisch geprägte Ökosysteme	5. Technische Ökosysteme Vom Menschen bewusst für kulturell-zivilisatorisch-technische Aktivitäten geschaffen; nicht selbstregelungsfähig, sondern völlig von Außensteuerung (mit hoher Energie- und Stoffzufuhr) und von umgebenden und sie durchdringenden biologisch geprägten Ökosystemen (Typ A) abhängig. Gekennzeichnet durch: Bautechnische, Gebrauchs- und Verbrauchsobjekte, Gewinnungs-, Herstellungs- und Verwendungsprozesse, Emissionen, Rauminanspruchnahme. Beispiele: Dörfer, Städte, Industriegebiete

äußerlich gleich gebliebenen Pflanzen, Tieren und Menschen, seien es das Landschaftsrelief oder die Flüsse. Da sich das kulturelle Umfeld ebenfalls unmerklich oder spürbar ändert, hat die „Konstanz“ einer Landschaft zwei entscheidende Aspekte:

Einmal zeigt sie, dass die wirtschaftenden Menschen unter den kulturellen Randbedingungen einen sozio-technischen Optimalzustand erreicht haben. Zum anderen, dass eine Rückkopplung aus der ja bloß scheinbaren Konstanz der Landschaft in den naturalistischen Fehlschluss einer Identität zwischen Menschen und Landschaften und damit in den Determinismus führt.

Insofern menschliche Aktivitäten landschaftsändernd wirken, erhebt sich das Problem, ob und wie einem „verlorenen“ Landschaftsbild ein „gewonnenes“ gegengerechnet werden kann. Die Frage ist erkennbar nur zu beantworten, wenn mit ihr zugleich ein Bewertungsmaßstab eingeführt wird, verloren vs. gewonnen – etwa im Hinblick auf Drainage (Melioration zum ackerbaulichen Anschlussnutzen) oder im Hinblick auf gewandelte ästhetische Vorstellungen – gegenzurechnen. Die Frage selbst offenbart heimliche Vorstellungen von „richtiger“ und „falscher“ Landschaft, statt zu erkennen, dass Landschaften – wie immer sie auch entstehen – jederzeit unter Änderungsvorbehalt stehen, weil sie an Ort und Stelle nur Produkte der vorherrschenden menschlichen Tätigkeit sind. Die Formulierung normativer Kontrollen für die Landschaftsentwicklung wirft für eine Gesellschaft grundlegende Fragen ihrer Zukunftsgestaltung auf. In ihnen werden nach gegenwärtiger Einsicht u. a. Fragen der monetären Folgekosten ebenso aufgeworfen wie etwaige Verluste von ökosystemaren Diensten. Eine „Umweltökonomische Gesamtrechnung“ ist gegenwärtig noch deutlich davon entfernt, realistische und detaillierte Bewertungen abzugeben (Beirat „Umweltökonomische Gesamtrechnungen“ 2002), die sich trotz vielfältiger Bemühungen noch zahlreichen ungeklärten grundsätzlichen Problemen gegenübersehen (Porter 1995; Smith 1992).

3.2.6 Ökosystem Stadt

Im Falle der Raumstrukturen, die unter „Stadt“ subsumiert werden, wird die unproduktive, aber hinsichtlich der erkenntnistheoretischen Grundposition eminent wichtige Differenzierung von „natürlich“ vs. „kultürlich/anthropogen“ noch übertroffen. Von vornherein wird „Stadt“ als das künstlichste Gebilde überhaupt angesehen. Tatsächlich handelt es sich um ein Ökosystem, das vorbildhaft in der freien Natur so nicht vorkommt (Breuste et al. 1998; Sukopp und Wittig 1993), das aber in seiner historischen Dimension nur für sehr wenige Städte untersucht wurde (Beispiel Wien: Brunner und Schneider 2005 sowie Berger und Ehrendorfer 2011). „Städte“ sind Siedlungsplätze bestimmter Größe und Funktion, die erst mit der produzierenden Wirtschaftsweise entstanden. Sie sind für eine auf Subsistenz abzielende Wirtschaft, bei der individueller, familiärer oder dörflicher Eigenbedarf gedeckt wird, entbehrlich. Sofern über die Subsistenz hinaus gehende Bedürfnisse oder Erfordernisse zu decken sind, die eine Aufgabenteilung nahelegen, werden diese in allen Regionen, in denen Ackerbau entstanden ist, von urbanen Zentren übernommen bzw. gestellt. Dabei ist die Geschwindigkeit, mit der die Urbanisierung weltweit um sich griff, aufschlussreich. Um 1800 lebten etwa 3 % der Weltbevölkerung in Städten, 1900 waren es 14 %, 1975 bereits 30 %. Im Jahre 2007 wurden 50 % erreicht. Rund 10.000 Jahre nach der Entstehung der ersten Städte in der Vorderasiatischen Domestikationsregion werden 2050 rund 70 % aller Menschen in Städten leben. Bezogen auf die biologische Entstehungsgeschichte von Menschen ist dieser Zeitraum geradezu atemberaubend kurz. Offenbar haben Städte mit der Entstehung der ersten modernen Ökonomie (de Vries und van der Woude 1997) qualitativ einen besonderen Attraktivitätsschub erlebt und besonders von der Industriellen Revolution profitiert. Außerdem war es offenbar zu diesem Zeitpunkt gelungen, die transport- und versorgungstechnischen Grundlagen für einen beständig wachsenden Stoff- und Energiebedarf von Städten zu decken.

Humanökologisch gesehen bieten Städte völlig kontraintuitiv offenbar die für gegenwärtige menschliche Bedürfnisse optimalen Lebensbedingungen, wenn sich demnächst mehr als zwei Drittel der Menschheit dort aufzuhalten wünschen. Hatte die Erfindung der Landwirtschaft die Erfindung der Stadt nach sich gezogen, sind es seit der Herausbildung größerer Städte diese, welche das Gesicht ihrer Umgebung bestimmen. Seit Erfindung der globalen Ökonomie um 1500 und dem damit verbundenen Ausgreifen der Stoffströme und Energieflüsse, sind heute letztlich die Bedürfnisse städtischer Zentren ursächlich für die meisten Landschaftsbilder nicht nur im Hinterland der Städte selbst, sondern bis in entfernte Erdregionen (Mumford 1956; Tab. 3.5).

Städtische Ökosysteme moderieren die Elementargrößen eines Ökosystems in sehr spezifischer Weise (Herrmann 2007):

Städtischer *Raum* ist von seiner Umgebung entkoppelt und für die gemeinschaftlichen wie individuellen Interessen von Stadtbewohnern organisiert.

Stoff wird für Bauwerke (Wohnhäuser, Gebäude für Gemeinschaftsaufgaben, Straßen) und Güter in einem unerhörten Ausmaß zusammengeführt.

Energie wird als Nahrung und in Form technischer Energie zur Ermöglichung und Aufrechterhaltung städtischen Lebens und Wachstums konzentriert.

Information in Form genetischer Information von potentiellen Sexualpartnern ist in Städten erleichtert. Von hauptsächlicher Bedeutung ist der Zugang zu tradigenetischer Information, zu Erfahrungswissen, das über orale oder schriftliche Tradition vermittelt wird. Die Verbindung von Städtezuwachs und zunehmender Informationsdichte ist am europäischen Urbanisationsprozess lehrbuchmäßig zu beobachten (Antrop 2004). Offensichtlich kompensiert der Zugang zur genetischen und tradigenetischen Information (Partnerwahl und „Freiheit" des Lebens) die biologischen Risiken des Lebens in der Stadt (Dichte, Krankheiten, überwiegend geringe Lebenserwartung).

Zeit wird als Richtwert aller biologischen Prozesse für Stadtbewohner von naturalen Zyklen (Tag-Nacht; Sommer-Winter) weitgehend entkoppelt. Die Stadtbewohner werden bezüglich prozesstechnischer Abläufe und sozialer Konventionen synchronisiert.

In der Selbstwahrnehmung stellen Menschen die hauptsächlichsten *Lebewesen* einer Stadt. Die trifft insofern zu, als die übrigen Lebewesen, die in Städte verbracht werden oder einwandern und nach menschlichem Urteil dort unter suboptimalen Bedingungen

Tab. 3.5 Unterschiede zwischen städtischen und nichtstädtischen Ökosystemen (aus WBGU 1999; vgl. auch Padberg 1996)

	Nichtstädtisches Ökosystem	Städtisches Ökosystem
Systembegrenzung	Funktional begrenzt durch die jeweils schwächsten intrasystemaren Beziehungen aber auch räumlich begrenzt (Waldrand, Seeufer)	Räumlich begrenzt, z. B. Stadtgrenze, Siedlungsgrenze
Stoff- und Energieflüsse	Energiezufuhr hauptsächlich durch die Sonne geschlossene Stoffkreisläufe	Import von fossilen Brennstoffen, anorganischen und organischen Ressourcen hoher Stoffumsatz und Erzeugung großer Mengen an Abfallstoffen und Emissionen Export von Abfallstoffen und Emissionen und Eintrag in die Umweltmedien
Integrationsgrad (Systemzusammenhänge untereinander, wobei ein System in den Aktionsbereich eines anderen funktional eingegliedert ist)	Kausal und funktional stark integriertes Ökosystem Entspricht funktionalem Ökosystem	Lebewesen im Raum nicht notwendigerweise durch kausale und funktionale Beziehungen verbunden Im Extremfall völlig desintegriertes Ökosystem denkbar Systemelemente unterhalten keine „ökologischen" Beziehungen Entspricht räumlichem Ökosystem
Sukzession (Abfolge verschiedener Entwicklungsstadien, Aufeinanderfolge von Pflanzengesellschaften in bestimmten Ökosystemen im Verlauf einer Zeitspanne)	Sukzessionen der Biozönose hauptsächlich intern verursacht bzw. gesteuert Sukzession deterministisch, d. h. gerichtet, wiederholbar und zu einem bestimmten Grad prognostizierbar Schlussgesellschaft häufig vorhersagbar	Sukzessionen urbaner Biozönosen haben historischen Charakter und unterliegen anthropogenen Einflüssen Sukzession nicht deterministisch, unwiederholbar, nicht prognostizierbar, höchstens auf Basis sozialwissenschaftlicher Untersuchungen Schlussgesellschaft nicht vorhersagbar
Invasion (Eindringen von Lebewesen in Lebensräume, die von ihnen sonst nicht bewohnt werden)	Im allgemeinen relativ resistent gegenüber dem Eindringen fremder Arten Anzahl der Arten ist in der Regel auf eine bestimmte Menge begrenzt	Besonders hohe Anzahl nichtheimischer Arten aufgrund guter Ausbreitungs- und Einbürgerungsbedingungen
Stabilität und Gleichgewicht	Unter natürlichen Bedingungen und über einen längeren Zeitraum (Jahrzehnte oder Jahrhunderte) Einstellung eines dynamischen Gleichgewichts	Gleichgewichtszustände in städtischen Lebensgemeinschaften so gut wie ausgeschlossen, da das System mit hoher Wahrscheinlichkeit wieder gestört wird, bevor der Gleichgewichtszustand erreicht ist
Biodiversität	Artenreichtum „normal"	Hohe Vielfalt an Standorten, Organismen und Lebensgemeinschaften

existieren, bzw. kaum funktionale Beziehungen eingehen können, und deshalb numerisch nicht auffallen. Kulturfolger und Schädlinge sind in allen Städten artenreich und zahlreich vertreten. Pathogene Spezialisten, die – wie beispielsweise Masern – einer gewissen Mindestgröße der Population bedürfen, damit ihre weitere Verbreitung unterhalten wird, existieren praktisch nur in Städten.

Unter den spezifischen Merkmalen des städtischen Ökosystems ist die Entsorgungsproblematik samt der Anhäufung nicht mehr in naturale Kreisläufe rückführbarer Reste („Müll") wohl die bemerkenswerteste Eigenart und bildet das praktische Dauerproblem kommunalpolitischer Zuständigkeiten (Dirlmeier 1986; Hösel 1987; Strasser 1999; Bernhardt 2004).

Für die Wahrnehmung von Städten ist ihre beeindruckende Raumwirkung von Bedeutung, die früh zu standorttheoretischen Überlegungen führte. Alle Standorttheorien lassen sich auf vier Grundmuster reduzieren, die allermeist in Kombination auftreten: Die Verfügbarkeit von Wasser muss gegeben sein (hydraulische Theorie); die Stadt ist ein zentraler Ort für Informationsaustausch und Handel (ökonomisch-informationelle Theorie); die Stadt ist ein Zentrum von metaphysischen und weltlichen Überzeugungssystemen (Stadt als ideologisches Zentrum). Alle Städte bieten für ihre Einwohner Schutzeinrichtungen, im Extremfall kann die militärstrategische Lage die Standortwahl begründen.

Zu Standortfragen erteilten bereits antike Autoren Rat, u. a. Empedokles und Columella, später Leon Batista Alberti (1404–1472). Im Vordergrund jeder Standortwahl stehen, neben den allgemeinen städtischen Funktionen von geographisch-topographischer Lage, der Vernetzung im Raum und Fortifikation, vor allem die Möglichkeiten für Ver- und Entsorgung. Während man die Entsorgungsfrage erst in der zweiten Hälfte des 19. Jahrhunderts mit der Schwemmkanalisation wirksam in Griff bekam (antike Vorläufer wie Rom oder Mohenjo Daro wurden aus unterschiedlichen Gründen nicht weitergeführt), hatte man die Versorgungsfrage bereits davor mit Kostenbilanzen verbunden. Eine umwelthistorisch relevante Theorie formulierte Heinrich von Thünen 1826 in seiner Abhandlung „Der isolirte Staat in Beziehung auf Landwirthschaft und Nationalökonomie, oder Untersuchungen über den Einfluss, den die Getreidepreise, der Reichthum des Bodens und die Abgaben auf den Ackerbau ausüben". Sie eignet sich auch zur Bilanzierung mittelalterlicher Energieflüsse (Irsigler 1991). Eine raumfunktional differenzierende Arbeit legte später Walter Christaller (1933) vor, deren theoretischer Einfluss bis heute spürbar ist. Praktische Bedeutung erlangte sein Konzept für die Planung des Wiederaufbaus Westdeutschlands nach dem zweiten Weltkrieg.

3.3 Umweltmedien

Die ursprüngliche Bedeutung des Begriffs „Milieu" bestand, bevor er eine überwiegend soziologische Tönung annahm, in einer Beschreibung der medialen Umgebung eines Körpers wie auch in derjenigen seiner Wirkung auf ihn. Dieses Verständnis ist von den Naturwissenschaften beibehalten worden. Sie knüpften dabei an eine antike Vorstellung an, in der die Umweltmedien auf vier begrenzt sind und in Gestalt elementarer Grundeinheiten, den „Elementen", erschienen.

> Man kann heute keine Geschichte mehr schreiben, in der das Wesen der Elemente immer mehr enthüllt oder mehr verdunkelt wird, sondern nur eine *Kulturgeschichte* der Elemente, in der es um die Elemente als kulturelle Muster geht, gerade insofern sie Momente oder, für lange Zeit, tragende Säulen der Natur sind. Feuer, Wasser, Erde und Luft gab und gibt es immer; und bis heute ist keine Kultur denkbar, die ohne tiefenstrukturell symbolische, alltagspraktische und technisch-wissenschaftliche Bezüge auf die Elemente auskommt. [...] Empedokles war es, der die Elemente zuerst als Vier-Einheit und in dieser das Ganze der Natur fasste. Seither bilden die Elemente das Feld, worin Natur und Geschichte sich charakteristisch überschneiden und kreuzen. Noch in die Begriffe ragt Natur hinein, wie in ihren Begriffen der Mensch über Natur herausragt. So eignen sich die Elemente besonders dafür, das Unternehmen einer Kulturgeschichte der Natur zu wagen – und zugleich darin die unverlierbare Spur der Natur noch in den geistigsten Begriffen zu zeigen (Böhme und Böhme 1996, S 12–13).

Vermittelt werden die Elemente oder Umweltmedien durch Sinneseindrücke. Deren umwelthistorische Bedeutung ist wenig erörtert. Dabei hängt jede Wahrnehmung der Umwelt von Sinneseindrücken und ihren Vorsteuerungen ab, und deren kulturelle Bewertung beruht auf Bedingtheiten der Physiologie der Sinne (weiterführend Ackerman 1990; Aichinger et al. 2003; Serre 1993). Die Setzung von Thomas von Aquin (1225–1274), wonach nichts im Verstande wäre, was nicht vorher in den Sinnen war, macht einzelne Facetten des „Sensualismus" zu einer umwelthistorischen Grundposition. Tatsächlich berührt von Uexkülls Vorstellung von der je eigenen Bedeutung der Gegenstände für die Umwelt eines Lebewesens in gewisser Weise die Setzung George Berkeley (1685–1753), wonach ein Ding nur dadurch existiere, dass es wahrgenommen wird. Anders als von Berkeley angenommen, macht die sinnliche Repräsentation einer Sache tatsächlich keine Aussage über ihre Materialität zu den Zeiten ihrer Nichtwahrnehmung. Diese Einsicht ist für das Verständnis kultureller Konstrukte und symbolischer Zuweisungen über Dinge, Institutionen und Vorstellungen bedeutend, insbesondere für das Verhältnis von Menschen zu den Naturdingen. Welche Bewertungen im Hinblick auf umweltrelevante Fragen jeweils vorgenommen wurden und wie es zu ihnen kam, ist das zentrale Untersuchungsziel umwelthistorischer Arbeit.

Vor einer jeden Kulturgeschichte vergegenständlichen die Umweltmedien Wasser, Luft, Erde (Boden) und Feuer allererst den Raum, und damit Umgebung und Umwelt. Ihre elementaren Eigenschaften sind nach Einsicht der Naturwissenschaft nicht gleichzusetzen mit einer immer gleichen Beschaffenheit. Das Wasser, die Luft und der Boden zeigen real so gravierend wechselnde Eigenschaften, dass sie die bedingenden Elemente der jeweiligen ökosystemischen Eigenarten bilden. Selbst das Feuer, das in Gestalt der Flamme immer gleich erscheint, ist in Farbe und Temperatur ein jeweils anderes, wenn auch in seiner Wirkung kaum je unterschiedlich.

Die antike Vorstellung, nach der alle Dinge der Welt aus einer Zusammenfügung der vier Elemente in unterschiedlicher Abstufung bestünden, lebte in der Vorstellung der galenischen Vier-Säfte-Lehre weiter und beanspruchte damit letztlich auch, das Phänomen der Lebewesen erklären zu können. Tatsächlich kann Leben nicht aus der bloßen Zusammenfügung von Elementen entstehen, seien es jene vier oder seien es die 94 natürlichen chemischen Elemente des Periodensystems. Entscheidend ist der Anstoß durch eine kodierende Sequenz der Nukleinsäuren. Sie ist die Begründung für jedes Lebewesen, das dennoch mit seiner Eigenschaft „Leben" eine Qualität aufweist, die nicht als bloßes additives Produkt chemischer Elementarteilchen zu begreifen ist, sondern als Epiphänomen von Materie unter bestimmter Konstellation. Lebewesen, Biota, sind daher ein fünftes Element. Nicht nur aus eigenem Recht, das bestimmend für die Geschichte des Planeten wurde (von Tilzer 2009), sondern auch, weil sie noch suggestiver die menschliche Wahrnehmung und das Bild der täglichen Umgebung beherrschen als Feuer, Wasser, Luft und Erde. Das Kapitel wird daher diese *fünf* Elemente der Umwelt kurz beleuchten.

Zuvor ist noch einmal daran zu erinnern, dass diese Fünf die Umgebung bilden, die sie zugleich physisch wesentlich mit hervorbringen. Damit bedingen sie im wörtlichen wie übertragenen Sinn die spezifischen Formen des Raumes, die ihrerseits zugleich Nutzungsvorgaben darstellen, weil sie Ergebnisse des Zusammenwirkens von Wasser und Bodenqualität sind. Bezieht man „Luft" als Medium des Klimas, das grundsätzlich als gegeben hinzunehmen war, mit ein, stellen sich bestimmte Pflanzensozietäten ein. Sie ziehen ihrerseits Tierensemble an, wie sie umgekehrt von ihnen abhängig sind. Und bereits vor den Menschen haben die Tiere den Raum mit ihren Aktivitäten gegliedert. Im Ergebnis sind Muster, zu denen auch Landschaftsensembles gehören, ohne menschliches Zutun entstanden. Sie treten infolge der Wirkung von physiko-chemischen Gestaltbildungsprozessen auf (Abb. 3.5; vgl. auch Abb. 3.8). Musterbildungsprozesse in den Ökosystemen beruhen primär auf diesen Wechselwirkungen sowie auf Wechselwirkungen zwischen den Organismen selbst und zwischen Organismen und den Umweltmedien. Die Komplexität derartiger Arrangements hat bisher die Aufdeckung der Muster begrenzt (z. B. Gillson 2004; Beispiele durch tierliche Aktivitäten in Holtmeier 2002).

Sofern diese Muster Landschaften sind, werden sie den Menschen sowohl als einfache Gebrauchsfläche als auch in allen Zwischenstufen bis zu metaphysisch aufgeladenen Verdinglichungen (Cosgrove und Daniels 1988) dienen. Landschaften sind „Standorte" menschlicher Nutzungsvorstellungen und als solche mindestens zum größten Teil Folgen naturaler Vorgaben. Selbst wo sie vorgeben, bloße spirituelle Orte zu sein, erweisen sie sich als von Umweltmedien als den naturalen Determinanten abhängig (zumeist dem Lagekriterium).

Die vorsokratische Philosophie sah in einem „angemessenen" Verhältnis der vier Elemente das „rechte Maß", denn die Elemente waren untereinander durch Eigenschaften verbunden:

- Feuer und Erde verband die Eigenschaft „trocken",
- Erde und Wasser verband die Eigenschaft „kalt",
- Wasser und Luft verband die Eigenschaft „feucht" und
- Luft und Feuer verband die Eigenschaft „heiß".

Abb. 3.8 Selbstähnliches Muster als Ergebnis biologischer Prozesse, hier bei der Kulturpflanze Romanesco (einem Kultivar des Blumenkohls *Brassica oleracea*, das seit dem 16. Jahrhundert bekannt ist. Bildrechte bei: Xavier Blanquer). Beim Romanesco sind die Strukturelemente auf Fibonacci-Kurven angeordnet, die ihrerseits auf einer Vielzahl solcher Kurven angeordnet sind. Selbstähnliche Formen entstehen anorganisch u. a. als Folgen geophysikalischer Prozesse (Abb. 3.5) oder bei Kristallisationsvorgängen. Bei Lebewesen können sie innerhalb der Organbildung entstehen, etwa als Farnblatt oder als inneres Organ höherer Tiere. Selbstähnliche Strukturen bei Organismen sind keine bloße Folge physikochemischer Prozesse sondern das Ergebnis einer sich selbst organisierenden Raumstruktur der DNA-gesteuerten Gestaltentwicklung. Die „endlose" Wiederholung derselben Struktur bei ihrer gleichzeitig fortschreitenden Verkleinerung lässt sich bei der programmgesteuerten Individualentwicklung von Lebewesen als Ergebnis von Steuerprozessen durch nur wenige Faktoren verstehen. Im Falle von domestizierten Lebewesen werden derartige Strukturen bei äußerlicher Sichtbarkeit entweder billigend in Kauf genommen oder sie sind, aus ästhetischen Gründen, ein Teil des Zuchtziels

Ähnliche Konzepte brachte die taoistische Philosophie hervor, die im Holz ein fünftes Element erkannte; Varianten kennt der Buddhismus, ebenso Naturphilosophien in fast allen Teilen der Erde.

Wie in der Vorstellung von ihrer Ausgewogenheit in der antiken Welterklärung befinden sich die hier vorgestellten fünf Elemente normalerweise in einem Zustand von „Ausgewogenheit". Ein „Zuviel" oder „Zuwenig" hat als Elementarereignis Konsequenzen für umwelthistorische Erfahrungen (Tab. 3.6).

Tab. 3.6 Konsequenzen von Überschuss oder Mangel eines Umweltmediums für menschliche Tätigkeit und Kultur. Die Tabelle zielt ab auf bloße Veranschaulichung, nicht auf Präzision

Medium	Zu wenig führt zu	Zu viel führt zu
Feuer	Verlust an Kultur	*Feuersbrunst* Einschränkung oder Zerstörung des Ökosystems, der Siedlung, der technischen Prozesse Verlust an Kultur; Hunger und Folgen
Wasser	Verlust an Kultur	*Hochwasser, Flut* Einschränkung oder Zerstörung des Ökosystems, der Siedlung, der technischen Prozesse Verlust an Kultur; Infektionen, Hunger und Folgen
Luft	Grenze der Ökumene	*Sturm* Einschränkung oder Zerstörung des Ökosystems, der Siedlung, der technischen Prozesse Verlust an Kultur; Hunger und Folgen
Erde	Grenze der Ökumene	*Versalzung* Verlust an Kultur; Hunger und Folgen
Biota	Grenze der Ökumene	*Gradationen, Schädlingsinvasion* Einschränkung oder Zerstörung des Ökosystems; Verlust an Kultur; Infektionen; Hunger und Folgen

Der Zugang zu den hier aufgeführten Elementen in einem archäologischen Sinne, durch dessen Zeugenschaft eine gewisse objektive Überprüfung möglich wäre, ist für einige gänzlich ausgeschlossen. Der Boden mit seinen historischen oder archäologischen Straten ist noch am ehesten geeignet, Aussagen über seine frühere Beschaffenheit zuzulassen. Aber das Wasser des Rheins aus dem Jahre 1800 ist längst verflossen, ebenso hat der Wind die Luft verweht. Wo wären die Flammen eines früheren Feuers zu finden? Und doch hinterlassen sie manche Spuren. Feuer in Form von Holzkohlen, Feuerverletzungen an Baumquerschnitten oder Hitzeeinwirkung an Steinen, Bauwerken oder biologischen Hartgeweben. Trinkwasser hinterließ wenigstens seine Durchschnittstemperatur als Isotopensignatur in tierlichen Überresten, während die erstarrten Niederschläge früherer Zeiten, die sich in Gletschern finden, kein Durchschnittsbild vergangener Trinkwasserqualität vermitteln. Überraschend kann man aber aus dem Gletschereis Schwebstoffanteile aus der Luft rekonstruieren und über die Qualität der Luft einiges erfahren. Nicht etwa durch erhaltene Luftproben, sondern indirekt. Flechten, jene Symbionten aus Algen und Pilzen, sind außerordentlich sensibel gegenüber Spurengasen, etwa dem SO_2, in der Luft. Hinweise finden sich bereits bei Plinius im Zusammenhang mit Metallverhüttung. Spätestens um 1800 kartierten ehrgeizige Pflanzenliebhaber z. B. in London die Flechtenbestände von Stadtteilen, oder 1856 die gesamte Flechtenflora von Paris (der finnische Flechtenspezialist William Nylander, 1822–1899). Diese Angaben ergeben, zusammen mit den heute bekannten Sensitivitäten der Flechtenarten, einen ziemlich präzisen Kataster für die zeitgenössische Luftqualität dieser Großstädte. Frühere Herbare oder Listen über die Floren von Städten oder Regionen sind ebenfalls ergiebige Hinweisgeber, haben aber den

Nachtteil, keine kleinräumigen Aussagen zu gestatten. Es ist übrigens sicher, dass einige Flechtenarten die SO_2-Welle der Industrialisierung in Europa nicht überlebt haben. 1866 wurden im Jardin du Luxembourg 16 Flechtenarten gezählt; 1896 existierte keine einzige mehr. Ende der 1940er Jahre begannen die Flechten zurückzukehren, 1991 wurden 11 Arten nachgewiesen (Seaward und Letrouit-Galinou 1991).

3.3.1 Wasser

Das Vorkommen von Wasser auf der Erde gilt als besonderes Kennzeichen dieses Planeten im Universum. Wasser ist essentielle Ressource für Lebewesen, und damit auch für Menschen und ihre vielfältigen Aktivitäten. Zugleich ist es ein Lebensraum für von Menschen genutzten Ressourcen (Parthier 2002). Wasser ist als Trinkwasser unentbehrlich und dient Menschen als Prozess- und Lösemittel in vielen technischen Prozessen. Wasser hat in vielen Kulturen, ähnlich dem für Agrarkulturen wichtigen Boden, eine mythologisch bedeutsame Rolle, in der seine positive wie gefährdende Bedeutung aufscheint.

Der Zugang zu Trinkwasser begrenzte die Ausbreitungsmöglichkeiten für Menschen, bevor es technisch möglich wurde, Wasservorräte außerhalb von Flussläufen oder Seen zu nutzen. In Jäger-Sammler-Kulturen ist der Aktionsradius in der Regel durch die Entfernung zwischen Wasserstellen limitiert. Sie beträgt etwa 40 km, weil spätestens nach dem Zurücklegen dieser Distanz unter moderaten Umgebungstemperaturen der Flüssigkeits- und Elektrolytverlust eines durchschnittlichen Erwachsenen ausgeglichen werden muss, um Gefahr für Leib und Leben abzuwenden. Nicht von ungefähr starb jener Bote nach seinem Lauf über die olympische Distanz von 42 km.

Mit der Landwirtschaft, die keineswegs in durchgängig regensicheren Gebieten entstand, wurde die Entwicklung von Techniken erforderlich, mit deren Hilfe der Zugang zum Wasser erleichtert und seine Nutzung verlängert werden konnte.

Die Erfindung von Khadins wurde in allen wasserlimitierten Kulturen, die Landwirtschaft betrieben, gemacht. Khadins sind Erdwälle, die als Sperrriegel in temporär wasserführenden Tälern errichtet wurden, hinter denen das Wasser aufgestaut und kontrolliert abgegeben werden konnte. Damit sind sie ideenmäßige Vorläufer für Staumauern und -seen. Oberflächenwasser wurde auch sehr früh in Zisternen gesammelt oder über Terrassen verzögert abgeleitet. Sehr bald wurden in semiariden Gebieten Methoden der künstlichen Bewässerung entwickelt. Die Ableitung von Quellen und Wasserläufen wurde mit antiken Wasserleitungen und Aquädukten bereits über erhebliche Distanzen möglich (ausführlich in Mays 2010).

Anders als die übrigen für die Landwirtschaft ebenso essentiellen Faktoren kommt Wasser nur als Regen gleichmäßig über die Fläche verteilt vor. Vielmehr ist das natürliche Vorkommen von Wasser in semiariden und ariden Gebieten hauptsächlich auf Flussläufe konzentriert. Um es von dort fruchtbringend auf die ansonsten trockenen Felder zu leiten, bedurfte es früh Großunternehmungen, die durch eine zentrale Verwaltung koordiniert wurden. Solche Agrargesellschaften, die sowohl große Anlagen zur Bewässerung der

Felder als auch gegen Hochwasserschutz hervorbrachten, nannte Karl Wittfogel (1956) „hydraulisch (*hydraulic agriculture*)". Er unterschied sie vom „Regenfeldbau (*rainfall agriculture*)" und solchen Gesellschaften, die künstliche Bewässerung nur in geringem Umfange betreiben konnten („*hydroagriculture*"). Wittfogel (1896–1988) sah das Prinzip von Gesellschaften, die auf die Verwaltung der Bewässerungssysteme despotische Herrschaftssysteme gründeten, in der Geschichte vom Vorderen Orient bis nach China realisiert. Die Durchsetzung der Zentralmacht wurde einer Funktionärselite übertragen. Administrative Erfordernisse begünstigten die weitere Entwicklung kultureller Differenzierungen. Ein weiteres Kennzeichen wäre die zur Fronarbeit gezwungene Landbevölkerung. Der politische Hintergrund der Person Wittfogels, einem Opfer des Nationalsozialismus, wie auch seiner späteren Ambition, in der „hydraulischen Gesellschaft" die Grundlage der „orientalischen Despotie" zu sehen, von der ein direkter Weg bis hin zum stalinistischen Staatsterror in der Sowjetunion geführt hätte, haben die Rezeption seines Grundgedankens nicht gefördert. Dieser vertritt letztlich die Idee eines gleichsinnigen, regelhaften Geschichtsverlaufs, sofern bestimmte materielle und naturräumliche Voraussetzungen gegeben sind.

Man kann die Entwicklung der hydraulischen Systeme nicht von der Entwicklung effizienter Schöpfwerke trennen. Sie waren Ableitungen der Erfindung des Rades. Dort, wo das Fehlen technischer Hilfsmittel zum Fördern größerer Wassermengen aus der Tiefe die Bewässerung auf die Verteilung von Oberflächenwasser beschränkte, bildeten sich zwar jene gartenbaulichen Bauerngesellschaften (Pre-Pueblo, Chaco Canyon), aber durchaus auch zentralistische Herrschaftssysteme großer Ausdehnung (Mittel- und Südamerika).

Es bestehen wohl kaum Zweifel daran, dass Herrschaft und Wasser in Regionen der Wasserknappheit ein eigenes Thema ist. Die ökologische Katastrophe am trockengefallenen Aralsee, dem das Wasser für die Bewässerung von Baumwollfeldern abgegraben wurde, ist ein Beispiel vernunftwidriger Machtdurchsetzung vor dem Hintergrund einer ignoranten Landwirtschaftspraxis. Man mag die Auseinandersetzungen um den Zugang zu Wasserstellen im nordamerikanischen „wilden" Westen noch als Anarchie der Gründerjahre abtun. Spätestens der Blick auf den Nahen Osten und den mehrtausendjährigen, bis auf den Tag anhaltenden Streit um das Jordanwasser macht deutlich, wie abhängig kulturelle Entwicklung von der Verfügbarkeit von Wasser ist. Dass aber ausgerechnet die „orientalische Despotie" in ihrem westlichsten Ableger, im Maurenstaat auf der spanischen Halbinsel, ein bis heute tätiges Schiedsgericht über Wassernutzungsrechte einrichtete, ist wenig bekannt. Seit über 1000 Jahren tagt das „Wassergericht" in Valencia und befindet wöchentlich über die Rechtmäßigkeit der Wasserentnahme aus dem Fluss Turia, die Grundlage und Garantie für das Obstbauzentrum um Valencia.

Vielfältig sind die Gründe warum, wie und wann der Mensch Gewässer verändert hat (Driescher 1996). In wohl keinem anderen Land der Erde hatte der Umgang mit Wasser so sehr Bedeutung für die Entwicklung des Gemeinwesens wie in den Niederlanden. In ihrer Entwicklung profitierten die Niederländer von den naturräumlichen Gegebenheiten. Der Wasserbau ist für Küstenländer immer bedeutsam, erreichte aber in den Niederlanden bereits sehr früh einen so hohen Standard, dass niederländische Wasserbauer bald in Gesamteuropa gesuchte Spezialisten für Meliorationsmaßnahmen waren (Abb. 3.9).

Neben der Fertigkeit zur Landgewinnung aus dem Wasser verfügten die Niederländer mit dem Abbau von Torf nicht nur über einen eigenen fossilen Energieträger. Durch den Torfabbau entstand ein Kanalsystem, das in der Zeit des noch schwierigen Landtransports infrastrukturelle Vorteile bot. Der Torfabbau wurde von Kolonisierungsgesellschaften organisiert, sodass gleichzeitig der Urbanisierungsgrad zunahm. Die Lage am Meer ermöglichte den Fernhandel. Es entstand die „erste moderne Ökonomie“ (de Vries und van de Woude 1997).

Besondere Vorteile konnten die Niederländer aus ihrer Fähigkeit ziehen, mit gefrorenem Wasser umzugehen. Der zweite Aggregatzustand des Wassers, das Eis, bedeckte saisonal die Wasserwege. Die Niederländer konnten sich auf Schlittschuhen bewegen, was ihnen u. a. gegenüber der spanischen Besatzungsmacht militärische Vorteile einbrachte. Auch das Fluten von Landesteilen vor Einbruch des Winters konnte im Konfliktfall militärtaktisch vorteilhaft sein (van Dam 2009). Was in einer Hinsicht vorteilhaft war, barg in den Regionen, wo die Winterkälte Wasser zu Eis erstarren lässt, ein ernstes Problem, wenn davon die Trinkwasserversorgung betroffen wurde. In Amsterdam entschlossen sich die Brauer zum kollektiven Betrieb eines Eisbrechers, um die gewerblich wie private Trinkwasserversorgung per Schiff zu sichern. Ein solcher Eisbrecher wurde von zahlreichen Pferden gezogen. Die Bedeutung dieser Einrichtung wird durch die Zahlen der Wassertransportschiffe anschaulich, denen der Eisbrecher den Weg freimachte. 1781 waren es

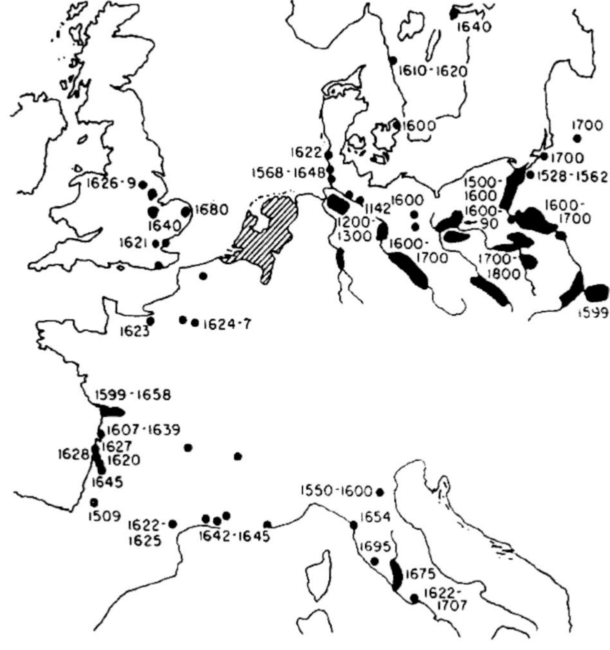

Abb. 3.9 Holländische Wasserbauer waren europaweit tätig. Angegeben sind Jahreszahlen des Beginns von Maßnahmen (aus/Bildrechte liegen bei: Smith 1978). Der anhaltende Erfolg der jeweiligen Maßnahmen war geknüpft an die Übernahme der Durchführungs- und Verstetigungspraxis und damit eines Mindestanteils des niederländischen Arbeitsethos

43 Brauereischiffe und 114 Schiffe privater Wasserhändler, die dem Eisbrecher folgten, den man bis zur Einrichtung des Rohrnetzes zur Trinkwasserversorgung im Jahre 1860 betrieb (van Dam 2009).

Eis wurde, wo immer es regelmäßig erreichbar war, zu Konservierungszwecken in sogenannten Eiskellern bevorratet. Zumeist in Felsenkammern oder in den Boden eingetieften, gemauerten Räumen wurde das Eis im Winter eingelagert und diente im Sommer zur Kühlung von Nahrungsmitteln. Erst die flächendeckende Verbreitung des elektrischen Kühlschrankes verdrängte die Kühlung mit Natureis oder mit in Eisfabriken hergestelltem Stangeneis.

Allgemein war mit zunehmender Urbanisierung die konstante Versorgung mit akzeptablem Trink- und Brauchwasser ein Problem. Zwar standen in europäischen Städten, sofern die Grundstücke über keinen eigenen Brunnen verfügten, öffentliche Brunnen zur Verfügung. Im Mittelalter lagen die Abfall- und Fäkalgruben zumindest nördlich der Alpen auf den relativ kleinen Grundstücken nahe bei den Brunnen. Austretende Fäkal-und Abfallstoffe belasteten deshalb oftmals das Trinkwasser. Seine Qualität suchte man gelegentlich durch Herbeiführung von Wasser durch Rohrleitungen zu sichern (beispielhaft die „Wasserkunst“ in Wismar; Dirlmeier 1986; Grabowski und Mührenberg 1994). Zumeist wurde das Rohrnetz aus Buchenstämmen gefertigt, die man der Länge nach aufbohrte oder ausbrannte und mit Bleimuffen verband. Das Wasser floss dann zu öffentlichen Schöpfstellen.

Wurde Trink- und Brauchwasser aus Flüssen entnommen, war dessen Qualität abhängig vom Verhalten der Oberlieger am Flusslauf. In Fortsetzung antiker Überzeugung, nach der fließendes Wasser seine „alles verzehrende Kraft“ auch auf hineingeworfene Abfälle ausübt, wurden organische Abfälle und sogar auch Bauschutt in die Flüsse gekippt oder zuerst von fließendem Wasser in den Straßen weggeschwemmt (Abb. 3.10). Konnte man sich selbst so des Problems der Abfallbeseitigung entledigen, in Frankfurt/Main war dies auf eine bestimmte Brücke konzentriert, ergaben sich für die Unterlieger akkumulierende Probleme. Man reglementierte deshalb den Eintrag von besonders belastenden organischen Resten, etwa Schlachtabfällen, in der Nähe von Schöpfstellen für Trinkwasser, insbesondere für Brauzwecke. Nach dem Prinzip der „alles verzehrenden Kraft des Wassers“ wurde wider besseres Wissen selbst dann noch so gehandelt, als längst Kanalisationen und Klärwerke zur Verfügung standen (Bayerl 1989; Büschenfeld 1997). Denn spätestens seit der Preisschrift der Göttinger Akademie, in welcher der Botaniker Georg Meyer (1822) nachwies, dass Gesundheitsgefährdung und Viehsterben in der Leine-Aue von den Schwermetallbelastungen des Harzabflusses ausging, hätte zumindest ein allgemeines Bewusstsein über die Gefährlichkeit manufakturell belasteten Wassers bestehen können.

Die Abwassersituation muss in allen größeren Städten grundsätzlich problematisch gewesen sein. Die Zahl offizieller und literarischer Quellen ist besonders für London hoch und zeichnet ein zunehmend desaströses Bild vom 17. Jahrhundert bis 1858, dem „*Year of the Great Stink*“, in dem die Themse auf besonders gravierende Weise ökologisch „umkippte“. Es ist möglich, dass solche Ereignisse im Bereich der Londoner Themse bereits mittelalterlich auftraten.

Abb. 3.10 Ursprünglich als Abwassergraben und zur Abfallentsorgung genutztes Fließgewässer in der Altstadt von Bern, heute als gefasstes Gerinne eine städtebaulich-ästhetische Bereicherung (2002)

In den westlichen Industrieländern erfolgt eine Einleitung problematischer Abwasser in Flüsse und Seen mittlerweile weitgehend illegal. Schwellen- und Drittweltländer weisen hier einen erheblichen Rückstand auf, der das Erfahrungspotential der Industrialisierung in Europa und Nordamerika nicht zur Kenntnis zu nehmen scheint.

Die Verfügbarkeit unbedenklichen Trinkwassers war ein Dauerproblem, das sich saisonal wegen der Mikrobenvermehrung in der Sommerzeit verstärkte. Alkoholhaltige Getränke, vor allem die mittelalterlich verbreiteten Dünnbiere (Kofent) boten hier einen gewissen Schutz. Überhaupt wird der Entdeckung der Hefevergärung von Getreidestärke, dem zentralen Prozess der Bierherstellung, eine erhebliche kulturgeschichtliche Bedeutung beigemessen. Alkohol wird seit mindestens 10.000 Jahren (Vorderasien) konsumiert. Dass es sich aber um einen Initialprozess der Sesshaftwerdung handeln soll (Reichholf 2008), wird man eher skeptisch aufnehmen. Sicherlich stünden mit Mais und Reis auch in anderen Regionen der Erde, in denen Menschen sesshaft wurden, vergärbare Getreidesorten zur Verfügung. Und sicherlich ist in allen Regionen der Welt, wo ihre Herstellung möglich war, Alkoholhaltiges getrunken worden. Wäre aber der Selektionsdruck Richtung „Bier" so universell stark gewesen, sollte man die Fähigkeit zur Verstoffwechselung von Alkohol nicht nur bei europäischen und afrikanischen Bevölkerungen antreffen.

Nahrungszubereitung in wässrigem Medium war ein ernährungsphysiologisch großer Fortschritt in der effizienten Ausnutzung von Nahrungsmitteln. Der Geschmacksinn, der bei allen Menschen die fünf Grundqualitäten süß, sauer, salzig, bitter und „umami" (fleischig und herzhaft, wohlschmeckend; ein Indikator für proteinreiche Nahrung), anzeigt, basiert auf Sensationen, die wässrige Lösungen oder Emulsionen auf der Zunge hervorrufen. Kulturell eingeübt werden „wohlschmeckende" Empfindungen. Ob und wie sich diese Empfindungen in der Geschichte änderten, ist kaum thematisiert worden. Dabei müssen alle neu erschlossenen Nahrungs- und Genussmittel mit ihrem je eigenartigen Geschmack Änderungen im geschmacklichen Erfahrungsspektrum von Gesellschaften oder betroffener Gesellschaftsteile bewirkt haben. So ist z. B. Rohrzucker (chemisch identisch mit Rübenzucker) viel süßer als Honig und die Geschmacksrichtung Tomate eine Innovation für die Europäische Küche nach 1500. Andererseits lieferten mit Schlehen- oder Holzbirnenessig mariniertes Fleisch oder mit Garum gewürzte Speisen vergessene Geschmackserlebnisse. Und für jeden Menschen wird es ein autobiographisches Geschmackserlebnis geben, das auf eine sehr individuelle Weise vergangene Umweltbezüge herzustellen vermag, wie es beispielhaft für jene Madeleine beschrieben wurde.

Natürliche Vorkommen des dritten Aggregatzustands des Wassers, des Dampfes, sind für den Geschichtsprozess zu vernachlässigen. Aber mit der Entdeckung der Möglichkeit, den Energiegehalt von technisch erzeugtem Wasserdampf in Bewegungsenergie umzusetzen und damit einen Antriebsmotor zu betreiben, wurde durch James Watt in Bewegung gesetzt, was die Geschichtsschreibung als „industrielle Revolution" beschreibt und was den Planeten in einem Ausmaß veränderte, das nur der „neolithischen Revolution" vergleichbar ist.

Dabei war die Ausnutzung des fließenden Wassers, mit dessen Hilfe die Schwerkraft für Antriebszwecke genutzt werden konnte, vor der Dampfmaschine bereits ein enormer Zugewinn an verfügbarer Energie. Mit Wasserkraft getriebene Maschinen wurden, neben allgemeinem Antrieb von Maschinen, vor allem als Mühlen, Klopf- und Pochwerke und Gebläse eingesetzt. Wo das natürliche Geländegefälle keine hinreichende Fließgeschwindigkeit gewährleistete, wurden Mühlenteiche angelegt, aus denen das Wasser kontrolliert, zumeist oberschlächtig, abgelassen wurde. Im Bereich der Norddeutschen Flachlandströme, die ein Durchschnittsgefälle von nur wenigen Zentimetern pro Kilometer aufweisen, war die langfristige Folge des Mühlenstaus ein ausgedehnter Anstieg des Grundwasserspiegels. Dieser machte sich besonders im Bereich natürlicher Wassersenken bemerkbar, in Brandenburg etwa in den Lüchen und Brüchen, die man im Zuge der Meliorationen seit dem 17. Jahrhundert aufwendig drainierte.

3.3.2 Luft

Wahrgenommen wird dieses Medium zumeist indirekt, als Transporteur anderer Phänomene, allererst des Klimas. Obwohl Luft mindestens eine ähnlich lebensvoraussetzende Bedeutung wie Wasser hat, spielt sie mythologisch eine weniger prominente Rolle.

Physikalisch handelt es sich bei „Luft" um ein unsichtbares Gasgemisch, das die Atmosphäre der Erde bildet. Für Gase gelten bestimmte physikalische Gesetze. Sie erklären, warum die Luft in der Nähe des Meeresspiegels dichter ist als in großer Höhe. Durch die abnehmende Dichte reicht der Volumenanteil des Sauerstoffs in der Atemluft für Menschen und die meisten Lebewesen in großer Höhe nicht mehr aus.

Menschliche Aktivitäten haben die Zusammensetzung der Atmosphäre vor allem durch den zunehmenden Eintrag von CO_2 geändert (Abb. 3.11a,b). Kohlendioxid ist ein klimawirksames Gas, das erheblich zur Erwärmung der Erdatmosphäre beiträgt. In seinem Anstieg wird ein Hauptgrund für den gegenwärtig prognostizierten Klimawandel gesehen. Sein „natürlicher" Anteil an der Erdatmosphäre schwankt in einem Zyklus von 100.000 Jahren zwischen 200 und 280 ppm. Dieser Rhythmus wurde vor rund 8000 Jahren durchbrochen (Indermühle et al. 1999). Statt wie in früheren glazialen Zyklen nach dem maximalen Rückzug des Eises weiter abzunehmen, stieg der CO_2-Gehalt und betrug zu Beginn der Industriellen Revolution zwischen 280 und 285 ppm. Seit der Industrialisierung beschleunigte sich seine Zunahme und liegt gegenwärtig zwischen 380–390 ppm. Die Beobachtung des CO_2-Gehaltes in den letzten 50 Jahren erfolgte durch direkte Messung atmosphärischer Proben (Abb. 3.11b), deren Ergebnisse die Kurve ab 1958 ergänzen und direkt fortschreiben.

Während die anthropogene Ursache für den CO_2-Anstieg der letzten 200 Jahre außer Frage steht und sich vor allem der Nutzung fossiler Energieträger verdankt, wird über die Ursache des davor liegenden, geringeren Anstiegs diskutiert, obwohl auch für diesen anthropogene Gründe anzunehmen sind. Sie liegen in den Formen der Landnutzung, die seit Erfindung des Ackerbaus entwickelt wurden und durch die in der Hauptsache natürliche CO_2-Senken eingeschränkt wurden. Zwischen 8000 und 3000 Jahren vor heute stieg der Gehalt des atmosphärischen CO_2 um ca. 20 ppm. Obwohl die Erfindung des Ackerbaus und die damit verbundene anthropogene Landnutzung (*anthropogenic land cover change*), in deren Folge CO_2 über das davor bestehende Maß freigesetzt wurde, als ursächlich angesehen werden, wird ihre Auswirkung auf den Anstieg unterschiedlich eingeschätzt. Neuere Simulationen gehen von einem nur leichten Einfluss aus (Jungclaus et al. 2010) und bewerten z. B. Vulkanausbrüche stärker. Letztlich sei nicht auszuschließen, dass die Schwankungen zwischen 8000 a vor heute und 1800 CE natürliche Variationen wären. Selbst historische Großereignisse wie Kriege und Pandemien mit millionenfachen Toten (Pestpandemie 1348; postkolumbianische Epidemien) sollen nach Simulationsmodellen nur von geringer Auswirkung gewesen sein (Pongratz et al. 2011). Die faktischen Grundannahmen dieser Simulationen bezüglich qualitativer und quantitativer Landnutzung und belastbaren Schatzungen von Bevölkerungsverlusten sind mit Zurückhaltung zu bewerten. Als globale Modelle gehen sie für prähistorische Entwicklungen von pauschalen Annahmen aus und können regionale Zustande kaum angemessen berücksichtigen, sofern diese überhaupt bekannt sind. Andere Studien bewerten den Einfluss des Landnutzungswandels dagegen als erheblich und den der Bevölkerungsgeschichte stärker (Kaplan et al. 2010). Allein die Bevölkerungsverluste in Mittel- und Südamerika durch den plötzlichen Wegfall von Brandrodungen und Auflassungen von Kulturland als Folgen von Seuchentod und Versklavungen der indigenen Bevölkerung betrugen größenordnungsmäßig 25 Mio. Menschen (Dull et al. 2010), wahrscheinlicher bis zu 50 Mio., worin der historisch einzigartige Abfall der CO_2-Konzentration um das Jahr 1610 $\pm$ 15 begründet sein soll (Lewis und Maslin 2015). Träfe dies zu, müssten sich eigentlich auch die früheren Bevölkerungsverluste durch die Pandemie („Pest") zwischen 1347 und 1352 in Westasien und Europa als CO_2-Abfall bemerkbar machen. Allein Europa beklagte hier den Tod von 25–37 Mio. Menschen, weltweit könnten es 45 Mio. gewesen sein. Ein derartiger Bevölkerungsverlust in nur 5 Jahren gegenüber einem ähnlich hohen Bevölkerungsverlust in bis zu 120 Jahren (1492 und 1610) kann ebenfalls nicht ohne Folgen für die atmosphärische CO_2-

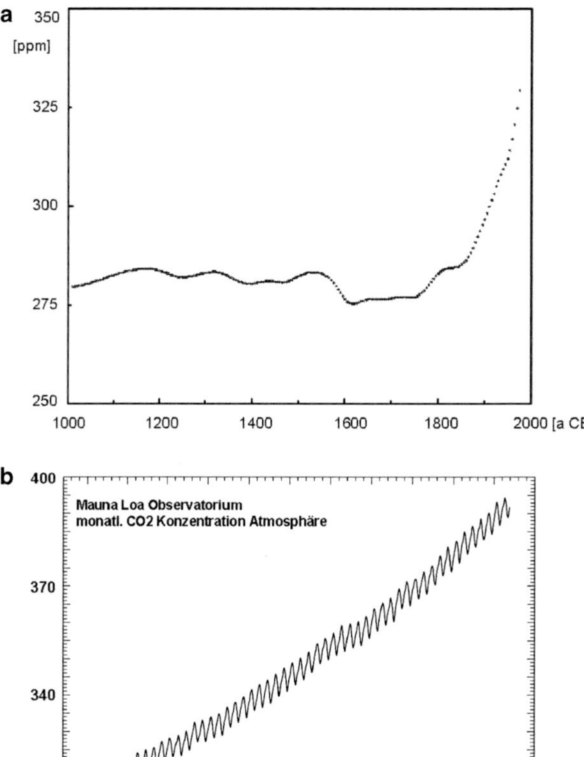

Abb. 3.11 **a** CO_2-Gehalt der Erdatmosphäre während der letzten 1000 Jahre, gemessen an Lufteinschlüssen aus Eiskernbohrungen von Law Dome, Antarktis. *Ordinate*: CO_2-Gehalt in ppm (hier als „*mixed ratio*" = volumenunabhängiges Verhältnis von CO_2 zu atmosphärischer Luft). *Abszisse*: Jahre CE. Die Graphenpunkte ergeben sich aus 75jährig gleitenden Mitteln der Messwerte. Weitere Erläuterungen im Text (*Kurve* nach Messdaten von Etheridge et al. 1996; http://cdiac.ornl.gov/trends/co2/graphics/lawdome.smooth75.gif (Bildrechte)); **b** CO_2-Konzentrationen in der Atmosphäre am Mauna Loa Observatorium, Hawaii; zwischen 1958 und 2012. *Ordinate*: ppm CO_2; *Abszisse*: Jahre CE. Es handelt sich um das in hoher Auflösung dargestellte Ende der *Kurve* in Abb. 3.11a. Der *gezackte Verlauf der Kurve* verdankt sich regelhaften saisonalen Schwankungen (Graphik: http://scrippsco2.ucsd.edu/; letzte Fortschreibung Januar 2012 (Bildrechte)). Die Messungen wurden auf Initiative von Charles Keeling, Scripps Insitution of Oceanography, begonnen und stellen die längste kontinuierliche Beobachtung der Konzentration des atmosphärischen CO_2 dar. Sie belegen zwischen 1959 und 2004 einen Anstieg der mittleren jährlichen Konzentration um 19,4 %. Dieser Anstieg ist erdgeschichtlich beispiellos

Konzentrationen geblieben sein. Der Kurvenverlauf in Abb. 3.11a würde der Annahme eines Einflusses der Pandemie von 1347–1352 zwar nicht widersprechen, er zeigt allerdings für diese Zeit keinen ähnlich deutlichen Abfall der CO_2-Konzentration wie um das Jahr 1610. Die europäische Bevölkerung erholte sich auch nicht sehr schnell von diesem Verlust, sie lag noch 1525 um 25 % unter der Zahl vor dem Epidemieereignis. Möglicherweise verfielen die euro-asiatischen Landnutzungssysteme nicht in einer den amerikanischen Verhältnissen vergleichbaren Weise und Geschwindigkeit, die Wiederbewaldung betraf in Europa vermutlich eine deutlich geringere Fläche mit vegetationsbedingt geringeren CO_2-Bindungskapazitäten und die Bindungskapazitäten der Böden für CO_2 waren wahrscheinlich geringer als in den Amerikas. Außerdem war der Atlantik mutmaßlich wegen einer wahrscheinlich höheren Temperatur des Oberflächenwassers um 1350 gegenüber der Zeit der Kleinen Eiszeit (1610) nur eine moderate CO_2-Senke. All dies erklärt aber nicht, warum der abrupte Bevölkerungsverlust in Europa einen gegenüber dem protrahierteren amerikanischen Bevölkerungsverlust so geringe Auswirkung auf die CO_2-Kurve gehabt haben soll.

Die Zunahme des CO_2-Gehalts zwischen 8000 Jahren vor heute und dem durch die Industrialisierung verursachten Anstieg erfolgte nicht linear, sondern schwankend. Eine größere Schwankung betraf die Kleine Eiszeit. Während dieser Zeit fielen die Beträge um mindestens 7 ppm auf das Minimum der letzten 3000 Jahre, vermutlich, weil CO_2 verstärkt in Ozeanen, Pflanzen und (tropischen) Böden gebunden wurde.

Ebenfalls klimarelevant ist Methan, das sowohl aus den Mägen der Wiederkäuer (Rinder!) und aus landwirtschaftlichen Parzellen im Nassfeldbau aufsteigt. Weltweit wird die Zahl heute lebender Rinder auf 1,5 Mrd. geschätzt. Ihre Biomasse übersteigt gegenwärtig die der gesamten lebenden Menschheit. Der Jahresausstoß eines Rindes an Methan wird in seiner Klimawirksamkeit dem CO_2-Ausstoß eines Mittelklassefahrzeugs mit einer jährlichen Fahrleistung von 18.000 km gleichgestellt (siehe Abschn. 3.4).

Der atmosphärische Sauerstoff liefert über die Atmung die für den organismischen Betrieb erforderliche Energie. (Hiervon ausgenommen sind einige mikrobiologische Spezialisten). Sauerstoffarmut einer Umgebung gefährdet menschliches Leben. Menschen verfügen über kein Sensorium, das ihnen einen gefährlichen Sauerstoffabfall anzeigen würde. In Bergwerken, Höhlen bzw. allgemein an Orten, an denen der Luftaustausch reduziert ist, würde zugleich mit der aus Sauerstoffmangel verlöschenden Flamme der Rückweg unauffindbar werden. Frühzeitig haben Menschen deshalb tierliche Helfer eingesetzt, die auf Sauerstoffmangel oder andere unförderliche Gase sehr sensibel reagieren. Als besonders geeignet erwiesen sich bestimmte Singvogelarten oder Kleintiere wie Mäuse.

Das Leeren von Abfallgruben und Kloaken stellte wegen des dort herrschenden Sauerstoffmangels bzw. wegen der lebensbedrohlich hohen Konzentration von Faulgasen in historischer Zeit eine ernste Gefahr dar, bei der regelmäßig Todesfälle zu beklagen waren.

Luft ist der Mittler für mindestens drei menschliche Sinneseindrücke: für das *Sehen*, *Hören* und *Riechen*.

Beim *Sehen* durchdringt der Blick die Atmosphäre. Die Sichtweite ist abhängig vom Partikelgehalt (Staub, Wasserdampf) und der Lufttemperatur. Überlagern sich Luftschichten unterschiedlicher Temperaturen, kann es an den Grenzschichten zu Spiegelungen, zu Phantombildern, kommen. Streuungseffekte des Lichtes in der Atmosphäre und die Physiologie des Auges führen zur Farbperspektive, nach der ein blauer Hintergrund den Eindruck räumlicher Tiefe verstärkt. Die als Tag und Nacht wahrgenommenen Helligkeitsschwankungen sind physiologische Taktgeber für menschliche Aktivitäten. Die nonverbalen Kommunikationen der Körper- und Zeichensprachen bedürfen des Lichtes. Nach einer anthropologischen Hypothese verbessert die weiße Augenhaut der Menschen, diejenige der Menschenaffen ist stark pigmentiert, die Kommunikationssituation, weil die Blickrichtung des Dialogpartners beurteilt werden kann.

Menschen können elektromagnetische Strahlung nur zwischen ca. 400 und 780 nm Wellenlänge als Licht wahrnehmen, wobei die Farben des Regenbogens sich jeweils verschiedenen Wellenlängen verdanken. Andere Lebewesen haben demgegenüber eine eingeschränkte Farbtüchtigkeit oder nehmen mehr Farben wahr bzw. sehen in anderen Spektralbereichen. Insekten vermögen die Schwingungsrichtung der Lichtwellen wahrzunehmen und sich darüber relativ zur Sonne zu orientieren.

Beim *Hören* werden Druck- und Dichteschwankungen der Luft (oder des Wassers bzw. eines festen Körpers) als Geräusch wahrgenommen.

In der technikfreien Welt kamen laute Geräusche nur in Zusammenhang mit Extremereignissen vor, die mit Gefährdung für Menschen verbunden waren. Die Explosion des Vulkans Krakatau im Jahre 1883 war noch in rd. 4800 km Entfernung über den Pazifik wahrnehmbar.

Unter Lebewesen bringen Wale offenbar die absolut größten Schalldrücke hervor, deren Lautäußerungen hinter ihrem Kopf mit 180 dB gemessen wurden. Sie sind damit in der Lage, sich über große Strecken zu verständigen und Schalldrücke zur Jagd einzusetzen.

Mit der Herausbildung technischer Prozesse und durch sie hervorgebrachter Gegenstände ist die Welt lärmig geworden. Lärm war noch und vor allem im 19. Jahrhundert ein Fortschrittsbegleiter, bis die Einsicht über seiner gesundheitsgefährdende Eigenschaft um sich griff (z. B. Mieck 1998). Verlässliche Schätzungen der Intensität spezieller historischer Lärmpegel oder für Alltagslärm scheinen nicht vorzuliegen. Immerhin ist aus mittelalterlichen/frühneuzeitlichen Strafbüchern mehrfach belegt, dass Ruhestörung durch nächtliche Zecher bestraft wurde, wobei unklar ist, ob wirklich der Lärm den Anlass zur Strafe gab. Die Bauweise mittelalterlicher und frühneuzeitlicher Häuser, mit der überwiegenden Verwendung von Holz, hatte innerhalb der Gebäude einen höheren Geräuschpegel zur Folge, der von den weitgehend ungedämpften Aktivitäten der Mitbewohner ausging und „Privatheit" in dem uns heute geläufigen Sinn fast ausschloss. Heute stellt Lärm eines der größten Umweltprobleme dar (Tab. 3.7).

Das Höroptimum für Menschen liegt im Bereich einer Schallwellenfrequenz zwischen 2 und 5 kHz. Frequenzen unter 15–20 Hz (Infraschall) und über 21 kHz (Ultraschall) werden nur noch in Ausnahmefällen wahrgenommen. Während einzelne Tierarten sich im Infraschallbereich verständigen, können Menschen diese Frequenzen nur unbewusst wahrnehmen. In Experimentalsituation wurde durch Infraschall „Unwohlsein, Bedrohung, Angst" empfunden. Infraschall tritt natürlich im Zusammenhang mit geologischen Extremereignissen auf, ist aber auch in starker Meeresbrandung enthalten.

Tab. 3.7 Geräusche-Immission[a] (Lärmskala) und gegenwärtig geltende *Gefährdungsgrenzen* [dB(A)]. Vergleichsdaten oder Schätzwerte für vorindustrielle Schallquellen sind nicht bekannt (Quelle: Bundesgesundheitsamt/Bundesumweltministerium)

0	Hörschwelle
10	Blätterrauschen, normales Atmen
20	Flüstern, ruhiges Zimmer, ruhiger Garten
30	Nebenstraßengeräusche, Kühlschrankbrummen
35	*Obere zulässige Grenze der Nachtgeräusche in Wohngebieten*
40	Leise Unterhaltung, Schlafstörungen, Lern- und Konzentrationsstörungen
45	*Obere zulässige Grenze der Tagesgeräusche in Wohngebieten*
50	Normale Unterhaltung, Zimmerlautstärke
60	*Stressgrenze, Laute Unterhaltung, Walkman (Pegelbegrenzung)*
65	*Beginn der Schädigung des vegetativen Nervensystems* *Erhöhtes Risiko für Herz-Kreislauf-Erkrankungen*
70	Bürolärm, Haushaltslärm
80	Starker Straßenlärm, Schreien, Kinderlärm
85	*Gehörschutz im gewerblichen Arbeitsbereich vorgeschrieben*
90	Autohupen, LKW-Fahrgeräusch, Schnarchgeräusch
100	Motorrad, Kreissäge, Presslufthammer, Oktoberfestzelt 90 bis 105 db(A)
110	Schnellzug in geringer Entfernung, Rockkonzert
120	Flugzeug in geringer Entfernung, Schreirekord, Techno-Disko
130	*Schmerzschwelle – Gehörschädigung möglich Düsenflugzeug in geringer Entfernung, Sirene in 20 m Entfernung*
140	*Gewehrschuss, Raketenstart, EU-Grenzwert zum Schutz vor Gehörschäden*
150	*Taubheit bei längerer Einwirkung*
160	*Geschützknall – Trommelfell kann platzen, Knall bei einer Airbag-Entfaltung*
190	*Innere Verletzungen, Hautverbrennungen, Tod wahrscheinlich*

[a] Der Begriff „Immission" wird hier und in der weiteren Darstellung des Buchs bewertungsneutral für die Einleitung eines „Störfaktors" in ein Umweltmedium verwendet. In deutschsprachiger Begrifflichkeit wird bei rechtlicher Relevanz einer Immission überwiegend der Begriff „Emission" verwendet und ein Bezug zur Quelle des Störfaktors hergestellt. Ein etwaiger so genannter „natürlicher" Ursprung einer Emission ist irrelevant, weil der Störfaktor normativ gesetzte Grenzwerte überschreitet.

Zahlreiche Tiere nutzen für Menschen nicht hörbare höhere Frequenzbereiche, Fledermäuse bis zu 100 kHz. Natürliche Ultraschallquellen nichtbiogenen Ursprungs scheinen nicht bekannt zu sein. Allerdings erzeugt etwa Laufen durch trockenes Wiesengras erhebliche Ultraschallmengen, die jedoch für menschliche Wahrnehmung und Reaktion folgenlos bleiben.

Tiere reagieren auf Belastung mit anthropogenem Lärm ebenfalls sensibel, wie erst allmählich erkannt wird (z. B. Francis et al. 2012). Für geologische Prospektionen und militärische Zwecke eingesetzte Sonare erreichen mittlerweile Schalldrücke von 230 dB, für Wale und andere Meeresbewohner lebensbedrohliche bis tödliche Werte.

Beim *Riechen* werden in der Atemluft enthaltene Stoffe von geeigneten Geruchsrezeptoren in der Nase wahrgenommen. Dabei ist eine bewusste Geruchswahrnehmung von einem Schwellenwert abhängig, der eine Mindestkonzentration von Partikeln im Atemluftvolumen darstellt. Unterhalb des Schwellenwertes erfolgt bei Menschen eine unbewusste Registrierung der Geruchsqualität, die physiologische Reaktionen auslöst.

Dieser Mechanismus spielt (nicht nur) beim Menschen vor allem im Zusammenhang mit dem Sexualleben eine Rolle. Hier sind Auslöser sogenannte Pheromone, Ecto-Hormone. Allerdings ist die Wirkung der Pheromone insgesamt für Menschen nicht annähernd so gut untersucht wie für viele Tiere, vor allem Insekten, an denen sie auch entdeckt wurden.

Pheromone führen beim Menschen u. a. vorzugsweise solche Sexualpartner zusammen, deren Immunsysteme sich stark voneinander unterscheiden, womit Verwandtennähe vermieden wird. Die Bedeutung der Pheromone für das Sexualleben ist vermutlich einer der Hintergründe für die Beliebtheit von parfumierenden Substanzen in der menschlichen Kulturgeschichte. Parfüme überlagern als Geruchsqualität die Pheromone, nicht jedoch ihre physiologische Wirkung. Pheromone finden sich in allen von Männern und Frauen abgegebenen Körperflüssigkeiten, u. a. intensiv im männlichen Achselschweiß. Deshalb wurden z. B. Kavalierstücher dort appliziert und anschließend, etwa beim Gesellschaftstanz, in die Nähe der Damennase gebracht. Gleichsinnig wirkt Selleriesaft, der als „Doseneber" auch in der vorindustriellen Schweinezucht stimulierend eingesetzt wurde.

Ein bekannter Pheromoneffekt ist die Erzeugung eines synchronen Menstruationszyklus bei zusammenlebenden Frauen. Häufig sind Geruchsqualitäten mit auto- oder umweltbiographischen Ereignissen verbunden,

Die Geruchswahrnehmung schwankt subjektiv und objektiv erheblich, Sie ist daher experimentell schwer zu messen und damit schwer zu objektivieren. Möglicherweise liegt hierin der Grund, dass nur einzelne Autoren sich der Frage zuwandten, wie sich Geruchsvorlieben und Geruchsempfinden im Laufe der Geschichte veränderten. Der heute nahezu allgegenwärtige Kaffeeduft war in Europa vor den Türkenkriegen unbekannt. Nur noch Pferdeliebhaber kennen heute den Geruch von Pferdedung, der noch vor 100 Jahren eine geruchliche Hauptkomponente in den europäischen Straßen war. Vermutlich wird der Geruch des eingesalzenen, aber ungekühlten Hanse-Herings, der quer durch Europa verhandelt wurde, nicht wirklich vermisst. In welche Richtung eine Geschichte des Geruchs zu schreiben wäre, hat Corbin (1982) vorgeschlagen, sich dabei aus Praktikabilitätsgründen aber auf die Zeit des 18. bis 19. Jahrhundert beschränkte. Ein Hauptgewicht legte er auf die Verschiebung von Empfindlichkeitsschwellen, auf die bereits Norbert Elias (1969) Aufmerksamkeit lenkte, als er den Umgang mit Körpergeräuschen und -gerüchen in historischer Perspektive beschrieb. Ob Tiergeräusche wahrnehmungsrelevant waren, ist wohl weitgehend unerforscht, bestenfalls war der Vogelgesang Gegenstand einer differenzierten Naturwahrnehmung.

So, wie bestimmte geschmackliche Richtungen vor möglichen Gefahren des Verzehrs warnen, so, wie bestimmte Farbkombinationen Menschen vor der Berührung ihrer Träger warnen, so sind bestimmte Gerüche Indikatoren für ekelerregende oder lebensabträgliche

Umgebungen. Geruchsbelästigung ist bereits früh im europäischen Urbanisierungsprozess thematisiert worden. Eine „gute" Luft war für die antike Stadtplanung vorrangig. Sie griff dabei auf Vorstellungen zurück, wonach von „schlechter Luft" (mal-aria) eine Gesundheitsgefährdung ausgehen könne. Diese Vorstellung wurde zu einer Theorie der Krankheitsursachen durch Ausdünstungen des Bodens ausgeweitet (Miasmen), die letztlich bis zu den Entdeckungen der Bakteriologie im 19. Jahrhundert ein leitendes medizinisches Paradigma war (Berg 1963). Es ist daher wenig verwunderlich, dass man sich vor „Luft" hütete. Erst im Verlauf des 19. Jahrhundert begann, infolge der allgemeinen geruchlichen Belästigungen, der schlechten städtischen Wohnverhältnisse und einer allgemeinen Hinwendung zu „Natur" eine allmähliche Wertschätzung insbesondere der Nachtluft, die man zunächst noch in „heroischen Dosen" einatmete und der man dann allmählich Zutritt zu den bis dahin hermetisch abgeschlossenen Wohnungen gestattete (Baldwin 2007).

Seneca klagte über die „erdrückende Luft" seiner Stadt Rom, in der sich nicht nur Rauch und Geruch qualmender Küchen und Wolken von Straßenstaub, sondern auch der Geruch der Leichenverbrennungen aus den Ustrinen vor den Stadtmauern vermischt haben sollen (Weeber 1990). Das älteste bekannte Umweltrechts-Gutachten verdankt sich der Klage gegen den Pächter einer Käserei, der Dämpfe in höher gelegene Gebäude geleitet hatte. Der Jurist Aristo sprach im 2. Jahrhundert CE dem Nachbarn aus dem höher gelegenen Grundstück das Recht zu, dem Pächter der Käserei die Rauchemissionen zu verbieten. Gleichzeitig verhalf er dem Pächter zu einem vertraglichen Regressanspruch gegen den Verpächter (Benöhr 1995).

Der Hohenstaufer Friedrich II erließ eine Gesetzessammlung für das Königreich Sizilien (Konstitutionen von Melfi, 1231), in der die stinkenden Flachsrotten vor die Siedlungen verbannt werden. Nur einige Jahre später (1285) wurde in London die erste Regierungskommission eingesetzt, die sich mit der Belästigung durch Kohlenrauch befassen sollte (Brimblecombe 1987), dem bereits Lukrez (Von der Natur VI, 802) nachteilige Wirkung nachsagte, und dem John Evelyn (1661) in seinem Klassiker über die Luftverschmutzung Londons ein trauriges Mahnmal setzte. Umweltgeschichtsforschung hatte eine ihrer identifizierbaren Wurzeln in Arbeiten, die aus aktuellen Anlässen die Verschmutzungsgeschichte verfolgten, sodass auch eine vergleichsweise umfangreiche Zahl von Untersuchungen über Rauch-, Geruchs- und Schadstoffimmissionen in die Luft vorliegen. Für die Bundesrepublik zeichnete Kai Hünemörder (2004) die vorangegangenen staatlichen Schutzbemühungen seit etwa 1800 knapp nach.

Eine mögliche schädliche Wirkung von Immissionen, insbesondere solcher, die sich als Prozessimmissionen technischer Innovationen verdankten, war lange bekannt. Sie ist von Georg Agricola (1494–1555) in seinem Werk über den Bergbau (postum 1556) ausführlicher beschrieben worden, in dem sich auch bereits Vorschläge zur Reinigung der Abgase und des Rauchs finden. Dabei ging es allerdings wohl in erster Linie um eine verbesserte wirtschaftliche Nutzung der Betriebe und weniger um die Reinhaltung der Luft. Gleichwohl war das Prinzip der Verdünnung, auf dem auch die Entsorgung von Abfällen durch Eintrag in fließendes Wasser beruhte, die Grundlage auch für die Entsorgung von Rauch und Abgasen. Die Problematik der Luftverschmutzung ist vielfältiger Gegenstand insbesondere der städtischen Umweltgeschichte (z. B. Bernhardt 2004). Von grundlegender Bedeutung für die Wahrnehmung der Luftverschmutzung und der Entwicklung normativer Regeln dagegen waren in Deutschland zwei konkrete örtliche Situationen und eine akademische Diagnose.

Zum einen war es der Streit zwischen Anliegern und Investoren um die geruchsbelästigenden Folgen der Errichtung einer Glashütte in Bamberg in den Jahren 1802–03 (Stolberg 1994; Brüggemeier 1996). Zweifellos interessanter war der zweite Fall, weil er von der Mitte des 19. Jahrhundert bis lange nach der Mitte des 20. Jahrhundert einerseits eine unternehmerische Philosophie und gleichzeitig andererseits eine gesamtgesellschaftliche Toleranz veranschaulicht, deren „Denkmal" heute auf dem Gelände der weltgrößten Nickelmine in Sudbury (Ontario, CDN) in Gestalt des mit 381 m jetzt noch zweithöchsten Schornsteins der Welt steht. Hochschornsteine sind die Erfindung einer Ausweichstrategie, mit der u. a. das Königreich Sachsen Ansprüche von geschädigten Anliegern um die Freiberger Silberminen abweisen konnte (Andersen 1996). Um die Rückführung des Schadstoffeintrags auf einen bestimmten Schornstein als Immissionsquelle zu verhindern, und damit die Entschädigungszahlung zu vermeiden, wurden im 19. Jahrhundert die Schornsteine einfach erhöht. Nun vermischten sich die Abgase und der Rauch aus den Schornsteinen verschiedener Unternehmen, bevor sie als schädlicher Niederschlag weiterhin ihre nachteilige Wirkung taten, aber die Rückführungsmöglichkeit auf einen konkreten Verursacher war nicht mehr gegeben. In Freiberg entstanden dann in der zweiten Hälfte des 19. Jahrhundert die wohl europaweit fortschrittlichsten Maßnahmen zur Schadstoffreduktion in den Abgasen, die zugleich die Entwicklung von Beobachtungs- und Analysesystemen erforderlich machten (B. Voland 1987, Abb. 3.12). Die Hochschornsteinpolitik wurde allerdings eine erfolgreiche Unternehmerstrategie. Mit ihr war es möglich, die Abgase aus den Industriestandorten über weite Strecken bis zu den Waldstandorten zu verfrachten. Dort sollen sie durch langjährig akkumulierenden „Sauren Regen" die Versauerung des Bodens und, damit zusammenhängend, das „Waldsterben" verursacht haben, das als Pauschalphänomen einer naiv-verkürzenden Berichterstattung einzuordnen ist (Elling et al. 2007). Nach wie vor ist der SO_4-Eintrag aus Abgasen aber ein erstes Problem.

Bewegt wurde die Menschheit mehrfach ganz entscheidend durch die Kraft der Luft. Zunächst blähte sie die Segel eines Schiffes und begünstigte damit das Transportsystem, das für Jahrhunderte europäische Weltreiche sicherte und koloniale Ausbeutung ermöglichte. Dann fing sich die Luft in den Stoffbahnen der Windmühlen (Lohrman 1995) und ermöglichten einen von der Wasserkraft unabhängigen Maschinenbetrieb.

3.3.3 Boden

Es liegt nahe, dass Agrarkulturen das Substrat Erde, den Boden, ebenso mythisch integrieren wie etwa das Wasser. Wenn die christliche Meistererzählung unter Rückgriff auf die altmesopotamischen Vorläufer *Enuma Elish* und *Atramhais* den Menschen aus Erde

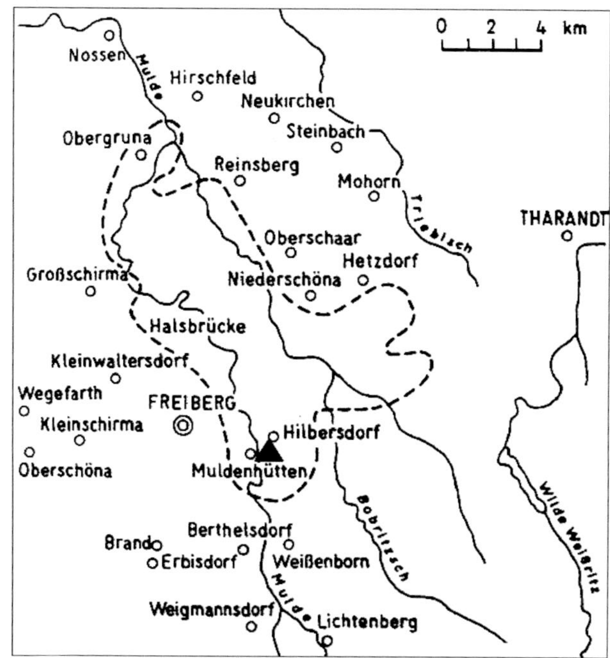

Abb. 3.12 Kartierung des SO_4-Gehalts in Fichtennadeln um die Freiberger Hüttenbetriebe (*Dreieck*) nach Schröder und Schertel 1884 (*gestrichelt*: Verteilungsgrenze 0,25 Masse-% SO_4-Gehalt). Es dürfte sich um die in der Welt erste Darstellung einer anthropogen verursachten biogeochemischen Anomalie handeln (aus/Bildrechte liegen bei: B. Voland 1987)

entstehen lässt, dann wird er aus dem Boden des Feldes (hebr.: *adamah*), d. i. dem fruchtbaren Boden, geformt, und die etymologische Ableitung seines Namens „Adam" zielt bereits auf die Bebauung des Feldes, noch bevor sein paradiesischer Aufenthalt abrupt beendet wurde (Herrmann 2006). Die antike Philosophie sieht die Erde als große Gebärerin, aus deren fruchtbarem Schoß alles kommt, der aber auch alles Vergehende wieder verschlingt. Mit dem Bergbau, bei dem der Mutter Erde „der Leib durchwühlt" würde, weil sie ihre Schätze stiefmütterlich verberge, verbinden nicht nur Lukrez und Ovid eine mögliche nachlassende Schöpferkraft der Erde (Sieglerschmidt 2006). Nachwirkungen dieser Schöpfungsideen, wonach aller Reichtum der Welt sich letztlich der Bodenwirtschaft verdanke, spielen über die Physiokraten des 18. Jahrhunderts bis in die Finanzkrise der Gegenwart eine Rolle, bei der bestimmte Wirtschaftsformen keine realwirtschaftliche Entsprechung mehr hatten.

Böden sind die belebte oberste Erdkruste des Festlandes. Einzelne Böden sind nach unten durch festes oder lockeres Gestein, nach oben durch die Atmosphäre und teilweise durch eine Vegetationsdecke begrenzt, während sie nach der Seite hin gleitend in benachbarte Böden übergehen. Sie bestehen aus Mineralien unterschiedlicher Art und Größe sowie aus organischen Stoffen, dem Humus. Minerale und Humus sind in bestimmter Weise im Raum angeordnet – sie bilden das Bodengefüge mit einem bestimmten Hohlraumsystem. Dieses besteht aus Poren unterschiedlicher Größe und Form, die mit Bodenlösung, d. h. Wasser mit gelösten Stoffen, und der Bodenluft gefüllt sind. Böden weisen charakteristische Horizonte auf, die oben streuähnlich sind, nach unten gesteinsähnlicher werden. Böden sind Naturkörper unterschiedlichen Alters, die je nach Art des Ausgangsgesteins und Reliefs unter einem bestimmten Klima und damit unter einer bestimmten streuliefernden Vegetation mit charakteristischen Lebensgemeinschaften (Biozönosen) durch bodenbildende Prozesse entstanden sind (Scheffer und Schachtschnabel 2010).

Der Boden trägt alle (terrestrischen) Lebewesen. Anders als Luft und Wasser ist er ortstreu und kann durch die natürliche Bodenbildung damit zu einem Archiv der Natur- und Kulturgeschichte werden. Der Boden bildet die Landschaftsgeschichte ab, insbesondere die auf die Landschaft gerichtete und mit Konsequenzen für die Bodenbeschaffenheit verbundene menschliche Tätigkeit (McNeill und Winiwarter 2006; Bork et al. 2009). Adäquate Mittel der Erschließung des Bodens als historischer Quelle sind archäologische und naturwissenschaftlich-analytische Methoden.

Bei der Wahl von Siedlungsplätzen spielte nicht nur die topographische Lage eine wichtige Rolle. Bei der Entscheidung mussten auch Bodengüte und mikroklimatische Aspekte berücksichtigt werden, um berechtigte Hoffnung auf eine erfolgreiche Ernte richten zu können. Grobsinnliche Prüfverfahren zur Feststellung der Bodengüte beschrieben bereits die antiken Agrarschriftsteller (Winiwarter 1999). Es ist wahrscheinlich, dass es sich dabei um überliefertes anonymes Wissensgut handelte, das weithin verbreitet war, denn die Wurzeln der Bodenkunde reichen weit zurück (Blume 2003). In der Neuzeit haben dann insbesondere die Hausväter (z. B. Coler 1680; von Hohberg ab 1682) Hinweise zur Beurteilung der Bodenfruchtbarkeit gegeben, bis das Wissen enzyklopädisch zusammengefasst wurde und Eingang in einschlägige Nachschlagewerke fand (z. B. Krünitz ab 1773).

Einfache phänologische Naturbeobachtungen erlaubten Hinweise auf pedologische und mikroklimatische Verhältnisse. Noch heute wichtige Hinweisgeber sind die Phänologischen Karten für die Schneeglöckchenblüte (*Galanthus nivalis,* abrufbar beim Deutschen Wetterdienst oder unter http://www.pep725.eu/) oder die Hasel (*Corylus avellana*), die in Mitteleuropa allgemein die ersten Blüher des Jahres sind und deren Frühblüher ihrerseits Hinweise auf Gunststandorte geben. Tatsächlich folgt beispielsweise die neolithische Besiedlung Mitteldeutschlands der Schneeglöckchenblüte (Ostritz 2000). Möglich erscheint auch die Berücksichtigung nordwestlicher Vorkommen einzelner Elemente südeuropäisch-vorderasiatischer Pflanzenarten, etwa der Kornelkirsche (*Cornus mas*).

Allgemein benötigt ein Zentimeter Bodenbildung zwischen 100 bis 1000 Jahren, die durchschnittliche Bodenbildung liegt in Mitteleuropa bei 0,1 mm/a. Ein ackerbaulich nicht genutzter Boden ist üblicherweise von einer Vegetation bedeckt, die ihn vor Erosion und weitergehender Degradation schützt. Durch den Ackerbau liegt Boden offen und ist nun der Erosion durch Wind und Wasser ausgesetzt. Die Dimensionen der Erosion sind selbstverständlich unterschiedlich, werden aber in einzelnen Beispielen in ihrer allgemeinen dramatischen Bedeutung erkennbar. Für eine Region im australischen New South Wales wurden für die Zeit nach der europäischen Besiedlung ein durchschnittlicher Bodenaustrag von 1,9 m^3 pro ha und Jahr ermittelt, der den jährlichen Austrag der davor liegenden

3000 Jahre um das 50fache überstieg. Der Austrag erreichte in den Jahren zwischen 1913 und 1941 mit dem 90fachen des Betrages vor der europäischen Besiedlung seinen historischen Maximalwert. Dabei spielten zeitweilig zunehmende Regenfälle ebenso wie Kaninchenaktivitäten eine erosionsverstärkende Rolle (Wasson und Galloway 1986).

Das Fehlen der Vegetationsdecke und menschliche Aktivitäten führen u. a. zu einer Abnahme der Bodenfauna und -flora und zu Änderungen der chemischen und physikalischen Beschaffenheit des Bodens, die zusammen mit anderen als Bodendegradation bezeichnet werden. Diese Verminderung der ökosystemaren Leistungsfähigkeit der Böden (Millenium Ecosystems Services 2005, Synthesis) ist gegenwärtig ein ernstes Problem, als nachteilige Folge der menschlichen Bodenbewirtschaftung aber schon antik beschrieben (Platon, Kritsias Dialog) und in Gestalt abnehmender Ernteerträge bereits eine Erfahrung des frühen Ackerbaus im Zweistromland. Dort begann der Bewässerungsfeldbau ab 3000 BCE. Infolge zunehmender Versalzung verschob sich das Anbauverhältnis stark zugunsten der salztoleranten Gerste (Tab. 3.8).

Zu den heutigen Faktoren der Degradation zählt auch die Kontaminationen durch technische Prozesse bzw. Produkte. Dabei ist z. B. der Eintrag anorganischer Gifte in den Boden durch den historischen Bergbau eine vielfach unterschätzte Altlast. Beispielsweise führten Schwermetalleinträge (vor allem Blei) des seit über zweitausend Jahren durchgeführten Harzer Silberbergbaus in belasteten Regionen bei Menschen zu subpathologischen Folgeerscheinungen (*minimal brain disorders*), denen in den 1970er Jahren durch Sanierungsmaßnahmen und pädagogischen Intensivmaßnahmen gegengesteuert wurde. Da die Giftigkeit der natürlichen chemischen Elemente bzw. ihrer anorganischen Verbindungen keine Halbwertszeit kennt, bleiben solche Böden auf ewig kontaminiert, selbst wenn Wege gefunden werden, ihre nachteiligen Folgen zu mindern (Meyer 1822). Man könnte nun hochrechnen, welche bergbauliche Altlast global an den Oberflächen aller Kontinente liegt. Überhaupt nicht berücksichtigt sind bisher organische Kontaminationen durch bestimmte gewerbliche Betriebe. So lassen sich etwa im Umfeld von längst aufgelassenen

Tab. 3.8 Die abnehmenden Ernteerträge im Zweistromland (aus Kreeb 1979)

Jahre BCE	Anbauverhältnis Gerste : Weizen	Erträge dt/ha
3000	1 : 1	
2400	6 : 1	17
2100	50 : 1	10
1700	1 : –	7
500	1 : –	15fache Saatmenge
Ab 1918 CE nach umfangreichen Meliorationsmaßnahmen	1 : –	6–9
Zum Vergleich: um 1800 galten für Brandenburg-Preußen	3,5 : 1	4–6fache der Saatmenge[a]

[a] nach Bratring 1804

Gerbereien nicht nur anorganische Kontaminationen nachweisen, sondern auch Belastungen mit Anthrax-Erregern (Milzbrand; Umweltbundesamt 1998). Die für ein Monitoring erforderlichen Methoden stehen längst zur Verfügung (z. B. Hummel 2003).

Erosion durch Wind ist nicht nur in trockenen Erdgegenden ein Dauerproblem, dem mit windbrechender Bepflanzung (Baumanpflanzungen, Hecken, Knicks), Steinmauern oder abgesenkten Bewirtschaftungsflächen entgegen gewirkt wird. Bewirtschaftungsfehler können bei Windgefährdung zum Totalverlust des fruchtbaren Bodenanteils führen. Solche „*Dust Bowl*" Phänomene (z. B. Worster 1979) sind nicht erst aus den 1930er Jahren aus dem nordamerikanischen Mittelwesten bekannt; über sie berichtet bereits zur Zeit Nebukadnezar I. das Atramhais-Epos (Tafel IV, 1–34, Kaiser und Delsmann 1994). Bodenverfrachtungen mit dem Wind sind infolge aktuell fortschreitender Desertifikationen häufiger zu beobachten (Abb. 3.13). Gelegentlich bläst der Schirokko roten Saharastaub bis nach Mitteleuropa. In historischer Zeit fiel er als „Blutregen" (Beckmann 1751, S. 529 ff.) mit dem Niederschlag zu Boden, ein von Zeitgenossen als böses Vorzeichen gedeutetes Ereignis.

Abb. 3.13 Regelmäßig bläst der Harmattan riesige Mengen von Sediment aus der vor wenigen Tausend Jahren noch grünen Sahara hinaus auf den Atlantischen Ozean. Gelegentlich erstreckt sich der Sturm über ein Fünftel des Erdumfangs. Dann erreicht der mineralische Eintrag Amazonien oder die Golfküste der USA. In den Gewässern Floridas führt der Eisengehalt u. a. zu einer Blüte toxischer Algen und in der Folge zu Schädigungen von Korallenriffen der Karibik (aus/Bildrechte liegen bei: Millenium Ecosystem Assessment, Synthesis, NASA-Aufnahme vom 6. März 2004)

Neben der Erosion durch Wind hat die Bodenerosion durch Regenwasser die in Mitteleuropa wohl größere Bedeutung (z. B. Bork et al. 1998). Dabei ist die Hangneigung für die Bodenverlagerung entscheidend. Ab einer Neigung von 2 Grad kann Boden bereits in nennenswertem Umfang abgetragen werden, wobei die fruchtbaren Lößböden wegen ihres feinkörnigen Materials besonders betroffen sind. In Deutschland sind seit dem frühen Mittelalter auf ackerbaulich genutzten Hängen durchschnittlich 50 cm Boden abgetragen worden. In exponierten Lagen Südwestdeutschlands wird dieser Wert in weniger als 100 Jahren erreicht (Angaben von Landwirtschaftskammern einzelner Bundesländer). Erosionsfördernd wirkte sicherlich der Pflug, eine ackerbauliche Innovation, die zur Lockerung, Durchlüftung, Mineralisation und verbesserten Wasseraufnahme beitrug. Der Einsatz bestimmter Pflugtypen führte zu charakteristischen Ackerformen, die archäologisch dokumentiert sind, z. B. mittelalterliche „Wölbäcker". Ein wesentlicher Erosionsschutz ist die Richtung, in welcher der Acker gepflügt wird. Eine Pflugrichtung quer zur Hangneigung mindert den Bodenverlust. Man möchte annehmen, dass Pflügen quer zur Hangneigung in historischer Zeit allein deshalb als Methode der Wahl praktiziert wurde, weil es energetisch günstiger für Mensch und Tiergespann war. In niederschlagreichen Gegenden wird der bewirtschaftete Boden in stärkeren Hanglagen zur Erosionseinschränkung meist terrassiert, was zudem die Bewirtschaftung erleichtert und vorteilhaft für die Regulierung der Bodenfeuchte ist (Abb. 3.14).

Die Erosionsgefährdung durch Abholzung nahm besonders während des Klimaoptimums des Hohen Mittelalters zu, das es ermöglichte, die Bewirtschaftungsflächen an den Berghängen in die Höhe auszudehnen. Der Doge wurde über die Folgen für die Po-Ebene informiert: sie bestanden in einer Aufschotterung durch abgerutschtes Hangmaterial und ausgedehnte Versumpfung der Flussebene. Eine ackerbauliche Nutzung war eingeschränkt und die sich einstellende Malariabelastung führte schließlich zur zeitweiligen Auflassung ausgedehnter Flächen (Cessi und Alberti 1934, Abb. 3.15).

Lebewesen verdanken ihre materielle Zusammensetzung direkt und ihren energetischen Unterhalt indirekt auch dem Boden ihres Lebensraums. Ackerbau und Viehzucht sind eine Form der verstetigten Energiegewinnung, aber auch die Grundlage des verstetigten materiellen Austauschs der Bausteine des menschlichen Körpers durch gezielte Erzeugung von Biomasse und geeignete Formen ihrer Speicherung (Getreide, Stapelfrüchte, Tiere). Trotz unterschiedlicher Bodenqualitäten sichert der Stoffwechsel von Pflanzen, Tieren und Menschen deren grundsätzlich gleichbleibende artliche und individuelle materielle Zusammensetzung. Die Hauptsorge der ackerbaulich tätigen Kulturen richtet sich deshalb auf den physischen Erhalt des Bodens (Schutz vor Erosion) und den Erhalt der Bodenfruchtbarkeit. Sie wird durch die beständige Entnahme von Mineralien durch Primärproduzenten reduziert.

Die einfachste Vermeidungsstrategie gegen Bodenerschöpfung ist die Auflassung der bewirtschafteten Fläche und Neuerschließung einer Parzelle an anderer Stelle. Diese im Wanderfeldbau (*slash and burn*) praktizierte Bewirtschaftungsweise hat andererseits den Nachteil wiederkehrend hoher Arbeitsleistungen für die Neukultivierung. Bei stationärer Bewirtschaftung lässt sich die Bodenverarmung durch eine regenerative Brache vermin-

Abb. 3.14 Historische Terrassen im Taubertal. Lesesteinriegel wurden als Parzellengrenzen parallel zum Hang (*Bildränder*) und für die Terrassenbildung quer zum Hang aufgeschichtet. Die erosionsmindernde Wirkung der Terrassen ist bei dieser Hangneigung ein absolutes Erfordernis. Im Taubertal gab es über größere Abschnitte seit dem Spätmittelalter keine Flurbereinigung. Letztnutzung als Streuobstgarten, dessen Reste unregelmäßig verteilt sind. Zustand im Herbst 2004

dern. Ausreichende Ruhezeiten ermöglichen eine Umsetzung organischer Substanz und ihre Mineralisation sowie die Regeneration anderer Bodenparameter. Die Entwicklung von Brachlandwirtschaften erfolgte früh, wobei der Viehbestand häufig auf die Brachfläche geführt wurde, um dort den stickstoffreichen Kot abzusetzen. Bis zur Entdeckung der Mineraldüngung durch Justus von Liebig im 19. Jahrhundert, und die Stickstoffgewinnung aus der Luft durch das Haber-Bosch-Verfahren um 1910, kannte man nur begrenzte Möglichkeiten der Rückführung entnommener Stoffe durch Düngung. Tierdung war außerdem nur begrenzt verfügbar und, bevor er im 19. Jahrhundert als südamerikanischer Guano eine begehrte Handelsware wurde, zumeist herrschaftlich monopolisiert, indem Vieh auf die Brachen der Herrschaft getrieben werden musste. Selbstverständlich wurden auch menschliche Fäkalien verhandelt, was allerdings gewisse gesundheitliche Risiken barg (Herrmann 1985). Bodenverbesserungen durch mineralische Hinzufügungen (z. B. Mergelung) war ebenfalls bekannt, wie auch die Nutzung anderer organischer Einträge. Unter ihnen ist die mittelalterliche Plaggenwirtschaft eine bekannte Form des Versuchs,

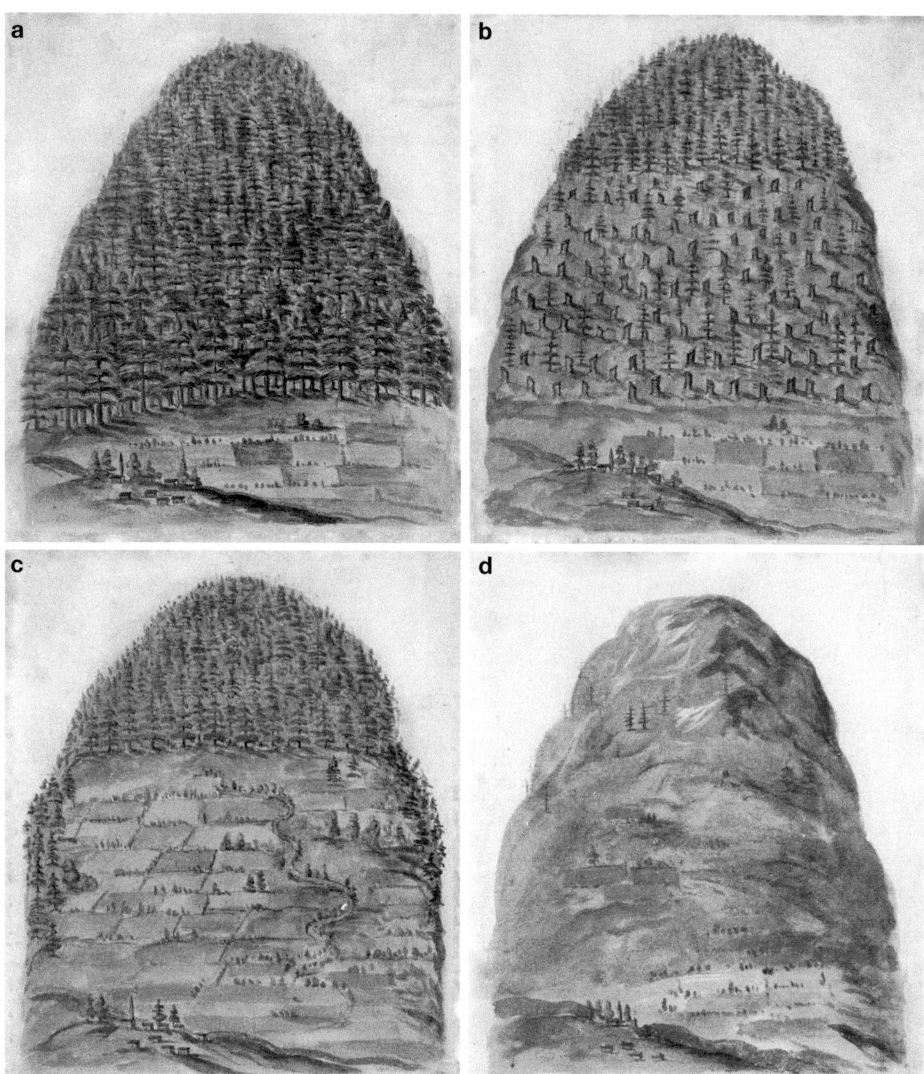

Abb. 3.15 Im Jahre 1601 verfassten die Brüder Paulini, Landbesitzer im Veneto, einen Bericht an den Dogen, in der sie die Störungen des Wasserhaushaltes durch die Abholzung der Berghänge und deren nachteilige Konsequenzen richtig beschrieben. Dem Bericht fügten sie Zeichnungen bei, in denen die Abholzungen und die Ausdehnungen der landwirtschaftlichen Nutzflächen skizziert werden, deren eindringliche Klarheit bis heute besticht. **a** Ausgangssituation; **b** die Bäume wurden über ausgedehnte Höhenstufen gefällt; **c** die bis auf wenige Solitäre entwaldeten Flächen wurden ackerbaulich genutzt; **d** mit den Bäumen wurde das hydrologische Rückhaltesystem und der physikalische Halt innerhalb des Bodens beseitigt und ein wesentlicher Teils seines ökosystemaren Dienstes zerstört. Die Verwüstung durch Bodenerosion, Hangrutschungen und wasserbedingte Massenbewegungen waren die Folgen (aus/Bildrechte liegen bei: Cessi und Alberti 1934)

die Bodenfruchtbarkeit zu erhalten bzw. zu steigern. In diesem Falle um den Preis der Verödung der Entnahmegebiete. Organische Dünger wurden auch durch Ausrechen des Laubfalls aus den Wäldern gewonnen.

Welche Engpässe die Verfügbarkeit organischer Dünger überwinden helfen kann, wird an Argumentationen deutlich, die unlängst den Aufschwung der Anden-Zivilisationen auf seine Verfügbarkeit zurückführten (Pringle 2011). Nach dieser Hypothese soll Lama-Dung für den erfolgreichen Maisanbau eine entscheidende Rolle gespielt haben. Diese Hypothese wird ergänzt durch Beobachtungen, die Horn et al. (2009) in Flussoasen der Ica-Palpa-Nazca in Peru machten.

Historische Brachzeiten waren abhängig von der natürlichen Fruchtbarkeit der bewirtschafteten Parzellen. Die Bibel kennt eine sechsjährige Feldbestellung, gefolgt von einem Jahr Brache, ein eher mythisch als empirisch zu begründender Zyklus. Während im romanischen Bereich ein zweijähriger Zyklus verbreitet war, praktizierten das Karolingerreich und seine räumlichen Nachfolger einen dreijährigen Zyklus (Dreifelderwirtschaft), zumeist mit einer Bestellung mit Wintergetreide, dann mit einer Sommerfrucht und anschließender Brache. Je nach perspektivischer Nutzung und letzter Feldfrucht waren im vergleichsweise wenig fruchtbaren Brandenburg um 1800 CE Brachzeiten von 3, 5, 6, 9 und 12 Jahren üblich (von Borgstede 1788). Die Bodengüte (Bonität), ein Maßstab seiner Fruchtbarkeit, lässt sich auf der Grundlage heutiger Bodenwerte für historische Zeiten aus methodischen Gründen lediglich schätzen.

Allgemein waren aber auch seit den Zeiten der vorderasiatischen Flussoasen die Talauen von Flüssen für den Ackerbau begehrtes Land, weil hier entweder die saisonalen Hochwasser für anhaltenden Eintrag fruchtbarer Schwebstoffe sorgten, oder es boten die im Laufe der Jahrhunderte gebildeten Schwemmschichten anhaltende Fruchtbarkeit. Im Zuge des Landesausbaus in Mittealter und Neuzeit richtete sich daher die Aufmerksamkeit besonders auf die Drainage von Flussauen und Feuchtgebieten, um nach Trockenlegung deren fruchtbaren Boden für eine überdurchschnittliche landwirtschaftliche Produktivität nutzen zu können. Ein zusätzlicher Gewinn bestand zumeist im Entzug des Lebensraumes für viele Insektenvektoren von Infektionskrankheiten, etwa den Malariamücken (Schuberg 1928). Mitunter gingen mehrere Aspekte Hand in Hand (Abb. 3.16) und brachten lang anhaltenden Erfolg, wie etwa im Brandenburgischen Oderbruch, dem heutigen „Gemüsebeet Berlins".

3.3.4 Feuer

In einem Experiment füllten die Chemiker Harold Urey und Stanley Miller 1953 Wasser, Wasserstoff, Ammoniak und Methan in ein Reaktionsgefäß. Diese Konstellation sollte die Uratmosphäre der Erde darstellen. In diese Atmosphäre wurden elektrische Entladungen eingeleitet, welche Blitze simulieren sollten. Unter diesen simplen Bedingungen entstanden komplexe organische Verbindungen. Mit dem „Ursuppen-Experiment", das auch von anderen wiederholt und vielfach modifiziert wurde, etwa durch Zugabe von

Abb. 3.16 Der Étang von Montady (auch: Meliorationsstern von Enserune) war ein ab 1250 trockengelegter Flachsee in Südfrankreich, Département Hérault, von 425 ha Größe. See und angrenzendes Sumpfgebiet galten als Brutstätten schädlicher Insekten. Mit der Trockenlegung wurde fruchtbarer Seegrund als Ackerland gewonnen. Die Trockenlegung bestand in einer Drainage mit einem zentralen Ringgraben, von dem die Entwässerung über einen Kanal weitergeführt wurde. Das System ist bis heute funktionsfähig und dient jetzt umgekehrt zur Bewässerung von Getreidefeldern und Weißweinreben (Foto von/Bildrechte bei Joachim Thellier)

Schwefelwasserstoff und Kohlendioxid, mit denen der Beitrag vulkanischer Aktivitäten des Erdaltertums angedeutet wurde, ließen sich insgesamt die wichtigsten Grundbausteine von Lebewesen aus einer anorganischen Ausgangssituation erzeugen: Aminosäuren, Fettsäuren, Bausteine der Kernsäuren, Grundkörper von Chlorophyll und Hämoglobin, Grundbausteine von Hormonen. Experimente und Theorien anderer Wissenschaftler erklärten später, wie aus solchen Bausteinen selbstreplizierende Systeme auf der Grundlage Nukleinsäure-gebundener Informationen werden konnten. Dem sprichwörtlichen Gedankenblitz gleich war es also am Anfang der Erde, so wie wir sie kennen, ein Funke, der alles beginnen ließ.

Ob man nun diesem naturwissenschaftlichen Credo nachfolgt oder eine andere Erklärung für die Entstehung des Lebens annimmt, die im Feuer und seinen Abwandlungen freigesetzte Energie ist für die meisten Lebewesen nachteilig. Leben ist mit der gleichzeitigen Anwesenheit von Feuer nicht vereinbar, weil es am Ende alle Lebewesen und auch ihre

Körperteile verzehrt. Zwar nicht rückstandsfrei, aber doch unter völliger Zerstörung der organischen Bestandteile (Herrmann et al. 2007). Die Annäherung an ein Feuer wird durch Schmerzempfindungen begrenzt, eine natürliche Warnung vor dem irreversiblen Koagulieren des Körpereiweißes. Hartnäckig hielt sich nicht erst seit dem Physiologus über Isidor von Sevilla und den zoologischen Schriftstellern des Mittelalters bis in die Aufklärung hinein die Vorstellung, der Salamander würde unbrennbar sein, er würde sogar im Feuer herumlaufen und jeden Feuerofen zum Erlöschen bringen können. Ein einfaches Experiment hätte hier schon vor mindestens 2000 Jahren Klarheit schaffen können. Noch 1680 wägt der Erstling der deutschen Rechtsmedizin, Christian Friedrich Garmann, das Für und Wider seiner Brennbarkeit ab (Benetello und Herrmann 2003). Er kommt zwar zum Schluss, dass der Salamander Feuer nicht überstehen könne, aber er gibt keine rational-empirische Beweisführung der uns vertrauten Art, sondern übt sich in zeittypischer Abwägung gelehrter Meinungen früherer Autoren. Das Beispiel veranschaulicht einerseits die Diskrepanz zwischen dem akademischen Naturdiskurs der magisch-mythischen Welterklärung, welche die Wissenschaft des Mittelalters und bis zur Aufklärung hin beherrschte (Thorndike 1958) und heutiger naturwissenschaftlicher Argumentation. Andererseits fordert es den Vorstellungswillen geradezu heraus, wonach das Alltagsleben doch auch vor 1000 Jahren einem rational-logischen Handeln gefolgt sein sollte.

Eine solche Vorstellung beruht auf dem Irrtum, dass aus jeder auf die Natur bezogenen Handlung heute wie damals dieselbe Schlussfolgerung gezogen würde. Solange Erklärungsmuster existieren, nach denen Erwartung und Ergebnis widerspruchsfrei zusammengefügt werden können oder ein Widerspruch mit übergeordneten Welterklärungsmustern vereinbar ist, wird eine andere Welterklärung nicht benötigt. Man muss sich vergegenwärtigen, dass Gesellschaften existierten, in denen der Widerspruch zwischen empirisch begründetem alltagspraktischem Handeln und der akademischen Lehre nicht aufgelöst wurde, möglicherweise auch einfach deshalb, weil sich die Bereiche – anders als heute – nicht gegenseitig durchdrangen. Die vergleichsweise absurde Vorstellung, nach der speziell Menschen aus sich heraus Feuer entwickeln könnten, in dem sie selber verbrennen würden (*combusteo spontanea*), beruhte auf falschen Ableitungen aus der frühneuzeitlichen Beobachtung, dass beim Ausziehen bestimmter Kleidungsstücke und beim Absetzen von Perücken Funken statischer Elektrizität auftraten. Die daran geknüpfte Feuerentstehungstheorie wurde vielfach zur Erklärung von Brandleichen in unklarer Auffindesituation herangezogen, bis die Unhaltbarkeit der Selbstverbrennung erst 1850 wissenschaftlich bewiesen werden konnte (Herrmann 1980).

Kein Lebewesen überlebt das Feuer, schon deshalb nicht, weil das Feuer ihm den Sauerstoff zum Atmen nimmt. Mehr noch, es ist mit dem Menschen nur ein Lebewesen bekannt, das sich Feuer freiwillig aneignet, es erzeugt und verbreitet.

Obwohl Feuer als gegen das Leben gerichtet erfahren wird, profitieren viele terrestrische Lebewesen von ihm, wenn auch eher indirekt. Für die Struktur und Dynamik zahlreicher Lebensgemeinschaften ist Feuer ein wichtiges ökosystemares Element, für den Menschen aller Kulturen ein mittlerweile existenzsicherndes Medium (Pyne 2001). In vielen menschlichen Kulturen schließt das Feuer den Lebenszyklus ab, wenn der Leichnam verbrannt wird. Die ältesten bekannten Brandrückstände einer Leichenverbrennung stammen vom archäologischen Fundkomplex Lake Mungo in Australien und werden auf rund 40.000 Jahre datiert.

Als Feuer bezeichnet man die aus einem brennbaren Material nach dessen Entzündung unter Sauerstoffverbrauch auftretenden Flammen, die Strahlung im sichtbaren (Licht) und nicht sichtbaren Spektralbereich (vor allem Wärme) abgeben. Feuer tritt natürlich am häufigsten als „Wildfeuer" nach Blitzschlag auf. Diese Wildfeuer führen in der Pflanzendecke zu kleineren oder größeren Bestandslücken, auf denen sich über Sukzessionsfolgen die Vegetation regeneriert. Großflächige natürliche Brände treten in den Ökosystemen im Durchschnitt nur alle 50–200 Jahre auf (Tab. 3.9).

Im Laufe der Zeiten haben sich Anpassungen von Tieren und Pflanzen an die Feuerereignisse ergeben. Pflanzen haben z. T. feuerresistente Borken oder Samenstände entwickelt, die sich erst nach einem Wärmeereignis öffnen und keimfähigen Samen freigeben. An seiner Verbreitung sind dann bestimmte Tierarten beteiligt; andere Arten tragen Samen von außerhalb der Brandfläche ein (ausführlich Holtmeier 2002). Pflanzen könne Feuerresistenzen entwickeln, wofür nicht nur etliche Eukalyptusarten eindrucksvolle Beispiele sind. Auch einheimische Eichen sind erheblich widerstandsfähig, weshalb sie als Brandschutzbepflanzung vor allem mittelalterlich und frühneuzeitlich zwischen Häuser mit Riedbedachung gepflanzt wurden. Ebenso zeigt die einheimische Kiefer (*Pinus*), wie alle Kiefernarten, eine gewisse Resistenz gegen Feuer, die jedoch von Feuerresistenzen tropischer und subtropischer Kiefernarten weit übertroffen wird.

Menschen haben den Umgang mit Feuer möglicherweise seit 1,5 Mio. Jahren beherrscht. Allerdings ist bei diesem ältesten Nachweis von Koobi Fora und Chesowanja in Kenia ein natürlicher Ursprung des Feuers nicht auszuschließen. Hinweise auf Feu-

Tab. 3.9 Häufigkeit von Brandereignissen einzelner Vegetationsformationen in Nordamerika (Daten aus Smith und Smith 2009)

Vegetationsformation	Durchschnittliche Häufigkeit von Brandereignissen [a]
Borealer Wald	70–100
Wald mit Banks-Kiefer	70–100
Nördlicher Laubwald	> 1000
Küstenwald	> 400
Strauchformationen	20–40
Trockener Nadelwald, Strauchschicht	5–40
Trockener Nadelwald, Kronenbereich	200–400 +
Wüste	> 1000
Kurzgrasprärie	5–10
Hochgrasprärie	2–4
Eichen-Hickorywald	200–400
Küstenebenen	30–60

Abb. 3.17 Die Nordamerikanische Tall Grass Prairie, eine Grassteppe mit nur vereinzeltem Baumbestand und niedrigem Buschwerk bei erheblichem Staudenpflanzenanteil, erstreckte sich wahrscheinlich über 70.000 km^2 in der Mitte der heutigen USA. Es war damit der kleinere Teil der nordamerikanischen Prärien, die ab ungefähr 100° Westlicher Breite in die Kurzgras-Prärie übergingen. Die Hochgras-Prärie war ein feuergeprägtes Ökosystem. Seine Funktion hing sowohl von der Häufigkeit als auch der Saisonalität von auftretenden Wildfeuern ab. Deren Variabilität war für eine maximale biologische Diversität erforderlich, zu deren Nutznießern auch die Bisonherden gehörten. Deren Populationsdichte war in der Langgras-Prärie niedriger als in der Kurzgrasprärie. Innerhalb nur einer Generation wurde der größte Teil der Hochgras-Prärie umgepflügt und kultiviert. Zeitgleich fielen die Bisons Tötungsexzessen zum Opfer (Zum Ökosystem Prärie siehe Holtmeier 2002; Foto von/Bildrechte bei Tall Gras Prairie National Preserve Kansas, NPS)

ergebrauch sind im Anpassungsmuster von *Homo erectus* enthalten (Henke und Rothe 1999), also eher jünger als 1 Mio. Jahre. Mit dem Feuer waren gleich mehrere Optionen gewonnen. Das Feuer lieferte Licht, Wärme und Schutz, und es konnte zu Jagdzwecken eingesetzt werden. Feuerfronten konnten jagdbare Tiere vor sich her und in die Reichweite der Jäger treiben. Man stellt sich heute die Entstehung großer Landschaftsteile Australiens als Ergebnis natürlicher und anthropogener Feuer vor. Auch die Prärien Nordamerikas verdanken sich, neben der Weidetätigkeit der Bisons, den Feuern, die das auflastende, vertrocknete Gras für das nachwachsende abbrannten. Aber auch die Plains- und Prärie-Indianer jagten mit Feuer und verhinderten mit ihm auch eine Verbuschung der Graslandschaften (Abb. 3.17).

Von dem historischen Moment an, an dem Vegetation aus einem menschlichen Interesse niedergebrannt wurde, ergab sich eine ökologische Konstellation, die für zahlreiche

Landschaftsformen prägend werden sollte. Heute ist vielfach nicht mehr zu entscheiden, ob allein menschliches Interesse, oder ein von Menschen opportunistisch fortgesetzter Unterhalt feuerverursachter Störflächen, oder ausschließlich Wildfeuer bestimmten Landschaften ihre spezifische Erscheinung gab und gibt (Goldammer und Furyaev 1996). So verdanken sich die gegenwärtigen Steppen und Savannen heute wie seit Jahrhunderten und länger einem Feuerregime. Das Buschland mediterranen Typs wie die Wälder der gemäßigten Breiten und des Boreals haben ebenfalls eine Feuergeschichte. Sie führte über den früh praktizierten Waldfeldbau (*slash and burn*), der im Regenwald wie in den gemäßigten Breiten stattfand und findet, zu den uns heute bekannten Kulturlandschaften, in denen Feuer nach wie vor eine wichtige Rolle spielen. Sie beseitigen unerwünschte Vegetation oder deren Rückstände und wandeln sie für einen ackerbaulichen Anschlussnutzen in nutzbringende Mineralien. Das Ausmaß offener Feuer, die sich nicht technischen Prozessen verdanken, hat global klimarelevante Dimensionen (Abb. 3.18).

Die Bedeutung des Feuers für die nacheiszeitliche Landschaftsentwicklung Mitteleuropas lässt sich bis in die Zeit des mittelalterlichen Landesausbaus wegen lückenhafter Datenlage nur abschätzen.

In den nacheiszeitlichen Kiefern-Birkenwäldern kam es zu natürlichen periodischen Bränden. Die Feuerintensitäten wechselten mit den Vegetationsformen, die sich der klimatischen Änderung verdankten. Man geht für die Zeit zwischen 5300 und 3800 BCE von einem Feuerintervall von 250 Jahren aus, was sich mit den Daten heutiger Beobachtungen deckt. Der um 3700 einsetzend steile Anstieg von Holzkohlepartikeln in Sedimentbohrungen geht auf neolithische Brandrodungen zurück. Die Holzkohlenakkumulation vermindert sich zu Beginn der Bronzezeit und ist in jüngeren Schichten fast nicht mehr nachweisbar. Befunde an norddeutschen Heidestandorten zeigen abweichend eine feuerbedingte Offenhaltung der Landschaft seit dem Mesolithikum. Die Offenlandschaft bot Lebensraum für jagdbares Wild. Inwieweit Menschen hier dem landschaftsgestaltenden Vorbild folgten und die Wirkung natürlicher Feuer durch anthropogene unterstützten, ist völlig offen (Goldammer et al. 1997).

Sicher ist, dass mit der neolithischen Besiedlung die Bedeutung natürlicher Feuer für die mitteleuropäischen Ökosysteme zurückgedrängt und zunehmend durch landschaftswirksame anthropogene Feuerregimes ersetzt wurde. Öffnung und Offenhaltung der Landschaft wurde im Zuge des mittelalterlichen Landesausbaus vor allem in den bislang nicht erschlossenen Waldregionen, besonders den Mittelgebirgslandschaften, praktiziert. Brandwirtschaftsarten sind letztlich eine ökonomische Technik zur Gewinnung bzw. Aufrechterhaltung ackerbaulicher Flächen, da sie mit vergleichsweise wenig Arbeitskraft gewonnen werden konnten und dem Boden gleichzeitig mit der Asche sofort verfügbar Mineralien zuführten (Abb. 3.19). Unterschiede bestanden hinsichtlich der Rodung hochstämmiger Bäume, die vor oder nach dem Abbrennen der Bodenvegetation und des Bruchholzes erfolgen konnte. Regional haben sich spezifische Brandwirtschaftsformen entwickelt, die noch bis ins 20. Jahrhundert praktiziert wurden. Unter ihnen sind die Haubergswirtschaften (im Süddeutschen und Alpenländischen oft als „Hackwald" bezeichnet) am bekanntesten, eine Niederwaldwirtschaft mit etwa 20–25jährigem Umtrieb.

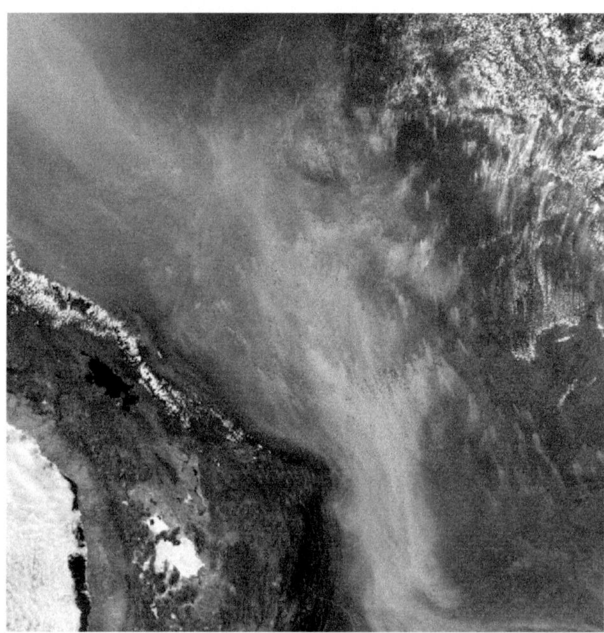

Abb. 3.18 Atmosphärische Rauchschleier aus Feuerstellen im amazonischen Regenwald am 14. September 2004 (Aufnahme von/Bildrechte bei: Nasa, MODIS, http://earthobservatory.nasa.gov/IOTD/view.php?id=4835). Die Rauchausdehnung wird nach Westen durch den Andenhauptkamm begrenzt. Zwischen der Grenze Boliviens (*links*) und Brasiliens (*oben* und *rechts*) brannten über Wochen zahlreiche Feuer, die eine dichte Rauchwolke über die Mitte Südamerikas legten. Anders als die Kiefern- und Tannenwälder der Rocky Mountains in den USA ist die Regenwaldvegetation an Feuer nicht gut angepasst. Diese Auswirkung des Wanderfeldbaus und Gewinnung neuer Landwirtschaftsflächen sind weitreichend. Rauch verhindert Wolkenbildung und Niederschläge und bewirkt gleichzeitig eine Zunahme der Heftigkeit von Niederschlägen. Die Feuer neigen zu unkontrollierter Fortsetzung. In der Originalaufnahme sind die Orte der einzelnen Feuer eingeblendet – sie sind in dieser Wiedergabe nur in der eBook-Version als rote Punkte erkennbar. Das Ausmaß scheint erschreckend. Vergegenwärtigt man sich aber, dass die Zahl der vorkolumbischen Herdstellen in diesen Waldgebieten nach heutiger Kenntnis keineswegs gering war (Mann 2005), dann wird verständlich, warum auch für diese Zeit mit einem nicht unerheblichen Raucheintrag gerechnet werden muss. Die Eroberung Südamerikas durch die Spanier reduzierte die einheimische Bevölkerung in Amazonien um 95 %, was mit einer Wiederbewaldung vorher ackerbaulich genutzter Flächen und zu einer Entlastung der Holzressourcen führte. Die Wiederbewaldung band atmosphärischen Kohlenstoff in einem derartigen Ausmaß, dass zwischen 1500 und 1750 ein signifikanter Beitrag zum globalen Temperaturminimum der Kleinen Eiszeit erfolgen konnte (Dull et al. 2010)

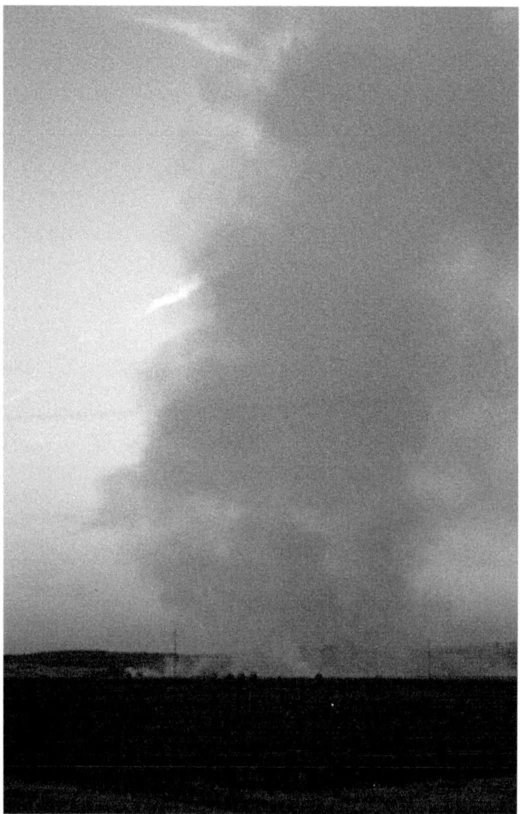

Abb. 3.19 Das Abbrennen von Stoppelfeldern zur Erleichterung der Folgebewirtschaftung auf der Fläche und zur beschleunigten Remineralisierung der Strohrückstände war eine verbreitete Praxis, die keinen Schadfeuercharakter hatte. Die Abbildung zeigt das Abbrennen eines ca. vier Hektar großen Getreidestoppelfeldes Ende der 1990er Jahre im südlichen Niedersachsen am späten Nachmittag eines trockenen und sonnigen Augusttages. Der atmosphärische Eintrag ist selbst bei einem derart kleinflächigen Feuer und geringer Restvegetation erheblich

Seit dem 17. Jahrhundert wurde in Friesland das Moorbrennen in größerem Umfang betrieben und ab 1707 auch in Ostfriesland praktiziert, um ackerbauliche Flächen zu gewinnen. Die Praxis konzentrierte sich, wohl auch nicht zuletzt aus naturräumlichen Gegebenheiten, auf niederländischen (Nassau-Oranien), hannoverschen (Haus Hannover-England) und preußischen Herrschaftsbereich. Ähnlich wie beim Heidebrennen war die Qualität des gewonnenen Bodens gering. Das Kolonistenwort „Dem Ersten den Tod, dem Zweiten die Not, dem Dritten das Brot" enthielt für die Bewirtschafter des Moorbodens eine bittere Wahrheit. Als Erstfrucht wurde Buchweizen angebaut, der einerseits mit den Standortfaktoren zurechtkam. Andererseits waren die Moorflächen mikroklimatische Kälteinseln mit lang anhaltender Nachtfrostgefahr, unter der das Knöterichgewächs litt: es kam zu Ernteausfällen.

Das Moorbrennen wurde in Deutschland gegen Ende des 19. Jahrhunderts eingeschränkt, wobei die Feuergefährdung damals höher bewertet wurde als die Belästigung infolge des starken Raucheintrags in die Atmosphäre, obwohl dem Rauch eine abträgliche Geruchsqualität nachgesagt wurde. Bei entsprechender Windrichtung konnte sich der „Höhenrauch" aus Friesland sogar über weite Teile Mitteleuropas erstrecken. Für das Jahr 1857 gibt es präzise Beobachtungsdaten: am 6. Mai stehen große Moorflächen in Ostfriesland in Brand, und der Rauch wird zunächst über die Niederlande getrieben. Eine sich ändernde Windrichtung breitet den Rauch über ganz Deutschland aus, er erreicht am 17. Mai sogar Wien und am 19. Krakau und schließlich am den 30. Mai die Adria (Ellner 1857).

Über Höhenrauch und seine Herkunft wurde seit der Mitte des 18. Jahrhunderts diskutiert, weil nach der Eruption des Laki auf Island in Europa 1783–1784 optisch gleiche Effekte in der Atmosphäre durch den Eintrag vulkanischer Aschen auftraten (Stothers 1996).

Feuer spielte als Lieferant von Prozesswärme in der Geschichte der Menschheit eine entscheidende Rolle bei der technischen Entwicklung. Drei Bereiche haben eine besonders herausgehobene Bedeutung, weil sich aus ihnen unendlich viele Anschlussnutzen ergeben haben:

- *Metallgewinnung und Verarbeitung:* Nachdem entdeckt war, dass mit Holzkohle hohe Temperaturen erreicht werden konnten, wurde Metall aus dem Erz geschmolzen und feuergestützt geschmiedet. Metallgewinnung ist seit mindestens 8000 Jahren BCE nachweisbar. Es wurden auch Edelmetalle geschmolzen, gegossen, geschmiedet, gelötet und auf andere Metalle aufgetragen. Schmiedeverfahren erlaubten die Stahlentwicklung. Zwar haben Eisen und seine verwandten metallischen Werkstoffe erst mit dem Aufstieg der Industrienationen des 19. Jahrhunderts die Vormachtstellung des Holzes abgelöst. Seitdem trägt die Metallzeit ihren Namen zu Recht.
- *Gefäßherstellung und Glasgewinnung:* Tonerden lassen sich zu Gefäßrohlingen formen, die in großer Wärme gebrannt werden und dabei widerstandsfähig und fest werden. Erste Töpfergefäße wurden in China vor 18.000 Jahren gefertigt. Mit einem glasigen Überzug können sie in der Wärme wasserdicht gemacht werden. Im Feuer kann auch Siliziumdioxid geschmolzen werden. Die Schmelze erstarrt zu Glas. Glas wird seit rund 4000 Jahren hergestellt. Erden anderer Zusammensetzung lassen sich zu sehr harten mineralischen Gefäßen brennen, die als Porzellan für die Eliten- wie Alltagskultur der Moderne eine bedeutende Rolle spielen. Porzellan wurde im 7. Jahrhundert CE in China und im 18. Jahrhundert in Europa erfunden.
- *Kalkbrennen:* Mit dem Brennen von Kalkstein wurde die Gewinnung eines Rohstoffes entdeckt, der ebenfalls die Welt verändern sollte. Seit etwa 10.000 Jahren wird durch große Wärme CO_2 aus dem Kalkstein herausgelöst. Der Stein wird porös und ist leicht zu zerkleinern. Damit war der Rohstoff für Mörtel und Beton gefunden.

Mithilfe des Feuers waren Menschen in der Lage, den Aufschluss ihrer Nahrung und damit die energetische Ausbeute zu optimieren. Die Verlagerung des Feuers in den Schutzraum bzw. die Behausung machte die Nahrungszubereitung unabhängig von der Witterung, spendete Wärme und vor allem Licht. Licht in Innenräumen wird seinerseits zu einer Voraussetzung des Urbanisierungsprozesses und der räumlichen Unterbringung von Arbeitsplätzen.

Bereits der „Pekingmensch" soll vor rund 500.000 Jahren eine Wärmebehandlung von Nahrungsmitteln durchgeführt haben. Nahrungsmittel können auch ohne feuerfeste Töpfe gegart werden. Am einfachsten werden hierfür Steine im Feuer erhitzt, anschließend in Gruben gelegt und mit Pflanzenblättern abgedeckt, auf welche die Nahrung gelegt oder in die sie eingewickelt wird. Als später feuerfeste Töpfe zur Verfügung standen, konnte in wässrigem Medium gekocht werden. Nach der Gewinnung von Rohmilch wurde die Käsezubereitung unter Verwendung von Wärme möglich. Nahrungsmittel können durch Feuer haltbar gemacht werden.

Nahrung und Nahrungszubereitung drücken vielfältige soziale Differenzierungen aus, an denen Feuer als Element der Nahrungszubereitung einen ganz erheblichen Anteil hat. Ihre Grundzüge hat Claude Lévi-Strauss in einer Gesellschaftstheorie freigelegt, in der die Opposition von Natur und Kultur als höchstens noch graduell existierend angenommen wird. Die Küche, so die Einsicht von Lévi-Strauss, gehöre beiden Bereichen an und bewerkstellige einen beständigen Übergang zwischen „Natur" und „Kultur" (Lévi-Strauss 1972):

Nahrung stellt sich danach für den Menschen in drei wesentlichen Zuständen dar: roh, gekocht und verfault. Im Gekochten sieht Lévi-Strauss die kulturelle Verwandlung des Rohen, während das Verfaulte die natürliche Verwandlung des Rohen darstellt. Diese drei Begriffe stellt er im „kulinarischen Dreieck" einander gegenüber (Abb. 3.20). Der rohe Zustand bildet keinen ausgeprägten Pol, während die beiden anderen Zustände in entgegengesetzten Richtungen ausgeprägt sind. Diesem Grunddreieck liegt der doppelte Gegensatz verarbeitet/unverarbeitet und Kultur/Natur zugrunde.

In keiner Küche wird etwas nur einfach „gekocht", sondern immer auf eine bestimmte Weise zubereitet. Deshalb differenziert das kulinarische Dreieck zwischen den Begriffen „gebraten", „gekocht" und „geräuchert". Gebratenes und Gekochtes verkörpern für viele Kulturen die Grundzubereitungsarten der Nahrung. Der Gegensatz zwischen beiden Zubereitungsarten besteht in der unterschiedlichen Einwirkung des Feuers. Die gebratene Nahrung steht mit dem Feuer in direkter Verbindung, während die gesottene Nahrung aus einem doppelten Vermittlungsprozess entsteht: durch das Wasser, in das sie gelegt ist und den Behälter, der beides enthält. Das Gebratene ist demnach in doppelter Hinsicht auf die Seite der Natur und das Gekochte auf die Seite der Kultur gestellt: Real, weil das Gesottene einen Behälter erfordert, also einen Kulturgegenstand, und symbolisch, da die Kultur eine Vermittlung zwischen dem Menschen und der Welt bewirkt, ebenso wie das Kochen eine Vermittlung durch das Wasser bewirkt. Der Gegensatz, der das Gebratene auf die Seite der Natur stellt und das Gesottene auf die der Kultur, umfasst gleichzeitig den Gegensatz zwischen unbearbeiteter und bearbeiteter Nahrung.

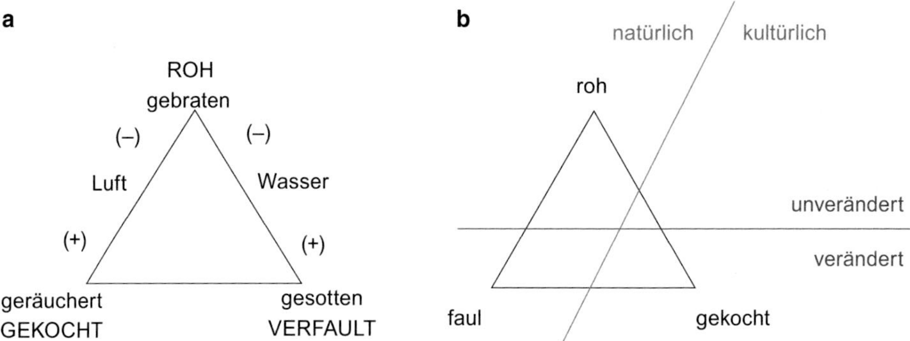

Abb. 3.20 Kulinarisches Dreieck nach Lévi-Strauss. Das Dreieck ist ein einfacher formaler Rahmen in jeder Kultur, um allgemein Gegensätze zum Ausdruck zu bringen, z. B. kosmologischer oder soziologischer Art. **a** Die drei Zustände der Nahrung ergeben sich aus den unterschiedlichen Intensitäten, mit denen die Medien Luft und Wasser die Eigenschaften des Feuers (Wärme, Rauch) auf sie übertragen. Die Achsen (**b**) unterscheiden als grundsätzliche Qualitäten das Essen nach seiner Zustandsform roh und faul als natürlich und gekocht als kultürlich. *In Bezug auf die Mittel* sind Braten und Räuchern natürliche Prozesse, weil zwischen dem Feuer bzw. dem Rauch und der Nahrung „nichts" ist, während dagegen die Wärme beim Kochen über ein Gefäß und ein dichtes Medium kulturell vermittelt wird. *In Bezug auf die Endprodukte* sind gebratenes und gekochtes Essen Kultur, geräuchertes Essen aber Natur (Details bei Lévi-Strauss. Graphische Darstellung adaptiert nach Vorlagen von Böhmer-Bauer 1990 und Hauer 2000)

Weiterhin kann bei der Zubereitungsart unterschieden werden, dass das Gebratene von außen zubereitet wird, das Gekochte von innen (in einem Behälter). Das Gekochte untersteht häufig der „Endo-Küche", ist also zum Gebrauch für eine kleinere geschlossene Gruppe bestimmt. Das Gebratene gehört dagegen oft der „Exo-Küche" an, die auch die Versorgung von Fremden übernimmt. So steht das Gesottene möglicherweise für die Festigung, das Gebratene für die Lockerung der familiären oder gesellschaftlichen Bindungen.

Als dritten Begriff der Zubereitungsarten unterscheidet Lévi-Strauss das Räuchern, das der Kategorie des Gekochten am nächsten kommt. Kochen verzögert ebenso wie das Räuchern das Verrotten – geräucherte Nahrung widersteht der Fäulnis aber viel länger als eine Nahrung, die auf andere Art zubereitet wurde. Wie bei der Technik des Bratens befindet sich während des Räuchervorgangs nichts außer Luft zwischen Feuer und Fleisch. Der Unterschied besteht darin, dass beim Braten die dazwischen liegende Luftschicht minimal ist, beim Räuchern aber maximal. Das schließt die Gegensatzpaare nah/fern (zum Feuer) und schnell/langsam (bei der Beseitigung des Rohen) ein. Braten geht ohne Kulturgegenstand vor sich, zum Räuchern ist ein Rost o. ä. nötig (aus Herrmann 2007).

Das Beispiel sollte deutlich machen können, dass dem uns so selbstverständlichen Umgang mit den Umweltmedien letztlich außerordentlich komplexe soziale Konstrukte und Spiegelung des kulturell gefundenen Verhältnisses zur Natur unterliegen können.

3.3.5 Biota

Es gibt nur wenige Orte auf der von Menschen belebten Erde, an denen der dominante Eindruck zurücktritt, mit dem Tiere, mehr noch Pflanzen, den Zustand des Planeten prägen. Und solche Orte, an denen das Lebendige im Bild der Landschaft ausdünnt, erreichen Menschen nur mit Hilfe andersartlicher Lebewesen, die sie oder ihre Lasten tragen oder ihnen den Aufenthalt dort überhaupt erst ermöglichen, wie in der hochgebirglichen Transhumanz oder beim Durchqueren unwirtlicher Gegenden.

Tiere und Pflanzen und die unsichtbaren Mikroben bilden in Wahrheit einen unhintergehbaren Existenzrahmen für sich und die übrigen Lebewesen, einschließlich von Menschen. Deren Selbstwahrnehmung ist nach Auffassung der Naturwissenschaft dahingehend zu korrigieren, dass sie zumindest ihre körperliche Lebenswirklichkeit als Resultat der Mitwirkung vieler Kleinstlebewesen begreifen müssten, die mit vielen Hundert Arten die meisten Oberflächen und Gewebe des Körpers besiedeln. Menschen sind eigentlich, das gilt selbstverständlich auch für andere Lebewesen, Lebensgemeinschaften mit Mikroorganismen (Mikrobiome), die Menschen entweder kongenital oder tradigenetisch erwerben. Es ist also berechtigt, die Gesamtheit aller Lebewesen (Biota) als essentielles Medium zu begreifen und über sie wie über ein fünftes Element zu sprechen. Schließlich verdankt sich der atmosphärische Sauerstoff der Erfindung der Photosynthese durch Pflanzen, so wie sich der Boden zahllosen Mikroorganismen und Kleinlebewesen verdankt. Weltweit verbirgt sich die größte Biomasse terrestrischer Lebewesen im Boden. Biota, Luft und Boden stehen also in einem elementaren Beziehungszusammenhang, aus dem Wasser und mit etwas Abstand auch Feuer nicht wegzudenken sind.

Über die Tiere des Meeres liegen umwelthistorische Daten praktisch nur für wirtschaftlich genutzte Arten vor, wie in der Datenbank der Universität Hull, GB (www.hull.ac.uk/hmap/hmapcoml.org/).

Verfügbare Angaben sind oft genug unerfreulich, wie etwa das Aussterben der stellerschen Seekuh ca. 1768, der Zusammenbruch des internationalen Walfangs vor dem Zweiten Weltkrieg oder der Zusammenbruch der Kabeljaufischerei 1992 (MEA Synthesis 2005). Ein Überblick über die mittelalterlichen Verhältnisse gibt Richard Hoffmann (2008, 2014), über Flussfischerei Wolter et al. (2005).

Wo die Sonneneinstrahlung infolge der Neigung der Erdachse relativ zu ihrer Umlaufbahn um die Sonne saisonale Schwankungen aufweist, zeigen Pflanzen Anpassungen an diese zyklischen Änderungen. Da tierliches Leben von Pflanzen als den Primärproduzenten abhängig ist, müssen sich auch die Tiere diesen jahreszeitlichen Schwankungen anpassen, wenn sie – zunehmend zur Entfernung vom Äquator – auftreten. Durch Koevolutionen sind saisonales und circannuales Verhalten in den Lebensgemeinschaften koordiniert: Die pflanzenfressenden Tiere haben ihr generatives Verhalten auf die Vegetationsperioden und Reproduktionsphasen der Pflanzen abgestimmt, die Prädatoren mussten notgedrungen folgen. Für Ackerbau treibende Menschen ist die Koordinierung ihrer Kulturtechnik mit den naturalen Zyklen überlebensnotwendig. Die phänologische Beobachtung von periodisch wiederkehrenden Entwicklungsstadien bei Pflanzen und Verhaltensweisen bei

Tieren gibt im Mittel sichere Hinweise auf klimatische Entwicklungen und Wetterlagen. Die älteste bekannte phänologische Reihe betrifft den Beginn der Kirschblüte in Kyoto, die seit 1200 Jahren beobachtet wird (Arakawa 1955). Das Wissen über phänologische Zeichen ist sicher alt, nicht nur, weil es nützliche Informationen für das Treffen von klima- bzw. witterungsabhängigen Entscheidungen, für das Schließen auf Bodenqualitäten, Wasservorkommen usw. enthielt. Das Zeichenhafte in der Natur konnte das physische Überleben sichern und zugleich auch Hinweis und Handlungsanweisung für das spirituelle Leben enthalten. Phänologisches Wissen wurde früh von den Agrarschriftstellern verwendet und war schließlich eine Grundlage der „Bauernkalender", die zunächst in Werken der Hausväterliteratur enthalten waren (z. B. Coler 1680, Abb. 3.21), bis sie sich ab der Mitte des 18. Jahrhunderts verselbständigten.

Tiere und Pflanzen sind nicht nur aus klimatischen Gründen ungleich über die Erde verteilt. Neben klimatisch-edaphischen Determinanten waren hierfür geologische Prozesse der Erdgeschichte und die Evolution von Pflanzen und Tieren selbst entscheidend

JULIUS, Heumonat/ hat XXXI. Tage.

Abb. 3.21 Vignette für den Monat Juli im *Calendarium perpetuum* von Johann Coler (1566–1639), *Oeconomia ruralis* 1680. Der Kalender enthält neben allgemeinen Bemerkungen auch ausführliche Hinweise auf die monatlich empfohlenen landwirtschaftlichen Tätigkeiten einschließlich einer Sammlung von über 300 phänologischer Zeichen, u. a. diese: (201) Der Grünspecht, welcher von den Alten für einen Regenvogel gehalten worden, ist eine gewisse Botschaft für den Regen, wenn er mehr und stärker schreit und knarrt als seine Gewohnheit ist. (220) Und so das Vieh oft und lang zu Hauf seine beiden Hinterfüsse an den Klauen und Haaren leckt, und dazu das Vieh zugleich auf der rechten Seite liegt, so gibt es seinem Hirten Warnung vor Regen und Sturm. (375) Wenn die Nüsse wohl geraten sind, so will auch der Same, der zu der Menschen Speise ist gesät, sein volles Wachstum bekommen. (390) Würmer, die in Eichäpfeln gefunden werden, bedeuten ein unfruchtbares Jahr und teure Zeit. Fliegen, die in denselben Äpfeln gefunden werden, zeigen Krieg an. Aber werden auf dieser Stätte Spinnweben gefunden, so schließt man, dass die Luft von Pestilenz und Gift getränkt ist (Aus Coler 1680, Expl. der Universitätsbibliothek Göttingen. Erstausgabe der *Oeconomia* ab 1593, digitalisiert unter http://www.digitale-sammlungen.de/)

(Diamond 1997). In der Evolution der Biota sind Entstehen und Aussterben von Arten prozessimmanent. Ihre mittlere Lebensdauer beträgt 5–10 Mio. Jahre und wird durch sich neu entwickelnde Arten ausgeglichen. Im Verlauf der Erdgeschichte traten wiederholt Massenauslöschungen auf, die in manchen Fällen den Fortbestand der gesamten Biosphäre infrage stellten. Gegenwärtig sind sechs dieser extremen Massenextinktionen bekannt, die auf geologischen Prozessen beruhen, während eines, an der Grenze zwischen Kreidezeit und Tertiär, sich einem mehrjährigen planetaren Winter nach dem Einschlag des Chicxulub-Asteroiden (Yucatan, Mexiko) vor 65 Mio. Jahren verdankte. Zumindest diese außerordentlichen Massenauslöschungen beruhten auf Krisen, die nur zwischen einigen Monaten und einigen Jahren dauerten, dabei aber die biologischen Kreisläufe so weitgehend ruinierten, dass die numerische Wiederherstellung des Artenbestandes Millionen Jahre beanspruchte (von Tilzer 2009).

Der gegenwärtige Umgang von Menschen mit der Biosphäre ist geeignet, ein früheren Massenextinktionen vergleichbares Aussterbeereignis eingeleitet zu haben. Hierfür ist direkt und indirekt die große Zahl gleichzeitig lebender Menschen und die Art und Weise, wie sie ihr Leben organisieren, verantwortlich. Die Lebensansprüche dieser Menschen führen zu Habitatverlusten für Lebewesen, zur Fraktionierung von Lebensräumen, zur Zerstörung von Ökosystemen, zur numerischen Bestandserschöpfung, zur Verdrängung einheimischer Arten und zur globalen Homogenisierung von Flora und Fauna (Grayson 2001). Rote Listen informieren über im Bestand akut bedrohte und über historisch ausgestorbene Tier- und Pflanzenarten. Listen für die Bundesrepublik Deutschland werden vom Bundesamt für Naturschutz (BfN) koordiniert. In den letzten 150 Jahren sind in Deutschland 47 Arten höherer Pflanzen verschollen oder ausgestorben. Von 15.850 Tierarten in Deutschland gelten 3 % als verschollen oder ausgestorben. Überraschend zeigt sich, dass wirkliches „Aussterben" offenbar graduell abhängig von seiner Ursache ist. Säugetiere, die bisher wegen Habitatverlustes als ausgestorben galten, hatten eine 90%ige Chance, innerhalb von 180 Jahren nach ihrem „Aussterben" wiederentdeckt zu werden. Beruhte ihr Aussterben hingegen auf Überjagung oder auf Verdrängung durch Neozoen, bestand eine nur 20%ige Chance einer Wiederentdeckung innerhalb der ersten 50 Jahre nach dem Aussterben, stieg aber in den folgenden 450 Jahren noch auf rund 35 % an (Fisher und Blomberg 2011). Wie sollte man entscheiden, ob die Bedrohung der Tierwelt augenfälliger ist als die der Pflanzen? Was heute als mindestens gedankenloser Umgang erscheint, war noch zu Platons Zeit eine Kulturtat, nämlich die Ausrottung wilder Tiere, die auch unter den Römern als zivilisatorische Aufgabe angesehen wurde und wegen des Konfliktes mit Jagd und Tierzucht treibenden Menschen bis in die jüngste Vergangenheit praktiziert wurde:

> Nasamonische Lande im fernen Libyen, euch plagen
> nicht mehr des wilden Getiers Schwärme auf bergigen Höhn,
> und ihr fürchtet fortan bis über die Wüste Numidiens
> nicht mehr der Löwen Gebrüll, das in der Öde erscholl.
> Denn ihr zahlloses Volk hat Caesar, der junge, in Fallen
> eingefangen und drauf vor seine Fechter gebracht.

> Doch auf den Gipfeln, wo einst die wilden Tiere im Freien
> hausten, da hütet der Mensch jetzt auf der Weide das Rind.

Der Sänger aus der *Anthologia Graeca* (VII 626) spricht hier nicht über den Diktator Caesar, sondern über einen späteren römischen Kaiser. Die damalige zivilisatorische Bemühung ließ sich mit der römischen Unterhaltungsindustrie verbinden, die einen ungeheuren Bedarf an Großwild hatte, um sie in Rom abschlachten zu können. Aus der Literatur ragen einige besondere Großereignisse dieser Venationes (Tierhetzen) heraus (ich danke Herrn Kollegen Helmuth Schneider, Kassel, für die Zusammenstellung):

55 BCE	Tötung von 500 Löwen, 18 Elefanten
29 BCE	„in großer Zahl erschlagen"
18 BCE	Tötung von 600 wilden Tiere aus Afrika
2 BCE	Tötung von 260 Löwen
12 CE	Tötung von insgesamt 3500 Tieren
37 CE	Tötung von 400 Braunbären und 400 wilden Tieren aus Afrika
41 CE	Tötung von 300 Braunbären und 300 wilden Tieren aus Afrika
55 CE	Tötung von 400 Braunbären und 300 Löwen
80 CE	Tötung von 9000 zahmen und wilden Tieren
107 CE	Tötung von 11.000 zahmen und wilden Tieren über 123 Tage

Solche Entnahmemengen sind in Wildpopulationen schwer zu kompensieren und erklären, neben der systematischen Verfolgung während des Mittelalters, die heutige fast völlige Abwesenheit großer Prädatoren in Europa, Vorderasien und Nordafrika.

Mit Bezug auf Biota war die Geschichte der Menschheit zunächst eine Geschichte der Biodiversitätsnutzung, so, wie sie von allen anderen Lebewesen auch praktiziert wird. Mit der Erfindung des Ackerbaus wurde daraus eine Geschichte der Biodiversitätslenkung. Tiere und Pflanzen wurden viel früher geschichtsbestimmend, als die Geschichtswissenschaft es bisher thematisierte (z. B. Hobhause 1985; Delort 1987; Benecke 1994), ganz zu schweigen von den geschichtsmächtigen Krankheitserregern, die immerhin auch den Lebewesen zuzurechnen sind (z. B. McNeill 2010). Die Förderung bestimmter Tiere und Pflanzen durch ihre Domestikation oder andere Nutzungsformen ist mit Vernachlässigung und Verdrängung anderer Tiere und Pflanzen verbunden. Biodiversität, so wie wir sie kennen, ist ein kulturabhängiges Konstrukt (vgl. Maffi und Woodley 2010). Der Begriff Biodiversität bedarf der weiteren Erläuterung, denn er kann sowohl die Vielzahl von Lebensräumen meinen, oder funktional ein Ökosystem qualifizieren, sich auch auf die Vielzahl von Arten in einem Lebensraum (Artendiversität) beziehen oder schließlich die Unterschiede auf Ebenen der genetischen Information ansprechen. Im Domestikationsvorgang werden die Organismen, deren Nutzung beabsichtigt ist, auf die menschlichen Bedürfnisse hin selektiert.

In Ackerbau und Landwirtschaft führt das Spektrum genutzter Arten zwangsläufig zu bestimmten – kulturabhängigen – Produktionsstrukturen (Tab. 3.10). Dabei fördern kleinräumige Strukturen die Artendiversität. So wurde die relativ artenarme Waldregion Mitteleuropas durch die Öffnung der Landschaft und die Einführung kleinräumigen Ackerbaus artenreicher und erreichte Mitte des 19. Jahrhunderts ihren historischen Höchststand der Artendiversität (Schmid 2002; Gaston und Spicer 2004). Geschichtsfreie Einstufungen von Gefährdungsständen („verschollen, ausgestorben") für bestimmte Tier- und Pflanzenarten sind vor diesem Hintergrund im Hinblick auf die aus ihnen gezogenen Schlussfolgerungen problematisch.

Gleichzeitig zog die Konzentration von Nutztieren und -pflanzen auf den Wirtschaftsflächen opportunistische Mitnutzer dieser ackerbaulichen Störflächen (Unkraut) oder der angebauten Wirtschaftspflanzen (Schadorganismen) an, die Geburtsstunde der Schädlingsproblematik. Offenbar gingen während der vieltausendjährigen Züchtungsbemühungen u. a. solche Gene verloren, mit deren Hilfe sich die Vorformen der Kulturpflanzen erfolgreich gegen Krankheitserreger schützten. Züchtungserfolge einerseits waren also um den Preis der erhöhten Anfälligkeit der Zuchtform gegenüber Krankheiten andererseits erworben. Dieser genetischen Erosion versuchen die Züchter seit mindestens 150 Jahren gezielt entgegenzuarbeiten.

Im Domestikationsprozess standen die Nutzungsaspekte im Vordergrund, die in erster Linie Biomassesteigerungen bewirken sollten. Im Laufe der Zeit gelang dies offenkundig, besonders eindrucksvoll etwa bei den Zug- bzw. Lasttieren und Gartengemüsen. Von den etwa 300.000 höheren Pflanzen, die es auf der Erde geben soll, werden 10 % für essbar gehalten. Als Nahrungspflanzen werden 7000 Arten angebaut, davon haben immerhin 120 regionale Bedeutung. Aber 90 % des heutigen Kalorienverbrauchs aus Nahrungsmitteln werden nach Angaben der Welternährungsorganisation (FAO) über nur 30 Kulturpflanzenarten erzeugt. Weizen, Gerste, Reis, Mais und Kartoffeln sind mit Abstand die Hauptlieferanten für die Nahrungsenergie. Davon weicht eine FAO-Liste der 30 für die Weltwirtschaft insgesamt wichtigsten Kulturpflanzen ab, wenn sie nach der Zahl ihrer bekannten Zuchtsorten (Kultivare) geordnet wird:

1. Weizen (784.500), 2. Gerste (485.000), 3. Reis (420.000), 4. Mais (277.000), 5. Bohnen (268.500), 6. Soja (174.500), 7. Hirse (168.500), 8. Kohl (109.000), 9. Erbse (85.500), 10. Erdnuss (81.000), 11. Tomate (78.000), 12. Kichererbse (67.500), 13. Baumwolle (49.000), 14. Süßkartoffel (32.000), 15. Kartoffel (31.000), 16. Ackerbohne (29.500), 17. Maniok (28.000), 18. Kautschuk (27.500), 19. Linse (26.000), 20. Zwiebel (25.500), 21. Zuckerrübe (24.000), 22. Ölpalme (21.000), 23. Kaffee (21.000), 24. Zuckerrohr (19.000), 25. Yamswurzel (11.500), 26. Banane (10.500), 27. Tabak (9705), 28. Kakao (9500), 29. Taro (6000), 30. Kokosnuss (1000).

Aufgrund ihrer Lebensansprüche können nur einige dieser Pflanzen weltweit angebaut werden.

Pflanzen und Tiere besiedelten von Anfang an selbstverständlich menschliche Siedlungen (Ineichen 1997). Mehr noch wurden sie auch lebend in die Siedlungen verbracht, oft auch zur Freude und Belustigung von Menschen. In Europa zeigten sich Unterschiede im Umgang mit Tieren bei den nichtchristlichen und abendländisch-christlichen Traditionen (Münch 1998). Tierhaltung in Käfigen war in der Antike bekannt, auch das Vogelbauer.

Tab. 3.10 Zusammenstellung von Nutzungen von Pflanzen, Produktions- und Landschaftsstrukturen (nach Ulrich Willerding; ähnlich auch WBGU 1999). Da alle domestizierten Tiere mit Ausnahme des Hundes Pflanzenfresser sind, muss die Haltung domestizierter Tiere sich primär nach den Produktionsbedingungen für pflanzliche Biomasse richten (ausgenommen in der fossilenergetisch subventionierten industriellen Landwirtschaft)

Art	Genutzte Pflanzen		Pflanzen und Landschaftsstrukturen
Kulturpflanze Unkraut Anbaupflanze Sammelpflanze Wildpflanze	Nahrungspflanzen Gewürzpflanzen Heilpflanzen Technische Pflanzen Holz Bauholz Werkholz Brennholz Kohlholz Schmuckpflanzen Symbolpflanzen	Fasern, Farbstoffe, Gerbstoffe, Baustoffe	Sammelpflanze (aneignend) *Urlandschaft* ursprüngl. Vegetation Kulturpflanze, Nutzpflanze, Sammelpflanze (produzierend, zunehmend umgestaltend) *Kulturlandschaft* Ackerbau Gartenbau Grünlandnutzung Waldnutzung *Naturlandschaft* anthropogene bzw. natürliche Vegetation Kulturpflanze (produzierend, völlig umgestaltend) Industrielandschaft Kulturlandschaft Ackerbau Gartenbau Grünlandnutzung Forstwirtschaft Industrieflächen Agroindustrieflächen
Flora	Produktionsstrukturen		
	Acker Garten Grünland Heide Gehölz Holz Weide Streu Laubfutter Handel Holzhandwerk Energiewirtschaft	Züchtungsstand Standortqualitäten Anbauformen Biomasseproduktion Ernteform Biomasseentzug Düngung Speicherung Konservierung	
Vegetation	Landschaftsstrukturen		
	physiogene anthropogene Strukturelemente		

Tiermenagerien fanden sich an karolingischen Fürstenhöfen. Später weckte und bediente die koloniale Eroberung das Bedürfnis vor allem nach exotischen Vögeln (Abb. 3.22) und Primaten für bürgerliche Wohnstuben. Obwohl als „Haustiere“ bezeichnet, waren solche Exoten selbstverständlich keine domestizierten Tiere, sondern Wildfänge. Diese bedrohten häufig genug die natürlichen Vorkommen bis an den Rand des artlichen Aussterbens, wenn nicht, wie im Fall der Paradiesvögel Neuguineas, eine europäische Schutzkampagne um 1900 die Vögel vor weiterer exzessiver Nachstellung und davor bewahrt hätte, ihren Artentod an Hut oder Kleid von Damen der vornehmen europäischen Gesellschaft zu sterben (Museum Mensch und Natur 2011).

Zimmerpflanzen kamen erst vor rund 150 Jahren in Mode, davor war der Blumentopf nur außerhalb des Hauses geduldet. Verbreitet war eine Auffassung, nach der Zimmerpflanzen vergleichbar einem Vogel im Käfig wären. Die Auffassung hat sich geändert. Nacheiszeitlich gab es in Europa rund 2850 höhere Pflanzen, seit dem Neolithikum kamen als sogenannte Archäophyten 165 Arten, vorwiegend Nahrungs- und Nutzpflanzen, aber auch duftende Rosen, nach Europa. Die Gesamtartenzahl belief sich um 1500 auf rund 3000, als die Einführung zahlloser Neophyten begann. Von denen konnten sich 315 etablieren, also erfolgreich Populationen außerhalb menschlicher Fürsorge gründen. Andererseits starben bis heute 47 indigene Pflanzenarten und 10 Archäophyten aus. Die eigentlich beeindruckendste Zahl ist diejenige der in Europa nicht etablierten Neophyten, die in Gärten, Gewächshäusern und Blumentöpfen von Menschen umsorgt werden. Sie wird mit 12.000 angegeben (Scherer-Lorenzen et al. 2000).

Gegenüber der hohen Zahl von domestizierten Pflanzen ist die Zahl domestizierter Tiere sehr klein. Obwohl die meisten lebenden Tierarten Wirbellose sind (vielleicht 10 Mio.), sind von ihnen historisch nur drei domestiziert worden: Bienen, Seidenraupen und Schnecken. Von weltweit etwa 50.000 Wirbeltierarten spielen nur ca. 40 eine Rolle im Agrarsystem. Weltweit verbreitet sind Rind, Schaf, Schwein, Huhn, domestizierte Büffel und Ziegen (siehe auch Tab. 3.11). Die meisten anderen Arten sind von lokaler bzw. regionaler Bedeutung, wie Pferde, Esel, Kamele, Rentiere. Weltweit sind nach FAO Angaben folgende Haustierrassen (Anzahl) erfasst:

Rind (783), Schaf (863), Pferd (357), Ziege (313), Schwein (263), Esel (78), Büffel (62). Die Domestikationsalter sind unterschiedlich. Domestizierbare Tiere müssen sich mindestens menschlicher Führung unterordnen lassen und müssen sich in Gefangenschaft fortpflanzen. Für die Domestikation geeignete Tiere waren offenbar überwiegend in Eurasien vorhanden, denn die meisten heute im Weltmaßstab genutzten Tierarten kommen aus Eurasien (Diamond 1997). Zudem mussten Menschen die Geduld aufbringen, um in langen Zeitreihen angesichts unterschiedlich langer Generationendauern bei den Tierarten zum gewünschten Erfolg zu kommen. Bemerkenswert beispielhaft sind die Resultate, die der russische Biologe Dmitri Beljaev (1917–1985) bei Domestikationsversuchen mit Silberfüchsen erzielte. Er verpaarte immer nur die Tiere, deren Verhalten als fügsam, gelehrig und gegenüber Menschen als freundlich eingestuft wurde. Als Ergebnis dieser ausschließlich auf Verhaltensmerkmale abzielenden Zucht stellten sich nach 15 bis 20 Generationen auch morphologische Eigentümlichkeiten ein: es traten veränderte Kieferformen auf, Ex-

Abb. 3.22 Wie viele seiner niederländischen Malerkollegen spielte auch Roelant Savery (1576–1639) mit den exotischen Objekten aus der neu entdeckten Welt. Angesichts der Länge damaliger Schiffsreisen und der Schwierigkeiten, welcher ein Lebendtransport bedeutete, werden Tiere und Pflanzen erstaunlich schnell in Europa bekannt. Savery malte diese Landschaft mit Vögeln 1628. Zwei Kometen gleich schweben hoch in der Luft zwei Paradiesvögel, deren Gestalt den Holzschnitten aus Conrad Gessners „*Historia Animalium*" von 1555 bzw. bei Aldrovandi (1599) nachempfunden ist. Die Vögel erreichten Europa als Bälge mit abgeschnittenen Füßen, was zu eigentümlichen Theorien über ihre Biologie führte. Am *rechten Bildrand* sind afrikanische Strauße abgebildet, die Savery sicher lebend gesehen haben konnte, wie auch die südamerikanischen Großpapageien. Am *Gewässerrand* stehen ein Helmkasuar und ein Dodo. Helmkasuare kommen in Neuguinea und im australischen Queensland vor, das aber zu dieser Zeit noch nicht entdeckt ist. Das Tier oder sein Balg wird auf demselben Weg nach Europa gekommen sein wie die Paradiesvogelbälge. Möglicherweise wurden Kasuare bereits antik eingeführt. Kinzelbach glaubt, in der Skizze auf einem ägyptischen Papyrus einen Helmkasuar identifizieren zu können. *Oberhalb* des Kasuars steht ein prächtiger Hahn einer Zuchtform des Haushuhns, die an italienische Formen angelehnt scheint, aber gleichzeitig auch die südostasiatische Stammform des Bankiva-Huhns sein könnte. Vor dem Helmkasuar steht ein Dodo, ein flugunfähiger, mehr als ein Meter großer Vogel, der nur auf Mauritius und Reunion vorkam. Hungrige Seefahrer fingen den letzten Dodo 1690. Seitdem ist er ausgestorben. Ob Savery einen lebenden Dodo gesehen hat, ist ungewiss. Alle späteren Darstellungen folgen derjenigen von Roelant Savery. Das bekannte Gemälde in Oxford stammt von seinem Neffen Jan, der die Darstellung des Onkels als Vorlage benutzte. Eine ältere naturalistische Abbildung von 1601 ist eine Tuschezeichnung. Auf der Wasserfläche tummelt sich bekanntes Geflügel, u. a. auch der damals in Südeuropa häufigere Pelikan. Auf dem Felsen der *linken Bildseite* steht ein Truthahn, eine Zuchtform, dessen Erscheinungsbild bereits von dem seiner nordamerikanischen Stammform entfernt ist. Neben ihm sitzt mit der Großtrappe der größte flugfähige Vogel Europas, dessen Bestand nach systematischer Bejagung noch bis ins 20. Jahrhundert jetzt streng geschützt ist. Darunter tummeln sich südamerikanische Aras, europäische Kraniche und Graugänse. Am Wasserrand stehen zwei westafrikanische Kronenkraniche (H: 42, B: 57 cm; Kunsthistorisches Museum Wien)

Tab. 3.11 Domestizierte Wirbeltiere und geschätztes Domestikationsalter

Tierart	Alter (BCE)/Domestikationsregion
Haushund	14.000/Europa, Asien
Schaf	10.000/Westasien
Ziege	10.000/Westasien
Schwein	9000/Vorderasien. China
Rind	8500/Südosteuropa, Vorderasien
Dromedar	6000/Südarabien
Pferd	5500/Südosteuropa
Gans	4500/Ägypten
Katze	3500/Ägypten
Huhn	3500/Vorderasien
Karpfen	2500/Mediterran
Kaninchen	1500/Frankreich

tremitäten und Schwanz zeigten gegenüber dem Rumpf veränderte Proportionen, manche entwickelten Schlappohren und Ringelschwänze, Merkmale, die von der Kulturzoologie (Kinzelbach 1999) und Haustiergenetik als Domestikationsmerkmale bewertet werden.

Eine nicht vorhersehbare Folge der Domestikation und des damit verbundenen engen Zusammenlebens von Menschen mit bestimmten Tieren war das Überspringen der Artengrenze von Pathogenen dieser Tiere auf den Menschen. Von den gegenwärtig bekannten 1415 für Menschen infektiösen Organismen sind 868 (61 %) als Zoonosen eingestuft, werden also von Tieren auf Menschen übertragen (Taylor et al. 2001; Wolfe et al. 2007). Das schließt nicht aus, dass Menschen diese Infektionskrankheiten auch untereinander weitergaben oder ihrerseits wiederum die Tiere infizierten, die sie unter ihre Kontrolle bekamen. Beispielsweise akquirierten Menschen mit den Rindern Tuberkulose und Masern, deren Erreger extrem nahe mit dem Erreger der Rinderpest verwandt sind. Pocken wurden von Kamelen übertragen, Grippe von Entenvögeln, gelegentlich von Schweinen. Alle domestizierten Großherbivoren (Rinder, Pferde, Schweine, Schafe, Ziegen) übertragen Diphtherie, Keuchhusten und Rotaviren. Als Kulturfolger brachten schließlich Ratten den Menschen die Flöhe nahe – und damit die Pest. Lediglich der Überträger des Typhus, die Kleider(Körper)laus, scheint vollkommen an den Menschen angepasst (Zinsser 1949).

Wo immer im Verlauf der Geschichte die Erfindung des Ackerbaus zu regionalen oder kontinentalen Veränderungen führte, es sind zwei gegensinnige Trends, welche die Biodiversitätslenkung bestimmten: die Biodiversitätslenkung nimmt in Gestalt von Verschiebungen und Verdrängungen zu, während die Abhängigkeit von indigener Ressourcendiversität abnimmt. Mit der Neolithisierung und der Ausweitung der Alten Welt zur Zeit der Antike konzentriert sich Europa auf eine bestimmte Artendiversität. Diese wird auch mit Beginn der Neuzeit leitend für die Globalisierung. Damit und auch deshalb steigt die Anzahl von Neophyten und Neozoen auf allen Kontinenten, weil die kolonisierenden Europäer früh beginnen, zur Steigerung ihres kolonialen und heimischen Ertrages Pflanzen und Tiere zwischen den Kontinenten hin und her zu verbringen. Neben absichtsvoller Einfuhr und Freisetzung gelangte auch ein nicht unerheblicher Anteil europäischer und später auch außereuropäischer Arten als „*Portmanteau*-Biota" (Alfred Crosby) unbeabsichtigt in die kolonisierte Welt. Beileibe nicht immer handelt es sich nur um Löwenzahn oder Wiesenrispe (*Kentucky Blue Grass*), sondern auch um Lästlinge und Schädlinge, von denen z. B. einige im Schafsfell mit den Norse nach Grönland und weiter reisten (Panagiotakopulu et al. 2007). Neozoen und Neophyten konnten durch Verdrängung autochthone Faunen- oder Florenelemente gefährden (Simberloff und Rejmánek 2011). Nach biologischem Verständnis sollen Neozoen und Neophyten nur solche Organismen sein, die nach 1500 zwischen den Kontinenten wanderten. Die mit dieser Zeit abrupt einsetzende Verschärfung der Problematik lenkt etwas von dem Faktum ab, dass der europäische Ackerbau der Vormoderne im Wesentlichen auf Tier- und Pflanzenimporten basierte, die seit der Neolithisierung nach und nach eingeführt wurden: ob Schweine, Rinder, Ziegen, Schafe, ob Weizen, Roggen, Hirse oder Gerste, ob Obst oder Blumen – allesamt aus Südosteuropa/Vorderasien. Im Prinzip gab es in Europa nur mediterran einige Wildformen von Kräutern, die sich zu Gartengemüsen veredeln ließen, dann noch ein paar Bienen und – saisonal – Lachse und Heringe. Damit allein wäre die Weltgeschichte kaum in Gang gekommen, und der spätere Beitrag Europas zur Globalisierung in Form des Wildkaninchens war von zweifelhafter Qualität. Allerdings konnte Europa mit riesigen Waldbeständen aufwarten. Während in Vorderasien Holz bestimmter Qualität schon zu Gilgameschs Zeiten so knapp war, dass man Zedern vom Libanon ins Zweistromland holte, konnten Phönizier, Griechen, Perser und Römer noch so viele Schiffe bauen, dass sie ihren politischen und ökonomischen Einfluss im Mittelmeerraum durchsetzen konnten oder es zumindest versuchten. Damit wurde der Mittelmeerraum praktisch entwaldet. Die Lage wurde später absolut prekär, als die nach Westen vordringenden Slawen auf dem Balkan und im adriatisch-mediterranen Raum die Wiederbewaldung durch die Weidetätigkeit ihre Kleinwiederkäuer verhinderten. Nördlich der Alpen wurde mit den Römern, z. B. entlang der Rheinschiene, in großen Teilen Frankreichs oder im Süden Englands, das Fundament heutiger Landschaftsbilder und -nutzung gelegt. Aber hier wie auch östlich des römischen Einflussbereichs waren und blieben die Waldökosysteme das kulturelle Fundament (Schubert 2002). Daran änderte auch der mittelalterliche Landesausbau nicht viel, weil die geringe Produktivität des Ackerbaus und der Tierproduktion sowie die Deckung spezieller Bedürfnisse (Wild, Sammelpflanzen, Früchte) die beständige Subventionierung aus den Waldökosystemen erforderte (Dünger, Futter). Das Holz der mitteleuropäischen und baltischen Länder, das für ganz Europa unentbehrlich wurde, barg schließlich als Möglichkeit auch jene Idee, mit der die Europäer später nicht nur die Neozoen und Neophyten herbeischafften oder exportierten, sondern auch selbst als invasive Subspezies große Teile der übrigen Menschheit indirekt (über ihre Krankheitserreger) oder direkt (durch Kriegsgreuel) vernichteten oder versklavten: es war die Kogge (Braudel 1995) und später das Linienschiff.

3.4 Ereignisse

War der 26. April 1336 ein umwelthistorisch relevantes Datum, unabhängig davon, ob Petrarca an diesem Tage nun wirklich auf dem Mont Ventoux war, wie er selbst behauptete, oder nicht, wie Ruth und Dieter Groh (1996) ihm nachwiesen? War es die Erfindung der Zentralperspektive? Ist die Entdeckung Amerikas durch Kolumbus ein umwelthistorisch wichtiges Datum? Oder war es vielmehr doch so, wie Georg Christoph Lichtenberg im 18. Jahrhundert sarkastisch bemerkte, dass der Indianer, der den Kolumbus entdeckte, eine böse Entdeckung machte? War es die Reise Alexander von Humboldts nach Südamerika? War es die mittelalterliche Konstruktion des freien menschlichen Willens oder der legendäre Dialog des Herzogs von Auge mit seinem Kaplan? Die Expedition der St. Petersburger Akademie nach Sibirien? Die Afrika-Expeditionen des 19. Jahrhunderts? Oder waren es das Erdbeben von Villach 1348, die „Pest"-Pandemie desselben Jahres, das Erdbeben von Lissabon 1755 oder die große mitteleuropäischen Hungersnot von 1770/71, zu der zeitgleich in Indien 6,5 Mio. Menschen verhungerten, oder war es jene in Mitteleuropa von 1813/15, infolge der Tambora-Eruption? Vielleicht war es auch jene kühne Abbildung, mit der Pierre Belon 1555 in seiner „*L'histoire de la nature des oyseaux*" das Homologie-Prinzip vor aller Augen führte und damit – zeitgleich mit Vesalius – den Menschen naturwissenschaftlich im wahrsten Sinne des Wortes bis auf die Knochen entblößte? Oder der Rauch vom Moorbrennen, der am 16. Juni 1904 Leopold Bloom in Dublin lästig war?

Was in geschichtstheoretischem Sinne „Ereignisse" wären, denen historiographische Bedeutung zukäme, ist offenbar keine ausgemachte Sache. Eine gewisse Übereinstimmung scheint es darin zu geben, dass Geschichte ein dreischichtiger Prozess sei. Unsicher ist, wie sich die drei Ebenen erkenntnistheoretisch aufeinander beziehen. Die höchste Ebene ist zumeist eine „Epochengeschichte". Schon dasjenige, was unterhalb der höchsten Ebene von Bedeutung ist, erklären sich unterschiedliche historische Schulen gegenseitig. Dabei ähneln sich deren Entwürfe darin, dass die Themenfelder „Herrschaft, Wirtschaft und Kultur" (bzw. in Variation) die Ausrichtung der Geschichtsforschung und Geschichtsschreibung dieser Ebene beherrschen, wobei seit einiger Zeit zusätzlich „Umwelt" als hier zugehörig erkannt wurde (Siemann und Freytag 2003). Diese vier Bereiche bedingen sich gegenseitig und sind zugleich Determinanten im historischen Prozess. Es sind jedoch abstrakte Kategorien, die in einzelnen historischen Ereignissen vergegenständlicht sein müssen, um sie wissenschaftlich produktiv, d. h. anschlussfähig, weiterführend zu machen. Zu suchen wäre also nach der Ebene der Geschichtsbetrachtung, auf der die einzelnen Begebenheiten liegen, die am Ende zu Strängen der umwelthistorischen Erzählung gebündelt werden.

Welche Ereignisse haben umwelthistorische Bedeutung? Wenn Arno Borst „Das Erdbeben von 1348" (1981) untersucht und dessen initiale Bedeutung für Entwicklungen in den Bereichen Herrschaft, Wirtschaft, Kultur und Umweltbeobachtung herausstellt, bezieht er sich nur scheinbar auf ein singuläres Ereignis der naturalen Welt. Als die Erde 1348 bei Villach bebt und die Auswirkungen mit Stadtbränden und zahlreichen Toten bis Prag, Basel und Bologna gespürt werden, ist das zwar ein einmaliges Geschehnis. Aber Borst reiht es ein in eine Abfolge von Elementar- und Extremereignissen der ersten Hälfte des 14. Jahrhunderts, die als Ereignisse miteinander absolut unverbunden sind. Er belegt aus Quellen, dass die Zeitgenossen in ihrer Ausdeutung naturaler Ereignisse diese jedoch kausal miteinander verknüpften. Unter diesem Gesichtspunkt zeichnet Borst dann Entwicklungsstränge durch Bündelung von Einzelbeobachtungen nach, deren Wirkung unaufhörlich scheint, bis sie schließlich in den Anspruch des Forschers münden, das Erdbeben sei eine zentrale Quelle der Modernisierung, die in vielen Bereichen um 1500 sichtbar werde. Einem lokalen Ereignis, das regional materiellen Schaden anrichtete, wird Bedeutung auf allen denkbaren Ebenen der Geschichte zugeschrieben. So beindruckend großartig auch die Analyse über das Erdbeben ist, die Dimension seines ursächlichen Einflusses darf bezweifelt werden (Hammerl 1994; Neumann 2004). Könnte man das Erdbebenereignis in einem Experiment aus der Geschichte entfernen, welche Sicherheit hätte man für einen durch es stark veränderten Lauf der Geschichte? Ganz gewiss wären die materiellen Folgen, wie Stadtbrände und Bauwerksverluste, nicht aufgetreten. Doch schon Mitte 1348 kommt die Pest mit einem späteren Verlust von 30, vielleicht 50 % der europäischen Bevölkerung. Auch diese erschien den Zeitgenossen eingebettet in eine Sequenz, die Bruce Campbell (2011) zu Recht „die Krise des 14. Jahrhunderts" nennt. Hochwasser, Sturmfluten, Hungersnot, Viehsterben und das Massensterben durch die „Pest" – eine Kette von Extrem- und Elementarereignissen. Ein Nebensatz in der Einleitung bei Borst erklärt, wie das Beben zu seiner historischen Bedeutung kam, obwohl es in den 1340er und 1350er Jahren eine ganze Reihe von Großbeben in Mitteleuropa gab, und einhundert Jahre davor, 1222, ein größeres Beben Brescia völlig zerstörte. Nichts davon blieb im kollektiven Gedächtnis, außer dem 1348er Beben. Der Nebensatz lautet: „... betraf das, was 1348 in den Alpen geschah, jedermann unmittelbar, denn die Region stand damals im Brennpunkt des politischen, materiellen und geistigen Interesses Europas."

Das Beispiel belegt, dass die Bedeutungszuschreibung durch den Forscher einen erheblichen Teil der Rezeptionsgeschichte eines Ereignisses ausmacht. Diese wiederum folgt hier beispielhaft dem sozialpsychologischen Zentralsatz, den die Soziologen W. u D. Thomas 1928 formulierten: „*If men define situations as real they are real in their consequences*." Wird eine Gegebenheit als wirklich angesehen, dann werden Menschen ihr Handeln danach ausrichten. Hinsichtlich seiner Folgen bekommt also ein für wirklich gehaltener Sachverhalt tatsächlich Wirklichkeitswert, selbst wenn er objektiv nicht gegeben ist. Diesen Wirklichkeitswert hatte das Beben von 1348 für die Zeitgenossen im Hinblick auf seine Einbettung in einen von höherer Seite gefügten Lauf des Weltengeschehens – in reichsweiten Grenzen. Es hatte aber auch Wirklichkeitswert im Hinblick auf seine inhaltliche wie dramaturgische Bedeutung für die wissensproduzierende Erzählung des Forschers.

Ob nun die Zeitgenossen des Erdbebens oder der heutige Forscher: im Beispiel ziehen beide ihre Schlussfolgerungen aus der Verknüpfung von stochastischen historischen Ereignissen zu einem sich argumentativ selbst stützenden Welterklärungsmodell. Wie alle Modelle muss es nicht wahr sein, sondern lediglich die Wirklichkeit so abbilden, dass keine Widersprüche zu den Vorstellungen über die Wirklichkeit entstehen. Treten Widersprüche auf, kommt es unter den von Thomas Kuhn (1969) beschriebenen Umständen zu einem Erklärungswandel, einem Paradigmenwechsel.

Allgemein und auch im historischen Verständnis bezeichnet „Krise“ schwierige Situationen bzw. entscheidende Entwicklungen, die sich über einen Zeitraum hin herausbilden und im Regelfall für ihren Abbau ebenfalls einen bestimmten Zeitraum beanspruchen. Letztlich sind Krisen, wegen ihres zeitlich gedehnten Verlaufs, quasi Miniaturepochen. Auch Bevölkerungen können von kritischen Entwicklungen betroffen sein, z. B. von Hungerkrisen, also anhaltender Nahrungsverknappung. Vielleicht nehmen sie auch durch Hunger und Krankheit so stark ab, dass die Aufrechterhaltung der Funktionen des Gemeinwesens gefährdet ist.

Für die Diagnose der „Krise“ gibt es keinen klaren Symptomkatalog. Der Begriff kam aus der Medizin in die Geschichtsschreibung. Während er dort einen individuellen Zustand beschreibt, erfasst eine Krise in einer menschlichen Gesellschaft das gesamte Kollektiv oder größere Anteile davon. Die medizinische Wortbedeutung trat in den Hintergrund, bis in jüngster Zeit mit der Einführung des Begriffs „Vulnerabilität“ (Abschn. III.9) der Anschluss an die medizinische Metaphorik wiederbelebt wurde. „Vulnerabilität“ ist ein ätiologischer oder nosologischer Dispositionsbegriff, der zunächst nur die Selbstverständlichkeit bezeichnet, dass Lebewesen und die Produkte ihrer Lebenszeit unter einem beständigen Gefährdungsrisiko stehen. Nur „vulnerable“ Gesellschaften können in eine Krise geraten. Krisen können sich abzeichnen, können herbeigeführt werden oder unerwartet beginnen. Ihre Ursache ist nicht Bestandteil ihrer möglichen Definition.

„Krisen“ müssten nach der allgemeingültigen Definition von Rudolf Vierhaus (1978): 1.) zeitlich abgrenzbar sein, 2.) eine Gesellschaft substantiell betreffen und sie verändern, 3.) als geschichtlicher Vorgang von besonderer Art sein, 4.) sich gleichermaßen Wandel, Bruch und Kontinuität zurechnen lassen und 5.) interdisziplinär zu verfolgen sein, weil Krisen Vorgänge auf verschiedenen Ebenen des geschichtlich-gesellschaftlichen Lebens erfassen. Historische Krisen weisen nach Vierhaus (S. 321 f.) bestimmte Merkmale auf:

- Krisen verliefen meist ungleichmäßig.
- Sie hätten einen komplexen Charakter; sie entstünden erst beim Zusammentreffen von ähnlichen Erscheinungen in mehreren Lebensbereichen und ihr wechselseitiges Aufeinanderwirken.
- Die Betroffenen entwickelten ein Krisengefühl oder -bewusstsein; sie bemerkten Veränderungen, ohne die Ursachen schon übersehen oder erklären zu können. Das Gefühl der Zeitgenossen, in einer Krisensituation zu leben, berechtige nicht zur Übernahme dieses Urteils, denn
- Krisen müssten einen objektiven Charakter haben. Diese wären durch tatsächliche strukturelle Veränderungen feststellbar. Diese würden in ihrer Auswirkung eine eigene Dynamik entwickeln und deshalb als ein nicht (mehr) lenkbarer Vorgang ungewissen Ausgangs erlebt.
- Damit wären Krisen ergebnisoffen.

Tatsächlich sind sie nicht nur ergebnisoffen, sie sind auch anhand dieses Kriterienkatalogs nicht sicher diagnostizierbar, weil eine logische Voraussetzung unerwähnt und unerfüllt ist. Eine Krise kann nicht ohne den Normalfall gedacht werden: Ohne Normalitätsmodelle gibt es keine Krisen (Schulze 2010, S 89). Doch während der Normalfall in den Naturwissenschaften gut untersucht ist und eine verlässliche Referenz bildet, ist der Normalfall in der historischen Betrachtung unsicher und bereits selbst ein Gegenstand von Erörterungswürdigkeit (s. u.).

Obwohl Vierhaus (1978) in seiner Krisendefinition naturale Ursachen, wie „geologische Katastrophen, Dürren oder Epidemien" ausdrücklich ausschloss und nur über den Umweg ihrer „ökonomischer Krisenfolgen" zulassen wollte, hat die umwelthistorische Forschung diesen definitorischen Purismus ignoriert. Einmal hat sich das Geschichtsverständnis gegenüber einer einseitigen Ausrichtung auf ökonomische Folgen erweitert. Dann hängt es zwar auch mit der professionellen Begeisterung vieler Umwelthistoriker für Krisen- und Extremsituationen zusammen, allermeist aber verdankt es sich sachlicher Notwendigkeit. Beispielsweise müsste die historische Analyse eines Hochwasserextremereignisses ohne Erhebung seiner naturwissenschaftlichen Vorgeschichte bis zur Sinnlosigkeit unvollständig bleiben. Selbst die alleinige Betrachtung von Krisenfolgen kommt um die Frage nicht herum, ob etwaige Folgemaßnahmen naturale Gesetzmäßigkeiten adäquat berücksichtigten und aus welchen Gründen dies gegebenenfalls unterblieb.

In der Ökologie wird der Begriff der Krise nicht verwendet, sondern nur das Adjektiv „kritisch". Es kommt dann auch ausschließlich in Wortfügungen vor, denen definierte Maßzahlen zugrunde liegen, etwa in „kritischer Dichte" beim Erreichen der Kapazitätsgrenze oder in „kritische Mindestdichte" beim Absinken unter die Bestandssicherungsgrenze. Bemessungsgrenzen für biologisch wirksame Stoffe, die einen Schwellenwert angeben, unterhalb dessen keine messbare Wirkung auf die Lebewesen besteht, geben die „kritische Belastung" an.

Der historische Prozess setzt sich aus konkreten Einzelereignissen zusammen, die als „kleine Tagesbegebenheiten" (*fait divers*) am Ende in der Summe den Alltag der Geschichte ausmachen. Die vermischten Begebenheiten des täglichen Lebens, der „*histoire événementielle*", bestehen aus Wiederholungen, aus massenhaft regelmäßig wiederkehrenden Vorfällen. Dies gilt gleichermaßen für die kleinen Einheiten und Abläufe eines Ökosystems. Würde der einzelne Sperling, der zur Gesamtheit des Ökosystems gehört, entfernt, wäre das folgenlos für das System, wie es ebenso folgenlos ist, ob eine kleine Tagesbegebenheit zufällig stattfindet oder nicht. Und dennoch erlaubt das Studium vieler einzelner Sperlinge eine Aussage über Strukturen und Funktionen eines Ökosystems, so, wie viele gleiche Tagesbegebenheiten Aussagen über Abläufe in einer Gesellschaft möglich machen. Obwohl auf dieser Ebene ein denkbar großer Freiheitsgrad der individuellen Entscheidungen und ein Maximum an Zufälligkeit herrschen, haben Änderungen der Randbedingungen einer Gesellschaft wie eines Ökosystems erhebliche Folgen in das jeweilige Innere hinein.

Eine Geschichtsbetrachtung unter umwelthistorischer Prämisse beginnt logisch und empirisch als mikrohistorischer Ansatz (*bottom up* bzw. induktiv). Es sind Querschnittsuntersuchungen an seriellen Quellen (Ginzburg 1993; Medick 1994), wobei es methodisch keinen Unterschied macht, ob es sich um das individuelle Verhalten historischer Akteure oder um individuelle Parameter biologischer Einheiten handelt. Aus ihnen ergeben sich skalenabhängige Ebenen übergeordneter Betrachtungsweisen. Auf diesen Ebenen nehmen auch etwaige Änderungen der nicht-biologischen Parameter in unterschiedlicher Weise Einfluss. Der Wechsel der Betrachtungsebenen, zwischen den einzelnen Skalen (Schlumbohm 1998), ist mit gewissen erkenntnistheoretischen Problemen verbunden, die im Prinzip mit der „Theorie der logischen Typen" (Bertrand Russel (1872–1970); Kurt Gödel (1906–1978)) überwunden wurden. In grober Vereinfachung besagt diese, dass eine Klasse (Skala) von Phänomenen Eigenschaften aufweise, die aus den Eigenschaften der Elemente dieser Klasse nicht abgeleitet werden können. Die Klassenbildung (Menge, Skalierung) durch eine zusammenfassende Betrachtung führt logisch zu emergenten Eigenschaften der Klasse.

Mikrohistorischer Ansatz und naturwissenschaftliche Analyse zeigen weitere Übereinstimmungen. In der Geschichtsbetrachtung kann ein Gegenstand gewählt werden, weil er typisch ist oder weil er Wiederholungscharakter hat und damit serienmäßig untersucht werden kann. Die Abweichung, das „außergewöhnlich Normale" (*eccezzionale normale*, Edoardo Grendi), stellt dann die potentiell reichere Quelle dar (Ginzburg 1993). Auch in biologischer oder naturwissenschaftlicher Betrachtung erfährt die Analyse möglicher Abweichungen besondere Aufmerksamkeit, weil sie Hinweise auf bisher übersehene Einflussfaktoren oder bislang mangelhafte Interpretationen liefern könnte. Dabei wird allerdings eine Differenz augenfällig. In den Naturwissenschaften bestehen, durch massenhaft wiederholte Analysen in gleichartig gelagerten Versuchsanordnungen mit gleichartigen Objekten oder Organismen, klare Vorstellungen vom „Normalfall", der wie ein idealtypisches Konstrukt anmutet. „Ereignisse" werden zwar auch häufig als „Beispiele", als „Belege" für leitende Ideen historischer Arbeiten herangezogen, besitzen dann als „Normalfall" aber methodisch und technisch eine andere Grundqualität. Ihnen gegenüber hat der naturwissenschaftlich festgelegte „Normalfall" infolge seiner Entstehung als verdichtete Statistik den Vorteil, dass er durch Varianzen gekennzeichnet und durch diese nicht etwa infrage gestellt ist. Tatsache ist, dass in der umwelthistorischen Literatur massenhaft wiederholte Analysen unterrepräsentiert sind, die das „unauffällig Normale" thematisieren. Dabei wären sie mindestens ein Teil der gebotenen wissenschaftlichen Strategie, und zugleich auch ein Bezugsrahmen, mit dem zu vergleichen wäre.

Die mikrohistorische Betrachtung, so Ginzburg weiter, hätte auch gezeigt, „dass jedes soziale Gefüge Resultat der Interaktionen zahlloser individueller Strategien ist, ein Geflecht, das man nur durch eine Beobachtung aus großer Nähe rekonstruieren kann." Eine solche Betrachtung ist nahezu deckungsgleich mit Auffassungen der Biologie über die Evolution ontogenetischer Parameter und ihre Bedeutung für das individuelle Leben (Stearns 2000). Das „gesellschaftliche" Leben wäre dann eine Resultierende aus den Longitudinalstudien aller individuellen Lebensläufe. Das schreibt sich theoretisch leicht hin, ist praktisch bisher aber nur exemplarisch in einzelnen mikrohistorischen Studien realisiert worden (z. B. Medick 1997; Netting 1981). Verdichtet man mikrohistorische Befunde

(z. B. Bundesministerium für Wissenschaft und Verkehr 2000) zu hochaggregierten Datensätzen, ergeben sich, ohne Wechsel der Untersuchungsmethodik, Aussagen auf der Makroebene.

Indes lässt sich eine Differenz nicht aufheben. Während die Wahrnehmung der physischen Welt zu Beginn der Neuzeit durch den Prozess der naturwissenschaftlich fortschreitenden Welterklärung abgetrennt wird von der menschlichen Subjektivität (z. B. Francis Bacon), verbleibt die Wahrnehmung menschlicher Gesellschaften, ihrer Institutionen und Überzeugungssysteme in der Beobachtung zweiter Ordnung (Heinz von Foerster) und in der Vermittlung von Überzeugungsargumenten. Wenn Menschen eine Gegebenheit als real ansehen, dann werden sie so handeln als sei sie real, und insofern kommt es zu realen Konsequenzen einer möglicherweise objektiv nicht gegebenen Tatsache. Deshalb sind Umweltkrisen keine Krisen der Natur sondern Krisen der Kultur (Herrmann 2016).

3.4.1 Eine umwelthistorische Verhaltensspirale und Ereignis-Eigenschaften

Ereignisse in dem hier verwendeten Verständnis sollen zunächst alle Begebenheiten, Geschehnisse, Vorgänge oder Vorfälle sein, die besonderen ebenso wie die normalen. Unabhängig von ihrer anthropogenen oder autonomen Ursache führen alle umweltrelevanten Ereignisse in der Rezeption von Menschen zu einer Bewertung, die Anlass zu weiterem umweltbezogenem Handeln sein kann (zum Folgenden siehe Abb. 3.23). So begann man unter Johann Gottfried Tulla mit der Begradigung des Oberrheins, um die badische Talaue endlich gegen Hochwasser zu schützen und als Ackerfläche zu gewinnen. Für die Durchführung eines solchen Vorhabens mussten administrative/normative Maßnahmen ergriffen werden, es mussten die geeigneten technischen Mittel verfügbar sein, und die Zielvorstellung, die mit dem Vorhaben verknüpft war, musste günstig beurteilt werden. Oft wurden Profiteure solcher Vorhaben direkt oder indirekt mit der Durchführung der Maßnahme betraut. Damit war eine günstige Prognose gesichert. Zwar wurde im Falle des Oberrheins die Melioration der Talaue und die Schiffbarmachung des Rheins bis nach Basel erreicht; aber die (nicht kalkulierten) kostenintensiven Folgen und Nebenfolgen spüren die Unterlieger und Nebenflüsse rheinabwärts bis hinter Köln bis heute. Die prozessualen Folgen bestanden im Beispiel in Änderungen des Landschaftsbildes und der Störung ökosystemarer Dienstleistungen (z. B. Leiner 2003). Die Bewertung der Veränderungen war bereits zu Tullas Zeiten unterschiedlich. Bei den Unterliegern am Rhein wurden die Ingenieursleistungen weit weniger bewundert, denn sie mussten ebenfalls wasserbauliche Maßnahmen einleiten. Tullas Idee, so einfach und überzeugend sie klingt, hat den Anrainern an die Stelle einer Sorge nur eine andere gesetzt, dafür aber den Wasserbauern am Rhein und an den Nebenflüssen bis heute 200 Jahre Arbeit verschafft. Längst schon geht es nicht mehr um Tulla und seine Folgen, sondern um die Folgen und Nebenfolgen in der x-ten Generation.

Umweltrelevante Sachverhalte lassen sich methodisch-analytisch einfach mithilfe des Ensembles aller adverbialen Bestimmungen einordnen. Es sind die Bestimmungen des

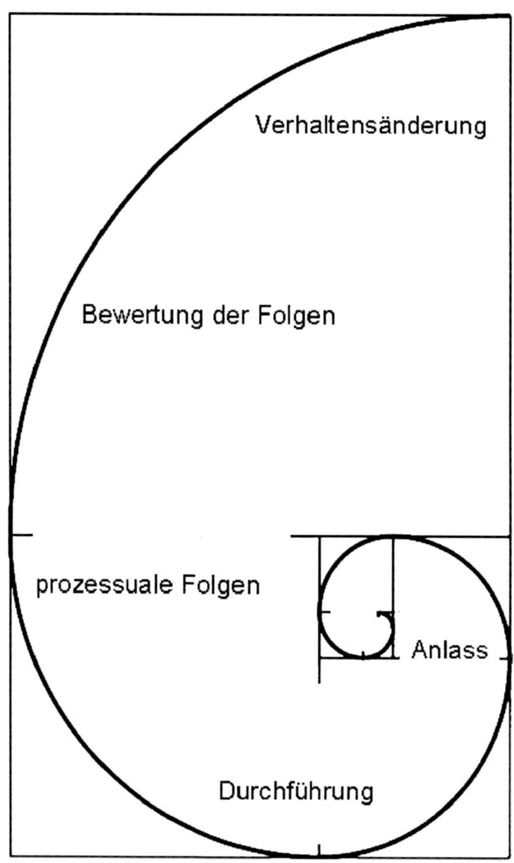

Abb. 3.23 Die umwelthistorische Verhaltensspirale, eine denkbar einfache Vorstellung von einer rückgekoppelten Handlungssequenz. Für eine umwelthistorische Maßnahme lässt sich eine Ursache oder ein Anlass identifizieren, die mit der Formulierung einer Zielvorstellung verbunden sind. Die Vorstellung wird in einer Durchführungsmaßnahme verwirklicht. Ob das angestrebte Ziel überhaupt erreicht werden kann, hängt auch von den verfügbaren Technologien und der Angemessenheit der Vorgehensweise ab. Wegen der Maßnahme und dabei angewandter Vorgehensweisen treten umweltrelevante Folgen auf. Sie werden in ihrer aktuellen Wirkung wie auch im Hinblick auf die Zielvorstellung bewertet. Kommt es zu einer Neuformulierung von Zielvorstellungen, wird eine neue Spirale in Gang gesetzt. Anderenfalls bewegen sich Akteure und Handlungsfolgen weiter in Zeit und Raum entlang der ersten Spirale. Selbstverständlich gilt diese auch für die Bewertung autonomer Ereignisse: An die Stelle des Anlasses tritt dann lediglich „Ursache“ und die Durchführung wird durch „Ablauf“ ersetzt. Verwendet ist das Bild der sogenannten *Fibonacci*-Spirale. Sie kommt sowohl bei Pflanzen wie bei Tieren als Organisationsprinzip vor, z. B. in Blattrosetten bzw. Blütenständen der Nadelgehölze oder im Gehäuse von Mollusken (siehe auch Abb. 3.8). Die Spirale verdankt sich der Zahlenreihe 1, 1, 2, 3, 5, 8, 13 … Die Darstellung müsste besser in einem mehrdimensionalen Achsensystem erfolgen, um den Zeitfaktor zu berücksichtigen. Allein schon deswegen können Handlungen in Raum und Zeit nie wieder einen früheren Zustand durchschreiten bzw. zu ihm zurückkehren

Abb. 3.24 Ansicht des Guatavita-Sees nahe Bogotá, Kolumbien, in einem Kupferstich, den Alexander von Humboldt abbildete und wie folgt kommentierte: „Dieser See liegt im Norden der Stadt Santa Fe de Bogotá ... an einem wilden und einsamen Ort. Auf der Zeichnung sieht man die Überreste einer Treppe, die der Zeremonie der Waschungen diente, sowie einen Einschnitt in die Berge. Kurz nach der Eroberung hatte man versucht, diese Bresche zu schlagen, um den See trockenzulegen und die Schätze zu bergen, welche der Überlieferung zufolge die Eingeborenen darin versteckt hatten, als Quesada mit seiner Kavallerie auf dem Plateau von Neu-Granada anrückte" (Kupferstich aus von Humboldt 1824, Tafel 19, identisch mit Tafel 67 der Erstauflage 1810) Der See galt als Heiligtum und Opferstätte und ist vermutlich die Substanz hinter dem Mythos vom „El Dorado". In ihn sollen zahlreiche Goldarbeiten als Opfergabe geworfen worden sein. Der See hatte derzeit eine Fläche von etwa 2,5 km^2 und eine Tiefe von bis zu 50 m. Die Europäer unternahmen bereits 1545 einen ersten Versuch, den See trocken zu legen. Sie nutzten eine Trockenperiode und senkten in drei Monaten den Wasserspiegel mit Hilfe von Kalebassen um ca. 3 m, was mehreren Mio. m^3 entspricht. Dabei wurden erste Goldfunde gemacht. 1580 wurde ein erneuter Versuch der Trockenlegung begonnen. Mehrere Tausend indianischer Arbeiter sollten jene Bresche in das Seeufer graben, damit das Wasser abfließen konnte. Der Abfluss senkte den Wasserspiegel um 20 m, bevor die Seitenwände abrutschten und viele Arbeiter töteten. Von Humboldt schätzte 1801 in einer Überschlagsrechnung, dass 500.000 Gegenstände im See lägen, die einen Wert von 300 Mio. US$ hätten. Diese Berechnung fand bald Eingang in die populäre Reiseliteratur. 1898 erhielt eine kommerzielle Gesellschaft die Erlaubnis, den See trocken zu legen, was 1912 gelang (New York Times, 27. Oktober 1912). Tatsächlich wurden einige Stücke gefunden, aber der trockenfallende Schlamm auf dem Seegrund verfestigte sich derart schnell, dass es unmöglich schien, aus dieser festen Schicht die Goldfunde zu bergen. Der See lief allmählich wieder bis zur Höhe des Abflusses von 1580 voll und ist heute ein unter Schutz stehendes Nationales Erbe Kolumbiens. Die Seeufer und die angrenzende Ebene, die zu von Humboldts Zeiten als Rinderweide diente (im *Vordergrund rechts*), sind mittlerweile völlig mit Vegetation bedeckt

Ortes, der Zeit, der Art und Weise, des Grundes, des Mittels, des Zwecks, der Bedingung, der Folge, des Gegengrundes und des Gegensatzes, zu denen die kanonischen Fragepronomina führen. Beispielhaft werden drei sehr häufig vorkommende Eigenschaften von Begebenheiten benannt:

- temporal: einmalig oder andauernd
  bezieht sich auf ein ursächliches Erstereignis (Beispiel Guatavita-See, Abb. 3.24) oder eine in Gang gesetzte Kaskade von Eingriffen (Beispiel Rheinrektifizierung).
  In den meisten Fällen ziehen auch einmalige Ereignisse Folgeereignisse nach sich: Man errichtet einen Deich als Hochwasserschutz. Der Deich wird von Bibern untertunnelt. Die Biber werden ausgerottet. In der Zwischenzeit hat der Fluss durch Sedimenterhöhung die Deichkrone erreicht, also muss nachgedeicht werden, usw.
  Der Bergsturz als Folge des Erdbebens bei Villach 1348 (Borst 1981) ist bis heute in der Landschaft sichtbar.
- modal: reversibel oder irreversibel
  die Differenz zwischen den Adjektiven bezieht sich ausschließlich auf den sichtbaren Zustand, auf das, was vordergründig und phänomenologisch als „Wiederherstellbarkeit“ gilt. Die strukturelle Wirkung eines Ereignisses ist prozesslogisch niemals reversibel.
  Jede Bemühung um „Renaturierung“ des Rheins ist, so nahe sie dem ursprünglichen Zustand auch kommen mag, keine Wiederherstellung des Altzustandes im Sinne einer materiellen wie funktionalen Identität.
- konditional: beabsichtigt oder unbeabsichtigt
  diese Begriffspaarung wird der Wirklichkeit nur bedingt gerecht. Einmal gibt es die umweltwirksamen Zufälle in den naturalen Prozessen, die von niemandem „beabsichtigt“ sind, weil sie eben „zufällig“ sind. Zum anderen muss die anthropogene Variante des „unbeabsichtigt“ nicht notwendig bedeuten „aus Versehen“, es kann auch bedeuten „aus Desinteresse, aus Beiläufigkeit“.
  Bestimmt war das Aussetzen der Kaninchen in Australien absichtsvoll. Aber, wie passt in diese Begriffsreihe jene Tatsache, dass der Kartoffelkäfer als blinder Passagier nach Europa kam, obwohl alle Vorsorge für seine Abwehr getroffen war? „Unbeabsichtigt“ wäre hier der übliche verwaltungstechnische Begriff, träfe aber nicht adäquat den Willen der widerständigen europäischen Schädlingsabwehr.
  Wer z. B. Land kultiviert, beabsichtigt Ackerbau zu betreiben. Die Veränderung der Landschaft ist eine logische, aber keine beabsichtigte Folge von Urbarmachung bzw. Landwirtschaft. Dabei handelt es sich keineswegs um eine bloß begriffliche Schwierigkeit, wie zeitbedingte Vorstellungen von der Wertigkeit von Landschaftselementen veranschaulichen. Fontane blickte seinerzeit wohlgefällig aus der Mark Brandenburg auf die Stadtsilhouette Berlins, über der die Schornsteine qualmten – Fortschrittssymbole allererster Güte. Die Schornsteine dienten primär ebenso wenig der ästhetischen Inwertsetzung eines Landschaftsbildes, wie es die Ackerfläche tat. Das Landschaftsbild war unbeabsichtigt, aber nicht planlos entstanden.

Unabhängig von den Umstandsbestimmungen, durch die Begebenheiten, Geschehnisse, Vorgänge, Sachverhalte oder Vorfälle gekennzeichnet sind, ist in der Umweltgeschichte deren Wahrnehmungsmöglichkeit von Bedeutung. Diskrete Ereignisse sind klar zu erfassen, bleiben präsent, werden erinnert und herrschen entsprechend auch in der Umweltgeschichte vor, etwa die „Weihnachtsflut" von 1717 (Jakubowski-Tiessen 1992). Es liegt aber im Wesen vieler prozesshafter Naturabläufe, dass sie überwiegend kontinuierlich verlaufen. Kontinuierlich ändert sich beispielsweise die Wellenlänge im sichtbaren Spektrum elektromagnetischer Wellen. Niemand kann in diesem Wellenlängenkontinuum den Umschlagspunkt von Gelb zu Grün benennen, obwohl Gelb und Grün sicher lokalisiert werden können. Beispielsweise sind Wachstumsvorgänge kontinuierlich, können aber so langsam ablaufen, wie bei einem Bevölkerungsanstieg, dass ihre unmittelbare Wahrnehmung unmittelbares menschliches Beobachtungsvermögen übersteigt. Dies gilt für alle Vorgänge, bei denen Zustandsänderungen nicht innerhalb einer menschlichen Generationendauer wahrgenommen werden, etwa in der Plenter- und Klimaxphase eines Waldökosystems. So konnte auch der heute bekannte, langsame klimatische Wandel in Nordafrika, der zwischen 8000 BCE und 1000 BCE und weiter bis heute aus der grünen Sahara eine Wüste werden ließ (Kuper und Kröpelin 2006) sicherlich von keinem Zeitgenossen direkt beobachtet werden. Wir wissen von ihm nur durch den Vergleich historischer Zeitfenster.

Die Konstruktion von Grenzwerten innerhalb kontinuierlicher Abläufe ist ein hinreichend bekanntes Problem der Wahrnehmungspsychologie, die es u. a. auch in der Variante der „kategorialen Wahrnehmung" kennt. Sie beruht auf Trainingseffekten, auf Sozialisationsmustern und führt zur willkürlichen Setzung von Abschnittsgrenzen, zu willkürlichen Periodisierungen und damit auch – zu Epochenbildungen.

Wahrnehmungsprobleme infolge schleichender Abläufe ergaben sich häufiger auch bei Ressourcennutzungen. Die scheinbare Unendlichkeit, mit der das „Warenhaus Natur" (Günter Bayerl) seine Güter zur Verfügung stellte, war die Folge von Fehleinschätzungen und Unkenntnissen über naturale Prozesse und Systemabläufe. Werden – aus Unkenntnis oder nach dem Muster kolonialer Ausbeutung – mehr Ressourcen entnommen, als sich nachbilden können, sind Erschöpfungen unausweichlich. Die „Holznotdebatte" des 18. Jahrhunderts (Radkau und Schäfer 1987) ist ein Beispiel für ein einsetzendes Nachdenken über Konsequenzen aus umweltbezogenem Handeln. Aber es würde noch bis ins 20. Jahrhundert dauern, bis die Problematik der Ressourcenausbeutung mit den „Grenzen des Wachstums" das allgemeine Bewusstsein erreichte.

3.4.2 Hintergrundereignis Klima

Das Tableau, in dem umweltbezogenes Handeln stattfindet, wäre als bloßes Diorama mit seinen belebten und unbelebten Elementen unzureichend beschrieben. Denn hinter ihm steht noch, wiederum als Bedingung wie als Determinante, das Klima, ein ebenfalls von der Sonnenenergie und von Ereignissen, welche die Umlaufbahn der Erde um die Sonne betreffen, abhängiges Prozessgeschehen. Dass es zu „Eiszeiten“ auf der Erde, wenn auch nicht überall gleichermaßen, kalt war, ist bekannt. Dass es den Menschen überhaupt bekannt werden konnte, ist insofern ein kleines Wunder, als die Menschheit infolge eines planetaren Winters nach einer Vulkanexplosion vor 74.000 Jahren beinahe ausgestorben wäre (Ambrose 1998). Ob es den Flaschenhals in der menschlichen Stammesgeschichte nun tatsächlich zu diesem Zeitpunkt oder eher in einer davor liegenden Kaltzeit gegeben hat – so oder so hat Klima existentielle Bedeutung. Es trifft die Jäger-Sammler wie die Ackerbauern (Brakensiek und Rösener 2010) wie die Transformationsgesellschaft. Die Korrelationen zwischen Klima und herausragenden Ereignissen der Globalgeschichte ist in Abb. 3.32 angedeutet. Die Vorstellung eines autonomen Klimageschehens ist längst aufgegeben. Wenn heute die anthropogenen Einträge in die Atmosphäre als klimarelevant, gegebenenfalls als klimaschädlich bezeichnet werden, verkürzt sich die Sichtweise aber zumeist auf den Zeitraum seit der Industrialisierung. Menschen haben mindestens seit der Erfindung des Ackerbaus messbaren Einfluss auf die klimatische Entwicklung genommen (Abb. 3.25).

Das klimabedingte Geschehen in Mitteleuropa nach der Völkerwanderungszeit, die ihren Ursprung in einer Dürrezeit in Ostasien nahm, in deren Folge Bevölkerungen westwärts zogen und als Domino-Bugwelleneffekt andere Bevölkerungen verdrängten, lässt sich mit zwei Eckdaten skizzieren. Mit dem Karolingerreich war ein klimatisches Optimum verbunden (Rösener 2010), dessen Durchschnittstemperatur etwa der heutigen entsprochen hat. Dadurch war eine Ausweitung der ackerbaulichen Flächen, die einen Bevölkerungsanstieg begünstigte und damit die Ostexpansion möglich. Um 1300 begannen schwierige Wetterlagen als Vorboten der sogenannten Kleinen Eiszeit die etwa zwischen 1500 und 1800 angenommen wird, mit besonders kalten Zwischenzeiten zwischen 1570–1630 und 1675–1715.

Die Klimageschichte Mitteleuropas ist ebenso detailreich wie vorbildlich von Christian Pfister (z. B. 1999) und Rüdiger Glaser (2001) aufgearbeitet. (Verfügbar ist darüber hinaus auch eine Datenbank, TAMBORA). In dieser Klimageschichte überrascht, dass es in den letzten tausend Jahren hinsichtlich klimatischer Lagen keinen „normalen“ Zeitabschnitt gab, der nicht gleichzeitig auch ein Zuviel oder Zuwenig gekannt hätte und in dem nicht auch unterschiedlichste Extreme aufgetreten wären. Die relative klimatische Beständigkeit der letzten 100 Jahre verleiten hier zur unzulässigen Extrapolationen.

Die Klimaanomalie der Kleinen Eiszeit ist tatsächlich keine Periode durchgängig kalten oder feuchten Klimas und war zunächst eine pauschale Etikettierung der Naturwissenschaften. Längst hat die Rekonstruktion klimatischer Großlagen aus historischen Quellen dahin gehend Klarheit geschaffen, dass es nicht zu einer Ausdehnung der Vergletscherung kam, sondern vor allem während des Winterhalbjahrs verstärkt zum Zufluss arktischer Kaltluft. Daraus ergaben sich besondere klimatische Belastungen. Sieht man die Ereignisse dieser Zeit in Europa, so drängt sich der Eindruck auf, dass die großen kulturellen Konjunkturen von Renaissance und Barock, die religiösen Strömungen, die politischen Revolten der Zeit, auf das Engste mit den klimatischen Zuständen in den kontinentalen Regionen verbunden waren (in umfänglicher kulturgeschichtlicher Breite bei Behringer

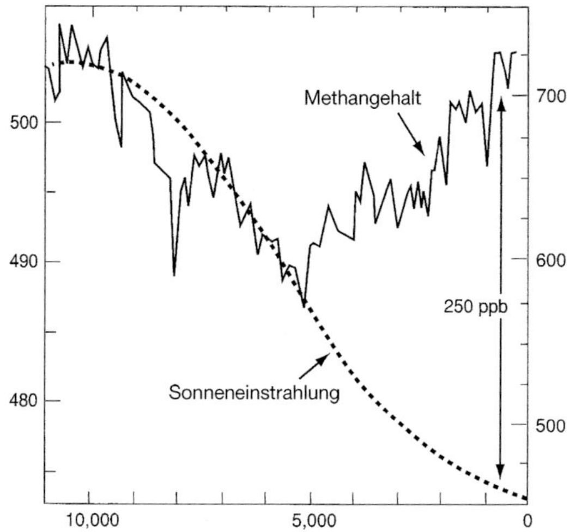

Abb. 3.25 Methankonzentrationen in der Atmosphäre. *Abszisse*: Jahre vor heute; *Ordinate links*: Sonneneinstrahlung [Watt pro m^2], *rechts*: Methangehalt [ppb]. Nach der von John Kutzbach aufgestellten Theorie kommt es wegen eines 22.000jährigen Sonnenzyklus zu synchronen Monsun-Zyklen, in deren Folge auch die Anteile von Methan in der Atmosphäre in einem gleichen Zyklus schwanken. Methan entsteht bei der Umsetzung von organischem Material unter anaeroben Bedingungen, wie sie bei hohen Niederschlagsmengen häufig sind. Die Sonneneinstrahlung erreichte in den nördlichen Tropen das letzte Maximum einer Vielzahl solcher Zyklen vor 11.000 Jahren. Entsprechend lag das Maximum der Methankonzentration ebenfalls bei 11.000 Jahren BCE, um dann anschließend wieder abzunehmen. Um 5000 BCE wurde die bisherige enge Korrelation von Sonneneinstrahlung und Methankonzentration unterbrochen. Statt weiter abzunehmen, stieg der Methangehalt seitdem kontinuierlich an. Methan ist ein klimarelevantes Spurengas. William Ruddiman führt den Methananstieg auf den seit 7000 Jahren in den nördlichen Tropen praktizierten Nassreisfeldbau zurück, der nachweislich mit hohem Methanausstoß verbunden ist (Graphik aus/Bildrechte liegen bei Ruddiman 2005). Im letzten Peak der Konzentrationskurve dürfte sich auch der Jahresausstoß an Methan der weltweit derzeit ca. 1,5 Mrd. Rinder bemerkbar machen. Der Anteil der Wiederkäuer am Gesamtmethangehalt der Atmosphäre wird auf etwas mehr als 25 % geschätzt. Das Minimum der Methankurve bei 5020 Jahren BCE kennzeichnet nachweisbar einen anthropogenen Einfluss der Menschen auf das globale Ökosystem. Freunde der Epochenbildung erkennen vor dem Hintergrund gegenwärtiger Klimaveränderungen im Weltsystem eine neue Zeitstufe innerhalb der quartären geologischen Zeitskala, das „Anthropozän" genannt wird. Während der logische Beginn der Wirksamkeit der Art Homo sapiens eigentlich mit seinem artlichen Erstauftreten gegeben sein müsste, spätestens aber mit dem neolithischen Methanminimum, favorisieren Anhänger dieses Begriffs einen viel späteren Beginn. Nach dem Willen eines Hauptprotagonisten sollte der Beginn ursprünglich um 1800 CE angenommen werden. Es gibt dagegen objektivere Gründe, ihn für 1610 anzusetzen (siehe Abschn. 3.3.2; Lewis und Maslin 2015). Der Begriff, dem kein wirklicher Erklärungswert zukommt, erfreut sich als Aufmerksamkeitsbegriff und Begriff des wissenschaftlichen Marketings zunehmender Beliebtheit. Es ist im Interesse dieser Wirkung, dass die Epoche des Anthropozäns so nahe wie möglich an die Gegenwart heranrückt, um den Einfluss des neuen Etiketts zu steigern. Der Begriff macht indes eine Krise sichtbar, die auch eine Folge der falschen Kategorienopposition Natur-Kultur ist (vgl. Abschn. 2.1). Als hätte es das gesamte, zumindest abendländische Raisonnement über den Menschen und sein Verhältnis zur Natur vor der Einführung des Anthropozän-Begriffs nicht gegeben, scheint gleichsam plötzlich erst dieser Begriff die Gestaltungsmacht des Menschen zu Bewusstsein gebracht zu haben (siehe Herrmann 2014, S. 43 ff).

et al. 2005 und Behringer 2007). Beispielhaft sei nur das (häufiger aufgetretene) „Jahr ohne Sommer“ 1628 erwähnt, in dem die Hexenverfolgung ihren Höhepunkt hatte, oder die „Krise des Jahres 1570“, die in Wahrheit eine von 1569–1574 war (Jakubowski-Tiessen 2010). Die Bevölkerungsverluste dieser Zeit verdankten sich nicht nur dem Kriegsgeschehen, sondern auch dem opportunistischen Seuchengeschehen im Umfeld der ab 1626 einsetzenden besonderen Klimavariation. Kriege und Bürgerkriege, Bauernkriege und Revolten, Judenpogrome und Hexenverfolgungen der Zeit hätten zwar immer ihre eigenen Ursachen, aber politische Geschichtsschreibung und soziologische Theorie hätten bisher nicht zugelassen, die umwelthistorische Signifikanz ihrer Entstehungsjahre angemessen zu berücksichtigen (Behringer et al. 2005, S. 13).

Die Kleine Eiszeit ist ursächlich verknüpft mit einer Phase stark verringerter Sonnenfleckenaktivität, nach ihrer Entdeckung durch den englischen Astronomen Edward Walter Maunder (1851–1928) als „Maunder-Minimum“ benannt. Verringerte Sonnenfleckenaktivität, die ihrerseits einem 11-Jahreszyklus folgt, ist mit einer gering verminderten Strahlungsaktivität der Sonne verbunden. Die extreme Verminderung der Sonnenfleckenaktivität während der Kleinen Eiszeit erklärt die damalige Temperaturanomalie mindestens teilweise. Hinzu traten andere Faktoren, u. a. das Erliegen des Golfstroms im Atlantik bis hin zu den Folgen des Bevölkerungsverlustes in Südamerika (Dull et al. 2010). Frühere Sonnenfleckenminima (Spörer-Minimum, Wolf-Minimum) waren ebenfalls von Temperaturanomalien begleitet, wenn auch in geringerem Ausmaß. Verblüffend ist nun, dass sich historisch sicher belegte Grippe-Pandemien mit Sonnenfleckenaktivitäten hoch korrelieren lassen, wobei der Zusammenhang besonders deutlich für die Zeit des 18. Jahrhunderts ist (Ertel 1994). Noch verblüffender ist, dass sich während Phasen extrem verringerter Sonnenfleckenaktivitäten „Kreativitätsschübe“ kultureller Entwicklungen beobachten lassen. Erstmals machte Alfred Kroeber (1944) darauf aufmerksam, dass es in der westlichen mediterran-abendländischen Kultur diskontinuierliche Phasen beschleunigter Entwicklung gebe. Ähnliche Phasen sind mittlerweile auch für östliche Kulturen bekannt. Massenstatistische Auswertungen zeigen nun ebenfalls eine Übereinstimmung mit Kreativitätsschüben in Europa wie in China während der Spörer- und Maunder-Minima (Ertel 1997). Hinzuweisen ist in diesem Zusammenhang auf eine nach Erfindung des Buchdrucks in Europa einsetzende und sich selbst beschleunigende Spirale des Informationsaustauschs.

3.4.3 Vorboten

Am 28. Juli 1976 erschütterte das Großbeben von Tangshan die Volksrepublik China. Die Zahl der Todesopfer wird auf 650.000 geschätzt – es war das verheerendste Erdbeben des 20. Jahrhunderts. In der Alltagskultur wurde das Beben als Vorzeichen eines Ereignisses ähnlicher Dimension gedeutet: Tatsächlich starb Mao Zedong im darauffolgenden September.

Jede Wirtschaftsform, die unmittelbar von der Primärproduktion abhängt, beachtet phänologische Zeichen. Die früheren Bauernkalender sind voll davon. Selbst ein heutiger Stadtmensch weiß, was es bedeutet, wenn den Pferden früh das Winterfell wächst oder es reichlich Eicheln und Bucheckern gibt: Ein harter Winter steht vor der Tür. Das mag im Einzelfall nicht zutreffen, scheint aber im Gedächtnis der Menschen häufiger zugetroffen als sich als falsch erwiesen zu haben.

Naturphänomene, deren Entstehungsursache völlig unbekannt waren oder in Erscheinungsform, Gestalt oder Zahl von Bekanntem abwichen, wurden in Zeiten fehlender naturwissenschaftlicher Erklärungsmuster als „Wunder" klassifiziert, wobei der Begriff gemäß seiner Mehrdeutigkeit sowohl das Verwunderung oder Erstaunen Hervorrufende ebenso abdeckt, wie das absolut Unerklärliche und das Zeichenhafte, das Zeichen (DWB). Wunder überbrückten auch die Grenzen zwischen lateinischer und volkssprachlicher Naturphilosophie und Naturgeschichte (Daston und Park 1998). Vor der Entstehung jener rational-logischen naturwissenschaftlichen Erklärungsmuster, die das heutige Weltbild bestimmen, waren magische Vorstellungen in der zeitgenössischen Wissenschaft selbstverständlich akzeptierte Erklärungsmittel (Thorndike 1958) und ihre Ausdeutung als Zeichen, als Vorboten, als Prodigium durchaus regelrecht.

Wenn unerwartet Heuschrecken oder Massen von Vögeln auftauchten, wenn es Fische oder Frösche regnete (Dennis 1994), wenn sich am Tageshimmel ein Kometenschweif zeigte oder der Blutregen fiel: Diese Ereignisse konnten nur Vorzeichen schlimmeren Geschehens sein (Schwegler 2002) (Abb. 3.26).

Besonders häufig wurden Extremereignisse, deren Ausmaß die Vorstellungskraft sprengte, als Vorzeichen in die spirituelle Welt der Zeitgenossen einbezogen. Im christlich geprägten Mitteleuropa lagen dafür mit den biblischen Plagen (Exodus 7–12), deren ökologischer Hintergrund jetzt aufgedeckt ist (Hüttermann 1999), schon Interpretationsmuster vor. Entsprechend waren Interpretationen vorherrschend, die einen mahnenden oder strafenden Gott als Urheber annahmen. Mit dem Übergang von der magischen Wissenschaft zum Wissenschaftsprinzip der experimentell überprüften Empirie verliert die Deutung von Naturdingen als metaphysische Zeichen ihre Bedeutung. Es wird erkannt, dass die Dinge nichts sind als sie selbst. Es ist zugleich die „Entzauberung der Welt": „Die zunehmende Intellektualisierung und Rationalisierung bedeutet also nicht eine zunehmende allgemeine Kenntnis der Lebensbedingungen, unter denen man steht. Sondern sie bedeutet etwas anderes: das Wissen davon oder den Glauben daran: dass man, wenn man nur wollte, es jederzeit erfahren könnte, dass es also prinzipiell keine geheimnisvollen unberechenbaren Mächte gebe, die da hineinspielen, dass man vielmehr alle Dinge – im Prinzip – durch B e r e c h n e n   b e h e r r s c h e n könne. Das aber bedeutet: die Entzauberung der Welt. Nicht mehr, wie der Wilde (*bzw. der Mensch vor der Aufklärung, B.H.*), für den es solche Mächte gab, muss man zu magischen Mitteln greifen, um die Geister zu beherrschen oder zu erbitten. Sondern technische Mittel und Berechnung leisten das. Dies vor allem bedeutet die Intellektualisierung als solche." (Weber 1919, S. 594, Hervorhebung im Original)

Ein wunderbarlich vnd erschrocklich wunderzaichen das gesehen worden ist zwischen Mentz vnd Bingen am Rhein M. D. Lij.

Das Frœwlin.

Das Mennlin.

IN den schönen vnd lieblichen Hochzeit büchlein Tobie am vij. Capitel/ Spricht Raphael der Engel des Herren zum altē Tobias vnnd seinem son (welchem er in menschlicher gestalt ein Weib gfreiet het) vnder andern schönen worten also: Der Könige vnd Fürsten rat vnd heimligkeit sol man verschweygen/ Aber Gottes werck vnd wunderthatten sol man herzlich preisen vn̄ offenbaren ꝛc. Dieser vnnd des gleichen sprüche fordern vnd begeren ernstlich/ das man nichts was zur ehr Gottes gereychen mag verschweigen sol. Die weil dan̄ dem also/ Dis jars Anno Salutis. M. D. LII. ist zwischen Mentz vnd Bingen ein vnzelicher erschrocklicher hauff Vögeln gesehē worden/ welche mit irē Flugel einn grossen Schaten gemacht habē/ daß es verplichtzlich finster worden ist/ als ob es Nacht were/ Vnn[d h]aben sich vberall im Mentzer Bistumb nider gelassen/ vnnd an vilen orten die Erden bedeckt/ Wie solchs vil leut im Land gesehen vnnd das bawresvolck diser Vögel vil Todt vnnd lebendig gefangen/ vnnd gessen habē/ auch hin vnd wider vff die Märckt bracht. sind solcher grösse/ Form/ vnnd gestalt gewesen/ wie sie oben abgemalet seind. Was aber Gott der almechtig vnser Genediger vnd lieber Vatter im Himel damit bedeuttet haben wil/ das wölln wir (als seine kinder) ihme in seine aller güttigste barmhertzigkeit willigklich befelhen/ vnd hoffen/ Er werde die bedeutung vmb seines geliebten Sons vnsers lieben Herrn vnd Heylands Jesu Christi willen also volstrecken/ das es seiner Götlichen Mayestat zů ewigem Rhům vnd der gantzen Christenheit zů fridlicher wolfart Leibes vn̄ der Seelen gereyche/ Amen.

Abb. 3.26 Flugblatt über den Seidenschwanz (*Bombycilla garrulus*). Anonymer Holzschnitt aus Anlass eines Masseneinflugs 1552. Seidenschwänze sind knapp starengroße, bunte Vögel des europäischen Nordens, die als Teilzieher und Wintergäste auch in südlichere Regionen vorstoßen. Der Seidenschwanz war ein Vorbote schlimmen Unglücks, der als Brandstifter und Pestvogel, als Unglücksvogel galt. Bis heute ist sein niederländischer Trivialname „Pestvogel". Die Abbildung (aus Kinzelbach (1995)/Bildrechte) zeigt *oben* „das Frœwlin", *unten* „das Mennlin". Der Autor des Flugblattes, der den üblichen Bezug zum Religiösen nimmt, wagt aber keine konkrete Erklärung: „Ein wunderbarlich und erschrocklich wunderzaichen das gesehen worden ist zwischen Mentz [Mainz] und Bingen am Rhein. In den schoenen und lieblichen Hochzeitbuechlein Tobie am vii. Capitel/Spricht Raphael der Engel des Herren zum alten Tobias und seinem son (welchem er in menschlicher gestalt ein Weib gefreiet het) under andern schoenen worten also: Der Könige und Fürsten rat und heimligkeit sol man verschweygen/Aber Gottes werck und wunderthaten sol man herzlich preisen unn offenbaren. Dieser und des gleichen sprüche fodern und begeren ernstlich/das man nichts was zur ehr Gottes gereychen mag verschweigen sol. Die weil dann dem also/Dis jars Anno Salutis MDLII ist zwischen Mentz und Bingen ein unzelicher erschrocklicher hauff Voegeln gesehen worden/welche mit iren Flugel einn grossen Schaten gemacht haben/daß es verplitzlich finster worden ist/als ob es Nacht were/Unnd haben sich uberall im Mentzer Bistumb nider gelassen unnd an vilen orten die Erden bedeckt/Wie solchs vil leut im Land gesehen und das bawresvolck dieser Voegel vile Todt unnd lebendig gefangen/unnd gessen haben/auch hin und wider uff die Maerckt bracht. Sind solche grösse/Form/unnd gestalt gewesen/wie sie oben abgemalet sind. Was aber Gott der allmechtig unser Genediger und lieber Vatter im Himel damit bedeuttet haben will/das woelln wir (als seine kinder) ihme in seine aller guettigste barmherzigkeit willigklich befehlen/und hoffen/Er werde die bedeutung umb seines geliebten Sons unsers lieben Herrn und Heylands Jesu Christi willen also vollstrecken/das es seiner Goetlichen Majestat zue ewigem Ruehm und der gantzen Christenheit zue fridlicher wolfart des Leibes unn der Seelen gereyche/Amen"

3.4.4 Elementarereignisse, Extremereignisse, „Naturkatastrophen"

Es ist wohl eine Frage des persönlichen Naturells, ob man Umweltkrisen etwas Positives abgewinnt, indem ihnen die Fähigkeit zugeschrieben wird, in Menschen schöpferische Kräfte freizusetzen (z. B. Hančar 1950), oder ob am Ende überraschend der Eintritt in die Agrarwirtschaft als Verlust über den paradiesischen Zustand des Jäger-Sammler-Daseins beklagt wird, weil die ersten Generationen der Ackerbauern von üblen Diätfehlern und schweren körperlichen Molesten geplagt worden wären (Larsen 2006). Auf jeden Fall ist ein überproportionales Interesse der umwelthistorischen Forschung für die Höhepunkte von Umweltkrisen feststellbar. Diese Höhepunkte erhalten in retrospektiver Beurteilung mitunter den Status einer „Katastrophe", wenn das Ausmaß der Schäden immens erscheint (von griech. Katastrophe: Wendung zum Niedergang).

Große Schadensereignisse in der naturalen Umwelt können ausschließlich zwei Gründe haben:

- Entweder handelt es sich um Schäden, die infolge autonomer naturaler Prozesse eintreten. Dann sind sie zumeist nicht vorhersehbare, zufällige Ereignisse.
- Oder sie beruhen auf der Fehleinschätzung naturaler Prozesse bzw. der Unfähigkeit, diese Prozesse in einem ingenieurtechnischen Sinne zu moderieren.

In beiden Fällen treten Schäden nur in der menschlichen Wahrnehmung auf. Kein natürlicher Prozessablauf kann in der freien Natur „Schaden" anrichten, weil er konstitutiver Teil des Gesamt ist und als solches den Bezugsrahmen dafür stellt, was Menschen für „normal" halten (sollten). Kulturwissenschaftler neigen dazu, extreme naturale Prozessabläufe, die von hohen Schäden für menschlichen Besitz und menschliches Selbstverständnis begleitet sind, in der alltagssprachlichen Bezeichnung als „Naturkatastrophen" zu belegen (Groh et al. 2003). Die ursächliche Verortung des Schadensfalls „in der Natur" beruht auf einer irrigen Einordnung der Wahrnehmung in zweierlei Hinsicht. Einmal liegt es „in der Natur" der Lebensabläufe an sich, dass sie unter einem beständigen Bedrohungsrisiko stehen. Zum anderen ist „Natur" kein Täterwesen. Da das Extremereignis vom Schaden her bewertet wird, kann man richtig nur von „Naturrisiken und Sozialkatastrophen" sprechen (Felgentreff und Glade 2008). Naturkatastrophen existieren nicht. Es gibt extreme Elementarereignisse, wenn die „entfesselten Elemente" in der Naturmetaphorik menschlicher Wahrnehmung Schäden anrichten. Versicherungstechnisch werden sie als Elementarschäden abgerechnet. Allgemeiner handelt es sich um seltene und seltenste Fälle, in denen naturale Prozessabläufe extreme Intensitäten oder Ausmaße erreichen: Deshalb sind es Extremereignisse. Sie werden erst durch menschliche Wahrnehmung zu Katastrophen, zu Sozialkatastrophen (Clausen et al. 2003), wie die Verwendung des Wortes Katastrophe ohnehin nahelegt. Und genau so wird ggfls. auch die Beseitigung ihrer Schadensfolgen betrieben. Es wird die Wiederherstellung der materiell und sozial zerstörten Gemeinschaft bzw. der von ihnen *genutzten* Areale angestrebt. In keinem Fall eines solchen Extremereignisses scheint je die Wiederherstellung der Situation in der freien Natur vorgeschlagen oder gar versucht worden zu sein.

Merkwürdigerweise werden Aussterbeereignisse, die doch das Extremste darstellen, was einer biologischen Art wiederfahren kann, nicht den Extremereignissen selbst zugerechnet. Zumindest fehlen sie in einschlägigen Aufstellungen. Die – seit dem Bericht „Global 2000“ an den US-Präsidenten – vergangenen Jahre, in denen ein Artensterben unvergleichlichen Ausmaßes für möglich gehalten wurde, haben offenbar keinen wirklichen Einstellungswandel bewirkt. Dies dürfte endgültig belegen, dass die sogenannten Naturkatastrophen ausschließlich Angelegenheiten der Menschen selbst berühren.

Die Bezeichnung Naturkatastrophe nimmt Bezug auf eine frühaufklärerische Position, die Francis Bacon mit seiner Natureinteilung vorgegeben hatte:

> Die Einteilung der natürlichen Historie wollen wir nach dem Zustand und der Beschaffenheit der Natur selbst unternehmen, als die in dreifachen Zustand gesetzt erfunden wird und gleichsam eine dreifache Regierung eingeht. Denn entweder ist die Natur frei und erklärt sich durch ihren gewöhnlichen Lauf, wie an den himmlischen Körpern, den Tieren, den Pflanzen und dem ganzen Vorrat der Natur; oder sie wird durch bösartige Ungewöhnlichkeiten eines unbändigen Stoffes und durch die Gewalt der Hindernisse außer ihrem Zustand gestoßen, wie in Missgeburten. Also teilt sich die natürliche Historie in die Historie der Zeugungen, der Misszeugungen und der Künste, welche letztere man auch die Mechanik und die erfahrende Naturlehre zu nennen gewohnt ist. Die erste derselben behandelt die Freiheit der Natur, die zweite die Fehler, die dritte die Bande (Bacon 1783, S. 173).

Hier wird als „Fehler“ der Natur bezeichnet, was ggfls. als Katastrophe registriert wird, obwohl der Fehler nicht in der Natur, sondern im fehlenden oder falschen Verständnis ihrer Abläufe liegt. Die Ingenieurskünste „zähmen die Kräfte der Natur“, in dem sie ihr Zügel (Bande) auferlegen. Aber gelegentlich kehren die „entfesselten Kräfte“ *durch* Fehler – und *nicht als* Fehler – zurück und verrichten u. a. bei technischen Havarien ihr zerstörerisches Werk. Tatsächlich sind auch diese lediglich Beispiele für die Nichtbeherrschung naturaler Prozesse oder von Syntheseprozessen, denen Elementareigenschaften der Naturstoffe und naturwissenschaftliche Gesetzmäßigkeiten zugrunde liegen. Die Fehler liegen auf der Seite der Menschen. Es ist zwar der Dampf, der die Dampfmaschine sprengt, aber nur, weil Menschen seine Eigenschaften im Zusammenspiel mit der Maschine falsch einschätzen. Das gilt für den Untergang der Titanic ebenso, wie für das Stickstoffwerk in Oppau (1921) oder das PVC-Werk in Bitterfeld (1968), für Seveso und Bhopal ebenso wie für Fukushima.

Aufzählungen umwelthistorisch relevanter Extremereignisse blenden jene früherer Erdzeitalter aus, obwohl diese für bestimmte Risikokalkulationen große Bedeutung haben. Hierunter fällt beispielsweise das Tunguska-Ereignis von 1908, bei dem über der sibirischen Einöde ein Meteorit explodierte. Es gab nur einige Verletzte und eine großflächige Verwüstung des borealen Waldes (Horn 2010). Die gelegentlich von der Erde zu beobachtenden Kometen gaben zwar als Prodigien Anlass zur Sorge, und man richtete sich zweckmäßig auf ein schlimmes Ereignis unbekannter Art ein, aber die erwarteten Katastrophen blieben aus. Offenbar waren die Vorkehrungen erfolgreich.

Anders verhielt es sich mit Erdbeben. Zwar gehört Mitteleuropa zu den tektonisch ruhigsten Zonen der Erde, aber die Erdbebenkataloge (Leydecker 1986; Grünthal 1988) weisen doch eine erstaunliche Häufigkeit aus. Die mittelalterlichen Erklärungen muten sonderbar an: sie reichen von den notorisch beschuldigten Juden über einen gewaltigen unterirdischen Fisch bzw. eine Schildkröte bis zu Dünsten in unterirdischen Hohlräumen, die gewalttätig hervorbrächen. Für das 1348er Beben wurde ein offensichtlicher Zusammenhang mit der kurz darauf einsetzenden Pest-Pandemie angenommen. Gott, so die demütige Erklärung des Geschehens, hätte die Welt in einem Augenblick zerschlagen können, aber zurzeit wollte er es nicht (Borst 1981). Ob nun 1348 oder Verona, 3. Januar 1117 (von Hülsen 1993), oder ein anderes Beben – das Muster wird hier, wie bei den meisten anderen Extremereignissen, bis in die Aufklärungszeit im Grundsatz gleich bleiben: Gott tritt als pädagogisch agierende Vatergestalt auf. Das wird sich im Katastrophendiskurs der Aufklärungszeit ändern, wie Andreas Schmidt (1999) detailliert belegte. Aber am Ende kommt man nach 1755, dem großen Erdbeben von Lissabon, dessen Opfer in der Hauptsache der nachfolgende Tsunami verursachte, zwar der modernen Auffassung näher. Man versteht auch die Enttäuschung kritischer Geister, dass die bisherigen Fortschritte der rationalen Welterklärung nicht ausreichten, einem solchen Ereignis auszuweichen. Doch die europaweite Erschütterung, die das Erdbeben auf allen Ebenen des kulturellen und gesellschaftlichen Lebens ausgeübt hätte (European Review Vol 14, No. 2 und No. 3), ist am Ende wohl doch eher eine Sache nur einiger Welterklärer geblieben. An der Wirkung auf das allgemeine Bewusstsein lassen sich Zweifel anmelden (Lauer und Unger 2008).

Erdbeben sind ankündigungsfreie Ereignisse. Das Gegenteil wären solche Umweltkrisen, die sich schleichend abspielen und sich damit zunächst der Wahrnehmung der Zeitgenossen entziehen. Das trifft auf jene Ereignisse in Grönland oder auf der Osterinsel zu, es trifft zu auf das Aussterben von Tieren und Pflanzen, sofern registriert und als Verlust empfunden. Es trifft sicher zu auf die Kaninchenplage in Australien. Aber immer ist der Maßstab die Wahrnehmung des Bedrohungspotentials. Insofern liegt es im Charakter solcher schleichenden Krisen, die sich bei rechtzeitigem Gegensteuern hätten abwenden lassen. Sie können aber erst von jenem Moment an als Bedrohung wahrgenommen werden, von dem an ein Abwenden wegen der systemischen Nachlaufeigenschaften kaum noch gelingen wird.

Natürliche Feuer gehören zu den „normalen" Erscheinungen in Ökosystemen, selbst bei ungewöhnlicher Ausdehnung und Dauer. Katastrophal kann es werden, wenn natürliche Waldbrände oder Steppenbrände Siedlungen bedrohen. Offenbar kam es in historischer Zeit nicht zu solchen Ereignissen, weil die Zonen in den Siedlungsumgebungen weitgehend vom Holz befreit waren und in den freien Steppen kaum dörfliche oder städtische Strukturen lagen. Dauerhaft gefährlich waren anthropogene Feuer, weil sie außer Kontrolle geraten konnten. Köhlereien oder Glashütten waren potentielle Feuerherde in den Wäldern. Stadtbrände infolge von Erdbeben waren keine Seltenheit. Die Hauptsorge galt jedoch den alltäglichen häuslichen oder gewerblichen Unfällen, in deren Folge zahllose Stadtbrände entstanden (Zwierlein 2011). Das Eindecken der Häuser mit Ziegeln oder steinernen Platten war, ebenso wie der Einsatz von feuerresistentem Abstandsgrün, etwa Eichen, ein Versuch, das Überspringen der Flammen von einem Haus auf das andere zu verhindern. Die weite Verbreitung von Häusern in Holzständerbauweise ermöglichte eine schnelle Ausbreitung des Feuers. Christopher Wren konzipierte deshalb nach dem Londoner Stadtbrand 1666 den Generalbebauungsplan mit soliden Steinhäusern. Gleichzeitig beabsichtigte er damit, den pestflohtragenden Ratten die Lebensbedingungen zu erschweren.

Eine Variante natürlicher Feuer sind Vulkanausbrüche. Die Folgen des Vesuv-Ausbruchs 79 CE für Pompeji und Herculaneum sind bekannt. Hier hätten die Bewohner gewissen phänologischen Zeichen, die von den Haustieren oder den frei lebenden Vögeln ausgingen, zu ihrem eigenen Vorteil Aufmerksamkeit schenken sollen. Nicht schützen konnte man sich 1500 BCE auf Kreta und anderen griechischen Inseln, als auf Tera der Vulkan Santorin ausbrach. Die Eifel und der umliegende linksrheinische Prospekt erhielten mit dem letzten Ausbruch des Vulkans Maria Laach im Jahre 10.930 BCE ihre heutige geomorphologische Gestalt. Es ist möglich, dass 1315 infolge vulkanischer Aktivität auf der Südhemisphäre in Mitteleuropa eines der Jahre ohne Sommer wurde. Die Eruption des Tamboro, der am 10.4. 1813 ausbrach, brachte so viel Asche in die Atmosphäre, dass in Europa 1815 wegen der eingeschränkten Sonneneinstrahlung und begleitender Wetteranomalien gravierende Ernteausfälle stattfanden.

Häufigste Extremereignisse in Mitteleuropa waren und sind Hochwasser (Schmidt 2000). Hierbei handelt es sich um zeitweilige Probleme beim Abfluss des Wassers eines Flusses oder Flusssystems infolge extremer Niederschlagsmengen oder plötzlicher Tauwetterlagen. Hochwasser treten infolge von möglichen Wetterunterschieden auch in kleineren Räumen auf und waren in Häufigkeit und Intensität selbst während klimatischer Extremzeiten in Europa unterschiedlich ausgeprägt (Brázdil et al. 1999). Sie können durch abflussbehinderndes Material sehr verstärkt werden. Im Prinzip handelt es sich um zufällig auftretende Extremereignisse größerer Häufigkeit, die regelhaft an bestimmte Großwetterlagen gebunden sind. So wird für das mitteleuropäische Jahrtausendhochwasser von 1342, das so genannte Magdalenen-Hochwasser, eine klassische Unwetterlage angenommen, die ihren Ausgang von einem Mittelmeertief nimmt, das große Mengen von Feuchtigkeit nach Mitteleuropa transportiert und mit ausgedehnten Niederschlagsphasen an den Alpen und Mittelgebirgen verbunden ist. Im Juli 1342 standen in Deutschland nach lang anhaltendem Dauerregen weite Teile unter Wasser. In Köln habe man mit dem Kahn in den Dom fahren können, wo das Wasser einem Mann bis zum Gürtel gereicht hätte (Abb. 3.27).

Hochwasser sind ökosystemare Regelereignisse und als solche konstitutive Teile der Dynamik eines Flussauensystems (klassisch: die saisonale Überflutung des Niltals und die Beobachtung des Nilpegels mithilfe speziell erbauter „Nilometer"). Dass sie zu Sozialkatastrophen werden können, liegt an der erheblichen Attraktivität, die Flussauen auf die menschliche Siedlungsaktivität ausüben. Flussauen sind weitestgehend ebene Gelände mit fruchtbaren Böden, die einen natürlichen Gunstraum für den Ackerbau darstellen. Von Flussauen aus kann der Fluss als Transport- und Wegesystem kontrolliert werden, und Flussübergänge bündeln das Landwegesystem. Offensichtlich überwiegen die Vor-

Abb. 3.27 Marke des Jahrtausendhochwasser von 1342 an der Außenwand der Kirche St. Blasius, Hannoversch Münden mit der lateinischen Inschrift (Abkürzungen ergänzt): *Anno domini MCCCXLII/ix kalendas Augusti facta inunda/cio Wesere et Vulda tantaque/altitudo aque tetigit ba/sem huius lapidis quadrangularis* [Im Jahre des Herrn, 1342, gab es am 23. Juli eine Überschwemmung durch Weser und Fulda, und die Höhe des Wassers war so hoch, dass es den Unterrand dieses Steines berührte]. Die Wassermarke befindet sich ca. 7 m über dem heutigen Wasserspiegel der Flüsse. Der Stein befindet sich wahrscheinlich noch an ursprünglicher Stelle und sitzt unmittelbar oberhalb eines zweiten Gedenksteins, der an ein Hochwasser von 1552 erinnert

teile einer Siedlungsaktivität in der Flussaue die jedermann bekannten Nachteile so sehr, dass trotz hochwasserbedingter Verluste im Durchschnitt eine auskömmliche Wirtschaft betrieben werden konnte. Mit anderen Worten, landwirtschaftliche Erträge und Tierproduktion in der Flussaue waren bei geringerem Arbeitseinsatz gegenüber einer Wirtschaft in der Ferne um so viel höher, dass sie auf längere Sicht mittlere Hochwasserschäden kompensieren konnten. Totalverluste waren jederzeit möglich, wenn das Extremereignis durchschnittliche Beträge überschritt oder, wie es bei den Flachlandströmen häufiger der Fall war, sich der Fluss verlagerte. Die Erhebungen von Reischel (1930) erlauben die Schlussfolgerung, dass sich beispielsweise die mittelalterliche Elbe bei Magdeburg auf einer Länge von 75 km ihr Flussbett unvorhersehbar über eine Breite von 15 bis 20 km verlagern konnte. So liegt die im Jahre 1300 direkt am Fluss gegründete Siedlung Wolmirstedt heute rund 6 km vom Fluss entfernt. Insgesamt fielen im Untersuchungsgebiet durch Flussbettverlagerungen 27 Siedlungen wüst. Hochwasserereignisse traten auch als Folge der hochmittelalterlichen Rodungsaktivitäten auf, etwa durch die Herren von Säckingen im Schwarzwald. Wegen des zerstörten Rückhaltesystems kam es zu erhöhten Abflüssen, die in der Rheinaue die Ernten zerstörten. Damit wird deutlich, dass Hochwasserereignisse letztlich zwar niederschlagsbedingt sind, jedoch in engem Zusammenhang mit den Landnutzungssystemen innerhalb des Entwässerungsraums stehen. Hinzu kommen Nutzungsrechte am Wasserlauf, beispielsweise in Form von Mühlenstau, Ableitungen zur Wiesenbewässerung, Eintrag erodierten Sediments usw. Damit verkomplizieren sich Untersuchungen zur historischen Hochwassersituation. Die sorgfältigsten kleinräumigen Untersuchungen liegen vermutlich für das Bundesland Thüringen vor (Deutsch 2007; Deutsch und Pörtge 2003, 2009). Der gesellschaftliche Umgang mit Hochwasser ist ein Paradebeispiel für die soziale Konstruktion einer Naturgefahr (Weichselgartner 2001). Die Muster ihrer Überwindung ergeben sich wiederum aus der für Extremereignisse bekannten Bewältigungs-Trias von Realitätsverweigerung, religiöser Einkehr mit barmherziger Hilfe und (wasserbaulichen) Vorsorgemaßnahmen.

Niederschlagsverursachte Extremereignisse sind auch Hagelschlag. Obwohl sie in der Regel kleinräumig fallen, ist ihre Wirkung außerordentlich, weil sie entweder die Ernte stark beeinträchtigen oder völlig zunichtemachen. Ihnen wird deshalb in frühen Wetteraufzeichnungen und Chroniken besondere Erwähnung zuteil (Oberholzner 2012).

Sturmfluten sind Extremereignisse einer besonders schweren Kategorie. Sie betreffen in Mitteleuropa vor allem die Nordseeküsten, wo man vor mehr als 1000 Jahren mit der Errichtung von Küstendeichen begann. Die „zweite Marcellusflut" (auch: Erste Grote Mandränke) vom 15. bis 17. Januar 1362 betraf die gesamte Nordseeküste. Man schätzt ihre Todesopfer auf 100.000. Sie reiht sich ein in eine beginnende Klimaverschlechterung als Vorboten des Klimapessimums zwischen dem 16. und 18. Jahrhundert. Schon fast auf dem Höhepunkt der ersten großen Klimadepression während der Kleinen Eiszeit suchte am 5. November 1530 eine Sturmflut die niederländische Nordseeküste heim und forderte mehr als 100.000 Tote. Über das 17. Jahrhundert verteilt gab es eine Serie schwerer Sturmfluten, mit der Zweiten Groten Mandränke (1634), die der Schleswig-Holsteinischen Westküste einschließlich der Nordfriesischen Inseln ihr heutiges Gesicht gaben. Die Weihnachtsflut am Heiligabend und erstem Weihnachtstag 1717 betraf die niederländische, deutsche und dänische Nordseeküste und war die bis dahin stärkste bekannte Sturmflut. Ihr fielen ca. 12.000 Menschen und 100.000 Stück Vieh zum Opfer, viele Hundert Häuser wurden zerstört, große Flächen verwüstet. Diese Krise und ihre Bewältigung sind eingehend von Manfred Jakubowski-Tiessen (1992) analysiert worden. Nur vier Jahre später kam zur Jahreswende 1720/21 eine noch höhere Flut als 1717.

Hohe Niederschlagsmengen, Hochwasser und Sturmfluten waren in der Regel in den betroffenen Gebieten von „Mißwachs" bzw. Ernteausfällen gefolgt, also regionalem Hunger. Blieben ausreichende Niederschläge aus, kam es zum selben Ergebnis. Die früh- bis hochmittelalterlichen Hungersnöte Mitteleuropas hat Fritz Curschmann (1900) zusammengestellt, für jüngere Zeitabschnitte muss leider auf Regionalstudien zurückgegriffen werden. Nahrungsmangel war eine alltägliche Bedrohung: allein für Irland ergibt sich zwischen 1290 und 1900 eine Zahl von mindestens 85 Nahrungskrisen und Hungersnöten (Crawford 1989).

Was Regen, Hagel, Hochwasser oder Dürre übrig ließen, konnte immer noch durch Schädlinge bedroht werden, denen das Agrarregime bis zur Entwicklung chemischer Bekämpfungsmittel im Prinzip mit denselben Mittel begegnen musste, wie sie seit biblischen Zeiten bekannt waren. Über Krisenereignisse durch Schädlinge besteht insgesamt keine gute Kenntnis. Hochmittelalterlich wird über Wanderheuschrecken berichtet, die aus dem Donauraum am Schwarzen Meer nach Nordwesten bis Mitteldeutschland bzw. bis nach Frankreich zogen. Aus klimatischen Gründen blieben sie dann fast völlig aus, um im 18. Jahrhundert ein häufiges Bedrängnis zu werden. So weit bekannt, überwog der gefühlte Schaden den tatsächlichen (Herrmann und Sprenger 2010). Hingegen konnten die mit der Erholung der Agrarwirtschaft nach dem Dreißigjährigen Krieg siedlungsnah auftretenden großen Sperlingsschwärme ganze Ernten völlig vernichten (Herrmann und Woods 2010). Man versuchte, allerdings ohne nennenswerten Erfolg, ihrer vom 18. Jahrhundert bis in die erste Hälfte des 19. Jahrhunderts mit Zwangsabgaben erlegter Sperlinge Herr zu werden.

Nur stichwortartig kann an Extremereignisse durch Krankheitserreger erinnert werden. Über das extreme Auftreten von Pflanzenkrankheiten in früheren Zeiten ist nicht viel bekannt, es ergibt sich teilweise aus Forschungen zum Pflanzenschutz (z. B. Orlob 1973). Zur Kartoffelfäule, die in der Mitte des 19. Jahrhunderts Hungersnot in Teilen Europas und besonders in Irland auslöste, dort auch etwa 1 Mio. Todesopfer forderte, siehe Kap. 4.

Keine Tierkrankheit verursachte so extreme Schäden und trat seit der Antike immer wieder in Epidemien auf, wie die Rinderpest. Ihr fielen allein im 18. Jahrhundert europaweit ca. 200 Mio. Rinder zum Opfer – ein Wegbrechen wirtschaftlicher Existenzgrundlagen von immensem Ausmaß (vgl. Hünniger 2011; Stühring 2011).

Infektionskrankheiten des Menschen, die mit unvorstellbar großen Bevölkerungsverlusten verbunden waren, waren vor allem die „Pest"-Pandemie von 1347/48, bei der eine Beteiligung des Pesterregers *Yersinia pestis* zwar nahe liegt (Benedictow 2010; Bos et al. 2011), aber über deren Erreger nach wie vor Unsicherheit besteht (Scott und Duncan 2001; Campbell 2011), und hohe Sterblichkeit durch die Einschleppung der Cholera ab etwa 1830 (Briese 2003).

Zweifelllos gehören auch noch Kriege zu den Umweltkrisen, wenngleich ihr „natürlicher" Ursprung bezweifelt werden darf (z. B. Helbling 2006) und sie deswegen nicht in die Systematik von Extremereignissen zu passen scheinen. Sie sind jedoch mit ihren Bevölkerungsverlusten, mit begleitender Erntevernichtung oder Plünderung, mit dem Ruin oder nachfolgendem Wüstfallen von Kulturflächen zweifellos in der Wirkung anderen Krisensituationen in der Umwelt gleichzusetzen.

3.4.5 Risiken, Gefahren, Versicherungen

Zu den „latenten Strukturen" menschlicher Gemeinschaften gehöre der Umgang mit dem Risiko (Luhmann 1991). Aufschlussreich sei, wie eine Gesellschaft mit Abweichungen vom Normalen, von Unglücksfällen, Überraschungen u. Ä. verfährt, wie sie erklärt und behandelt werden. Bürokratische Gesellschaften würden eine extreme Empfindlichkeit gegen Abweichungen vom Schema entwickeln. Auch für tribale Gesellschaften, die unter hoher Bedrohung durch die Umwelt ums Überleben kämpften, sei ein erheblicher semantischer Aufwand für die Besänftigung der Götter, für das Ausfindigmachen von Sündenböcken, für das Opfern der Opfer von überraschenden Unglücken bezeichnend.

Luhmanns wegweisende Überlegungen führten ihn schließlich dazu, mögliche Schäden, die einer Entscheidung zuzurechnen sind, als „Risiko“ zu bezeichnen. Dagegen sei ein extern veranlasster Schaden, wie er der anonymen Umwelt zugerechnet wird, als Folge einer „Gefahr“ zu bezeichnen (hierzu ausführlicher auch Sieferle 2002).

Luhmanns Unterscheidung ist akteursorientiert. Das Risiko rechnet er menschlicher Handlungsweise zu, die Gefahr übt eine „Umwelt“ aus, die letztlich als personalisiert gedachte, agierende „Natur“ zu erkennen ist. Nun sind „Schäden“ in jedem Falle für Menschen handlungsrelevante Bewertungen. Im Ökosystem sind von Menschen als Schäden bewertete Ereignisse lediglich wertfrei als Störung, als Unterbrechung zu bezeichnende Ereignisse. Für die umwelthistorische Bewertung von Risiken (und Gefahren) sind die praxisorientierten Vorschläge des WBGU (1999) ein geeigneter Systematisierungsvorschlag. Risiken im Normalbereich der üblichen Alltagsgefährdung wären danach gekennzeichnet durch:

- geringe Ungewissheiten in Bezug auf die Wahrscheinlichkeitsverteilung von Schäden,
- ein insgesamt eher geringes Schadenspotential,
- eine insgesamt geringe bis mittlere Eintrittswahrscheinlichkeit,
- eine geringe Persistenz und Ubiquität (zeitliche und örtliche Ausdehnung),
- eine weitgehende Reversibilität des potentiellen Schadens,
- eine geringe Schwankungsbreiten von Schadenspotential und Eintrittswahrscheinlichkeiten und
- ein geringes soziales Konflikt- und Mobilisierungspotential (v. a. keine deutlichen Bewertungsdiskrepanzen zwischen der Gruppe der Risikoträger und der Gruppe der Chancen- bzw. Nutzengewinner).

Was der WBGU im Hinblick auf *globale* Umweltrisiken formulierte, ist gegebenenfalls an die Skala des historischen Untersuchungsraums anzupassen (vgl. z. B. von Detten et al. 2015). Dort dürfte beispielsweise ein jährlich regelhaft eintretendes Hochwasser für die Anwohner ohne besondere Folgen geblieben sein, weil sie darauf eingestellt gewesen sein müssten. Erst ein über den Normalfall hinausgehendes Hochwasser, dessen Auftreten gewiss, dessen Zeitpunkt jedoch ungewiss war, wurde zum wirklichen Schadensfall.

Die Abwendung des Schadens ist vielleicht unmöglich, wie bei einem unwetterbedingten Verlust eines Schiffes, aber die Schadensbeseitigung wird durch spezifische Vorsorgeleistungen erleichtert. Angeblich hätten bereits die Phönizier das vorhersehbare Risiko der Seefahrt durch Versicherung abgedeckt. Die Versicherungsidee selbst soll bereits mesopotamischen Ursprungs sein. Im Prinzip wird bei einer Versicherung für bzw. gegen den Eintrittsfall gewettet. Die Geschichte der umweltbezogenen Versicherungen ist ein Randgebiet des allgemeinen Versicherungswesen (Bernstein 1997). Sie gründet sich wesentlich auf die Entwicklung von Algorithmen zur Berechnung von Wahrscheinlichkeiten. Mit ih-

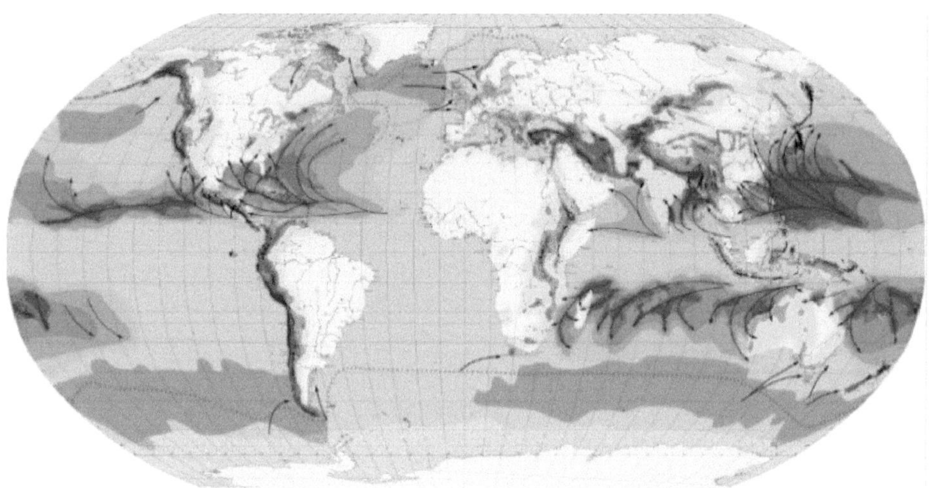

Abb. 3.28 Weltkarte der Naturgefahren der Versicherungsgesellschaft Münchener Rück. Eingezeichnet sind regionale Häufigkeiten und Intensitäten von Erdbeben, Tsunamis, Vulkanaktivitäten und Stürme. Die hier abgebildete Karte beruht auf einer früheren Version der aktuellen Ausgabe, die unter http://www.munichre.com/publications/302-05971_de.pdf erreichbar ist. Die Versicherung hat u. a. auch eine CD „Welt der Naturgefahren" herausgegeben, auf der in einem Katastrophenkatalog die weltweit größten Schadensereignisse des 11. bis 19. Jahrhunderts erfasst sind. Die Münchener Rück ist einer der weltgrößten Versicherer gegen Naturgefahren, bei denen sich die Versicherungsgesellschaften ihrerseits rückversichern. Sie ist in der Folge des Erdbebens von San Francisco 1906 international aufgestiegen, weil ihr damaliger Geschäftsführer unmittelbar nach dem Beben nach San Francisco fuhr und unbürokratisch Schadensregulierung vor Ort betrieb, während die amerikanischen Versicherungsgesellschaften keine derart kulante und bedarfsorientierte Schadensregulierung praktizierten (Bildrechte bei Münchener Rück)

rer Hilfe wird das Risiko als Produkt der Eintrittswahrscheinlichkeit eines Schadens und dem Schadensumfang berechnet, wobei als Verluste ausschließlich materielle Güter und Menschenleben gerechnet werden.

Die Naturgefahren sind auf der Erde ungleich verteilt. Sie sind im Prinzip nach den Häufigkeiten durch Elementarschäden auf einer „Weltkarte der Naturgefahren" kartiert (Abb. 3.28).

Widrigkeiten des Wetters sind in Agrargesellschaften mit existenzbedrohenden Ernteverlusten verbunden. Alle Agrargesellschaften praktizieren deshalb eine Form von „Eigenversicherung", indem einmal Vorratshaltung, insbesondere für Saatgut, betrieben wird. Zudem ist durch Anbau unterschiedlicher Feldfrüchte das Risiko eines Totalausfalls der Ernte minimiert (Portfolioeffekt). Dennoch bargen regionale Wetteranomalien, wie anhaltende Trockenheit, ein hohes Gefahrenpotential, weil unter früheren Bedingungen weder das administrative Instrumentarium noch die technischen Möglichkeiten für überregionale Hilfsmaßnahmen zur Verfügung standen. In abgabenpflichtigen Gesellschaften stoßen jedoch Vorratshaltung und Portfolioeffekte schnell an ihre Grenzen, wenn sie trotz der düsteren Perspektive für die Betroffenen in das Abgabensystem einbezogen werden. Das Instrument der Remission, der Pachtzinsstundung, kam bei Brand, Misswuchs und Hagelwetter nur punktuell zur Anwendung, weil mindestens bis ins 18. Jahrhundert verbreitet der Grundsatz galt, dass Hilfe für die betroffenen Bauern nur deren Faulheit unterstützen würde. Erst die Staatsreformer des 18. Jahrhunderts, die das „Glückseligkeitsversprechen" für alle Untertanen in das staatliche Selbstverständnis aufnahmen (Meyer 1999), sprachen sich für Entlastung der von solchem Unglück Betroffenen aus. In der Mitte des 17. Jahrhunderts sind mit lokalen Versicherungen gegen Feuer, Hagelschlag und Viehsterben erste Versicherungen gegen „Elementarschäden" [d. i. Schäden durch die (im weitesten Sinne) Elemente Feuer, Wasser, Luft und Boden (d. i. Erdbeben)] eingerichtet. Vorreiter waren offenbar Selbsthilfegruppen gegen Hagelschlag (Oberholzner 2012). Gefördert wurden Ideen der Versicherung durch hohe Vertreter der öffentlichen Verwaltungen, die sich bei Existieren einer Versicherung eine Entlastung der Staatskasse erhofften. Erst seit dem fortgeschrittenen 18. Jahrhundert werden Versicherungen, die bislang als Bruderschaften, Gilden u. Ä. organisiert waren, nach öffentlich-rechtlichen Grundsätzen eingerichtet. Zu dieser Zeit fällt auch das fast europaweite Verbot der Lebensversicherung, das als Wette auf das Leben von Menschen bis dahin als unmoralisch galt.

3.4.6 Ordnungspolitische Notwendigkeiten

Gemeinschaften können auf umweltwirksame Ereignisse mit ordnungspolitischen Maßnahmen reagieren, sofern sich hierfür ein Bewusstsein ihrer Notwendigkeit ergibt. Solche Maßnahmen gelten heute als „Umweltrechtsetzung". Die Suche nach historischen Vorschriften, die im weitesten Sinne als umweltrechtliche Vorschriften gelten können, hat insofern ihre Schwierigkeit, weil eine Betrachtung solcher Vorschriften *vor* der Herausbildung eines gesellschaftlichen Bewusstseins von „Umwelt" in gewissem Sinne anachronistisch erscheint. Rechtsvorschriften entsprechen den jeweils zeitlich existierenden Vorstellungen und werden formuliert, *nachdem* sich ein Bedarf herausgestellt hat.

Gewiss kann man von einem gewohnheitsrechtlichen Umgang mit Naturgütern ausgehen. Die Allmende, der gemeinschaftlich bewirtschaftete Gemeindebesitz, ist hierfür ein Beispiel, das auf gelebter Rechtspraxis beruht (Ostrom 1990). Hier endet im Idealfall der persönliche Vorteil am gerechten Ausgleich gegenüber den Interessen der Mitnutzer. Für die Erforschung dieses ökonomisch-juristischen-philosophischen Grundproblems, das in weltweit vielen Kulturen realisiert wurde, erhielt Elinor Ostrom 2009 den Nobelpreis für Wirtschaftswissenschaften. Es war zugleich das Eingeständnis der modernen Gesellschaft, dass die Strategie der individuellen Nutzenmaximierung einen Teil der derzeitigen weltweiten Umweltprobleme ausmacht.

Zu den gewohnheitsrechtlichen Ableitungen gehörten gewiss auch Vorstellungen über Besitz und Eigentum am und im Naturraum einschließlich der Bodenschätze. So waren bereits in den ersten Rechtssammlungen deutscher Sprache (z. B. Sachsenspiegel) Nutzungsweisen für den Wald oder haftungsrechtliche Fragen im Zusammenhang mit der

Tierhaltung u. a.m. aufgenommen. Die Nutzungsrechte am Wald spielen bis auf den heutigen Tag in allen umwelthistorischen Arbeiten über Wälder und Forsten eine erhebliche Rolle. Insbesondere das Jagdrecht, das, genetisch naheliegend, mit dem Fischereirecht gemeinsam als hoheitliches Recht (Regal) ausgeübt wurde, gab immer wieder Anlass zu Auseinandersetzungen. Ursprünglich von jedermann auszuüben, wurde die Jagd mit dem Aufkommen des Lehnswesens zum Regal. Das jagdbare Wild wurde nach Kategorien des Sozialprestiges in Hohe und Niedere Jagd aufgeteilt und entsprechenden Sozialgruppen zugänglich. Im Grunde waren es nur noch Singvögel, die von jedermann gefangen werden durften. Umwelthistorisch relevant ist die seinerzeitige planmäßige Verfolgung der großen Beutegreifer wie Luchs, Bär und Wolf und von Raubvögeln einschließlich Eulenvögeln sowie von Rabenvögeln.

Zum Schutz vor Überfischung der Binnengewässer wurden früh Vorschriften zur Maschenweite der Netze erlassen.

Die urbane Entwicklung des Mittelalters erfordert einen verstärkten Regulierungsbedarf des städtischen Miteinanders (Dirlmeier 1981), in dem Trinkwasserreinhaltung und Abfallbeseitigung besondere Aufmerksamkeit erfuhren. Vorschriften werden häufig wiederholt. Anlass hierfür war weniger deren Nichtbefolgung, sondern die häufig mangelnden Durchsetzungsmöglichkeiten obrigkeitlicher Autorität. Hinsichtlich des Rechtsalltags ist auffällig, dass beispielsweise im Duderstädter Strafbuch, das zwischen 1530 und 1546 geführt wurde (Bilgenroth-Barke 2010), nicht ein Delikt enthalten ist, das nach heutigen Vorstellungen umweltrechtsrelevant wäre. Am ehesten wären noch die Fälle nächtlicher Ruhestörung durch Trunkenbolde heranzuziehen. Wer hätte zuständig sein wollen für eine Beschwerde, dass der 1666 vor dem Aegidientor in Braunschweig angebaute Tabak der nachbarlichen Gartenerde die Nahrung entziehe, und dass Kraut und Kohl den Geschmack des Tabaks annähmen? Tatsächlich musste man erst die Einrichtung einer inneren Staatsverwaltung (Polizey) und des sich herausbildenden Ordnungswesens abwarten (Marquard 2003), bis sich die Anfänge einer substantiellen Umweltrechtssetzung abzeichneten. Sie ist in Deutschland verbunden mit der Beobachtung und Regulierung gewerblicher Tätigkeiten zu Beginn des 19. Jahrhunderts (Kloepfer 1995; Mieck 1997), verarbeitet jedoch erst nach 1945 mit zunehmender Systematik die umweltbezogene Rechtsetzung (Kloepfer et al. 1994).

Ausschnitthaft sind frühere Kriterien zur Güteüberwachung von Lebensmitteln bekannt. So geht beispielsweise das Reinheitsgebot für deutsches Bier bis ins 15. Jahrhundert zurück. Außerdem gab es ein Verbot des Zusatzes geschmacksoptimierender Mittel. Es existierten Verordnungen zur Prüfung von Weingüte und Provenienzen, über die Qualität von Backwaren. In Basel durfte Rheinfisch nur am Fangtag an die Bürger verkauft werden, an Auswärtige auch noch am nächsten Tag. Erlegten Rebhühnern musste in Erfurt ein Bein abgeschnitten werden, wenn sie nicht am Jagdtag verkauft werden konnten. Aber eine systematische Bearbeitung des Themas „historische Lebensmittelüberwachung" fehlt augenscheinlich.

Einen umweltrechtlichen Sonderfall nehmen die spätmittelalterlichen Tierprozesse ein, die zum großen Teil kirchenrechtliche Bannungen gegen Schädlinge oder gespenstig umgehende Tiere waren (von Amira 1891). Es sind auch weltlich-rechtliche Prozesse gegen schädliche oder als gefährlich eingestufte Tiere geführt worden. Prozesse nach beiden Rechtsmaterien waren für die Ausformung des Schädlingstopos bedeutend (Herrmann 2006a). Der Realitätsgehalt dieser Prozesse wird unterschiedlich bewertet (Girgen 2003; Dinzelbacher 2006; Schumann 2009). Eine sicher strukturierte Umweltrechtsetzung setzt voraus, dass ein Bewusstsein für den rechtssystematischen Zusammenhang der historisch gewachsenen, aber partikulär erlassenen normativer Regelungen besteht. Dieses Bewusstsein ist vor allem eine Frucht des 19., allermeist jedoch eine der zweiten Hälfte des 20. Jahrhunderts (Kloepfer 1995; Marquardt 2003). Das Umweltrecht hat, neben dem Tierschutz, im Art. 20aGG mittlerweile in der Bundesrepublik Deutschland Verfassungsrang erhalten. Beide sind damit Staatsziel geworden. Operationalisiert sind umweltbezogene Rechtsfragen in heute eigenen Bereichen, die sich bereits seit zum Teil vielen Jahrhunderten als Probleme des nachbarschaftlichen Miteinanders erwiesen haben. Das gilt für den Bereich des *Immissionsschutzes* ebenso wie für den *Gewässerschutz*, den *betrieblichen Umweltschutz* einschließlich des *Arbeitsschutzes*, das *Abfallrecht*, das *Bodenschutzrecht* und das *Gefahrstoffrecht* (vgl. Kahl und Voßkuhle 1998). Der im allgemeinen Bewusstsein als vorrangig erscheinende Teil des Umweltrechts, der „Naturschutz", hat ebenfalls vereinzelte normative Vorläufer, z. B. einen Nachtigallenschutz im Kurfürstentum Brandenburg 1686, der auf Initiative eines Hallenser Bürgers Hornig eingeführt wurde (Klose 2004). Der Naturschutz erhält dann am Ende des 18. Jahrhunderts durch naturphilosophisches Raisonnement starke Impulse (z. B. Bechstein 1798). Das heutige Naturschutzrecht und Umweltrecht haben zwar gemeinsame Wurzeln im 19. Jahrhundert, doch ist bereits mit der Unterschutzstellung des Drachenfels (Naturschutzgebiet Siebengebirge) im Jahre 1836 in dem noch heute gültigen Kardinalgedanken, die Schönheit der Landschaft zu bewahren, die Eigenentwicklung des Naturschutzrechts erkennbar. Dabei spielten der Gedanke des „Heimatschutzes und der Landschaftspflege" (z. B. Gradmann 1910) sowie der Tierschutzgedanke (Deutsch und König, i. Vorb.), der als eigenständiges Gesetz aus dem Umweltrecht und dem Naturschutz ausgegliedert ist, bedeutende Rollen. Aber erst 1976 wurde das Recht des Naturschutzes und der Landespflege im rahmenrechtlichen Bundesnaturschutzgesetz (BNatSchG) vereinheitlicht (zur historischen Entwicklung der deutschen Naturschutzgesetzgebung und seinen Intentionen v. a. Eissing 2011 und Schlacke 2012).

3.5 Zeiten und Epochen

3.5.1 Zeiten

Zeit sei eine umwelthistorische Grundkategorie (z. B. Lehmkuhl 2007), aber über welche Zeit wird in einer umweltgeschichtlichen Untersuchung geredet? Über eine subjektive Zeit? Eine natürliche, eine konventionell festgelegte oder objektiv gemessene Zeit? Es gibt individuelle Zeiten, kollektive Zeiten und Epochenzeiten, die auf verschiedenen Ebenen und in unterschiedlicher Weise gemessen bzw. erfahren werden. Was als „Zeit" erlebt wird, ist die Veränderung. Mit ihr erfahren Menschen überall auf der Welt die Wahrheit des Rätsels der Sphinx: Sie sind am Morgen vierfüßig, am Mittag zweifüßig, am Abend dreifüßig. Von allen Geschöpfen wechseln sie allein in der Zahl ihrer Füße; aber eben, wenn sie die meisten Füße bewegen, sind Kraft und Schnelligkeit bei ihnen am geringsten.

Überall auf der Welt wechseln Tag und Nacht, und während sie sind, zeigen Sonne oder Mond, wie viel von ihnen im Moment noch übrig ist. Dort, wo es auf der Erde Jahreszeiten gibt, ist der Zustand der Vegetation oder der Aufgangsort der Sonne ein verlässliches Zeichen dafür, welche Jahreszeit ist. „Zeit" ist zugleich Bedingung wie Maßstab der Veränderung in naturalen Prozessen, die Abläufe in der Zeit, also Evolutionen, sind. Die konstitutive Bedeutung der Zeit für naturale Prozessabläufe wird zwar in der Arbeit an der Natur anerkannt und als Handlungsvorgabe akzeptiert. In der Wahrnehmung von Natur als kulturell aufgeladenem Bereich ist hingegen das Bild einer statischen Natur so vorherrschend, dass sie selbst in der gelehrten Naturanalyse typologisch – als primär immer gleich – erfasst wird (z. B. „musealer" vs. „populationsgenetischer" Artbegriff nach Mayr 1967, sowie das Erklärungsdogma „Aktualismus" der Naturwissenschaften).

Im naturalen Rhythmus wiederholt sich, was doch im Detail nie gleich bleibt. Treibt ein Baum nach dem Abwurf des Laubes im Herbst und der Winterruhe im folgenden Frühjahr wieder aus, ist er eigentlich nurmehr der gleiche, nicht mehr derselbe, der er im Vorjahr war. In der Agrargesellschaft alten Typs (in der keine Maschine die Arbeit von Menschen verrichtete; in der Agrargesellschaft neuen Typs übernehmen Maschinen auch die Antriebs- und Zugkraft von Tieren und Menschen) bestimmten Rhythmen der kollektiven Zeit das Zeitmaß. Sie wurden als Zeiteinteilung von allen Menschen einer Gesellschaft erfahren, als Jahreszeiten, und in ihnen als Monate. Allererst machten Vegetationszyklen Handlungsvorgaben, und es musste auf die Tages- und Jahresrhythmik der Nutztiere Rücksicht genommen werden. Die meiste Einsicht in die Rhythmen des bäuerlichen Dorflebens verdankt sich der Arbeit von Arthur Imhof (z. B. 1983), der nicht nur die Tages- und Jahresrhythmik der Feldarbeit untersuchte. In seinen demographischen Studien wurden u. a. die Wochenrhythmen der Heiratstage, die Jahresrhythmik der Fastentage (sexuelle Enthaltsamkeit) und, in Kombination mit der Feldarbeit, die Jahresrhythmik von Geburten und Empfängnissen untersucht (Abb. 3.29).

Versuche zur Zeit der Französischen Revolution, den naturalen Zeit-Zyklus der vier Jahreszeiten zu je drei Monaten, die sich als quasi Naturkonstanten der Umlaufzeit der Erde um die Sonne verdanken, mit einem abstrakten, rationalen System zu kombinieren, scheiterten. Es blieb zwar bei zwölf Monaten, aber sie hatten alle 30 Tage mit drei Decadi, die die Sonntage ersetzten, der Tag zu 10 Stunden, die Stunde zu 100 Minuten. Der Versuch wurde zum 1. Januar 1806 wieder aufgegeben.

Die individuell erlebte Zeit geben körperliche Entwicklungsstadien vor. Die uns geläufige Einteilung der Lebensalter, wie sie die Lebenswissenschaften anwenden, folgt im Prinzip der alten römischen Einteilung der Lebensalter nach dem Zahnschema. Zahnlos ist der Säugling, das Kleinkind wird mit dem ersten Dauermolaren zum Kind, das mit dem zweiten Dauermolaren zum Jugendlichen, und schließlich mit dem dritten Dauermolaren

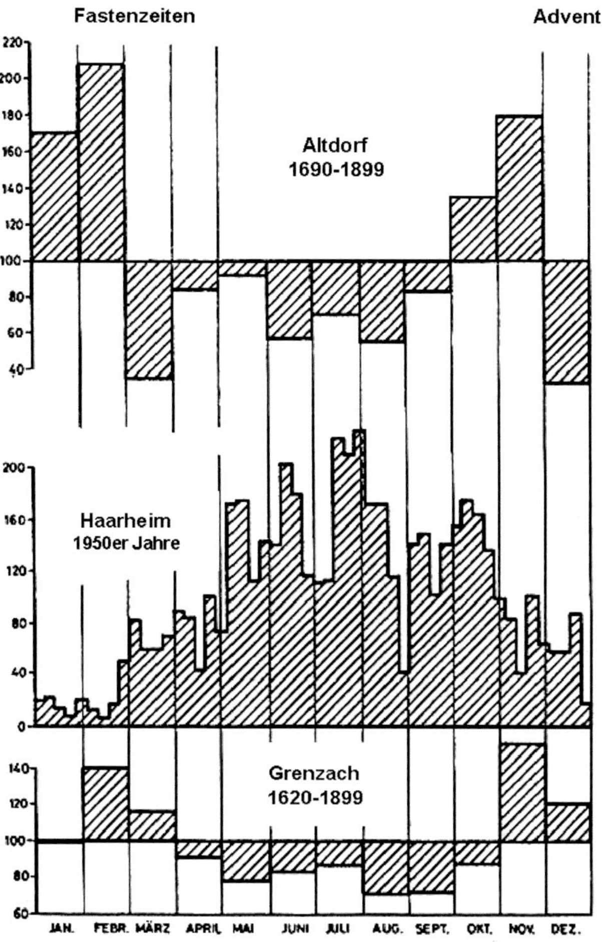
Fastenzeiten
Advent
Altdorf
1690-1899
Haarheim
1950er Jahre
Grenzach
1620-1899
220
200
180
160
140
120
100
80
60
40
200
160
120
80
40
0
140
120
100
80
60
JAN.
FEBR.
MÄRZ
APRIL
MAI
JUNI
JULI
AUG.
SEPT.
OKT.
NOV.
DEZ.

Abb. 3.29 Jahres-Rhythmus bäuerlicher Feldarbeiten und Jahres-Rhythmus der Heiraten. In der *Abbildungsmitte* sind als „Jahres-Normalrhythmus“ der bäuerlichen Feldarbeit die wöchentlichen Arbeitsstunden für einen Hof in Haarheim/Wetterau eingetragen. In einer langfristigen arbeitswissenschaftlichen Studie der Max-Planck-Gesellschaft wurden die fünf Erwachsenen eines Betriebes in den 1950er Jahren in ihrer Feldarbeit begleitet. Die *Balkenhöhe* spiegelt die wöchentliche Stundenzahl der Feldarbeit wieder. Sie erreichte mit über 200 Gesamtstunden im Juli ihren Höchststand. Es wird angenommen, dass der Arbeitsbedarf für die Feldarbeit durch den zu dieser Zeit noch geringen Mechanisierungsgrad der Landwirtschaft demjenigen in der Agrargesellschaft alten Typs nahe kam. Verglichen werden mit Altdorf und Grenzach zwei dörfliche Siedlungen am Oberrhein zwischen 1690–1899. Die *Balkendiagramme* geben die jeweiligen überdurchschnittlichen bzw. unterdurchschnittlichen Abweichungen vom Monatsmittel wieder. Im protestantischen Grenzach spiegelt sich der Jahresrhythmus in den Feldarbeiten und der Jahresrhythmus der Heiraten ($n = 758$). Geheiratet wurde vor allem in den arbeitsflauen Monaten Februar und März sowie im November und Dezember. Imhof nannte dies einen „agrarischen Jahresrhythmus“. Demgegenüber zeichnen sich im katholischen Altdorf Störungen dieses Kurvenverlaufs ab ($n = 702$). Obwohl März und Dezember arbeitsmäßig genauso ruhige Monate wie in Grenzach waren, wurde in ihnen deutlich weniger geheiratet, da sie zur Hauptsache mit den kirchlich „geschlossenen“ Fasten- und Adventszeiten zusammenfielen. Zwischen 1690 und 1899 konnten die 46 Tage von Aschermittwoch bis Karsamstag zwar frühestens schon am 4. Februar einsetzen und spätestens am 24. April enden, doch lagen im Durchschnitt nur 8,9 Tage davon im Februar und 8,1 Tage im April, während 29 Tage auf den März entfielen. Die Adventszeit setzte frühestens am 27. November ein. Deshalb entwickelten sich hier, nach eingebrachter Ernte, die Spätherbstmonate Oktober und November sowie Januar und Februar zu den Haupt-Heiratsmonaten. Imhof nannte dies einen „agro-liturgischen Jahresrhythmus“ (Graphik aus/Bildrechte bei Imhof 1983). Imhof konnte an anderen Beispielen zeigen, dass auch die Geburtenmonate, die für den bäuerlichen Betrieb einen Ausfall der mütterlichen Arbeitskraft bedeuteten, dem Rhythmus der Feldarbeit folgten. Die Monate intensiver Feldarbeit (April–August) waren Monate unterdurchschnittlicher Geburtenhäufigkeit (hierzu auch Imhof 1983)

erwachsen wird. Überwiegend zahnlos war man beim Eintritt ins Greisenalter, dem heute zwar die Zähne geblieben sind, das aber mit ca. 60 Jahren seinen kategorischen Beginn behalten hat. Zwischen zwanzig und sechzig Jahren fehlt die eindeutige Bindung biologischer Alterungszeichen an kalendarische Einheiten. Bei einer durchschnittlichen Lebenserwartung zum Zeitpunkt der Geburt von ca. 45 Jahren noch um 1900 im Deutschen Reich ist selbstverständlich davon auszugehen, dass über biologisches und kulturelles Altern ehedem andere Vorstellungen herrschten als heute (z. B. Borst 1973; Elias 1984; Held und Geißler 1995).

Bis zu den gesellschaftlichen Beschleunigungen, die als physische Beschleunigungen begannen, lebte man nach einer Kombination von subjektiver und konventioneller Zeit. Die Schneeglöckchen oder die Apfelbäume blühen zwar immer in derselben Jahreszeit. Sie blühen aber im Südwesten Deutschlands drei Wochen früher als im Norden, und auch an Ort und Stelle nicht jedes Jahr am selben Tag. Da war es kalkulierbarer, wenn man Verabredungen nicht nach der Baumblüte traf, sondern nach Kalendertagen, die im Kirchenjahr herausgehoben waren, wie etwa zum Viehmarkt an Johanni (26. Juni). Der Sonnenstand gab mit seinem höchsten Punkt den „Mittag“ vor. Zwangsläufig lag der für jeden Ort anders, aber bei der geringen Geschwindigkeit der Fortbewegung (Ochsenkarren, Laufen, Pferdewagen, Pferd) konnten diese Differenzen nicht auffallen. Wer sich nach Sonnenaufgang und Sonnenuntergang richtete (oft auch begleitet vom Glockengeläut) und die Tagesdauer in Stunden einteilte, sah sich in einem Dilemma: Im Sommer waren die Stunden länger als im Winter, man lebte also tatsächlich langsamer oder schneller. Mochte der Einzelne zu seinen Lebzeiten seine subjektive Zeit bestenfalls noch aus Anlass markanter biographischer Ereignisse oder zu hohen Feiertagen mit der kollektiven Zeit verbinden, so wird sich mit der Verbreitung einer Zeitmessmaschine seit dem Hohen Mittelalter eine grundlegende Änderung des Zeitgefühls anbahnen. Selbstverständlich wusste man schon seit dem Altertum um die Notwendigkeit und Möglichkeit, die Zeit objektiv und reproduzierbar zu messen. Keine mittelalterliche Chronik führt die Bedeutung von Zeit und Stunde eindrücklicher vor Augen als diejenige Hermann des Lahmen (1013–1054) in der Würdigung von Arno Borst (1990). Aber die neue Maschine, welche die Türme in den Städten erobern sollte (Abb. 3.30), würde auf lange Sicht gesehen das Leben in Stadt und Land durch das von ihr induzierte neue Zeitgefühl revolutionieren. Doch vorerst erforderte die Datierung eigener Erlebnisse noch umständliches Nachrechnen und langatmiges Erzählen.

Mit der Dampfmaschine wurde eine Antriebsmaschine erfunden, die zu Innovationen im Fahrzeugbau führte. Die Eisenbahn beschleunigte auch die Menschen in einer Weise, die sie zunächst zweifeln ließ, ob der menschliche Körper eine Dauergeschwindigkeit von 30 oder gar 40 Stundenkilometern aushalten würde. Schiffe wurden nicht in derselben Weise schneller. Wer aber mit dem Dampfschiff über den Bodensee fuhr, musste Vorarlberger Zeit, Konstanzer Zeit, Schweizer Zeit und möglicherweise weitere Zeiten bedenken. Dass die Eisenbahn ständig mit diesem Problem zu kämpfen hatte, liegt auf der Hand. Bereits die frühere Einführung von Eilpostverbindungen veranlasste deshalb das Königreich Württemberg zu einer Koordinierung der Zeit innerhalb größerer Städte. Die Eisenbahnen führten deshalb für ihr jeweiliges Netz eine eigene Zeit ein, zumeist die Ortszeit am Sitz der Gesellschaft. Nicht zuletzt wegen der logistischen Probleme des Militärs, die mit der Beschleunigung wuchsen, wurde im Deutschen Reich am 1. April 1893 die Einheitszeit eingeführt. Fünfzehn Längengrade auf dem Globus entsprechen einer Stunde. Vom Null-Meridian durch die Londoner Sternwarte 15 Grad nach Osten gezählt, verläuft der Längengrad im Abstand einer Stunde gegenüber London annähernd durch Stargard in Pommern und Görlitz in Schlesien. Sie wurde zur Mitteleuropäischen Zeit (Dtsch. Ges. f. Chronometrie 2003). Die Erfindung des maschinellen Zeitmessers war die Vorbedingung für die Vereinheitlichung der individuellen und beliebigen kollektiven Zeiten zu einer verbindlichen kollektiven Zeit. Als mentalitätenbildendes Datum markiert der 1. April 1893 ein umwelthistorisches Großereignis, weil sich Menschen nun endgültig nach „*der Zeit*“ zu richten hatten, und *die Zeit* keine Größe mehr war, die den individuellen Bedürfnissen angepasst werden konnte.

Für die Bewertung naturaler Sachverhalte haben jene Schwierigkeiten eine grundlegende Bedeutung, die mit der Erfassung von Rhythmen und Eigenzeiten in den ökosys-

Abb. 3.30 Die 1410 am Turm des Prager Rathauses installierte Uhr, zugleich eine Maschine zur Anzeige astronomischer Konstellationen, symbolisiert den Beginn eines Epochenwechsels im Zeitmanagement. An die Stelle des agrarischen Zyklus bzw. des agro-liturgischen Zyklus tritt nun allmählich ein urbanes Zeitregime, das zur Höhe seiner säkularen Macht mit der industriellen Produktionsweise gelangen wird. Seitdem regiert ein urbano-manufakturelles Zeitregime praktisch alle globalisierten Menschen und mittlerweile selbst die Produktionsbedingungen in der Landwirtschaft. Mit dem neuen Zeitregime wurde die zugemessene tägliche Arbeitszeit zur Quelle des Reichtums. Nun begründen auch nicht länger die Erzeugnisse der Bodenbewirtschaftung den Reichtum, vielmehr rückt die Arbeitskraft der Menschen an diese Stelle, fraglos mindestens ein Epochenwechsel ähnlichen Ausmaßes wie die Einführung der Uhr selbst

temaren Prozessen verbunden sind. Sie machen eine historische Betrachtung oder Bewertung des Zustandes eines solchen Prozesses zu einem besonderen methodischen Problem (Abb. 3.31).

3.5.2 Epochen

Die Struktur der Zeit lässt sich nach dem Grad der Veränderung als individuelle Zeit oder als kollektive Zeit erleben. Noch weiter wird der Bogen in der „Epochenzeit" gespannt. Das heißt, auch die Veränderungen, die in zeitlicher Folge systematisiert sind, unterliegen einer skalenabhängigen Betrachtung. Deshalb verband Fernand Braudel seine Vorstellung von den drei Zeitskalen der Geschichte mit Bildmetaphern, die er aus der Beobachtung der

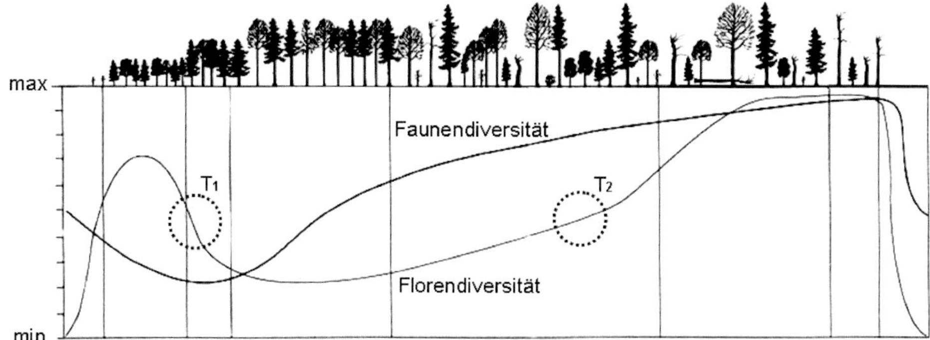

Abb. 3.31 Abgebildet ist die Entwicklung eines idealtypischen mitteleuropäischen Waldökosystems von etwa 600 Jahren Dauer. Die Unterteilung folgt Entwicklungszuständen bestimmter zeitlicher Dauer. Die einzelnen Entwicklungsstadien sind nach forstlich-botanischen Gesichtspunkten benannt. Der Zustand der *Bildmitte* („Plenterphase", „Klimax") vermittelt mit einer rund 200-jährigen Dauer den für einen Betrachter beständigsten und waldtypischsten Eindruck. Darunter bildet eine *Kurve* die Änderungen der Florendiversität ab, die hypothetisch ohne jede Waldvegetation beginnt. Darüber bildet eine *zweite Kurve* die Faunendiversität ab. Sie setzt mit einer höheren Zahl von Tieren ein, weil diese bereits auf dem Areal leben. Ihr Rückgang verdankt sich dem nach Prozessbeginn sich allmählich ändernden Pflanzenbesatz. Die Pflanzen und Tiere der Erstbesiedlung des Waldökosystems werden in der Regel größtenteils in der Artensukzession von anderen Arten verdrängt. Beide Kurven bilden insgesamt die Dynamik des Artenbestandes ab, wie er für das Ökosystem als typisch angenommen wird. Das Schema hat Beispielcharakter für fast alle terrestrischen Ökosysteme und ihre Prozessabläufe und macht auf ein grundsätzliches Problem historischer Betrachtungen aufmerksam.
Historische Betrachtungen, die sich auf Quellen stützen müssen, verfügen sehr selten über Beobachtungsreihen, die eine lückenlose Rekonstruktion über die Zeitdauer eines solchen Ökosystems erlaubten. Häufig sind dagegen Datensätze, die sich zu Beobachtungsreihen kürzerer Zeitdauer zusammenfügen lassen. Fällt eine solche Beobachtungsreihe in den Zeitraum T1, ergibt sich ein *abnehmender* Artenbestand, liegt das Beobachtungsfenster im Zeitraum T2 entsprechend ein *zunehmender* Artenbestand. Derartige Aussagen wären für die beiden Beobachtungszeiträume zwar numerisch zutreffend, müssen aber vor dem Hintergrund der Dynamik des Gesamtsystems gesehen und bewertet und damit in ihren absoluten Beträgen relativiert werden. Eine Schlussfolgerung über den Status des Ökosystems (gut vs. bedenklich) ist mit derartig kurzen Beobachtungszeiträumen unmöglich, weil die Lage des Beobachtungsfensters relativ zum gesamten Prozessgeschehen unbekannt ist. Das idealtypische Modell vereinfacht insofern, als in der Wirklichkeit ein Waldsystem aus einem Mosaik von Parzellen unterschiedlicher Entwicklungsstadien besteht, d. h. die insgesamt resultierenden Graphen für Faunen- und Florenbestände können ein abweichendes Bild zeigen. Eingriffe der Menschen durch Holzeinschlag, Streuentnahme und Vieheintrieb wirken auf Abschnitte der Kurvenverläufe verzögernd oder beschleunigend. Für die angemessene Beurteilung historischer Daten müsste also nicht nur der Zeitpunkt ihres Beobachtungsfensters innerhalb des ökosystemaren Prozessgeschehens bekannt sein. Darüber hinaus müssten auch die externen Einflussgrößen bekannt sein, die am Ort des Beobachtungsfensters prozessbeschleunigend bzw. prozessverzögernd wirksam waren (Basisgraphik adaptiert nach Scherzinger 1996)

Meereswellen abgeleitet hatte. Die Tages- oder Ereignisgeschichte (*histoire événementielle*) charakterisierte er als „den Schaum auf der Welle der Ereignisse". Sie bildet das Grundgeschoss, über das sich das Wirtschaftsleben mit seinen konjunkturellen Zyklen lege (*histoire conjoncturelle*), gleichsam der Wellenschlag. Schließlich würde das politische Leben, gleich der Dünung des Ozeans, zu Strukturbildungen führen.

Wie immer eine solche zeitliche Strukturierung des Prozesses der Geschichte erfolgt, sie ist zugleich eine, die darüber urteilt, was als „bedeutend", als prägend gelten solle. Die Suche nach Epochen entspricht weniger dem Bedürfnis einer Erinnerungskultur als dem Bedürfnis einer Erklärungskultur. Ein Epochenname hat symbolischen Charakter, er mutet an wie die Vergegenständlichung eines universellen Erklärungsansatzes. Und doch ist es nicht ganz so einfach. Zwar lassen sich historische Begebenheiten nach ihrer (wie immer auch gefundenen) Bedeutung auf den Skalen der Geschichte zwischen Mikrohistorie und Weltgeschichte ordnen (Ginzburg 1993). Auf der jeweiligen Skalenebene selbst konkurrieren dann aber zahlreiche Erklärungsansätze miteinander um die begriffliche Meinungsführerschaft: Die komplexe Wirklichkeit des historischen Geschehens verlangt ohnehin nach einer funktionalen Pluralität von Erklärungsansätzen. Aber diese lassen sich nicht wirklich zu einheitlichen Erklärungsansätzen verknüpfen, die von einem einzigen Begriff angemessen repräsentiert wären. Deshalb trennen die meisten geschichtstheoretischen Ansätze nach verschiedenen Zugangsweisen, z. B. nach Orten, nach Prozessen, nach Erzählungen (Rau und Studt 2010). Beispielsweise ist mit der Epochenbezeichnung „Kleine Eiszeit" nicht der Anspruch verbunden, alle Ereignisse dieser Zeit auf ein Kältepessimum zurückzuführen. Allzu leicht wird übersehen, dass „Kleine Eiszeit" automatisch die davor und danach liegenden Zeiten als Warmzeiten qualifiziert. Anders als während der Kleinen Eiszeit scheint die Temperatur plötzlich keine besondere Bedeutung mehr zu haben, obwohl es doch endlich wärmer wurde. Aber die Aufmerksamkeit liegt mit einem Male nicht mehr bei der Temperatur, sondern bei der „Aufklärung". Man sollte deshalb Epochenbezeichnungen besser lediglich als Konsensbezeichnungen begreifen, denen kein analytischer Rang zukommt. Und man sollte bedenken, dass Epochenbezeichnungen in einem inhaltlichen Zusammenhang gefunden werden (z. B. Lehmann 1999; Herrmann 2007c). Nur so lässt sich verstehen, dass Alexander von Humboldt etwas überraschend anmutende Epochen benannte, in denen aber nach seinem Urteil „der große Gedanke der *Natur Einheit* heranreifen und als feststehende Überzeugung Wurzeln fassen konnte. Wir unterscheiden 6 Epochen welche als Hauptmomente die allmähliche Verbreitung dieser Erkenntnis bezeichnen:

1. die Jonische Naturphilosophie, und die Dorische-Pythagorische Schule;
2. die Züge Alexanders nach Osten;
3. die Züge der Araber nach Osten und Westen;
4. die Entdeckung von Amerika;
5. die Erfindung neuer Organe zur Naturbeobachtung, d. h. Fernrohr, Wärmemesser, Barometer von 1591–1643;

6. Cook's Weltreisen, die ersten nicht bloß geographischen Entdeckungsreisen, die den Grund legten zu späteren physikalischen Expeditionen. (A. von Humboldt, 12. Kosmos-Vorlesung, 2004).

Seit alters her waren die riesigen Waldbestände Ostpreußens unter der Bezeichnung „Große Wildnis" bekannt. Angeblich schaffte Friedrich Wilhelm I von Preußen (1688–1740) diese 1728 ab. Er ordnete an, dass die Bezeichnung nicht mehr verwendet werden dürfe, weil „Seine Majestät in ihren Landen keine Wildnis erkennet" (Herrmann 2004). Hätte sich mit dieser Anweisung die Natur geändert oder lediglich die Sicht auf diese? Aber mit einer geänderten Sicht auf die Natur ändert sich diese tatsächlich, und zwar in den Bedeutungen, die Menschen ihr zuschreiben bzw. in ihr erkennen. Wer will, kann also 1728 als Beginn eines Epochenwechsels begreifen. Seitdem wurde nicht nur in Preußen durch Meliorationen „die Landeskultur befördert", die unter Joseph von Hazzi zu Beginn des 19. Jahrhunderts in Bayern einen Höhepunkt erlebte (Beck 2003) und in Flussbegradigungen und in den Trockenlegungskampagnen (v. a. auch gegen die Malaria) bis gegen Ende des 19. Jahrhunderts der deutschen Landschaft ganz wesentlich ihr heutiges Gesicht verlieh. Das Ende der Wildnis also. Mit Erstaunen wird vermutlich registriert, dass 300 Jahre nach ihrer Abschaffung gegenwärtig wieder ihre Anschaffung betrieben wird.

Bis zur Erfindung des Ackerbaus waren es zwar vordergründig Fangen, Jagen und Sammeln, welche die aneignende Wirtschaftsweise kennzeichneten. Ihre Kennzeichen sind allerdings viel eher Risikominimierung, Mußepräferenz und Unterproduktivität, um u. a. die eigene Existenzbasis nicht zu verlieren (Groh 1992). In den produzierenden Gesellschaften rückt zwangsläufig „Produktivität" als Verhaltensleitbild in den Vordergrund. Mit der Erfindung des Ackerbaus wäre man also in die Epoche der „Produktivität" eingetreten. Tatsächlich dürfte in den Verhaltensleitbildern der wichtigste Schlüssel zum Verständnis dessen liegen, dass Menschen unterschiedliche Umgangsweisen mit den naturalen Gegebenheiten ihrer Umgebung praktizieren. Derartige Mentalitätsverschiebungen müssen nicht einmal in der gesamten Gesellschaft stattfinden. So ist beispielsweise der Epochenwechsel von der magischen zur rationalen Wissenschaft zwischen 1650 und 1800, der für den heutigen Blick auf die Natur so entscheidend war, eine Angelegenheit der intellektuellen Eliten. Der andere Mentalitätenwechsel, in dem zu Beginn des 19. Jahrhunderts der romantische Blick und das Bewusstsein von Landschaft formiert werden, war dagegen eine Breitenbewegung von Stadtbewohnern (Frühwald 2010). Einen „Nullpunkt" zumindest der normativen Sicht in der Umweltgeschichte erkannte Bernd Marquardt (2003) in der Liquidierung der Lokalen Herrschaften in Deutschland zu Beginn des 19. Jahrhunderts, dem eine Umregulierung des Umweltnutzungsmanagements folgte.

Umwelthistorische Epochen ließen sich, wenn man an Stelle des abstrakten Mentalitätswandels den alltagspraktischen Bereich stärker ins Bewusstsein nimmt, nach Belieben benennen: Für die Ära des Ackerbaus könnte man Epochen z. B. nach den hauptsächlich verwendeten Instrumenten (Grabstock, Hakenpflug, Wendepflug) oder den Antriebsmitteln (Mensch, Ochse, Pferd, Traktor, Schlepper) finden; oder nach innovativen Feldfrüchten von dominierendem Charakter, wie der Zuckerrübe oder der Kartoffel; oder nach

Bodenverbesserungstechniken (Naturdünger vs. Kunstdünger). Man könnte auch Epochen nach den vorherrschenden Besitzverhältnissen oder dem Selbstbestimmungsrecht der Bauern, nach dem Marktbezug, nach dem Urbanisierungsgrad benennen. Überraschend wird man feststellen, dass sich die Mehrzahl dieser Epochenwechsel im 18. und 19. Jahrhundert konzentriert. Das heißt, dass hier die Endzeit des alten Agrarregimes in eine Übergangszeit mündet.

Deshalb ist Joachim Radkau (2000) selbstverständlich beizupflichten, wenn er den Anschluss der Umweltgeschichte an allgemeine historische Strukturen und Prozesse nahelegt. Die umweltrelevanten Verhaltensleitbilder haben sich ja nicht losgelöst von anderen Handlungsebenen entwickelt und sind deshalb auch vor deren Hintergrund – und umgekehrt jene vor dem Hintergrund der vorherrschenden Naturauffassungen – zu bewerten.

Eine Strukturierung der Geschichte, die am sichtbarsten ökosystemischen Beurteilungskriterien folgt, indem sie Geschichte auf die zentralen Größe „Energie" und „Anpassungsleistung an den Raum" beziehen, ist von den Anthropologen Leslie White (1943) und Julian Steward (1949) skizziert und später differenziert worden. Kulturen waren für White elaborierte thermodynamische Systeme. Nach seiner Einsicht war Kultur (C) eine Funktion (f) von verfügbarer Technologie (T) und Energie (e), also $C = f(T,e)$. Für Julian Steward waren Kulturen hingegen nicht nur energieoptimierende Systeme, sondern ökologische Anpassungsstrukturen, deren spezifisch politischen, ökonomischen und religiösen Muster den Zweck der Anpassungsoptimierung verfolgten. Im Grundsatz hätten menschliche Gesellschaften auf allen Kontinenten immer gleiche Anpassungsmuster entwickelt: nach der Entwicklung einer frühen Ackerbaukultur folge deren Etablierung und regionale Blüte. Es schließe sich eine Phase erster Eroberungen an, die vergrößerten Herrschaftsbereiche werden konsolidiert. Es entstünden Eisenkulturen, die Bedingung wie Folge zyklischer Eroberungen und von Großreichen sind, die ihrerseits zusammenbrechen und Möglichkeiten des zyklischen Neubeginns geben. Den Bruch in dieser Sequenz sah Steward mit der Industriellen Revolution.

Ähnlich argumentiert Rolf-Peter Sieferle. Er konzentriert sich auf eine Kombination von naturalem und gesellschaftlichem Stoffwechsel (Karl Marx) und verknüpft das so entstandene „sozial-metabolische Regime" universalhistorisch mit der zentralen Energiefrage (Sieferle 2003, 2010). Dabei ließen sich drei Epochen ausmachen: eine der Jäger-Sammler-Kulturen, eine der Agrargesellschaften und eine gegenwärtige „Transformationsgesellschaft", in der Energieengpässe durch fossile Energieträger überwunden sind – aber wegen der Endlichkeit dieser Ressourcen nur für eine Übergangszeit. Wohin sich diese Gesellschaft entwickeln wird und wann diese Übergangszeit zu Ende ginge, sei ungewiss.

In der Gegenwart, wo die Aufmerksamkeit auf klimageschichtliche Vorgänge fällt, liegt es nahe, deren Einfluss auf das Umweltgeschehen und den Lauf der Geschichte zu verfolgen (Abb. 3.32).

Dabei ist sich die Wissenschaft mittlerweile darüber einig, dass es in den letzten 200 Jahren eine stark ansteigende anthropogen verursachte Erwärmung der Erdatmosphäre gegeben hat, als deren Folge Ende des 21. Jahrhunderts die atmosphärische Durchschnitts-

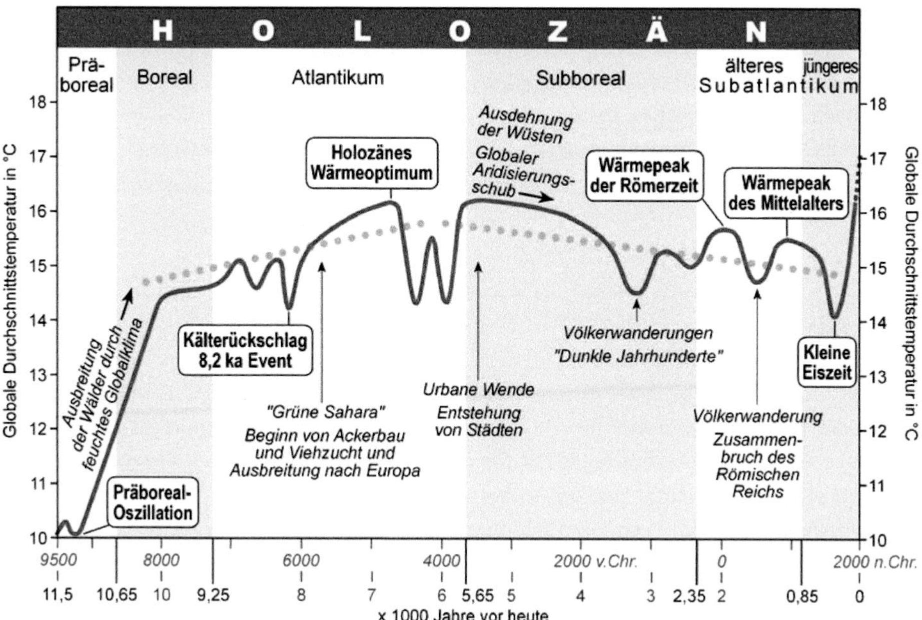

Abb. 3.32 Verlauf der globalen Durchschnittstemperatur während des Holozäns. *Unterlegt* sind dessen, im Wesentlichen paläoklimatisch gefassten, Zeitabschnitte. Die *gepunktete Linie* markiert die Trendumkehr im Temperaturverlauf während des Atlantikums. Eingetragen sind zusätzlich historische Großereignisse und klimatische Auffälligkeiten. Zurückgehende Temperaturen führen zu einer trockeneren Erdatmosphäre und in den meisten (sub-)tropischen Trockengebieten zu Aridisierungen. Umgekehrt sind Erwärmungsphasen meist mit erhöhten Niederschlagsmengen verbunden (Graphik aus/Bildrechte bei Eitel 2007, Ursprungsgraphik von Schönwiese 1995)

temperatur um +2 bis +5 °C über der Temperatur des Jahres 2000 liegen wird. Eine derartige Änderung der thermischen Determinante des globalen Ökosystems wird gravierende Folgen haben, die sämtliche lebensweltlichen und soziokulturellen Ebenen auf der Erde betreffen werden. Dies rechtfertige nach Meinung mancher Autoren die Einführung eines neuen geologischen Zeitalters, das in der Bezeichnung „Anthropozän" dem Ausmaß der naturverändernden Möglichkeiten der Menschen Rechnung trägt und um das Jahr 1800 CE beginnen soll (z. B. Crutzen et al. 2011). Über die Berechtigung der Einführung dieser neuen Epochengrenze kann man aus erkenntnistheoretischen und technischen Gründen geteilter Meinung sein. Erkenntnistheoretisch ist bemerkenswert, dass erst zu Beginn des 21. Jahrhunderts aufgefallen sein soll, welches Gestaltungspotential gegenüber der naturalen Umgebung in Menschen steckt. Dabei hat die abendländische Philosophiegeschichte, und möglicherweise auch diejenige Philosophiegeschichte anderer Kulturen, seit der Antike dieses Potential beständig thematisiert (sehr konkret und thematisch fokussiert bei Thommen 2009). Das ist vielen aktuell politisierenden Wissenschaftlern vermutlich nicht gewärtig. Die Tatsache dieses lang anhaltenden Diskussionsprozesses müsste aber, sofern die Epochengrenze kanonisiert werden soll, den Beginn des Anthropozäns eigentlich auf den Zeitpunkt des Erstauftretens mindestens der Art Homo sapiens legen, womöglich sogar auf den des Erscheinens früherer Menschenformen. Orientiert man sich technisch an klimatisch-atmosphärischen Parametern für die Festsetzung der Epochengrenze, müsste spätestens das Jahr 5020 BCE den Beginn des Anthropozäns markieren (vgl. Legende zu Abb. 3.25; anders bei Lewis und Maslin (2015), die für eine Epochengrenze bei 1610 CE plädieren).

3.6 Energie

Man wird Leslie White (1943) in seiner Feststellung folgen: „*There can be no men's clubs or classes of distinction unless food is provided and enemies guarded against*" (S. 346). In übertragenem Sinne gilt dies nicht nur für jede gesellschaftliche wie kulturelle Differenzierung, sondern elementar und grob überschlägig mindestens auch für alle Lebewesen, deren Energieaustausch vom Hämoglobin abhängt. An seiner pointierten dogmatischen Behauptung, dass Kultur das Produkt aus Technologie und Energie wäre, dürfte indes (mathematisch, wie logisch, wie überhaupt) nur richtig sein, dass ohne Energie nichts wäre. Aber die beispielhafte Verkürzung auf das energetische Problem erinnert unmittelbar z. B. an die Pre-Pueblo des nordamerikanischen Südwestens, die ihr Bauholz und Nahrungsmittel über Distanzen von 100 km zum Siedlungsplatz brachten. Die Diskrepanz zwischen Energieverbrauch und Energieangebot war langfristig nicht aufrechtzuhalten.

Der Energiefluss eines jeden terrestrischen Ökosystems beginnt damit, dass alle grünen Pflanzen und sonstigen, zur Photosynthese befähigten Organismen die Solarstrahlung aufnehmen, und mit ihrer Energie organische Verbindungen (Biomasse) aufbauen. Diese *Primärproduktion* ist die grundlegende Form der Energiespeicherung und des Aufbaus organischer Substanz aus anorganischen Bausteinen (für eine grundlegende Darstellung siehe Lehrbücher der Ökologie, z. B. Smith und Smith 2009). Vom Gesamt der organischen Substanz, das *pro Zeiteinheit* durch die photoautotrophen Pflanzen in einem Ökosystem gebunden wird (Bruttoprimärproduktion), geht ein Teil durch Atmung verloren. Organismen und Ökosysteme sind physikalisch offene Systeme, die auf eine ständige Energie- bzw. Massenzufuhr angewiesen sind, weil sie nach den Gesetzen der Thermodynamik ihren Ordnungsgrad sonst nicht aufrechterhalten könnten.

Die *Nettoprimärproduktion* ist die um Atmungsverluste korrigierte *Bruttoprimärproduktion*, die im Grunde die pro Zeiteinheit gebildete Biomasse ist. Entsprechend ist die *Produktivität* der Biomassegewinn *pro Zeiteinheit*, der zu einem bestimmten Zeitpunkt vorhandenen photosynthetisch-autotrophen Organismen. Die Nettoprimärproduktion stellt diejenige Energiequelle dar, die dem gesamten heterotrophen Anteil des Ökosystems zur Verfügung steht. Pflanzenfresser und Destruenten (Lebewesen, die organische Substanz abbauen und zu anorganischem Material reduzieren) verbrauchen letztlich die gesamte Primärproduktion, sofern nicht Wind, Wasser oder Tiere einen Teil der Nettoproduktion in ein anderes Ökosystem verfrachten, wo er in die Nahrungskette einfließt.

Wer nicht Destruent oder autotroph ist, muss daher für seinen Energiebedarf die Primärproduzenten konsumieren (Pflanzenfresser) oder muss Konsumenten konsumieren (Räuber, Parasiten). Im Prinzip ist damit die Nahrungskette beschrieben, die präziser als Nahrungsnetz verstanden werden sollte. Denn Räuber und Parasiten ernähren sich nicht nur von Pflanzenfressern, sondern auch von Kleinstlebewesen und Streufressern.

Einer populären Faustregel zufolge sollen je Stufe der Nahrungskette rund 90 % des Energiegehaltes der Nahrung an Nebenkosten und Verlusten verloren gehen. Diese energetische Kaskade ist für menschliche Gesellschaften von Bedeutung, sofern eine Nahrungskonkurrenz mit Nutztieren besteht. In einer fiktiven Abschätzung auf Grundlage der Faustregel würde man 100 Einheiten Kartoffeln für die Erzeugung von 10 Einheiten Schweinefleisch benötigen. Äße der Mensch das Schwein, würden wiederum nur 10 % in Menschenmasse umgesetzt werden. Aus 100 Einheiten erhält man über den Umweg Schwein nur eine Einheit Mensch. Würde die Kartoffel ohne den Umweg konsumiert, erhielte man zehn Einheiten Mensch. Es wird unmittelbar verständlich, dass Tierhaltung unter den Bedingungen von Nahrungskonkurrenz eine energetisch „teure" Strategie sein kann. Das ist vermutlich der wichtigste Grund, warum unter den Nutztieren – vom Hund abgesehen – praktisch keine Räuber vertreten sind, sondern nur Tiere, die Zellulose verdauen können, also nicht in Nahrungskonkurrenz mit Menschen stehen. Das einzige Nutztier, das seinen Hafer dem Menschen wegisst, das Pferd, wurde entsprechend spät als Arbeitstier eingesetzt (kaum vor Mitte des 18. Jahrhunderts). Bis dahin war es teure Kriegsmaschine, teures Reisemittel oder Repräsentationsgegenstand.

So lange keine energetische Subventionierung durch Lenkung von Stoffströmen und damit auch von Energieflüssen möglich war, mussten Menschen mit der an Ort und Stelle erzeugten Nettoprimärproduktion haushalten. In Jäger-Sammler-Gemeinschaften, deren Nahrungsverhalten man unter gegenwärtigen Wissenschaftsstandards beobachtete, fanden sich entsprechend energetisch hochoptimierte Strategien (Mithen 1990; Abb. 3.33).

Das Agrarsystem ist gegenüber den Jäger-Sammlern energetisch durch die planvolle Erzeugung von Biomasse und das Abernten anderer Formen der Solarenergie im Vorteil. Sofern gesellschaftliche Binnenentwicklungen durch die Menge verfügbarer Energie begrenzt werden, ist die Entwicklungsmöglichkeit innerhalb eines solarbasierten Energiesystems durch die Fläche begrenzt, auf der Primärproduktion möglich ist (Abb. 3.34). Das heißt, in einem solarbasierten (Agrar-)System sind die Entwicklungsmöglichkeiten (z. B. „Wachstum") begrenzt. Wachstum ist vielmehr sogar eine Bedrohung des Systems, weil es dieses an seine energetische Grenze treibt.

Das galt bis zu dem Moment, in dem Kohle als Energieträger entdeckt und zugänglich wurde. In England wurde Kohle seit dem 12. Jahrhundert verwendet, kam bis ins 17. Jahrhundert breiter zum Einsatz und wurde dann in zunehmend größerem Umfang technisch genutzt. Kohle ist zunächst auch eine Form von primärproduzierter Biomasse. Sie ist aber nicht aktuell auf der derzeitigen Fläche der Primärproduktion entstanden, sondern kommt als zusätzlicher energetischer Eintrag aus dem „unterirdischen Wald" (RP Sieferle) in das System hinein. Damit ist es möglich, einen energetischen Engpass durch Subventionierung mittels fossiler Biomasse zu überwinden. Die Menge der Kohle, die in das System

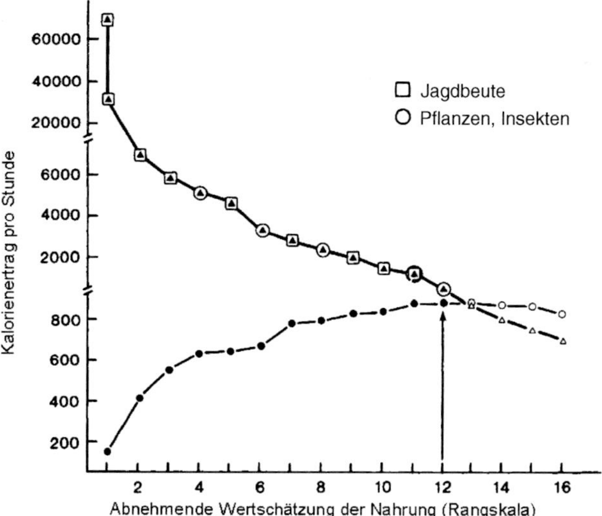

Abb. 3.33 Energieoptimierte Nahrungswahl (*optimal foraging strategy*) bei Jägern und Sammlern. Die Graphik stellt die energetischen Erträge verschiedener Nahrungsmittel dar, die bei den Aché, einer Jäger-Sammler-Kultur im nördlichen Paraguay, akquiriert wurden. Auf der *Abszisse* ist die Wertschätzung der Aché für 12 real erfasste Nahrungsmittel aufgetragen sowie für vier hypothetische (ab Position 13), beginnend mit der höchsten Wertschätzung (1) und endend mit der geringsten (16). Höchstgeschätzt sind (1) Halsbandpekkari und Hirsch, (2) Paca/Coati, (3) Gürteltier/Schlange, (4) Orangen, (5) Vögel, (6) Honig, (7) Weisslippenpekkari, (8) Palmenmaden, (9) Fisch, (10) Palmenherzen, (11) Palmenfasern/Affen, (12) Palmenfrüchte. Diese Nahrungsmittel repräsentieren den mittleren Warenkorb der Aché.
Das Halsbandpekkari wird als Nahrungsmittel am höchsten (1) geschätzt. Die *schwarzen Kreise* des *unteren Graphen* bilden die akkumulierten absoluten Energiegehalte pro Suchzeit ab: Halsbandpekkaris werden selten erlegt, sodass der Beitrag des Pekkaris zum Gesamtkalorienertrag der Nahrung bezogen auf die gesamte Dauer der Jagddauer gering ausfällt. Wird zum Kalorien-Stunden-Betrag des Pekkaris der Kalorienertrag für den Hirsch addiert, ergibt sich ein akkumulierter Wert (1) von lediglich 148 kcal/h. Hierzu wird der Kalorienertrag (2) für Paca und Coati addiert [ergibt (1) plus (2) = 405 kcal/h], hierzu wird der Beitrag von (3) Gürteltier/Schlange addiert = 546 kcal/h usw. bis mit der Nahrung (12) Palmenfrüchte ein Gesamtkalorienbetrag/h von 872 kcal/h erreicht ist. Die Kurvenverläufe nach Position 12 sind Extrapolationen und beziehen sich auf hypothetische Nahrungsmittel. Die *zweite Kurve* (*schwarze Dreiecke*) geben den Energiegehalt bezogen auf die Zubereitungszeit wieder. Der Energiegehalt für das Pekkari ist abzüglich seiner Zubereitungszeit sehr hoch. Die Energiegehalte bezogen auf die Zubereitungszeit der anderen Nahrungsmittel ergeben einen abfallenden Kurvenverlauf, d. h. das einzelne Nahrungsmittel muss immer relativ aufwendiger zubereitet werden.
Beide Kurven schneiden sich an der Stelle des *Pfeils*. Dieser gibt den Punkt an, an dem ein weiteres Nahrungsmittel nicht mehr zum Gesamtkalorienbetrag des Warenkorbes positiv beiträgt, sondern die Bilanz negativ werden lässt. Die Aché vermeiden mit dem durchschnittlichen Warenkorb eine negative Energiebilanz (Graphik von/Bildrechte bei: Hawkes et al. 1982, dort auch die Zahlenwerte sowie Erläuterung zur Feldaufnahme und Auswertung; weitere Ausführungen und Beispiele bei Schutkowski 2006)

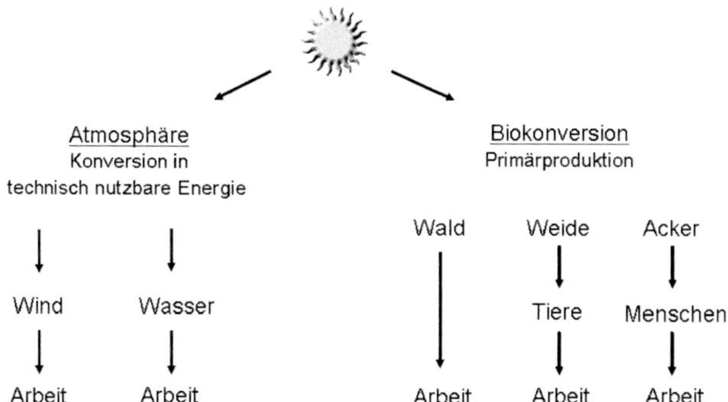

Abb. 3.34 Energiefluss im solarbasierten Energiesystem. Im Bereich der biologischen Konversion wird die Solarenergie von Primärproduzenten in (energiehaltige) Biomasse umgesetzt. Das solarbasierte Energiesystem nutzt in Gestalt von Jäger-Sammler-Kulturen die Ökosysteme Wald und Weide; Agrarkulturen nutzen zusätzlich die ökologischen Störflächen der Äcker zur planvollen Biomasseproduktion. Der Wald produziert nicht nur Biomasse, die von Menschen und Tieren als Nahrungsquelle abgeerntet werden kann. Für Menschen dient das Holz durch seinen hohen Energiegehalt, der durch Feuer freigesetzt wird, zur Erzeugung von Wärme, die u. a. auch in physikalische Arbeit gewandelt werden kann. Das Ökosystem Weide kann von Menschen nur über den Umweg tierlicher Konsumenten genutzt werden, weil Menschen Gräser und Steppenpflanzen nicht essen können. Erst die tierlichen Konsumenten liefern für Menschen nutzbare Energie, in Form von Nahrung, die in Arbeit (von Menschen) gewandelt wird oder durch die Muskelkraft von Nutztieren. Ackerflächen dienen der Erzeugung hochkonzentrierter Biomasse, die entweder von Menschen direkt konsumiert und anschließend in Arbeit gewandelt wird oder über den Umweg als Tierfutter in Arbeit überführt werden kann. Kennzeichen des Systems ist der Flächenbezug der Primärproduktion. Durch ihn ist der Energiegewinn absolut limitiert. Ein zusätzlicher energetischer Gewinn ist im solarbasierten Energiesystem nur noch durch Abernten von Wind- und Wasserenergie möglich. Durch Sonneneinstrahlung entstehen in der Atmosphäre Luftbewegungen und Wasseransammlungen aus der Meeresverdunstung, die als Niederschläge über dem Land fallen. Die Luftbewegungen können mit Windmühlen in technisch nutzbare Energie gewandelt werden. Die Niederschläge gehorchen der Schwerkraft, die sie zurück ins Meer fließen lässt. Ihre Bewegungsenergie kann mit Wassermühlen in technisch nutzbare Energie gewandelt werden. Sowohl bei Wind- als auch bei Wassermühlen handelt es sich um technische Entwicklungen, die erst in fortgeschrittenen Agrarsystemen entstanden sind (adaptiert nach Darstellungen von RP Sieferle)

hineingebracht wird, lässt sich in Flächenäquivalent eines produzierenden Waldes umrechnen. Mit anderen Worten: Kohle kann letztlich als eine Erweiterung der Fläche für die Primärproduktion angesehen werden, als eine virtuelle Ausdehnung der Produktionsfläche (Abb. 3.35).

Auf diesem Prinzip beruht auch ein oft in seiner Dimension übersehener Beitrag eines subfossilen Energieträgers an der Entwicklung „der ersten modernen Ökonomie der Welt" (de Vries und van der Woude 1997). In den Niederlanden wurde Torf als fossilenergetischer Substituent vergleichsweise früh eingesetzt, weil die Niederlande holzarm waren. Bereits im 12. und 13. Jahrhundert wurde Torf an den Küsten Flanderns und nordöstlich Antwerpens in großem Maßstab abgebaut. Um Antwerpen waren die Torfvorräte

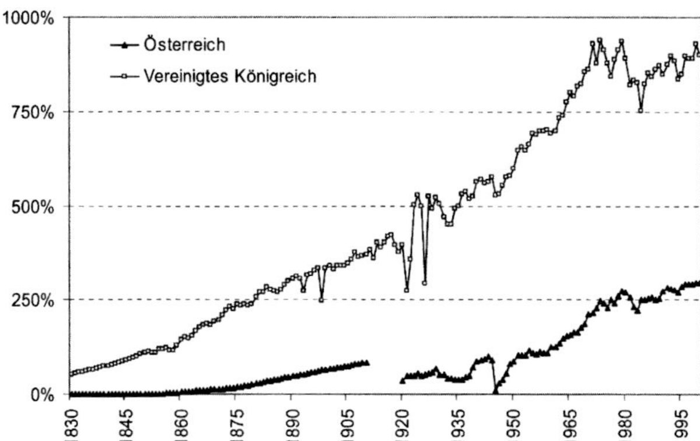

Abb. 3.35 Virtuelle Energiefläche (bezogen auf fossile Energie) im Verhältnis zur Landesfläche in Österreich und im Vereinigten Königreich. *Ordinate*: Virtuelle Energiefläche in % der Landesfläche; *Abszisse*: Jahreszahlen. Verglichen sind die Energieumsätze in Österreich (heutige Grenzen) mit denen im Vereinigten Königreich. Die virtuelle Flächensubstitution durch Kohle brachte in Großbritannien bereits in den 1840er Jahren einen „Flächengewinn", der das Ausmaß der Landesfläche überstieg. In Österreich war diese Entwicklung weniger ausgeprägt. Hier erreichte der virtuelle Flächengewinn durch Fossilenergie erst 100 Jahre später das Ausmaß der Landesfläche. Der Unterschied wird hauptsächlich auf den geringeren Industrialisierungs- und Urbanisierungsgrad in Österreich und die dortige höhere Bedeutung der Landwirtschaft, die verbreitete Brennholznutzung und die geringere Bevölkerungsdichte zurückgeführt (aus/Bildrechte liegen bei: Sieferle et al. 2006). In gleicher Weise kann man den Strom kolonialer Güter nach Europa ebenfalls in Kategorien virtueller Erweiterungen der Landesfläche betrachten. Koloniale Stoffströme sind entweder direkt als Energieflüsse zu betrachten, oder sie beinhalten energetischen Aufwand zur Gewinnung dieser Stoffe. Dieser Aufwand ist am Ende als Teil einer kolonialen Nettoprimärproduktion erwirtschaftet worden und trägt so zum energetischen Gewinn des Mutterlandes bei, bzw. erweitert die virtuelle Landfläche

bereits um 1530 erschöpft. Mit den ökonomischen Zentren verlagerte sich die Torfproduktion nach Holland. Die Torfproduktion war von Beginn an mit dem Bau von Kanälen verbunden, die sich einmal durch den Abbau selbst ergaben, zum anderen für den Abtransport erforderlich waren. Die wirtschaftliche und kulturelle Blüte der Niederlande im niederländischen „Goldenen Zeitalter", zwischen 1600 und 1700, verdankte sich nach Berechnungen von de Zeeuw (1978) der Tatsache, dass anstelle teuren Brennholzes nahezu überall in den Niederlanden Torf verfügbar und sein Abbau und Weitertransport durch das Kanalsystem möglich war. Den jährlichen Gesamt-Energieverbrauch der Niederlande schätzte de Zeeuw auf 4 GJ (zum Vergleich: BRD 1989 = 16 GJ). Vor diesem Hintergrund konnte sich eine energieintensive Gewerbelandschaft mit einem hohen Urbanisierungsgrad etablieren, aus dem sich die führende Wirtschaftsposition ergab (de Decker 2011). Das System wurde gestützt von den zahlreichen Windmühlen, die nicht nur Entwässerungsmaschinen, sondern auch als gewerblich genutzte Antriebsmaschinen dienten. Nach der flächenbezogenen Äquivalenzberechnung von de Zeeuw wurden in den Niederlanden jährlich 15,5 Mio. m^3 Torf aus 700 ha mit 7000 Mannjahren gewonnen, die über das Kanalsystem leicht zu den Verbrauchern transportiert werden konnten. Hätte man dieselbe Energiemenge aus Holz gewinnen wollen, wären jährlich 1,5 Mio. t Holz erforderlich gewesen. Hierfür hätte man einen Wald von 800.000 ha mit 30.000 Mannjahren bewirtschaften müssen. Für einen Transport über Land wären täglich 800.000 tkm zu bewältigen gewesen. Dies wiederum hätte 100.000 Pferde und zusätzlich 230.000 ha für deren Aufzucht- und Unterhalt mit weiteren 40.000 Mannjahren erforderlich gemacht. Insgesamt hätten danach die Niederlande mindestens 13.000 km^2 zusätzliche Fläche zur Verfügung haben müssen – fast ein Drittel des heutigen Staatsgebietes. Statt der 7000 Personen in der Torfgewinnung hätte der Arbeitskräftebedarf das Zehnfache betragen. Es war die einzigartige Kombination von Torflagerstätten und Transportinfrastruktur, die in den Niederlanden eine unvergleichliche Energiebilanz und urbane Entwicklung möglich machte. Keine andere Moorregion Europas konnte ähnliche Vorteile aus ihren Lagerstätten ziehen, weil in allen anderen Fällen die hohen Transportkosten eine Nutzung nicht in vergleichbarer Weise lohnten. Das von den Niederländern in dieser Zeit verbrannte heutige Biomasse/Kohlenstoffäquivalent beträgt nach allergröbster Abschätzung wenigstens das Dreifache der Biomasse des zeitgenössischen Regenwaldes Amazoniens. Man muss sich eine solche Zahl deshalb vergegenwärtigen, weil der wirtschaftliche Vorsprung der Niederlande (wie auch der anderen Industrienationen) auf einem historischen CO_2-Ausstoss beruht, der einen uneinholbaren wirtschaftlichen Vorsprung verschaffte.

Der Technologieschub des 20. Jahrhunderts verdankt sich allermeist dem Erdöl, einer weiteren fossilen Biomasse, die noch energiereicher ist als Torf und Kohle.

Während der Wald als wichtigste energieliefernde Ressource in Mitteleuropa praktisch vor jeder Haustür stand und Holz im großen und ganzen zu verträglichen Transportkosten zu beschaffen war, galt dies für Kohle erst mit der Entwicklung des Eisenbahnsystems. Die Abhängigkeit von Holz als der zentralen Brennstoff- und Wärmequelle wurde erst ab der zweiten Hälfte des 19. Jahrhunderts zurückgedrängt, wobei der industrielle Bereich der häuslichen Nutzung vorauslief. Da Holz nicht nur Energiequelle, sondern auch Bau- und Werkholz war (Radkau und Schäfer 1987; Radkau 2007), wird die Sorge um die andauernde Verfügbarkeit von Holz verständlich. Gegen Ende des 18. Jahrhunderts breitet sich sogar das Gefühl einer „Holznot“ aus. Die Abhängigkeit von Holz war allgegenwärtig, offensichtlich, und hatte vielfältige Auswirkungen nicht nur auf energieintensive Technologien, wie die Erzverhüttung oder Glasherstellung: sie betraf das Bauwesen und damit städtische Entwicklung und schließlich – primär – die Erzeugerflächen (Jockenhövel 1996).

Die Energieknappheit war so erheblich, dass es z. B. zeitweilig einträglich war, im Solling produzierte Holzkohle mit Eselskarawanen bis in den Harz zu transportieren. Dort hatte der Bergbau bereits früh einen erheblichen Holzmangel erzeugt (Hillebrecht 1982) – nicht allein wegen des Energiebedarfs bei der Verhüttung, denn der Bergbau verschlang auch Unmengen an Joch- bzw. Stempelholz. Es ist deshalb auch nicht überraschend, wenn aus dem Bereich der bergbaulich orientierten Waldbewirtschaftung um 1700 die Idee einer Forstwirtschaft formuliert wurde, welche die Aussage eines jeden Ökologie-Lehrbuches vorwegnimmt: Man kann pro Zeiteinheit aus einem System nur so viel Biomasse entnehmen, ohne es zu ruinieren, wie in dieser Zeiteinheit durch Nettoprimärproduktion gebildet wird. Der gewöhnlich als Ideengeber herangezogene Hannß Carl von Carlowitz (1645–1714), Berghauptmann in Freiberg/Sachsen, formulierte dies mit Blick auf die Fortnutzung so: „... daß es eine continuirliche, beständige und nachhaltende Nutzung gebe." Dies wird gewöhnlich für die Geburtsstunde des Begriffs „Nachhaltigkeit" gehalten. Man wird Zweifel anmelden dürfen, ob denn damit auch die Idee der Nachhaltigkeit selbst geboren wurde, die es selbstverständlich *avant le lettre* auch schon früher gab. Ob die Gebrüder Paulini im Veneto um 1600 oder Platon in Griechenland oder andere mehr – wer immer sich niedergangstheoretische Gedanken machte, verglich ja mit einem früheren Zustand und musste zu dem immer selben Ergebnis kommen: Wer das Saatgut verzehrt, hat im nächsten Jahr nichts zu essen. Nachhaltigkeit ist die moderne Bezeichnung, die Menschen für den Zustand eines bewirtschafteten Ökosystems gefunden haben, in dem Stoffströme und Energieflüsse, obwohl parasitär abgeschöpft, in einem künstlichen, anhaltend stabilen Gleichgewichtszustand gehalten werden.

Die Sorge der Zeitgenossen um den Energieträger Wald und auch seine anderen ökonomischen Dienste, weniger um seine ökologischen Dienstleistungen, durchzieht die umwelthistorische Literatur wie ein dickes rotes Kabel. Sie ist bereits antik greifbar, obwohl die häufig bemühte Stelle im Kritias von Platon (Weeber 1990) über die Entwaldung der griechischen Halbinsel offenbar eher politische Kritik an Perikles als reale Sorge um den Waldbestand in Hellas war. Immerhin muss die metaphorische Redeweise, wenn es eine war, von den Zuhörern verstanden worden sein, d. h. das Phänomen „Entwaldung" ist bekannt gewesen. Sorge um Holzenergie und sogar um Wasserenergie ist u. a. auch hochmittelalterlich fassbar (Lohrmann 1979; Schubert 1986), die Ressource Wald blieb auch und gerade in der Neuzeit ein ewiges Sorgenkind (Radkau und Schäfer 1987, dann stellvertretend und beispielhaft Grewe 2004 und Hölzl 2010), nicht zuletzt im Konfliktfeld zwischen Besitzrechten und den aus nackter Not handelnden besitzlosen Menschen.

Nicht übersehen werden dürfen die umwelthistorischen Konsequenzen häuslicher Lichtquellen. Sofern nicht die Feuerstelle als Lichtquelle diente, wurden Öl- und Talg-Lampen verwendet. Selbst wenn hierfür minderwertige Fette aus der Tierverwertung verwendet wurden, reduzierte dies die verfügbare Energiemenge eines Haushalts. Das teure Petroleum kam erst in der zweiten Hälfte des 19. Jahrhunderts auf. Licht war am häuslichen Arbeitsplatz für Gewerbetreibende, Handwerker und Heimarbeiter unentbehrlich. Mit der sogenannten Schusterkugel, einem wassergefüllten Glaskolben, der nach dem Prinzip der Sammellinse funktionierte, konnten geringe Lichtmengen gebündelt und der Arbeitsplatz besser ausgeleuchtet werden. Kerzen aus Bienenwachs waren ein so begehrtes Handelsgut, dass Heidelandschaften als Bienenweiden einträglich waren und deshalb offen gehalten wurde.

Mehrfach ist deutlich geworden, dass Transportkosten offensichtlich ein erheblicher Faktor für die Strukturierung eines solarbasierten Agrarsystems waren. Ein wichtiger theoretischer Beitrag hierzu stammt von Heinrich von Thünen (1783–1850) der in Fortsetzung von Gedanken, wie sie die Hausväter-Literatur nicht nur mit Blick auf die Führung eines Landgutes, sondern immer auch als staatsbürgerlichen Ratschlag verstanden, die Idealstruktur eines fiktiven Staates von kreisförmiger Gestalt entwarf (von Thünen 1826). Wenn dessen Zentrum im Mittelpunkt des Staatsgebietes liegt, dann sollten die Orte landwirtschaftlicher Produktion konzentrisch um das Zentrum angeordnet werden. Verderbliche Güter des täglichen Bedarfs und transportempfindliche Güter sollten in der ersten Zone, in unmittelbarer Zentrumsnähe produziert werden, gefolgt von einer Zone der Brenn- und Nutzholzproduktion, dann Weidewirtschaft, usw. Im äußersten Ring würde dann idealiter das selten transportierte Bauholz gepflegt und der Jagd nachgegangen. Von Thünen formulierte damit den Gedanken der Lagerente, der Ertragsabhängigkeit von den Transportverlusten, die für spätere Raumnutzungskonzepte (z. B. Christaller 1933) theoretisch bedeutend wurde. Lebenspraktisch war der Gedanke der Transportkosten längst in Preiskalkulationen enthalten (Tab. 3.12). Sieferle schätzt den Anstieg des Holzpreises (Fichte, nach Daten anderer Autoren) im 18. Jahrhundert pro km um 4 % beim Seeweg, um 10 % beim Wasserweg und um 40 % beim Landweg.

Tabelle 3.12 erklärt zugleich einen inneren Zusammenhang zwischen Fahrzeugentwicklung, Zugtieren und Straßenkonstruktionen (Popplow 2004).

Wenn abstrakt von Energiebedarf die Rede ist, betrifft dies (fast) alle Menschen in ihrer täglichen Nahrungszubereitung auf zweierlei Weise. Mit dem Feuer kam das Kochen von Nahrung bzw. die Zubereitung von Nahrung auf allerlei feuerbedingte Arten auf. Die Erwärmung der Nahrung bedeutet eine extrakorporale Verlagerung eines Teils der eigentlich für den Nahrungsaufschluss erforderlichen physiologischen Arbeit, der allerdings seinerseits mit Arbeitsleistung bei der Nahrungszubereitung und durch Küchentätigkeiten erkauft wird. Zubereitet werden kann nur, was vorhanden ist. Die Nahrung wird von den Primärproduzenten oder durch Konsum von Konsumenten gewonnen. Aber Nahrung ist nicht einfach nur Energie. Jenseits der bloßen Bereitstellung von Energie hat Nahrung eine mit Macht verbundene Seite, die Heinrich Heine mit der Feststellung „Die Suppenfrage regiert die Welt“ auf den Punkt brachte. Bert Brecht hatte dann mit der Aussage ergänzt: „Erst kommt das Fressen, dann die Moral“. Als die Physiologen des 19. Jahrhunderts

Tab. 3.12 Faktoren für Transportkosten bzw. Kostenrelationen in Europa. Eine der ersten Transportkosten-Kalkulationen stammt aus einer Höchstpreisverordnung des Kaisers Diokletian (nach Angaben bei Sieferle 2004)

Transport	Diokletian (301 CE)	18. Jh.	19. Jh.	In Getreideeinheiten (18. Jh.)
Über das Meer	1	1		0,4 kg/tkm
Auf einem Fluss	5		1 (Talfahrt)	1 kg/tkm
Auf einem Kanal (Schleppkahn)		3	5	
Auf einer Straße (mit einem Fuhrwerk)	28–56	9	30	4 kg/tkm
Mit Lasttieren		27		
Mit der Eisenbahn			10	

ihren Sinnspruch formulierten „Der Mensch ist, was er isst", hatten sie die körperliche Zusammensetzung im Sinn. Der Satz hat mittlerweile eine viel tiefere Bedeutung durch die Realität der 1899 erschienen „Theorie der feinen Leute" (Veblen 2007) erhalten. „*Public chewing*" war an Europäischen Fürsten- oder Königshöfen seit langem weit verbreitet und hatte den Zweck einzig des Distinktionsgewinns durch die zeremoniell-performative Herausgehobenheit der herrschaftlichen Mahlzeit und vor allem den repräsentativen Wert von Nahrung, der an die Stelle des energetischen Gehaltes allmählich die Seltenheit oder Künstlichkeit des Nahrungsmittels treten ließ. Die Aussage wäre deshalb mit Bezug auf soziale Hierarchien dahin zu modifizieren: „Ich esse (dieses oder jenes auf diese oder jene Weise), also bin ich."

Arten der Nahrungszubereitung sind kulturell zu hochkomplizierten Prozeduren der Energiebereitstellung und des Energiewandels und vieler damit verbundener Facetten des gesellschaftlichen Lebens geworden, wie es in der Tab. 3.13 nur angedeutet werden kann.

Für eine Gesellschaft ist die Effizienz der Nahrungsproduktion von Bedeutung (vgl. Tab. 3.14). Jäger-Sammler-Kulturen und einfache Hortikulturalisten haben keine oder nur geringe energetische Verluste. Viehwirtschaft ist gegenüber dem Ackerbau mit höheren energetischen Kosten verbunden. Mechanisierung der Landwirtschaft und der Einsatz tierlicher Arbeitskraft erhöht zwar den energetischen Ertrag, der aber nach Abzug der Lagerungs- und Verbrauchskosten im Vergleich zum Aufwand nicht sehr groß ausfällt. Diese Diskrepanz ist besonders auffallend für die neuzeitliche industrielle Landwirtschaft,

Tab. 3.13 Heuristische Darstellung der Zusammenhänge von Nahrungsaufnahme zur Energiebedarfsdeckung und der im sozial-metabolischen Regime zusätzlich auftretenden Funktionalisierungen von Nahrung und ihre Verknüpfung mit Fragen von Herrschaft, Wirtschaft und Kultur. Die Tabelle beschränkt sich auf die Formulierung von Oppositionsbegriffen. Der Komplexitätsgrad nimmt in der Tabelle *von links nach rechts* zu, er nimmt zugleich tendenziell *nach oben* zu. Nahrungsbereitstellung und Nahrungszubereitung bilden zwar eine funktionelle Einheit, werden hier jedoch zur Freilegung der unterliegenden Systematik voneinander getrennt (aus Herrmann 2007b)

	Strategie	Entscheidungsgrundlage	Zirkuläre Abhängigkeit (führt zu bzw. hängt ab von)	Soziale Grundstruktur
Nahrungsproduktion	Sammeln Anbauen	Kosten Nutzen	Landnutzung	Territorialität, Herrschaft
Nahrungsbereitstellung	Pflanze Tier	Auswählen Ausrotten	Funktioneller bzw. kultureller Biodiversität	Verteilungssysteme
Nahrungszubereitung	Roh Gekocht	Einfach Komplex	Gesund Krank	Soziale Stratifizierung
Nahrungsaufnahme	Einfach Komplex	*Gourmand* *Gourmet*	Körperkultur	Menschenbild
Entsorgung	Vorstellungen von:	Verunreinigung und Tabu; Empfindlichkeitsschwellen; Prozessen der Zivilisation		Entsorgungssysteme

Tab. 3.14 Quantifizierungen der energetischen Effizienz verschiedener Subsistenzökonomien. Unter *Energetischer Effizienz* wird hier das Verhältnis von Nahrungsenergie *p* und dem Aufwand körperlicher Energie zu ihrer Erzeugung *r*, also *p*/*r*, verstanden. Die *Gesamteffizienz* berücksichtigt zusätzlich alle weiteren zur Nahrungserzeugung eingesetzten Hilfsmittel, wie etwa Zugtiere und Maschinenarbeit unterschiedlicher Antriebssysteme, Lagerungsverluste, später Kosten für Dünger und Schädlingsbekämpfungen (Daten aus Schutkowski 2006, S. 96). Sie sind als energetische Kosten vom energetischen Ertrag abzuziehen

Gesellschaft	Energetische Effizienz	Gesamteffizienz
!Kung (San, Kalahari)	9,5	9,5
Tsembaga (Neu Guinea)	16	13,4
Inujjuamiut (Inuit)	12,9	1,7
Nuñoa Quechua (SAm Altiplano)	11,5 (Landwirtschaft) 7,5 (Tierhaltung)	9,5
Wiltshire 1820 (England)	40,3	5,8
Wiltshire 1970 (England)	1266,7	2,1

die größenordnungsmäßig für die Erzeugung einer Nettoenergieeinheit 600 Einheiten verbraucht. Diese Landwirtschaft kann nur durch die fossilenergetische Subventionierung aufrechterhalten werden. In ihr und ihren Folgeindustrien können deshalb auch Nahrungsmittel erzeugt werden, die, wie das Lehrbuchbeispiel Toastbrot, einen geringeren Energiebetrag enthalten als zu ihrer Erzeugung erforderlich war. Keine historische oder prähistorische Gesellschaft hätte sich eine derartige Energiebilanz ihrer Nahrungsproduktion leisten können.

Der organische Küchenabfall ist als Biomasse Teil der Nettoprimärproduktion oder nachfolgender Stufen der von dieser abhängigen energetischen Kaskaden. Er wird letztlich abgebaut und remineralisiert. Man schätzt, dass es unter natürlichen Bedingungen durchschnittlich etwa 100 Jahre dauert, bis Atome eines früheren Lebewesens über die Stoffkreisläufe der Hydrosphäre und der Pedosphäre am Aufbau eines nächsten Lebewesens beteiligt werden (A. Herrmann 1989).

Dies gilt nicht in gleicher Weise für Abfälle, die aus nichtorganischen Materialien bestehen. Letztlich werden sie auch über physiko-chemische Vorgänge abgebaut. Die hierfür erforderlichen Zeiten berühren aber geologische Dimensionen, weil die technologischen Prozesse zur Herstellung der Ursprungsprodukte ja gerade auf die Dauerhaftigkeit des Materials abzielten. Diese Prozesse ihrer Herstellung sind extrem energieintensiv, weshalb Metallprodukte oder Gläser nach Unbrauchbarkeit möglichst wieder als Rohstoffe rückgewonnen wurden. Andere Kunstprodukte anorganischen Ursprungs (Kunststoffe i. e. S. werden erst im 20. Jahrhundert erfunden), die ebenfalls mit hohem Energieaufwand hergestellt wurden, sind Töpferwaren und Ziegelsteine. Während Bausteine immerhin noch dann eine Mehrfachverwendung erfahren können, wenn sie zerbrechen, gilt das für Töpfereierzeugnisse nicht in gleicher Weise. Sie sind nicht wirksam zu reparieren, könnten aber immerhin noch im Bauwesen eine Endverwendung finden.

Warum wurden dann beispielsweise 53 Mio. Amphoren, in denen Öl, Wein und Getreide in das antike Rom kamen, zerschlagen und auf eine Halde gekippt, die dem heutigen Stadtteil Testacchio ihren Namen gab? Offensichtlich war es billiger (Reinigungs- und Transportkosten), die Amphoren einfach zu vernichten und auf Kosten der Primärproduktion in den römischen Kolonien, vor allem in Spanien und Nordafrika, neue Gefäße herstellen zu lassen.

Seinem Ursprung nach ist das Deponie-Problem, das in der Transformationsgesellschaft (RP Sieferle) drängend ist, ein Problem, das sich der energetischen Substitution in Form zusätzlich ausgebeuteter Flächen der Primärproduktion verdankt, die sowohl real (Kolonien) als auch virtuell (fossile Energieträger) sein können. Mittlerweile wird selbst der Müll auf diese Substitutionsflächen verlagert (in die Dritte Welt).

3.7 Technik

Die Aneignung und Bewältigung von Umwelt und Umgebung hat, neben ihrer wissensbasierten Ebene, auch eine Ebene der körperlichen und instrumentellen Fertigkeit. Beide gemeinsam bilden den Bereich der „Technik" und konzentrieren sich im Laufe der Geschichte immer mehr auf die Hervorbringung von „Sachsystemen". Hierunter versteht die Technikgeschichte einen Gegenstand, der aus natürlichen bzw. durch Verarbeitung gewonnenen Rohstoffen hergestellt ist und der allermeist vorbildhaft in der freien Natur nicht vorkommt (Propyläen Technikgeschichte 1997). Zugleich lieferte „Technik" zu allen Zeiten die Mittel zur Kontrolle – zur Kontrolle über Menschen wie über Räume und Ressourcen (Territorialität). Weil Herrschafts- bzw. Machtausübung die von ihnen betroffenen Menschen und ihre Bedürfnisse begrenzt, wird zwangsläufig auch deren Umwelthandeln begrenzt. „Es lag in der Natur der Herrschaft, wie weit die Herrschaft der Natur reichte", sagt der Historiker (Dipper 1991, S. 10). Tatsächlich sind selbst Hunger und Krankheit auch soziale Phänomene, aber sie haben eben auch eine organische Ursache, gegen die gutes Zureden allein nicht hilft.

Unbestreitbar ist mit Technik jener Bereich benannt, durch dessen Vermittlung Menschen ihren Lebensraum so umfassend verändert haben, wie keine andere biologische Art (*„the human impact"*, Goudie 2006). Eine umwelt- oder umgebungsverändernde Wirkung haben, allein durch ihre Existenz, alle Lebewesen. Diese ist jedoch fast immer praktisch reversibel (jedenfalls erscheint es so; der philosophische Aspekt sei hier aber ausgeklammert), führt also dauerhaft nicht zu spürbaren Zustandsänderungen des Ökosystems. Nur in den Ausnahmefällen eines Beitrags zu geologischen Formationen – und dann auch nicht als individueller Anteil – sind organismische Reste bleibende, verändernde Teile des Tableaus.

Menschen koordinieren ihre Aktivitäten im Verlauf der Geschichte zu Wirkungen, die sich in Intensität und zeitlicher Dauerhaftigkeit grundsätzlich vom umweltwirksamen Verhalten anderer Lebewesen unterscheiden. Hierzu gehört die Fähigkeit, Jagdbeute zu erlegen, die ein Vielfaches der eigenen Körpergröße und des eigenen Körpergewichts aufweist. Seine Fähigkeiten reichten aus, dass der anatomisch moderne Mensch bei seiner Ankunft in vielen Regionen der Erde mindestens zu den Gründen für das Aussterben der dortigen Megafauna hinzugerechnet werden muss; wobei er auf einfachste Instrumente, wie Speer und Steinklingen, zurückgriff (Theorie des „*pleistocene overkill*", Martin 2005).

Die umweltwirksamste Idee hatten eigentlich altsteinzeitliche Jäger, indem sie feste Lagerplätze für die Jagd auf saisonal wandernde Tiere einrichteten (z. B. Bilzingsleben, Thüringen) und Speere sowie Angelhaken benutzten. Es sind die frühesten Nachweise, dass Menschen mit einer Technologie aberntetent, was nicht in ihrer unmittelbaren Umgebung durch Primärproduktion und Konsumption energetisch gebunden wurde, also Belege für die Durchbrechung lokaler ökologischer Kreisläufe und die Lenkung von Stoffströmen (und damit Energieflüssen) auf die Menschen selbst hin.

Auch mit den einfachen Mitteln des Grabstockes und eines Korbes schafften die Kulturen in beiden Amerikas immense Massenbewegungen und dauerhafte Architekturen. Nicht nur China wurde in Handarbeit und allein mit dem Spaten kultiviert. Was also wären jene Sachsysteme, denen – stellvertretend für alles andere – die größte Umwelt- und Umgebungswirksamkeit zugebilligt werden kann?

Bestimmt gehört hierzu der Pflug. Er ist im Grunde für etliche Jahrtausende die zentrale Maschine der Landwirtschaft. Erst im 19. Jahrhundert beginnt in der europäischen Landwirtschaft eine Maschinisierung mit effizienten Apparaturen. Dann das Rad, als Voraussetzung für die Entwicklung von Landfahrzeugen. Und wie bewegt man das Fahrzeug? Hinsichtlich ihres Wirkungsgrades besteht zwischen dem Muskel eines Pferdes und dem eines Menschen praktisch kein Unterschied, aber die Leistung ist abhängig vom Muskelquerschnitt: großer Muskel, viel Kraft.

Als es gelang, mit Maschinensystemen wie Wind- und Wassermühle (de Decker 2009; Lohrmann 2002), Muskelkraft durch vielfach potenzierte maschinelle Leistung zu ersetzen, war ein energetischer Durchbruch erreicht. Nun produzierte ein Sägegatter allerdings nicht nur Bretter, sondern auch einen Holzhunger – das war die wirtschaftliche wie umweltrelevante andere Seite der Innovation. Mit den Brettern wurden u. a. jene Schiffe gebaut, mit denen die Kontinente zusammen kamen. Der Durchbruch in der Erhöhung des Wirkungsgrades von Maschinensystemen gelang mit der Dampfmaschine, die das Tor zu einem technologischen Quantensprung öffnete, nicht nur im Landfahrzeugbau, sondern auch in der Ressourcenausbeutung, weil nun z. B. auch das Wasser effizient aus den Gruben abgepumpt werden konnte (Abb. 3.36).

Lange noch sollten Pferde als Zug- und Reittiere unentbehrlich bleiben. Im Gegensatz zur Eisenbahn konkurrieren Pferde mit Menschen um Nahrung (Hafer), jedenfalls, wenn sie Leistung erbringen sollen. Angeblich erfand Friedrich Drais von Sauerbronn sein Fahrrad als Reaktion auf steigende Getreidepreise (erstes Fahrzeug bereits 1812; Cathiau 1893, Abb. 3.37) – die angebliche Pferdeknappheit wegen Futtermangels nach dem Tambora-Ausbruch hätte den Erfindergeist beflügelt. Damit ist die grundsätzliche Frage angesprochen, ob denn technischer Fortschritt absichtlich erfunden wird oder der geniale Einfall sich dem Zufall verdankt. Zumindest die Pferdefrage ist für Württemberg sicher

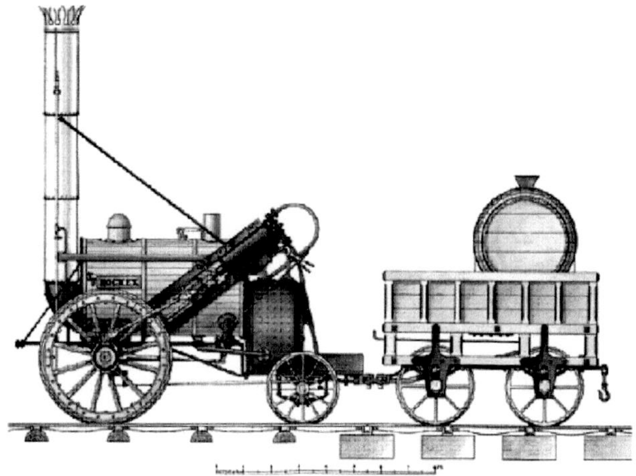

Abb. 3.36 George und Robert Stephensons Dampflokomotive „The Rocket“ (1829). Die Stephensons sind nicht die Erfinder der Eisenbahn, waren aber mit ihrer Version die erfolgreichsten Pioniere (Bildrechte liegen bei Science Museum, SSPL, London)

zu klären (Daten für Baden sind nicht bekannt): Sie betrug in Württemberg 1810: 80.276, 1816: 89.919, 1822: 91.149 (Zentralstelle für die Landwirtschaft 1902), eine unauffällige Reihe, der man weder eine Abnahme des Pferdebestandes noch eine übermäßige Steigerung der Futterkosten ansehen kann. Allgemein sprechen Historiker bei der Gleichzeitigkeit von Ereignissen, die durch einen Zusammenhang verbunden sind oder nicht, von „Kontingenz“. Für Naturwissenschaftler handelt es sich bei Kontingenz um einen anders besetzten Terminus, der statistische Zusammenhänge nominalskalierter Merkmale erfasst. Diese sind gerade in der Umweltgeschichte von erheblicher Bedeutung, weil damit Merkmale messbar sind (Kontingenztafel-Test), die durch Beschreibung kategorial geordnet werden. Zum Beispiel sind damit subjektive Aussagen der Art „gestern hat es gar nicht/wenig/mäßig/viel/stark geregnet“ auf statistische Zusammenhänge mit anderen Parametern prüfbar. Drais hat das Fahrrad erfunden, möglich, das vor ihm schon andere die Idee verfolgten (Rauck 1983), mehr lassen die Quellen als belastbare Aussage eigentlich nicht zu.

Hat Böttger das Porzellan erfunden, um sich aus der Festungshaft zu befreien oder hätte er es auch ohne die Bedrohung erfunden? Die Frage ist offen und wie bei den meisten spekulativen Fragen, fallen die Antworten aus, wie es gefällt.

Manche Erfindungen benötigen Zeit und ein besonderes Umfeld. Die Sense, mit der man zeit- und energiesparender als mit der Sichel arbeiten konnte, wurde zwar im Frühmittelalter erfunden. Auf ihren breiten Einsatz musste sie indes einige Jahrhunderte warten. Einer der Hauptgründe war, dass bei einem bodennahen Schnitt mit der Sense alle Ackerunkräuter mit in die Garbe kamen und dadurch beim Drusch das Getreide zahlreiche Unkrautsamen enthielt. Hier konnten erst verbesserte Reinigungssiebe in der Mühlentechnik (teilweise) Abhilfe schaffen. Mit der Sichel konnte dagegen oberhalb der Unkräuter geschnitten werden. Mit der Sense konnte auch windbrüchiges Getreide nicht gemäht werden, wieder musste zur Sichel gegriffen werden. Man brauchte also widerstandsfähige Getreidesorten, die man offenbar auch durch Auslese zu gewinnen vermochte. Immer-

Abb. 3.37 „Die Laufmaschine des Freiherrn Karl Friedrich von Drais" (Abbildung aus einer Druckschrift von 1817, Generallandesarchiv Karlsruhe; „Karl Friedrich Drais von Sauerbronn, 1785–1851, ein badischer Erfinder": Ausstellung zu seinem 200. Geburtstag. (Hrsg. Stadt Karlsruhe, Stadtarchiv, Karlsruhe, 1985))

hin sind von mittelalterlichen Wellerhölzern im Fachwerkbau Roggenhalme von 170 cm Länge und mehr bekannt. Und auf Breughelschen Bauernbildern laufen Menschen durch Schneisen in Getreidefeldern, deren Ähren sie überragen. Die Halme schafften es, trotz klimatischer Widrigkeit aufrecht stehen zu bleiben. Schließlich ist es unökonomisch, einen zu lockeren Getreidebestand auf dem Felde mit der Sense zu ernten. Es musste dichter eingesät werden, was ohne Drillmaschine, allein mit Handsaat, schwierig ist. Erst Änderungen an völlig anderer Stelle also verhalfen der Sense zu ihrem angemessenen Einsatz. Aber auch Umgekehrtes trifft zu: der heutige Blick hat mitunter Schwierigkeiten, technisch intelligente Lösungen früherer Epochen wahrzunehmen, wie ein Blick ins Mittelalter lehrt (Popplow 2010), von Wahrnehmungen von Problemlösungen anderer Kulturen ganz zu schweigen.

Mit der Eisenbahn, die zu einer weltweiten Belastung besonderer Art für die Waldökosysteme werden sollte (Schwellen für den Schienenbau), wurde mittelfristig der Universalwerkstoff Holz durch Metall (Eisen) ersetzt. Wo kamen die immer größeren Mengen benötigter Schmierstoffe her? Überwiegend aus dem Walfang. Revolutionäre Fahrzeuge mit Verbrennungsmotoren haben die Welt verändert, der Hunger nach Erdöl wurde durch die Motorisierung angetrieben. Riesige Maschinen veränderten die Landschaft (Abb. 3.38), die nach Vorstellungen von Planern nach ihrer Wiederherstellung in ästhetischer wie ökologischer Hinsicht wertvoller sein wird, als es die Ursprungslandschaften je waren (Hüttl et al. 2011).

Der Blick auf die Fortschritte des Maschinenbaus sollte nicht davon ablenken, dass die Fortschritte in der Prozessentwicklung von mindestens gleichen Dimensionen waren. Die Kalkgewinnung ehedem war noch ein einfacher Vorgang. Die Verhüttung von Metallen war sehr viel komplexer und bekam enorme Bedeutung, insbesondere die Eisen-Kohlenstoff-Verbindungen, aus denen sich immer härtere und elastischere Stähle gewinnen ließen und die mit Nickel-Beimischungen zu rosten aufhörten. Die Gewinnung von

Abb. 3.38 Blick von der Brücke des Technikdenkmals F60, einem Umsetzer aus dem Lausitzer Braunkohlebergbau in das „Fürst Pückler Land" (2004) bei Cottbus, Mark Brandenburg. Der Tagebau erstreckte sich bis fast an den Horizont

Glas war eine ebenso wichtige Technologie. Aber eines greift ins andere. Ohne Eisen wäre man nicht so umfangreich ans Erdöl gekommen, und ohne Glas hätte es keine inerten Gefäße für chemische Analysen und Synthesen des Erdöls gegeben. So aber konnte die organische Chemie zu einer Grundlage der modernen Zivilisation werden. Mit entsprechenden Prozessentwicklungen und den großen metallenen Reaktionsgefäßen wurde es möglich, ab 1910 im Haber-Bosch-Verfahren Stickstoff aus der Atmosphäre zu gewinnen – unbegrenzter Dünger für die Landwirtschaft (und Sprengstoff für das Militär), nachdem 1898 die Erschöpfung der natürlichen Stickstoffvorkommen (z. B. Salpeter) in wenigen Jahrzehnten vorausgesagt worden war.

Die atemberaubende Entwicklung immer neuer Synthesewege und die Produktion immer neuer Substanzen hat fraglos die Welt verändert – irreversibel, denn die Stoffe lassen sich kaum je und rückstandsfrei aus den Ökosystemen entfernen. Vor einem großen Teil der unabsichtlich oder fahrlässig freigesetzten Substanzen wird man sich künftig wegen ihrer hormonähnlichen Wirkung noch sehr fürchten. Solche sogen. endokrinen Disruptoren kommen allerdings durchaus auch natürlich vor, etwas als Gehaltsstoffe in Pflanzen (Phytooestrogene).

Der Prozessentwicklung in der pharmazeutischen Industrie verdanken Menschen ihre zunehmende Lebensdauer, einige sogar ihre zunehmende Gesundheit. Ein besonderer Schritt auf diesem Entwicklungsweg gelang Friedrich Sertürner mit der Isolierung des Wirkstoffs Morphin aus dem Opium des Schlafmohns im Jahre 1804. Auch die Harnstoffsynthese, durch Friedrich Wöhler in Göttingen, war eine Leistung des 19. Jahrhunderts.

Da die meisten technischen Prozesse auf Gleichungen beruhen, müsste man absehen können, ob es nur Nutzen und kaum Kosten gibt, und von wem und wo ggfls. die Folgen zu tragen sein werden. Historiker sprechen häufig von einem „langen 19. Jahrhundert". Der Begriff dehnt das Jahrhundert über seine kalendarischen Eckdaten und sieht einen Entwicklungszusammenhang der historischen Prozesse von 1789 bis 1914.

Auch umwelthistorisch relevante Einsichten, Ereignisse und Erfindungen drängen sich in dieser Zeit, insbesondere in den Jahrzehnten zwischen 1840 und 1910. Hier erfolgten insgesamt gewaltige Weichenstellungen für den heutigen Umweltzustand. Die Spirale der sich selbst beschleunigenden Entwicklung auf allen umweltrelevanten Gebieten dreht sich seitdem mit höchster Geschwindigkeit: beruft sich Anfang des Jahrhunderts Lamarck bezüglich der Entstehung des Menschen noch auf den kreationistischen Akt, wird um 1840 die mechanistische Zellentheorie der Organismen formuliert und Lamarcks Position mit Darwin 1859 endgültig obsolet. Das Zündholz wird erfunden, die Physik bekommt die Elektrizität in den Griff; die Medizin wird mit Virchow und Pasteur endgültig naturwissenschaftlich, die Geologie verfügt über zuverlässige Prospektionsmittel; August Weismann formuliert die Chromosomentheorie der Vererbung, die gemeinsam mit der (Wieder-)Entdeckung der Vererbungsgesetze die Grundlagen für die Züchtungserfolge in der Landwirtschaft bilden werden. Die Einführung der Einheitszeit am Ende des 19. Jahrhunderts ist der erste Fall der Übernahme der Regie von Menschen und Umwelten durch eine Maschine. Man telefoniert und fotografiert. Kältemaschinen produzierten schon lange vor der Jahrhundertwende, unabhängig von Jahreszeiten, im großen Stile Stangeneis für die Nahrungsmittelkühlung – nur eine von vielen wichtigen Hygieneverbesserungen. Waren Wasserleitungen in den Wohnhäusern und Toiletten mit Wasserspülung nicht mindestens so großartige Errungenschaften wie die großen Eisenschiffe, die den Strom von Menschen und Stoffen zwischen den Kontinenten besorgten, für deren Drift Alfred Wegener gerade seine Theorie entwickelte?

Das 20. Jahrhundert wird dann mit der Atomtheorie in alle Aspekte der Mikro-Dimensionen in den Wissenschaften vordringen, wo sich u. a. Robert Koch mit seinem Abbe-Mikroskop schon aufhielt und über die Konrad Röntgen einen anderen Weg durch die Körper entdecken sollte. Die allgemeine Deutungshoheit lag nicht mehr allein bei Staat und Kirche. Das Preisausschreiben von 1900, für das Alfred Krupp auf die Initiative der Professoren Haeckel, Fraas und Conrad 30.000 Mark auslobte, stellte endlich die Kernfrage für den Kolonialismus: „Was lernen wir aus den Prinzipien der Deszendenztheorie in Beziehung auf die innerpolitische Entwicklung und Gesetzgebung der Staaten?“ Den Preis gewann ein (gemäßigter) Sozialdarwinist. Die sich anschließenden Entwicklungsperspektiven sind bekannt. Ja, das 19. Jahrhundert muss lang gewesen sein, gemessen an der Fülle der technischen und prozesstechnischen Innovationen und gemessen an den Erkenntnissen auf allen Gebieten der Wissenschaft. Ein Wunder, dass all dies in kaum 100 Jahren geschafft wurde. Ein Hinweis auch darauf, welche Beschleunigungskräfte sich aus Informationszuwächsen ergeben können.

Und sozial? Hatte nicht das 19. Jahrhundert auch in diesem Bereich bislang kaum oder gar nicht gekannte Strukturen urbaner Gesellschaften hervorgebracht, die es zugleich auch für die technikbasierte Modernisierung benötigte? Wie wird der Menschen und Tiere gedacht, die als Lohnsklaven und Arbeitstiere nicht nur in den alltagsumweltlichen Realitäten der Fabrikwelten arbeiteten, sondern in ungezählter Menge an umweltrelevanten Großprojekten starben? Suezkanal, Panamakanal, die großen Eisenbahnlinien durch die

Vereinigten Staaten von Nordamerika, in Indien oder in Afrika, die Bagdadbahn, um nur einige zu nennen.

Die Bedeutung der großen Entwicklungsstränge wird vielleicht etwas einseitig gepflegt und in der Umweltgeschichte den vielen kleinen regionalen Entwicklungen mit Langzeitfolgen viel zu wenig Beachtung geschenkt. Dabei muss zudem ein Gespür für das Indirekte entwickelt werden. Zum Beispiel: Blauholz. Vor der Synthese der Anilinfarben wurden Stoffe mit natürlichen Farbstoffen gefärbt. Schwarzfärben galt als besonders schwierig, weil das Aufziehen des Farbstoffs auf die Faser in mehreren komplexen Arbeitsgängen erfolgen musste. Unerlässlicher Rohstoff für bis dahin unerreicht haltbar schwarze Farbe und Farbtiefe war Hämatoxilin, das man aus dem Blauholz (auch Blutholzbaum, *Haematoxylum campechianum*) gewann, das in Sumpfgebieten Mittelamerikas und Belizes wuchs. Dort wurde das Blauholz (*logwood*) von Spaniern und später den Engländern, die sich über die Vermarktung geeinigt hatten, in solchen Mengen eingeschlagen, dass die Folgen dieses Raubbaus bis heute sichtbar sind (Camille 1996). Später bauten die Niederländer Blauholz in ihren asiatischen Kolonien an. War es vor 400 Jahren ein Farbstoff, ist es heute das „Virtuelle Wasser“ im Baumwoll-T-Shirt. Es ist im Prinzip dieselbe Rechnung.

Man findet diese kleinen, fast namenlosen, wenig beachteten Ereignisse der Umweltveränderung noch viel zu selten in der umwelthistorischen Literatur, obwohl sie ganz erhebliche Wirkungen hatten. In ihnen geht es zumeist um Prozessentwicklungen, die bei einem technologischen Ursprung sehr schnell das Gesamt menschlichen Lebens zu berühren vermögen, wie im Beispiel der Osage-Orangen. Die Früchte des Baumes wurden durch Pferde, die voreiszeitlich noch in Nordamerika lebten, verbreitet. Am Ende der Eiszeit war das natürliche Verbreitungsgebiet des Baumes verringert und die Pferde starben aus. Dass Pfeil und Bogen eine großartige technische Innovation für Jäger-Sammler-Kulturen war, dürfte unbestritten sein. Kein Holz in Nordamerika war besser für den Bogenbau geeignet als das des Milchorangenbaums (Osage-Orange, *Maclura pomifera*). Dessen nacheiszeitliches Verbreitungsgebiet erlaubte Caddo-Indianern in Oklahoma und Südost-Texas, das Holz zu monopolisieren und damit im Grunde eine Art Waffenhandel zu treiben, bei dem ihre Führer reich wurden. Während der Expedition der Spanier unter Coronado konnten viele Pferde entweichen. Die Nachkommen dieser Pferde sorgten wieder für eine Verteilung der Samen, sodass sich der Baum postkolumbisch immer weiter ausbreitete, was das Ende dieses Waffenmonopols bedeutete. In den anthropogenen Prärien des Mittelwestens waren Milchorangenbäume fast die einzige Baumart und wurden während der Besiedlungsphasen durch Europäer bis zur Erfindung des Stacheldrahtes zur Bezäunung verwendet (William Woods, pers. Mitteilung).

Drängt sich bei den Osage-Orangen nicht der Gedanke an die Schlacht von Crecy am 26. August 1346 auf, in der 5500 Schützen unter englischem Kommando mit den schlachtentscheidenden Langbögen aus Eibenholz die französische Nobilität nahezu ausrotteten? Oder, dass mit dem Ersten Weltkrieg im Deutschen Reich zeitweilig alle Walnussbäume von der Kriegswirtschaft beschlagnahmt wurden, um auf das Holz für Gewehrschäfte zurückgreifen zu können (Bader 2011)? Gewiss hat dies im ersten Fall europäische Geschichte beeinflusst, im zweiten Fall eine bloß kuriose Fußnote produziert. Die technologischen Vorteile des Werkstoffs Eibenholz waren für die Kriegsführung mit Langbogen so groß und bis zur Entwicklung neuer Waffentechnik so unersetzlich, dass Eibenholz zum kriegswichtigen Rohstoff in Europa, vor allem England, wurde. Vor allem der Habsburger Kaiser Karl V (1500–1558) ließ die alpinen Eibenbestände rücksichtslos plündern. Zwischen 1521 und 1567 wurden aus bayerischen und österreichischen Landen 600.000 bis 1 Mio Eibenbögen, zumeist über Regensburg und Antwerpen nach England, ausgeführt, wo die Eibenbestände praktisch ausgerottet waren. 1568 waren erntefähige Eibenbestände auch in Bayern erschöpft (Laudert 1998).

Ein ähnliches Schicksal drohte während des Ersten Weltkriegs allen Walnussbäumen im Deutschen Reich, die von der Kriegswirtschaft vorsorglich beschlagnahmt wurden, um auf das Holz für Gewehrschäfte zurückgreifen zu können (Bader 2011). Gewiss hat der Sonntag von Crecy die europäische Geschichte beeinflusst, und die Eibenbögen taten noch so lange ihren Dienst, bis sie von den Musketen abgelöst wurden. Hingegen ist das Walnuss-Beispiel eher eine kuriose historische Fußnote.

Gibt es nicht ein Beispiel aus dem technologischen Fortschritt des 19. Jahrhunderts, an dem wirklich alle Menschen auf der Welt positiven Anteil haben könnten? Wem die bisher aufgezählten Beispiele hierfür nicht taugen, weil vieles zwei Seiten hat, für den könnte 1801 ein wichtiges Datum sein. Mit Sorten der Weißen Schlesischen Rübe wurde in diesem Jahr die Pflanze für die industrielle Zuckerherstellung gefunden. Doch auch das Beispiel ist letztlich trügerisch. In wenigen Jahrzehnten überzogen Zuckerfabriken die Länder Europas, hatten immensen Wasserverbrauch, verschmutzen Flüsse (Wilhelm Raabe: Pfisters Mühle), und die Weltbevölkerung hängt seitdem am Zucker, einer – wie nur wenigen bewusst ist – wirklichen Alltagsdroge (Mintz 1987).

Vielleicht könnten es die Papierfabriken des 19. Jahrhunderts sein? Ihre Abwässer verschmutzten zwar mindestens im gleichen Umfang und noch viel länger als die Zuckerfabriken die Flüsse. Aber ihr Produkt wird nach der Erfindung des Holzschliffs eine billige Massenware. Papier ist in manchen Erscheinungsformen ein Gewinn für die Menschenwürde und mit dem richtigen Text bedruckt ein Gewinn für die Menschenrechte. Es demokratisierte den Zugang zu Bildungsgütern und verhilft mit verbreiteten Texten den Schwachen zu einer Kontrolle der Starken. Manche Texte können die Umwelt, ja die ganze Welt verändern – auch das Blatt Papier hat zwei Seiten. Einerseits ermöglichte „Technik" einen Zugriff auf naturale Ressourcen und deren ingeniöse Veränderungen, denen sich der heutige Entwicklungsstand der Menschheit verdankt. Umwelthistorisch waren es vordergründig der Einsatz zahlreicher Techniken und Technologien, auf deren Folgen die heutige global prekäre Lage vieler Ökosysteme zurückzuführen ist. Nun setzen sich Techniken und Technologien nicht selbstständig ein, ihr Einsatz beruht auf menschlichem Wollen und Handeln. Und häufig waren die nachteiligen Folgen und Nebenfolgen zum Zeitpunkt der technischen Entwicklung nicht bekannt, sodass historischen Akteuren in diesen Fällen schwerlich ein Vorwurf zu machen wäre. Die Folgen sind letztlich als unbeabsichtigte Kollektivrisiken von späteren menschlichen Gemeinschaften zu tragen. Ignorieren oder Unterschlagen nachteiliger Folgen, z. B. um des betriebswirtschaftlichen

Vorteils willen, überträgt aber in jedem Falle absichtsvoll umweltnachteilige Technologiefolgen als Hypothek auf Prozessarbeiter und spätere Generationen. Ursächlich ist aber in diesen Fällen nicht der „technische Fortschritt", sondern allererst das Denken in ökonomischen Kategorien der Nutzenmaximierung sowie die Missachtung normativer Regelungen und ethischer Fundamentalsätze.

3.8 Menschen und Bevölkerungen

Haben einzelne Menschen umwelthistorische Wirkung? Vielleicht der Hohenstaufer Friedrich II, der mit den Konstitutionen von Melfi eine der frühesten Umweltschutzverordnungen erließ, indem er anordnete, dass die Flachsrotten an bestimmte Plätze zu verlegen seien. Hatte wirklich er die Idee oder einer seiner Berater? Einzelne Menschen können, als Herrscher, Erfinder, Entdecker, Meinungsführer, durchaus umwelthistorischen Einfluss ausüben. Selbst die Brüder von Limburg, Hermann, Paul und Johann, haben mit ihren Bildern im Stundenbuch des Herzogs von Berry mehr umwelthistorische Informationen hinterlassen als die meisten ihrer Zeitgenossen. Dann ist an die kleinen Gruppen von Menschen zu denken, deren Tätigkeit umweltwirksam war – Berufsgruppen, wie die Walfänger, Bauern, Landvermesser, Ingenieure, aber auch Ideologieträger, wie Zisterzienser oder Benediktiner oder neuzeitliche Naturschützer. Im Kleinen wie im Großen gilt die Setzung von Karl Marx, wonach der Mensch sich der Natur gegenüber als Naturmacht aufstellen kann. Er kann sie und ihre Regeln allerdings nicht überwinden, denn auch dies wäre nur unter Beachtung des natürlichen Regelwerkes möglich.

Zahlreiche Individuen einer gleichen Art, die als Lebens- oder Abstammungsgemeinschaften zusammenleben, bilden eine „Bevölkerung". Das gilt mehr oder weniger für alle Organismen. Die Betrachtung einer Geschichte derjenigen Art, wie Menschen sie erleben, konzentriert sich auf kollektive Handlungen von Menschen oder auf die Wirkungen von Handlungen auf Kollektive. Die umwelthistorische Betrachtung unterscheidet sich dabei nicht von der Sichtweise anderer Geschichtsbetrachtungen, obwohl keine andere ähnlich nahe an die einzelnen Lebewesen, an die einzelnen Menschen herankommen könnte wie sie. Wer die naturalen Abläufe und die Beziehungen von Menschen zu ihrer Umwelt ins Zentrum seiner Betrachtung stellt, muss eine mehr als abstrakte Vorstellung etwa über die anthropologischen Grundkategorien von Freude und Trauer, Not und Hilfe und Schmerz und Heilung entwickeln. Wer beispielsweise über „Hunger" forscht, sollte wissen, dass Nahrungsmangel nicht nur abstrakt das Fehlen von Nahrung bedeutet, sondern *individuell* erlitten wird und soziales Elend bedeutet, und schwere körperliche, teilweise irreparable Folgen haben kann, die sich über Generationen auswirken (Roseboom et al. 2011, Abb. 3.39). Zudem werden soziale Verletzungen physiologisch als körperliche Schmerzen erlebt. Er muss sich selbstverständlich auch mit dem grundsätzlichen Problem auseinandersetzen, das erstmals von Thomas Malthus (1766–1834) aufgeworfen wurde, wie viele Menschen denn von einer global begrenzten Fläche (Erde) eigentlich ernährt werden

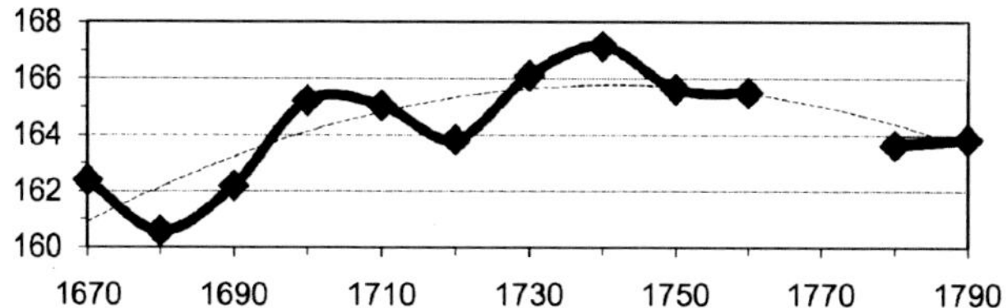

Abb. 3.39 Körperhöhe erwachsener französischer Männer (*Ordinate* [cm]), angeordnet nach Geburtsdekaden (*Abszisse* [a]; aus Komlos 2010 (Bildrechte)). Die Körperhöhe ist ein guter Indikator für den Gesamt-Lebensstandard eines Individuums. Mit 161,7 cm erreichte die Geburtskohorte um 1680 die geringste durchschnittliche Körperhöhe, die Franzosen je hatten. Ihre Kindheit war geprägt von Hungerkrisen, von Kriegsfolgen und klimatischer Ungunst. Die während der Kindheit erlittenen Wachstumsverzögerungen, die mindestens die ersten 12 Lebensjahre betreffen, könnten auch heute nur begrenzt und nur unter optimalen Bedingungen im Jugendalter kompensiert werden. Derartige optimale Bedingungen waren für das 18. Jahrhundert auszuschließen. Mit Zurückhaltung sind die Übersichtsdaten zur gesamten Europäischen Bevölkerung von Koepke und Baten (2005) zu bewerten. Differenzierende Kriterien oder solche mit höherer Ortsauflösung blieben darin ebenso unberücksichtigt wie natürliche Körperhöhengradienten infolge clinaler klimatischer Gradienten. Der anthropometrische Ansatz ist indes nicht neu, er lässt sich in den Lehrbüchern und Periodika der Physischen Anthropologie und in der Konstitutionsforschung breit verfolgen

können, und dass wegen der Nahrungsknappheit Bevölkerungen zusammenbrechen und Kriege geführt werden würden.

In Zusammenhang mit Malthus ist eine umwelthistorisch bedeutsame Korrektur angebracht. Die Agrarhistorikerin Ester Boserup (1965) kam zu der Einsicht, dass die malthusianische Voraussetzung, wonach landwirtschaftliche Methoden die Bevölkerungszahl durch die Menge von ihr produzierter Nahrungsmittel bestimmten, historisch und interkulturell nicht haltbar sei. Vielmehr determiniere die Bevölkerungsdichte die landwirtschaftliche Methode („*necessity is the mother of invention*"). Bestimmte Formen der Agrarwirtschaft ließen sich oberhalb bestimmter Bevölkerungsdichten nicht weiter aufrechterhalten. So wird der Wanderfeldbau abgelöst vom Brache-Rotationsfeldbau und dieser vom Fruchtwechselbau. Danach wird Bodenerholung durch Düngung ersetzt. Der Prozess selbst führe in eine energetische Sackgasse, weil die Arbeitslast steigt und die Effizienz sinkt. (Zum Vergleich: Grabstock-Feldbau erwirtschaftet mit jeder energetischen Einheit ca. 13 Ertragseinheiten; moderne High-Tech-Landwirtschaft erwirtschaftet bei fossilenergetischer Subventionierung pro eingesetzter Energieeinheit ca. 2 Ertragseinheiten). Diesen Prozess der steigenden Produktion, die mit den Kosten steigender Arbeitsleistung bei abnehmender Effizienz erwirtschaftet wird, nannte Boserup „*agricultural intensification*". Herrmann (2010) sieht in dieser physischen Belastung, die durch eine gleichzeitige Bevölkerungszunahme anstieg, die Ursache der kontinuierlichen Abnahme der Lebenserwartung mitteleuropäischer Bevölkerungen vom frühen Mittelalter bis zum Ausbruch der 1348er Pandemie.

> Jede wie immer geartete „Idee vom Menschen überhaupt" begreift menschliche Pluralität als Resultat einer unendlich variierbaren Reproduktion eines Urmodells und bestreitet damit von vornherein und implicite die Möglichkeit des Handelns. Das Handeln bedarf einer Pluralität, in der zwar alle dasselbe sind, nämlich Menschen, aber dies auf die merkwürdige Art und Weise, dass keiner dieser Menschen je einem anderen gleicht, der einmal gelebt hat oder lebt oder leben wird (Arendt 1960, S. 15).

Ist es eine mögliche Aufgabe einer Erinnerungs*kultur*, nach „Sinn und Bedeutung" zu suchen, mit dem die einzelnen Menschen denjenigen „endlichen Ausschnitt aus der sinnlosen Unendlichkeit des Weltgeschehns" bedacht hatten (Max Weber), der ihnen als Lebenszeit zur Verfügung stand. Das „außergewöhnlich Normale" (Edoardo Grendi) ist kein singuläres Ereignis, es ist – aus der Außenbetrachtung – die individuell und kontinuierlich erlebte Seite eines jeden Lebens. Die Geschichtsbetrachtung kann allerdings allein schon aus rein praktischen Gründen ihre allgemeinen und verallgemeinernden Aussagen nicht regelhaft aus der Analyse zahlloser individueller Biographien ableiten, sondern konzentriert sich von vornherein auf höher aggregierte Datensätze, z. B. auf Bevölkerungen.

Biologisch sind Bevölkerungen Fortpflanzungsgemeinschaften sich sexuell vermehrender Organismen. Der strategische Vorteil der geschlechtlichen Vermehrung besteht darin, dass bei deren zellulären Abläufen nicht nur eine Addition von mütterlichen und väterlichen Erbanlagen erfolgt, sondern auch eine Neukombination von Erbanlagen durch Rekombination möglich ist. Biologen glauben, dass die Neukombination von Erbgut bei der Vermehrung eine stammesgeschichtlich alte Errungenschaft ist, mit der Organismen dem Selektionsdruck parasitärer anderer Organismen erfolgreich ausweichen konnten. Die Rekombination ist der Hauptgrund für die Bildung von individuellen Varianten bei allen höheren Organismen.

Jedes Lebewesen kann nur durch Aneignung der ökosystemaren Dienstleistungen *seiner* (d. i. der individual- bzw. artspezifischen) Umwelt existieren. Die Inanspruchnahme dieser Dienstleitungen in Form jeglicher Ressourcen des Ökosystems muss innerhalb des Lebensraumes zur Aufrechterhaltung der Individualexistenz gegen innerartliche wie zwischenartliche Konkurrenz verteidigt werden. Während die zwischenartliche Konkurrenz hauptsächlich durch Nahrungskonkurrenten, Räuber und Parasiten gegeben ist, geht es in der innerartlichen Konkurrenz im Wesentlichen um die Allokation von Nahrung und Sexualpartner. Damit verbundene Grundprobleme und Beispiele werden vor allem in der Allgemeinen und Speziellen Ökologie wie in der Soziobiologie thematisiert, aber auch in der Ressourcenökonomik und in der allgemeinen Wirtschaftstheorie. Die genannten Bereiche profitieren hinsichtlich der Theoriebildung voneinander. Unabhängig von seiner Art, Lage und Ausdehnung ist eine logische wie faktische Folge der Ressourcennutzung innerhalb eines ökologischen Systems (also auch in der menschlichen „Wirtschaft"), dass sich zwischen den Nutzern oszillierende (numerisch balanzierte) Gleichgewichte einstellen. Das Prinzip oszillierender Individualdichten oder Sukzessions- bzw. Populationswellen gilt für alle Faunen- wie Florenelemente innerhalb einer Lebensgemeinschaft. Als Verständnishilfe kann man sich diese Schwankungen als Ergebnis eines permanenten „Aushandlungsprozesses" vorstellen, der aus den Interessenlagen *aller* Individuen *aller* Arten der Biozönose innerhalb jenes Rahmens resultiert, den die abiotischen Umweltfaktoren vorgeben. Es ist kein Beispiel bekannt geworden, dass in einem sich selbst überlassenen, von menschlichen Einflüssen freien Lebensraum, in alleiniger Folge von Ressourcenkonkurrenz das Aussterben bzw. die endgültige räumliche Verdrängung einer Art beobachtet wurde oder rekonstruiert werden konnte. Gelegentlich bildeten sich evolutiv Kooperationsstrategien heraus, die konkurrenzmindernd bzw. konfliktvermeidend wirken. Derartige Strategien können evolutionsbiologisch beispielsweise durch Koevolutionen oder determiniertes Sozialverhalten verfestigt sein.

Innerhalb menschlicher Sozialverbände dient vor allem kulturell erworbenes Sozialverhalten der Minderung des Konfliktpotentials zwischen Individuen, Sozialgruppen und Fortpflanzungsgemeinschaften. Man kann die Komplexität menschlichen Sozialverhaltens, das u. a. zur Entwicklung von Hochkulturen und institutionalisierter kultureller Raffinesse führte (u. a.: Bourdieu 2010; Elias 1980/81; Veblen 2007), am Ende als Regelungen allgemeiner wie spezieller Anspruchsberechtigungen (engl.: *entitlement*) verstehen. Ihre biologiewirksame Folge besteht in der Regelung sozialer Strategien und Lebensformen, letztlich auch in der Regelung von Geschlechterbeziehungen und Fortpflanzungsstrategien einschließlich des elterlichen Investments für ihre Kinder. Die Allokation von Nahrungsmitteln oder allgemeiner materieller Ressourcen spielte in vorindustriellen Gesellschaften scheinbar eine größere Rolle, tatsächlich ist der soziale Anreiz von Zugriffsmöglichkeiten bis in unsere Wohlstandsgesellschaften massiv spürbar. David Hume (1711–1776) brachte dies auf die Kurzformel *Avarice or the desire of gain*, mit der seiner Auffassung nach die menschliche Natur universell zu charakterisieren wäre. Mit dem Erwerbsstreben sind Abgleichkonflikte (engl.: *trade-offs*) verbunden, die sich zum Erreichen bestimmter Ziele einstellen. Beispielsweise in der Nahrungserzeugung, etwa mit dem Spritzen von Ackerfrüchten mit Pestiziden zur Ertragssteigerung, die nach anschließender Aufnahme durch die Nahrungskette gesundheitliche Risiken der Verbraucher erhöhen oder für die Blütenbestäubung wichtige Kleinlebewesen töten. Oder der klimatische Wandel als Folge der technischen Produktionsweise und des Verbrauchs von Naturgütern, während angeblich global der materielle Wohlstand vermehrt und gesichert würde.

An dieser Stelle wird nicht näher auf die allgemeinbiologischen Fragen zu menschlichen Bevölkerungen und ihren ökologischen Anpassungen eingegangen (hierzu ausführlich Moran 2008 und Nentwig 2005; zu den Fragen genetischer Variabilität Durham 1991 und Cavalli-Sforza et al. 1994). Vielmehr erfolgt hier im Weiteren eine Konzentration auf einzelne demographische Aspekte.

3.8.1 Bevölkerungsbiologisch Konstantes

Menschliche Bevölkerungen sind nicht notwendig immer über die Fortpflanzungsgemeinschaft definiert. Für die demographische Statistik wird die „Bevölkerung" zunächst einfach von jenen Menschen gebildet, die zu einem Stichtag auf dem Territorium leben und von der im Prinzip laufend vier Größen erfasst werden: Geburten, Sterbefälle, Zuwanderungen und Abwanderungen. Während sich Geburten und Sterbefälle eher „von selbst" ergeben, unterlagen Zu- und Abwanderung bis zur Einführung von Freizügigkeit starker Reglementierung.

Von der Statistik gebildete „administrative bzw. mechanische" Bevölkerungen kommen auch als Teilgruppen in grundsätzlich als Fortpflanzungsgemeinschaft existierenden Bevölkerungen vor. Entsprechende Gruppen sind Ergebnisse von administrativen oder sozialen Sortierverfahren bzw. normativen Regeln. Sie unterscheiden sich erkennbar durch einen oder mehrere Grundparameter von der Gesamtbevölkerung (z. B. klösterliche Ordensgemeinschaften, die entweder nur aus Männern oder aus Frauen gebildet werden oder Militärverbände, die fast ausschließlich aus Männern bestimmter Alterskohorten bestehen). Obwohl sie weder eine für die Bevölkerung repräsentative Zusammensetzung haben und ggfls. temporär oder lebenslang kein Bestandteil der Fortpflanzungsgemeinschaft sind, gehören sie (statistisch) zur Bevölkerung. In der historischen Betrachtung ist deshalb darauf zu achten, mit welcher inhaltlichen Bedeutung der Bevölkerungsbegriff eingesetzt wird. [Über statistische demographische Grundparameter informiert das Statistische Bundesamt unter „Bevölkerung" (www.destatis.de)].

Die Demographie untersucht die Fruchtbarkeit, das Sterbeverhalten und die Mobilität in einer Bevölkerung und deren Beziehungen zu einzelnen ökologischen Parametern, wie Morbidität, Bildung und Schichtenzugehörigkeit. Bevölkerungen sind durch andere Parameter gekennzeichnet als Individuen. Sie haben:

- ein Geschlechterverhältnis (Anzahl der Männer/Frauen im Verhältnis zur Anzahl des anderen Geschlechtes)
- einen Altersaufbau (Anzahl der Menschen in einer Altersgruppe (= Kohorte) und Anordnung der Kohorten nach Geschlechtern und zunehmendem Alter; in graphischer Darstellung gewöhnlich als „Bevölkerungspyramide" bezeichnet)
- eine „mittlere Lebenserwartung" (die sich aus einer „Sterbetafel" ergibt, die aus dem Altersaufbau errechnet werden kann)
- eine Absterbeordnung (die Sterbewahrscheinlichkeit, die sich ebenfalls aus der Sterbetafel ergibt; Tab. 3.15).

Knaben haben bereits vorgeburtlich ein höheres Sterberisiko als Mädchen. Man schätzt das natürliche Konzeptionsverhältnis auf ca. 140 Knaben zu 100 Mädchen. Bis zum Ende der Schwangerschaften hat sich das Geschlechterverhältnis auf ca. 105:100 angenähert. Diese Zahlen werden als universell und auch für historische Bevölkerungen gültig angenommen. Nachgeburtlich setzt sich unter „natürlichen Bedingungen" die Übersterblichkeit von Knaben und Männern fort, bis sie im Erwachsenenalter dicht an das Sterbeverhalten der Frauen angenähert ist. Kulturelle Praktiken können über Vernachlässigung, aktiven Infantizid oder geschlechtsspezifische Belastungen zu stark abweichenden Geschlechterverhältnissen führen. Erwachsene Männer und Frauen weisen unter vergleichbaren Lebensumständen nahezu gleiche Sterblichkeitsverhältnisse bei einer Differenz von 0–2 Jahren zugunsten der Frauen auf (Luy 2004), die jedoch von geschlechterspezifisch unter-

Tab. 3.15 Lebenserwartung und Sterblichkeit im Deutschen Reich (1871/81) und in der Bundesrepublik Deutschland (2010/12). Im Prinzip handelt es sich um Ausschnitte aus einer Sterbetafel. Angegeben ist die Lebenserwartung für die jeweilige Alterskohorte, auf die Lebenserwartungen immer zu beziehen sind. Wer um 1875 geboren wurde, hatte eine statistische Lebenserwartung von nur 35,6 bzw. 38,4 Jahren. Das Sterblichkeitsrisiko war 1871/81 für einen Neugeborenen hoch, ein Viertel von ihnen überlebte das erste Lebensjahr nicht, fast ein Drittel starb bis zum 6. Lebensjahr. Wurde die Hochrisikophase der frühen Kindheit überstanden, bestanden günstige Aussichten auf zusätzliche Lebenszeit, usw. Die Verdoppelung der Lebenserwartung zum Zeitpunkt der Geburt während der vergangenen 100 Jahre geht auf verbesserte Hygiene, Gesundheitsversorgung und Verfügbarkeit von Nahrung zurück (Quelle: Statistisches Bundesamt; www.destatis.de)

Alter	Männer				Frauen			
	Fernere Lebenserwartung in Jahren		Überlebende von 100.000 Neugeborenen		Fernere Lebenserwartung in Jahren		Überlebende von 100.000 Neugeborenen	
	1871/1881	2010/2012	1871/1881	2010/2012	1871/1881	2010/2012	1871/1881	2010/2012
0	35,6	77,7	100.000	100.000	38,4	82,8	100.000	100.000
1	46,5	77,7	74.727	99.624	48,1	82,0	78.260	99.687
5	49,4	73,0	64.871	99.550	51,0	78,1	68.126	99.622
10	46,5	68,1	62.089	99.502	48,2	73,1	65.237	99.582
20	38,4	58,2	59.287	99.275	40,2	63,2	62.324	99.458
30	31,4	48,5	54.454	98.704	33,1	53,3	57.566	99.230
40	24,5	38,9	48.775	97.866	26,3	43,5	51.576	98.800
50	18,0	29,6	41.228	95.730	19,3	34,0	45.245	97.581
60	12,1	21,1	31.124	89.637	12,7	25,0	36.293	94.291
70	7,3	13,8	17.750	76.977	7,6	16,6	21.901	87.199
80	4,1	7,8	5035	52.740	4,2	9,1	6570	70.356
90	2,3	3,6	330	16,352	2,4	4,2	471	29.892

schiedlichen Lebensstilen verschleiert werden. Dies führte z. B. in Deutschland innerhalb des letzten Jahrhunderts zu einer regelmäßig durchschnittlich deutlich höheren Lebenserwartung von Frauen. Einzelne Sozialgruppen können wiederum ein davon abweichendes Verhalten zeigen. So starben Nonnen bayerischer Klöster zwischen 1910 und 1940 infolge einer hohen Tuberkulosebelastung signifikant früher als die weibliche Durchschnittsbevölkerung, während bayerische Mönche in den Jahren 1955 bis 1985 im Alter von 25 bis 75 Jahren eine deutlich höhere Lebenserwartung zeigten als die Überlebensverhältnisse aller deutschen Männer (Luy 2002). Sterblichkeitsanalysen sind für umwelthistorische Fragestellungen besonders aufschlussreich, in deren bevölkerungsbezogene Anteile nach wie vor das Lehrbuch zur Historischen Demographie von Imhof (1977a) einführt.

Die vier genannten Grundgrößen einer Bevölkerung beschreiben zugleich die prinzipiellen Möglichkeiten, mit denen eine Bevölkerung auf Änderungen von Umwelt- bzw. Umgebungsparameter reagieren kann: wächst sie, dann sind die jüngsten Alterskohorten stark besetzt. Gibt es Ausfälle bei einem Geschlecht, dann liegt in bestimmten Alterskohorten eine Asymmetrie der Geschlechter vor. Werden die Lebensbedingungen ungünstig, verringert sich die mittlere Lebenserwartung, ggfls. auch geschlechts- und altersabhängig. Seit der Einrichtung einer Staatsverwaltung im moderneren Sinne im 18. Jahrhundert sind staatliche statistische Erhebungen über die Bevölkerung gängig. Noch bis zur Mitte des 18. Jahrhunderts standen hierfür ausschließlich Kirchenbucheinträge zur Verfügung. Sie bildeten das Datengerüst für die Entwicklung demographischer Analyseinstrumente, zu deren Pionieren John Graunt (1620–1674) in London und Johann Süssmilch (1. Aufl. 1741) in Berlin zählen. Für die Zeit vor 1500 sind allerdings bevölkerungsrelevante Schriftzeugnisse selten. An die Stelle von schriftlichen Quellen treten dann als einzig vergleichbare massenstatistische Quelle Bevölkerungsdaten, die aus Skelettserien erhoben werden (Herrmann et al. 1990; Herrmann et al. 2007). Während heute das Geschlecht am Skelett präzise bestimmt werden kann, ist bei der Altersdiagnose, je nach Kohorte, mit einer Toleranz von bis zu ±2 Jahren zu rechnen. Nachteilig ist, dass bei Skeletten häufig der sozialhistorische Hintergrund nicht präzise aufgeklärt werden kann. Dafür sind mittlerweile auch Herkunftsangaben i. S. individueller Mobilität möglich (Herrmann 2001). Auf der Basis von Skelettserien führte Lawrence Angel (1975) eine epochenübergreifende Analyse an Skelettserien des östlichen Mittelmeerraumes unter ökologischen Gesichtspunkten durch. Beginnend mit paläolithischen Serien (30.000 BCE) reichte sein Vergleich bis nahe an die Gegenwart. Seine wegweisende Arbeit erbrachte den Hinweis auf lange Zyklen der Bevölkerungsentwicklung. Die interessanteste Einsicht bestand darin, dass für die Zerstörung der natürlichen Ressourcen, des Bodens und der Wälder des Nahen Ostens die entscheidenden Entwicklungen bereits während der Bronzezeit eingeleitet wurden, ihre volle Wirkung auf die Bevölkerungsentwicklung (Anzahl, Morbidität, Mortalität) aber erst mehr als ein Jahrtausend später entfaltet haben sollen. Infolge unterschiedlicher sozioökonomischer Situationen und unterschiedlicher gesellschaftlicher Normen, die für die Reproduktion menschlicher Bevölkerungen bestimmend sind, sowie machtpolitischer Faktoren und naturaler Risiken des Lebensraums, unterscheiden sich Bevölkerungsentwicklungen historisch wie zeitgenössisch weltweit und regional erheblich

(Livi-Bacci 1992). Sterbetafeln historischer Populationen können mit Hilfe von Modellen auf Ähnlichkeit mit Sterbetafeln von Vergleichspopulationen mit definiertem sozioökonomischem Status geprüft werden (Weiss 1973). Damit sind auch für eine historische Bevölkerung aus der Bevölkerungsstruktur Hinweise auf sozioökonomische Einflüsse zu erhalten.

Statistische Erhebungen über Bevölkerungen sind alt (u. a. Weihnachtsgeschichte). Derartigen Erfassungen Steuerpflichtiger verdanken sich die zeitlich längsten demographisch nutzbaren Angaben, die punktuell erstaunlich detaillierte Einblicke u. a. in das Heiratsverhalten oder Intergeburtenabstände der Sozialschichten geben (Übersicht über mittelalterliche Verhältnisse bei Herlihy 1987). Für die historische Demographie der jüngeren Zeiten ab 1500–1800 und 1800–2000 liegen die enzyklopädischen Darstellungen von Pfister (2007a) und Ehmer (2004) vor. Die Beachtung ökologischer Aspekte in der historischen Bevölkerungsentwicklung oder die Nutzbarmachung ökologischer Informationen für bevölkerungsbiologische Modellierungen konzentriert sich zumeist auf sehr spezielle Aspekte. Allgemeine Übersichtsdarstellungen beschränken sich häufig auf die Morbiditäts- und Mortalitätsaspekte (Abb. 3.40).

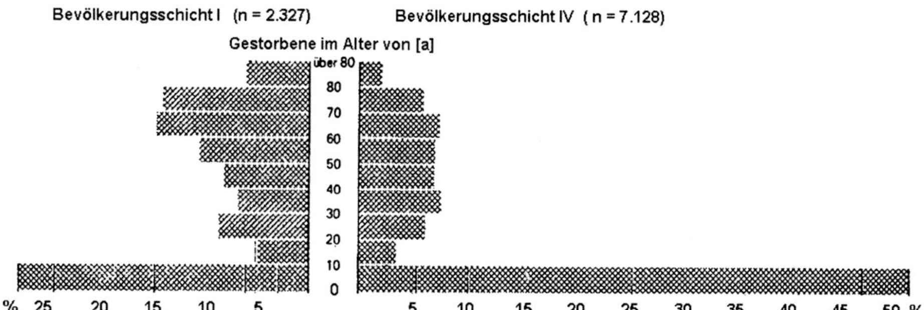

Abb. 3.40 Soziale Ungleichheit vor dem Tod. Alters- und schichtenspezifische Verteilung der Sterbefälle. Vergleich zwischen den Bevölkerungsschichten I (Höhere Beamte, Ärzte, Advokaten, Geistliche, Großkaufleute) und Bevölkerungsschicht IV (Dienstleute, Hand- und Fabrikarbeiter, Angestellte ohne Vorbildung) [Schichtung und Daten nach Conrad (1877) für Halle/Saale 1855 bis 1874]. Die Bevölkerungsschicht I verzeichnete auch hinsichtlich der Binnengruppen in der Alterskohorte bis 10 Jahren eine deutlich geringere prozentuale (!) Sterblichkeit: Eine geringere Anzahl Totgeburten (2,8:5,4 %), geringere Anzahl perinatal Gestorbener, geringere Zahlen bei den bis 1 bis 5jährig Gestorbenen. Lediglich die Anteile der zwischen 5 und 10 Jahren Verstorbenen waren annähernd gleich. In der Schicht I starben mehr Menschen an den Alterskrankheiten „Altersschwäche" (8,2 %) und „Schlaganfall" (17,2 %) als in der Schicht IV (Altersschwäche 4,9 %, Schlaganfall 7,2 %). In der Schicht IV waren Infektionskrankheiten um 30 % häufiger als in Schicht I. Auffällig sind die Sterblichkeiten auch bei den Infektionskrankheiten. Obwohl das Risiko für beide Gruppen theoretisch gleich ist, ist das Risiko opportunistischer Erkrankungen wegen der unterschiedlichen physischen Ausgangslagen ungleich verteilt. Angehörige der Schicht IV haben ein höheres Risiko (Schicht I:Schicht IV): Cholera 3,8:10,0; Pocken 0,5:1,6; Masern 0,4:0,9, Durchfall 1,3:3,3 (Graphik und Daten adaptiert nach Imhof 1977b, verkürzt)

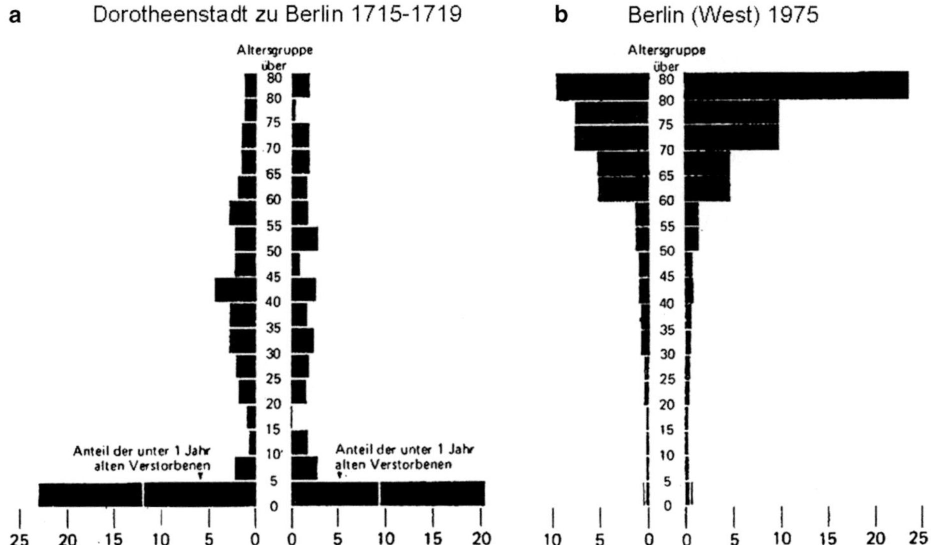

Abb. 3.41 Sterblichkeitsverhältnisse in Berlin. In beiden Bevölkerungspyramiden befinden sich *links* die verstorbenen Männer, geordnet nach 10-Jahres-Sterbekohorten, *rechts* die Frauen. **a**: Dorotheenstädtischer Friedhof 1715–1719, 649 Verstorbene; **b**: 39.181 Verstorbene in Berlin (West) des Jahres 1975 (aus/Bildrechte bei: Imhof 1977b). Die Graphiken repräsentieren idealtypisch die Sterblichkeitsverhältnisse vor Eintritt in den Demographischen Übergang (**a**) und nach Erreichen der posttransformativen Phase (**b**)

Das bevölkerungsbiologisch wichtigste Ereignis in der Neueren Geschichte ist ein Wechsel der Reproduktions- und Sterblichkeitsverhältnisse, die ihren Anfang in Europa nahmen und mittlerweile weltweit beobachtet werden können. Zu regional sehr unterschiedlichen Zeitpunkten sinken seit dem ersten Drittel des 18. Jahrhunderts sowohl die Geburtenraten als auch die Sterberaten. Damit beginnt der „Demographische Übergang", ein Phänomen der *longue durée* (Chesnais 1992), der sehr früh u. a. in den englischen Adelsfamilien zu beobachten war. Allerdings ist die Vorbildfunktion des Adels für den Demographischen Übergang unwahrscheinlich. Herrschte in der Vorgeschichte und bis zu Beginn des 18. Jahrhunderts allgemein ein annäherndes Gleichgewicht von hohen Geburten- und hohen Sterberaten, beginnt jetzt und zuerst die Sterblichkeit zu sinken. Dadurch steigt die Lebenserwartung, die Bevölkerung wächst (mit allen Konsequenzen für die Versorgungslage und damit verbundenem Druck auf die Lebendbevölkerung). Daran schließt sich eine sinkende Geburtenrate an, die langfristig ein sinkendes Bevölkerungswachstum zur Folge hat. Geburten- und Streberaten befinden sich schließlich auf einem niedrigen Niveau im Gleichgewicht. Dieser neue Gleichgewichtszustand stellte sich bisher nicht überall ein. Während einige Länder noch eine höhere Geburtenrate bei bereits niedriger Sterberate verzeichnen, kippt die Entwicklung in anderen Ländern ins Gegenteil: Die Sterberate übersteigt die Geburtenrate (Abb. 3.41).

Eine einheitliche Ursache für die Bevölkerungsentwicklung des Demographischen Übergangs ist nicht wahrscheinlich, am plausibelsten sind sozioökonomische Ursachen, wie steigende Bildung, bessere Hygiene- und Ernährungsverhältnisse. In Europa beschleunigte die Industrialisierung diese Entwicklung. Jedenfalls vermittelt der Demographische Übergang einen reproduktiven Mentalitätswandel, der sukzessive die Weltbevölkerung erfasst hat bzw. mit seiner Spätphase erfassen wird. Während des Demographischen Übergangs schrumpft eine Bevölkerung nicht zwingend. Tatsächlich nahm, in Europa wie anderswo, in den transformativen wie posttransformativen Phasen die Bevölkerung sogar zu. (Erst in jüngster Zeit liegt die Streberate in Deutschland über der Geburtenrate.) Zum einen bewirken abnehmende Sterblichkeitsrate und steigende Lebenserwartung gleichsinnig einen Bevölkerungszuwachs. Zum anderen verzögern abnehmende Geburtenzahl und höhere Überlebensrate das Schrumpfen einer Bevölkerung (Armengaud 1976; Mols 1979).

3.8.2 Bevölkerungsbiologische Variabilität

Die Bevölkerungsentwicklung ist ein sensibler Indikator gesellschaftlicher Vorgänge. Sie bildet Schwankungen infolge von Extremereignissen wie Kriegen, Epidemien und Hungerkrisen ab (Abb. 3.42) oder ungewöhnlichen Bevölkerungszuwachs, wie in Irland zwischen 1781 und 1846. Das europäische Bevölkerungswachstum war bis etwa 1850 ständig von Hungerkrisen bedroht. Ab der Mitte des 19. Jahrhunderts erlaubte die Verbilligung der Industrieprodukte durch maschinelle Herstellung und der Anstieg der Reallöhne trotz steigender Getreidepreise und Preise für Tierprodukte eine spürbare Verbesserung der Ernährung und zugleich des gesamten Lebensstandards (Saalfeld 1983).

Differentielle Geburten- oder Sterblichkeitsraten, die von der statistisch zu erwartenden Wahrscheinlichkeit abweichen, sind auch bekannt, ohne dass es äußerlich erkennbare Krisensituationen für die Bevölkerung gibt. Statistisch gesehen hängen Geborenwerden und Sterben nicht vom Zufall ab. Wo nicht saisonale Kohabitationsverbote Einfluss auf die Konzeptionstermine nahmen (etwa Fastenzeiten), waren womöglich ökonomische Gründe ausschlaggebend für saisonale Schwankungen der Geburtshäufigkeit. In Agrargesellschaften erfolgten unterzufällig wenige Geburten in den arbeitsintensiven Monaten der Vegetationsperiode. Welche Einflussgrößen immer auch benannt werden, ihnen muss am Ende biologische Wirkung nachgewiesen werden (Imhof 1978).

Schwanger zu werden bedarf eines biologischen Mindeststandards des weiblichen Körpers. Dabei beeinflussen die Lebensumstände der Mutter zum Zeitpunkt der Empfängnis bzw. während der Schwangerschaft und der Geburt lebenslänglich sowohl die gesundheitliche Entwicklung als auch dessen reproduktiven Erfolg (z. B. Lummaa 2003; Rickard et al. 2010; Roseboom et al. 2011). In Zeiten des Nahrungsmangels sind Hungeramenorrhöen häufig (Le Roy Ladurie 1978). Ungewollte Schwangerschaften wurden häufig abgetrieben. In der Volksmedizin sind zahlreiche entsprechende Mittel bekannt, die auch einfach erreichbar sind. Mediterran führte bereits die antike Nachfrage nach der emp-

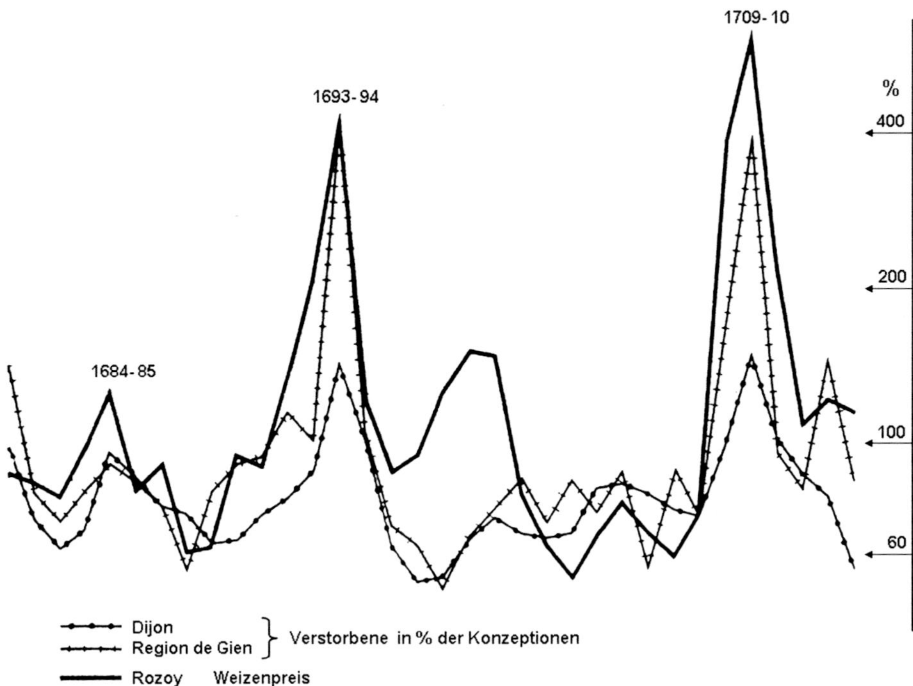

Abb. 3.42 Graphische Darstellung „der Epoche grosser Notjahre" aus der klassischen Arbeit von Meuvret (1946; Bildrechte) über Subsistenzkrisen und Bevölkerungsentwicklung: Dargestellt sind die gleichsinnigen Verläufe von Getreidepreisentwicklung und dem Verlauf der Sterblichkeit. Die Sterberate ist in Prozenten der Konzeptionen angegeben, die aus den Geburtsterminen zurückgerechnet werden, um die Synchronität von Teuerung, Übersterblichkeit und unterzähligen Empfängnissen veranschaulichen zu können, die für eine Subsistenzkrise typisch ist. Der Weizenpreis ist als Median der fünf vorausgegangenen Jahre angegeben

fängnisverhütenden Sylphion-Pflanze (*Ferula historica*) zu ihrem Aussterben durch Übernutzung. Dass längere Intergeburtenabstände regelhaft waren, zeigen Kirchenbücher und andere statistische Quellen. Die Intergeburtenabstände spiegeln Kompromisse zwischen dem Regenerationserfordernis des mütterlichen Organismus, den Versorgungsbedürfnissen der Kleinkinder und der rollenbedingten Arbeitsbelastung der Mutter. Die theoretisch maximale Fruchtbarkeit ist praktisch in keiner bekannten menschlichen Gesellschaft ausgeschöpft worden. Limitierende Faktoren sind – aus Versorgungslage und sonstiger kultureller Beanspruchung resultierend – die mittlere Lebenserwartung bei der Geburt für Mädchen, die bei 15 Jahren ihr bevölkerungsbiologisch mögliches Minimum erreicht. In einem solchen Fall leben nur 25 % aller Frauen lang genug, um Kinder zu haben. Jede dieser Frauen müsste durchschnittlich fast 9 Kinder gebären, um einen Bevölkerungsrückgang zu verhindern. Es ist keine größere Gruppe von Menschen bekannt, deren Gesamtfruchtbarkeit die Zahl von 8–9 Kindern pro Frau wesentlich überstieg (McNamara 1977). Einen erheblichen Anteil am europäischen Bevölkerungsanstieg ist der Kartoffel zuzurechnen. Unabhängig von ihrer besseren kalorischen Bilanz gegenüber dem Getreide, hatte sie den Vorteil eines „sauberen“ Nahrungsmittels. Getreidemehle enthielten häufig pharmakologisch wirksame Substanzen aus den Samen der Getreideunkräuter, die fertilitätssenkende Wirkung haben. Bei einem reinen Kartoffelstandard entfällt die suppressive Wirkung der Pflanzenwirkstoffe und die Gesamtfruchtbarkeit konnte auf das natürliche Potential steigen (von Gundlach 1989), sofern man die Fruchtbarkeit ausschöpfen wollte.

Zu den rein biologischen Sterblichkeitsrisiken, denen Neugeborene und Kleinkinder ausgesetzt waren, kamen Risiken durch elterliches Verhalten hinzu. Unerwünschte Kinder wurden mitunter im elterlichen Bett durch ein angeblich schlafendes Elternteil erdrückt oder wurden in der Obhut einer Amme gezielt fehlversorgt. Im Süddeutschen war das „Himmeln“, der wie immer auch herbeigeführte (gewaltarme) Tod des Säuglings, eine geduldete Form des Infantizids. Die Inselbevölkerung Japans wurde über mehrere Jahrhunderte durch gesellschaftlich sanktionierte Abtreibung und Infantizid auf einem annähernd stabilen Niveau gehalten (Livi-Bacci 1992).

Ein Beispiel für die Steuerung des Geschlechterverhältnisses durch die spezifische ökologische Situation einer Bevölkerung ist von den Netsilingmiut bekannt – Inuit-Gruppen aus Alaska, Kanada und Grönland. Diese Gruppen lebten von der Jagd, einer ausschließlichen Männerdomäne. Durch Jagdunfälle reduzierte sich die Zahl der erwachsenen Männer, wobei die Gefährlichkeit des Terrains mit der sinkenden Jahresdurchschnittstemperatur des Lebensraumes zunahm. Zur Vermeidung eines Frauenüberschusses wurde daher Mädchentötung praktiziert (Abb. 3.43). Das Prinzip ist auch in anderen Jäger-Sammler-Kulturen beobachtet worden: Sofern die Nahrungsbeschaffung strikt geschlechtsspezifisch aufgeteilt ist und Männer den höheren kalorischen Beitrag zur Gesamtdiät leisten, findet sich auch ein höherer Knabenanteil in der Gruppe (Hewlett 1991). Ebenso hatte die Stellung eines Kindes in der Geschwisterreihe infolge unbewusster oder gezielter Kindesvernachlässigung auch in europäischen Kulturen Folgen für seine Überlebenschancen. Gewöhnlich hatten später Geborene eine statistisch verringerte Überlebenschance in der Kindheit. Dabei spielten in Deutschland u. a. Erbrechtsverhältnisse, das Geschlecht des Kindes und die soziale Klasse der Eltern eine Rolle (Voland 1989).

Ist die Verfügbarkeit von Nahrung ein lebensbegrenzender Faktor, ist es auch ihre Qualität. Die Steigerung der Lebenserwartung seit Eintritt in den Demographischen Übergang ist in Deutschland zu erheblichen Anteilen den Anhebungen hygienischer Mindeststandards zu verdanken. Die geflügelte Weisheit der heutigen Medizinischen Mikrobiologie „Durch Schimmel in den Himmel“ galt vor den Entdeckungen Pasteurs und ihren hygienewirksamen Umsetzungen in besonders gravierender Weise. Man nimmt an, dass die hohe Frequenz einer genetischen Mutante (ΔF508), die homozygot als häufigste Ursache der tödlichen Erbkrankheit „Cystische Fibrose“ gilt, in der Europäischen Bevölkerung eine Anpassung an den Konsum keimbelasteter Nahrung ist. Die Mutation hat ein molekulares Alter von mehreren Tausend Jahren. Die Möglichkeiten, Nahrungsmittel durch Kühlung keimarm zu halten, führten langfristig zu einem Rückgang gepökelter Lebensmittel in Mitteleuropa. Nachweisbar sank mit der Häufigkeit des Verzehrs dieser Lebensmittel die Magenkrebsrate.

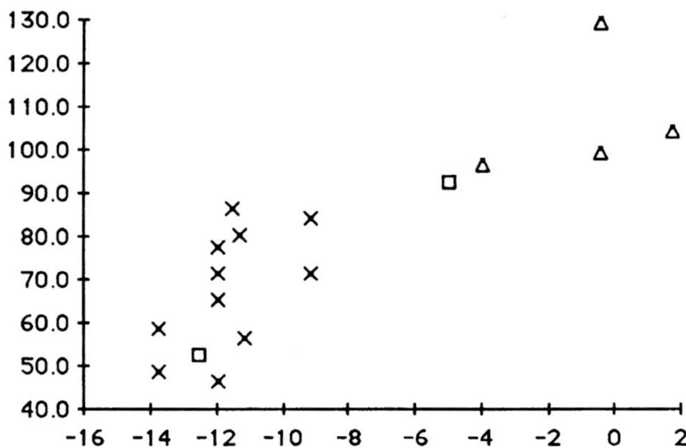

Abb. 3.43 Geographische Verteilung der Mädchenrate [in % der Knaben] in Abhängigkeit von der mittleren Jahrestemperatur des Lebensraumes arktischer Inuitpopulationen als Resultat einer Infantizidpraxis. x Kanada; □ Alaska; Δ Grönland; *Ordinate*: Anzahl lebender Mädchen je 100 lebender Knaben; *Abszisse*: mittlere Jahresdurchschnittstemperatur [°C]. Je höher die mittlere Jahresdurchschnittstemperatur des Lebensraumes war, desto ungefährlicher gestaltete sich die Jagd. Entsprechend mehr Frauen konnten von den Jägern mitversorgt werden. Die Graphik poolt Daten verschiedener Feldstudien, die zwischen 1902 und 1932 veröffentlicht wurden (Graphik aus/Bildrechte liegen bei: Irwin 1989)

Über Gerontozide, das kulturell akzeptierte Töten oder Sterbenlassen von Menschen fortgeschrittenen Alters, ist hingegen weniger bekannt. Bei arktischen Populationen soll es früher eine freiwillige Selbsttötung alter Menschen gegeben haben, um die Familiengruppe aus der Versorgungsverpflichtung zu entlasten. Letztlich ist auch die Praxis der indischen Witwenverbrennung unter dem Gesichtspunkt der Beendigung eines Versorgungsanspruchs zu sehen gewesen. Die vom Ende des 19. Jahrhunderts bis in den Anfang des 20. Jahrhunderts über mehrere Dekaden anhaltende Praxis im ungarischen Theißwinkel, sich schwieriger Versorgungsfälle durch Arsenvergiftung („Erbpulver") zu entledigen (von Beöthy 1934), ist wohl ein singuläres Ereignis (Gunst 1987). Der Fall verweist aber auf die kulturenübergreifende Tatsache, dass erkennbare Bevölkerungsbewegungen, die auf Manipulationen der Konzeptions-, Geburts-, Lebens- und Sterblichkeitsverhältnisse hinweisen, immer der heimlichen oder offenen gesellschaftlichen Akzeptanz und damit einer entsprechenden mentalitätsgeschichtlichen Lage bedürfen. Solche Manipulationen verdanken sich keinesfalls immer einer Binnensteuerung. Die bewusste Herbeiführung z. B. von erhöhter Sterblichkeit, vor allem durch Hunger, war seit alters her ein Mittel der Kriegführung und der Kolonialherrschaft (Davis 2007), aber auch ein Mittel innenpolitischer Machtfestigung (Völkermord an den Armeniern ab Mitte der 1890er Jahre, Holodomor 1932–33 in der Ukraine).

Die enormen unmittelbaren Bevölkerungsrückgänge in beiden Amerikas nach der kolumbianischen Entdeckung waren dagegen nicht wesentlich bedingt durch kriegerische Dezimierungen, sondern durch eingeschleppte Infektionskrankheiten. William Denevan

(1992) schätzte den Bevölkerungseinbruch in beiden Amerikas zwischen 1492 und 1650 von 53,9 auf 5,6 Mio. auf annähernd 90 %. Dieser enorme Bevölkerungsverlust hatte wegen des damit verbundenen Rückgangs des Eintrags von CO_2 in die Atmosphäre einen Verstärkungseffekt auf die Kleine Eiszeit in Europa (Dull et al. 2010).

Statistische Bevölkerungsdaten waren, seit ihrer Verfügbarkeit, Grundlagen staatlicher Vorsorge und sind mittlerweile das Hauptinstrument mittel- und langfristiger Staatsplanungen weltweit und global, vor allem im Hinblick auf die Verteilung von Staatseinnahmen und die Nutzung von Umweltressourcen. Herrschaftsgeschichtlich spielte das Denken in bevölkerungsbiologischen Kategorien noch bis weit nach dem Ersten Weltkrieg eine außerordentlich bedeutsame Rolle. Solange die mögliche Zahl der Soldaten und die der kämpfenden Truppen kriegsbestimmend waren, bestand staatliches Interesse an Nachwuchs.

Auch im zivilen Bereich fanden bevölkerungsstatistische Daten ihre Berücksichtigung. In der Zeit der Industrieexpansion und des kaum bestehenden Arbeitsschutzes war es ein besonderes Erschwernis, berufsbedingte Erkrankungen oder Todesfälle, die expositionsbedingt waren, als berufsbedingt anerkannt zu bekommen. Angesichts der Latenzzeiten und der mittleren Lebenserwartungen in den weiteren Alterskohorten berufstätiger Menschen waren sichere Rückführungen auf die berufliche Ursache einer Erkrankung mit Todesfolge praktisch unmöglich, weil die berufsbedingten Erkrankungen in den Altersabschnitt fielen, in denen sie auch spontan entstanden sein konnten. Obwohl Ansätze eines Arbeitsschutzes und von Versorgungsgemeinschaften bereits mit den mittelalterlichen Dombauhütten vorliegen und auch im Gildewesen vertreten sind, hat sich die Einsicht in die Notwendigkeit der Gesunderhaltung berufstätiger Menschen erst spät durchgesetzt. Zu den besonderen Expositionsrisiken gehörte auch schon vorindustriell der Umgang mit gesundheitsgefährdenden Stoffen. Über Stäube und schädliche Räuche, u. a. mit giftigen Metallbelastungen und Säurewirkung, hatte bereits Georg Agricola (1494–1555) berichtet. Später erfasste Bernhardino Ramazzini als erster die typischen Krankheiten bei insgesamt 52 Berufen (Erstauflage 1700). Bevölkerungen sind aufgrund der in ihnen ablaufenden sozialen Siebungs- (Sortierungs-)Effekte biologisch in sich nicht homogen. Dies wird bei Berufskrankheiten besonders deutlich. Als erster teilte Ramazzini auch die Beobachtung mit, dass bei Nonnen die Brustkrebshäufigkeit höher ist als bei der Normalbevölkerung. Mit diesem bis heute bestätigten Befund wird eindrucksvoll offensichtlich, dass auch soziale Umwelten, in denen zumindest auf den ersten Blick keine materiellen Umweltnoxen vermutet werden, maligne Wirkungen haben können. Dass synthetische Verbindungen aus Naturstoffen schwere gesundheitliche Risiken bergen können, ist spätestens seit der Aufdeckung des ursächlichen Zusammenhangs zwischen dem spezifischen Blasenkrebs und der Tätigkeit in der Anilinproduktion erkannt. Die Industrie setzte dann in bestimmten Produktionsbereichen gezielt ältere Arbeitnehmer ein (Andersen 1994).

Die „*United States Cancer Statistics*" und die Statistiken der World Health Organisation weisen ausgeprägte ethnische Differenzen in den Krebshäufigkeiten aus. Bei im Grundsatz gleichen oder ähnlichen Expositionsrisiken durch gleiche oder ähnliche Lebensweisen ist damit außer den ursächlichen Umwelteinflüssen auch ein spezifischer genetischer Anteil für Krebs-Prävalenzen belegt – eine nicht erst seit der grundlegenden Arbeit von Doll und Peto (1981) gesicherte Gewissheit. Sie belegten u. a., dass Japanerinnen in ihrem Heimatland eine deutlich geringere Brustkrebs-Inzidenz aufweisen als nach Zuwanderung in die USA. Diese und ähnliche Beobachtungen führten zu der allgemeinen Erkenntnis, dass bei Migranten die Übernahme von Lebensgewohnheiten ihres Gastlandes zur Angleichung an die Häufigkeit des Auftretens umweltabhängiger Erkrankungen führt.

Insbesondere in der Frühindustrialisierung verdankte sich der Fortschritt ungezählten Kinder- und Erwachsenenrücken, dem „Humankapital". Ein wirksamer Schutz an Arbeitsplätzen beginnt erst mit dem historischen Datum der Preußischen Verordnung zur Dampfkesselüberwachung (Mieck 1997). Tatsächlich aber ist der Schutz in der arbeitsweltlichen Umwelt weitgehend erst eine Frucht der zweiten Hälfte des 20. Jahrhunderts.

Für menschliches Bewusstsein spielt die Abstammungsgemeinschaft eine extrem bedeutsame Rolle. Ihr sind auch jene Teile einer Bevölkerung zuzurechnen, die selbst nicht am Fortpflanzungsgeschehen teilnehmen, ihre Existenz aber dieser Abstammungsgemeinschaft verdanken. Das aus der Abstammungsgemeinschaft abgeleitete Gruppenbewusstsein bzw. Identitätsgefühl, das in Umkehrung auch ontologische Zuweisungen über angeblich typische landsmannschaftliche Eigenschaften (Stanzel 1998) bedeutet, berührt auch jene Individuen, die sich nicht reproduzieren. Der emotionalen Wertschätzung von Verwandtschaft entspricht auch ein messbares biologisches Investmentverhalten in Abhängigkeit von verwandtschaftlicher Abstufung. Im einfachsten Fall ist dies als soziale Förderung von Verwandten geläufig (Nepotismus). (In manchen Gesellschaften oder Sozialgruppen gründet sich „Verwandtschaft" und damit verbundenes Investitionsverhalten nicht oder nicht ausschließlich auf biologische Abstammungsgemeinschaften. Vereinfacht handelt es sich zumeist um „Wahlverwandtschaften").

Besonders eindrucksvoll sind Beispiele, bei denen in einer Extremsituation unter den beteiligten Menschen vorhandene Familienmitglieder höhere Chancen zum Überleben haben als einzelne, nicht verwandte Personen. Das Lehrbuchbeispiel hierfür ist die „Donner Party", ein nach ihrem Führer benannter Treck in den amerikanischen Westen, der im 1846 früh einbrechenden Winter stecken blieb und dessen Überlebende sich kannibalistisch von verstorbenen Mitreisenden am Leben hielten. Das Absterbemuster in dieser Gruppe gilt allgemein als Orientierung für Sterblichkeitswahrscheinlichkeiten unter extremem Nahrungsmittelmangel (McCurdy 1994), weil es nahe an theoretische Erwartungen für allgemeines investives Verhalten kommt (vgl. Voland 2009). Der Treck bestand aus 90 Personen, im Durchschnitt 19,5 Jahre alt. Darunter waren 55 männlich. Von den 90 Personen starben 42 (47 %). Die geringste Sterblichkeit wurde unter den 6- bis 14-Jährigen verzeichnet, die höchste Sterblichkeit hatten Kleinkinder unter 6 Jahren und Erwachsene über 35 Jahren. Von den 72 Personen, die mit Verwandten reisten, starben 38 %, von denen, die ohne Verwandten reisten, starben 83 %.

3.8.3 Migrationen

Die Geschichte der Menschheit beginnt mit mehreren Migrationen, beginnt mit mehreren Auszügen von Menschen aus der afrikanischen Urheimat. Die letzte, der wir uns verdanken, fand zwischen 200.000 und 100.000 Jahren BCE statt. Anatomisch moderne Menschen besiedelten Europa vor ca. 40.000 Jahren. Das stammesgeschichtlich Erstaunliche an menschlichen Migrationen ist die Anpassungsfähigkeit, mit der unterschiedliche ökologische Randbedingungen kulturell kompensiert werden können. Die letzte Zuwanderung vor der Völkerwanderungszeit brachte die Neolithische Revolution nach Mitteleuropa. Beide Migrationen haben umwelthistorische Gründe. Die Völkerwanderung war eine Folge asiatischer Dürreperioden, die Zuwanderung neolithischer Ackerbauern kann nur als Ergebnis eines vorderasiatischen Bevölkerungsanstiegs gesehen werden. Unterschätzt wird die allgemeine Mobilität von Bevölkerungsteilen in der europäischen Geschichte, vor allem der deutschsprachigen Regionen während des Mittelalters und der Frühen Neuzeit, in deren Folge sich einerseits eine alltägliche Vielkulturalität ergab. Andererseits wurde, insbesondere durch Ostzuwanderung, das Fundament soziopolitischer Bevölkerungsschichtung gelegt, deren Wirksamkeit sich in den Nationalstaaten des 19. Jahrhunderts voll entfaltete (Hoerder 2010).

Man könnte vor allem im Hunger einen *push*-Faktor für Migration und Abwanderungen sehen. Auf den ersten Blick erscheint die riesige Zahl irischer Abwanderer nach der Hungersnot 1846 als Bestätigung dieser Mutmaßung.

Die individuelle Binnenmobilität war in Europa, mindestens dort, wo sie herrschaftlich möglich war, und besonders in Krisenzeiten, in denen die Klöster Speisen verteilten, immer hoch. (Cluny musste seit dem Hungerjahr 1146 aus wirtschaftlichen Gründen die Zahl der Armenspeisungen bei 300–400 Konventualen auf 50 pro Tag begrenzen, was aufs Jahr immer noch 18.000 zusätzliche Mahlzeiten ausmachte; Wollasch 1988.) Dass größere Bevölkerungsgruppen innerhalb Europas migrieren, hat seine Ursache nicht im Ausweichen vor Elementarschäden oder klimatischen Faktoren, sondern vor sozialen Bedingungen. Auch Hungersnöte sind, weil sie in der Regel regional ablaufen, allererst Sozialkatastrophen. Zuweilen hätten sich aus Hunger größere Banden gebildet, die sich ihre Nahrung zusammenraubten, und 1099 hätten sich die Westfranken sogar leicht zum Kreuzzug überreden lassen, weil sie von Bürgerkrieg, Hunger und Sterblichkeit heimgesucht worden wären (Fuhrmann 1987). Die Zahlen der europäischen Migrantengruppen werden allgemein überschätzt, sie haben aber sozialgeschichtlich usw. außerordentlich nachhaltige Wirkungen. Das gilt auch bevölkerungsbiologisch, z. B. für die preußischen Hugenotten. Diese lagen in ihrer Gesamtfruchtbarkeit unter dem preußischen Durchschnitt, übertrafen diesen aber in der Überlebenszahl ihrer Kinder. Die Glaubensflüchtlinge praktizierten, was unter den gegebenen Umständen als eine spezielle Variante protestantischer Ethik gelten kann: ein höheres Investment in ihre Kinder. Einwanderungen nach Deutschland hat es in zunehmender Zahl seit dem 18. Jahrhundert gegeben. Ihre Gründe waren vielschichtig und häufiger mit Integrationsproblemen verbunden (Bade und Oltmer 2005).

Einig ist sich die Forschung, dass Deutschland bis 1500 ein klassisches Land der Einzelabwanderung ist. Die „Massenabwanderungen“ nach 1500 bewegen sich jedoch in der Größenordnung von <1 % des Gesamtbestandes und schöpft nur zeitweilig und lokal bis zu 20 % des Geburtenüberschusses vor dem Demographischen Übergang ab. Pfister (1994) schätzt die Individuenzahlen für Abwanderungen aus Deutschland bis 1800 auf 600.000 bis 1,2 Mio. (Amerika: 200.000–500.000; Südosteuropa: 100.000–350.000; Polen/Russland: 50.000; andere Zielländer wie Spanien, Dänemark, Franz.-Guyana: 250.000–<1.000.000). Livi Bacci (1999) geht für die Zeit bis 1800 von deutlich geringeren Zahlen aus. Zwischen 1820 und 1914 verließen ca. 5 Mio. Individuen Deutschland, davon allein bis zu 1,8 Mio. zwischen 1880 und 1893 (Ehmer 2004; für das 20. Jahrhundert sehr ausführlich Bade 2000, auch Hoerder 2010). Der Hunger ist Symptom, nicht Ursache. Es sind Abwanderer aus wirtschaftlichen und politischen Gründen.

3.9 Muster

Umwelt- und umgebungswirksames Handeln gründen auf frühere Wahrnehmungen und Erklärungen, und auf Folgen früherer Handlungen, denen ihrerseits Wahrnehmungen und Handlungen zugrunde lagen. Die Zahl der grundsätzlichen Wahrnehmungs-, Erklärungs- und Handlungsmuster, mit denen der Umwelt begegnet wird, ist unterschiedlich bestimmbar. Entweder wird sie als verhältnismäßig klein angenommen, weil sich die Muster hierarchisch aufeinander beziehen lassen, oder sie wird possibilistisch als beliebig groß angenommen.

In diesem Kapitel werden einige der häufigen Muster kurz behandelt, die das generelle Verhältnis menschlicher Gesellschaften, hier der mittelalterlichen und neuzeitlichen europäischen, thematisieren. Nicht eingegangen wird auf Erklärungsroutinen nach dem *„turn“-Muster* (*linguistic turn, iconic turn,* usw.), die u. a. als *„ecological turn*“ und *„spatial turn*“ auch die Umweltgeschichte erreicht haben, was sich in diesen Fällen allerdings als eine Entdeckung des Selbstverständlichen herausstellt.

3.9.1 Rhetorische Muster

Die Suche nach der Epochengrenze, nach dem historisch entscheidenden Moment (griech. *kairos*), mit dem ein „Wendepunkt der Umweltgeschichte“ markiert wird, die dem historischen Denken selbstverständlich ist, scheint als Schlüssel zum Verständnis verstanden zu werden. Ihre Ordnungskompetenz wird indes überschätzt, und ihr Relevanzcharakter scheitert in der Umweltgeschichte häufig an ihrer Unterkomplexität, die für die Kennzeichnung aller zeitgleichen ökosystemaren Phänomene und Prozesse in Anspruch genommen wird. Umweltprozesse verlaufen grundsätzlich kontinuierlich, selbst nach Einschnitten durch Extremereignisse. In diesem stört nur für einen kurzen Moment eine örtliche Konstellation von physiko-chemischen oder organismischen Kräften den bisherigen

Prozessablauf. Unmittelbar nach diesem Ereignis beginnen die grundsätzlich gleichartigen Prozessabläufe aufs Neue, nur gewissermaßen von einem neu gesetzten Startpunkt (vgl. Abb. 2.8). Aber solche Extremereignisse sind die Ausnahme, nicht der Regelfall.

Parallel zu sich ändernden Umwelten ändern sich Wahrnehmungen und Werte (*shifting* oder *sliding baselines*). Bekannte Beispiele für solche schleichenden Veränderungen sind Änderung von Empfindlichkeitsschwellen gegenüber dem Körperlichen (Elias 1969) oder etwa gegenüber Gerüchen (Corbin 1988), Änderungen des Empathieverhaltens gegenüber Menschen und Tieren, allgemein gegenüber Organismen (Menschenrechtsorganisationen, Naturschutz). Sofern ihnen überhaupt eine erklärende Qualität zukommt, sollten die qualitativen Markierungen der Umweltgeschichte als – der Sache angemessen – gleitend verstanden werden.

Drei Muster bestimmen augenscheinlich die alltägliche Begegnung von Menschen mit dem, was sie „Natur" nennen. Fast in der Dreiteilung der Natur von Francis Bacon wird einmal ein gewöhnlicher Verlauf konstatiert, der den alltäglichen Umgang auszeichnet. Dieser hat viele Facetten, von denen einige weiter unten behandelt werden (Abschn. 3.9.2). Dieser alltägliche Umgang wird ziemlich unsentimental als eine Subjekt (Mensch) – Objekt („Natur")-Beziehung eingeschätzt.

Dann gibt es die bösartige, die „zurückschlagende Natur". Und schließlich scheint es jenen Idealzustand des „Einklangs mit der Natur" zu geben. In diesen beiden Versionen erleben Menschen „Natur" gemäß archaisch-antiker Vorbilder personalisiert als Akteurin, die „dem Menschen" einmal als Feindin entgegen tritt, das andere Mal als Gleichgesinnte harmonisch umarmt.

Der „Einklang mit der Natur" ist eine Idee, die auf einer Natur beruht, die gänzlich von der uns bekannten verschieden sein muss (Abb. 3.44). Für sie bedarf es erst einmal einer ländlichen Idylle, in der es keinen interindividuellen und interspezifischen „Wettbewerb" bzw. „Konkurrenz" zu geben scheint, ohne Nahrungskette, in der alle und mit allen und unbehelligt nebeneinander leben und an Altersschwäche sterben (wenn überhaupt). Dort gibt es keine „Probleme", und die Zeit ist verlangsamt. Es handelt sich tatsächlich um eine rhetorische und inhaltsleere Floskel, die auf der unreflektierten Anschauung beruht, wonach „Einklang" geringe menschliche Eingriffstiefe voraussetze oder sich durch sie herstelle bzw. Menschen technologie- und anspruchsreduziert in einer eigentlichen Weise lebten. Diese unsinnigen Randbedingungen erfüllen in Teilen auch die Slums in Kalkutta. Es ist leicht erkennbar, dass der „Einklang" nichts weiter als eine unreflektierte Variante von Rückvergoldung und der Geschichte vom paradiesischen Mythos darstellt.

Der paradiesische Mythos lässt sich mühelos anhand der klassischen Beispiele europäischer Projektionen über Auffassungen vom *„bon sauvage"*, der Utopie vom Edlen Wilden, dekonstruieren (Bitterli 1982). Der Wortlaut der berühmten Rede des Häuptlings Seattle entstammt einem Filmscript der 1970er Jahre (Kaiser 1992), und der Umgang mit der Umwelt durch indianische Nutzer ist am rekonstruierbaren Landschaftsbild um 1492 überraschend zu korrigieren (Denevan 1992). Laufend findet sich der Mythos in den Berichten aus den neu entdeckten oder erschlossenen Ländern zu Beginn der Neuzeit. Es gäbe beispielsweise so viele Fische, dass man nur seinen Hut ins Wasser zu halten brau-

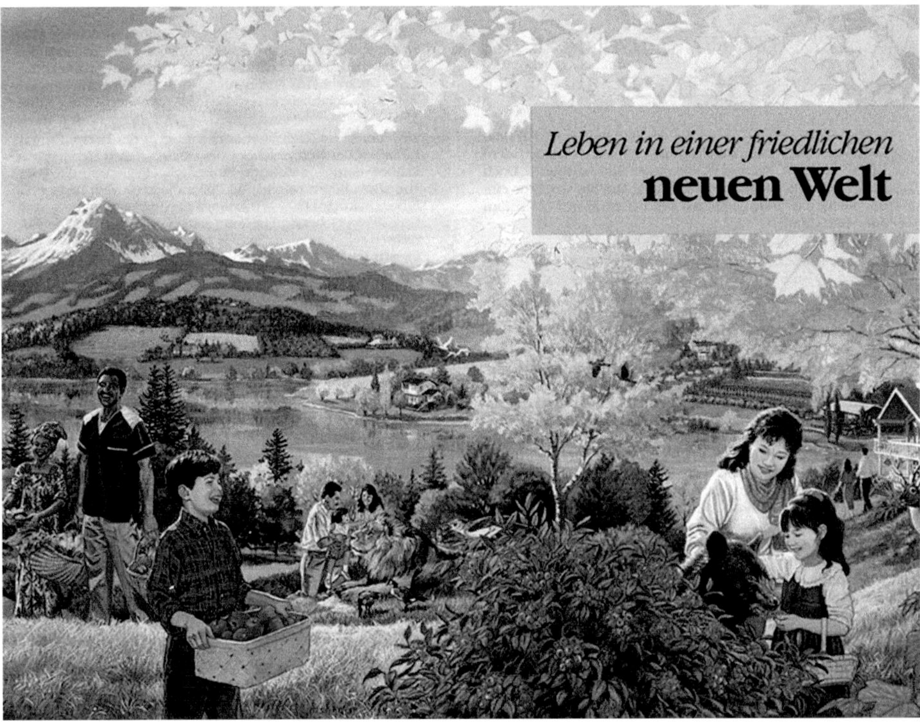

Abb. 3.44 „Leben in einer friedlichen neuen Welt" (Postwurfsendung 2007 der Religionsgemeinschaft „Wachtturmgesellschaft" (Bildrechte)). Der Löwe im Bildmittelgrund ist gemäß der biblischen Meistererzählung der Offenbarung des Johannes zugleich auch (metonymisch) Lamm, während der Bär (1.Samuel) lediglich entbehrliches Raubtier ist. Jedenfalls wird hier als Ort der prophetischen Verheißung eine Landschaft nach irdischer Art und von idyllisch vollkommenem („amoenem", s. u.) Charakter abgebildet

che und schon wäre er voll damit. Das Muster ist immer dasselbe: alles ist schöner, größer und von allem gibt es mehr, als es der Adressat kennt, aber es ist entweder lange her oder es ist weit, weit weg – zeitlich und räumlich weit weg, wie das Paradies des christlichen Schöpfungsmythos.

Die bösartige Natur tritt in der Form der „zurückschlagenden Natur" zutage. Angeblich greift die Akteurin „Natur" menschliche Sachwerte und Ideen an und zerstört sie an Ort und Stelle mit hohem emotionalen Aufwand („wütende Urgewalten"). Tatsächlich geschieht nichts dergleichen.

In der Regel schlägt die Natur allerdings auch nicht mit dem Vulkanausbruch oder dem Erdbeben zurück. Nicht einmal die Natur selbst bediente sich ihrer als Instrumente, sie waren offenbar der strafenden Gottheit vorbehalten. Der Begriff kam vielmehr auf Situationen zur Anwendung, in denen Grenzen des von Menschen Machbaren ausgelotet wurden. Zurückgegriffen wird auf die alte Vorstellung der Herrschaft des Menschen über die Dinge der Erde (*dominium terrae*). Sie wurde seit der Renaissance selbstbewusst verstärkt. Die ursprünglich religiös-philosophische Formel wandelte sich profan in „*faber mundi*" und beanspruchte, die Welt zwar nicht in einem kreationistischen, aber einem erkenntnis- und wahrnehmungsmäßigen Prozess hervorzubringen. Dies schließt die Sortierung und Hierarchisierung der chaotisch vorgegebenen Natur durch die Entdeckung der Naturgesetze ausdrücklich ein, mit deren Hilfe endgültig die Herrschaft über die Natur erreicht werden kann. Deshalb fällt das Entsetzen über eine sich gewaltbereit zeigende „Natur" auch jeweils groß aus (z. B. Erdbeben von Lissabon 1755, Lauer und Unger 2008), nicht nur, weil das Ereignis deutlich macht, wie wenig man bisher von der Natur verstanden hatte, sondern u. a. wohl auch, weil nach dem menschlichen Selbstverständnis der aufgeklärten Moderne (*homo faber*) das Monopol für „Gewalt" ausschließlich zu einer menschlichen Angelegenheit geworden ist, der im Falle der Naturgewalten (!) ingenieurtechnisch beizukommen beabsichtigt ist. Die Natur hält sich bei Gewaltanwendung erkennbar nicht an die Regeln, die der rational-logisch funktionierende Mensch der Nachaufklärung als selbstverständlich und als allen Abläufen in der Welt unterliegend annimmt. Nicht zu übersehen sind bei der Einschätzung „zurückschlagender Natur" Untertöne kleinlauter Selbstzweifel, ob denn im konkreten Falle die „Herausforderung der Natur" nicht das zulässige Maß überschritten habe. Dieser Selbstzweifel ist eigentlich Ausdruck einer nicht überwundenen voraufklärerischen Furcht vor der Gottheit, die auf menschliche Überheblichkeit angemessen strafpädagogisch reagiert hat.

Die „Natur" wird gern dort des Zurückschlagens bezichtigt, wo es um vermeintliche Unvorhersehbarkeit eines Elementarereignisses geht. Indes verlagert der Begriff der zurückschlagenden Natur nach einem simplen Entlastungs-Prinzip die Verantwortung weg von der fehleinschätzenden prognostischen Kapazität menschlicher Planungsarbeit und Bedenkenlosigkeit gegenüber den Handlungsfolgen hin auf ein Täterwesen, das sich in diesem Falle der menschlichen Regieanweisung entzog. Nicht die Räumung der Flussaue als Eingeständnis der Fehleinschätzung, sondern die kompensatorische Erhöhung der Deichkrone ist die Antwort auf das Hochwasser, mit der demonstrativ jede Bereitschaft zur friedlichen Koexistenz ausgeschlossen und der Sieger „im Kampf gegen die Elemente" vorzeitig ausgerufen wird.

Auf eine weitere rhetorische Variante, diejenige von der unterdrückten, misshandelten Natur wird weiter unten (Der Held und sein Wetter) zurückgekommen.

3.9.2 Wahrnehmungs-, Erklärungs- und Handlungsmuster

Bevor „Natur" erklärt oder behandelt werden kann, bedarf es ihrer Wahrnehmung und einer Geschichte der Wahrnehmungsweisen (z. B. Glacken 1967; Thomas 1984). Welche Wahrnehmungs-, Erklärungs- und Handlungsmuster jeweils ausgemacht werden, hängt von der Auffassung über „die menschliche Natur" ab. Allerdings sollten Aussagen, die keiner empirischen Überprüfbarkeit oder Nachweisbarkeit zugänglich sind, vermieden werden, weil sie „statt einer Erklärung oder Prognose des tatsächlichen Verhaltens von

Dingen und Menschen eine Erkenntnis des ‚Sinns' oder ‚Wesens' von physischen oder sozialen Gegebenheiten versprechen." Sie sind nicht überprüfbar, sondern sind „gewusst", weshalb sie als essentialistisch einzuschätzen sind (Topitsch 1971; anders Stagl 2008). Für Mittelalter und Neuzeit sind vermutlich drei Daten von Bedeutung. Marie-Dominique Chenu (1979) wies darauf hin, dass „die Entdeckung der Natur" im 12. Jahrhundert ein kulturhistorisch wichtiges Datum war. Ihm kommt auch große umwelthistorische Bedeutung zu. Zumindest, weil sie den Blick der damaligen Meinungsführer neu ausrichtete, mit dem auch Petrarca 1336 auf dem Gipfel des Mont Ventoux vom Alpenpanorama überwältigt wurde. Ergänzt wurde diese Entdeckung durch Gedanken über die Natur von Albertus Magnus (1200–1280) und Thomas von Aquin (1225–1274) sowie die spätere Breitenwirkung des Werkes „*Theologia naturalis*" (ab 1485), mit dem Raimund von Sabunde (Sibiuda) die christlichen Glaubensgeheimnisse aus der Natur abzuleiten versuchte. Mit dem Komplex Aufklärung – Romantik und dem Doppelereignis Darwin (Entstehung der Arten, 1859) und Haeckel (Begriff Ökologie, 1866) ist das dritte Datum benannt, zu dem innerhalb eines Jahrhunderts fundamentale Umbrüche in der Wahrnehmung von Natur stattfanden.

> Aufklärung ist der Ausgang des Menschen aus seiner selbstverschuldeten Unmündigkeit. Unmündigkeit ist das Unvermögen, sich seines Verstandes ohne Leitung eines andern zu bedienen. Selbstverschuldet ist diese Unmündigkeit, wenn die Ursache derselben am aus Mangel des Verstandes, sondern der Entschließung und des Mutes liegt, sich seiner ohne Leitung eines andern zu bedienen. „Sapere aude! Habe Mut, dich deines eigenen Verstandes zu bedienen! " ist also der Wahlspruch der Aufklärung (Immanuel Kant 1784).

Man kann, wenn man will, darin die Programmatik des Kritischen Empirismus erkennen. Einhundert Jahre nach Kant hatte der Physiologe Emil du Bois-Reymond 1872 die Grenzen des aufklärenden Naturerkennens mit der Formel „*Ignoramus-ignorabimus*" benannt. Du Bois-Reymond wollte nicht wissen, dass es die Mittel jeweiliger Techniken und Theorien sind, welche ihrer Zeit die Grenzen setzten. Letztlich aber ist seine ultimative Skepsis bis heute nicht ausgeräumt (vgl. Nagel 1974), wie die Qualia-Debatte deutlich werden lässt. Der Skepsis hielt der Mathematiker David Hilbert (1930) mit gleicher Vehemenz trotzig einen anderen, unverdrossen optimistischen Glaubenssatz entgegnen: „Wir müssen wissen, wir werden wissen." Die salvatorische Klausel findet sich in der vielfach gemachten Feststellung, wonach der Prozess des unendlichen Fortschritts der Wissenschaften schließlich für „mehr Licht" sorgen werde.

3.9.2.1 Naturvorstellungen

Die sinnlich erfahrbare Welt erscheint erstaunlich zweckmäßig eingerichtet. Sie ist deshalb ein vernünftiger Beweisgrund für die Existenz Gottes. So etwa ist der Tenor der Physikotheologen, die aus den Naturvorfindlichkeiten die Existenz eines Gottes ableiten wollten. Die Welt war vernünftig im Sinne einer komplizierten Maschine konstruiert, deren Funktion darauf abzielte, das Wohlergehen der Menschen zu sichern. Gemäß dem Gottesbegriff als dem vollkommenen Wesen muss auch seine Hervorbringung vollkommen sein, und aus der Vollkommenheit der Welt folge, dass auch ihr Hervorbringer allmächtig, weise und gütig sein muss. Peter Michel (2008) nennt das den Theodizee-Zirkel der Physikotheologen. Er hat zwischen 1670 und 1750 eine „Protuberanz" physiko-theologischer Studien ausgemacht und sie bis in die Gegenwart verfolgen können. Eine Auswahl historischer Gottesbeweise betrifft (nach den verwendeten Titeln der Schriften):

Astrotheologie (aus den Gestirnen), Brontotheologie (aus Blitz und Donner), Chionotheologie (aus dem Schnee), Chortotheologie (aus dem Gras), Hydrotheologie (Wasser), Ichthyotheologie (Fische), Insectotheologie, Lithotheologie (Gesteine), Melisso-Theologie (Bienen), Ornithotheologie, Petinotheologie (Vögel), Psychotheologie (Seele), Phythotheologie (Pflanzen), Pyrotheologie (Feuer), Sismotheologie (Erdbeben), Testaco-Theologie (Schnecken und Muscheln), Theobotanologia.

Die Suche nach dem Größten im Kleinsten (Stebbins 1980), beförderte mit der detailgetreuen Beobachtung durch die neuartigen Mikroskope die Herausbildung der Naturgeschichte (Alpers 1998), stellt sich aber am Beginn der Aufklärung als ein letzter Höhepunkt ganzheitlicher Naturauffassungen dar, vor der Formulierung des Anspruchs durch die modernen Naturwissenschaften. Für diese ist ein Baum ein Baum, eine Statue eine Statue und kein (auch nicht vorübergehender) Wohnort einer Gottheit. Insofern deckt sich dieses Naturverständnis mit der Position des Idolatrieverbots des christlich-jüdischen Monotheismus, und erleichterte die invasiven Methoden der Naturuntersuchung. Lediglich hinsichtlich des Urgrundes weichen dann die beiden Auffassungen auseinander.

Es ist hilfreich, sich die genetischen Beziehungen der Naturvorstellungen zu vergegenwärtigen, wie sie etwa am Vorabend der Aufklärung bestehen und wie sie in unterschiedlicher Intensität bis auf den heutigen Tag dem einschlägigen Räsonnement unterliegen (Abb. 3.45).

Die Natur als Wesen einer Sache (*natura prima*) kann durch das, was einem Lebewesen im Laufe seines Lebens mitgegeben wird, zur *natura secunda* werden (etwa im berühmten Beispiel der Bärin Ovids, die ihr Junges in Form leckt). Neben dieser wesenhaften Natur existiert eine sich selbst hervorbringende Natur (*natura naturans*), die ihre eigene Ursache ist. Eine andere Auffassung sieht einen kreationistischen Ursprung (*natura naturata*). Die Natur, die sich einer Schöpfung verdankt, ist für den Menschen geschaffen, ist ihm anvertraut und ihm untertan (*dominium terrae*). In der Kunstfertigkeit und im Vermögen der Natur (*sollertia et potentia*) liegt es, oder es ist determiniert, dass ihre Dinge in einer unendlichen Kette (*catena rerum*) über eine Stufenordnung (*scala/ordo naturae*) hierarchisch angeordnet sind. Diese natürliche Ordnung bildet das Buch der Natur. In ihm zu lesen, die Natur zu beobachten, ist (für die Physikotheologen) aktiver Gottesdienst. Was jene für die Regeln des göttlichen Schöpfungsplans halten, bildet in der Vorstellung der Physiokraten seit der Mitte des 18. Jahrhunderts die Regeln für das Staatswesen wie für die landwirtschaftliche Praxis. Die Haushaltung der Natur (*oeconomia naturae*) und die richtige Ausübung der Herrschaft führt dann zum idealen *locus amoenus*, einem Ort topischer (arkadischer) Ausstattung, an dem sich alle Vorzüge der Natur in ausgewogener Weise den Anwesenden präsentieren. Den Gegenentwurf bildet die *natura lapsa*, die gefallene Natur, die, wie die Menschheit, dem kontinuierlichen Niedergang und, wie die

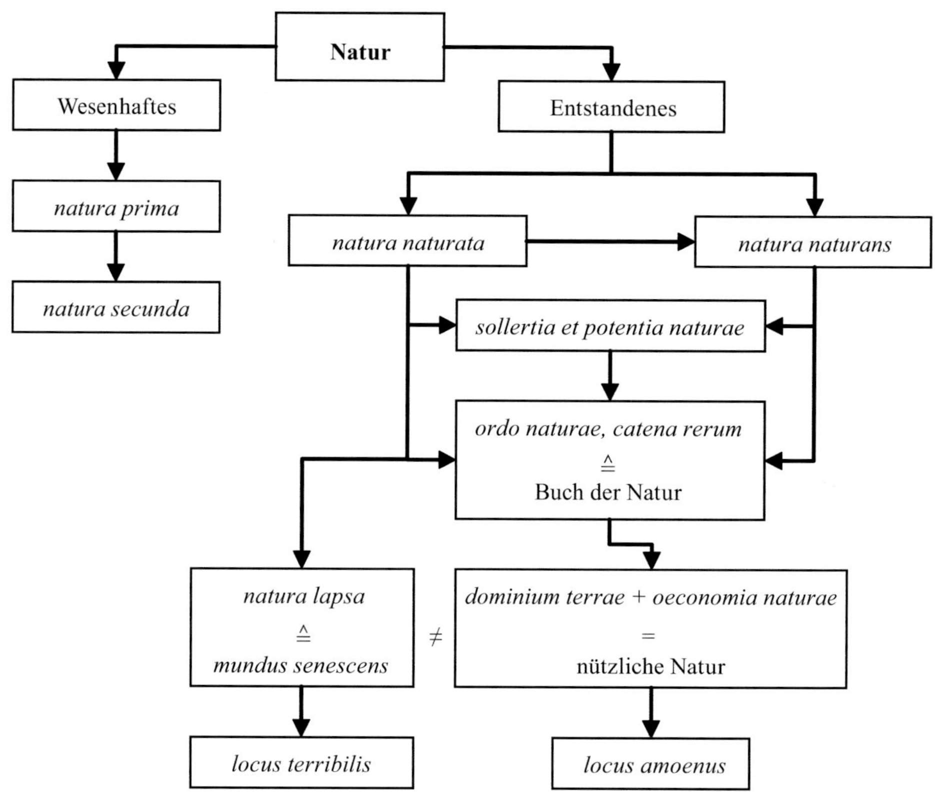

Abb. 3.45 Genetische Zusammenhänge von Naturvorstellungen, die den Naturdiskurs des 17. und 18. Jahrhunderts beherrschten. Sie verbinden Elemente der antiken Philosophie mit christlicher Theologie. Näheres im Text (aus Kruse 2012 (Bildrechte))

Welt, den sich stetig verschlechternden Zeitaltern preisgegeben ist. Diese Entwicklung führt zur Idee des *locus terribilis*, der als wüster und öder Ort, als wilde, ungezähmte, feindliche und gefährliche Natur gedacht wird. Hieraus leiten sich apokalyptische und straftheologische Vorstellungen ab (textliche Substanz dieser Erläuterung zur Abbildung ebenfalls aus Kruse 2012).

Der *locus terribilis* taucht in der Gegenwart in Anteilen des Vulnerabilitätskonzeptes auf, wobei es von theologischen Komponenten befreit ist, aber Anfälligkeit gegenüber wissenschaftsideologischen Positionen aufweist. Die häufigste Definition für „Vulnerabilität" ist nach Jörn Birkmann (2006, S. 12): „*The condition determined by physical, social, economic and environmental factors or processes, which increase the susceptibility of a community to the impact of hazards.*" Sie bezieht sich auf alle denkbaren Ursachenfelder für Extremereignisse, denen sich menschliche Gesellschaften gegenübersehen. Allein deshalb ist es unwahrscheinlich, ihnen mit einer einheitlichen strategischen Konzeption erfolgreich begegnen zu können, es sei denn, man rechnet am Ende alles der Gesellschaft zu. Ein Hochwasser ist aber nicht mit den Mitteln zur Abwendung einer Hungersnot oder eines Hurrikans zu bekämpfen. Das Wortspiel Christof Dippers (1991), wonach „es in der Natur der Herrschaft [lag], wie weit die Herrschaft der Natur reichte"(S. 10), ist tatsächlich nur ein Bonmot, denn Hunger und Krankheit ließen sich zwar auf dem Anordnungswege begrenzen, nicht aber beseitigen, ganz zu schweigen von Regen, Wind, den Jahreszeiten und den Elementarereignissen. Bezogen auf die naturalen Voraussetzungen von Vulnerabilität kann man an die „Weltkarte der Naturgefahren" anknüpfen (vgl. die geographischen Schwerpunkte bei Bankoff et al. 2004).

Die umwelthistorische Komponente besteht in der Thematisierung jener naturalen Extremereignisse, die als Sozialkatastrophen erlebt und verarbeitet werden. Hierzu hat Rolf-Peter Sieferle (2002) das Grundlegende gesagt. Was solche Extremereignisse für die Solidarität in einer Gesellschaft bedeuten, die sich als Leidensgemeinschaft aus Anlass ähnlicher Ereignisse erfährt, und dass aus ihnen resultierende Impulse so weit tragen, dass sie das nationale Bewusstsein wesentlich formen, ist von Christian Pfister (2002) in seiner Zusammenstellung von Elementarereignissen in der Schweiz 1500–2000 gezeigt worden.

3.9.2.2 Die Natur als Warenhaus

Allererst ist Umwelt, ist Umgebung, ist Natur Trägerin des Lebens, in dem aus ihr die Grundbedürfnisse physischer Existenz gedeckt werden, und zwar für alle Lebewesen. Die spezifische Nische menschlicher Existenz im Hinblick auf die übrigen Organismen (Boyd und Richerson 2005) wäre ohne zwei Grundeigenschaften von Menschen nicht möglich gewesen. Beide sind plausibel, aber ihre universelle Gültigkeit ist nicht beweisbar. Zum einen ist es das Ausmaß menschlicher Neugier. Neugier als solche ist messbar und auch bei Primaten verbreitet, allerdings kommt sie auch bei Rabenvögeln und Walen mit mindestens gleicher Intensität vor. Und ob Neugier ein zwingender Begleiter bei den stammesgeschichtlichen Migrationen von Menschen in neue Räume war, ist ebenso offen, wie ihre zwingende Bedeutung für die Hervorbringung kultureller Vielfalt. Die andere Grundeigenschaft verdankt sich der Einsicht von David Hume (1711–1776), der behauptete, dass ein Hauptmerkmal des Menschen sein *„desire for gain*" sei, sein nicht zufriedenzustellender Drang nach „Mehr", nach mehr Wissen, nach mehr materiellen Gütern, nach mehr von allem, selbst einem Mehr an Neugier. Die Diversität aller Facetten menschlichen Lebens wäre dann mit diesem einen Begriff beschrieben, von dem man nicht wissen kann, ob er ein Teil oder ein Epiphänomen des genetischen Programms von Menschen ist oder – im Sinne einer sich selbst hervorbringenden Eigenschaft – sich überhaupt der Kultur verdankt.

Schon wenige Jahre nach der Entdeckung der Neuen Welt war klar, dass aus den neuen Kolonien, territorialen Erweiterungen des Mutterlandes, nicht nur Edelmetalle nach Europa kamen. Mit der Chinarinde hatten die indigenen Völker Mittel- und Südamerikas einen Wirkstoff gegen die Malaria gefunden, dessen Bedeutung im spanischen Mutterland sofort erkannt wurde (Hobhouse 1985). Mit der Aussendung naturwissenschaftlicher Expeditionen nicht nur der Spanier, sondern auch anderer Herrscherhäuser, durch Wirtschaftsunternehmen (z. B. Ostindienkompanie) und später durch gelehrte Akademien, wurde gerade die Suche nach pharmakologischen Wirkstoffen zu einem ausdrücklichen Programmbestandteil des zentralen Forschungsunternehmens: Die Idee der Erfassung aller Lebewesen wird spätestens im 18. Jahrhundert die Naturwissenshaften beherrschen (Lovejoy 1993). Das Interesse an dieser Frage ist bis auf den heutigen Tag ungebrochen. Der Göttinger Gelehrte Johann Beckmann (1739–1811) sieht die Aufgaben der Naturkunde als derjenigen Wissenschaft, die „alle Naturalien erzählet, eintheilet und beschreibet" (zit. aus Bayerl 2001), und der Nutzen der Naturgeschichte bestehe darin, dass sie „uns alles, was wir zur Erhaltung und Bequemlichkeit unseres Lebens brauchen und brauchen könnten, kennen, aufsuchen, erhalten und verbessern" lässt. Das war seinerzeit die Speerspitze der aufgeklärten Naturforschung und ist in seiner Programmatik bis heute nicht ersetzt worden. An die Stelle der biblischen Weisung zur Nutzung von Pflanzen und Tieren (Genesis 1,26–30) trat lediglich eine profanisierte Form, ihr Inhalt blieb: die absolute Indienststellung der Natur für die Deckung der menschlichen Bedürfnisse. Die beste aller denkbaren Welten (Leibniz-Wolff-These) war so eingerichtet, dass alle denkbaren Bedürfnisse nicht nur theoretisch, sondern auch praktisch befriedigt werden konnten. Das Wunderbare an diesem „Warenhaus Natur " (Bayerl 2001) war, dass die Rohstoffe einfach so da waren: man brauchte sie nur abzuholen. Vermutungen über die Endlichkeit des Verfügbaren gab es nur als Einzelstimmen notorischer intellektueller „Difficultätenmacher" im 18. Jahrhundert. Im 19. Jahrhundert wurde dies schon deutlicher: die Rohstoffe wachsen nicht beliebig nach. Seit dem Bericht des Club of Rome (Meadows et al. 1973) sind sich alle sicher: die Regale werden nicht mehr aufgefüllt.

Neben den Reichtümern, die die Natur zu verteilen hatte, gab es mit der Erfindung des Ackerbaues die Grundversorgung mit dem täglichen Brot. Dieses war, nach dem Verlust des Paradieses, nur durch Arbeit zu gewinnen. Im Gegensatz zur aneignenden Wirtschaftsweise werden in dieser produzierenden Wirtschaft die Natursysteme so beeinflusst, dass sie Stoffe und Energie in gewünschter Menge und mit gewünschten Eigenschaften (Biomasse aus gezüchteten Pflanzen und Tieren) hervorbringt. Gleichzeitig wird für eine Sicherung der Produktivität durch Verstetigung der Eingriffe in die naturalen Abläufe gesorgt. Diesen Vorgang nannte Helmut Haberl (1998) „Kolonisierung von Natur", die es ermöglicht habe, die Produktivkräfte der Natur für gesellschaftliche Zwecke zu nutzen und die unabdingbare Voraussetzung für die ungeheure Steigerung der menschlichen Bevölkerung seit der neolithischen Revolution gewesen wäre. Die Kolonisierung hätte Rückwirkungen auf Lebensweise und gesellschaftliche Organisation durch die Kolonisierungsarbeit, durch erforderliche Vorausplanung und durch erforderliche Akkumulation von Wissen und dem Schutz der Ernte.

Stand für die Benennung des Vorgangs der lateinische „*colonus*" (übersetzt als „Bauer") Pate, liegt dagegen die Unterwerfung von Natur zum Zwecke der (rücksichtlosen) Ausbeutung in der perspektivischen Entwicklung des Begriffs des „Kolonialismus".

Mit den Naturgütern kann man auch in einer partizipativen Weise umgehen, indem gemeinschaftliche Nutzungsrechte oder gemeinschaftliches Eigentum verabredet werden (Allmende). Allmendebewirtschaftungen waren ehedem weit verbreitet, wurden aber während der wirtschaftlichen Umstrukturierungen und Änderungen der Eigentumsverhältnisse im 18. und 19. Jahrhundert weitgehend aufgegeben. Eine gemeinschaftliche Nutzung bringt allen Nutzern (theoretisch) gleiche Erträge. Sie ist ein Beispiel für reziproken Altruismus (*do ut des*), das aber nur so lange funktioniert, wie nicht einer der Bewirtschafter die Regeln bricht, in dem er um eines kurzfristigen Vorteils willen mehr Kühe auf die Weide bringt als die anderen. Es läge in der Natur der Sache, so Garret Hardin (1968), dass alle Nutzer einer gemeinschaftlichen Weide geradezu gezwungen wären, ihren eigenen Viehbestand ständig zu vergrößern, um die Kosten der Allmendeverschlechterung durch die Mitnutzer für sich selbst zu senken. Verfolge jeder seinen maximalen Eigennutz in einer Gesellschaft, die an die freie Verfügbarkeit von Allmenden glaubt, würden alle in ihr sicheres Verderben rennen. Diese Prognose ist zumindest für den Kabeljaubestand vor der Kanadischen Küste eingetroffen. Eine soziale oder normative Kontrolle des Nutzungsverhaltens durch geeignete institutionelle Strukturen kann dem entgegenwirken, wofür sich viele Beispiele beibringen lassen (Ostrom 1999). Mit der Einschränkung, dass kooperatives Allmendeverhalten offenbar nur in kleinen Kollektiven und Organisationen funktioniert. In größeren Kollektiven ist die allgemeine Bereitschaft zur Stützung eines Kollektivgutes begrenzt und die Verfolgung des Eigennutzes praktisch unausweichlich, da es für einzelne Gruppenmitglieder profitabler sein kann, die Eigeninteressen zu verfolgen. Dabei kommen diese „Trittbrettfahrer" ohne jede Selbstbeteiligung in den Genuss des Kollektivgutes (Olson 1968). Die Evolutionsbiologie kennt Kooperationen und Verhaltensweisen mit altruistischen Komponenten, bezweifelt aber die Möglichkeit eines genetisch begründeten Altruismus (Voland 2009).

Ein Hauptgrund gegen den rationalen Umgang mit naturalen Ressourcen besteht in einer „narzisstischen Kränkung" der Gesellschaft, die bei bislang ungleicher Teilhabe an den Reichtümern der Natur, plötzlich zu kollektivem Verzicht aufgerufen wird. Den Begriff hatte Freud für zwei umstürzende Weltbilder (Kopernikus, Darwin) gefunden, die er für seine eigene Arbeit auf drei erweiterte, weil der Gesellschaft durch die Psychoanalyse vor Augen geführt worden sei, dass der Anspruch erwachsener Menschen auf Geborgenheit, Versorgung und auf Zuneigung durch andere Menschen, auf Halt in Einrichtungen und Institutionen, infantil und illusorisch sei (Freud 1986).

Zusammen mit dem Verlust des heliozentrischen Weltbildes (Kopernikus), mit dem Verlust kreationistischer Existenzsicherheit (Darwin) lässt sich auch die Dekonstruktion des Weltbildes durch Freud in umwelthistorische Erwägungen einbeziehen. Zu den Konsequenzen der drei Kränkungen gehört ein allmähliches Erschrecken darüber, dass Folgen und Nebenfolgen menschlichen Handelns den in „prästabilierter Harmonie" (Leibniz-Wolff) begriffenen Zustand der Welt zu destabilisieren in der Lage sind. Damit wird eine vierte Kränkung unausweichlich: *der „Selbstbedienungsladen Natur" wird künftig einem größeren Teil der Menschheit die Erfüllung seiner Bedürfnisse vorenthalten.*

Eine weltweite Konsumgesellschaft auf der Basis desjenigen Naturverbrauchs, wie er der gegenwärtigen euro-amerikanischen Zivilisation zugrunde liegt, wird es nicht geben können. Die narzisstische Kränkung derjenigen, die von der Partizipation ausgeschlossen werden, weil sie ein entsprechendes Niveau noch nicht erreicht haben, und jener, denen der

Abbau erreichter Konsumhöhe abverlangt wird, ist hinsichtlich ihres gesellschaftlichen Bedrohungspotentials nicht abzuschätzen.

Auf die Darwinschen und Freudschen narzisstischen Kränkungen bietet sich eine Antwort über den Umweg des Biodiversitätskonstrukts. Sie ist enthalten in jenem durch die Konferenz von Rio de Janeiro 1992 formulierten Anspruch, dass der Prozess der natürlichen Evolution von nun an in der Verantwortung der Menschen läge. Mag man in der Annahme einer Verantwortung einen Fortschritt sehen, der aus dem menschlichen Handeln altruistisch Konsequenzen für alle Lebewesen ziehen will, so ist diese Position ideengeschichtlich ein Rückschritt. Man braucht dabei gar nicht das Paradox der altruistischen Handlung zu bemühen, die den Menschen immer nur zu einer egoistischen gerät. Vielmehr ist an die in den Sozialdisziplinen früh erreichte Einsicht zu erinnern, dass die umweltverträglichste Position des Menschen diejenige seiner Einsicht in die Einbettung in den naturalen Gesamtzusammenhang ist (Catton und Dunlap 1980). Mit der Rio-Agenda ist faktisch vor diese Einsicht zurückgekehrt worden. Die Annahme der Herausgehobenheit des Menschen (hier durch selbst zugewiesene Verantwortung für den Prozess der Evolution) provoziert immer eine Gegenposition anstelle eines kooperativen Miteinanders. Insofern knüpft die Philosophie der Rio-Agenda letztlich an die alte Opposition „Mensch und übrige Natur" an, statt das Miteinander zu thematisieren, aus dem sich nachhaltige Verhaltensweisen und unverdächtige Rechtfertigungssätze für menschliches Umwelthandeln von selbst ergeben würden.

Für die vierte narzisstische Kränkung ist ein Kompensationsmechanismus nicht in Sicht.

3.9.2.3 *Cum autem Deus et natura nihil faciunt frustra*

Mitte März 1570 wurde in Königsberg von einer Frau, die wegen Zauberei im Gefängnis saß, ein missgebildetes Kind geboren, das der Chronist Caspar Hennenberger (1595) abbildet (Abb. 3.46) und dazu ausführt (angepasste Orthographie):

> Warum aber solches geschehen und was der liebe Gott mit der greulichen Ungestalt anzeigen wolle, darf man nicht viel fragen: Es ist vor Augen, wie sich alle Welt ziert, viehisch, unvernünftig, dem Teufel dient, der die Leut verkehrt und verblendet, dass sie halb Vieh halb Mensch und mit allem außer auch menschlicher Vernunft, Gottes ungeachtet, bei der reinen Lehre Gottes Worts und hellem klaren Sonnenschein des Evangeliums, schändlich lebt, dass sich auch die Natur schier verändern muss. Wolan, so habe die Welt, was sie will. Gottes Zorn blüht und geht daher. Ach, wer ein Herz im Leibe hat, bekehre sich zu Gott, eh denn sein Gericht mit Feuer angeht, das niemand löschen wird. Gott erbarme sich der Seinen. Amen.

Die Kindsmutter räumte ein, das Kind vom Teufel empfangen zu habe, der sie auch im Gefängnis besuchte, wie der Gefängniswärter gesehen haben wollte. Sie ist Anfang Mai 1570 verbrannt worden. Für den Chronisten Hennenberger, einem Pastor, war die Gottlosigkeit der Menschen von außerordentlichem Ausmaß. Selbst die Natur, die seit der Schöpfung eigentlich Generation für Generation das immer Gleiche hervorbrachte, war dadurch so nachhaltig erschüttert, dass sie völlig aus ihrer gewohnten Bahn geworfen wäre.

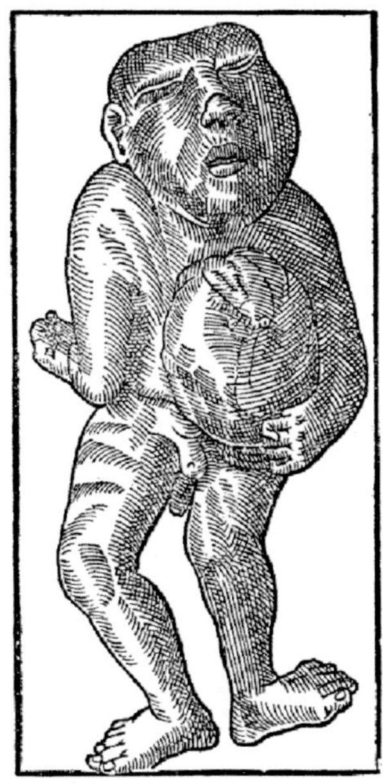

Abb. 3.46 Die Abbildung (aus Hennenberger 1595) zeigt einen anenzephalen Neonatus mit einem Nabelschnurbruch, in den die Baucheingeweide vorgefallen sind. Zusammen mit dem deformierten Unterarm rechts und dem dysplastischen linken Zeigefinger ergibt sich eine gut abzusichernde klinische Diagnose

Es handelt sich um eine umweltbedingte Fehlentwicklung des Embryos, der nicht lebensfähig ist. Ätiologisch ist Folsäuremangel (Vitamin B) im ersten Schwangerschaftsmonat als sichere Ursache anzunehmen. Die Missbildung ist in sozialen Unterschichten häufiger als in anderen Schichten. Vor der Einführung regelmäßiger Folsäuregaben an Schwangere war die Missbildung mit einer Inzidenz von einem Promille vergleichsweise häufig. Einen klaren Umweltbezug erbrachten epidemiologische Studien in Frankreich (zwischen 1945 und 1955 bis zu 9 auf 1000 Geburten) und auf den Britischen Inseln, wo in Irland zwischen 1965 und 1967 Inzidenzen von 3 und mehr auf 1000 Geburten vorkamen (Obladen 2011).

Der Chroniktext repräsentiert ein stereotypes Muster der sozialen Bewältigung dessen, was in seiner Ursache nicht verstanden werden konnte. Betroffen ist eine Vertreterin der sozialen Unterschicht, das Datum 1570 liegt im Krisenzeitraum 1569–1574 (erstes Kältepessimum der Kleinen Eiszeit). Die Chronik führt eine weitere Reihe von „Monstergeburten" auf, lässt aber in der Drastik ihres Urteils gegen Ende hin etwas nach. Viele der aufgeführten Missbildungen sind teratogenen Einflüssen zuzuschreiben, wie auch die letzte Fehlbildung, über die berichtet wird, aus dem Jahre 1587. Der Chronist zum Vorfall dieses Jahres: „*Cum autem Deus & Natura nihil faciunt frustra*: muss es nicht umsonst geschehen sein. Und ist ein Spiegel der tollen, tauben, blinden und einfältigen Welt." *Cum autem Deus et natura nihil faciunt frustra* – ist die klassische Formel der Prodigien-Gläubigen in der Logik des Transzendentalen (Pickavé 2003) und in der Logik der Verbindung zwischen Unverbundenem in der voraufklärerischen Welterklärung, deren Kausalität oft in der (unerkannten) zufälligen Gleichzeitigkeit von Ereignissen gesehen wurde (Thorndike 1958). Der letzte Teil der Formel gilt übrigens auch für Naturwissenschaftler, die allerdings von einer völlig anderen strengen Kausalität ausgehen.

Naturale Vorgänge sind auch kein Orakel – „die Natur" spricht nicht wirklich, selbst wenn sie noch bis vor einiger Zeit für geschwätzig gehalten wurde (Harms und Reinitzer 1981).

Das Dictum von David Humes (1711–1776), wonach es kein Sollen aus dem Sein gibt, ist die Hauptsetzung gegen den naturalistischen Fehlschluss, auf dem Versuche der Legitimierung eines Werturteils mittels eines Vorbildes „aus der Natur" beruhen. Jedenfalls folgen alle Naturwissenschaften diesem Prinzip, nachdem die Dinge so sind, wie sie sind, und nicht, weil sie so sein sollen. Das Geschehen „in der Natur", einem zweckfreien und zieloffenen Prozess, beruht nicht auf ihm etwaig innewohnenden postulatenethischen Vorgaben (nach dem Muster: „Du sollst ... ").

Solche Rückgriffe auf angebliche Vorbildhaftigkeit oder Zeichenhaftigkeit der Natur, die gegebenenfalls den Willen eines höheren Prinzips oder höheren Wesens widerspiegelten, waren verbreitet, wenn es um die Durchsetzung z. B. machtpolitischer Interessen oder Begründung sozialer Ungleichheiten ging und wurden besonders populär in der Vulgäradaptation evolutionsbiologischer Thesen durch den Sozialdarwinismus (das so genannte Recht des Stärkeren). Auch die Ableitungen der sogenannten Naturrechtsvorstellung, nach deren Überzeugung vor dem gesellschaftlich gesetzten Recht ein ewig gültiges Recht existiere, etwa die Menschenrechte, sind selbstverständlich gesellschaftliche Verabredungen und keine Ableitungen aus der Natur.

3.9.2.4 Der Held und sein Wetter

Keine Beschreibung der Umwelt oder Umgebung kann es mit den emotionalen Qualitäten in fiktionaltextlichen Darstellungen, kann es mit der „Literatur" aufnehmen. In einer Einführung in Umweltgeschichte kann auf sie nur als eine rezeptionsgeschichtliche Quelle hingewiesen werden. In der Literatur spiegeln sich zeitgenössische Naturvorstellungen unmittelbarer als in den (implizit argumentierenden) wissenschaftlichen Texten oder Elitendiskursen. Die Natur stellt auch das chiffrierte Szenarium, wenn der Held dem Wetter ausgesetzt wird (Delius 2011). Dort darf dann auch „der Mensch als Mörder der Natur" auftreten (Bredekamp 1984), wie der Erstling der deutschen Bergbauliteratur (zw. 1485 und 1490) zusammengefasst werden kann, in dem der Göttervater eine Gerichtsverhandlung gegen im Erzgebirge Bergbau treibende Menschen führt (Krenkel 1953). Unabhängig von der Nutzung der Natur als Tableau für ein erzählerisches Werk hat sich seit einiger Zeit in der Literaturwissenschaft eine Richtung herausgebildet, die sich mit ökologischen Fragen in ihrer literarischen Verarbeitung befasst (Ermisch et al. 2010). Vielleicht war Wilhelm Raabes „Pfisters Mühle" ein deutscher Wegbereiter dieser Literaturgattung. Der Startpunkt dieses „*Ecocriticism*" liegt gewöhnlich bei Henry David Thoreau (Buell 1995). Mit dieser Art von literarischer Belehrung über das Verhältnis zwischen Menschen und „Natur" hatten die meisten bereits in ihrer frühen Kindheit Kontakt (Abb. 3.47).

Abb. 3.47 Der Hase schießt auf den Jäger. Aus der Bilderfolge: „Die Geschichte vom wilden Jäger" aus Heinrich Hoffmann „Struwwelpeter. Lustige Geschichten und drollige Bilder für Kinder von 3–6 Jahren." In der Geschichte repräsentiert der Jäger eine Ureigenschaft menschlicher Naturaneignung (sammeln, jagen) vor der produzierenden Ökonomie. Hier geht es also um ein grundsätzliches Verhältnis zwischen *dem* Menschen und *dem* Hasen, hinter dem der *pars-pro-toto*-Gedanke erkennbar ist: Der Hase repräsentiert *die* Natur, die unter der Gewalt des Menschen leidet. Die „Geschichte von wilden Jäger" im „Struwwelpeter" kehrt die Verhältnisse drastisch um: hier wird der Jäger zum Gejagten, der Verfolgte zum Verfolger, der Starke wird schwach, der Schwache wird stark. In der Vorstellung einer verkehrten Welt wird die Wunschvorstellung der Ohnmächtigen nach Rache am Mächtigen, am Peiniger, am Ausbeuter für den Augenblick der bildlichen Vergegenwärtigung Realität. Das Opfer wendet sich gegen den Täter, wobei der Jäger im Struwwelpeter Glück hat: der Hase schießt sicher nicht *auf* ihn, sondern nur in seine Richtung. Die Geschichte selbst hatte sich aus einem harmlosen Schabernack des übermütigen Hasen entwickelt (in der Eingangs-Abbildung dreht der Hase dem Jäger eine lange Nase). Körperlichen Schaden erleidet am Ende sogar allein nur das Hasenkind, das als Nebenfolge des Geschehens eine Brandblase auf der Nasenspitze beklagt. Der Vater wird den Kleinen ziemlich trösten müssen: Übermut (des Vaters) tut selten gut (dem Kinde), womit die Aufhebung der verkehrten Welt und die Rückkehr zur Ordnung bereits angedeutet sind. Vielleicht enthält die Geschichte auch eine andere Lesart: Was wäre, wenn der Hase keinen pädagogischen Zeigefinger am Abzug hätte, sondern einen alttestamentarischen? Aber dieser Gedanke ist für die weitgehend autoritär geordnete Welt der Mitte des 19. Jahrhunderts noch zu revolutionär, obwohl Heinrich Hoffmann ein geistig ziemlich liberaler Mensch war

3.9.2.5 Fahnenwörter

Im Verlauf der Geschichte gab es seltene, aber doch immer wieder, besorgt klingende Stimmen, die den menschlichen Einfluss auf den Zustand der Natur selbstkritisch bewerteten. Eine dieser Stimmen war in der Neuzeit die von Johann Matthäus Bechstein (1798). Er hatte u. a. den nachhaltigen Erfolg der Forstwirtschaft im Auge, die von Schädlingen bedroht ist. Aber er plädierte auch für ein ausgewogenes Vorgehen bei deren Bekämpfung, wobei er in dem hier angeführten Zitat (s. u.) zwei topische Gedanken der Aufklärung zusammenführte. Einer ist die Vorstellung der Weltkonstruktion nach Art einer riesigen

Maschine, deren Konstruktionsplan nur eben im Detail noch nicht überschaut ist. Der Optimismus der Aufklärung gründete sich auch auf die Vorstellung, nach der die Wissenschaften die Maschinerie schließlich dechiffrieren würden. Die andere Idee ist die des Menschen im Naturzustande, die von Jean-Jaques Rousseau (1712–1778) in die Welt gesetzt wurde. Während das Maschinengleichnis von der naturwissenschaftlichen Evolutionslehre relativiert wurde, blieb dieser „Naturmensch" bis auf den heutigen Tag eine mythische Lieblingsfigur vieler gelehrter wie weltanschaulicher Versuche, obwohl eigentlich allen klar ist: Der Mensch im reinen Zustand der Biologie ist eine Fiktion, weil er ohne Kultur nicht (über)lebensfähig ist. Bechstein also, der als ein Begründer des deutschen Naturschutzes gilt, warnte:

> Alle diese Tiere, die uns jetzt so großen Schaden zufügen, sind da, wo die Menschen noch als Naturmenschen mit wenigen Bedürfnissen leben, nicht unnütz, sondern als Räder in der großen Weltenuhr anzusehen, durch deren Mangel die ganze Maschine wo nicht stocken, doch unrichtig gehen würde; sie sind wie die Raubtiere dazu bestimmt, in der sich selbst überlassenen Natur Gleichgewicht zu erhalten [...]. In der sich selbst überlassenen Natur ist daher, wie Vernunft und Erfahrung lehren, immer Gleichgewicht. Allein der Mensch kultiviert sich, er schafft sich Bedürfnisse, die mit dem Interesse der Tiere streiten, er stellt und dreht also, soviel er weiß und kann, an dem natürlichen Gange jener Uhr, und glaubt, er könne dies mit Recht [...]. Hierbei sollte er sich nun aber, wenn er sich als vernünftigen Beherrscher [...] in der sichtbaren Natur ansieht, fein besinnen, wie er in dieser Natur zu schalten und zu walten habe [...] (1798, S. 4 f.).

Die Sorge um den Naturzustand lässt im frühen 19. Jahrhundert erste Ansätze eines Naturschutzes entstehen, der aber nur punktuell, sichtbarer erst nach der Gründung des Deutschen Reichs 1871 in Gang kommt (Schmoll 2004). Immerhin werden Mitte des 19. Jahrhundert einzelne Naturensembles unter Schutz gestellt und es wird parallel zur Diskussion in den USA auch in Deutschland über Wildnis-Konzepte nachgedacht. Dem Singvogelschutz kommt Schrittmacherfunktion für den Naturschutz zu, wird aber wegen der Nahrungsengpässe während des Ersten Weltkriegs aufgehoben (Klose 2005). Mit der Weimarer Republik erlangen „Naturdenkmäler" besondere Bedeutung durch ihren Verfassungsrang, aber das erste deutsche Naturschutzgesetz wird erst am 26.6.1935 erlassen, wobei auf Vorarbeiten aus der Weimarer Republik zurück gegriffen wurde (Eissing 2011; Herrmann 2012). Substantieller Naturschutz setzte – zumindest in Deutschland – erst nach dem Zweiten Weltkrieg ein (Stiftung Naturschutzgeschichte ab 2003). Naturschutz selbst ist eine moralische Handlungsweise, beruht also auf intrakulturellen Verabredungen, wonach „Natur" zu schützen sei. Seit etwa den 1970er Jahren erhält der „Naturschutz" vor allem in euro-amerikanisch beeinflussten Handlungsräumen eine zweite Facette: den „Umweltschutz".

Zu den handwerklichen Fallen einer Geschichtsbetrachtung gehört die naive Unterstellung der anhaltenden Bedeutungskongruenz eines Begriffs über den Verlauf seiner Verwendungsgeschichte. Eine „Einführung in Grundbegriffe der Umweltgeschichte" hat allen Anlass, hier zu besonderer Aufmerksamkeit aufzufordern. Nicht nur, weil „Umwelt" ein Neologismus aus dem Jahre 1800 ist, sondern auch, weil dieser Begriff bereits eine

Geschichte hinter sich hatte, als von Uexküll (1909) ihm eine Bedeutungsvariante zuwies (hierzu siehe Kap. I), deren Wirkung ohne sein Zutun zu einem globalen Bewusstseinswandel führte. Für von Uexküll war Umwelt ein Pluralbegriff. Jedes Lebewesen, jede Art hätte seine bzw. ihre spezifische Umwelt, so dass die Welt voller unzähliger Umwelten wäre. Als andere Biologen die Nützlichkeit des Umweltkonzeptes entdeckten (siehe Kap. I), operationalisierten sie Umwelt durch Hypostasierung. Sie begannen, anstelle der von Uexküll gemeinten, primär innenweltlich erlebten, Umwelt die Außenwelt der Organismen zu vermessen und benannten diese Verdinglichung fortan als „Umwelt" (Friederichs 1943, 1950; weitere Details in Mildenberger und Herrmann 2014). Heute wird „Umwelt" in den Wissenschaften als Bündelung prinzipiell messbarer Parameter operationalisiert, aber sie kommt in den Biowissenschaften nach wie vor im Plural vor.

Gegenüber etwa dem biologischen Umweltbegriff, der auf die funktionellen Beziehungen zwischen konkreten Lebewesen und ihren konkreten Umgebungselementen zielt, hat der umgangssprachlich verwendete Umweltbegriff eine völlig andere Qualität. Fritz Hermanns (1991) hat in seiner linguistischen Untersuchung von „Umwelt" herausgearbeitet, dass sie zu einem nur im Singular vorkommenden Totalitätsbegriff geworden ist. „*Die Umwelt*" signalisiere, dass es nur eine gebe, so, wie es „die Erde" als „*unsere* Erde" gebe: „Aus *den* Umwelten der Biologen und Soziologen ist [so] *die* Umwelt geworden, die also nicht mehr pluralfähig ist, die Umwelt par excellence, der Inbegriff von Umwelt. Als die eine, einzige, gemeinsame Umwelt aller Menschen, ja aller Lebewesen auf der Erde, die daher jede andere, spezielle Umwelt in sich einbegreift, ist sie die Umwelt aller Umwelten" (S. 237). Die Analyse Hermanns' gipfelt in der Feststellung: „In dem Wort ‚Umwelt' ist [. . .] als zentrale Komponente seiner Gesamtbedeutung der Appell mit enthalten, dass die Verschmutzung der Umwelt aufhören muss, dass die Umwelt geschützt werden muss. Ich nenne das: dieses Wort hat eine deontische Bedeutung, eine Sollens-Bedeutung; oder auch: Dieses Wort ist ein deontisches Wort. Analog kann man auch sagen: Die Umwelt hat die *deontische Eigenschaft*, dass man sie schützen muss. [. . .] Der Satz, dass man die Umwelt schützen muss, [drückt] etwas Selbstverständliches aus. Er bezeichnet eine *deontische Selbstverständlichkeit*, und der Appell ‚Umwelt schützen!' ist eine *deontische Tautologie*." (S. 246).

Der Arbeit von Fritz Hermanns verdankt sich eine zweite gewichtige Einsicht, wenn er „Natur" als Synonym des neuen Sigularetantums „Umwelt" freilegt: „Je nachdem, wie wir es benennen – ob als ‚Natur' oder eben als ‚Umwelt' – sehen und erleben wir das identisch Selbe als etwas völlig Verschiedenes. [. . .] Wenn irgendwo, dann lässt sich hier, an diesem Unterschied erkennen, was ein ‚sprachliches Weltbild' ist und was ‚sprachliche Realitätskonstruktion' bedeutet. Kognitiv, affektiv und appellativ ist ‚Umwelt' das Gegenteil von ‚Natur'. Kognitiv, denn wir denken bei ‚Natur' etwa an die ‚Schöpfung', die als Gottes Werk in dessen Händen ruht und unter seinem Schutz steht oder sogar im Sinne des Pantheismus unserer Klassik selber göttlich ist; bei ‚Umwelt' dagegen denken wir an ‚Ökosystem', das als solches störanfällig ist. Affektiv, denn wir fühlen der ‚Natur' und ihrer Güte und Schönheit gegenüber nur Dankbarkeit und Liebe und das Urvertrauen, das wir als Kinder für unsere Mutter hatten; dagegen flößt uns ‚Umwelt' Angst und Sorge ein.

Appellativ-deontisch, denn ‚Natur' verlangt gerade nichts von uns, als dass wir sie lieben und verehren; wogegen ‚Umwelt' von uns fordert, dass wir sie aktiv schützen und also für sie tätig sind; dass wir gewissermaßen für sie auf die Straße gehen müssen, weil sie das dringend braucht. Sagen wir ‚Natur', dann bringen wir damit auch zum Ausdruck: kein Handlungsbedarf. Mit ‚Umwelt' dagegen sagen wir: Es muss etwas geschehen, vielleicht ist es noch nicht zu spät." (S. 249) [Das Zitat macht auf die problembehafteten Inhalte der verwendeten Begriffe aufmerksam. Es verwendet seinerseits allerdings Bedeutungsinhalte, welche die Argumentation bedauerlich schwächen.]

Der Bedeutungswandel des Begriffs „Umwelt" verdankt sich auch und besonders einem sprachlichen Umweg, der durch die Übersetzung des Berichts des Club of Rome „Limits to Growth" (Meadows et al. 1973) eingeleitet wurde. Der Bedeutungswandel und seine jetzt deontische Eigenschaft spiegelt sich auch in den Wortfügungen, in denen „Umwelt" in der deutschen Sprache vorkommt. Sie sind entweder negativ oder wertneutral besetzt, lediglich Ableitungen mit umwelt*schützender* Bedeutung können positiv aufgefasst werden.

Etwa Mitte der 1980er Jahre wurde die althergebrachte biologische „Artenvielfalt" durch den Begriff „Biodiversität" abgelöst (Wilson 1988/1992), der in der öffentlichen Rezeption zu einem deontischen Wort wurde. Allerdings hatten seine Propagandisten von Beginn an diese Sollens-Bedeutung im Blick, die zunächst den organismischen Biologen, die sich gegenüber den molekularen Disziplinen im Hintertreffen fühlten, wieder zu stärkerem Einfluss verhelfen sollte. Als neues Fahnenwort beflügelte es seitdem Forschungsprogramme, politische Einflussnahmen und Börsenaktivitäten (Herrmann 2006c) – ganz wie am Beginn der Neuzeit und zu den Zeiten der Expeditionen der Aufklärung die „Große Kette der Wesen" (Lovejoy 1993). Seit man Patente auf Gensequenzen von natürlich vorkommenden Lebewesen zulässt oder zulassen will, befindet man sich in einem besonderen Dilemma: Gehört „Biodiversität" dem Eigentümer des Bodens, auf dem sie vorkommt und damit letztlich dem Eigentümer jener Landparzelle, den Jean-Jaques Rousseau am Beginn der Bürgerlichen Gesellschaft sah, oder ist sie, gemäß der von Rousseau beschriebenen alternativen Position, selbstverständlich ebenfalls Gemeingut? So oder so – es ergibt sich in beiden Fällen eine Notwendigkeit zu ihrem Schutz.

Viel älter als „Biodiversität" ist der seit einiger Zeit populäre Begriff der „Nachhaltigkeit", der aber erst durch die Konferenz von Rio 1992 (Konferenz der Vereinten Nationen über Umwelt und Entwicklung, UNCED) in den allgemeinen Sprachgebrauch Eingang fand. Das Erkennen der global begrenzten Verfügbarkeit von Naturgütern und das Bewusstwerden des letztlich naturschädlichen wirtschaftlichen Handelns für die Existenz aller Lebewesen veranlasste die Weltkommission für Umwelt und Entwicklung der Vereinten Nationen 1987 zu einem Bericht, der unter dem Namen ihrer Kommissionsvorsitzenden Brundtland und für die Definition des Begriffs der „Nachhaltigen Entwicklung" und seine Popularisierung bekannt wurde (https://en.wikisource.org/wiki/Brundtland_Report; Hauff 1987; vgl. auch Abschn. 1.2). Unter „Nachhaltige Entwicklung" soll aber, außer einer an ihrer Reproduzierbarkeit orientierten Ressourcennutzung, auch ein sozial und ökonomisch ausgewogenes, gerechtes und generationenübergreifendes Verhalten verstanden werden. Damit ist letztlich eine politische Utopie formuliert, die unter der dem Begriff „Nachhaltigkeit" noch weiter verdichtet wurde:

> Nachhaltigkeit heißt heute also verantwortliches, vorausschauendes Denken und Handeln mit Blick auf heutige und morgige, lokale und globale Auswirkungen. (Töpfer 2013, S. 31).

Um die Entdeckung der Nachhaltigkeit als sozio-ökonomisches Konstrukt ranken sich Mythen. Angeblich habe sich der sächsische Berghauptmann Hans Carl von Carlowitz (1713) das Prinzip der Nachhaltigkeit ausgedacht, um die kontinuierliche Versorgung vor allem des Freiberger Silberbergbaus mit Holz zu sichern. Während die Rückgriffe auf Carlowitz hauptsächlich der Verwendung des Partizips „nachhaltend" gelten (das Substantiv ist zu seiner Zeit noch nicht einmal gefunden), wird sein wirklich bleibendes Postulat leicht überlesen:

> Ein Land darf seine Bedürfnisse – besonders an Holz – nicht aus anderen Gebieten befriedigen. (von Carlowitz, Kap 7, § 5).

Carlowitz warnt mit diesem Satz vor der wirtschaftlichen Abhängigkeit, in die man sich mit der überregionalen Nutzung von Rohstoffen begibt. Das ist die Vorwegnahme jenes Dilemmas, in dem sich eine global organisierte Wirtschaft heute befindet.

Tatsachlich geht es bei „Nachhaltigkeit" überwiegend um Stetigkeit bzw. Verstetigung wirtschaftlicher Prozesse. Interkulturell ist Nachhaltigkeit offenbar nirgendwo ein indigener Begriff, sondern ein von außen definierter, wissenschaftlich oder entwicklungspolitisch eingebrachter Begriff. „Nachhaltigkeit" ist die Bezeichnung, die moderne Menschen für den Zustand eines bewirtschafteten Ökosystems gefunden haben, in dem Stoffströme und Energieflüsse, obwohl parasitär abgeschöpft, in einem künstlichen, anhaltend stabilen Gleichgewichtszustand gehalten werden, wobei die Entnahme eine pro Zeiteinheit nachwachsende Nettoprimarproduktion nicht übersteigt. Das hat seine Beurteilungsschwierigkeit bei der Entnahme von Naturgütern, deren Nachwachsen mehr Zeit in Anspruch nimmt als das kollektive Bewusstsein oder Nutzungsinteressen zur Verfügung stellen. Menschen versuchen, im solarbasierten Agrarsystem verstetigt, dauerhaft, nachhaltig, Produktivität abzuschöpfen. Insofern ist „Nachhaltigkeit" lediglich die heutige Entdeckung eines sehr alten Prinzips, das nicht nur als Absicht am Beginn der Entwicklung vor mehr als 10.000 Jahren stand, sondern als intrinsischer Bestandteil des gesamten Lebensprozesses zu begreifen ist (Herrmann 2014b). Heute werden die Folgen und Nebenfolgen dieses Lebensprozesses in der Welt beklagt, denn der Prozess läuft nicht nur in einem philosophischen Sinne, sondern auch praktisch oder in seinen Teilen ja nicht reversibel ab. Auch der Ausbeutungs*exzess* verdankt sich der Nachhaltigkeit: ihrer Monopolisierung durch Einzelne bzw. der Furcht vor ihrem Ende. Als politisch besetzte Vokabel ist „Nachhaltigkeit" gegenwärtig zu einem deontischen Fahnenwort mit besonders zahlreichen Bedeutungsfacetten geworden, die nicht notwendigerweise durchgängig das Wohlergehen *aller* Menschen im Blick haben. Am Ende zielt es aber vor allem auch egoistisch nur auf die Permanenz von Menschen auf der Erde.

Alle organismischen und systemischen Prozesse der Lebenswelt sind auf Permanenz ausgelegt. Die Fortdauer dieser Prozesse ist gleichzeitig Bedingung wie Folge ihrer selbst, die auf selbststeuernden Mechanismen beruht, paradoxerweise vor allem durch Individual- bzw. Artenkonkurrenz. Sie werden durch evolutive Veränderungen in den Organismen und Systemen stabilisiert. Es handelt sich hierbei um Prozesse, die in der menschlichen Wahrnehmung die Vorstellung einer konstant erscheinenden Natur erzeugen, weil der in naturalen Systemen gleichzeitig ablaufende (evolutive) Wandel grobsinnlich nicht einfach erkennbar ist. Die Vorstellung einer konstanten Natur, aus der Menschen und ihre Handlungen teilweise realitätswidrig ausgeblendet werden, bildet grundsätzlich den Bezugshorizont für Naturschutzideen, die zunehmend u. a. auch die Folgen der Selbstgefährdung der menschlichen Existenz thematisieren. Naturkonservierendes Verhalten lässt sich indes auch außerhalb der menschlichen Geschichte beobachten. Beispielsweise ist die Vermeidung der dauerhaften Übernutzung eines Schweifgebietes durch räumliches Ausweichen oder – passiv – durch Verminderung der Bevölkerungsdichte (vulgo Verhungern) ein verbreitetes basales biologisches Muster, das letztlich dem Erhalt einer Lebensgemeinschaft dient. Vergleichsweise früh für die menschliche Geschichte wird man auch eine intentionale, in das kulturelle Selbstverständnis integrierte „Naturvorsorge" als Folge der Naturbeobachtung annehmen dürfen und in zahlreichen Fällen darstellender Kunst aus dem Paläolithikum Belege für die Sorge um den Naturerhalt erkennen können. Selbst dann, wenn sie bloße Nahrungskontinuität im Auge zu haben scheinen. Denn ein pragmatisches Bewusstsein der begrenzten Verfügbarkeit bzw. der Endlichkeit einer Ressource führt aller Erfahrung nach zu einem geänderten Nutzungsverhalten und ist zugleich eine Voraussetzung naturbewahrender Bemühung. Ebenso kann ein spirituell aufgeladenes Naturverständnis (z. B. „Ehrfurcht", „Mitgeschöpflichkeit") in eine naturkonservatorische Grundhaltung führen. Ob derartige weltanschauliche Impulse letztlich sämtlich aus derselben existentiellen Urangst vor einem Verlust der Lebensgrundlagen resultieren, ist für ihre Umsetzung in naturbewahrendes Denken und Handeln unerheblich.

Literatur

Ackerman D (1990) A natural history of the senses. Vintage, New York

Aichinger W, Eder F, Leitner C (Hrsg) (2003) Sinne und Erfahrung in der Geschichte. Querschnitte 13, Einführungstexte zur Sozial-, Wirtschafts- und Kulturgeschichte. Studien Verlag, Innsbruck

Alpers S (1998) Kunst als Beschreibung. DuMont, Köln

Ambrose S (1998) Late Pleistocene human population bottlenecks, volcanic winter, and the differentiation of modern humans. Journal of Human Evolution 34:623–651

von Amira K (1891) Thierstrafen und Thierprozesse. Mitteilungen des Instituts für österreichische Geschichtsforschung 12(4):545–601

Andersen A (1994) Vom Glück einen Unfall zu erleiden. Unfallversicherung und arbeitsbedingte Erkrankungen in der Chemieindustrie. In: Machtan L (Hrsg) Bismarcks Sozialstaat. Beiträge zur

Geschichte der Sozialpolitik und zur sozialpolitischen Geschichtsschreibung. Campus, Frankfurt/M.

Andersen A (1996) Historische Technikfolgenabschätzung am Beispiel des Metallhüttenwesens und der Chemieindustrie 1850–1933. Zeitschrift für Unternehmensgeschichte. Bd Beiheft 90. Steiner, Stuttgart

Angel JL (1975) Paleoecology, paleodemography and health. In: Polgar S (Hrsg) Population, ecology, and social evolution. Mouton, Den Haag, S 167–190

Antrop M (2004) Landscape change and the urbanization process in Europe. Landscape and Urban Planning 67:9–26

Arakawa H (1955) Twelve centuries of blooming dates of the cherry blossoms at the city of Kyoto and its own vicinity. Geofisica Pura e Applicata 30:147–150

Arendt H (1960) Vita Activa oder Vom tätigen Leben. Kohlhammer, Stuttgart

Armengaud A (1976) Die Bevölkerung Europas von. In: Cipolla C, Borchardt K (Hrsg) Die Industrielle Revolution. Europäische Wirtschaftsgeschichte, Bd 3. Fischer, Stuttgart, S 11–46

Bach A (1954) Die deutschen Ortsnamen. Deutsche Namenskunde. Bd II, 2. Winter, Heidelberg

Bacon F (1783) Über die Würde und den Fortgang der Wissenschaften. Weingand & Köpf, Pest

Bade K (2000) Europa in Bewegung: Migration vom späten 18. Jahrhundert bis zur Gegenwart. Beck, München

Bade K, Oltmer J (2005) Migration und Integration in Deutschland seit der Frühen Neuzeit. In: Beier-de Haan R (Hrsg) Zuwanderungsland Deutschland, Migrationen 1500–2005. Edition Minerva, Wolfratshausen, S 20–49

Bader A (2011) Wald und Krieg: Wie sich in Kriegs- und Krisenzeiten die Waldwirtschaft veränderte; die deutsche Forstwirtschaft im Ersten Weltkrieg. Universitätsverlag Göttingen, Göttingen

Baldwin P (2007) How night air became good air. Environmental History 8:412–429

Bankoff G, Frerks G, Hilhorst D (Hrsg) (2004) Mapping vulnerability disasters, development and people. Earthscan, London

Bartels D (1968) Zur wissenschaftstheoretischen Grundlegung einer Geographie des Menschen. Geographische Zeitschrift. Bd Beihefte (Erdkundliches Wissen Heft 19). Steiner, Wiesbaden

Bayerl G (1989) Das Umweltproblem und seine Wahrnehmung in der Geschichte. In: Calließ J, Rüsen J, Striegnitz M (Hrsg) Mensch und Umwelt in der Geschichte. Centaurus, Pfaffenweiler, S 47–96

Bayerl G (2001) Die Natur als Warenhaus. Der technisch-ökonomische Blick auf die Natur in der Frühen Neuzeit. In: Reith R, Hahn S (Hrsg) Umwelt-Geschichte. Arbeitsfelder – Forschungsansätze – Perspektiven. Verl. für Geschichte und Politik, Wien, S 33–52

Bechstein J (1798) Naturgeschichte der schädlichen Waldinsecten. Monath & Kußler, Nürnberg

Beck R (2003) Ebersberg oder das Ende der Wildnis. Beck, München

Beckmann J (1751) Historische Beschreibung der Chur und Mark Brandenburg usw. Bd 1. Voß, Berlin

Behringer W (2007) Kulturgeschichte des Klimas: von der Eiszeit bis zur globalen Erwärmung. Beck, München

Behringer W, Lehmann H, Pfister C (Hrsg) (2005) Kulturelle Konsequenzen der „Kleinen Eiszeit“. Vandenhoeck & Ruprecht, Göttingen

Beirat „Umweltökonomische Gesamtrechnungen" (2002) Umweltökonomische Gesamtrechnungen. Vierte und abschließende Stellungnahme zu den Umsetzungskonzepten des Statistischen Bundesamtes. Verabschiedet auf der Sitzung des Beirats am 1. März 2002 in Wiesbaden. www.destatis.de/DE/Publikationen/Thematisch/UmweltoekonomischeGesamtrechnungen/VierteStellungnahmeBeiratUGR.pdf?__blob=publicationFile

Benecke N (1994) Der Mensch und seine Haustiere. Die Geschichte einer jahrtausendealten Beziehung. Theiss, Stuttgart

Benedictow OJ (2010) What disease was plague? On the controversy over the microbiological identity of plague epidemics of the past. Brill, Leiden

Benetello S, Herrmann B (2003) Christian Friedrich Garmann. De miraculis mortuorum. Universitätsdrucke, Göttingen

Benöhr HP (1995) Umweltrechtsentwicklungen in Deutschland zwischen 1800 und 1918. In: Kloepfer M (Hrsg) Schübe des Umweltbewusstseins und der Umweltrechtsentwicklung. Economica, Bonn, S 35–54

von Beöthy K (1934) Arsen Massenvergiftung im „Theißwinkel", Ungarn. Archiv für Toxikologie 5:189–190

Berg A (1963) Miasma und Kontagium. Die Lehre von der Ansteckung im Wandel der Zeiten. Naturwissenschaften 50:389–396

Berger R, Ehrendorfer F (Hrsg) (2011) Ökosystem Wien. Die Naturgeschichte einer Stadt. Böhlau, Wien

Bernhardt C (Hrsg) (2004) Environmental problems in European cities in the 19th and 20th century. Umweltprobleme in europäischen Städten des 19. und 20. Jahrhunderts. Waxmann, Münster

Bernstein P (1997) Wider die Götter: Die Geschichte von Risiko und Riskmanagement von der Antike bis heute. Gerling, München

Bilgenroth-Barke H (2010) Kriminalität und Zahlungsmoral im 16. Jahrhundert: Der Alltag in Duderstadt im Spiegel des Strafbuches. Göttinger Beiträge zur Geschichte, Kunst und Kultur des Mittelalters. Bd 8. Edition Ruprecht, Göttingen

Birkmann J (2006) Measuring vulnerability to promote disaster-resilient societes: Conceptual frameworks and definitions. In: Birkmann J (Hrsg) Measuring vulnerability to natural hazards: towards disaster resilient societies. United Nations Univ Press, Tokyo, S 9–54

Bitterli U (1976) Die „Wilden" und die „Zivilisierten". Die europäisch-überseeische Begegnung. Beck, München

Blume H (2003) Die Wurzeln der Bodenkunde. In: Blume H, Felix-Henningsen P, Fischer W (Hrsg) Handbuch der Bodenkunde. Boden und Böden. 1.3.1. Ecomed, Landsberg

Böhme G, Böhme H (1996) Feuer, Wasser, Erde, Luft. Eine Kulturgeschichte der Elemente. Beck, München

von Borgstede H (1788) Statistisch-Topographische Beschreibung der Kurmark Brandenburg. Bd 1. Unger, Berlin

Bork H, Dahlke C, Dreibrodt S, Kranz A (2009) Soil and human impact. In: Herrmann B, Dahlke C (Hrsg) Elements – Continents. Approaches to determinants of environmental history and their reifications. Nova Acta Leopoldina NF 98, Nr 360, 63–78

Bork H, Bork H, Dalchow C, Faust B, Piorr H, Schatz T (1998) Landschaftsentwicklung in Mitteleuropa. Wirkungen des Menschen auf Landschaften. Klett-Perthes, Gotha

Borst A (1973) Lebensformen im Mittelalter. Propyläen, Frankfurt/M. (hier zitiert nach der Ullstein-Ausgabe 1982)

Borst A (1981) Das Erdbeben von 1348. Historische Zeitschrift 233:529–569

Borst A (1990) Hermann der Lahme und die Geschichte. In: Borst A (Hrsg) Barbaren, Ketzer und Artisten. Piper, München, S 135–154 (erweiterte Neuausgabe der Fassung von 1988)

Bos K et al (2011) A draft genome of Yersinia pestis from victims of the Black Death. Nature 478:506–510

Bourdieu P (2010) Die feinen Unterschiede. Suhrkamp, Frankfurt/M.

Boyd B, Richerson P (2005) The Origin and Evolution of Cultures. Oxford Univ Press, Oxford

Brakensiek S, Rösener W (2010) Editorial. Landwirtschaft und Klima. Zeitschrift für Agrargeschichte und Agrarsoziologie 58:8–12

von Brandt A (2012) Werkzeug des Historikers. Kohlhammer, Stuttgart

Braudel F (1995) The mediterranean and the mediterranean world in the age of Philip II. Univ of California Press, Berkeley (2 Bde)

Braun H, Kaiser W (1997) Energiewirtschaft, Automatisierung, Information. In: seit 1914. Propyläen Technikgeschichte, Bd 5. Propyläen, Berlin

Brázdil R, Glaser R, Pfister C, Dobrovolný P, Antoine J, Barriendos M, Camuffo D, Deutsch M, Enzi S, Guidoboni E, Kotyza O, Rodrigo F (1999) Flood events of selected European rivers in the sixteenth century. Climatic Change 43:239–285

Bredekamp H (1984) Der Mensch als Mörder der Natur. Das ‚Iudicium Iovis' von Paul Niavis und die Leibmetaphorik. In: Vestigia Bibliae Bd 6: 261–283

Breuste J, Feldmann H, Uhlmann O (Hrsg) (1998) Urban ecology. Springer, Berlin

Briese O (2003) Angst in den Zeiten der Cholera. Akademie, Berlin (4 Bde)

Brimblecombe P (1987) The bog smoke. A history of pollution in London since medieval times. Methuen, London

Brothwell D, Pollard A (Hrsg) (2001) Handbook of archaeological sciences. John Wiley, Chichester

Brüggemeier F (1996) Das unendliche Meer der Lüfte: Luftverschmutzung, Industrieanlagen und Risikodebatten im 19. Jahrhundert. Klartext, Essen

Brunner K, Schneider P (Hrsg) (2005) Umwelt Stadt. Geschichte des Natur- und Lebensraumes Wien. Böhlau, Wien

Buell L (1995) The environmental imagination. The Belknap Press of Harvard Univ Press, Cambridge

Büschenfeld J (1997) Flüsse und Kloaken. Umweltfragen im Zeitalter der Industrialisierung (1870–1918). Klett-Cotta, Stuttgart, S 1870–1918

Bundesministerium für Wissenschaft und Verkehr (Hrsg) (2000) Entwicklung von Wechselwirkungen zwischen Gesellschaft und Natur. Schriftenreihe Forschungsschwerpunkt Kulturlandschaft Bd 7 (CD-ROM)

Bundesministerium für Wissenschaft und Verkehr (Hrsg) (2000) Projektgruppe Umweltgeschichte, Kulturlandschaftsforschung: Historische Entwicklung von Wechselwirkungen zwischen Gesellschaft und Natur (= Schriftenreihe Forschungsschwerpunkt Kulturlandschaft Bd 7), Wien. (2 Versionen auf CD-ROM)

Camille M (1996) Historical geography of the Logwood Trade in Belize. Journal of the Conference of Latin Americanist Geographers 22:77–85

Campbell B (2011) Panzootics, pandemics and climatic anomalies in the Fourteenth Century. In: Herrmann B (Hrsg) Beiträge zum Göttinger Umwelthistorischen Kolloquium 2010–2011. Universitätsverlag Göttingen, Göttingen, S 178–215

von Carlowitz HC (1713) Sylvicultura oeconomica oder hauswirtliche Nachricht und naturmäßige Anweisung zur Wilden Baum-Zucht. Braun, Leipzig

Cathiau T (1893) Freiherr Karl Friedrich Drais v. Sauerbron, Großh. Forstmeister und Professor der Mechanik und das zweiachsige Zweirad: Festgabe anläßlich der Enthüllung des vom Deutschen Radfahrerbund gestifteten Drais-Denkmals in Karlsruhe i. B. am 24. September 1893. Macklot, Karlsruhe

Catton W, Dunlap R (1980) A new ecological paradigm for post-exuberant sociology. American Behavioral Scientist 24:15–47

Cavalli-Sforza L, Menozzi P, Piazza A (1994) The History and geography of human genes. Princeton Univ Press, Princeton

Cessi B, Alberti A (Hrsg) (1934) Paulini Guiseppe, Paulini Girolamo (1601) Codice veneziano per le acque e le foreste. Ministero dell'Agricoltura e delle Foreste, Roma

Chenu M (1979) Nature and man: the renaissance of the twelfth century. In: Chenu MD (Hrsg) Nature, man and society in the twelfth century: essays on new theological perspectives in the Latin West. Univ of Chicago Press, Chicago, S 1–48

Chesnais J (1992) The demographic transition. Stages, patterns, and economic implications. Clarendon, Oxford

Christaller W (1933) Die zentralen Orte in Süddeutschland. Eine ökonomisch-geographische Untersuchung über die Gesetzmäßigkeit der Verbreitung und Entwicklung der Siedlungen mit städtischer Funktion. Fischer, Jena

Clausen L, Geenen E, Macamo E (Hrsg) (2003) Entsetzliche soziale Prozesse. Theorie und Empirie der Katastrophen. Lit, Münster

Coler J (1680) Oeconomia ruralis et domestica. Schönwetter, Frankfurt (ab 1593 vielfach aufgelegt, hier zitiert nach dem Exemplar der Göttinger Staats- und Universitätsbibliothek)

Corbin A (1982) Pesthauch und Blütenduft. Eine Geschichte des Geruchs. Fischer, Frankfurt/M. (hier zitiert nach der deutschen Ausgabe (1988))

Corbin A (1988) Pesthauch und Blütenduft. Eine Geschichte des Geruchs. Fischer, Frankfurt/M.

Cosgrove D, Daniel S (Hrsg) (1988) The iconography of landscape. Essays on the symbolic representation, design and use of past environments. Cambridge Univ Press, Cambridge

Crawford E (Hrsg) (1989) Famine: the Irish experience, 900–1900. Donald, Edinburgh

Crutzen P et al (2011) Das Raumschiff Erde hat keinen Notausgang. Edition Unseld, Suhrkamp, Berlin

Curschmann F (1900) Hungersnöte im Mittelalter. Ein Beitrag zur deutschen Wirtschaftsgeschichte des 8. bis 13. Jahrhunderts. Leipziger Studien aus dem Gebiet der Geschichte. Bd 6 (1). Teubner, Leipzig

van Dam P (2009) Water, steam, ice. Environmental perspective on historical transitions of water in Northwestern Europe. Nova Acta Leopoldina NF 98(360):29–43

Daston L, Park K (1998) Wunder und die Ordnung der Natur. Eichborn, Frankfurt/M.

Davis M (2007) Late Victorian holocausts. El Niño famines and the making of the Third World. (3. Nachdruck). Verso, London de Decker K (2009) Wind powered factories: history (and future) of industrial windmills. Lowtech-magazine 2009 (October)

de Decker K (2011) Medieval smokestacks: fossil fuels in preindustrial times. Low-tech Magazine, published 9-29-2011, archived 9-29-2011. 17pp. www.lowtechmagazine.com

Delius F (2011) Der Held und sein Wetter. Ein Kunstmittel und sein ideologischer Gebrauch im Roman des bürgerlichen Realismus. Wallstein, München

Delort R (1987) Der Elefant, die Biene und der heilige Wolf. Die wahre Geschichte der Tiere. Hanser, München

Denevan W (1992) The pristine myth: The landscape of the Americas in 1492. Annals of the Association of American geographers 82:369–385

Dennis J (1994) Wenn es Frösche und Fische regnet. Unglaubliche Phänomene zwischen Himmel und Erde. Rowohlt, Reinbeck

von Detten R, Faber F, Bemmann M (Hrsg) (2013) Unberechenbare Umwelt. Zum Umgang mit Unsicherheit und Nicht-Wissen. Springer VS, Wiesbaden

Deutsch A, König P (Hrsg) (i Vorb) Das Tier in der Rechtsgeschichte. Schriftenreihe des Deutschen Rechtswörterbuchs. Akademiekonferenzen, Winter, Heidelberg

Deutsch M, Pörtge K (2003) Hochwasserereignisse in Thüringen. Schriftenreihe der TLUG. Thüringer Landesanstalt für Umwelt und Geologie, Jena

Deutsch M (2007) Untersuchungen zu Hochwasserschutzmaßnahmen an der Unstrut (1500–1900). Göttinger Geographische Abhandlungen 117

Deutsch M, Pörtge K (2009) Hochwassermarken in Thüringen. Thüringer Ministerium für Landwirtschaft, Forsten, Umwelt und Naturschutz, Erfurt

Deutsche Gesellschaft für Chronometrie, Landesmuseum für Technik und Arbeit in Mannheim (Hrsg) (2003) Alle Zeit der Welt. Von Uhren und anderen Zeitzeugen. Katalog zur Ausstellung des Landesmuseums für Technik und Arbeit in Mannheim in Kooperation mit der Deutschen Gesellschaft für Chronometrie, 16. Oktober 2002 bis 30. März 2003. Landesmuseum für Technik und Arbeit in Mannheim, Mannheim (hier zitiert nach der 2. Aufl)

Diamond J (1997) Guns, germs, and steel. The fate of human societies. Norton, New York (hier zitiert nach der Paperbackausgabe 1999)

Diderot D, d'Alembert M (ab 1751) Encyclopédie ou dictionnaire raisonné des sciences, des arts et des métiers. (Internetausgabe unter: http://portail.atilf.fr/encyclopedie/)

Dincauze D (2000) Environmental archaeology. Principles and practice. Cambridge Univ Press, Cambridge

Dinzelbacher P (2006) Das fremde Mittelalter. Gottesurteil und Tierprozess. Magnus, Essen

Dipper C (1991) Deutsche Geschichte 1648–1789. Suhrkamp, Frankfurt/M.

Dirlmeier U (1981) Umweltprobleme in deutschen Städten des Spätmittelalters. Technikgeschichte 48:191–206

Dirlmeier U (1986) Zu den Lebensbedingungen in der mittelalterlichen Stadt: Trinkwasserversorgung und Abfallbeseitigung. In: Herrmann B (Hrsg) Mensch und Umwelt im Mittelalter. DVA, Stuttgart, S 150–159

Doll R, Peto R (1981) The causes of cancer: quantitative estimates of avoidable risks of cancer in the United States today. J Natl Cancer Inst 66:1191–1308

Driescher E (1996) Warum, wie und wann hat der Mensch Gewässer verändert? Das Gewässersystem Brandenburgs als Beispiel. Landeszentrale für politische Bildung Baden-Württemberg 46(1):7–13 (Der Bürger im Staat)

Dull R, Nevle R, Woods W, Bird D, Avnery S, Denevan W (2010) The Columbian encounter and the Little Ice Age: abrupt land use change, fire, and greenhouse forcing. Annals of the Association of American Geographers 100:755–771

Durham W (1991) Coevolution. Genes, culture, and human diversity. Stanford Univ Press, Stanford

Eissing H (2011) Das Reichsnaturschutzgesetz im Spiegel seiner Kommentare. Naturschutz und Landschaftsplanung 43(10):308–312

Eitel B (2007) Kulturentwicklung am Wüstenrand. Aridisierung als Anstoß für frühgeschichtliche Innovation und Migration. In: Wagner G (Hrsg) Einführung in die Archäometrie. Springer, Berlin, S 301–319

Ehmer J (2004) Bevölkerungsgeschichte und Historische Demographie 1800–2000. Enzyklopädie Deutscher Geschichte. Bd 71. Oldenbourg, München

Elias N (1969) Über den Prozeß der Zivilisation. Soziogenetische und psychogenetische Untersuchungen. 2 Bde (hier zitiert nach der 2. Aufl. bei Suhrkamp, Frankfurt/M., 1980)

Elias N (1980/81) Über den Prozess der Zivilisation. 2 Bde. Suhrkamp, Frankfurt

Elias N (1984) Über die Zeit. Suhrkamp, Frankfurt/M.

Elling W, Heber U, Polle A, Beese F (2007) Schädigung von Waldökosystemen – Auswirkungen anthropogener Umweltveränderungen und Schutzmaßnahmen. Spektrum, Heidelberg

Ellner B (1857) Der Höhenrauch und dessen Geburtsstätte. Hedlersche Verlagsbuchhandlung, Frankfurt/M.

Engler A (2009) A. Engler's Syllabus der Pflanzenfamilien – mit besonderer Berücksichtigung der Nutzpflanzen nebst einer Übersicht über die Florenreiche und Florengebiete der Erde, 13. Aufl. Borntraeger, Berlin

Erhardt W, Götz E, Bödeker N, Seybold S (2008) Der große Zander. Enzyklopädie der Pflanzennamen, 18. Aufl. Ulmer, Stuttgart

Ermisch M, Kruse U, Stobbe U (Hrsg) (2010) Ökologische Transformationen und literarische Repräsentationen. Universitätsverlag Göttingen, Göttingen

Ertel S (1994) Influenza pandemics and sunspots – easing the controversy. Naturwissenschaften 81:308–311

Ertel S (1997) Bursts of creativity and aberrant sunspot cycles: hypothetical covariations. In: Nyborg H (Hrsg) The scientific study of human nature: Tribute to Hans J. Eysenck at eighty. Pergamon, Oxford

Etheridge D, Steele L, Langenfelds R, Francey R, Barnola J, Morgan V (1996) Natural and anthropogenic changes in atmospheric CO_2 over the last 1000 years from air in Antarctic ice and firn. Journal of Geophysical Research 101:4115–4128

Evelyn J (1661) Fumifugium or The invonvenience of the aer and smoak of London dissipated. Bedel & Collins, London

Felgentreff C, Glade T (Hrsg) (2008) Naturrisiken und Sozialkatastrophen. Spektrum, Heidelberg

Fisher D, Blomberg S (2011) Rediscoveries and the detectability of extinction in mammals. Proc. Roy. Soc. B 278 (1708): 1090–1097

Foley J, DeFries R, Asner G, Barford C, Bonan G, Carpenter S, Chapin F, Coe M, Daily G, Gibbs H, Helkowski J, Holloway T, Howard E, Kucharik C, Monfreda C, Patz J, Prentice I, Ramankutty N, Snyder P (2005) Global consequences of land use. Science 309:570–574

Francis C, Kleist N, Ortega C, Cruz A (2012) Noise pollution alters ecological services: enhanced pollination and disrupted seed dispersal. Proc Roy Soc B 279:2727–2735

Freud S, Freud A (Hrsg) (1986) Werke aus den Jahren 1917–1920. Gesammelte Werke. Bd 12. Fischer, Frankfurt/M.

Friederichs K (1943) Über den Begriff der „Umwelt" in der Biologie. Acta Biotheoretica 7:147–162

Friederichs K (1950) Umwelt als Stufenbegriff und als Wirklichkeit. Studium Generale 3:70–74

Frühwald W (2010) Zwielicht. Natur und Landschaft in der deutschen Romantik. In: Herrmann B (Hrsg) Beiträge zum Göttinger Umwelthistorischen Kolloquium 2009–2010. Universitätsverlag Göttingen, Göttingen, S 47–68

Fuhrmann H (1987) Einladung ins Mittelalter. Beck, München (hier zitiert nach der 3. Auflage 2004)

Gassner E, Bendomir-Kahlo G, Schmidt-Räntsch A, Schmidt-Räntsch J (2003) Bundesnaturschutzgesetz (BNatSchG) Komentar, 2. Aufl. Beck, München

Gaston K, Spicer J (2004) Biodiversity: an Introduction, 2. Aufl. Blackwell, Malden

Gillson L (2004) Evidence of hierachical patch dynamics in an East African savanna? Landscape Ecology 19:883–894

Ginzburg C (1993) Mikro-Historie. Zwei oder drei Dinge, die ich von ihr weiß. Historische Anthropologie 1:169–192

Girgen J (2003) The historical and contemporary prosecution and punishment of animals. Animal Law 9:97–134

Glacken C (1967) Traces on the Rhodian shore: nature and culture in western thought from ancient times to the end of the eighteenth century. (Zitiert nach der Aufl der Univ of California Press, Berkeley (1990))

Glaser B, Woods W (Hrsg) (2004) Amazonian dark earths – explorations in space and time. Springer, Berlin

Glaser R (2001) Klimageschichte Mitteleuropas. 1000 Jahre Wetter, Klima, Katastrophen. Primus, Darmstadt

Goldammer J, Page H, Prüter J (1997) Feuereinsatz im Naturschutz in Mitteleuropa. In: Alfred Toepfer Akademie für Naturschutz (Hrsg) Feuereinsatz im Naturschutz in Mitteleuropa. NNA-Berichte 10 (5):2–17

Goudie A (2006) The human impact on the natural environment, 6. Aufl. Blackwell, Oxford

Grabowski M, Mührenberg D (1994) In Lübeck fließt Wasser in Röhren … seit 700 Jahren. Begleitbuch zur Ausstellung Museum Burgkloster Lübeck 16. Dezember 1994 bis 12. Februar 1995. Hansestadt Lübeck, Lübeck

Gradmann E (1910) Heimatschutz und Landschaftspflege. Strecker und Schröder, Stuttgart

Grayson D (2001) The archaeological record of human impacts on animal populations. Journal of World Prehistory 15:1–68

Grewe BS (2004) Der versperrte Wald. Ressourcenmangel in der bayerischen Pfalz. Böhlau, Köln, S 1814–1870

Groh D (1992) Strategien, Zeit und Ressourcen. Risikominimierung, Unterproduktivität und Mußepräferenz – die zentralen Kategorien von Subsistenzökonomien. In: Groh D (1992) Anthropologische Dimensionen der Geschichte. Suhrkamp, Frankfurt/M., S 54–113

Groh R, Groh D (1996) Petrarca und der Mont Ventoux. In: Groh R, Groh D (Hrsg) Die Außenwelt der Innenwelt. Zur Kulturgeschichte der Natur. Bd 2. Suhrkamp, Frankfurt/M., S 17–83

Groh D, Kempe M, Mauelshagen F (Hrsg) (2003) Naturkatastrophen. Beiträge zu ihrer Deutung, Wahrnehmung und Darstellung in Text und Bild von der Antike bis ins 20. Jahrhundert. Gunter Narr, Tübingen

Grünthal G (1988) Erdbebenkatalog des Territoriums der Deutschen demokratischen Republik und angrenzender Gebiete von 823–1984. Veröffentlichungen des Zentralinstituts für Physik der Erde, Akademie der Wissenschaften der DDR, Nr 99

von Gundlach C (1989) Nahrungsmittelversorgung und Geburtenregulation, aufgezeigt am Beispiel der Kartoffel. Zeitschrift für Agrargeschichte und Agrarsoziologie 37:28–36

Gunst P (1987) Ein Mordprozeß – und was dahinter steckt. Zeitschrift für Agrargeschichte und Agrarsoziologie 35:17–29

Haberl H (1998) Kolonisierung von Natur. In: Haberl H, Kotzmann E, Weisz H (Hrsg) Technologische Zivilisation und Kolonisierung von Natur. iff-texte, Bd 3. Springer, Wien, S 34–39

Hägermann D, Schneider H (1997) Landbau und Handwerk. In: 750 v. Chr bis 1000 n. Chr. Propyläen Technikgeschichte, Bd 1. Propyläen, Berlin

Halberg F, Lagoguey J, Reinberg A (1983) Human circannual rhythms in a broad spectral structure. Int J Chronobiol 8:225–268

Hammerl C (1994) Das Erdbeben vom 25. Jänner 1348 – Rekonstruktion des Naturereignisses. Neues aus Alt-Villach: Beiträge zur Stadtgeschichte (Jahrbuch des Museums der Stadt Villach) 31:55–94

Hančar F (1950) Umweltkrise und schöpferische Tat in schriftloser Zeit. Saeculum 1:124–136

Hard G (1970) Die „Landschaft" der Sprache und die „Landschaft" der Geographen. Colloquium Geographicum. Bd 11. Dümmler, Bonn

Hard G (2002) Noch einmal „Landschaft als objektivierter Geist" Zur Herkunft und zur forschungslogischen Analyse eines Gedankens. In: Hard G (Hrsg) Landschaft und Raum. Bd 1. Universitätsverlag Rasch, Osnabrück, S 69–101

Hardin G (1968) The tragedy of the commons. Science 162:1243–1248

Harlan J (1971) Agricultural origins: centers and noncenters. Science 174:468–474

Harms W, Reinitzer H (Hrsg) (1981) Natura loquax: Naturkunde und allegorische Naturdeutung vom Mittelalter bis zur frühen Neuzeit. Lang, Frankfurt/M.

Harrison G, Weiner J, Tanner J, Barnicot N (1977) Human Biology. An introduction to human evolution, variation, growth, and ecology. Oxford Univ Press, Oxford

Hauff V (Hrsg) (1987) Unsere gemeinsame Zukunft. Der Brundtland-Bericht der Weltkommission für Umwelt und Entwicklung. Eggenkamp, Greven

Hauptmann A, Pingel V (Hrsg) (2008) Methoden und Anwendungsbeispiele naturwissenschaftlicher Verfahren in der Archäologie. Schweizerbarth, Stuttgart

Hawkes K, Hill K, O'Connell J (1982) Why hunters gather: optimal foraging and the Aché of eastern Paraguay. American Ethnologist 9:379–398

Helbling J (2006) Tribale Kriege. Konflikte in Gesellschaften ohne Zentralgewalt. Campus, Frankfurt/M.

Held M, Geißler K (Hrsg) (1995) Von Rhythmen und Eigenzeiten. Perspektiven einer Ökologie der Zeit. Hirzel, Stuttgart

Hellpach W (1911/1977) Geopsyche. Die Menschenseele unter dem Einfluß von Wetter, Klima, Boden und Landschaft. Enke, Stuttgart (hier zitiert nach der 8. Aufl 1977)

Henke W, Rothe H (1999) Stammesgeschichte des Menschen. Eine Einführung. Springer, Berlin

Hennenberger C (1595) Erclerung der preussischen grössern Landtaffel oder Mappen (etc.). Osterberger & Schultze, Königsberg/Pr.

Herlihy D (1987) Outline of population developments in the Middle Ages. In: Herrmann B, Sprandel R (Hrsg) Determinanten der Bevölkerungsentwicklung im Mittelalter. Acta Humaniora. VCH, Weinheim, S 1–23

Hermanns F (1991) „Umwelt". Zur historischen Semantik eines deontischen Wortes. In: Busse D (Hrsg) Diachrone Semantik und Pragmatik. Untersuchungen zur Erklärung und Beschreibung des Sprachwandels. (Reihe. Germanistische Linguistik, Bd 113. Niemeyer, Tübingen, S 235–257

Herrmann A (1989) Natürliche Stoffkreisläufe und die Deponie anthropogener Abfälle. In: Herrmann B, Budde A (Hrsg) Naturwissenschaftliche und historische Beiträge zu einer ökologischen Grundbildung. Begleitbuch zur Sommerschule „Natur und Geschichte" vom 14. bis 27. September 1989 an der Georg-August-Universität-Göttingen. Schriftenreihe Expert, Niedersächsisches Ministerium für Umwelt, Hannover, S 114–125

Herrmann B (1980) Kleine Geschichte der Leichenbranduntersuchung. Fornvännen 75:20–29

Herrmann B (1985) Parasitologisch-epidemiologische Auswertungen mittelalterlicher Kloaken. Zeitschrift für Archäologie des Mittelalters 13:131–161

Herrmann B (Hrsg) (1994) Archäometrie: Naturwissenschaftliche Analyse von Sachüberresten. Springer, Berlin

Herrmann B (2001) Zwischen Molekularbiologie und Mikrohistorie. Vom Ort der Historischen Anthropologie. Jahrbuch 2000 der Deutschen Akademie der Naturforscher Leopoldina Leopoldina (R 3) 46:391–408

Herrmann B (2004) Der Blick der Lebenden auf „Die Drei Toten". Sömmerings Tambour Flies, der Arm Herzog Christian von Braunschweig-Wolfenbüttel und das Ende des „Wilden Mannes". In: Braungart W, Ridder K, Apel F (Hrsg) Wahrnehmen und Handeln. Perspektiven einer Literaturanthropologie. Bielefelder Schriften zur Linguistik und Literaturwissenschaft. Aisthesis, Bielefeld, S 154–173

Herrmann B (2006) Zur Historisierung der Schädlingsbekämpfung. In: Meyer T, Popplow M (Hrsg) Technik, Arbeit und Umwelt in der Geschichte. Günter Bayerl zum 60. Geburtstag. Waxmann, Münster, S 317–338

Herrmann B (2006) Man is made of mud. „Soil", bio-logical facts and fiction, and environmental history. Die Bodenkultur 57:215–230

Herrmann B (2006) „Auf keinen Fall mehr als dreimal wöchentlich Krebse, Lachs oder Hasenbraten essen müssen!" – Einige vernachlässigte Probleme der „historischen Biodiversität". In: Baum H, Leng R, Schneider J (Hrsg) Wirtschaft – Gesellschaft – Mentalitäten im Mittelalter. Festschrift zum 75. Geburtstag von Rolf Sprandel. Beiträge zur Wirtschafts- und Sozialgeschichte, Bd 107. Steiner, Stuttgart, S 175–203

Herrmann B (2007) City and nature and nature in the city. In: Lehmkuhl U, Wellenreuther H (Hrsg) Historians and nature. Comparative approaches to environmental history. Berg, Oxford, S 226–256

Herrmann B (2007) Die Suppenfrage in der Anthropologie. In: Klein U, Jansen M, Untermann M (Hrsg) Küche – Kochen – Ernährung. Mitteilungen der Deutschen Gesellschaft für Archäologie des Mittelalters und der Neuzeit. Paderborn, S 35–42

Herrmann B (2007c) Natur und Mensch in Mitteleuropa im letzten Jahrtausend: eine interdisziplinäre Umweltgeschichte. In: Bayerische Akademie der Wissenschaften (Hrsg) Natur und Mensch in Mitteleuropa im letzten Jahrtausend. Rundgespräche der Kommission für Ökologie 32:125–136

Herrmann B (2009) Umweltgeschichte wozu? Zur gesellschaftlichen Relevanz einer jungen Disziplin. In: Masius P, Sparenberg O, Sprenger J (Hrsg) Umweltgeschichte und Umweltzukunft. Zur gesellschaftlichen Relevanz einer jungen Disziplin. Universitätsverlag Göttingen, Göttingen, S 13–50

Herrmann B (2010a) Comments In: Economic and biological interactions in pre-industrial Europe from the 13th to the 18th centuries. Atti della „Quarantunesima Setimana di Studi", 26–30 aprile 2009, Fondazione Istituto Internazionale di Storia Economica „F. Datini", Prato. Serie II, 41. Firenze Univ Press, S 587 ff

Herrmann B (2010) 100 Meisterwerke umwelthistorischer Bilder. In: Herrmann B, Kruse U (Hrsg) (2010) Schauplätze und Themen der Umweltgeschichte. Universitätsdrucke Göttingen, Göttingen, S 107–154

Herrmann B (2012) Tiere im Raum oder Die Dichotomien waren noch nie simpel. Saeculum 62, S 145–168

Herrmann B (2014) Einige umwelthistorische Kalenderblätter und Kalendergeschichten. In: Jakubowski-Tiessen M, Sprenger J (Hrsg) Natur und Gesellschaft. Perspektiven der Interdisziplinären Umweltgeschichte. Universitätsverlag Göttingen, Göttingen, S 7–58

Herrmann B (2014b) Geschichte und Konzept der Nachhaltigkeit oder Was „42" wirklich bedeutet (abgesehen vom Universum und dem ganzen Rest). In: Gleitsmann-Topp R-J, Rittmann J (Hrsg) Automobile Nachhaltigkeit und Ressourceneffizienz. Wissenschaftliche Schriftenreihe der Mercedes-Benz Classic Archive, Band 17, S 15–33

Herrmann B (Hrsg) (2015) Sind Umweltkrisen Krisen der Natur oder der Kultur? Springer, Heidelberg

Herrmann B, Grosskopf B, Fehren-Schmitz L, Schoon R (2007) Knochen als Spurenträger. In: Herrmann B, Saternus K (Hrsg) Kriminalbiologie. Biologische Spurenkunde, Bd 1. Springer, Berlin, S 115–144

Herrmann B, Grupe G, Hummel S, Piepenbrink H, Schutkowski H (1990) Prähistorische Anthropologie. Leitfaden der Feld- und Labormethoden. Springer, Berlin

Herrmann B, Saternus K (Hrsg) (2007) Kriminalbiologie. Biologische Spurenkunde. Bd 1. Springer, Berlin

Herrmann B, Dahlke C (Hrsg) (2009) Elements – Continents. Approaches to determinants of environmental history and their reifications. Nova Acta Leopoldina NF 98, Nr 360

Herrmann B, Sprenger J (2010) Das landsverderbliche Übel der Sprengsel in den brandenburgischen Gemarkungen – Heuschreckenkalamitäten im 18. Jahrhundert. In: Masius P, Sprenger J, Mackowiak E (Hrsg) Katastrophen machen Geschichte. Umweltgeschichtliche Prozesse im Spannungsfeld von Ressourcennutzung und Extremereignis. Universitätsverlag Göttingen, Göttingen, S 79–118

Herrmann B, Woods W (2010) Neither biblical plague nor pristine myth: a lesson from central European sparrows. The Geographical Review 100(2):176–186

Hewlett B (1991) Demography and childcare in preindustrial societies. J Anthropol Res 47:1–37

Hilbert D (1930) Naturerkennen und Logik. Die Naturwissenschaften, Heft 47/48/49: 959–963

Hildebrandt G (1995) Rhythmus und Saisonalität als biologische Konstanten. In: Dilg P, Keil G, Moser D (Hrsg) Rhythmus und Saisonalität. Thorbecke, Sigmaringen, S 13–25

Hillebrecht M (1982) Die Relikte der Holzkohlewirtschaft als Indikatoren für Waldnutzung und Waldentwicklung – Untersuchungen an Beispielen aus Südniedersachsen. Göttinger Geographische Abhandlungen 79

Hobhouse H (2000) Seeds that change. Five plants that transformed mankind. (hier zitiert nach der deutschen Ausgabe: Fünf Pflanzen verändern die Welt. Chinarinde, Zucker, Tee, Baumwolle, Kartoffel, 6. Aufl. Klett-Cotta dtv, München

Hölzl R (2010) Umkämpfte Wälder. Die Geschichte einer ökologischen Reform in Deutschland 1760 bis 1860. Campus-Historische Studien, Frankfurt/M.

Hoerder D (2010) Geschichte der deutschen Migration. Beck, München

Hösel G (1987) Unser aller Abfall aller Zeiten. Eine Kulturgeschichte der Städtereinigung. Jehle, München

Hoffmann R (2008) Medieval Europeans and their aquatic ecosystems. In: Herrmann B (Hrsg) Beiträge zum Göttinger Umwelthistorischen Kolloquium 2007–2008. Universitätsverlag Göttingen, Göttingen, S 45–64

Hoffmann R (2014) An environmental history of medieval Europe. Cambridge University Press, Cambridge

von Hohberg W (1682) Georgica Curiosa Aucta: Das ist: Umständlicher Bericht und klarer Unterricht von dem vermehrten und verbesserten Adelichen Land- und Feld-Leben, Auf alle in Teutschland übliche Land und Haus-Wirthschafften gerichtet. Endter, Nürnberg

Holtmeier F (2002) Tiere in der Landschaft. Einfluss und ökologische Bedeutung. Ulmer, Stuttgart

Horn P (2010) 102 Jahre nach dem Tunguska-Ereignis. Katastrophale Kollisionen kosmischer Körper mit der Erde. In: Herrmann B (Hrsg) Beiträge zum Göttinger Umwelthistorischen Kolloquium 2009–2010. Universitätsverlag Göttingen, Göttingen, S 109–139

Horn P, Hölzl S, Rummel S, Åberg G, Schiegl S, Biermann D, Struck U, Rossmann A (2009) Humans and camelides in river oases of the Ica-Palpa-Nazca Region in Pre-Hispanic times – insights from H-C-N-O-S-Sr isotope signatures. In: Reindel M, Wagner H (Hrsg) New Technologies for Archaeology. Springer, Berlin, S 173–192

von Hülsen A (1993) Verona, 3. Januar 1117. Möglichkeiten und Unsicherheiten der interdisziplinären Erdbebenforschung. Historische Anthropologie 1:218–234

Hünemörder K (2004) Die Frühgeschichte der globalen Umweltkrise und die Formierung der deutschen Umweltpolitik (1950–1973). Steiner, Stuttgart

Hünniger D (2011) Die Viehseuche von 1744–52. Deutungen und Herrschaftspraxis in Krisenzeiten. Wachholtz, Neumünster

Hüttermann A (1999) The ecological message of the Thorah. Knowledge, concepts, and laws which made survival in a land of „milk and honey" possible. South Florida Studies in the History of Judaism No 199. Scholar Press, Atlanta

Hüttl R, Emmermann R, Germer S, Naumann M, Bens O (Hrsg) (2011) Globaler Wandel und regionale Entwicklung. Anpassungsstrategien in der Region Berlin-Brandenburg. Springer, Berlin

von Humboldt A (1824) Vues des Cordilléres et monuments des peuples indigenes de l'Amerique. Bd 2. Maze, Paris von Humboldt A (2004) In: Hamel J, Tiemann K, Pape M (Hrsg) Die Kosmos Vorträge 1827/2 in der Berliner Singakademie. Insel, Frankfurt/M.

Hummel S (2003) Ancient DNA typing: methods, strategies, and applications. Springer, Berlin

Huntington E (1930) The human habitat. Van Nostrand, New York (zitiert nach 4. Nachdruck der 1. Aufl 1927)

Huntington E (1945) Civilization and climate. Yale Univ Press, New Haven (zitiert nach 5. Nachdruck der 3. Aufl; 1. Auflage 1915)

Imhof A (1977) Einführung in die Historische Demographie. Beck, München

Imhof A (1977) Mortalität in Berlin vom 18. bis 20. Jahrhundert. Berliner Statistik 31(8):138–145

Imhof A (Hrsg) (1978) Biologie des Menschen in der Geschichte. Beiträge zur Sozialgeschichte der Neuzeit aus Frankreich und Skandinavien. Kultur und Gesellschaft 3. Frommann-Holzboog, Stuttgart

Imhof A (1983) Leib und Leben unserer Vorfahren: Eine rhythmisierte Welt. In: Imhof A (Hrsg) Leib und Leben in der Geschichte der Neuzeit. Berliner Historische Studien, Bd 9. Duncker & Humblot, Berlin, S 21–38

Imhof A (1991) Im Bildersaal der Geschichte oder Ein Historiker schaut Bilder an. Beck, München

Indermühle A, Stocker T, Joos F, Fischer H, Smith H, Wahlen M, Deck B, Mastroianni D, Tschumi J, Blunier T, Meyer R, Stauffer B (1999) Holocene carbon-cycle dynamics based on CO_2 trapped in ice at Taylor Dome. Antarctica Nature 398:121–126

Ineichen S (1997) Die wilden Tiere in der Stadt. Zur Naturgeschichte der Stadt. Die Entwicklung städtischer Lebensräume in Mitteleuropa verfolgt am Beispiel von Zürich. Verlag Im Waldgut, Frauenfeld, CH

Irsigler F (1991) Bündelung von Energie in der mittelalterlichen Stadt. In: Herrmann B (Hrsg) Energieflüsse in Prähistorischen/Historischen Siedlungen und Gemeinschaften. Saeculum 42:308–318

Irwin C (1989) The sociocultural biology of Netsilingmiut female infanticide. In: Rasa A, Vogel C, Voland E (Hrsg) The sociobiology of sexual and reproductive strategies. Chapman & Hall, London, S 234–264

Issar A, Zohar M (2004) Climate change – environment and civilization in the Middle East. Springer, Berlin

Jablonka E, Lamb M (2007) The expanded evolutionary synthesis – a response to Godfrey-Smith, Haig, and West-Eberhard. Biology and Philosophy 22:453–472

Jakubowski-Tiessen M (1992) Sturmflut 1717: die Bewältigung einer Naturkatastrophe in der frühen Neuzeit. Oldenbourg, München

Jakubowski-Tiessen M (2010) Die Auswirkungen der „Kleinen Eiszeit" auf die Landwirtschaft: Die Krise von 1570. Zeitschrift für Agrargeschichte und Agrarsoziologie 58:31–50

Jakupi A, Steinsiek P, Herrmann B (2003) Early maps as stepping stones for the reconstruction of historic ecological conditions and biota. Naturwissenschaften 90:360–365

Jockenhövel A (Hrsg) (1996) Bergbau, Verhüttung und Waldnutzung im Mittelalter. Vierteljahresschrift für Sozial- und Wirtschaftsgeschichte, Beihefte 121

Jungclaus J, Lorenz S, Timmreck C, Reick C, Brovkin V, Segschneider J, Gioretta M, Crowley T, Pongratz J, Krivova N, Solanski S, Klocke D, Botzet M, Esch M, Gayler V, Haak H, Raddatz T, Roeckner E, Schnur R, Widmann H, Claussen M, Stevens B, Marotzke J (2010) Climate and carbon-cycle variability over the last millenium. Climate of the Past 6:723–737

Kahl W, Voßkuhle A (Hrsg) (1998) Grundkurs Umweltrecht. Einführung für Naturwissenschaftler und Ökonomen. Spektrum Akademischer Verlag, Heidelberg

Kaiser O, Delsmann W (Hrsg) (1993/1994) Texte aus der Umwelt des Alten Testaments, Bd III/4, S 623. Gerd Mohn, Gütersloh

Kaiser R (1992) Die Erde ist uns heilig. Die Reden des Chief Seattle und anderer indianischer Häuptlinge. Herder, Freiburg

Kaplan J, Krumhardt K, Ellis E, Ruddiman W, Lemmen C, Klein Goldeweijk K (2011) Holocene carbon emissions as a result of anthropogenic land cover change. The Holocene 21:775–791

Kendal J, Tehrani J, Odling-Smee J (2011) Human niche construction in interdisciplinary focus. Philosophical Transactions of the Royal Society B 366(1566):785–792

Kettner B (1972) Flussnamen im Stromgebiet der oberen und mittleren Leine. Bösendahl, Rinteln

Kinzelbach R (1995) Der Seidenschwanz Bombycilla garrulous (Linnaeus 1758), in Mittel- und Südeuropa vor dem Jahr 1758. Kaupia Darmstädter Beiträge zur Naturgeschichte 5:1–62

Kinzelbach R (1999) Was ist Kulturzoologie? Paradigmen zur Koevolution von Mensch und Tier. Beiträge zur Archäozoologie und Prähistorischen Anthropologie 2:11–20

Kiple K (Hrsg) (1993) The Cambridge world history of human disease. Cambridge Univ Press, Cambridge

Kloepfer M (Hrsg) (1995) Schübe des Umweltbewußtseins und der Umweltrechtsentwicklung. Economia, Bonn

Kloepfer M, Franzius C, Reinert S (1994) Zur Geschichte des deutschen Umweltrechts. Schriften zum Umweltrecht. Bd 50. Duncker & Humblot, Berlin

Klose J (2005) Aspekte der Wertschätzung von Vögeln in Brandenburg: zur Bedeutung von Artenvielfalt vom 16. bis zum 20. Jahrhundert. Cuvillier, Göttingen

Koepke N, Baten J (2005) The biological standard of living in Europe during the last two millennia. European Review of Economic History 9:61–95

Komlos J (2010) The biological standard of living in the West in the 17th and 18th centuries. In: Economic and biological interactions in pre-industrial Europe from the 13th to the 18th century. Fondazione Istituto Internazionale di Storia Economica „F. Datini“ Prato. Atti della „Quarantunesima Settimana die Studi“ 26–30 aprile 2009. Firenze Univ Press, Florenz, S 517–530

König W, Weber W (1997) Netzwerke, Stahl und Strom. In: 1840 bis 1914. Propyläen Technikgeschichte, Bd 4. Propyläen, Berlin

Konold W (1996) Naturlandschaft – Kulturlandschaft. Die Veränderung der Landschaften nach der Nutzbarmachung durch den Menschen. Ecomed, Landsberg

Kraatz H (1975) Die Generallandvermessung des Landes Braunschweig von 1746–1784. Ihre Ziele, Methoden und Techniken und ihre flurgeographische Bedeutung. Forschungen zur niedersächsischen Landeskunde Bd 104

Krahe H (1954) Alteuropäische Flußnamen. Beiträge zur Namenforschung 5:201–220

Kreeb K (1979) Ökologie und menschliche Umwelt. Fischer, Stuttgart

Krenkel P (1953) Paulus Niavis, Iudicium Iovis oder Das Gericht der Götter über den Bergbau. Ein literarisches Dokument aus der Frühzeit des deutschen Bergbaus. Freiberger Forschungshefte. Bd D3. Akademie, Berlin

Kroeber A (1944) Configurations of culture growth. Univ of California Press, Berkeley

Krünitz J (ab 1773) Ökonomische Enzyklopädie oder allgemeines System der Staats-,Stadt-, Haus- und Landwirthschaft in alphabetischer Ordnung. (hier zitiert nach der Online-Version unter http://www.kruenitz1.uni-trier.de/)

Kruse U (2012) Der Natur-Diskurs in Hausväterliteratur und volksaufklärerischen Schriften vom späten 16. zum frühen 19. Jahrhundert. Dissertation Philosophische Fakultät Georg August Universität Göttingen

Kuhn T (1969) Die Struktur wissenschaftlicher Revolutionen. Suhrkamp, Frankfurt/M. (hier zitiert nach der zweiten revidierten Auflage 1969, 14. Nachdruck 1997)

Kuper R, Kröpelin S (2006) Climate-Controlled Holocene Occupation in the Sahara: Motor of Africa's Evolution. Science 313:803–807

Larsen C (2006) The agricultural revolution as an environmental catastrophe: implications for health and lifestyle in the Holocene. Quarternary International 150:12–20

Laudert D (1998) Mythos Baum: Was Bäume uns Menschen bedeuten. BLV, München

Lauer G, Unger T (Hrsg) (2008) Das Erdbeben von Lissabon und der Katastrophendiskurs im 18. Jahrhundert. Wallstein, Göttingen

Lehmann H (1999) Die Krisen des 17. Jahrhunderts als Problem der Forschung. In: Jakubowski-Tiessen M (Hrsg) Krisen des 17. Jahrhunderts. Vandehoeck & Ruprecht, Göttingen, S 13–24

Lehmkuhl U (2007) Die Historisierung der Natur. Raum und Zeit als Kategorien der Umweltgeschichte. In: Herrmann B (Hrsg) Beiträge zum Göttinger Umwelthistorischen Kolloquium 2006–2006. Universitätsverlag Göttingen, S 117–139

Leiner R (2003) Erfassung und Modellierung der räumlichen und zeitlichen Überschwemmungsflächendynamik am Beispiel des nördlichen Oberrheins. Dissertation, Geographisches Institut, Universität Heidelberg

Le Roy Ladurie E (1978) Die Hungeramenorrhöe (17.–20. Jahrhundert). In: Imhof A (Hrsg) Biologie des Menschen in der Geschichte. Beiträge zur Sozialgeschichte der Neuzeit aus Frankreich und Skandinavien. Kultur und Gesellschaft, Bd 3. Frommann-Holzboog, Stuttgart, S 147–166

Lévi-Strauss C (1972) Das Kulinarische Dreieck. In: Gallas H (Hrsg) Strukturalismus als interpretierbares Verfahren. Luchterhand, Darmstadt, S 1–24

Lewis S, Maslin M (2015) Defining the Anthropocene. Nature 519:171–180

Leydecker G (1986) Erdbebenkatalog für die Bundesrepublik Deutschland mit Randgebieten für die Jahre 1000–1981. Geologisches Jahrbuch E(26):3–83

Livi-Bacci M (1992) A concise history of the world population. Blackwell, Cambridge MA

Lohrmann D (1979) Energieprobleme im Mittelalter: Zur Verknappung von Wasserkraft und Holz in Westeuropa bis zum Ende des 12. Jahrhunderts. Vierteljahresschrift für Sozial- und Wirtschaftsgeschichte 66:297–316

Lohrmann D (1995) Von der östlichen zur westlichen Windmühle. Beitrag zu einer ungelösten Frage. Archiv für Kulturgeschichte 77:1–30

Lohrmann D (2002) Lemma: Mühle, historisch. In: Reallexikon der germanischen Altertumskunde. Bd 20., S 281–287

Lovejoy A (1993) Die große Kette der Wesen. Suhrkamp, Frankfurt/M.

Lübbe H (1986) Ökologische Probleme im kulturellen Wandel. In: Lübbe H, Ströker E (Hrsg) Ökologische Probleme im kulturellen Wandel. Fink Schöningh, Paderborn, S 9–14

Ludwig K, Schmidtchen V (1997) Metalle und Macht. In: 1000 bis 1600. Propyläen Technikgeschichte, Bd 2. Propyläen, Berlin

Luhmann N (1991) Soziologie des Risikos. De Gruyter, Berlin

Lummaa V (2003) Early developmental conditions and reproductive success in humans: downstream effects of prenatal famine, birthweight, and timing of birth. American Journal of Human Biology 15:39–379

Luy M (2002) Warum Frauen länger leben. Erkenntnisse aus einem Vergleich von Kloster- und Allgemeinbevölkerung. Materialien zur Bevölkerungswissenschaft. Bd 106. Bundesinstitut für Bevölkerungsforschung, Wiesbaden

Luy M (2004) Mortalitätsanalyse in der Historischen Demographie: Die Erstellung von Periodensterbetafeln unter Anwendung der Growth-Balance-Methode und statistischer Testverfahren. Schriftenreihe des Bundesinstituts für Bevölkerungsforschung. Bd 34. Verlag für Sozialwissenschaften, Wiesbaden

Mächtle B, Eitel B (2009) Holozäne Umwelt- und Kulturentwicklung in der nördlichen Atacama (mit einem Exkurs zum „Neodeterminismus-Paradigma"). Nova Acta Leopoldina NF 108(373):109–124

Maffi L, Woodley E (2010) Biocultural diversity conservation. A global sourcebook. Earthscan, London

Mann C (2005) 1491. New revelations of the Americas before Columbus. Knopf, New York

Marquardt B (2003) Umwelt und Recht in Mitteleuropa. Von den grossen Rodungen des Hochmittelalters bis ins 21. Jahrhundert. Zürcher Studien zur Rechtsgeschichte. Bd 51. Schulthess, Zürich (Habilitationsschrift Universität St. Gallen)

Martin P (2005) Twilight of the mammoths: ice age extinctions and the rewilding of America. Univ of California Press, Berkeley

Mayr E (1967) Artbegriff und Evolution. Parey, Hamburg

Mays L (2010) Ancient water technologies. Springer, Dordrecht

McCurdy S (1994) Epidemiology of disaster: the Donner Party. West J Med 160:338–342

McNamara R (1977) Vortrag über das Bevölkerungsproblem am Massachusetts Institute of Technology. Internationale Bank für Wiederaufbau und Entwicklung, Washington/DC

McNeil J, Winiwarter V (Hrsg) (2006) Soils and Societies. Perspectives from environmental history. White Horse, Isle of Harris

McNeill J (2010) Mosqito empires: ecology and war in the Greater Caribbean. Cambridge Univ Press, New York

Meadows D, Meadows D, Zahn E, Milling P (1973) Die Grenzen des Wachstums. Bericht des Club of Rome zur Lage der Menschheit. Rowohlt, Reinbeck

Medick H (1994) Mikro-Historie. In: Schulze W (Hrsg) Sozialgeschichte, Alltagsgeschichte, Mikro-Historie. Kleine Vandenhoeck-Reihe. Vandenhoeck & Ruprecht, Göttingen

Medick H (1997) Weben und überleben in Laichingen 1650–1900. Vandenhoeck & Ruprecht, Göttingen

Meuvret J (1946) Les crises de subsistances et la démographie de la France d'Ancien Regime. Population 1:643–650

Meyer G (1822) Die Verheerungen der Innerste im Fürstenthume Hildesheim nach ihrer Beschaffenheit, ihren Wirkungen und ihren Ursachen betrachtet, nebst Vorschlägen zu ihrer Verminderung und zur Wiederherstellung des versandeten Terrains. Heinrich Voigt, Hamburg (2 Teile)

Meyer T (1999) Natur, Technik und Wirtschaftswachstum im 18. Jahrhundert. Risikoperzeption und Sicherheitsversprechen. Cottbuser Studien zur Geschichte von Technik, Arbeit und Umwelt. Bd 12. Waxmann, Münster

Meyers N, Mittermeier R, Mittermeier C, da Fonseca G, Kent J (2000) Biodiversity hotspots for conservation priorities. Nature 403:853–858

Michel P (2008) Physikotheologie. Ursprünge, Leistung und Niedergang einer Denkform. Neujahrsblatt auf das Jahr 2008. Herausgegeben von der Gelehrten Gesellschaft in Zürich (Nachfolgerin der Gesellschaft der Gelehrten auf der Chorherrenstube am Großmünster) vormals zum Besten des Waisenhauses. 171. Stück. Als Fortsetzung der Neujahrsblätter der Chorherrenstube Nr. 229. Editions à la Carte, Zürich

Mieck I (1997) Die Anfänge der Dampfmaschinen-Überwachung in Preußen. In: Fischer W (Hrsg) Wirtschaft im Umbruch. Scripta Mercaturae, St. Katharinen, S 7–25

Mildenberger F, Herrmann B (Hrsg) (2014) Uexküll – Umwelt und Innenwelt der Tiere. Springer, Berlin

Millenium Ecosystem Assessment (2005) Ecosystems and human well-being: synthesis. Island Press, Washington, DC. http://www.maweb.org/documents/document.356.aspx.pdf

Mintz S (1987) Die süße Macht. Kulturgeschichte des Zuckers. Campus, Frankfurt/M.

Mithen S (1990) Thoughtful foragers. A study of prehistoric decision making. Cambridge Univ Press, Cambridge

Mols R (1979) Die Bevölkerung Europas. In: Cipolla C, Borchardt K (Hrsg) Sechzehntes und siebzehntes Jahrhundert. Europäische Wirtschaftsgeschichte, Bd 2. Fischer, Stuttgart, S 5–49

Moran E (2008) Human adaptability. An introduction to ecological anthropology, 3. Aufl. Westview, Boulder

Münch P (Hrsg) (1998) Tier und Menschen. Geschichte und Aktualität eines prekären Verhältnisses. Schöningh, Paderborn

Mumford L (1956) The natural history of urbanization. In: Thomas W (Hrsg) Man's role in changing the face of the earth. Univ of Chicago Press, Chicago, S 382–398

Museum Mensch und Natur (2011) Natur- und Kulturgeschichte der Paradiesvögel. Museum Mensch und Natur, Schloss Nymphenburg, München

Nagel T (1974) What is it like to be a bat? Philosophical Review 83:435–450

Nentwig W (2005) Humanökologie. Springer, Berlin

Nentwig W (2008) Humanökologie, 2. Aufl. Springer, Berlin

Netting R (1981) Balancing on an Alp: ecological change and continuity in a Swiss mountain community. Cambridge Univ Press, Cambridge

Neumann W (2004) Das Erdbeben und der Dobratschbergsturz von 1348 – Fehldeutungen und Plagiate. Carinthia I 194: 399–409

Oberholzner F (2012) Wahrnehmung und Bewältigung von Naturgefahren. Die Hagelversicherung in Deutschland seit der Frühen Neuzeit. Eine wirtschafts- und kulturhistorische Studie. Wirtschaftswiss. Dissertation, TU München

Obladen M (2011) Cats, frogs, and snakes: early concepts of neural tube defects. Journal of Child Neurology 26:1452–1461

Olson M (1968) Die Logik des kollektiven Handelns. Kollektivgüter und die Theorie der Gruppen. Mohr, Tübingen

Orians G (1980) Habitat selection: general theory and applications to human behaviour. In: Lockard S (Hrsg) The evolution of human social behaviour. Elsevier, New York, S 49–66

Orlob G (1973) Frühe und mittelalterliche Pflanzenpathologie. Pflanzenschutz-Nachrichten Bayer 6(2)

Ostritz S (2000) Untersuchungen zur Siedlungsplatzwahl im mitteldeutschen Neolithikum. Beier und Beran, Weißbach

Ostrom E (1990) Governing the Commons. The evolution of institution for collective action. Cambridge Univ Press, Cambridge (22. Aufl 2008)

Ostrom E (1999) Die Verfassung der Allmende. Jenseits von Staat und Markt. Mohr Siebeck, Tübingen

Padberg B (1996) Die Oase aus Stein. Humanökologische Aspekte des Lebens in mittelalterlichen Städten. Akademie, Berlin

Panagiotakopulu E, Skidmore P, Buckland P (2007) Fossil insect evidence for the end of the Western Settlement in Greenland. Naturwissenschaften 94:300–306

Parthier B (Hrsg) (2002) Wasser – essentielle Ressource und Lebensraum. Nova Acta Leopoldina NF 85(323)

Paulinyi A, Troitzsch U (1997) Mechanisierung und Maschinisierung. In: 1600 bis 1840. Propyläen Technikgeschichte, Bd 3. Propyläen, Berlin

Peschke E (Hrsg) (2011) Chronobiologie. Nova Acta Leopoldina 114, Nr. 389

Pfister C (1999) Wetternachhersage. Haupt, Bern

Pfister C (Hrsg) (2002) Am Tag danach. Zur Bewältigung von Naturkatastrophen in der Schweiz 1500–2000. Haupt, Bern

Pfister C (2007) Bevölkerungsgeschichte und Historische Demographie 1500–1800. Enzyklopädie Deutscher Geschichte. Bd 28. Oldenbourg, München (2. Aufl = unveränderter Nachdruck der 1. Aufl)

Pickavé M (Hrsg) (2003) Die Logik des Transzendentalen: Festschrift für Jan Aertsen zum 65. Geburtstag. De Gruyter, Berlin

Pongratz J, Caldeira K, Reick C, Claussen M (2011) Coupled climate-carbon simulations indicate minor global effects of wars and epidemics on atmospheric CO_2 between AD 800 and 1850. The Holocene 21:843–851

Popplow M (2004) Europa auf Achse. Innovationen des Landtransports im Vorfeld der Industrialisierung. In: Sieferle R, Breuninger H (Hrsg) Transportgeschichte im internationalen Vergleich. Europa – China – Naher Osten. Der Europäische Sonderweg, Bd 12. Stuttgart, S 87–154 (Eine Schriftenreihe der Breuninger Stiftung)

Popplow M (2010) Technik im Mittelalter. Beck, München

Porter T (1995) Trust in numbers. The pursuit of objectivity in science and public life. Princeton Univ Press, Princeton (hier zitiert nach der 2. Aufl 1996)

Poschlod P (2015) Geschichte der Kulturlandschaft. Ulmer, Stuttgart

Pringel H (2011) Did llama dung spur the rise of the Andean civilisation? Science Now, 20. May 2011

Pyne S (2001) Fire. A brief history. Univ of Washington Press, Seattle

Radkau J, Schäfer I (1987) Holz. Ein Naturstoff in der Technikgeschichte. Rowohlt, Reinbek

Radkau J (2000) Natur und Macht. Eine Weltgeschichte der Umwelt. Beck, München

Radkau J (2007) Hölzerne Pfade und Holzwege in die Kulturgeschichte. In: Fansa M, Vorlauf D (Hrsg) Holz-Kultur. Von der Urzeit bis in die Zukunft. Ökonomie und Ökologie eines Naturstoffs im Spiegel der Experimentellen Archäologie, Ethnologie, Technikgeschichte und modernen Holzforschung. Schriftenreihe des Landesmuseums für Natur und Mensch, Bd 47., S 39–51

Ramazzini B (1780–83) Abhandlungen von den Krankheiten der Künstler und Handwerker. Franzen & Grosse, Stendal (deutsche Erstausgabe seines erstmals 1700 erschienen Lehrbuchs)

Ratzel F (1901) Der Lebensraum. Eine biogeographische Studie. In: Festgabe für Albert Schäffle, S 101–189. Nachdruck der Wissenschaftlichen Buchgesellschaft Darmstadt, Reihe Libelli, Bd 146, Darmstadt 1966

Rau S, Studt B (Hrsg) (2010) Geschichte schreiben. Ein Quellen- und Studienhandbuch zur Historiographie (ca. 1350–1750). Akademie, Berlin

Rauck M (1983) Karl Freiherr Drais von Sauerbronn. Beiträge zur Wirtschafts- und Sozialgeschichte. Bd 24. Steiner, Wiesbaden

Reichholf J (2008) Warum die Menschen sesshaft wurden. Das größte Rätsel unserer Geschichte. Fischer, Frankfurt

Reischel G (1930) Wüstungskunde der Kreise Jerichow I und Jerichow II. Geschichtsquellen der Provinz Sachsen und des Freistaates Anhalt NR Bd 9

Reitz E, Shackley M (2012) Environmental Archaeology. Springer, New York

Rickard I, Holopainen J, Helama S, Helle S, Russel A, Lummaa V (2010) Food availability at birth limited reproductive success in historical humans. Ecology 91:3515–3525

Ritter J (1989) Landschaft. Zur Funktion des Ästhetischen in der modernen Gesellschaft (1963). In: Ritter J (Hrsg) Subjektivität. Bibliothek Suhrkamp. Frankfurt/M., S 105–140

Rodenwaldt E, Jusatz H (Hrsg) (1952–1962) Welt-Seuchen-Atlas: Weltatlas der Seuchenverbreitung und Seuchenbewegung. Falk, Hamburg

Rölling W (1991) Von der Quelle zur Karte. VCH Acta Humaniora, Weinheim

Rösener W (2010) Das Wärmeoptimum des Hochmittelalters. Beobachtungen zur Klima- und Agrarentwicklung des Hoch- und Spätmittealters. Zeitschrift für Agrargeschichte und Agrarsoziologie 58:13–30

Roseboom TJ, Painter RC, van Abeelen AF, Veenendaal MV, de Rooij SR (2011) Hungry in the womb: what are the consequences? Lessons from the Dutch famine. Maturitas 70:141–145

Ruddiman W (2005) Plows, plagues and petroleum. How humans took control of climate. Princeton Univ Press, Princeton

Saalfeld D (1983) Bevölkerungswachstum und Hungerkatastrophen im vorindustriellen Europa. In: Ehlers E (Hrsg) Ernährung und Gesellschaft. Bevölkerungswachstum – agrare Tragfähigkeit der Erde. Marburger Forum Philippinum. Wissenschaftliche Verlagsgesellschaft, Stuttgart, S 55–71

Schaefer M (2009) Wörterbuch der Ökologie. Spektrum, Heidelberg

Scheffer F, Schachtschnabel P (2010) Lehrbuch der Bodenkunde. Spektrum, Heidelberg

Schenk W (2011) Historische Geographie. Wissenschaftliche Buchgesellschaft, Darmstadt

Scherer-Lorenzen M, Elend A, Nöllert S, Schulze E-D (2000) Plant invasions in Germany: General aspects and impact of nitrogen deposition. In: Mooney HA, Hobbs RJ (Hrsg) Invasive species in a changing world. Island, Washington/DC, S 351–368

Scherzinger W (1996) Naturschutz im Wald. Qualitätsziele einer dynamischen Waldentwicklung. Ulmer, Stuttgart

Schlacke S (Hrsg) (2012) GK-BNatSchG Bundesnaturschutzgesetz. Heymanns, Köln

Schlumbohm J (Hrsg) (1998) Mikrogeschichte, Makrogeschichte. Komplementär oder inkommensurabel? Göttinger Gespräche zur Geschichtswissenschaft. Bd 7. Wallstein, Göttingen

Schmid B (2002) Reconceiling experiment and observation: the species richness – productivity controversy. Trends in Ecology and Evolution 17:113–114

Schmidt A (1999) „Wolken krachen, Berge zittern, und die ganze Erde weint ...". Zur kulturellen Vermittlung von Naturkatastrophen in Deutschland 1755 bis 1855. Waxmann, Münster

Schmidt M (2000) Hochwasser und Hochwasserschutz in Deutschland vor 1850. Eine Auswertung alter Quellen und Karten. Kommissionsverlag Oldenbourg, München (Hrsg: Harzwasserwerke Hildesheim)

Schmoll F (2004) Erinnerung an die Natur. Die Geschichte des Naturschutzes im deutschen Kaiserreich. Campus, Frankfurt/Main

Schönwiese C (1995) Klimaänderungen. Daten, Analysen, Prognosen. Springer, Berlin

Schuberg A (1928) Das gegenwärtige und frühere Vorkommen der Malaria und die Verbreitung der Anophelesmücken im Gebiet des Deutschen Reiches. In: Arbeiten aus dem Reichsgesundheitsamte (59), S 1–428

Schubert E (1986) Der Wald: wirtschaftliche Grundlage der spätmittelalterlichen Stadt. In: Herrmann B (Hrsg) Mensch und Umwelt im Mittelalter. DVA, Stuttgart, S 257–274

Schubert E (2002) Alltag im Mittelalter. Natürliches Lebensumfeld und menschliches Miteinander. Primus, Darmstadt

Schulze G (2010) Krisen. Vontobel Stiftung, Zürich

Schumann E, Herrmann B (2009) „Tiere sind keine Sachen" – Zur Personifikation von Tieren im mittelalterlichen Recht. In: Herrmann B (Hrsg) Beiträge zum Göttinger Umwelthistorischen Kolloquium 2008–2009. Universitätsverlag Göttingen, Göttingen, S 181–207

Schutkowski H (2006) Human Ecology. Biocultural adaptations in human communities. Springer, Berlin

Schwegler M (2002) „Erschröckliches Wunderzeichen" oder „natürliches Phänomenon"? Frühneuzeitliche Wunderzeichenberichte aus der Sicht der Wissenschaft. Bayerische Schriften zur Volkskunde. Bd 7. Institut für Volkskunde, München

Schweingruber F (1996) Tree rings and environment dendrochronology. Haupt, Berne

Schweingruber F (2007) Wood structure and environment. Springer, Berlin

Scott S, Duncan C (2001) Biology of plagues. Evidence from historical populations. Cambridge Univ Press, Cambridge

Seaward M, Letrouit-Galinou M (1991) Lichen recolonization of trees in the Jardin du Luxembourg, Paris. Lichenologist 23:181–186

Serres M (1993) Die fünf Sinne. Eine Philosophie der Gemenge und Gemische. Suhrkamp, Frankfurt

Sieferle R (2002) Unsicherheit, Risiko und Ruinvermeidung. In: Winiwarter V, Wilfing H (Hrsg) Historische Humanökologie. Interdisziplinäre Zugänge zu Menschen und ihrer Umwelt. Facultas, Wien, S 151–196

Sieferle R (2003) Nachhaltigkeit in universalhistorischer Perspektive. In: Siemann W (Hrsg) Umweltgeschichte. Themen und Perspektive. Beck, München, S 39–60

Sieferle R (2004) Transport und Wirtschaftliche Entwicklung. In: Sieferle R, Breuninger H (Hrsg) Transportgeschichte im internationalen Vergleich. Europa – China – Naher Osten. Der Europäische Sonderweg, Bd 12. Stuttgart, S 5–44 (Eine Schriftenreihe der Breuninger Stiftung)

Sieferle R (2010) Lehren aus der Vergangenheit. Externe Expertise für das WBGU-Hauptgutachten „Welt im Wandel: Gesellschaftsvertrag für eine Große Transformation". WBGU, Berlin (verfügbar im Internet www.wbgu.de/veroeffentlichungen)

Sieferle R, Krausmann F, Schandl H, Winiwarter V (2006) Das Ende der Fläche. Zum gesellschaftlichen Stoffwechsel der Industrialisierung. Böhlau, Köln

Sieglerschmidt J (2006) Lemma Erde. In: Enzyklopädie der Neuzeit. Metzler, Stuttgart

Sieglerschmidt J (2008) Lemma Landschaft. Enzyklopädie der Neuzeit. Bd 7. Metzler, Stuttgart

Siemann W, Freytag N (2003) Umwelt – eine geschichtswissenschaftliche Grundkategorie. In: Siemann W (Hrsg) Umweltgeschichte. Themen und Perspektiven. Beck, S 7–20 (Beck'sche Reihe)

Smith B (1995) The emergence of agriculture. Scientific American Library, New York

Smith C (1978) An historical geography of Western Europe before 1800. Longman, London

Smith TM, Smith RL (2009) Ökologie. Pearson Studium, München

Smith V (1992) Arbitrary values, good causes, and premature verdicts. Journal of Environmental Economics and Management 22:71–98

Stagl J (2008) Zur menschlichen Natur. Bekenntnisse eines Essentialisten. Paragrana 17:44–55

Stanzel F (1998) Europäer: Ein imagologischer Essay. Winter, Heidelberg

Stearns SC (2000) Life history evolution: success, limitations, and prospects. Naturwissenschaften 87:476–486

Stebbins S (1980) Maxima in minimis. Zum Empirie- und Autoritätsverständnis in der physikotheologischen Literatur der Frühaufklärung. Lang, Frankfurt/M.

Steinsiek P, Laufer J (2012) Quellen zur Umweltgeschichte in Niedersachsen vom 18. bis zum 20. Jahrhundert. Ein thematischer Wegweiser durch Bestände des Niedersächsischen Landesarchivs. Vandenhoeck & Ruprecht, Göttingen

Steward J (1949) Cultural causality and law, a trial formulation of the development of early civilizations. American Anthropologist 51:1–27

Stiftung Naturschutzgeschichte (Hrsg) (ab 2003) Reihe „Geschichte des Natur- und Umweltschutzes". Campus, Frankfurt/Main

Stolberg M (1994) Ein Recht auf saubere Luft? Umweltkonflikte am Beginn des Industriezeitalters. Harald Fischer, Erlangen

Stothers R (1996) The great dry fog of 1783. Climatic Change 32:79–89

Strasser S (1999) Waste and want. A social history of trash. Henry Holt, New York

Stühring C (2011) Der Seuche begegnen: Deutung und Bewältigung von Rinderseuchen im Kurfürstentum Bayern des 18. Jahrhunderts. Lang, Frankfurt/M.

Süssmilch J (1741) Die göttliche Ordnung in den Veränderungen des menschlichen Geschlechts aus der Geburt, Tod, und Fortpflanzung desselben. Spener, Berlin

Sukopp H, Wittig R (1993) Stadtökologie. Fischer, Stuttgart

Taylor L, Latham S, Woolhouse M (2001) Risk factors for human disease emergence. Philosophical Transactions of the Roy Soc London B 356:983–989

Thomas K (1984) Man and the natural world. Changing attitudes in England 1500–1800. Penguin, London

Thommen L (2009) Umweltgeschichte der Antike. Beck, München

Thorndike L (1958) A history of magic and experimental science. Bd 8. Columbia Univ Press, New York

von Thünen H (1826) Der isolirte Staat in Beziehung auf Landwirthschaft und Nationalökonomie, oder Untersuchungen über den Einfluss, den die Getreidepreise, der Reichthum des Bodens und die Abgaben auf den Ackerbau ausüben. Perthes, Hamburg

von Tilzer M (2009) The Fifth Element: on the emergence and proliferation of life on earth. In: Herrmann B, Dahlke C (Hrsg) Elements – Continents. Approaches to determinants of environmental history and their reifications. Nova Acta Leopoldina NF 98(360):79–108

Töpfer K (2013) Nachhaltigkeit im Anthropozän. Nova Acta Leopoldina NF 117(398):31–40

Topitsch E (1971) Sprachlogische Probleme der sozialwissenschaftlichen Theoriebildung. In: Topitsch E (Hrsg) Logik der Sozialwissenschaften. Kiepenheuer & Witsch, Köln, S 17–36

Udolph J (2011) Umwelt, Fauna, Flora und Bodengestalt im Lichte von Flur- und Gewässernamen. In: Herrmann B (Hrsg) Beiträge zum Göttinger Umwelthistorischen Kolloquium 2010–2011. Universitätsverlag Göttingen, Göttingen, S 217–233

von Uexküll JJ (1909) Umwelt und Innenwelt der Tiere. Springer, Berlin

Umweltbundesamt (Hrsg) (1998) Leitfaden Erkundung ehemaliger Gerbereistandorte. Federführung: Landesamt für Natur und Umwelt des Landes Schleswig-Holstein, Abt. Geologie/Boden, Dez. Altlasten. Im Auftrage des BMBF, Bonn

Veblen T (2007) Theorie der feinen Leute. Eine ökonomische Untersuchung der Institutionen. Fischer, Frankfurt/M.

Vierhaus R (1978) Zum Problem historischer Krisen. In: Faber K, Meier C (Hrsg) Historische Prozesse. Theorie der Geschichte. Beiträge zur Historik, Bd 2., dtv Wissenschaftliche Reihe, München, S 313–329

Voland B (1987) Die historischen Wurzeln der Umweltgeochemie und der geochemischen Ökologie in der DDR. Freiberger Forschungshefte (D 178):36–74 (VEB Deutscher Verlag für Grundstoffindustrie)

Voland E (1989) Differential parental investment: some ideas on the contact area of European social history and evolutionary biology. In: Standen V, Foley R (Hrsg) Comparative socioecology. The behavioural ecology of humans and other mammals. Blackwell, Oxford, S 391–403

Voland E (2009) Soziobiologie. Die Evolution von Kooperation und Konkurrenz. Spektrum, Heidelberg

de Vries J, van der Woude A (1997) The first modern economy: success, failure, and perseverance of the Dutch economy 1500–1815. Cambridge Univ Press, Cambridge

Wagner G (Hrsg) (2007) Einführung in die Archäometrie. Springer, Berlin

Warnke M (1992) Politische Landschaft: zur Kunstgeschichte der Natur. Hanser, München

Wasson R, Galloway R (1986) Sediment yield in the Barrier Range before and after European settlement. The Australian Rangeland Journal 8:79–90

WBGU (2000) Wissenschaftlicher Beirat der Bundesregierung Globale Umweltveränderungen. Jahresgutachten 1999: Welt im Wandel, Erhaltung und nachhaltige Nutzung der Biosphäre. Springer, Berlin

Weber M (1919) Wissenschaft als Beruf. In: Winkelmann J (Hrsg), Gesammelte Aufsätze zur Wissenschaftslehre. UTB Mohr, Tübingen, S 582–613

Weeber KW (1990) Smog über Attika. Umweltverhalten im Altertum. Artemis, Zürich

Weichselgartner J (2001) Naturgefahren als soziale Konstruktion. Eine geographische Beobachtung der gesellschaftlichen Auseinandersetzung mit Naturrisiken. Math.-Nat. Dissertation, Universität Bonn

Weiss K (1973) Demographic models for anthropology. Memoirs of the Society for American Archaeology No 47. American Antiquity 38 (2,2)

Weissenbacher M (2009) Sources of power: how energy forges human history. Praeger, Santa Barbara

White L (1943) Energy and the evolution of culture. American Anthropologist 45:335–356

White L (1967) The historical roots of our ecologic crisis. Science 155:1203–1207

Wilson EO (Hrsg) (1992) Ende der Biologischen Vielfalt? Der Verlust von Arten, Genen und Lebensräumen und die Chancen für eine Umkehr. Spektrum Akademischer Verlag, Heidelberg [u. a.] (deutsche Übersetzung der Amerikanischen Originalausgabe von 1988)

Winiwarter V (1999) Böden in Agrargesellschaften: Wahrnehmung, Behandlung und Theorie von Cato bis Palladius. In: Sieferle R, Breuninger H (Hrsg) Natur-Bilder. Wahrnehmungen von Natur und Umwelt in der Geschichte. Campus, Frankfurt/M., S 181–221

Wissenschaftlicher Beirat der Bundesregierung (1999) Welt im Wandel: Strategien zur Bewältigung globaler Umweltrisiken. (Jahresgutachten 1998). Springer, Berlin

Wittfogel K (1956) The hydraulic civilizations. In: Thomas L (Hrsg) Man's role in changing the face of the earth. Univ of Chicago Press, Chicago, S 152–164

Wolfe N, Dunavan C, Diamond J (2007) Origins of major human infectious diseases. Nature 447:279–283

Wollasch J (1988) Konventsstärke und Armensorge in mittelalterlichen Klöstern. Zeugnisse und Fragen. Saeculum 39:184–199 (zugleich: Herrmann B, Sprandel R (Hrsg) Die Bevölkerungsentwicklung des europäischen Mittelalters. Das wirtschaftsgeographische und kulturelle Umfeld)

Wolter C, Bischoff A, Wysujack K (2005) The use of historical data to characterize fish-faunistic reference conditions for large öowland rivers in northern Germany. Large Rivers 15(1–4) (Archiv für Hydrobiologie Suppl 155/1–4: 27–51)

Worster D (1979) Dust Bowl. The southern plains in the 1930 s. Oxford Univ Press, Oxford (hier zitiert nach der 25th anniversary edn 2004)

Yakir D (2011) The paper trail of the 13 C of atmospheric CO_2 since the industrial revolution period. Environmental Research Letters 6. 034007 (4pp) doi:10.1088/1748-9326/6/3/034007

de Zeeuw J (1978) Peat and the Dutch golden age. The historical meaning of energy-attainability. Afdeling Agrarische Geschiedenes Bijdragen 21:3–31

Zentralstelle für die Landwirtschaft (Hrsg) (1902) Die Landwirtschaft in Württemberg. Kohlhammer, Stuttgart

Zinsser H (1949) Ratten, Läuse und die Weltgeschichte. Hatje, Stuttgart

Zwierlein C (2011) Der gezähmte Prometheus. Feuer und Sicherheit zwischen Früher Neuzeit und Moderne. Vandenhoeck & Ruprecht, Göttingen

Zusammenführender Hauptabschnitt

4

Vorbemerkung
Diese „Einführung" enthält, neben der abstrakten Belehrung, in diesem Hauptabschnitt auch Beispiele für thematische Umsetzungen. Ihre Funktion besteht ausschließlich in der Veranschaulichung, wie konkrete Themen bei Fokussierung der umwelthistorischen Grundelemente behandelt werden und dadurch umwelthistorische Arbeiten entstehen *können*. Der Veranschaulichung dienen drei Beispiele, deren jedes thematisch zentrale Aspekte in der Umweltgeschichte vertritt. Weitere Beispiele in Herrmann (2011). Selbstverständlich sind die Beispiele nicht dogmatisch zu verstehen, sondern repräsentieren mögliche unterschiedliche Facetten des umwelthistorischen Zugangs zu den im 3. Hauptabschnitt genannten Grundelementen.

Das erste Beispiel
behandelt eine Umgestaltung von Landschaft und ihren Ausbau. Der produzierende Mensch ist an jedem Ort der Welt, an dem er Landwirtschaft praktizieren will, gezwungen, die Landschaft nach den örtlich spezifischen Erfordernissen der landwirtschaftlichen Produktion und zur Bedürfnisdeckung der Menschen zu verändern. Künftig einen Ungunstraum als Wirtschafts- und Siedlungsraum nutzen zu wollen, wie eine saisonal überschwemmte Flussaue, setzt nicht nur die Umwandlung der Auenlandschaft voraus. Sie ist auch notwendig mit einer vorherigen Abwägung von Chancen und Risiken verbunden. Den Chancen auf relativ hohe landwirtschaftliche Erträge stehen die Risiken der Bedrohung durch Hochwasser gegenüber. Werden die Risiken für kalkulierbar gehalten, beginnt die Umwandlung. Es ist selbstverständlich, dass verstetigte Landwirtschaft mit verstetigtem Aufwand zur Kolonisierung von Natur erkauft werden muss. (Der Landmann muss in Mitteleuropa ständig gegen den aufkommenden Baumwuchs vorgehen, in Vorderasien ständig gegen die Desertifikation, im Nassfeldreisbau ständig die Wasserversorgung und die Terrassen sichern usw.). Im Beispiel der Flussaue kann gegen das Risiko nicht durch gleich bleibenden Arbeitsaufwand versichert werden, der Zusatzaufwand zur Abwendung des Risikos wächst. Da die autonomen naturalen Prozesse in der Regel eine

B. Herrmann, *Umweltgeschichte*, DOI 10.1007/978-3-662-48809-6_4

gewisse Nachlaufeigenschaft aufweisen, können die erforderlichen Zusatzaufwendungen häufig auf die nachfolgenden Generationen abgeschoben werden. Damit werden solche Transformationsprozesse im Kern zu endlosen Unternehmungen, wie das Beispiel der Oderbruch-Melioration zeigt.

Das zweite Beispiel
handelt von drei Organismen, die eine in Globalisierung befindliche Welt in Europa aufeinandertreffen lässt. Die Kartoffel, ursprünglich südamerikanischer Herkunft, brachte zunächst die Aussicht auf Überwindung der immer wieder auftretenden Hungersnöte in Europa. Zu dem bis dahin unersetzlichen Getreide war mit der Kartoffel ein alternatives Grundnahrungsmittel gefunden. Bald schon wurde die Kartoffel durch eine rätselhafte Krankheit bedroht. Erste Ernteausfälle ließen bereits ab dem 18. Jahrhundert in Irland lokale Hungersnot ausbrechen. Als die Krankheit 1845 nahezu in ganz Europa auftrat, waren die Folgen überall, aber besonders schlimm in Irland, zu spüren. Nachdem aufgeklärt war, dass die Krankheit durch einen Pilz verursacht wurde, konnte ab 1888 die „Bordeauxbrühe" als erstes wirksames Fungizid eingesetzt werden. Doch war diese Entwicklung überschattet von einer sich zwischenzeitlich abzeichnenden neuen Bedrohung. Von den Rocky Mountains Nordamerikas verbreitete sich ein Käfer, der die Kartoffelpflanzen abfraß: es wuchsen keine Knollen mehr. Dem Käfer gelang es 1875, mit den Schiffen von Amerika nach Europa zu reisen. Hier konnte er erfolgreich abgewehrt werden, aber 1922 gelang ihm die Bildung eines Brückenkopfes in Frankreich. Damit begann sein langer Marsch nach Osten, und heute hat der Kartoffelkäfer die Welt umrundet. Das hätte er nie gekonnt, hätten europäische Auswanderer die Kartoffel nicht vor seiner Haustür gepflanzt. Die Kartoffel war zunächst ein Segen für hungernde und arme Europäer. Mehr noch, die Kartoffel hielt viele Menschen vor allem der ärmeren Bevölkerungsteile am Leben, in einem sehr unmittelbaren, kalorischen Sinne verdankten sie es ihr sogar. Doch die Verbindung der drei Organismen durch menschliche Handlung bei Unkenntnis ökologischer Grundprinzipien ließ viele Menschen Auskommen oder Leben verlieren.

Das dritte Beispiel
wendet sich zunächst der Betrachtung eines Bildes zu, das zu den bemerkenswerten Werken zeitgenössischer Kunst zählt. Der Maler stellt scheinbar den Fall der historischen Superabundanz der Nordamerikanischen Wandertaube dar. Doch schnell wird klar, dass er den Betrachter eindringlich auffordert, sich über bestimmte seiner Verhältnisse zur Natur im Klaren zu werden. Beim Betrachten von Kunst werden die emotionale Seite der Beziehung des Menschen zur Natur und ihr Gehalt an Symbolik leicht freigelegt [„Schön ist an der Natur, was als mehr erscheint, denn was es buchstäblich an Ort und Stelle ist." (Th. Adorno)]. Das Beispiel wird deshalb besonders komplex, weil die zugrunde liegende Superabundanz ihrerseits gar nicht, wie von den meisten und auch vom Künstler angenommen, einen paradiesischen Urzustand abbildet, sondern paradoxerweise das Ergebnis des devastierenden Einflusses der europäischen Siedler ist. Das häufig zu hörende Lamen-

to, wonach es „früher von allem mehr gegeben hat", ist nicht nur mit Vorsicht zu genießen, es muss sowieso korrigiert werden: sicher ist nur, dass es früher von allem *andere* Häufigkeiten gegeben hat. Ob das *mehr* oder *weniger* waren, ist jeweils sorgfältig zu prüfen.

4.1 Die friderizianische Melioration des Oderbruchs

Das „Oderbruch" ist eine Landschaft auf der westlichen Flussseite in der Aue der Oder nördlich von Frankfurt. Unter dem preußischen König Friedrich II wurde eine weitreichende Transformation dieser Landschaft eingeleitet. Das Wort „Bruch" bezeichnet allgemein einen feuchten Wiesengrund, der betreten und beweidet werden kann, und gibt einen Hinweis auf die Beschaffenheit der Landschaft seit alters her (Abb. 4.1a,b). Heute handelt es sich jedoch nur noch um einen historischen Gebietsnamen. Die friderizianische Melioration war nicht der erste Eingriff in die Landschaft. Es gab bereits kleinere spätmittelalterliche und neuzeitliche Wasserbaumaßnahmen auf einzelnen Grundherrschaften. Er war aber der erste Eingriff mit landschaftsprägenden Folgen, mit bis heute anhaltenden Folgen und Nebenfolgen. (Das Kapitel greift zurück auf Herrmann 2006 und Herrmann und Kaup 1997: dort weiterführende Hinweise und Quellenangaben; vgl. auch Blackbourne 2007.)

Die Talaue weitet sich nördlich von Frankfurt allmählich, bis sie vom querliegenden Riegel der Neuenhagener Landzunge bei Bad Freienwalde abgeschlossen wird. Die Landzunge zwang den Oderverlauf zu einer nach Westen gerichteten Schleife (Abb. 4.1c). Der nördliche Teil dieser Oderaue, das Niedere Oderbruch zwischen Küstrin und Bad Freienwalde, erhielt seinen heutigen Charakter durch die friderizianische Bodenverbesserungsmaßnahme (Melioration) zwischen 1747 und 1753. Dieser Landschaftsteil wurde seitdem,

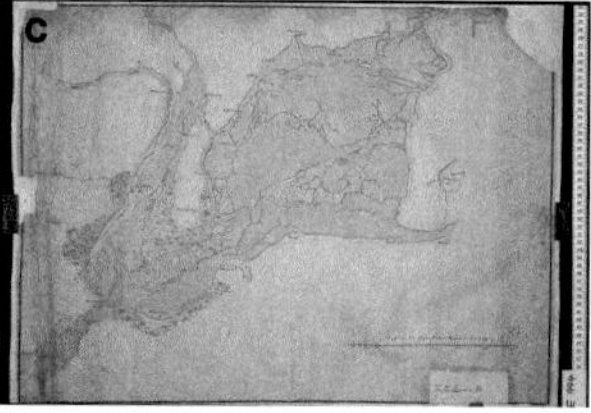

Abb. 4.1 **a** Verzweigungen des Oderlaufs mit Stand- und Fließgewässern und dauerhaft bewachsenen Inundationsflächen (bei Lebus, 1996, in östlicher Blickrichtung). Modellandschaftstyp für die Weide- und Fischwirtschaft im Niederen Oderbruch vor der Melioration; **b** Inundationswiesen bei Crieven (Naturpark Unteres Odertal, 1996). Beide Landschaftsbilder entsprechen dem Typus, über den 1746 eine Planungskarte erstellt wurde; **c** Planungskarte, 1746; Nordrichtung: *links*. Die Karte erfasst die vom Oder-Hauptarm eingeschlossenen Wasser- und Wiesenflächen zwischen Wriezen und Bad Freienwalde – einen erheblichen Teil des Meliorationsareals. Von Ost nach West schiebt sich die Neuenhagener Landzunge als natürliches Hindernis in die Süd-Nord-verlaufende Oder-Aue. In die Planungskarte ist bereits die Lage für den beabsichtigten Kanaldurchstich an der schmalsten Stelle der Landzunge eingezeichnet

zusammen mit den südlichen Teilen des Oderbruchs, dem Oberen Oderbruch, der bereits länger landwirtschaftlich genutzt wurden, kontinuierlich zu einer intensiv genutzten Agrarzone transformiert. Insbesondere die Gegend um Seelow ist seit dem 19. Jahrhundert bis heute das „Gemüsebeet" Berlins. Hingegen hat die bis ins 18. Jahrhundert vor allem im nördlichen Abschnitt dominierende Fischwirtschaft praktisch keine Bedeutung mehr. Die Umgestaltung des Niederen Oderbruchs ist von Theodor Fontane in den „Wanderungen durch die Mark Brandenburg" (Das Oderbruch) in heimatkundlicher Weise nacherzählt worden.

Historischer Vorläufer der Meliorationsmaßnahme war in Preußen die Drainage des Havelländischen Luchs (zwischen 1718 und 1724) unter Friedrich Wilhelm I, die zeitgenössisch als „erfolgreich" betrachtet wurde. Immerhin war es danach möglich, das Vieh dauerhaft auf die Weiden schicken zu können, ohne befürchten zu müssen, dass es im sumpfigen Untergrund versank. Die Drainage führte zu anderen Pflanzengesellschaften, die der Fütterung zuträglicher waren. Es wurden einzelne Domänen und ein königlicher Molkerei-Musterbetrieb mit Lehrmöglichkeiten angelegt. Weitere erhebliche Meliorationsprojekte Preußens durch großflächige Drainagemaßnahmen betrafen das Netze-Warthe-Bruch (1765–1775, mit Ansiedlung von ca. 15.000 Kolonisten) und Ostpreußen, hier vor allem durch Fortsetzung der bereits im Mittelalter begonnenen wasserbaulichen Maßnahmen an Weichsel und Memel.

Die Melioration des Niederen Oderbruchs ist eines der frühesten neuzeitlichen Beispiele für großmaßstäbliche Flusskanalisierung und Landschaftsumbau in Deutschland und ein Beispiel für die Langzeitfolgen einer Landschaftsgestaltung durch menschlichen Eingriff. Die friderizianische Oderregulierung ist zeitlicher Vorläufer und wohl auch Vorbild anderer großer Regulierungsprojekte in Europa (Theiß ab 1754; Niederrhein ab den 1760er, Donau ab Mitte der 1770er Jahre) und die spätere „Rektifikation", die Begradigung, des Rheins durch Tulla, der seinerseits bereits Erfahrungen bei Schweizer Flussregulierungen gesammelt hatte.

Abb. 4.2 **a** Blick über seit 1747 gewonnene Ackerfluren bei Mädewitz (1995); im *Bildmittelgrund* Deich an der Alten Oder, im *Hintergrund* die Höhenstufe des glazialen Barnim; **b** Blick von der Neuenhagener Landzunge nach Südost auf ganzjährig nutzbares Grünland und Weideflächen, im *Hintergrund* die Oder (1996). Der Charakter als Parklandschaft ist Folge der Weidetätigkeit der Tiere. Aufkommende Gehölze werden verbissen, bis im Inneren eines Gebüschmantels ein Baum aufwächst, der seinerseits nicht verbissen wird (Baumart abhängig von Weidetierart). Mit dem Aufwachsen dunkelt er den Gebüschmantel weg und steht schließlich als Solitärbaum in einer Landschaft ktenogenen Ursprungs (griech. *ktenos* = Nutztier)

Wie diese Oder-Landschaft einst ausgesehen haben mag, lassen einzelne Parzellen bei Lebus zur Zeit der Adonisröschenblüte (*Adonis vernalis*) und Prospekte des Naturparks „Unteres Odertal" erahnen. Authentisch sind jedoch auch diese beiden Areale nicht mehr (Abb. 4.1a,b). Einen Eindruck vom gegenwärtigen Aussehen der gewonnenen Ackerfluren vermittelt Abb. 4.2a,b.

4.1.1 Umwelthistorische Einordnung

Geomorphologisch ist das Oderbruch ein urstromtalgeführtes, gleichsam natürliches Rückhaltebecken für die Frühjahrs- und Sommer-Hochwasser, die typisch für die europäischen Tieflandströme sind. Mit dem Hochwasser ist der Eintrag fruchtbarer Sedimente verbunden, sodass im Oderbruch die überhaupt höchste Bodenfruchtbarkeit in der Mark Brandenburg vorliegt. Da der südlichere Teil des Geländes etwas höher liegt, konnte hier von alters her Landwirtschaft betrieben werden (vgl. Planungskarte Abb. 4.3). Der nördlichere Teil war durch geringere Geländehöhe und zahlreiche Wasserflächen stärker hochwassergefährdet, sodass sich eine ackerbauliche Nutzung nicht anbot. Möglicherweise gab es vor der seit dem Hohen Mittelalter zunehmenden Vernässung ursprünglich auch hier eine Siedlungsdichte vergleichbar der im Oberen Oderbruch. Herausgestellt wird in der historiographischen Literatur vor allem die Sorge des Landesvaters um seine Untertanen, denen die jährlich regelmäßig auftretenden Frühjahrs- und Sommer-Hochwasser schlimm zusetzten. Tatsächlich war Hochwasserschutz nur zwingende Folge zweier anderer, prioritärer Ziele der Maßnahme.

Abb. 4.3 Planungskarte Oderbruch, Kulturzustand von 1748. Vor der Melioration konzentrierten sich die Ackerflächen zwischen Küstrin und dem südlicheren Seelow. *Durchgezogene blaue Linie*: alter Oderverlauf. Die *Pfeile* markieren Anfang (*rechter Pfeil*) und Mündung (*linker Pfeil*) des projektierten Kanals, dessen Verlauf als *dünne Linie* neben der etwas *dickeren braunen Linie* eingezeichnet ist, die einen Deichverlauf angibt. Nachzeichnung von 1795

Mit der Trockenlegung der Region wurde 1747 begonnen. Hierfür wurde die Oder bei Güstebiese (Gozdowice) in einen Kanal umgelenkt, der in direkter Fortsetzung des Oderlaufs bis an die Neuenhagener Landzunge heran und dann nach Westen bis an ihre schmalste Stelle geführt wurde, wo man den Höhenzug durchstach. Nördlich der Landzunge mündet der Kanal bei Hohensaaten wieder in die natürliche Oderschleife. Die Flussschifffahrt verkürzte sich auf dieser Strecke damit um mindestens 25 km. Die strömungstechnischen Berechnungen für das Kanalprojekt führte der bekannte Mathematiker Euler durch, die Bauausführung übernahm ein Generalunternehmer Mahistre. Planung und Bauaufsicht lag in den Händen des „Kriegs-, Domänen- und Baurates" van Haerlem, der aus einer Familie niederländischer Wasserbauer stammte, die bereits in Preußen ansässig war. Ihm wurde 1746 zunächst aufgegeben, in einem Gutachten zu folgenden vier Zielen Stellung zu nehmen: Trockenlegung und Gewinnung von Ackerflächen; Gründung von Kolonistensiedlungen; Schutz vor Hochwasser und Verbesserung des Schiffsverkehrs auf der Oder.

Friedrich kannte die Gegend aus der Zeit seiner Haft in Küstrin und hatte bereits zu diesem Zeitpunkt seinem Vater vorgeschlagen, die Gegend „urbar" zu machen. Van Haerlem konnte daher annehmen, welchen Vorschlag sich Friedrich als Ergebnis seines Gutachtens vorstellte, zumal Flussauen bekannt hohe Bodenqualitäten aufweisen. Das Gutachten, eigentlich eine Machbarkeitsstudie, endet mit einer Abwägung, die man angesichts der königlichen Erwartung nur als rhetorische Pointe begreifen kann. Sie lautet in heutiger Formulierung: „... ich komme zu dem Ergebnis, dass mögliche Rückgänge in der Fischerei durch die Verbesserung des Bodens mehr als kompensiert werden. Sicher ist es nützlicher, an Stelle einiger Fische künftig eine Kuh zu unterhalten." Minutiös listet van Haerlem die Kosten auf, bis hinunter auf den Erwerb von einzelnen Spaten und Hacken. Knapp 58.000 Taler werden veranschlagt. Niemandem fällt auf, dass die Kosten für den Kanal, immerhin eine zentrale Maßnahme innerhalb des Projektes, nicht aufgeführt sind. Die Machbarkeitsstudie wurde Anfang Januar 1747 vorgelegt. Bereits im März 1747, sobald die Witterungsverhältnisse es zuließen, wurde das Projekt in Angriff genommen und bis 1753 durchgeführt.

Die Vorgaben, zu denen sich das Gutachten äußern sollte, sind eigentlich Staatsziele und vielfältig miteinander verknüpft. Einmal konzentrierten sich Friedrichs Hoffnungen auf die weitestgehende Selbstversorgung mit Agrarprodukten. Unter den Bedingungen des 18. Jahrhunderts war eine Sicherung und Steigerung der landwirtschaftlichen Produktion praktisch nur durch Erschließung neuer und ertragreicher Flächen möglich. Hierfür wurden aber auch die entsprechenden Arbeitskräfte benötigt. Voraussetzung wie Bedingung für eine wachsende Bevölkerung war die verbesserte Ressourcenlage (Ackerland) und ihre erfolgreiche Bewirtschaftung (Zunahme der Arbeitskräfte). Eine Bevölkerungszunahme wurde durch Anwerbung von Kolonisten im Ausland angestrebt („Peuplierung"). Diesen wurden mit den neu gewonnenen Ackerflächen Land und günstige Ansiedlungsbedingungen geboten (befristeter Steuererlass, Freistellung von Dienstleistungen und vom Militärdienst, teilweise bezugsfertige Kolonistenhäuser).

Wirksame Drainage und Schutz vor Hochwasser erforderten aufwendige Deichbaumaßnahmen, die das Vorhaben begleiteten. In der Folge der Wasserbaumaßnahmen erhoffte man sich auch eine Verbesserung des Schiffsverkehrs. Dem kam zu dieser Zeit erhebliche Bedeutung für den Transport und Fernhandel zu, weil ein effizientes System von Landfahrzeugen und Fernstraßen noch nicht zur Verfügung stand. Der bedeutendste nächstgelegene Handelsplatz war Frankfurt/Oder, durch das auch eine der wichtigsten Fernhandelsstraßen Preußens nach Osten verlief. Über sie wurde z. B. aus Polen auch der transkontinentale Ochsenhandel nach Westen abgewickelt, sodass die Oderauen auch als Rast- und Fettweiden wirtschaftliche Bedeutung hatten. Die verbesserte Oderschifffahrt kam vor allem der Anbindung Frankfurts an den Ostseeverkehr zugute, aber es bestand auch seit Längerem bereits eine Kanalverbindung zwischen der Oder und dem Berliner Raum. Die Flussaktivitäten der Oder verbreiterten seitdem allmählich das Kanalbett in einer Weise, die den ursprünglichen Kanalcharakter heute kaum noch oder nicht mehr erkennen lässt, ganz wie von Euler prognostiziert.

Insgesamt wurden mit der Melioration mehr als 33.000 ha drainiert, auf die Kolonisten gesetzt wurden. Die Hälfte der Flächen gehörte dem König, rund 40 % waren im Besitz adeliger Grundherren, die sich an den Kosten der Entwässerung beteiligen mussten. Die Städte Oderberg, Wriezen und Freienwalde hatten knapp 10 % Anteile. Die Bodenverbesserungs- und Kolonisierungsmaßnahmen hatten zwar einen Schwerpunkt im nördlicheren Oderbruch, reichten jedoch einschließlich der Siedlungsneugründungen bis in die Gegend von Gusow.

30 neue Dörfer und eine Reihe von Vorwerken wurden gegründet (Ortsbezeichnungen aus der Volkszählung 1763): Neu Lietzegöricke, Neu Barnim, Neu Kietz, Neu Medewitz, Neu Lewin, Neu Bergstall, Neu Trebbin, Neu Reetz, Neu Wustrow, Neu Tornow, Neu Cüstrinchen, Neu Rüderitz, Neu Glietzen, Neu Kietz b.Frw., im Thöningswerder, Neu Reetz, Kienwerder, Carlsdorf, Burgwall, Grube, Sitzing, Wuschewische, Carlsbiese, Kerstenbruch, Beauregard, Eichwerder, Ranfft, Vevay, Neu Bliesdorf, Neu Falkenberg. Erweitert wurden Groß Barnim, Alt Levin, Alt Medewitz, Alt Trebbin und Alt Gatow.

Die Kolonisten kamen überwiegend aus preußischem Territorium außerhalb Brandenburgs, hatten aber, wenn auch zum Teil auf Einzelfälle beschränkt, ein durchaus europäisches Einzugsgebiet. Die Dorfanlagen folgten planerischen Vorgaben der Bürokraten, nicht dem landsmannschaftlich geprägten Kolonistenwillen, wie Fontane behauptet. Die französischen Dorfnamen gehen auf die Ansiedlung von Kolonisten aus dem preußischen Besitztum Neuchatel (Schweiz) zurück.

Zu den im Jahre 1751 ansässigen Familien der Gegend mit rund 4200 Menschen kamen bis 1763 ca. 5100 bis 6000 Kolonisten hinzu. Mehr als jeder Zweite der jetzt dort Lebenden war also Neubürger. Da die ortsansässigen Familien sich mit Spann- und Herbergsdiensten an den Baumaßnahmen beteiligen mussten, die ihnen zusätzliche Kosten verursachten, war der Widerstand der Bevölkerung erheblich. Sabotageakte gegen den Deichbau kamen vor, wohl auch aus Furcht vor dem Verlust der ertragreichen Fischgründe. Dem hielt die Obrigkeit entgegen, dass sich die Untertanen zu gedulden hätten, denn es bliebe abzuwarten, ob die spätere Landwirtschaft mit Viehzucht und Grünlandproduktion nicht ertragreicher sein würde. Die Auflagen wurden nicht einmal gelockert. Dem standen die ökonomisch und sozial privilegierten Kolonisten gegenüber. Über Ausmaß und Umfang der sozialen Spannungen, die durch teilweise Fremd- oder Andersssprachigkeit der Kolonisten noch verstärkt worden sein mochten, liegen bisher keine näheren Kenntnisse vor. Vorstellungen über die sozialen Friktionen, über den Neid auf die Neusiedler und die Assimilationsprobleme, die kaum je aktenkundig wurden, mag man sich von den Migrationsbeispielen in Deutschland nach 1945 ableiten.

4.1.2 Folgen des landschaftlichen Umbaus

Die Umgestaltung der Landschaft war erheblich: Der Flusslauf wurde verlegt, der Auenwald abgeholzt, Wirtschaftsflächen für die Landwirtschaft angelegt, und die allmähliche Trockenlegung der zahlreichen Wasserflächen besorgte ein neu angelegtes Grabensystem immensen Ausmaßes, das seitdem als dominierendes Linienelement zusammen mit den Deichanlagen und Straßen die Landschaft gliedert. Der heutige Baumbewuchs folgt diesen Linienelementen und unterstützt den Eindruck einer alten Kulturlandschaft (Abb. 4.2).

Die altansässigen Einwohner hatten ihre Lebensgrundlagen neu zu bedenken, da wegen der Trockenlegungen die nachhaltige Fischwirtschaft ihrer Grundlagen beraubt war. Der Fischreichtum galt ehedem, schon vor Fontanes Beschreibung, als legendär. Ihr Rückgang ist am deutlichsten bei der Hechtreißer-Innung in Wriezen, die das Monopol auf den Hechtfang und seine wirtschaftliche Verwertung besaß. 1733 gab es 37 Innungsmitglieder, 1766 nur noch 24, 1827 noch 13 und bei ihrer Auflösung 1866 lediglich 7. Die Fangquoten reduzieren sich in ähnlicher Weise.

Hechte sind Top-Prädatoren, die Inundationswiesen zum Ablaichen nutzen. Diese Wiesen fehlten nun vielfach. Kompensatorisch sollte sich der durch den Hechtmangel fehlende Feinddruck in der trophischen Kaskade eigentlich durch einen Anstieg bei den Beutefischen bemerkbar machen. Daher ist es zunächst überraschend, wenn in der Fischliste von 1782 (Abb. 4.4) für Küstrin und Umgebung mehrere häufige Fischarten als „selten" deklariert werden. Jakupi (2007) hat heutige Kenntnisse der Binnenfischerei mit Archivquellen des 18. und frühen 19. Jahrhunderts verbunden. Es ergibt sich das Bild eines dramatischen und dauerhaften Rückganges der gesamten Fischgemeinschaften durch die Melioration des Oderbruchs.

Die Hoffnung, mit der Ansiedlung von Menschen zugleich auch die Grundlage für ein sich etablierendes Manufakturwesen zu legen, etwa der Spinnerei, realisierte sich nicht im erwünschten Umfang. Allerdings brachte langfristig die Fruchtbarkeit des neu gewonnenen Bodens in Verbindung mit Reformideen der Landwirtschaft, die der Agrarpionier Albrecht Thaer seit 1804 auf Gut Möglin bei Wriezen erprobte, den wirtschaftlich bedeutenden Aufschwung für die Landwirtschaft – mit später horrenden Grundstückspreisen – hervor, wenn auch erst spürbar im 19. und 20. Jahrhundert.

Über die vor der Melioration im Oderbruch existierende Biodiversität liegen durch die beispielhafte Rekonstruktionsarbeit von Jakupi (2007) bereits grundsätzliche und im Ein-

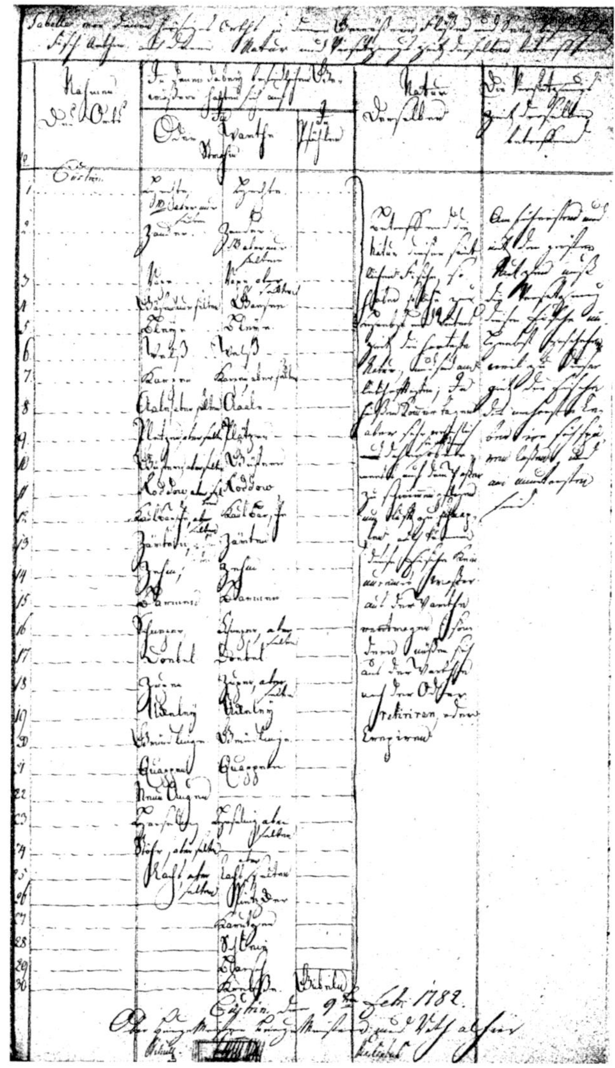

Abb. 4.4 Liste des Magistrats der Stadt Küstrin über das Vorkommen von Fischarten in Oder und Warthe vom Februar 1782, die als Zuarbeit für Markus Elieser Bloch entstand, der mit der Unterstützung der königlichen Verwaltung die bekannte Enzyklopädie „Naturgeschichte der Fische Deutschlands" (1782) verfasste. Auffällig ist, dass in dieser Liste nicht nur Lachs und Stör als „selten" für die Oder geführt werden, sondern auch durchaus gewöhnliche Arten wie Aal, Plötze, Güster, Kaulbarsch

zelfall sehr detaillierte Kenntnisse vor. Soweit bisher bekannt, ist ein Rückgang der Zahl der Pflanzenarten durch die Umgestaltung der Landschaft bisher nicht, an Tierarten bisher nur in Einzelfällen, zu belegen. Unbestreitbar ist demgegenüber ein Rückgang der Individuenzahlen für die meisten vor der Melioration verbreiteten Organismen. Gezielt ausgerottet wurde in der Gegend der Biber, weil er die Deiche untergrub. Verschwunden sind allerdings auch die riesigen Insektenschwärme des 18. Jahrhunderts, von denen man nicht weiß, wie viele Insektenarten an ihnen beteiligt waren. Ganz sicher verschwunden ist auch die Malaria, doch dies erst als „Langzeiterfolg" am Ende des 19. Jahrhunderts. Der Verlust von Lachsen und Stören in der Oder etwa ist zuerst auf Überfischung und die erst später abnehmende Wassergüte zurückzuführen, nicht auf den Landschaftswandel. Schon um 1780 gelten diese Fische als sehr selten – möglicherweise war dies auch begünstigt durch einen zunehmenden Schwebstoffanteil infolge der Netze-Warthe-Melioration zwischen 1765 und 1775. Die Warthe mündet bei Küstrin in die Oder. Um 1780 sind die Industrialisierung des Schlesischen Reviers und das Manufakturwesen an den südlicheren Oderufern noch nicht sehr fortgeschritten. Die immissionsstarken Zuckerfabriken werden erst in den 1830er Jahren im Oderbruch etabliert.

Dramatisch muss der Rückgang der Individuenzahlen bei einzelnen Tier- und Pflanzenarten gewesen sein. Die Flussaue und die Wasserlandschaften waren u. a. wichtige Rastflächen und Brutgebiete für Stand- und Zugvögel, und Lebensraum auch für zahlreiche terrestrische Tierarten, unter denen die Europäische Sumpfschildkröte hier einst so zahlreich war, dass sie als Fastenspeise in ganzen Wagenladungen in die katholischen Länder Habsburgs verbracht werden konnte. Mit der Trockenlegung des Areals steuerte die nachhaltige Fischwirtschaft, die auf dem Markt in Berlin einen wichtigen Handelsbeitrag leistete, auf ein historisches Tief zu. An ihre wirtschaftliche Stelle traten die Weidehaltung für Rinder, die lukrative Koppelhaltung für Militärpferde und, vor allem seit dem 19. Jahrhundert, die Gemüseproduktion und der Zuckerrübenanbau. Die Kosten der Maßnahme wurden 1747 ursprünglich auf rund 58.000 Taler veranschlagt. Bereits 1753 waren 316.000 Taler aufgewendet, bis 1786 an Kosten und Folgekosten mehr als 1 Mio. Taler.

Der König selbst, der angeblich eine Million Taler seines Vermögens in die Landgewinnungsmaßnahme gesteckt haben soll, wird gern mit dem anekdotischen Ausspruch zitiert, hier habe er im Frieden eine Provinz erobert. Tatsächlich lässt sich diese Ausgabenhöhe nur für das Gesamtvorhaben belegen. Der König beteiligte sich bestenfalls mit einem Drittel der Gesamtkosten. Die Meliorationskosten haben zu Lebzeiten Friedrichs II maximal 28 Taler je Hektar betragen, wobei die Investitionen des Königs noch zu seinen Lebzeiten durch Gewinne und Pachten einschließlich der Verzinsung wieder eingenommen wurden.

Die Gesamtkosten sollten in Relation zu anderen „Großprojekten" der Zeit gesehen werden. Die Kosten (unmittelbare Ausgaben, ohne Neben- und Folgekosten) für den Siebenjährigen Krieg (1756–1763) beliefen sich auf ca. 170 Mio. Taler. Die Kosten für die Installation der Wasserspiele in Sanssouci, die zu Friedrichs Lebzeiten ganze 30 Minuten liefen, betrugen 394.000 Taler, also mehr als die Ausgaben für die Melioration bis 1753. Das durchschnittliche Jahreseinkommen betrug in Brandenburg-Preußen um 1740 für einen Tagelöhner 50 Taler, einen Manufakturarbeiter 100, einen Offizier 1000, einen adeligen Grundbesitzer 10.000 Taler.

4.1.3 Eine Unternehmung ohne Ende

Dass eine Kulturlandschaft auch von den „objektiven" Zwängen her eine nicht endende Unternehmung ist, lässt sich am Beispiel des Oderbruchs leicht begreifen. Es war und blieb wegen seiner Hochwassergefährdung ein für menschliche Ansiedlung gefährdeter Siedlungsraum. Es ist die menschliche Risikobereitschaft, die zum Landesausbau führt und dabei den möglichen wirtschaftlichen Erfolg auf ertragreicheren Böden gegen das Gefährdungspotential durch Hochwasser abwägt. Der am Rationalismus der Aufklärung geschulte Fortschrittsglaube bezüglich der Beherrschung der Natur leitet im 18. Jahrhundert die Maßnahme ein. Die Machbarkeitsstudie des Wasserbauers van Haerlem 1747 enthielt nicht nur schwere Kalkulationsfehler und vergaß, Kostensteigerungen zu berücksichtigen. Sie suggerierte überdies einen geringen finanziellen Aufwand, dem ein sofortiger Steuergewinn durch Verpachtung gegenüberzustellen sei. Dabei wurde völlig vernachlässigt, dass neu gewonnener Boden erst nach längeren Kultivierungsmaßnahmen zuverlässig und regelmäßig Ernteerträge liefert. Das alte Kolonistensprichwort „Dem Ersten den Tod, dem Zweiten die Not, dem Dritten das Brot" traf zwar auf das Oderbruch nicht in seiner Schärfe zu. Aber die erste Generation, überwiegend auch Kolonisten ohne ausreichende landwirtschaftliche Erfahrung, konnte offenbar keine überdurchschnittlichen Ernteerträge erwirtschaften. Noch nach mehreren Jahren war der Anteil an Unkrautsamen im geernteten Getreide so hoch, dass Augenzeugen von lilafarbenem Brot berichteten, das aus diesem Getreide gebacken wurde. Eine Konsolidierung ist erst nach rund 15 Jahren eingetreten. Nicht zufällig fand die erste Bestandsaufnahme erst 1763 statt.

Der gesamten am Vorhaben beteiligen Bürokratie fiel offenbar nicht auf, dass die Kosten für den Kanalbau, dem zentralen Vorhaben der Melioration, in der Gesamtrechnung des Gutachtens nicht enthalten waren. Ähnlich grundsätzliche Fehleinschätzungen werden bei der Rheinrektifikation durch Tulla wiederholt. Solche Irrtümer sind bis heute offenbar übliche Begleiterscheinung öffentlicher Großprojekte.

An der Auswertung von Generalkarten, die ab 1786 zur Verfügung stehen, lässt sich die weitere Transformation der Landschaft bis zur Gegenwart eindrucksvoll ablesen (Tab. 4.1). Für den Raum bei Wriezen ergeben sich die in Tab. 4.1 dargestellten Nutzungsformen.

Im Zusammenhang mit der Transformation steht die zunehmende Ökonomisierung der Landschaft. Die Anpassung der Ackerfluren an leichtere Bewirtschaftungsformen erfordert eine zunehmende Begradigung des Grabensystems, das zugleich als Vorfluter und Gemarkungsbegrenzung dient (Tab. 4.2).

Tab. 4.1 Landnutzungsformen im Raum Wriezen

	1786[a]	1844	1934	1985
Ackerfläche	<25	51	82	93
Grünland	>75	46	15	5
Wald	1	1	0	0
Wasser		1	1	0
Besiedlungsfläche		1	2	2

[a] Die Werte für 1786 sind Mittelwerte für das *gesamte* Oderbruch. Sie liegen im Niederbruch also darunter resp. darüber. Der Sumpfflächenanteil betrug im Niederbruch 1786 sicher deutlich über 10 %, ebenso die Wasserfläche.

Tab. 4.2 Begradigungsindex und Anteil gerader Gräben

	Begradigungsindex[a] (%)	Anteil gerader Gräben[b] (%)
1786	75	38
1844	90	92
1892	88	90
1934	88	90
1980	90	74

[a] Minimallänge × 100/reale Länge
[b] Bewässerungsgräben mit Begradigungsindex >80 %, 100 % = völlig gerade

Die unabsehbaren Folgeinvestitionen werden in prospektiven Gewinnrechnungen nicht gegengerechnet. Zu „Gewinn- und Verlustrechnungen" gehören im weiteren Sinne auch Überlegungen, die dem wirtschaftlichen Ertrag der Folgezeit einen Verlust der Landschaft des bisherigen Typs gegenüberstellen. Solche Überlegungen können aber erst einsetzen, nachdem sich eine neue gesellschaftliche Vorstellung des Landschaftsverständnisses herausgebildet hat. Heute gründen sich solche Überlegungen letztlich auf die überproduktive Landwirtschaft der EU, die Flächenstilllegungen prämiert. Flächenstilllegungen verlangen nach Konzepten zur neuen Nutzung der Flächen, wobei zurzeit die Wiederherstellung der „Altlandschaft", der „authentischen historischen Landschaft" beliebt ist. Auch solche Wiederherstellungs- oder Musealisierungsmaßnahmen sind mit hohen sozialen und ökonomischen Kosten verbunden und sind letztlich den Folgekosten der ursprünglichen Landschaftseingriffe zuzurechnen. Nach welchen Kriterien und für welche Zeitabschnitte soll entschieden werden, ob sich die Umwandlung der Landschaft „gelohnt" hat?

Schwere Hochwasser in den Jahren 1770 und 1780 machten die weitere Erhöhung der Dämme erforderlich. 1783 wurden alle neugegründeten Dörfer überschwemmt, 1785 standen 65 Siedlungen unter Wasser. Ende des 18. Jahrhunderts entstanden erste Windschöpfmühlen nach holländischem Vorbild. Sie verfielen während der napoleonischen Zeit.

Die Hochwasser der Jahre 1828 und 1829 lenkten erneut die Aufmerksamkeit auf das grundsätzlich nicht endgültig lösbare Problem hin, das sich bei Eindeichung eines Sediment führenden Flusslaufes ergibt: Allmählich gewinnt das Flussbett zwischen den Deichen an Höhe gegenüber dem eingedeichten Land, es resultieren endlose Hochwasserprobleme. 1832 trennte man die Alte Oder bei Güstebiese vom Oderstrom ab. Nach erneuten Hochwassern 1838 und 1843 setzte man 1848 ein Projekt um, das die Regulierung der Oder von Hohensaaten bis Stolpe einschloss, um dabei den Rückstaupunkt der Oder zur Entspannung der Situation im Oderbruch weiter stromabwärts zu verlegen. Wegen anhaltender Vernässung wurde schließlich in den 1880er Jahren in einzelnen Bereichen eine Polderbewirtschaftung eingeführt, einschließlich der Anlage von Schöpfwerken.

Mit einem Kraftakt versuchte man in den 1920er Jahren einen Abschluss der Regulierungsarbeiten mit der „Aufstellung eines Sonderplans für das Ober- und Niederoderbruch" herbeizuführen. Es wurden ca. 200 km neue Abzugsgräben angelegt. Doch erneut lagen 1940 und 1947 große Areale nach Deichbrüchen unter Wasser. 1970 senkte man den Grundwasserspiegel unter den Landwirtschaftlichen Produktionsgenossenschaften um ca. 2 m, um dort eine verbesserte Maschinenbewirtschaftung zu erreichen, freilich mit der Konsequenz, große Teile der Flächen danach – in unmittelbarer Nachbarschaft zur Oder! – aufwendig künstlich bewässern zu müssen.

Das „Jahrtausendhochwasser" von 1997, gewissermaßen auf den Tag genau zur 250-Jahr-Feier des Meliorationsbeginns, wurde unter Aufbietung nationaler Anstrengungen überwunden. Die Deiche hielten – sicher aber nur deswegen, weil weiter stromaufwärts, südlich von Frankfurt/O., Deiche brachen und dadurch die Wasserführung stromabwärts reduziert wurde.

Heute sucht sich die Landschaft des Niederoderbruchs eine neue Zweckbestimmung. An die Stelle der Kavalleriepferde treten Drahtesel der Fahrradtouristen. Die Landschaft musealisiert sich allmählich, die friderizianischen Dorfanlagen wandeln sich zu Wochenendsiedlungen betuchter Berliner. Immer noch und wieder zunehmend ist das Niedere Oderbruch ein Rastplatz vor allem für die größeren Zugvögel. Sie ziehen hier, wie auch im Havelländischen Luch, wo heute vor allem Kraniche rasten, zahlreiche Vogelfreunde an. Ein rekonstruierender Natur- und Landschaftsschutz wird dankbar sein, dass er auf Plankarten des 18. Jahrhunderts Angaben zu den Pflanzenbeständen auf einzelnen Parzellen findet (Abb. 4.5). Derartige Bestände weisen nicht nur auf Pflanzensozietäten und damit subtile Boden- und Mikroklimabedingungen hin, sondern verweisen auch auf in ihnen lebende Tiergesellschaften.

Der Blick von der Neuenhagener Landzunge in die Auenlandschaft des Nieder-Oderbruchs (Abb. 4.2b) liefert den Beleg für die These von der Zweischichtigkeit der Landschaft (Ritter 1989): derjenigen als Lebens- und Wirtschaftsraum und derjenigen, die in der zweckfreien Betrachtung auf den Menschen zurückwirkt. Den Menschen gleichzeitig sowohl als Gestalter wie Gestalteten zu begreifen, ist eine intuitiv einsichtige humanökologische Position. Sie führt unmittelbar zur Frage nach den Landschafts-Leitbildern. Der Transformation eines „Unlandes" in Ackerflächen, wie es Friedrich und seinen Zeitgenossen vorschwebte, unterliegt ein auf Produktivität ausgerichtetes Landschaftsleitbild. Allerdings war das Vorhaben nicht auf die bewusste Hervorbringung eines Landschaftsbildes ausgerichtet. Das ergab sich vielmehr als beiläufige Folge der Umsetzung der Meliorationsziele. Ganz gewiss spielten landschaftsästhetische Aspekte keine planerische Rolle. Den Anliegern stand der Sinn nicht nach einer Landschaftsänderung, bloßer Hochwasserschutz hätte ihnen gereicht. Aber das eine war ohne das andere letztlich nicht zu haben. In den Kategorien der zeitgenössischen Elite der ästhetischen Landschaftsempfindung war der Zustand vor der Melioration sicher höher geschätzt als die drainierte und baumbefreite Flussaue. Die Bildzeugnisse der Künstler Antoine Pesne, Charles Sylva Dubois und Georg Wenzelslaus von Knobelsdorff, die im August 1745 eine gemeinsame Reise ins Oderbruch unternahmen, lassen daran keinen Zweifel. Alle drei Künstler hatten erheblichen Einfluss auf das ästhetische Selbstverständnis unter Friedrich II.

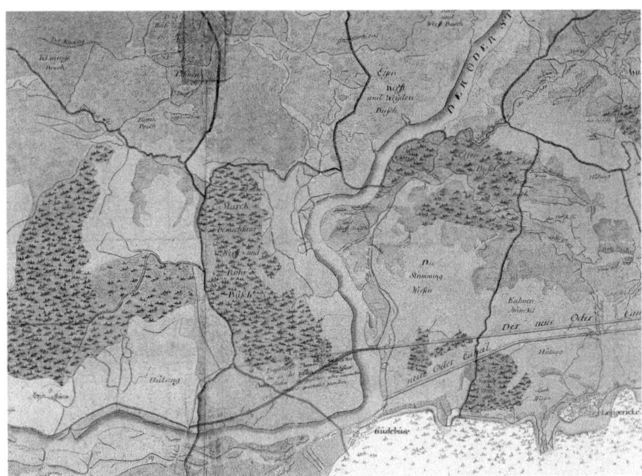

Abb. 4.5 Topographisch-vegetationskundliche Geländeaufnahme des Geometers A. H. Latomus (1751), ca. 1:12.500. Der Kartenausschnitt zeigt am *unteren Bildrand* den Beginn der Oderschleife bei Güstebiese und die Lage des projektierten Kanals sowie des westlich gelegenen Deiches. Die Karte weist detailliert aus: Äcker, Wiesen, Gewässer, Moraste, Bruch. Zusätzliche Bewuchsangaben: Bestände unterschiedlicher Schilfgräser, Bestände und Wuchsformen unterschiedlicher Weidenarten (zusätzliche Informationen über Nutzungsweisen Grünland, Hutung; vgl. Jakupi et al. 2003)

Wenn die heutige Landwirtschaftspolitik die Herausnahme von Produktionsflächen aus der Bewirtschaftung fördert, stellt sich die Frage nach dem künftigen impliziten oder expliziten Landschaftskonzept: Wüstfallen lassen, als Kulturland in Reserve halten oder rückbauen?

Wer nun über „verloren" und „gewonnen" nachzudenken beginnt, begibt sich einerseits auf das schwierige wie dringend zu diskutierende Gebiet unseres Umgangs mit Umwelt und Umgebung, mit „Natur". Er begibt sich andererseits zugleich in die Aporie des Menschen, der seit Tausenden von Jahren die Landschaft verändert, die den Menschen verändert, der die Landschaft verändert, die den Menschen verändert …

4.2 Wie Kartoffel, Kartoffelfäule und Kartoffelkäfer Umweltgeschichte machten

Kartoffel, Kartoffelkäfer und der Erreger der Kartoffelfäule sind drei Organismen, die ursprünglich in Europa nicht vorkommen. Als Neophyt, Neozoon und Neomycet bilden sie hier eine Trias, die im 19. und 20. Jahrhundert weitreichende bevölkerungsbiologische und wirtschaftliche Folgen hatte (Herrmann 2009a, 2009b).

4.2.1 Über die Kartoffel

4.2.1.1 Der lange Weg zum Erfolg

Das Andenhochland, in dem die Kartoffel vermutlich seit über 7000 Jahren von den indigenen Amerikanern angebaut wurde, erreichen die spanischen Entdecker nach 1532. Auf einem ihrer Rückwege reist die Kartoffel mit auf die Kanarischen Inseln. Von hier wird die Knollenfrucht ihren langsamen aber stetigen weltweiten Erfolgsweg antreten. Bereits im November 1567 werden die ersten Fässer mit Kartoffeln nach Antwerpen verschifft. Der Vermehrungserfolg auf den Kanarischen Inseln ist mit der im südamerikanischen Ursprungsraum ähnlichen Taglänge erklärbar. Wie der weitere Weg von den Kanaren in die europäischen Länder verlief, ist nicht im Detail bekannt. Hatte man ehedem mit Blick auf den europäischen Langtag eine frühe Einführung auch chilenischer Kartoffeln (von der Insel Chiloé) diskutiert, kann eine ursprüngliche Doppelprovenienz oder alleinige Provenienz aus chilenischen Kultivaren ausgeschlossen werden. In europäischen Herbarexemplaren ist DNA chilenischen Ursprungs erst ab 1811 nachweisbar. Die Einführung der Kartoffel nach Deutschland ist eng mit dem Namen des Botanikers Clusius (Jules Charles de l'Ecluse, 1526–1609) verbunden, dem 1588 die ersten Knollen nach Wien zugeschickt wurden. Für die Verbreitung innerhalb Deutschlands waren aber andere Orte, etwa Kassel (ebenfalls 1588), viel bedeutsamer als Wien. Die Kartoffel wurde zu dieser Zeit als dekorative exotische Pflanze genutzt. Clusius beschreibt sie als *Taratouffli* 1601, das seitdem als „offizielles Datum" ihrer Einführung in den deutschsprachigen Raum gilt. Mitte des 17. Jahrhunderts werden erste Knollen auch in Brandenburg, Baden, Braunschweig, Franken, Sachsen und Westfalen eingeführt. Die Bedeutung als Grundnahrungsmittel erlangt die Kartoffel in Deutschland jedoch erst durch den Feldanbau ab der zweiten Hälfte des 18. Jahrhunderts, im Besonderen forciert durch administrative Maßnahmen unter dem Preußenkönig Friedrich II. Die Referenzarbeit für die Ausbreitungsgeschichte der Kartoffel in Deutschland ist von Denecke (1976) verfasst worden.

Bei den Kartoffeln des 17. Jahrhunderts handelt es sich noch nicht um an den Langtag angepasste Formen. Der Anbau solcher Kartoffelsorten ist zunächst nur dort erfolgreich, wo die Temperatur des herbstlichen Kurztages nach Unterschreitung der kritischen Tageslänge von 13,5 Stunden für eine volle Vegetationsperiode ausreicht, damit die Knollen zur Ausreifung kommen. Man nimmt daher an, dass die Anpassung an europäische Langtagverhältnisse im mediterranen oder ausgeprägt atlantischen Klima erfolgte, die eine Knollenreife bis Dezember zulassen. Wobei noch an die allgemein ungünstigen klimatischen Gesamtverhältnisse des 16. und 17. Jahrhunderts zu erinnern ist, die beide im Klimapessimum der Kleinen Eiszeit lagen. Nach verbreiteter Auffassung lief die erforderliche Präadaptationsphase an den Langtag hauptsächlich über den Anbau in norditalienischen Gärten. Daran schloss sich die Ausbreitung über die Alpen nach Mitteleuropa und Deutschland während des 17. Jahrhunderts an.

Sicher ist, dass sich die europäischen Administrationen des 18. Jahrhunderts vor dem Hintergrund der immer wieder auftretenden Nahrungsengpässe um eine stetigere Nahrungsverfügbarkeit sorgten und Alternativen zum Getreide prüften. Nach der Mitte des 18. Jahrhunderts war in den europäischen Territorien eigentlich geklärt, dass die Kartoffel als Grundnahrungsmittel ideale Eigenschaften mit sich brachte. Die europäische Hungerkrise von 1770–72 beschleunigte dann den flächenmäßigen Anbau der Kartoffel. Förderlich für die Akzeptanz der Kartoffel als Grundnahrungsmittel war u. a. die frühe anonyme Erfahrung, dass Kartoffeln als Diätetikum in der Krankenversorgung des 17. Jahrhunderts zur beschleunigten Genesung der Patienten beitragen konnten. Zurückzuführen ist dies nicht nur auf ihren hohen Kohlenhydratgehalt, ihre „Reinheit" als gekochtes und damit keimarmes Gemüse; darüber hinaus ist sie auch ein wichtiger Vitaminspender.

Aber ein im Maßstab des Kräutergartens angebautes Gemüse war noch weit entfernt von einem Grundnahrungsmittel außerhalb einer reinen Subsistenzwirtschaft. Das Verhältnis von Anbaufläche und energetischem Ertrag liegt bei Kartoffeln zwischen dem 1,6-fachen bis dem Doppelten über dem von Getreide, und räumt ihnen daher – zumindest in dieser Hinsicht – vor dem Getreide den Platz des besseren Grundnahrungsmittels ein. Es waren zunächst aber noch ganz andere Hindernisse zu überwinden, die einer schnelleren Verbreitung der Knollen bis ins 19. Jahrhundert entgegenstanden.

4.2.1.2 Marktbezug und Industrialisierung

Getreidekörner sind ihrer botanischen Eigenschaft nach für Lagerfähigkeit und Transport optimierte Verbreitungskörper. Sie stellen geringe Ansprüche an das Umweltmilieu und die Massenlagerung. Durch Anlegen von zentralen Getreidelagern bei Überschusshaltung waren regionale Angebotsengpässe durch unaufwendige Transportausgleiche möglich.

Demgegenüber ist die Kartoffel ein vegetativer, clonaler Vermehrungskörper. Der Knolle fehlt eine Toleranz gegenüber Milieuschwankungen, die nur innerhalb bestimmter physiologischer Grenzen liegen dürfen. Lagerhaltung und Transport stellen daher Anforderungen, die in vorindustrieller Zeit bei überregionaler Marktwirtschaft einen verbrauchernahen Standort und einen stetigen Abtransport während der kalten Monate ausschlossen. Der Landtransport konnte daher nur einen sehr kleinen Einzugsbereich für den Markt erschließen, während die Wasserstandorte des Anbaus zumindest den schubweisen Massentransport ermöglichten. Erst die Industrialisierung vermochte die Probleme des Kartoffeltransportes zu lösen. Damit schloss sich der Kreis von Produktion, Angebot, Transport, Nachfrage und deren Rückwirkung auf die Produktion. Die Kartoffelproduktion kam erst in Gang, nachdem sich jenseits der Selbstversorgerwirtschaft Nachfrage entwickelte. Die Urbanisierung beschleunigte diesen Prozess. Dabei wurde die Einführung der Kartoffel kontraintuitiv nicht etwa von den sozial schwachen Gruppen „von unten" her begünstigt, sondern von kapitalkräftigen Institutionen. Nur diese waren Ende des 18. und zu Beginn des 19. Jahrhunderts in der Lage, die Angebotsschübe der Kartoffel zwischen Oktober und Dezember aufzukaufen und deren Verteilung über das Jahr hinweg zu übernehmen (von Gundlach 1986).

Begünstigt wurde die allmähliche Verbreitung der Kartoffel in Deutschland nicht nur durch obrigkeitliche Anordnungen in der zweiten Hälfte des 18. Jahrhunderts, vor allem durch Friedrich II., der besonders für Pommern und Schlesien Kartoffelkulturen propagierte. Immerhin sorgte er zunächst für eine kostenlose Verteilung von Saatkartoffeln. Offensichtlich überzeugten Erfahrungen während des Siebenjährigen Krieges (1756–1763) und der Hungerkatastrophe 1770–1772 vollends von den günstigen ernährungsphysiologischen Eigenschaften der Hackfrucht; und der Kartoffelanbau beginnt, sich in die Fläche auszubreiten. Allerdings verlief die Erfolgsgeschichte noch im 19. Jahrhundert keineswegs so geradlinig und unaufhaltsam, wie sie gern dargestellt wird. Die Abläufe stellen sich skizzenhaft so dar: Für die Subsistenz und später für den lokalen Markt wird die Kartoffel zunächst auf den Ackerrandstreifen und auf Brachen der Mittelgebirgsregion angebaut. Hier konnte sie zuerst überzeugen, weil der Getreidebau in diesen Regionen wenig ertragreich war. Von hier wird die Kartoffel zu Beginn des 19. Jahrhunderts allmählich ins Flachland vordringen, wo sie die heute geläufigen Hauptstandorte überhaupt erst zwischen 1840 und 1850 erreicht. Dort, in den Arealen des „immerwährenden Roggenbaus" waren Vorbehalte der Getreidebauern zu überwinden, die der neuen Feldfrucht keinesfalls aufgeschlossen gegenüberstanden. Gewiss müsste eine Aktualisierung der Ausbreitungsgeschichte die Innovationen im Lagerungswesen, vor allem aber die im gewässerfernen Transportwesen berücksichtigen. Die Verbindungen zwischen dem Eisenbahnsystem und der Kartoffelproduktion sind unübersehbar.

Durch die Lösung des Transport- und Lagerproblems im Verlauf des 19. Jahrhunderts war die Kartoffel auch auf den Tischen der Stadtbevölkerung gesichert. Die Industrielle Revolution transformierte die Agrargesellschaft, in England früher als auf dem Kontinent, und konzentrierte große Teile der Landbevölkerung nun in den Städten. In den städtischen Umwelten Englands wie auf dem Kontinent konnte sich die Kartoffel als erstes „Fertiggericht" etablieren: energiereich, nahrhaft, auch auf kleinen Parzellen leicht anzubauen, billig und ohne große Umstände zuzubereiten.

Vor Einführung der Kartoffel lag der Verzehr von Brot und Getreideprodukten je Person und Jahr in Europa bei 200 bis 250 kg, er stieg bis ans Ende des 19. Jahrhunderts noch auf rund 300 kg. Für Deutschland ist im Laufe des 19. Jahrhunderts eine Steigerung des Kartoffelkonsums von 40 auf 200 kg je Person und Jahr berechnet worden, in Preußen sogar auf 296 kg im Jahre 1900. Die Kartoffel war nach rund 100 Jahren als Grundnahrungsmittel, als Futtermittel und in der Rohstoffindustrie etabliert, und hatte in diesen Bereichen mit dem Getreide gleich gezogen. Der Pro-Kopf-Verbrauch an Kartoffeln liegt derzeit in der Bundesrepublik bei ca. 67 kg, der von Getreide bei rund 90 kg.

In der Bundesrepublik wurden 2005 auf rund 280.000 ha Kartoffeln erzeugt, im Mittel der Jahre 2000 bis 2006 rund 110 Mio. t. Fast die Hälfte der deutschen Kartoffeln wird in Niedersachsen produziert, mit einem Schwerpunkt in den Heidegebieten. Vor allem hier sind die Kartoffelkulturen landschaftsbildend geworden, weil die Kartoffel eine ideale Frucht für die leichten Böden ist.

Große Anteile der Kartoffelerträge werden zum Mästen von Rindern und Schweinen eingesetzt. Durch die Verwendbarkeit der Kartoffel auch in der Tierproduktion sind langfristig die Fleischpreise auf ein für viele Menschen erschwingliches Niveau gesunken.

4.2.1.3 Kartoffel und Bevölkerungswachstum

Der „Demographische Übergang", also der Wechsel von hoher Reproduktion und Sterblichkeit zu niedriger Reproduktion und Sterblichkeit, der in den meisten europäischen Ländern im 18. Jahrhundert begann, war ab etwa 1740 zunächst mit einem Anstieg der Gesamtbevölkerung verbunden. Bevölkerungsanstieg bei gleichbleibender Agrarproduktivität bedeutet Nahrungsverknappung. Die Kartoffel bot sich in dieser Situation aus zwei Gründen für eine Überwindung des Engpasses an.

Einmal liegt der flächenbezogene energetische Ertrag bei der Kartoffel gegenüber Getreide in der Größenordnung fast doppelt so hoch, und die Kartoffel gilt insgesamt als ernährungsphysiologisch wertvoll durch ihren Gehalt an Proteinen, Vitaminen, Mineralien, Ballaststoffen und sekundären Pflanzenstoffen. Der höhere Flächenertrag ist ein Hauptgrund der ungewöhnlich hohen Bevölkerungszunahme in Irland seit etwa 1670, die sich ab 1780 noch einmal beschleunigte (Abb. 4.6). Dem irischen Landarbeiter, der in die Zuständigkeit der Armengesetzgebung fiel, standen 1839 durchschnittlich täglich 5–6 kg Kartoffeln und 1,8 l Buttermilch zur Verfügung, eine eintönige, aber ernährungsphysiologisch akzeptable Diät bei einem energetischen Äquivalent von 4720 kcal.

Die andere Ursache ist diffiziler. Aus Gründen, die man weniger im Biologischen sondern allererst in institutionalisierten wie verdeckten Normen vermuten darf, lag die Gesamtfruchtbarkeit irischer Frauen deutlich über derjenigen im übrigen Europa. Vermutlich liegt hierin sogar die hauptsächliche Ursache für den Bevölkerungsanstieg. In seiner Auswirkung bisher jedoch nicht abschätzbar ist ein zusätzliches Argument, auf das von Gundlach (1986) aufmerksam machte: Die Kartoffel ist ein von sonstigen Begleitstoffen freies Nahrungsmittel. Das gilt für Getreide bis ins 19. Jahrhundert nicht in gleicher Weise. Es enthielt zum Teil erhebliche Mengen an Diasporen von Ackerunkräutern. Gehaltsstoffe dieser Diasporen können pharmakologisch wirksame Substanzen sein, denen fertilitätssenkende Wirkung zukommt. Danach wäre also die europäische Gesamtfruchtbarkeit vor Einführung der Kartoffel durch Begleitstoffe des Getreidekonsums unter dem physiologisch möglichen Niveau gehalten worden – unabhängig von konzeptionswirksa-

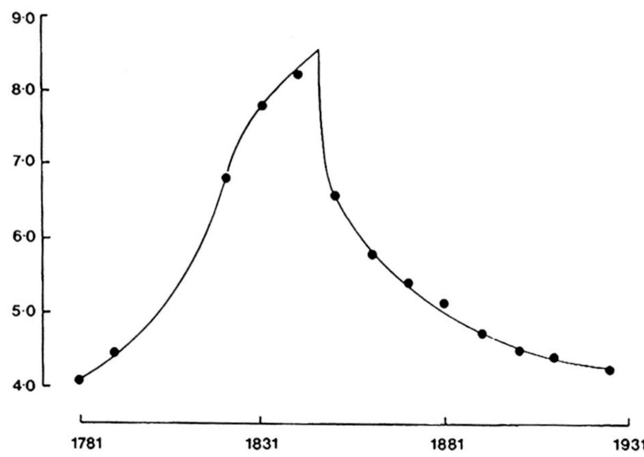

Abb. 4.6 Bevölkerungsentwicklung Irlands zwischen 1781 und 1931 (adaptiert nach Bittles). *Ordinate*: Bevölkerung in Millionen; Censusdaten für Irland liegen erst seit 1841 vor, frühere Angaben beruhen auf Schätzwerten

men kulturellen Praktiken. Die Bevölkerung Irlands verdreifacht sich nach der Etablierung der Kartoffel als Grundnahrungsmittel zwischen 1670 und 1750; dabei lag die jährliche Wachstumsrate zunächst noch unter 0,9 %. Zwischen 1781 und 1846 stieg sie auf 1,2 %. Das entspricht einer Verdoppelungszeit für die Bevölkerung von 58,3 Jahren, liegt aber deutlich unter Wachstumsraten heutiger Entwicklungsländer.

Aus dieser Perspektive erhält die Hypothese der indirekten Wirkung der Kartoffel als fruchtbarkeitssteigerndes Nahrungsmittel nachhaltige Unterstützung. Sie besteht paradoxerweise darin, dass die pharmakologisch unbedenkliche Kartoffel keine Auswirkung auf die Fertilität hatte. Damit hätte diese auf jenen Wert ansteigen können, den sie durch den dämpfenden Effekt der Nahrungsbegleitstoffe der reinen Getreidekost in früheren Jahrzehnten und Jahrhunderten nicht erreichen konnte. Eine Steigerung des Bevölkerungszuwachses um nur 0,1 % senkt die Verdoppelungszeit immerhin in der beachtlichen Größenordnung von 6 %. Zwar werden zumindest bei einigen Getreidezubereitungen, etwa beim Brotbacken, manche pharmakologisch wirksamen Substanzen thermisch zerstört. In Fallstudien an Dorfbevölkerungen des südwestdeutschen Raums in den 1770er Jahren konnte gezeigt werden, dass eine Kartoffel- oder Maisdiät die Fertilität gegenüber einer auf Breistandard festgelegten Bevölkerung steigerte. Infolge einer Kartoffelkrise 1780 sank die Fertilität in den auf Mais- und Kartoffeln ausgerichteten Dörfern auf das Niveau des Breistandards.

4.2.1.4 Von Europa in die Welt: nicht nur Löwenzahn

Früh schon haben die Bewohner Europas davon profitiert, dass sie zu ihrem Nutzen Pflanzen einführten, die außerhalb ihres Kontinents heimisch waren. Erinnert sei an das Getreide im Neolithikum, später die Obstkultur, die ursprünglich aus der Kaukasus-Region stammt, an Gemüse- und Gewürzpflanzen während des Mittelalters aus Wildformen und Kultivaren des Mittelmeer-Raums.

Nach 1492 beginnt in den von den Europäern entdeckten Gebieten eine Prüfung ungeheuren Ausmaßes, u. a. von Pflanzen, um Nutzungsmöglichkeiten abzuschätzen. So kommen nicht nur Tabak, Tomate und Kartoffel nach Europa, sondern auch zahlreiche Blumen in den Garten. Umgekehrt nehmen später europäische Siedler vertraute Pflanzen bzw. deren Saatgut mit in die neuen überseeischen Gebiete. Es werden aber die Unkräuter sein, die einen heimlichen Siegeszug um die Erde antreten, wie etwa der Löwenzahn. Dieser ist ein Modellorganismus für das Schlagwort vom „ökologischen Imperialismus" (Alfred Crosby), mit dem Europäer die Welt überziehen. Er ist ebenso ein Modellorganismus für den Hinweis auf die Verbreitungswege von Saatgut. Die Unkrautsamen sind kein bewusstes europäisches Erbe, sondern gelangen als Beimengungen von Saatgut des Küchengartens, der Gemüsebeete oder des Getreides „mit der Schürzentasche" oder mit dem Handkoffer, als „Portmanteau-Biota", in die neuen Gebiete.

Die Europäer verbinden ihre expansive Neugier und die Ausforschung der Welt mit der Kartoffel. Sehr früh wurden die Vorteile der Kartoffel als Schiffsproviant für lange Seereisen erkannt, die auf den Nährwerteigenschaften und Gehalt an Vitaminen und Spurenelementen beruhen. Sie ist aus diesen Gründen bereits um 1580 in allen europäischen Häfen bekannt. Vermutlich eher als Proviant und nicht als Direktimport erreichte die Kartoffel angeblich bereits im frühen 17. Jahrhundert Indien, China und Japan. Möglicherweise brachten auch britische Missionare die Kartoffel gegen Ende des 17. Jahrhunderts nach Indien und China, zu gleicher Zeit wurde sie auch in Japan und Teilen Afrikas bekannt, Neuseeland erreicht sie 1769.

Durch die großen Trails in den amerikanischen Westen gelangte die Kartoffel schließlich mit europäischen Siedlern im frühen 19. Jahrhundert auch an die Rocky Mountains. Von hier wird sich dann um die Mitte des 19. Jahrhunderts ein Schadorganismus aufmachen, die Kartoffelbestände der Welt zu bedrohen: der Kartoffelkäfer (s. u.).

4.2.1.5 Zur Kartoffel drängt, an der Kartoffel hängt fast alles

Da die Kartoffel keine besonderen Anforderungen an die Bodenqualität stellt, kann sie heute in über 100 Ländern angebaut werden. Viele Sorten sind mittlerweile taglängenneutral. Der Kartoffelanbau ist letztlich nur durch Temperaturgradienten limitiert. Unter 10 °C und oberhalb 30 °C erfolgt keine Knollenbildung, deren Optimum bei 18–20 °C durchschnittlicher Tagestemperatur liegt. Daher werden Kartoffeln in den gemäßigten Breiten im Frühjahr gesetzt, in warmen Regionen aber gegen Winterende. Hier kommen die Knollen in nur 90 Tagen zur Ernte, während sie etwa in Mittel- und Nordeuropa bis zu 150 Tagen benötigen.

Die Welternährungsorganisation FAO schätzte die Weltkartoffelproduktion für 2007 auf 325 Mrd. Tonnen, wovon etwa zwei Drittel in den menschlichen Konsum gingen. Das Internationale Kartoffel Zentrum in Peru (CIP) unterhält die weltgrößte genetische Sammlung für Kartoffelvarietäten, darunter mehr als 100 wilde Arten aus acht lateinamerikanischen Ländern und 3800 traditionelle Landsorten aus den Anden.

Als Rohstoff hat vor allem Kartoffelstärke wirtschaftliche Bedeutung. Sie wird als Klebstoff, Bindemittel, Füllstoff und Strukturmittel in der Pharmazeutischen Industrie sowie in der Textil-, Holz und Papierherstellung eingesetzt. In der Ölfördertechnik wird sie als Waschmittel für Bohrlöcher genutzt. Kartoffelstärke ist ein vollständig biologisch abbaubarer Zuschlag in der Herstellung von Polystyrolen und anderen Kunststoffen, u. a. für die Herstellung von Einweggeschirr und Bestecken. Aus Kartoffelabfällen, die nicht weiter verarbeitet oder verwendet werden können, lassen sich erhebliche Mengen treibstofffähigen Ethanols gewinnen. Das Verfahren gilt jedoch gegenüber einer Ethanolgewinnung direkt aus Getreide, Mais u. a. gegenwärtig als teuer, wäre ökologisch aber der gebotene Weg.

4.2.2 Die Kraut- und Braunfäule der Kartoffel

4.2.2.1 Ein Pilz bringt Hunger und Tod

Erstaunlicherweise blendet das kollektive Gedächtnis Europas weitgehend aus, dass die großen Kartoffel-Missernten von 1845 und danach nicht nur Irland betrafen. Die Folgen waren eine kontinentweite Erschütterung, regionale Hungersnot, Tod und Auswanderung:

Selten hat eine Pflanzenkrankheit so tief in das politische und soziale Leben eines Landes eingegriffen wie die Kraut- und Braunfäule der Kartoffel. Die Krise konnte in Irland eine besondere Intensität erreichen, weil die Kartoffelfäule dort nicht nur ungewöhnlich heftig auftrat, sondern zu einem andauernden Problem wurde, das erst mit den chemischen Bekämpfungsmitteln der 1920er Jahre reduziert werden konnte. Und die Krise traf Irland besonders hart, weil es gleichzeitig den größten Teil seiner Agrarprodukte an England abzugeben hatte.

Ab 1845 vernichtet diese Kartoffelkrankheit („Kartoffelfäule", auch nur „Krautfäule"; engl. „*blight*" bzw. „*late blight*") auf Jahre die Kartoffelbestände in europäischen Anbaugebieten (Tab. 4.3). Verursacht wird die Krankheit durch einen Pilz, der sowohl oberirdische Pflanzenteile als auch die Knollen befallen kann. Seinen Namen *Phytophthora infestans* erhielt er vom Freiburger Botaniker de Bary. Zwischen 1845 und 1861 wird die Krankheit vollständig aufgeklärt. Der Pilz überwintert in Kartoffelknollen, in denen er die „Braunfäule" verursacht. Verfault die Knolle während der Überwinterung nicht, wächst der Pilz in der darauf folgenden Vegetationsperiode mit den Kartoffelsprossen aus und nekrotisiert Stängel und Blattgewebe. Die Vermehrungskörper des Pilzes werden an der Pflanzenoberfläche gebildet. Vor allem bei feuchter Witterung werden die Pilzsporen über Aerosole auf benachbarte Pflanzen übertragen oder sie infizieren aufliegende Blätter der Kartoffelpflanze direkt am Boden. Die Sporen werden auch ins Erdreich eingewaschen, erreichen so oder über Verletzungen bei der Ernte die Knollen, in denen sie überwintern (Schöber-Butin 2001).

1845 war in Mitteleuropa ein „Kälterekordjahr", gefolgt vom „Wärmerekordjahr" 1846; „sehr nass" wiederum war 1843, hingegen 1842 ein trockenes Extremjahr. Ob diese klimatische Sequenz die Katastrophe begünstigte, ist völlig unbekannt. Dem europäischen Ereignis ging 1843 eine Krautfäuleepidemie in den USA voraus.

Sicher ist, dass die Krautfäule zuerst im Juni 1845 in Belgien beobachtet wurde, von wo aus sie sich in den nächsten Wochen in die Niederlande, nach Nordfrankreich und die benachbarte englische Küste ausbreitete (Abb. 4.7). Mitte August erreicht sie Westdeutschland, das südliche Dänemark, den Rest Englands und den östlichen Teil Irlands. Erst Mitte September sind das gesamte Irland, Ostdeutschland, Süd-Norwegen und Süd-Schweden erreicht.

Tab. 4.3 Kartoffelproduktion und -konsum und Ernteeinbußen 1845 und 1846 im Vergleich zu „normalen" Jahren (Daten von Vanhaute et al. 2007)

	Prozentualer Anteil Kartoffelanbau an Gesamtbewirtschaftungsfläche vor der Krautfäule	Kartoffelkonsum pro Tag und Kopf vor der Krautfäule [kg]	Rückgang des Kartoffelertrages in 1845	Rückgang des Kartoffelertrages in 1846
Belgien	14 %	0,5–0,6	−87 %	−43 %
Frankreich	6 %	0,5	−20 %	−19 %
Preußen	11 %	1,0–1,1	n. b.	−47 %
Irland	32 %	2,1	−30 %	−88 %

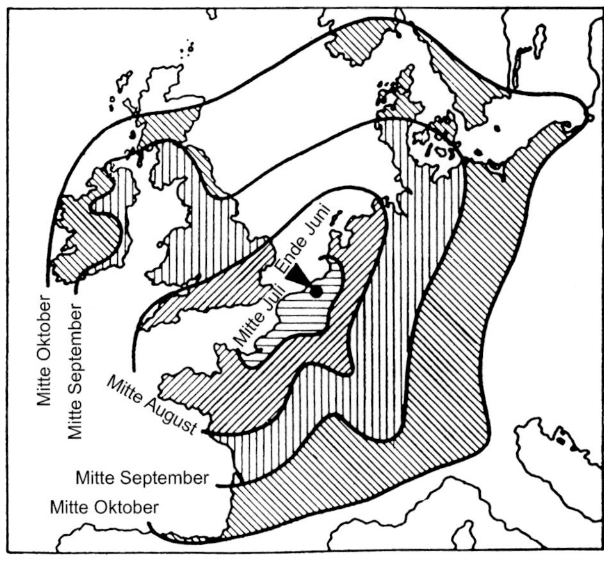

Abb. 4.7 Ungefähre Daten erster Berichte über das Auftreten von Kartoffelfäule in Europa 1845 (aus/Bildrechte bei: Bourke 1993)

Das erste wirksame Fungizid, die Bordeauxbrühe, wurde ab 1888 auch erfolgreich gegen die Krautfäule eingesetzt. Es beruht auf der toxischen Wirkung anorganischen Kupfers. 1940 wurde das erste organische Fungizid entwickelt und seitdem die Gruppe wirksamer Fungizide gegen Krautfäule verbessert. Epidemien sind heute durch Sortenresistenz, Prognoseverfahren, Beobachtungen und Bedarfsspritzungen wirksam zu begegnen. Dennoch belaufen sich die jährlichen weltweiten Ernteverluste durch Krautfäule auf fast sieben Milliarden US $.

4.2.2.2 Soziodemografische Folgen

Ganz sicher hatte die Kartoffel ihren Anteil am europäischen Bevölkerungsanstieg in der zweiten Hälfte des 18. Jahrhunderts. Ihr Anbau auf der für persönliche Nutzung verfügbaren Parzelle oder auf Brachflächen war bei der nicht besitzenden Landbevölkerung überlebensnotwendig und damit zugleich Ursache wie Wirkung.

In Irland wurden 1845 zunächst nur 30–40 % des Kartoffelbestandes zerstört (Tab. 4.3), aber man beließ die infizierten Knollen unter Verkennung der Ursachen einfach im Boden. Die offenbar idealen epidemiologischen Wetter-Bedingungen des Jahres 1846 führten zur sofortigen Infektion der Kartoffeln, sodass die Erträge in Irland auf unter 1 % normaler Werte sanken. Große Teile der Bevölkerung waren ohne Nahrung, denn die Kartoffel war hier längst zum Hauptnahrungsmittel der Unterschichten geworden, wobei das Ausmaß der Kartoffelabhängigkeit großer irischer Bevölkerungsteile einzigartig bleibt. In Irland starb eine Million Menschen an den Hungerfolgen, eine weitere Million wanderte aus. Im übrigen Europa war die Sterblichkeit nicht so exzessiv; sie wird insgesamt auf immerhin einige Hunderttausend Individuen geschätzt. Für Preußen werden etwa 40.000 Tote angegeben, bei einer Bevölkerung, die doppelt so groß wie in Irland war. Dabei ist die

Tab. 4.4 Schätzwerte jährlichen Bevölkerungswachstums (%) in europäischen Ländern (aus Vanhaute et al.)

	1840/45	1845/6	1846/7	1847/8	1848/9	1849/50	1850/60
Belgien	+1,1	+0,9	+0,9	+0,0	+0,5	+0,2	+0,7
Dänemark	+1,1	+1,0	+0,8	+1,0	+1,0	+1,0	+1,2
Schweden	+1,1	+0,8	+0,6	+1,0	+1,3	+1,2	+1,0
Frankreich	+0,5	+0,7	+0,4	+0,1	+0,3	+0,0	+0,5
Deutschland (ges.)	+1,0	+1,0	+0,5	+0,2	+0,1	+0,9	+0,7
Preußen	+1,3	+1,4	+0,8	+0,5	+0,4	+0,9	+1,0
Niederlande	+1,1	+1,1	+0,3	–0,2	+0,1	+0,3	+0,7
England	+1,2	+1,2	+0,7	+0,7	+0,7	+0,7	+1,3
Irland	+0,4	–0,2	–4,0	–4,0	–4,0	–4,0	–1,7

Hungerkrise in den östlichen Landesteilen Preußens stärker als in den westlichen. In Preußen löste die Krise im gesamten Königreich örtlich Unruhen aus, nachdem sich die Kartoffelpreise zwischen Januar 1846 und April 1847 verdoppelt hatten und die Roggenpreise auf das Zweieinhalbfache gestiegen waren. Nach den Unruhen im April 1847 sanken die Preise bis zum Oktober wieder auf das Vorjahresniveau vom Januar. Tabelle 4.4 zeigt die im Großen und Ganzen langsamen Erholungen für die Bevölkerungen nach dem Abklingen der Krise, wobei in einzelnen Ländern, vor allem Skandinavien, die Zuwächse wieder schnell einsetzten.

Eine detailliertere Analyse belegt für Irland wie Preußen, dass die Sterblichkeit nur zu einem Teil dem Ausfall der Kartoffelernte zuzurechnen ist. Für Nahrungsknappheit gilt, dass nicht alle Bevölkerungsschichten gleichermaßen davon betroffen sind, was ebenso für die Allianz von Hunger und opportunistischen Krankheiten gilt. Übersterblichkeit hing in Irland wie in Preußen (und anderswo) vom durchschnittlichen Familieneinkommen und vom Lebensstandard in der Region ab.

Das Hungerrisiko hing ab von der Risikostreuung bei den Einkommensquellen, insbesondere protoindustriellen Nebenverdienstmöglichkeiten, einer Diversifikation des Feldfruchtanbaus als unbewusster Versicherung gegen Ernteausfälle, dem aktuellen Verlust der Kartoffelernte und überregionalen Handelsbeziehungen in Abhängigkeit von der Wirtschaftskraft der einzelnen Regionen. Für Preußen wird ein zusätzlicher Faktor für die 1847er Hungerkrise in der geringen Transportkapazität und -leistungsfähigkeit gesehen (Bass 2007). Zugleich müsste in Deutschland zwischen Mittelgebirgs- und Flachlandregionen differenziert werden, da die heute traditionellen Anbaugebiete der nord- und süddeutschen Ebenen erst vergleichsweise spät vom Kartoffelbau erreicht werden. Absolut gesehen war auch aus diesem Grund der Ernteausfall im Vergleich zu Irland geringer, entsprechend auch der akute Bevölkerungsverlust.

Zu den längerfristigen Folgen sind Bevölkerungsverluste durch Auswanderung zu rechnen. Die irische Auswanderung erreichte dramatische Dimensionen: Zwischen 1847 und 1854 verließen jährlich 200.000 Menschen die Insel Richtung Amerika. Hingegen waren die bevölkerungsbezogenen Auswirkungen in Preußen anderer Art. Immerhin war Preußen bis 1846 ein Einwanderungsland, gegründet vor allem auf die Frühindustrialisierung der westlichen Provinzen. Mit dem Krisenjahr 1847 setzt eine gegenläufige Entwicklung ein. In den ersten drei Jahren wird ein Wanderungsverlust von jeweils 29.000 Personen registriert. Bemerkenswert ist dabei, dass die höchsten Gesamtzahlen für Deutschland nicht im Jahr der politischen Krise 1848 lagen. Sie lagen im Jahr davor, also noch unmittelbar im Wirkungsbereich der Kartoffelkrise; die Zahlen beginnen dann erst ab 1852 zu steigen, ab 1854 sehr deutlich (251.931 Personen). Zu diesem Zeitpunkt ist die Kartoffelkrise bereits überstanden. In der Analyse der Auswanderungsmotive kommen die Nahrungsengpässe aus 1845 und den Folgejahren überraschenderweise nicht explizit vor. Das könnte als Hinweis auf die insgesamt mäßige Bedeutung des Hungerphänomens verstanden werden, wenn nicht 1848/1849 zumindest die Hunger- und Sozialkrise in Schlesien darauf aufmerksam machte, dass eine angemessene Berücksichtigung des Hungers in der historischen Bewertung erforderlich ist.

4.2.3 Der Kartoffelkäfer

Thomas Nuttal entdeckte 1811 in den Rocky Mountains auf der Büffelklette (*Solanum rostratum,* Nachtschattengewächse) einen Käfer, dem John Say 1824 in der wissenschaftlichen Erstbeschreibung den Namen *Doryphora decemlineata* gab. Die Verbindung zwischen Insekt und der Nachtschattenpflanze Kartoffel (*Solanum tuberosum*) war bis 1859 unbekannt, als dieser Käfer Kartoffelfelder westlich Omaha, Nebraska, durch Kahlfraß zerstörte. Erst 1865 wurde durch eine Zufallsbeobachtung in Colorado auf dieses Gebiet als ursprüngliches Heimatareal des Käfers geschlossen. Seitdem ist sein Trivialname „*Colorado potato beetle*“, Colorado- oder Kartoffelkäfer, geläufig, wissenschaftlich heute *Leptinotarsa decemlineata* (*Say*).

Seine Geburtsstunde als schwerwiegender Agrarschädling liegt sicherlich vor 1859, weil die Entfernung vom ursprünglichen Verbreitungsgebiet nach Nebraska überbrückt werden musste. Von hier aus drang der Käfer dann nach Kansas vor, überflog in großen Scharen 1861 den Missouri und stand 1864 am Mississippi, den er noch im selben Jahr auf einer Strecke von insgesamt 1000 km in fünf „Brückenköpfen“ überschritt. Der Käfer erreichte 1874 die Ostküste und war an ihr 1875–1876 zwischen dem 35. und 43. Breitengrad vertreten. In 18 Jahren hatte er eine Strecke von annähernd 3200 km zurückgelegt. *Leptinotarsa decemlineata* kommt heute nahezu in den gesamten USA vor.

Die natürliche Ausbreitung des Käfers gründet sich am häufigsten auf Schwärme, deren Wanderung durch den Wind Dauer und Beschleunigung erfährt. Wiederholt wurde beobachtet, dass Käferschwärme mit Windunterstützung den Erie- und Michigansee überwanden. Auffallend ist die Übereinstimmung zwischen dem Korridor der schnellsten Käferausbreitung von West nach Ost (Abb. 4.8) und der ältesten Trasse des Ost-West-Eisenbahnverkehrs seit der Mitte des 19. Jahrhunderts. Die ministerielle Untersuchung

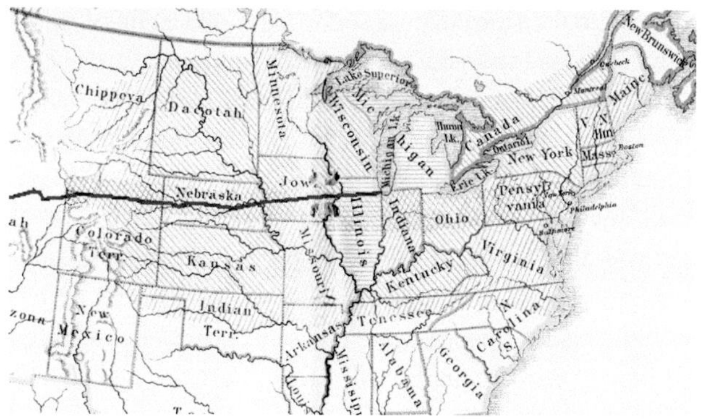

Abb. 4.8 Verbreitung des Colorado-Käfers 1877. *Einfach schraffiert*: Verbreitungsgebiet des Käfers im Jahre 1877; *gekreuzt schraffiert*: Zone seines vorausgegangenen schnellsten Vorrückens (Karte: Gerstaecker 1877). Der Trassenverlauf der Pacific Railroad westwärts ab Chicago ist für diesen Aufsatz zum besseren Verständnis (*blau*) eingefügt worden

zum Auftreten des Kartoffelkäfers auf deutschem Boden kam 1877 zu dem Ergebnis, dass die Reise als „blinde Passagiere" auf Verkehrsmitteln (Land- und Wasserfahrzeuge) den damals wahrscheinlichsten Ausbreitungsweg des Käfers darstellte, sowohl trans- als auch interkontinental.

Biologisch bemerkenswert ist, dass der Colorado-Käfer ehemals mit einer für einen Endemiten notwendig sehr geringen Fruchtbarkeit auf seiner ursprünglichen Futterpflanze lebte. Die Adoption der Kartoffelpflanze als neuer Futterquelle setzte nicht nur die Verbringung von Kartoffeln in den Lebensraum des Käfers voraus – für Nordamerika war die Kartoffel ein Neophyt – sondern auch ihre offensichtlich physiologische Eignung als Futterquelle. Mit dem Übertritt auf die Kartoffel muss für den Käfer ein Fruchtbarkeitsanstieg unerhörten Ausmaßes verbunden gewesen sein. Nur die Kombination aus enorm angestiegener Fruchtbarkeit und der gleichzeitig umfänglichen Etablierung der Kartoffel ermöglichte ihm eine Ausbreitung nach Westen mit einer Geschwindigkeit von ca. 170 km pro Jahr.

4.2.3.1 Erstes Auftreten in Deutschland 1876/1877

Besonders große Mengen von Kartoffelkäfern überschwemmten im Sommer 1875 die Bucht von New York mit ihren Schiffspiers, sodass sich Käfer in großer Zahl an Bord aller Schiffe befanden. Jedes der von hier abgehenden Transatlantikschiffe war in der Lage, Käfer lebend nach Europa einzuschleppen. Dies ist offensichtlich geschehen: 1876 wurden die ersten lebenden Käfer in mitteleuropäischen Häfen, darunter Bremen, gesichtet. Die ersten Infektionsherde mit Kartoffelkäfern auf deutschem Boden wurden 1877 bei Köln-Mühlheim und Schildau (bei Torgau/Elbe in Sachsen) registriert. Es wird vermutet, dass sie mit Lastkähnen aus Amsterdam bzw. Hamburg in die Nähe der Infektionsherde kamen.

Längst war die Dimension der Bedrohung durch den Kartoffelkäfer erkannt. Bereits im Frühjahr 1875 erließ das Deutsche Reich ein „Verbot der Einfuhr von Kartoffeln aus Amerika, so wie von Abfällen und Verpackungsmaterial solcher Kartoffeln", in der Annahme, das Einschleppen des Kartoffelkäfers so verhindern zu können. Gleichlautende Verbote erließen, ebenfalls im Frühjahr 1875, Belgien, Spanien, Frankreich, Russland, Italien,

Ungarn und Österreich, 1876 Portugal und Schweden; England hingegen erst unter dem Eindruck des Infektionsherdes Mühlheim im Juli 1877.

Beide Infektionsherde konnten noch im selben Jahr ihres Auftretens erfolgreich bekämpft werden. Am effektivsten erwies sich das Absicheln des Kartoffelkrautes, seine Einbringung in eineinhalb Meter tiefe Gruben und das anschließende Übergießen mit Rohbenzol. Eine erfolgreiche Bekämpfung war bei der Bedeutung, welche die Kartoffel mittlerweile für die Volksernährung gewonnen hatte, unbedingt erforderlich. Ein späteres Auftreten des Käfers 1887, bei der Ortschaft Mahlitzsch etwas nördlich von Torgau und in Lohe bei Meppen, konnte ebenfalls erfolgreich bekämpft werden. Erst 1914 und 1934 wurden in Deutschland wieder Kartoffelkäfer beobachtet, beide Fälle in Stade, 1939 ein Fall bei Lüneburg. In allen Fällen war die Bekämpfung erfolgreich, aber eigentlich waren es nur Scharmützel vor dem großen „Abwehrkampf" (1936–1948), den schließlich der Colorado-Käfer gewann.

Der Erfolg der frühen Abwehrmaßnahmen war nicht zuletzt einem verhältnismäßig hohen informationellen Aufwand zu verdanken, mit dem die Verwaltung wie auch eine engagierte Öffentlichkeit auf die Käferbedrohung 1877 reagierte. Vorteilhaft war dabei auch, dass es praktisch keine einheimischen europäischen Fraßschädlinge gab, die der Kartoffel bedrohlich werden konnten. Damit waren die Abwehrkräfte auf nur eine Tierart zu konzentrieren. Das preußische Landwirtschaftsministerium ließ 1877 einen Handzettel drucken, der nicht nur eine Farb-Abbildung des Entwicklungszyklus' des Käfers enthielt, sondern auch Teile der Schädlingsgeschichte des Kartoffelkäfers.

Didaktisch völlig neue Wege beschritt die Schokoladenfabrik Gebr. Stollwerck 1877 in Köln. Sie formte kolorierte Repliken des Käfers und der Eier und seiner Larven aus Puderzucker und Tragant. Diese wurden in etwas mehr als streichholzschachtelgroßen Dioramen verkauft und hatten als Lehrmittel eine über Jahrzehnte nachhaltige Wirkung.

4.2.3.2 Ein Schädling etabliert sich

Die schädlichen Folgen für die Agrarwirtschaft durch eine Verschleppung des Käfers nach Europa konnten durch dessen Beseitigung 1877 sowie in einzelnen späteren Fällen abgewendet werden. Ein Transfer des Käfers nach Bordeaux führte jedoch 1922 in der dortigen Region zu seiner dauerhaften Etablierung. Von hier breitete er sich über die Kartoffelanbaugebiete der alten Welt aus. Wie im Vorfelde der 1877er Infektion wurde nach dem ersten Auftreten des Colorado-Käfers bei Bordeaux in Deutschland 1923 ein Einfuhrverbot für Kartoffeln aus dem betroffenen Land (Frankreich) erlassen, ab 1932 wurde das Verbot inhaltlich erweitert. Der Schädling hatte in Frankreich zwei bis drei Generationen im Jahr und konnte sein Verbreitungsgebiet bis zu 150 km im Jahr nach Osten ausdehnen – Befunde, die sich mit den früheren Beobachtungen in den USA deckten. Ebenso wie dort wurden auch in Frankreich ungerichtete Massenflüge der Käfer von Mai bis in den Herbst beobachtet. Bereits 1924 waren in Deutschland Vorsorgepläne für die Abwehr der Käfer erstellt worden und die Zuständigkeit hierfür der Biologischen Reichsanstalt übertragen worden. Mit Aufrufen zu höchster Alarmbereitschaft und verstärkter Aufklärung wurde ab 1935 darauf reagiert, dass der Käfer nun fast an der deutschen

Westgrenze stand. Der „Reichsnährstand“ richtete auf Vorschlag der Biologischen Reichsanstalt einen „Kartoffelkäfer-Abwehrdienst“ ein. In jeder Ortschaft diente ein Vertrauensmann als Verbindung zwischen Abwehrdienst und Bevölkerung. Mittlerweile waren auch die größeren Schülerinnen und Schüler zu den Überwachungsmaßnahmen hinzugezogen. Aufklärungsmaterial wurde weit verbreitet, Kartoffelkäfer-Schaukästen nach der Idee der Gebr. Stollwerck klärten die Bevölkerung auf und Anreize spornten an. Jeder, der auf einem Feld den ersten Kartoffelkäfer (bzw. Eigelege oder Larve) fand, erhielt eine „Kartoffelkäfer-Ehrennadel“, für weitere Funde auf gleicher Fläche gab es eine „einfache Kartoffelkäfer-Anstecknadel“.

4.2.3.3 Die Erfolglosigkeit der Abwehr

Der Kartoffelkäfer-Abwehrdienst hat mit großem Aufklärungsaufwand und der Einbindung weiter Bevölkerungsteile für einen hohen und anhaltenden Bekanntheitsgrad des Schädlings und ein Bewusstsein seiner wirtschaftlich nachteiligen Folgen gesorgt. Aufkleber, Plakate, Stundenplanformulare mit Kartoffelkäfern und Ehrennadeln gehörten in diese Kampagnen ebenso, wie eine „Kartoffelkäfer-Fibel“. Diese informierte über den Schädling, seine wirtschaftliche Bedeutung und seine Bekämpfung mit Farbzeichnungen und einfachen, aber auch nachdrücklichen Reimen, u. a.:

> Wenn man weiß, was er verzehrt,
> wie der Käfer sich vermehrt,
> wie beständig Tag für Tag
> vorzudringen er vermag
> und sogar in Frage stellt
> den Kartoffelbau der Welt,
> wird es schließlich jedem klar:
> *er ist eine Weltgefahr!*

Dem hohen Bekanntheitsgrad des Schädlings, der straffen Organisationsform des Abwehrdienstes und seiner Helfer war zu verdanken, dass der Käfer bis 1939 nur den deutschen Südwesten besiedeln konnte. Schließlich gelang es 1943 sogar, ihn hinter die Linie seiner östlichen Ausbreitung von 1939 zurückzudrängen (Abb. 4.9). Der Abwehrdienst wurde zwar nach dem Krieg in Ostdeutschland wieder aufgebaut, bis aber ausreichend Mittel und Geräte zur Verfügung standen, hatte das Insekt 1948 Deutschland bis zur Oder besiedelt (Langenbuch 1998).

Gegenwärtig ist der Kartoffelkäfer in den gemäßigten Zonen Nordamerikas ebenso verbreitet wie in Gesamteuropa (immer noch mit Ausnahme der Britischen Inseln und der nördlichen Teile Skandinaviens), weiterhin in Nordafrika und Vorderasien wie großen Teilen Russisch-Asiens. Der Käfer kommt in Korea, Japan, weiten Teilen Chinas, kleineren Teilen Indiens und in den gemäßigten Breiten der südlichen Hemisphäre vor. Natürliche Fressfeinde des Käfers oder Pathogene scheint es in den neuen Habitaten nicht zu geben, die Larven werden von einigen anderen Insekten, u. a. auch Marienkäfern, gejagt, ohne jedoch die Käferpopulationen auf für Menschen tolerable Dichten zu reduzieren.

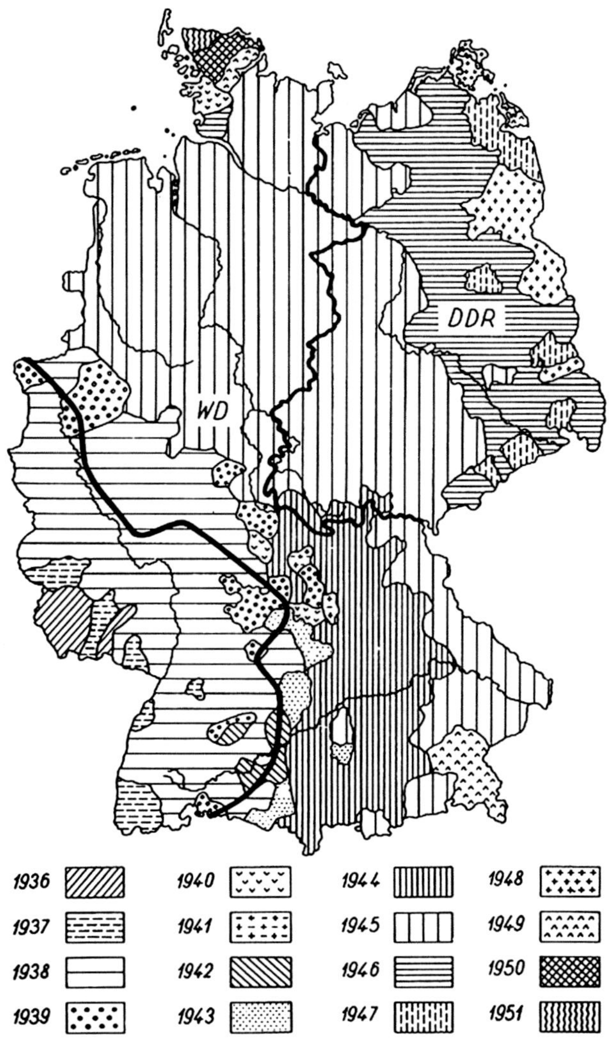

Abb. 4.9 Die Besiedlung Deutschlands durch den Kartoffelkäfer (*WD* = Westdeutschland; Karte aus/Bildrechte bei: Langenbruch 1998). Die *durchgezogene schwarze Linie links* zeigt die Grenze, auf die der Käfer durch den Kartoffelkäfer-Abwehrdienst bis Ende 1943 zurückgedrängt werden konnte

Eine absolute Erfolgsgeschichte für den Käfer, die sich völlig der Verbreitung der Kartoffel verdankt und wobei der Käfer von einem biologischen Prinzip profitiert, das weltweit verstanden wird: Schwarz-gelbe Zeichnung ist eine äußerst ernst zu nehmende Warntracht. Nur, dass der Käfer mögliche Fressfeinde mit seiner Mimikry täuscht, denn er ist weder ungenießbar noch verfügt er über giftige Abwehrmechanismen.

4.2.3.4 Schadensausmaße

In nur 250 Jahren hat die Kartoffel die landwirtschaftliche Welt verändert, in nicht einmal 100 Jahren ist ihr Hauptfraßschädling, der Kartoffelkäfer, über die Anbaugebiete der Erde verteilt. Fraß, vor allem der Larven, kann zum völligen Verlust der Assimilationsflächen der Kartoffelstauden führen. Die Pflanze setzt weder Knollen an, noch überlebt sie.

Kartoffeln rangieren auf Position vier der weltweit bedeutendsten Nahrungspflanzen. Es ist offensichtlich, dass kartoffelbasierte Nahrungskulturen konsequent gegen den Kartoffelkäfer vorgehen müssen. Effiziente Bekämpfungsstrategien stehen seit Langem, und Pestizide seit mehr als 50 Jahren, zur Verfügung und werden ständig verbessert. Insofern sind heutige Schäden durch Kartoffelkäfer weltweit eigentlich den Fehlern bei der Schädlingsbekämpfung zuzurechnen. Eine offizielle Statistik über jährliche Schadensausmaße durch Käferfraß ist nicht zu finden, ebenso keine über die jährlich weltweit gegen den Käfer eingesetzten Pestizide. Gemessen an der Bedeutung von Kartoffeln für die Welternährung und Weltwirtschaft ist die Beherrschung der Kartoffelkäferbekämpfung ein unabweisbares und prioritäres Erfordernis.

4.2.3.5 Kartoffelkäfer, biologische Kriegsführung und politische Propaganda

Überraschend früh hat der Kartoffelkäfer Anregung zu kriminellen und verbrecherischen Gedanken und Handlungen gegeben. Beispielsweise wurden Mitte 1931 mehrere Erpresser verurteilt, die landwirtschaftliche Großbetriebe in der Magdeburger Gegend mit der Infektion der Felder mit Kartoffelkäfern bedroht hatten.

Von anderer Dimension ist ein Szenarium mit Kartoffelkäfer, in dem dieser für Kriegs- und Propagandazwecke verwendet wurde. In einer Kampagne beschuldigte die DDR-Führung die USA 1950, über ihrem Territorium Kartoffelkäfer abgeworfen zu haben. Obwohl bis heute keine überzeugenden Belege hierfür beigebracht wurden, ist der Wahrheitsgehalt der Behauptung nicht wirklich geklärt. In amerikanischem Geheimdienstmaterial und Archivmaterial der DDR hat sich bisher allerdings kein Anhaltspunkt für Käferabwürfe durch die USA ergeben. Man möchte zunächst überhaupt glauben, dass es sich um ein reines Phantasieprodukt von Geheimdiensten handelt, doch weit gefehlt. Englische wie französische Militärs überlegten bereits z. Zt. des Ersten Weltkrieges, Colorado-Käfer und andere Kartoffelschädlinge gegen Deutschland einzusetzen, nahmen jedoch aus praktischen Erwägungen davon Abstand. Im Zuge des deutschen Überfalls auf Frankreich wurden Unterlagen über französische Biowaffen erbeutet, in denen Flugzeugabwürfe von Käfern auf deutsche Kartoffelfelder erwogen wurden. Diese Unterlagen veranlassten Wehrmachtsführer, die Biowaffentauglichkeit des Colorado-Käfers durch eigene Forschungen zu prüfen. In diese Arbeiten wurde die Außenstelle der Biologischen Reichsanstalt in Kruft in der Eifel, eine Kartoffelkäfer-Forschungsstätte, einbezogen. Im Oktober 1943 gab es einen feldmäßigen Abwurfversuch mit Käfern bei Speyer. Insgesamt wurden 14.000 Käfer aus 8000 m Höhe abgeworfen; bei der nachfolgenden Suchaktion wurden 57 Käfer wieder gefunden (Geißler 1998). Die Arbeiten am Projekt kamen im Juni 1944 zum Erliegen, nicht wegen erwiesener Erfolglosigkeit, sondern wegen der militärisch-politischen Lage, in deren Folge die Kartoffelkäfer-Forschungsstelle der Biologischen Reichsanstalt nach Mühlhausen/Thüringen übersiedelte. Der Leiter des Kartoffelkäfer-Abwehrdienstes der Reichsanstalt, Schwartz, hoffte noch im März 1945, die Biowaffenforschung mit Kartoffelkäfern im April 1945 in Thüringen wieder aufnehmen zu können. Dazu kam es aus bekannten Gründen nicht mehr. Stattdessen wurde Schwartz von der sowjetischen Militäradministration 1946 beauftragt, die Arbeitsstätte erneut zu einem leistungsfähigen Institut auszubauen. Er leitete diese Einrichtung und war gleichzeitig bis zu seinem Tode im April 1947 Generalbevollmächtigter für den Kartoffelkäfer-Abwehrdienst in der Sowjetischen Besatzungszone.

Die angeblichen Abwürfe aus US-amerikanischen Flugzeugen werden für Propaganda der DDR gehalten. Bemerkenswert ist allerdings, dass eine solche Propaganda überhaupt entwickelt werden und Wirkung erzielen konnte. Einerseits erschien vermutlich zur Zeit der Berliner Luftbrücke bzw. kurz danach ein Abwurfszenarium für DDR-Bürger nicht unplausibel. Andererseits erscheint auch die Ausnutzung von Expertenwissen über B-Waffenforschung für die Konstruktion dieser Propaganda wahrscheinlich, die in den Nürnberger Prozessen zur Sprache kamen. Die Vernehmungsinhalte dürften allen Alliierten bekannt gewesen sein und vermutlich auch die Öffentlichkeit, vielleicht nicht immer im Detail, erreicht haben.

4.2.4 Zusammenführung

Die vielfältigen Darstellungen über die Nützlichkeit der Kartoffel für die nationalen Ökonomien wie auch die Weltwirtschaft sind leicht erreichbar. Fraglos war und ist die Entdeckung der Kartoffel und die wirtschaftliche Nutzung ihrer einzigartigen Eigenschaften ein Glücksfall für die späteren Kartoffelesser und -nutzer in der Weltgeschichte. Die hier erzählte Geschichte handelt von drei vom Menschen oder durch seine Wirkung verpflanzten Organismen und davon, dass autonome Prozesse der Natur sich mit normativer oder praxeologischer Handlung von Menschen zu derartigen Konfliktlagen verbinden können, dass sie als Katastrophe erlebt werden. Nicht die autonomen Prozesse sind deren eigentliche Ursache, sondern ihre Nichtkenntnis und gegebenenfalls ihre Nichtbeherrschung, aus denen die für Menschen nachteiligen Wirkungen resultieren. Letztlich ist die Geschichte dieser neuen europäischen Trias eine Geschichte, die sich dem historisch größten Freisetzungsexperiment aller Zeiten, das mit dem Jahre 1492 begann, verdankt. Die drei thematischen Stränge bündeln in ihrer Verbindung Grundprobleme einer globalisierten Naturnutzung. Was als nützlich für Menschen und zur Mitwirkung an der Deckung des Glückseligkeitsversprechens der Aufklärung geeignet erschien, kann – in veränderten Tableaus – die positiven Vorstellungen der Menschen durch negative Folgen und Nebenfolgen auf Umwege zwingen oder gar scheitern lassen.

„Umwelt" sei, neben „Herrschaft, Wirtschaft und Kultur", die vierte Grundkategorie der Geschichtswissenschaft (so Siemann und Freitag 2003). Tatsächlich wird man das hier vorgestellte Beispiel nur im Zusammenspiel aller vier Kategorien angemessen erörtern können (Tab. 4.5).

Die Rekonstruktion der Umweltbedingungen, die Rekonstruktion der Wahrnehmung durch die im jeweiligen Zeithorizont beteiligten Menschen und die Analyse beider ist der zentrale Zusammenhang in der Umweltgeschichte. Trotz der vielfältigen Verschränkungen, die sich aus den drei thematischen Wegen zu dem hier behandelten Thema ergeben,

Tab. 4.5 Vier Grundkategorien der Geschichtswissenschaft

Geschichtswissenschaftliche Kategorie	Zugehöriges Stichwort
Umwelt	Habitat Amerika; Neozoen-Neophyten; Stoffströme; Energieabschöpfung; Reproduktion;
Herrschaft	Kolonialreich Spanien; Siedlungsexpansion Nord-Amerika; Monopolisierung von Nahrung; Verstetigung der Nahrung; Bevölkerungspolitik; Landnutzungskonzepte
Wirtschaft	Produktion, Transatlantik-Handel; Transport- und Lagerungstechnik; Vermarktung; Schädlingsbekämpfung; Rohstoff für Folge- und Veredlungsprodukte
Kultur	Feldbau; Esskultur; Geschmacksveränderung; Schiffsexpeditionen und Entdeckungsreisen; Wissenschaft und Medizin; Urbanisierung; reproduktives Verhalten Literarische Reflexion; Zitate in der bildenden Kunst; Schädlingsbekämpfung biophilosophisch

lassen sich diese Beziehungsgeflechte auf umwelthistorische Grundthemen zurückführen, im Wesentlichen auf:

- die energetische Bilanz der Kartoffel in agrarproduktiver Hinsicht und im Verhältnis zu konkurrierenden Grundnahrungsmitteln;
- Globalisierung durch Verbreitung und Menge;
- Umweltverträglichkeit der Pflanze;
- die fehlenden biologischen Antagonisten der Kartoffelschädlinge in den Neo-Habitaten;
- Akzeptanz gegenüber dem Nahrungsmittel; bevölkerungsbiologische Folgen;
- Änderungen im Ernährungsverhalten;
- materielle Grundlage der Volkswirtschaft;
- Verfügungsmacht über Nahrungsmittel;
- Verhalten der Betroffenen in der Nahrungsknappheit;
- Ausgestaltung normativer Bereiche.

Diese Aspekte werden in dieser Zusammenführung noch einmal hervorgehoben. Hingegen wurde bisher und wird im weiteren Verlauf des Aufsatzes der mentalitätsgeschichtlichen Rezeption der drei Organismen nicht in besonderer Weise nachgegangen. Die Anfangsprobleme, die sich einer Nutzung der Kartoffel in den Weg stellten, sind hinlänglich bekannt und in der Literatur leicht erreichbar, bis hin zu den Anekdoten, wonach die anfängliche Unkenntnis zum Verzehr der Beerenfrüchte führte. Deren geringe Zahl und vor allem ihre Ungenießbarkeit erschwerten die Akzeptanz der Kartoffel. Außerdem sprach sich bald herum, dass die nachgesagte aphrodisierende oder nymphomanische Wirkung der Kartoffelknolle – aus dem anfänglichen Missverständnis, es handele sich um etwas

Ähnliches wie eine Trüffel – überwiegend auf sich warten ließ oder bestenfalls auf Placeboeffekten beruhte.

Der Kartoffelkäfer traf auf eine vorbereitete Administration. Einmal gab es bereits einen intensiven Erfahrungsaustausch mit den Vereinigten Staaten. Zum anderen war durch das Einschleppen der Reblaus in den 60er Jahren des 19. Jahrhunderts ein Bewusstsein für die Möglichkeit eines Schädlingstransfers und seiner wirtschaftsschädlichen Dimension entstanden. Für die Reblausbekämpfung wurde erstmals übernational eine gleichsinnige Gesetzgebung betroffener europäischer Länder betrieben. Dieses erfolgreiche Muster wurde ähnlich auf die Bedrohung durch den Kartoffelkäfer übertragen. Als dieser dann 1876 in Europa erschien, waren nicht nur die staatlichen Verwaltungen vorbereitet. Stimmen, den Käfer auf eine andere als natürliche Ursache zurückzuführen, finden sich nicht. Mit dem Aufdecken seines ehedem endemischen Vorkommens wurde auch ganz offensichtlich, dass sich seine Massenvermehrung Gründen verdankte, die man heute als „ökologisch bedenklich“ und als „fehlerhafte Nebenfolge“ der Landwirtschaft und den noch unzureichenden Quarantäneverhalten zwischen den Ländern der Kontinente bezeichnen würde. Der Käfer wird auch nicht in metatheoretische geopolitische oder straftheologische Konzepte eingebunden. Seit seinem Auftreten in Europa hat sich an der Bewertung des Käfers nichts geändert; geändert haben sich Techniken seiner Bekämpfung.

Dass die Bewertung der Kartoffelfäule vor allem in dem Teil der irischen Bevölkerung eine straftheologische Konnotation erhielt, der sich nach religiösen, vorzugsweise katholischen, Moralvorstellungen zu richten hatte, versteht sich von selbst. Die Rezeptionsgeschichte der Krautfäule in Deutschland scheint bislang ohne größeren Niederschlag in der einschlägigen historischen Literatur zu sein. Die wenigen Lokalstimmen halten sich an zeitgenössisch übliche, vortheoretische Erklärungsmuster. Ursache ist entweder eine Art Tau, ein mit der Luft transportierter Schadstoff, es ist ein Schwamm oder Schimmel, es sind Witterungsbedingungen oder es sind kleine Tiere, vorzugsweise Insekten, die den Pflanzen so zusetzen. Im Landvolk wurde der Rauch der die Fluren durcheilenden Lokomotiven als Ursache der Erkrankung angesehen. Dabei war diese *Ad-hoc*-Erklärung der Landbevölkerung nicht weiter von der Krankheitsursache entfernt als die Annahme vieler, auch gelehrter Köpfe, und in ihrer Schließweise sogar rational-logisch stärker, als es vorderhand scheinen will. Die Krautfäule imponiert nämlich an Stängeln und Blättern mit schwarzen, trockenfallenden Nekrosen des Gewebes. Die Stängel brechen infolge der Austrocknung sehr leicht, geradezu „gläsern“, sofern nicht die feuchte Witterung alles als faulen Matsch auf den Boden zusammendrängt. Angesichts solcher äußeren Übereinstimmung des Krankheitsbildes an der Pflanze mit der Farbe, den vermuteten Inhaltsstoffen und der Trockenheit des Lokomotivenrauchs war die Meinung der ungebildeten Landbevölkerung eigentlich eine phänomenologisch naheliegende Ursachenannahme. Auf der Ebene des Entdeckungszusammenhanges konkurrierte eben auch das ungebildete Landvolk mit dem damaligen gebildeten Akademiker. In den modernen Naturwissenschaften entscheiden der Begründungszusammenhang und rationale Kriterien wie Verifikation oder Falsifizierbarkeit über die Gültigkeit einer Hypothese, und nicht mehr deren Zustandekommen.

Wissenschaftstheoretisch ist erstaunlich, dass der Katastrophendiskurs, der in mancher Hinsicht für die Konstruktion der Umweltgeschichte den Anspruch essentieller Bedeutung erhebt, die Kartoffelfäule des 19. Jahrhunderts und die Käferplage des 20. Jahrhunderts praktisch ausblendet. Die Opferzahlen der *Phytophthora*-Epidemie 1845 ff. überstiegen bei Weitem diejenige, welche beispielsweise nach dem Erdbeben in Lissabon 1755 zu beklagen waren. In beiden Fällen waren in erster Linie Regionen in europäischer Randlage betroffen. Was unterscheidet die Irische Katastrophe also von der Lissaboner, dass erstere so wenig Nachhall in der europäischen Gesamtgeschichte hat, wo doch praktisch alle Europäer Kartoffeln essen, aber nicht alle Europäer von Erdbeben bedroht sind? Das Erdbeben von Lissabon erschütterte angeblich Europa und die Ideen der Aufklärung. Tatsächlich war die Aufregung auf kleine Eliten beschränkt. Der wirkliche Nachhall fand nicht zeitgenössisch statt, sondern in der Wiederbelebung durch den derzeitigen Katastrophendiskurs. Fällt gegenüber dem Ereignis von Lissabon das Entsetzen über mehr als eine Million Hungertote deshalb geringer aus, weil hier z. B. faktisch eine Kolonie und nicht wie im Falle Portugals Kulturgüter eines kolonialen „Mutterlandes“ betroffen waren? Da man Hagelschlag, Erdbeben, Sturmfluten, Bergrutsche usw. nicht so gut voraussagen oder ihnen vorbeugen konnte, sind auch die Erklärungsmuster des Katastrophendiskurses in der Regel nicht sehr diffizil. Hungerkatastrophen, so steht außerdem zu vermuten, gelten nicht als Naturkatastrophen s. str., für die sich die Umweltgeschichte vehement interessiert. Bei einer Hungerkatastrophe fehlt zwar mit der Nahrung die Naturkomponente, aber sie kann erst zu einer solchen werden, weil es an der Umverteilung von Nahrung mangelt. Verantwortlich hierfür sind Interessenten und untätige Zuschauer. Hungerkatastrophen sind Sozialkatastrophen.

4.2.4.1 Die Kartoffel hat ihre Zukunft noch vor sich

Vergleichsweise rasch brach sich in Europa die Einsicht Bahn, dass die Kartoffel zu einem Grundnahrungsmittel werden könnte, das endlich nicht nur ein elastisches Ausweichen bei Nahrungsengpässen ermöglichte, sondern die Engpässe sogar in die Geschichte abschieben würde. Es ist sicher, dass die Urbanisierung in Europa durch die Verfügbarkeit der Kartoffel einen ganz erheblichen Schub erhielt, weil sie in Verarbeitung und Nährstoffeigenschaften in besonderer Weise den Erfordernissen städtischer Lebensweise entsprach. Verständlich, dass die Kartoffel als eine jener Pflanzen benannt wird, die die Welt veränderten (Hobhouse 2000). Verändert wurden u. a. Speisezettel und damit Geschmacksempfindungen, verändert wurden Pflanzen- und Tierproduktion, verändert wurden Bodennutzungen und marktbezogene bäuerliche Produktionsweise und schließlich menschliche Reproduktion, sei es durch gesteigerte Fruchtbarkeit, sei es durch die Arbeitsrhythmik, welche die Kartoffel und fast gleichzeitig die Zuckerrübe als neue Hackfrüchte der bäuerlichen Bevölkerung aufzwang. Zweifellos war es in manchen Regionen ein Fehler, das Portfolio teilweise so einseitig zugunsten der Kartoffel zu ändern. Aber gab es Alternativen und hätte man welche erkennen können?

Es lassen sich gute Gründe für die Annahme beibringen, dass der europäische Bevölkerungsanstieg durch die Kartoffel positiv beeinflusst wurde. Ob man mit dem Wegfall fertilitätssenkender Nahrungsbegleitstoffe argumentiert oder mit dem Kalorien- und Vitamingehalt – das Argument stimmt letztlich auch ohne Kartoffel, wonach eine ausreichende und relativ belastungsarme Ernährung immer zu Bevölkerungsanstieg führt, weil bei guter Ernährungslage die Fertilität steigt und die Morbidität sinkt. Die Bevölkerungsvermehrung, die sich teilweise und regional unterschiedlich per Saldo der Kartoffel verdankte, verstärkte aber die nachteiligen Folgen des kartoffelbedingten Ernteausfalls. Agrarregimes sind im Grundsatz immer energetische Risikounternehmungen. Gegen Extremschwankungen sind sie nur durch Rückgriffe auf überregionale Stoffströme und Energieflüsse zu versichern.

Mit Platz vier auf der Liste der weltweit meisterzeugten Agrarprodukte hat die Kartoffel eine absolut wichtige Rolle in der Welternährung eingenommen; ohne sie wäre die Weltbevölkerung nicht zu ernähren. Die Getreidearten, die heute Weltbedeutung haben, sind etwa 9000 Jahre in Kultur und schon früh altweltlich weit verbreitet. Es ist erstaunlich, dass ihre Produktivität nennenswert erst nach 1800 CE gesteigert werden konnte, und zwar seit derselben Zeit, seit der die Kartoffel mit dem Getreide zu konkurrieren begann.

Die große Stunde der Kartoffel dürfte indes erst noch kommen, wenn nämlich die bevorstehende Verknappung der Ressource Wasser zum weltweiten Überdenken der landwirtschaftlichen Produktion zwingt. Die FAO schätzt den Gehalt an „virtuellem Wasser" in der Kartoffel mit 250 l/kg. Die Bilanz der verlagerten Wassernutzung sieht für die meisten anderen Grundnahrungsmittel nachteiliger aus: Mais 900 l/kg, Weizen 1350 l/kg, Reis 3000 l/kg. Für die Erzeugung von Bioenergie hat die Kartoffel ebenfalls eine der günstigsten Wasserbilanzen. Vergleichende Bilanzen für erforderlichen Dünger- und Pestizideinsatz bei der Produktion scheinen zwar noch nicht verfügbar, aber vermutlich schneidet die Kartoffel auch in solchen Vergleichen günstig ab.

4.2.4.2 Ein (fast) absehbares Desaster

Es grenzt fast an ein Wunder, dass die Kartoffelfäule erst nach 250 Jahren die mittlerweile auch in der Alten Welt heimisch gewordene Kartoffel einholte. Das ist leicht verständlich, denn die Kartoffeln, die den Pilz in sich tragen, verderben durch die Braunfäule und werden vor der Saat aussortiert, wenn sie denn überhaupt die Lagerphase oder den Transport von Übersee überstanden haben. Es konnten im Laufe der Zeit nur wenige infizierte Kartoffelknollen als Infektionsquellen für den europäischen Boden gewirkt haben. Nach DNA-Analysen erscheint ziemlich sicher, dass es sich um Pilze direkter südamerikanischer Provenienz handelte, die 1845 die Katastrophe europäischen Ausmaßes anrichteten. Unwahrscheinlich ist, dass die europäischen Pilzvarietäten Ableger der 1843–1845 in Nordamerika herrschenden Kartoffelfäule waren. Damit ergibt sich das Bild einer sehr langsamen, sich allmählich in Europa unterhalb der Besorgnisgrenze etablierenden Infektion, die unter den Witterungsbedingungen von 1845 zu einer annähernd den gesamten Kontinent erfassenden, plötzlichen Epidemie werden konnte. Welche Faktoren dabei im Sinne wechselseitiger Verstärkung und Selbstverstärkung wirken mussten, von der Pilzbiologie über das Klima bis zur Agrarproduktion, ist nicht geklärt. Ständige Beobachtung und wirksame Fungizide verhindern heute ein erneutes verheerendes Auftreten der Kartoffelfäule.

Die Kartoffelfäule hatte nirgends ähnlich dramatische Auswirkungen erreicht wie in Irland, wo ihre Folgen nicht nur die Bevölkerungsgeschichte des irischen Mutterlandes grundlegend veränderte. Die hohen Auswanderungszahlen zwischen 1845 und 1851 legten den Grundstein dafür, dass irisch-stämmige Menschen in den USA heute den relativ höchsten Bevölkerungsanteil stellen, gemessen an der Größe ihrer Ursprungsbevölkerung. Das Bevölkerungswachstum in Irland zwischen 1780 und 1845 ist in der europäischen Bevölkerungsgeschichte ohne bekannt gewordene Parallele:

> In the late eighteenth and early nineteenth century it is clear that the Irish were insistently urged and tempted to marry early: the wretchedness and hopelessness of their living conditions, their improvident temperament, the unattractiveness of remaining single, perhaps the persuasion of the spiritual leaders, all acted in this direction. (Connell 1950)

Ende des 18. Jahrhunderts verabschiedete das irische Parlament – auf Druck des mit Frankreich Krieg führenden England – Reformen, mit denen auch die Überführung von Weidegründen und bisherigem Unland, wie Sumpfland und Berghängen, in Ackerland erfolgte. Damit entfiel der hauptsächliche Begrenzungsfaktor für Eheschließungen, weil jetzt Farmstellen in gewünschter Zahl verfügbar wurden. Anders als in den meisten Bevölkerungen Europas ließ sich die arme irische Landbevölkerung durch fehlendes Kapital und Lebensstandard nicht von einer Heirat abhalten. Die mit der Eheschließung verbundenen Kosten waren gering, eine Hütte wurde mit Hilfe von Freunden in wenigen Tagen errichtet, Hausrat war offenbar nur in sehr begrenztem Umfang vorhanden. Dass die Kartoffel auch auf solchen Böden auskömmliche Erträge liefert, die keine lang anhaltende Bewirtschaftungskultur aufweisen, erklärt ihre unmittelbare Vorteilhaftigkeit und Verbreitung schon vor dem großen Bevölkerungsboom, zumal Irland aus klimatischen Gründen kein Gunstraum für Getreidebau ist. Die Kartoffelerträge begünstigten nicht nur den Bevölkerungszuwachs. In einer sich selbst beschleunigenden Spirale unterstützen sie sogar die Aufsplitterung der Landparzellen für immer weitere Familien – schließlich unterhielt ein Acre (rund $4000\,m^2$) mit Kartoffeln eine sechsköpfige Bauernfamilie einschließlich ihres Viehbestandes.

Mit dem Ausfall der gesamten oder teilweisen Kartoffelernten des Jahres 1845 beginnen in den unterschiedlich betroffenen Regionen Jahre unterschiedlichen Nahrungsmangels. Hungerkrisen sind ihrer Natur nach regionale Krisen, sie sind in geschichtstheoretischer Hinsicht zugleich „Ereignis“ und „Struktur“. Eine Fehlernte tritt als Ereignis unvorhersehbar auf (notwendige Bedingung). Nur wenn zu dem Ereignis strukturelle Defizite treten (hinreichende Bedingung), wie mangelnde Bevorratung, fehlende Verteilungssysteme oder Monopolisierung von Nahrung, kommt es zur Hungerkrise. Nicht nur Irland, sondern auch Preußen litt an der strukturellen Armut, vor deren Hintergrund die Katastrophe in beiden Ländern zu sehen ist. Was für Irland und Preußen 1845 galt, dass ganzen Bevölkerungsteilen die Deckung des täglichen Bedarfs unmöglich war, ist heute überwunden. Es ist mit dem allgemeinen technischen Fortschritt nicht nur zu einer Verbesserung von Lager-, Transport- und Verteilungssystemen gekommen, sondern es hat sich durch den allgemeinen Reichtum Europas seit 1845 hier auch die Armutsgrenze innerhalb des Kontinents selbst und gegenüber anderen Teilen der Welt in einem Maße verschoben, dass Versorgungs- und Hungerkrisen selbst bei europaweiten Missernten ganz unwahrscheinlich geworden sind. Versorgungsprobleme aus natürlicher Ursache sind in Europa heute höchstens durch globale Ernteausfälle zu erwarten, die etwa nach Vulkanausbrüchen auftreten könnten.

Im klinischen Sinne ist „Hunger“ keine Todesursache. Akute Todesursachen sind opportunistische Infektionserkrankungen oder Organversagen, die sich bei chronischer Unterernährung schnell infolge von Dystrophie und Schwächung des Immunsystems einstellen. Das typische Bild des Verhungernden ist geprägt von Auszehrung (Kachexie), von Untergewicht, verminderter Leistungsfähigkeit, Stoffwechselstörungen, Hautveränderungen, Infektanfälligkeit, Hungerödemen, mentaler Retardierung, extremer Lethargie. Als lebensbegrenzender Faktor gilt bei akuten Hungerzuständen ein Gewichtsverlust von 40 %, bei chronischem Hunger sollen größere Gewichtsverluste möglich sein.

In den meisten europäischen Ländern hatte der Hunger 1845 und den Folgejahren bei Weitem nicht jene Konsequenzen, die in Irland auftraten. Dennoch waren die Folgen auch auf dem Kontinent spürbar. Die Auswanderungsbewegung von Europa in die Neue Welt hat sicher von den Innovationen in der Transporttechnik und den politischen Verhältnissen profitiert, aber die ökonomischen standen gewiss mit in der ersten Reihe. Ökonomisch heißt hier, der Armut und auch der damit verbundenen Nahrungsknappheit zu entgehen.

Die irische Katastrophe hatte aber im Kern soziale Gründe. Irland hätte trotz der Missernte zu essen gehabt, wie etwa die jährlichen Schlachtviehexporte selbst während der Hungerkrise belegen. Aber Großbritannien, das Irland als Kolonie ausplünderte, führte neben Tierprodukten auch weiter Getreide aus Irland aus und verbot Hilfslieferungen. Steuern wurden angehoben, Obdachlosigkeit nahm zu und örtliche Hilfsaktionen setzten zu spät und in zu geringem Umfang ein. Die anschließende Hungerepidemie, der etwa eine Million von insgesamt acht Millionen Iren zum Opfer fiel, und in deren Folge eine annähernd weitere Million nach Amerika auswanderte, beruht letztlich auf dem politischen Versagen der britischen Regierung und der irischen Landlords. Die irische Hungerkrise, die hinsichtlich politischer Ursachen und im Ausmaß nach heutigen Standards als zumindest genozidnah einzustufen ist, sollte nicht die letzte ihrer Art in Europa bleiben, bei der Menschen entweder durch Export, Raub oder Vorenthalten der von ihnen produzierten Nahrung zu Tode kamen. Beispiele aus dem 20. Jahrhundert sind der Holodomor in der Ukraine 1932–1933, der rund 3,5 Mio. Menschenleben forderte, die deutsche Besetzung Griechenlands, die allein 1941–1942 über 300.000 Hungertote verursachte. Nicht geschätzt ist die Zahl der Hungertoten durch ethnische Säuberungen während des Balkankrieges 1991–1995.

Globalgeschichtlich bemerkenswert ist, dass es für die Insel Irland keine Überlegungen bezüglich einer Bevölkerungsbegrenzung gegeben zu haben scheint. Möglicherweise hängt das mit dem objektiv eher mäßigen Bevölkerungsanstieg zusammen, dessen Zuwachsraten der zeitgenössischen Alltagsbeobachtung entgangen sein könnten. Dass es in

Irland aber erstaunlich viele Menschen gebe, vor allem unterhalb der Armutsgrenze, war allerdings schon zu Beginn des 18. Jahrhunderts aufgefallen. Die Ökonomen diskutierten Bevölkerungsfragen ernsthaft seit Malthus (1798), allerdings im Hinblick auf die limitierten Ressourcen der Welt. Es sind Überlegungen, die auch auf den Kontinent übergriffen. Aber sie bewegen sich doch auf einer recht akademisch-theoretischen Position.

Im Vergleich mit Irland ist die Bevölkerungsgeschichte des Inselstaates Japans völlig anders verlaufen – und doch auch nicht unähnlich. Auch in Japan beginnt durch das Aufbrechen alter Sozial- und Familienstrukturen, durch neu verfügbares Ackerland und durch neue landwirtschaftliche Produktionsweisen im Übergang des 17. zum 18. Jahrhundert ein erhebliches Bevölkerungswachstum. Die Bevölkerung stieg innerhalb des Jahrhunderts vor 1720 von 10 auf 30 (± 5) Millionen, bei einer jährlichen Wachstumsrate von 0,8 bis 1 %. Aber, als ob es eine Berücksichtigung der Inselnatur Japans gegeben hätte, verlangsamt sich der Bevölkerungsanstieg im folgenden Jahrhundert und erreicht nach einem weiteren um 1870 nur ca. 35 Mio. Die Bevölkerungszahl wurde an die begrenzte Agrarproduktivität nicht so sehr durch verzögerte Eheschließungen, sondern angeblich vor allem durch Abtreibungen und Infantizid „angepasst". Diese Verlangsamung bzw. ihre Motive mögen auch auf Hungerkrisen zurückzuführen sein, denn allein für die Tokugawa-Periode (1603–1867) werden zahlreiche Hungerereignisse angegeben, von denen 21 schwer gewesen wären und größere Teile Japans betroffen hätten. Herausgehoben sind die Hungerereignisse der Jahre 1680, 1732, der 1780er Jahre (Tenmai/Temmai-Hungerkrise) und der 1830er Jahre (Tenpo/Tempo-Hungerkrise), die zum Teil aber nur einzelne Inseln und hier nur einzelne Regionen betrafen.

Irland reagierte auf die Hungerkrise von 1845 mit deutlich ansteigendem Heiratsalter und einer zahlenmäßig großen Zunahme Unverheirateter. In Japan kam es zu keinen vergleichbaren plötzlichen und sichtbaren Einschnitten. Aber den zu diesen Zeiten anhaltenden sozialen Druck auf japanische Eltern bzw. Mütter, Abtreibungen bzw. Kindstötung zu praktizieren, als *„less painful adjustment"* zu klassifizieren und als *„not the result of traumatic events"* zu beschreiben (Livi-Bacci 1992) ist unverständlich. Es gab keine Hungerkrise in Japan, die in ihrer numerischen Dramatik der irischen vergleichbar gewesen wäre. Aber die täglichen Versorgungskrisen im familiären Maßstab der breiten Bauernbevölkerung und der armen Schichten und die Folgen dieser Nahrungsknappheit waren gewiss auch schmerzhaft und traumatisch, wenn eine Gesellschaft auf sie mit der Institutionalisierung von Abtreibung und Kindstötung antwortete.

Beide Beispiele sind keine Vorbilder für die Lösung des bevorstehenden Dilemmas der Übervölkerung, auf das die Weltbevölkerung aktuell zusteuert. Aber beide Beispiele sind geeignet, die Dringlichkeit einer Lösung in Erinnerung zu rufen und vor Lösungen zu warnen, die den Eigeninteressen moralischer Meinungsführer und Institutionen Raum gewähren.

4.2.4.3 Gentechnische Versuchung

An dieser Stelle ist auch eines Aspektes zu gedenken, der die thematische Brücke zwischen umwelthistorischen Räsonnements und aktuellen Problemen der Politischen Ökologie herstellt.

Am 14.4.2009 hat die Bundeslandwirtschaftsministerin die Aussaat von gentechnisch verändertem Mais (Linie Mon-810 der Fa. Monsanto) verboten. Bei dieser transgenen Maissorte ist durch Einbau eines bakteriellen Gens die Pflanze in der Lage, ein tödliches Gift gegen einen ihrer Hauptschädlinge (den Schmetterling „Maiszünsler" und seine Larven) zu produzieren. Als Verbotsgrund wurden unbekannte Folgen für höhere Organismen und Ökosysteme bei Einbringen des Mais in die freie Natur und in das Nahrungsnetz angegeben. Vordergründig entsteht der Eindruck, als würde hier fortschrittsfeindlich gegen das ultimative Instrument zur Schadorganismen-Bekämpfung vorgegangen. Die komplexen Folgen und Nebenfolgen von Einbringungen transgener Pflanzen in die natürlichen Kreisläufe schienen aus Sicht der politisch verantwortlichen Ministerin nicht hinreichend abschätzbar bzw. bekannt. Auf der europäischen Ebene teilt man offenbar mögliche Einwände gegen eine Neuzulassung von Mon-810 nicht.

Für die wirtschaftlich ebenfalls bedeutende Kartoffel scheint sich im Hinblick auf die Kraut- und Knollenfäule eine gentechnische Veränderung geradezu anzubieten. Tatsächlich wird zurzeit auch an transgenen Kartoffeln gearbeitet, wobei nicht die Schädlingsresistenz im Vordergrund steht, sondern Variationen von Inhaltsstoffen. Als Nebenfolge werden allerdings auch Resistenzeigenschaften gegenüber der Kraut- und Knollenfäule bzw. dem Kartoffelkäfer geprüft. Da die Kartoffelsaat aus vegetativen Vermehrungskörpern besteht, ihre Blüten und Blätter für die Nahrungsnetze von höheren Tieren, mit Ausnahme der Schadorganismen, keinen Attraktionswert besitzen, wird einer unbeabsichtigten Verbreitung transgener Kartoffeln allerdings keine erhebliche Bedeutung beigemessen. Andererseits sind Kartoffelsorten mit (annähernder) Resistenz gegen *Phytophthora infestans* seit Langem bekannt und wurden zum Teil bereits im Deutschen Kaiserreich angebaut. Aus Gründen geschmacklicher Präferenz sind sie jedoch heute vom deutschen Markt verschwunden (und werden z. B. in Afrika angebaut).

Was wie eine enge Verflechtung von Wirtschaftsinteressen, Monopolisierungsbestrebungen und Erzeugung von Abhängigkeiten anmutet, als deren strukturbedingte Opfer von vornherein die Kleinbauern festzustehen scheinen, geht in Wahrheit noch viel weiter: Tatsächlich geht es um die grundsätzliche gesellschaftliche Entscheidung, was und wie viel von der „Natur" patentiert und monopolisiert werden kann. Es geht darum, wem der natürliche Reichtum der Biodiversität gehört, ob es akzeptierte Wege zu ihrer Aneignung durch gesellschaftliche Eliten oder Unternehmer geben kann, ob sie grundsätzlich als Gemeingut dem Zugang und der unbegrenzten Verfügung Aller offen steht oder die Gesellschaft zur Sicherung ihrer eigenen Lebensgrundlagen und in Anerkennung der Lebensgrundlagen auch anderer Organismen strikte Regeln im Umgang mit dem biologischen Naturvermögen formuliert. Dass dies letztlich gesellschaftliche Großalternativen gegenüber den gegenwärtig herrschenden wären, die auf einem Naturverständnis mit fast ausschließlichen Verfügungsoptionen zum wirtschaftlichen Vorteil gründet, liegt auf der Hand.

4.2.4.4 Lehre oder doch wieder bloß Belehrung?

Nicht die Eisenbahn brachte den Kartoffelkäfer an den Atlantik und damit letztlich nach Europa. Sucht man nach dem alles in Gang setzenden Erstereignis, dann sind es die Siedler, die nach Amerika mit den Pflanzen aus der Heimat zugleich ein Stück dieser Heimat verpflanzten. Hätte jemand voraussehen können, dass der Colorado-Käfer auf die Kartoffel umsteigen und dabei eine Gesamtfruchtbarkeit erreichen würde, die die Kartoffel nicht annähernd bei den Menschen bewirkte? Vielleicht würde man heute solche Möglichkeiten in Erwägung ziehen. Doch sie würden nicht weiter verfolgt, denn die allgegenwärtige chemische Keule enthält das Versprechen, Fehlentwicklungen sofort und wirksam entgegentreten zu können. Die Eisenbahn beschleunigte nur zeitlich, was durch den Futterpflanzenwechsel des Käfers unvermeidlich wurde. Und er würde wahrscheinlich noch heute ausschließlich in den Rocky Mountains leben, hätten die Europäer 1492 nicht entdeckt, dass es hinter dem Rand der Ökumene doch noch weiterging.

Weiterhin konnte niemand voraussehen, dass sich die Temperaturabhängigkeit des reproduktiven Verhaltens des Käfers mit der Temperaturabhängigkeit der wirtschaftlichen Nutzungsmöglichkeit der Kartoffel deckt. Der Käfer kann bei Temperaturen oberhalb von 30 °C keine Metamorphose mehr durchführen, und die Kartoffel bildet keine Knollen mehr aus: eine Schicksalsgemeinschaft aus Organismen, deren biologische Potentiale unbeabsichtigt durch Mensch verknüpft wurden. Seitdem gilt: keine Kartoffel ohne Käfer. Der Schädling ist Kosmopolit geworden, wenn auch als Kulturfolger völlig abhängig von agrarpolitischen Entscheidungen, die den Anbau von Kartoffeln regeln, denn eine andere Futterpflanze steht ihm jenseits der Rocky Mountains nicht zur Verfügung.

Selbstverständlich hinterließ der Käfer auch im normativen Bereich seine Spuren, was angesichts der wirtschaftlichen Bedeutung der Kartoffel in vielen europäischen Ländern nahe lag. Die Schädlingsgesetzgebung des ausgehenden 19. Jahrhunderts gehört zu den ersten transnationalen Gesetzgebungen der Neuzeit und erkennt früh die Bedrohung auch durch den Colorado-Käfer. Aber mit der Einsicht in die Notwendigkeit der Schädlingsbekämpfung, und den sich hierzu eröffnenden technischen Möglichkeiten durch Innovationen der chemischen Industrie, entsteht auch eine Verschiebung im Blick auf den Schadorganismus. Im Hintergrund bildet der Darwinismus mit seiner vulgärkapitalistisch-liberalistischen Variante des Sozialdarwinismus eine Folie, vor der auch die Betrachtung von Menschen als Schadorganismen, als letztlich mit den Mitteln der Insektenbekämpfung zu vernichtenden Schädlingen, möglich wurde (Herrmann 2006).

Im Bereich der Schädlingsbekämpfung haben die Anstrengungen dann in den 1940er Jahren zu wirksamen synthetischen Insektiziden auch gegen den Kartoffelkäfer geführt. Doch die vereinten Anstrengungen betroffener bäuerlicher Gemeinschaften, die ihren Ausdruck im koordinierten Absammeln der Eier, Raupen und Imagines fanden, waren durchaus keine hilflosen Strategien. Immerhin war es mit derart einfachen Mitteln möglich, die Ausbreitung des Käfers lange aufzuhalten. Selbst seine erneute Eindämmung schien für Deutschland noch 1943 möglich. Die militärisch-politische Lage entschied allerdings zugunsten des Schädlings.

Schädlingsbekämpfung gilt vordergründig als eine selbstverständliche und ausgemachte Sache in Agrargesellschaften und ist es selbstverständlich auch. Obwohl einerseits reflexhafte Handlung, ist sie andererseits institutionalisiert. Ihr unterliegt ein Grundproblem, das sich aus dem Umgang des Menschen mit der Natur, mit den Mitlebewesen, ergibt und vor allem die Denker beschäftigte, die sich mit dem Zustand der Welt befasst haben. Wenn die Welt, wie wir sie kennen, nach den Gottesbeweisen der Neuzeit die beste aller denkbaren Welten ist, wie kommen dann die Schädlinge in die Welt? Gibt es ein Recht, das Werk des Schöpfers durch Schädlingsbekämpfung zu korrigieren? Welche Handlungsgrenzen setzt sich der Mensch selbst gegenüber nichtmenschlichen Arten?

Überraschend taucht der Kartoffelkäfer im Arsenal der Biologischen Kriegsführung auf. Das ist bei Schadorganismen nicht ganz verwunderlich, bei einem nichtpathogenen höheren Lebewesen aber schon. Nur die Impraktikabilität der Anwendung hielt am Ende hüben wie drüben Militärs davon ab, den Kartoffelkäfer tatsächlich einzusetzen. Statt mit unhandlichen Metazoen sind die Biowaffenarsenale heute mit einzelligen Mikroorganismen und viralen Partikeln gefüllt – soweit man weiß. Wie harmlos und langwierig nehmen sich mögliche Sabotageakte mit Kartoffelkäfern aus neben den heute realen und mit sofortigen Wirkungen verbundenen Möglichkeiten zur Kontamination bzw. Infektion ganzer Bevölkerungen oder biologischer Ressourcen. Aber für die Entwicklung eines Denkens in den Kategorien Biologischer Kriegsführung bzw. der Entwicklung von Biowaffen steht der Kartoffelkäfer zusammen mit den Pesttoten, die 1347 über die Mauern nach Kaffa hinein geschossen wurden, am Beginn einer schlimmen Reihe von heute apokalyptischer Dimension. Wurde die biologische Waffe auch nicht bis zu ihrem Einsatz entwickelt, so wurde sie erfolgreich in der Propaganda des Kalten Krieges eingesetzt. Heute noch zeigen Propagandabehauptungen Wirkung, nach denen die Amerikaner Ende der 1940er Jahre Colorado-Käfer über der DDR abgeworfen hätten.

Kartoffel, Kartoffelfäule und Kartoffelkäfer sind in einem Beziehungs- und Wirkungsgeflecht verbunden. Es macht anschaulich, wie sehr die autonomen Prozesse, denen die natürlichen, vom Menschen genutzten Ressourcen unterliegen, menschliche Handlungen beeinflussen. Am Ende bewegen sich zahlreiche, vom Menschen für genuin gesellschaftlich gehaltene Entscheidungen andererseits lediglich an der langen Leine unhintergehbarer biologischer Prinzipien. Die immer vollendetere Unterwerfung der Natur unter die Bedürfnisse des Menschen verleitet zur Annahme, dass die Komplexität des Miteinanders menschlicher Entscheidungen und autonomer naturaler Prozesse durch verkürzte ingenieurtechnische Leistungen zu moderieren sei. Tatsächlich lehrt die Kartoffelgeschichte, dass Folgen und Nebenfolgen menschlicher Handlungen in allen Bereichen menschlicher Tätigkeit nach ökologischen Prinzipien auszurichten sind, wenn sie der Nachhaltigkeit des menschlichen Zugriffs nicht entgleiten sollen. Und das Beispiel lehrt die Bedeutung umwelthistorischen Räsonnements nicht nur für die ökologische Grundbildung, sondern auch als Voraussetzung für das praktische Handeln.

4.3 Walton Ford (*1960) Falling Bough

Der nachfolgende Text stellt die Betrachtung eines Bildes von Walton Ford (Abb. 4.10) in den Mittelpunkt. Das Thema des Bildes wird zum Anlass genommen, vermeintliche umwelthistorische Sicherheiten zu überprüfen.

Das 2002 entstandene Bild ist 153,7 × 303,5 cm groß. Ausgeführt wurde es in Wasserfarbe, Gouache, Bleistift und Tinte auf Papier. Den Bildrand hat der Künstler an mehreren Stellen beschriftet:

- am unteren Bildrand in der Bildmitte: „*Ectopistes migratorius Passenger Pigeon*";
- links davon: obere Zeile: „*They repair to some undiscovered satellite accompanying the earth at a near distance; Cotton Mather*"; untere Zeile: „*What it portends I know not. Tomas Dudley 1631*"
- Text rechts von der Bildmitte: „*Millions of Turtledoves on the green boughes, which sate pecking of the full ripe pleasant grapes that were supported by the lovely tree whose fruitfull loade did cause the arms to bend. T. Morton 1637*"; (Ford 2009, S. 169–170)

Walton Ford ist ein zeitgenössischer US-amerikanischer Maler, der sich selbst auf den großen US-amerikanischen Ornithologen und Zeichner der „Vögel Amerikas", John James La Forest Audubon (1785–1851), bezieht und in dessen Tradition er zu sehen ist. Während Audubon erstmals vitale Situationen aus dem Vogelleben in präzise, wissenschaftlich ernst zu nehmende Darstellungen einbrachte, bereichert Ford seine lebensechten und minutiösen Darstellungen um Accessoires, um animalische Akteure und um Szenarien nahe am Katastrophenrande, scheinbar und anscheinend jenseits jeder Glaubwürdigkeit.

Das Bild zeigt einen über und über mit Wandertauben besetzten Ast im Augenblick seines Herabstürzens. Es findet sich in der Sammlung von Bildern Walton Fords, die erstmals 2007 unter dem Titel „Pancha Tantra" zusammengestellt und veröffentlicht wurde. Der Buchtitel „Pancha Tantra" nimmt den Namen einer Erzählungssammlung aus dem Sanskrit auf, deren heute bekannte Form auf das 3. bis 6. Jahrhundert unserer Zeitrechnung zurückgeht, und die moralische Geschichten in Form von Tierfabeln und -gleichnissen enthält. Die Sammlung „Pancha Tantra" selbst ist vergleichbar mit europäischen Tierfabeldichtungen von Aesop bis La Fontaine und darüber hinaus.

In Tierfabeln werden anthropomorphisierten Tiergestalten (z. B. „Meister Bockert" = der Biber) menschliche Grundeigenschaften (Biber = arbeitswütig) zugeschrieben. Längst nicht alle fabelwürdigen Tiere sind in der europäischen Erzähltradition mit Eigennamen versehen worden. Der Taube fehlt ein Eigenname, aber ihr werden Eigenschaften nachgesagt, wie: dumm, friedensbringend, heilsbringend, treu. Die Emblematik knüpft an Ovids Ars amatoria, Vergils Ekloge 1, an antike Bilder, auf denen Tauben den Wagen der Venus ziehen und an biblische Texte und Symbolik an (Henkel und Schöne 1996). Das Taubenbild von Walton Ford wäre mit solchen Rückgriffen allerdings in einen falschen Kontext

Abb. 4.10 Walton Ford: *Falling Bough* (aus Ford (2009) mit freundlicher Genehmigung)

gestellt, denn die Nordamerikanische Wandertaube war schwerlich Vorbildvogel europäischer Fabeltexte. Selbstverständlich aber nehmen die nach Nordamerika auswandernden Europäer den Vogel wahr und werden ihn auch in ihre europäische Überlieferung integriert haben, denn die ersten Bezeichnungen der Europäer für die Wandertauben lauten auf „Turteltauben". Der Vogel wird ab dem späten 17. Jahrhundert zu einem Sinnbild des paradiesischen Überflusses und später im Zusammenhang mit den Trails nach Westen als eingepökelter Proviant eine der wichtigsten Nahrungsressourcen während der langen Reisen. Ganz in diesen Sinn scheint sich ja auch das Zitat von Thomas Morton am rechten unteren Bildrand zu fügen, das seiner Schrift mit dem bezeichnenden Titel „*The New English Canaan*" entnommen ist. Kanaan war biblisch das Gelobte Land der Verheißung, jenes Land, in dem „Milch und Honig fließen". Es mutet an wie ein Rückgriff auf ein angebliches Überflussbild, das als paradiesischer Mythos topische Qualität erlangt hat. Aber das „Neue Englische Kanaan" ist als Lockschrift zu verstehen, mit der Auswanderungswilligen ein Land des Überflusses und der religiösen Freiheit vorgestellt wird. Erst in letzter Zeit ist das biblische Bild vom „Überfluss von Milch und Honig" aber als ein Jahrhunderte anhaltendes Missverständnis entlarvt worden, in dem eine Grenzertragslandschaft, die sich am Rande jeder Produktivität befand, fälschlich für eine Überflussregion gehalten wurde. In Wahrheit ist die Rede von einer devastierten Kulturlandschaft (Hüttermann 1999). Aber diese umwelthistorische Facette ist Walton Ford sehr wahrscheinlich unbekannt.

4.3.1 Eine Metapher des Überflusses?

Walton Fords Thema ist scheinbar die unglaubliche Zahl der Wandertauben, die seit dem frühen 17. Jahrhundert die europäischen Besucher und Siedler in Nordamerika beeindruckte. Die Marginalien sind Textzitate aus Briefen und Berichten zeitgenössischer Beobachter. Sie sind dem Einleitungskapitel des klassischen Werkes über die Wandertaube von Arlie Schorger (1955) entnommen, wobei die Zitate von Mather und Morten gleichsam Anweisungen zur bildlichen Umsetzung sein könnten. Die Feststellung von Mather (1663–1728) bezieht sich auf die damals nicht ganz verstandene Tatsache, dass Vögel saisonale An- und Abwesenheiten zeigen können. Dass es ein Zugvogelverhalten gibt, wurde erst sehr spät, nämlich erst im frühen 19. Jahrhundert, wissenschaftlich bewiesen. Davor war unbekannt, wohin die Vögel im Herbst verschwinden. Einer antiken Überlieferung zufolge überwinterten Schwalben auf dem Grunde von Seen; eine frühneuzeitliche deutsche Vermutung behauptete, die kleinen Singvögel würden des Winters als Mäuse in den Scheunen leben. Statt den noch wenig erkundeten Teil Nordamerikas außerhalb Neuenglands als Winterquartier oder Streifgebiet anzunehmen, ist es für Mather in der Tradition der magischen Wissenschaft näherliegend, den Tauben einen unirdischen Ort zuzuweisen. Unklar bleibt zunächst die Bedeutung des Zitates von Dudley auf dem Bild von Ford, das hier deshalb zu einem Rätsel eigener Art wird, weil es seines Kontextes beraubt wurde. Hierauf wird zurückzukommen sein.

Walton Ford scheint unmittelbar an sein Vorbild Audubon anzuknüpfen, der ebenfalls ein Blatt mit der Nordamerikanischen Wandertaube gezeichnet hatte. Im Pancha Tantra zitiert Ford (S. 306) eine Textpassage aus Audubons (Abb. 4.11) „*Ornithological Biography*" (1831) zu den „*Birds of America*":

> Im Herbst 1813 verließ ich mein Haus in Henderson an den Ufern des Ohio und machte mich auf nach Louisville. Als ich ein paar Meilen hinter Hardensburgh das Ödland durchquerte, konnte ich verfolgen, wie die Tauben in Massen, die ich so noch nie zuvor gesehen hatte, von Nordosten nach Südwesten flogen. (...) Der Himmel war buchstäblich voller Tauben. Das Mittagslicht verdunkelte sich wie bei einer Finsternis und Kot tropfte wie schmelzende Schneeflocken herab. Das unaufhörliche Surren der Flügel wirkte auf meine Sinne regelrecht einschläfernd. (...) Der Kot, der den Rastplatz in seiner gesamten Ausdehnung bedeckte, war schon auf einige Zoll angewachsen. Ich sah, wie zahlreiche Bäume von zwei Fuß Durchmesser knapp über dem Erdboden wegbrachen, sah, wie die Zweige vieler der mächtigsten und größten Bäume nachgegeben hatten, als sei ein Tornado durch den Wald gefegt. Alles wies darauf hin, dass die Zahl der Vögel in diesem Teil des Waldes jegliche Vorstellungskraft weit überstieg. (...) Als der Zeitpunkt ihres Eintreffens nahte, hatten ihre Feinde den Empfang schon unruhig vorbereitet. Einige schleppten Eisentöpfe heran, die mit Schwefel gefüllt waren, andere hatten sich mit Fackeln aus Kieferngeäst bewaffnet, viele mit Stangen und der Rest mit Gewehren. Die Sonne lag nicht mehr in unserem Blickfeld, doch noch war keine Taube zu sehen. Alles war bereit und aller Augen waren auf den klaren Himmel gerichtet. Der zwischen den hohen Bäumen aufblitzte. Plötzlich riefen alle aufgeregt „Da kommen sie!" Der Lärm, den sie verursachten, obgleich sie noch entfernt waren, erinnerte mich an einen heftigen Sturm auf See, der durch die festgereffte Takelage eines Schiffes fährt. Als die Vögel eintrafen und über mich flogen, verspürte ich einen Windzug, der mich überraschte. Tausende wurden sogleich von den Männern mit Stangen niedergeknüppelt. Immer mehr Vögel schwärmten an. Feuer wurden entzündet, und ein grandioser Anblick, wundervoll und erschreckend zugleich, bot sich dar. Zu Tausenden kamen die Tauben an, landeten überall, eine auf der anderen, bis die Äste weit und breit schwer beladen waren. Hier und da brachen sie krachend unter dem Gewicht ein, rissen im Fall die dichten Trauben von Vögeln, die auf jedem Zweig lasteten, zu Boden und begruben Hunderte der Tiere unter sich. Die ganze Szenerie war von Tumult und Durcheinander geprägt. Es war sinnlos, mit jenen Personen, die sich in meiner Nähe aufhielten, zu sprechen oder ihnen etwas zuzurufen. Selbst das Knallen der Gewehrschüsse war nur vereinzelt zu hören. Nur weil ich die Schützen immer wieder laden sah, wusste ich, dass sie auch feuerten.

Fords Bild mutet wie die bildhafte Umsetzung eines Teils dieser Schilderung an. Es stellt den Betrachter auf eine Anhöhe, die eine weitläufige Talaue begrenzt. Es könnte eben jene Talaue des Ohio kurz vor Louisville, KY, gewesen sein, westlich des von Audubon erwähnten Hardinsburgh, wie sie typisch vor allem für die großen nordamerikanischen Auen der Plains- und Prärieflüsse war, bevor die europäische Besiedlung die Landschaft veränderte. Noch heute ist diese Landschaft idealtypisch in Parzellen des *American Bottom* erhalten. Der „*American Bottom*" bezeichnet die Flussaue des Mississippi südlich seines Zusammenflusses mit dem Missouri zwischen der Kleinstadt Alton und St. Louis. Die Region bildete in ihrem südlichen Abschnitt im 14. Jahrhundert mit der Siedlung Cahokia, in der wenigstens 30.000 Menschen lebten, das größte Zentrum der nordameri-

Abb. 4.11 Die Nordamerikanische Wandertaube, wie sie Audubon skizzierte. Die Vorlage wurde von Robert Havell gestochen und erstmals 1829 koloriert veröffentlicht. Unübersehbar ist die symbolbeladene Paarbeziehung, in der das männliche (*untere*) und das weibliche Exemplar im Motiv miteinander verbunden werden, das Männchen füttert (aus seinem Kropf) das Weibchen. Die Taube ist in den europäischen Symbolkanon eingeordnet. Ihr historisch erster Trivialname ist bezeichnenderweise „Turteltaube" (*turtle dove*)

kanischen Bevölkerung. Walton Fords Bild schließt also suggestiv, so scheint es, an dieses Vorbild, an frühere Zeiten des Überflusses, an.

4.3.2 Ein Aufruf zur Mäßigung

Tatsächlich ist dieser Anschluss nur ein scheinbarer. Das Bild ist vielmehr in eine andere Deutungstradition zu stellen, in der die Taube als Opfervogel zu sehen ist, als Seelenvogel, als Todes- und Unglücksvogel.

Auf dem Bild fällt vor dem Auge des Beobachters ein starker, viele Meter langer Ast augenscheinlich unter dem Gewicht der Tiere zu Boden. Der Baum steht links außerhalb des Bildes und ist augenscheinlich schon länger abgestorben. Jedenfalls gibt es keinen Hinweis auf Laubgrün oder die für Grünholz typischen Auffaserungen der Bruchfläche, obwohl die Talaue die Farben und Formen der Vegetationsperiode zeigt. Ohnehin hätten die Tauben in der laubfreien Jahreszeit keine Nestlinge. Die zahllosen Vögel haben offenbar den Ast über seine Tragfähigkeit hinaus belastet. Die Tiere sitzen auf ihm, und zwar entgegen ihrer Natur und sogar entgegen der Schwerkraft auf seiner Unterseite. Sie

Abb. 4.12 Die Nordamerikanische Wandertaube *Ectopistes migratoria* Swainson 1827, ♀ *im Vordergrund*. Exemplare des Zoologischen Museums der Universität Göttingen (Foto von/Bildrechte bei: S. Hourticolon)

zeigen soziales Verhalten, vitale Verdauungsreaktionen, sie paaren sich, sie legen Eier, brüten, füttern ihre Nestlinge, kurz, sie tun all das, was die als sozialen Brüter bekannten Wandertauben in ihren Nistquartieren und zu ihren Lebzeiten getan haben müssen. Dass die adulten Tiere nicht essen, ist verständlich, weil Schlaf- und Nistplätze nicht mit den Nahrungsplätzen zusammenfallen.

Es ist bekannt, dass bei sozialen Brütern die hohe Individuenkonzentration in den Nistkolonien zu solchen Kotmengen führt, dass die Nistbäume in kurzer Zeit unter den Verdauungssekreten absterben. Insofern könnte der Ast innerhalb eines sich immer wiederholenden, ewigen Szenariums zu Boden fallen.

Ungewöhnlich und unbiologisch scheint indes die Besatzdichte, mit der Walton Ford aber ganz direkt auf die ehedem legendäre Individuenabundanz der Wandertaube hinweist. Selbst in Sozialverbänden schwärmende Vögel achten üblicherweise auf die Einhaltung einer Individualdistanz. Auf dem Ast aber wimmelt, flattert, lebt, kreischt und riecht es, und zwar weit über das Fassungsvermögen des Systems und über die Vorstellungskraft des Betrachters hinaus. Der Ast, eigentlich verlässliche Heimstatt der Vögel, auf dem sie einem Teil ihrer biologischen Bestimmung gemäß lebten, bricht unter der Masse – eine Metapher für die unerhörte Fülle, die grenzenlose Zahl der Tauben. Am vom Betrachter abgewandten Astende fliegen die Vögel auf, ihre Menge verdünnt sich gegen den Himmel, in dem sie sich aufzulösen scheinen, auf ihrem Weg zum erdnahen Satelliten oder vor ihrer Auflösung ins Nichts? Wer nur hinsieht, erkennt, dass die Eier zerbrechen und die Nestlinge sterben werden, dass alles vergebens war für die Vögel dieses Astes, der Sinnbild für den irdischen Ort der Tauben wird. Die letzte stirbt 1914 im Zoo von Cincinnati. Seitdem ist die Nordamerikanische Wandertaube (Abb. 4.12) ausgestorben. Das Bild symbolisiert den Untergang einer Art, und alle Welt kennt die traurige Geschichte, weil sie vor kaum 100 Jahren spielte und seitdem Sinnbild für die Bedenkenlosigkeit menschlicher Handlungsweise geworden ist, die sich blind gegenüber ihren Folgen und Nebenfolgen zeigt.

Walton Ford setzt die Nordamerikanische Wandertaube vor dem Hintergrund ihres historisch überlieferten Schicksals als Symbol ein für eine Natur, die der Mensch bedenkenlos seinem Fortschrittsstreben geopfert zu haben scheint. Er setzt die Taube ein als Vogel, der seinen eigenen Artentod repräsentiert. Er setzt sie ein als Menetekel, das dem Menschen sein eigenes Unglück vor Augen führt, welches unumkehrbar eintreten wird, wenn der Ast, auf dem alle sitzen, nachgibt. Wer auf diesem fallenden Ast sitzt, wird sterben, wird dem Artentod preisgegeben. Und es scheint so, als wäre den meisten Tauben, die wir auf dem Bild sehen, nicht einmal bewusst, dass der Ast bereits fällt. So sehr sind sie noch mit ihren unmittelbaren Dingen beschäftigt, dass ihnen entgeht, was der Betrachter bereits weiß, dass der Aufschlag des Astes unmittelbar bevorsteht.

Das Bild ist, sofern man sich auf diese Betrachtungsweise einließe, eine Metapher für das bevorstehende Ende der aus menschlichem Eigennutz und unstillbarem Ausbeutungshunger ruinierten Welt.

Damit ist das Terrain der missionierenden Belehrungen über den ökologischen Zustand der Welt erreicht, die heute zunehmend quasi-religiöse Bedürfnisse bedienen. Sie kommen einem Erleuchtungs- und Erweckungsbedürfnis nach, das an die Stelle der verloren gegangenen religiösen Verheißung treten soll. Geradezu idealtypisch lässt sich diese Entwicklung an der Entstehung und Verbreitung des Biodiversitätsbegriffs und seiner politischen Implikationen veranschaulichen (Herrmann 2006). Hatte sich nach Darwin noch die Einsicht Bahn gebrochen, dass der Prozess der Evolution selbstregulierend sei und in niemandes Verantwortung stünde, wurde mit der Konferenz von Rio de Janeiro 1992 allgemein akzeptiert, dass doch jemand ganz konkret für den Zustand der Welt verantwortlich wäre. Menschen würden nämlich Verantwortung, und zwar *die Verantwortung* für den Zustand der Naturräume der Welt tragen. Damit war endgültig bestätigt, dass der „biophile" Lebensstil (E. O. Wilson), d. h. die Sorge um und das Eintreten für die Biodiversität, auch quasi-religiöse Bedürfnisse bedient bzw. bedienen kann. Die Almosenspende wird in eine Spende an den WWF gewandelt. An die Stelle der Sorge um das Seelenheil tritt die Sorge um die Jahresdurchschnittstemperatur. Die Postulatenethik der Zehn Gebote wird durch eine Globalisierungsethik nach Art des Ökologischen Imperativs ersetzt, den Hans Jonas 1984 formulierte: „Handle so, dass die Wirkungen deiner Handlungen verträglich sind mit der Permanenz echten menschlichen Lebens auf Erden." Und schließlich wird noch Nächstenliebe durch eine Fernstenliebe erweitert.

Der aufgeklärten nach-darwinschen Einsicht, wonach „in der Natur" nichts so bleiben wird, wie es im Moment ist, entgegnen Menschen mit einem Beharren auf realitätsüberfordernden Konservativismus, welcher in einer musealisierten Natur gleichsam einen anzustrebenden Idealzustand zu erkennen scheint. Von hier ist der Weg dann nur noch kurz zu Rückvergoldungen und Verlustklagen über den vermeintlich verlorenen paradiesischen Grundzustand. Deshalb ist der Hinweis darauf, dass der Bildtitel „*Falling Bough*" dem Titel des religionsgeschichtlichen Klassikers von James George Frazer „*The Golden Bough*" (1907–15) sehr nahe kommt, inhaltlich gut begründbar. Ob nun kulturtheoretisch, psychoanalytisch oder evolutionsbiologisch gewendet – niemand wird heute mehr der Generalthese Frazers widersprechen, wonach die Entstehung von Religion und ihr

Hauptzweck darauf gerichtet sind, sich Selbststabilisierung durch Rückgriff auf transzendente Mächte zu verschaffen, und dadurch das profane wie das spirituelle Überleben zu sichern oder als gesichert anzunehmen. Damit ergibt sich ein weiterer Anschluss an heilsgeschichtliche Facetten, die in der Aufforderung zur ökologischen Wende, zum „Richtigen" hin besteht, auf die das Bild Walton Fords hinweist. Diese metaphorische Ebene ergibt sich insbesondere aus jener Erzählung, die Frazers Werk den Titel geliehen hat: der Goldene Zweig aus der Äneis, mit dessen Hilfe Äneas in den Hades gelangt. Dort offenbart ihm sein Vater, dass Äneas der Stammvater der Römer und damit Begründer eines Weltreiches werden wird.

Gleich dem Goldenen Zweig in der Äneis eröffnet der Zweig Fords einen Zugang. Dieser besteht darin, ein Räsonnement über die Zukunft zu eröffnen, nämlich über die ökologische Zukunft, die nur dann zu einem Weltreich führen kann, wenn es gelingt, der Falle des „*desire for gain*" (David Hume) zu entkommen, jenem Drange nach Über-Fülle, der in Gestalt des nicht enden wollenden Dranges nach materiellem Besitz zwangsläufig zu einem fatalen Ende für alle und alles führen wird. Das Bild der Überfülle in Gestalt der Tauben ist am Ende ein gewendetes Plädoyer für die Mäßigung menschlicher Habgier.

4.3.3 Sehen und Erkennen

Die Erzählungen des Bildes können und müssen jedoch, kommt man von den Fakten her, noch in eine andere Richtung geführt werden. Es ist ein unbestreitbares Faktum, dass die Naturgeschichte der Wandertaube mit dem Tod des letzten Exemplars in Gefangenschaft am 1. September 1914 im Zoo von Cincinnati, in einem Alter von 29 Jahren, endete. Und ihre Geschichte beginnt eigentlich erst mit den Berichten über unvorstellbare Mengen an Tauben ab der Mitte des 17. Jahrhunderts. Diese Berichte reichen bis ins 19. Jahrhundert, gegen dessen Ende die Tauben sehr selten werden. Der beste Kenner der historischen Berichte, der zurückhaltende Schorger, schätzte, dass die Gesamtpopulation der Tauben 3 Mrd. Individuen betragen haben könnte, und dass zeitweilig 25–40 % der gesamten Avifauna der Vereinigten Staaten aus Wandertauben bestanden. Schorger hat auch die Berichte über Schwärme zusammengestellt, aus deren Dauer, Fluggeschwindigkeit und Dichte auf die Individuenzahl geschätzt wurde. Seine Nachberechnungen lassen Zweifel an den astronomischen Zahlen früherer Autoren aufkommen, führen aber immer noch zu unvorstellbar hohen Zahlen, in einem Fall etwa zu einer Schwarmgröße von 1.000.000.000 Individuen. Es verwundert daher nicht, dass angesichts solcher Mengen die Taubenjagd in jedem Fall erfolgreich war. Man hielt z. B. die Schrotflinte ohne besonderes Zielen in Richtung des Schwarms und der „Jagderfolg" war auch dem Ungeschicktesten gesichert. Die Tauben wurden auf alle erdenkliche Weise erlegt, es gab sie so reichlich, dass sie mitunter von den Rastbäumen mit Knüppeln herunter geschlagen werden konnten. Sie entwickelten sich zu einem beliebten Nahrungsmittel und dienten eingepökelt als Reiseproviant für die Westerntrails.

Über alle möglichen Ursachen ist wegen des Aussterbens der Wandertaube spekuliert worden. Die herkömmlichste Erzählung spricht von einer Kombination aus Überjagung der Wandertaube, dem Verlust der Futterplätze und der Einschränkung ihres Lebensraumes infolge der europäischen Kolonisierung Nordamerikas (Abb. 4.13). Immerhin handelt es sich um einen sozialen Brüter, der jährlich nur ein einziges Ei legte. Damit waren die sonst bei Vögeln gängigen Kompensationsmuster für Brutausfälle nicht so einfach zu realisieren, eine rasche Abnahme der Individuenzahlen vorausgesetzt. Eine solche Zahlenreduktion könnte den Zerfall der Gesamtpopulation in Subpopulationen zur Folge gehabt haben, wobei dysfunktional verstärkend die Ausbreitungskorridore unterbrochen gewesen sein könnten. Damit wäre die Taube in eine sich selbst beschleunigende Populationskrise geraten. Vermutlich trat verstärkend noch eine bis heute unbekannte Vogelseuche auf.

Über die Ursachen des Endes der Taube herrscht kein Dissens. Es ist allgemein akzeptierter Wissensstand, dass die Ursachen im Wesentlichen anthropogen bedingt waren. Die Klage über das menschliche Handeln fällt dabei umso massiver aus, weil sie sich an der historisch belegten unvorstellbar hohen Individuenzahl der Tauben festmacht. Das Entset-

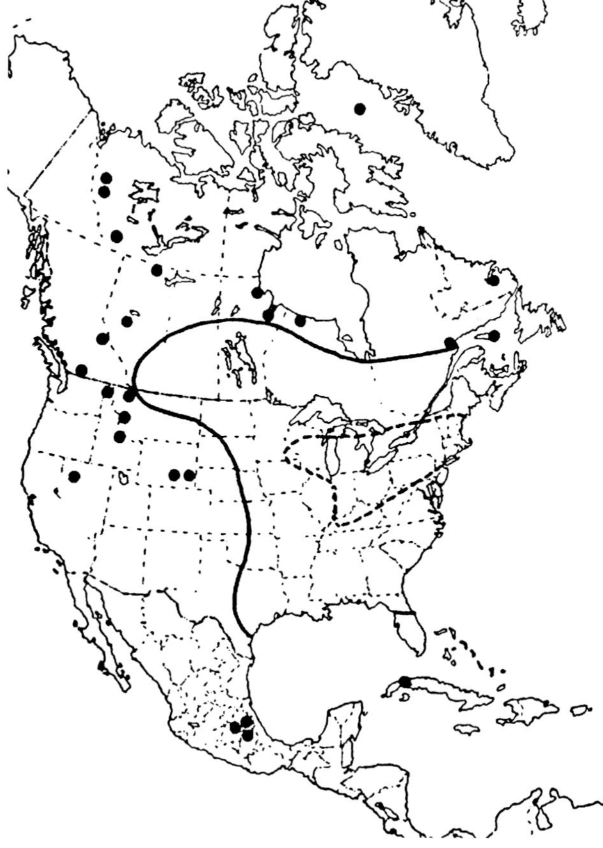

Abb. 4.13 Ehemaliges Verbreitungsgebiet der Nordamerikanischen Wandertaube (aus/Bildrechte bei: Schorger). Die *durchgezogene Linie* schließt das normale Verbreitungsareal ein, die *gestrichelte Linie* die hauptsächlichen Brutgebiete. Die *Punkte* verweisen auf gelegentliches oder Irrgast-Vorkommen

zen drückt die Fassungslosigkeit über die Tatsache aus, wie ehedem Milliarden von Tieren so völlig verschwinden können.

Die Landwirtschaft der europäischen Siedler hatte offenbar nicht ernsthaft unter den Tauben als Saat- oderErnteschädlingen zu leiden, sodass sich im Bewusstsein der Menschen die Bejagung als einziger direkter Einfluss auf die Zahl festsetzte. Das Abholzen der Futterbäume (Eicheln, Nüsse) und die Veränderungen der Landschaft durch Landwirtschaft und Drainage (Fortfallen der Rast und Nistplätze in sumpfigen Talauen) waren als indirekte Verdrängungsmaßnahmen in ihrer unmittelbaren Wirksamkeit kaum wahrzunehmen.

Die ohnmächtige Wut über den, wie immer man will, Verlust von „Schöpfungsreichtum" oder „Artenfülle" oder „Biodiversität" muss sich jedoch an einer Stelle überraschend zügeln lassen. Die Vorstellung nämlich, hier wäre ein von Anbeginn bestehender paradiesischer Zustand abrupt beendet worden, bedarf einer differenzierten Betrachtung. Erst seit Kurzem ist offensichtlich, dass sich die „Superabundanz" der Wandertaube, die alle Berichterstatter des späten 17., des 18. und des 19. Jahrhunderts so ungemein beeindruckte, ebenfalls einem völlig anthropogenen Ereignis verdankt.

Schon früher hatte Neumann (1985) darauf hingewiesen, dass in den archäologischen Archiven der präkolumbischen Ära ein merkwürdiger Mangel an Taubenknochen herrsche, der nur den Schluss zulasse, dass die Tauben vor der Ankunft der Europäer nicht in denselben Mengen existierten, wie im 18. und 19. Jahrhundert. Herrmann und Woods (2010) fanden in einer Revision jüngerer archäologischer Fundplätze, besonders um die zentrale Siedlung Cahokia, ebenfalls nur einzelne Skelettknochen der Taube belegt. Mit ihren Schlussfolgerungen unterstützen sie die Thesen Neumanns und ziehen Parallelen zu den historischen Superabundanzen des Haussperlings in Mitteleuropa im 18. und z. T. im 19. Jahrhundert. Werden die historischen Abläufe und die Biologie der Taube kombiniert, ergibt sich folgende Skizze des Prozessgeschehens: in der vorkolumbischen Zeit besetzen die Indianer durch Siedlungsaktivitäten z. T. jene Talauenareale, die Vorzugsgebiete für Taubenrast und Brut sind. Der Druck auf die Taubenpopulation wird erhöht durch Nahrungskonkurrenz bei Nüssen und Eicheln und teilweise Entnahme von Nestlingen zum Verzehr. Nach Ankunft der europäischen Siedler stirbt ein erheblicher Teil der indianischen Bevölkerung an Infektionskrankheiten, die den Siedlern in der Ausbreitung vorauseilen. Der Druck auf die Nist- und Rastplätze der Tauben lässt infolge der Abnahme der indianischen Bevölkerung nach, auch, weil die Europäer ihre Siedlungstätigkeit nicht auf Parzellen beginnen, die als Brutreviere infrage kommen. Die Nahrungskonkurrenz entspannt sich, weil die Europäer nicht in gleicher Weise mit den Tauben um Nüsse und Eicheln konkurrieren. Und in dieser Situation explodieren die Individuenzahlen der Tauben in einem bis dahin nie gekannten Ausmaß. Thomas Dudley hatte in einem Brief 1631 berichtet:

> Upon the eighth of March from after it was faire day light, until about eight of the clock in the forenoon, there flew over all towns in our plantations, so many flocks of doves each flock containing many thousands, and some so many, that they obscured the light, that it passeth

> credit, if but the truth should be written; and the thing was the more strange, because I scarce remember to have seen ten doves since I came into the country: they were all turtles, as appeared by divers of them we killed flying, somewhat bigger than those of Europe, and they flew from the north-east to the south-west; but *what it portends I know not.*

Die Hervorhebung gibt jenes Zitat wieder, das Walton Ford auf den unteren Bildrand geschrieben hat. Dudleys Brief ist ein seltenes Dokument über das Leben in den Anfangsjahren der amerikanischen Kolonisierung. Er wurde neuneinhalb Jahre nach dem Ersten Erntedankfest in der neuen Welt geschrieben, das im Herbst 1621 stattfand, nachdem die Pilgerväter ihre erste erfolgreiche Ernte in der Neuen Welt eingebracht hatten, die sie ohne die Hilfe der Wampanoag nicht hätten erleben können, weil diese ihnen über manchen Nahrungsengpass hinweggeholfen hatten. Nahm Dudley vor 1631 kaum Tauben wahr, erschienen sie nun in großen Schwärmen, worüber er sein offenbares Erstaunen ausdrückt. Doch ist seine Beobachtung, die zeitgleich von Thomas Mather (1637; Schorger 1955) gestützt wird, völlig konsistent mit dem rekonstruierten Prozessgeschehen: die Taubenschwärme des 17., 18. und 19. Jahrhunderts sind ein anthropogenes Produkt und vorher nicht in gleicher Weise existent. Sie sind anthropogen in ihrer unvorstellbaren Größe. Sie waren aber auch bereits anthropogen auf eine bestimmte, weitaus geringere Häufigkeit durch die Aktivitäten der präkolumbischen Indianer festgelegt. Es gibt keinen Weg, die „natürliche" Häufigkeit der Wandertaube vor dem Eintreffen des Menschen in Nordamerika abzuschätzen.

Sicher haben sie ihre historisch bekannten Brutgebiete erst nach der Eiszeit vom südlichen Nordamerika her besetzt und mussten sich von Beginn an mit einer Nahrungskonkurrenz mit den ebenfalls neu angekommenen Menschen auseinandersetzen. Das wäre populationsbiologisch ein besonders spannender Sachverhalt, weil Menschen dann seit Beginn der Nacheiszeit zu den populationsbegrenzenden Faktoren für die Tauben gezählt hätten, wie Klima, Nahrung, Krankheiten und andere Raubfeinde. Die Frage nach der theoretisch „natürlichen Populationsgröße" der Tauben wäre damit allerdings in doppelter Hinsicht unsinnig. In solchen Konstrukten steht „natürlich" regelhaft stillschweigend für „menschenfrei". Sie ist einmal unsinnig, weil diese Frage so tut, als würden in einem menschenfreien System Populationsschwankungen nicht vorkommen. Sie ist ein weiteres Mal unsinnig, weil die Frage auf den ahemeroben Zustand zielt, der Begriff der Hemerobie aber nicht im Hinblick auf die Randbedingungen des so genannten „Naturzustandes" formuliert wurde. Menschen, deren Ökonomie das Sammeln, Fangen, Jagen und Aneignen ist, ernten ihre Schweifgebiete zunächst mit keiner anderen Intensität ab, mit der sonstige Top-Prädatoren oder Nahrungsnetzknoten ihren Lebensraum nutzen. Der Begriff der Hemerobie ist sinnvoll nur an den Menschen der produzierenden Wirtschaftsweise zu binden.

Es ist kein Trost, angesichts des Bildes von Walton Ford den Prozess in seinem realhistorischen Ablauf zu rekonstruieren, obwohl es schon eine gewisse Überraschung ist, die Taubenschwärme als anthropogen, als „künstlich" zu erkennen. Es wäre auch ein Missverständnis, hinter dieser Rekonstruktion eine Entlastungsstrategie für das anthropogen verschuldete Aussterben der Wandertaube zu argwöhnen. Aber das Argument muss berichtigt werden. Der Vorwurf kann sich nicht auf den Verlust der Zahl richten. Ohnehin schwanken Populationsgrößen aus „natürlicher" Ursache ständig. Der wirkliche Verlust besteht nicht in der Anzahl der Individuen, er besteht im Verlust des Genoms. Doch das ist nicht nur ein unanschauliches und theoretisches Gebilde, es ist auch eine unanschauliche Vorstellung, die zudem jedem Genom – kontraintuitiv – dieselbe Wertigkeit zumessen muss. Dies ergibt sich als logische Konsequenz aus der Vermeidung des Naturalistischen Fehlschlusses. Mit der Gleichbewertung des Genoms, sei es einer Hefe, einer Kartoffel oder eines Braunbären wird andererseits ein erkenntnismäßiges Grundproblem berührt, das nicht befriedigend gelöst ist. Denn die Gleich-Bewertung der Genome knüpft notwendig an eine objektive Werttheorie der Natur an, wonach den Naturdingen ein unwandelbarer Wert innewohne, in diesem Falle jeweils derselbe. Selbstverständlich ist dieser Wert zunächst ein transzendenter. Doch haben die Probleme durchaus praktische Bedeutung, nämlich für Biologen, die in den Kategorien des evolutiven Fortschritts denken. Sie befinden sich bei ihrer Bewertung des Sachverhaltes in einer Aporie, in der die anerkannte Eigenständigkeit eines jeden organismischen Lebens abzuwägen ist gegenüber einem mechanistischen Komplexitätskriterium, das die Biologie benutzt, um „Ursprünglichkeit" und „Abgeleitetheit" zu konstruieren. Noch vertrackter wird die Entscheidungsproblematik dadurch, dass im menschlichen Alltagsleben ständig hierarchische Werturteile über Organismen abgegeben werden, die völlig auf den Naturalistischen Fehlschluss vertrauen. Etwa, dass die Großen die Kleinen fressen, sei völlig richtig, usw. In der Konsequenz führt dies zu der selbstverständlichen Praxis, dass im Allgemeinen den Wert eines Menschen höher als der eines Tieres oder gar einer Pflanze bemessen wird. Dabei geht es ausschließlich um subjektive Kategorien, denn die einzig objektive (das Genom) würde diese Bewertung untersagen. Wenn nämlich die Organismen als sich selbst hervorbringende Produkte gesehen werden, die evolutiv aus dem Zusammenspiel mit ihrer Umwelt entstanden sind, dann entfällt auch in biologischer Logik eine Vergleichsmöglichkeit zwischen den Organismen, weil kein Organismus je in den Kategorien des anderen zu sehen, geschweige denn zu bewerten ist.

Und vor diesem Hintergrund erscheint die „Schuld" des relativ hochgerüsteten 19. Jahrhunderts, das der Taube den Garaus bereitete, in gewisser Weise „kleiner", als diejenige der ersten, feuersteinbewaffneten Bevölkerung in Nordamerika, die als Jäger und Sammler möglicherweise lediglich mit bloßem Jagdeifer oder aber mit ihrem „*pleistocene overkill*" einen gravierenden Beitrag dazu leisteten, dass ein erheblicher Teil des autochthonen Großwildbestandes in Nordamerika den Eintritt in die postglaziale Zeit nicht lange genießen konnte. Dies ereignete sich lange vor der Zeit und außerhalb des Entstehungsraums der biblischen Erzählungen. Es beseitigt zugleich aber auch den augenscheinlich unausrottbaren Mythos vom „mit der Natur im Einklang lebenden Menschen", der seinerseits einstmals dem angeblichen „Naturzustand" (á la Rousseau) noch näher war. In diesem Zustand scheint es offenbar eine Natur zu geben, die von der uns bekannten Natur grundverschieden sein muss: eine Natur ohne „Wettbewerb", ohne „Konkurrenz", ohne Nahrungskette, in der alle und mit allen und unbehelligt nebeneinander leben und bestenfalls an Altersschwäche sterben. Das ist, leicht erkennbar, nichts weiter als eine Variante der Geschichte vom paradiesischen Mythos. Oder aber es ist eine Natur, die auf der unreflektierten Anschauung beruht, wonach eine geringe menschliche Eingriffstiefe einen „Einklang" dar- oder herstelle bzw. Menschen auf eine eigentliche, auf eine technologie- und anspruchsreduzierte Weise lebten. Diese unsinnige Randbedingung wäre auch in den Slums von Kalkutta erfüllt. Nur dass der Anblick dieser Szenerien niemanden von „Einklang mit der Natur" reden lässt, obwohl hier die Konfrontation der Organismen und Individuen reichlich jene Unmittelbarkeit bereithält, nach denen sich die naturromantischen und sozialutopisch Bewegten so zu sehnen scheinen. Da in Kalkutta aber die falschen Organismen agieren, statt der Veilchen bestenfalls ein einsamer Löwenzahn, statt der elegischen Hirschkühe eher fette Ratten, statt des Rosenduftes eher Kloakengestank usw., will sich der „Einklang" für jene Kenner des Eigentlichen einfach nicht aufdrängen.

Der Mensch deckt am Ende, wie jedes andere Lebewesen auch, unter welchen Umständen auch immer, zunächst einfach nur seine Bedürfnisse, bis auch er jenen Zustand erreicht, den das „*desire for gain*" beschreibt. Wenn der für die Tauben gedeckte Tisch plötzlich größer ausfällt als früher, warum sollten sie ihre Zahl nicht auch opportunistisch vergrößern? Genauso, wie Menschen es tun, wenn ihnen z. B. der Tisch reicher gedeckt erscheint oder das Raumangebot es hergibt.

Schon im vorletzten Absatz hat die Argumentation begonnen, das wissenschaftlich Begründbare zu verlassen. Da die Dinge in der Natur lediglich so sind, wie sie sind, nicht aber, weil sie so sein sollen, gibt es keine Entscheidungsmöglichkeit über eine richtige oder eine falsche Zahl von Tauben wie von Menschen, die aus der Biologie käme. Ökosysteme wandeln sich, und wenn infolge dieses Wandels eine Art gelegentlich ausstirbt, ist das aus der Struktur des Prozesses selbst begründet. „Nachhaltigkeit" ist eine Wertefrage, keine Kategorie der Natur.

Es gibt allerdings Auffassungen darüber, wie viele Menschen es geben sollte oder dürfte und darüber, dass es ein Verlust ist, wenn die Tauben nicht mehr existieren. Und darüber, ob und wie Nachhaltigkeit zu praktizieren ist. Alles dieses sind absolut weltanschauliche Auffassungen, selbst wenn sie sich noch so pragmatisch oder einen von Sachzwängen diktierten Anschein geben. Selbstverständlich lohnt es sich, darum zu ringen und zu streiten. Aber dies mit dem Rückgriff auf „richtige" oder „falsche Natur" zu tun, wäre ein schlimmer Fehler. Es sind und bleiben Fragen der Weltanschauung. Walton Fords Bild fordert auf, hierzu Stellung zu nehmen, wie er selbst es formulierte: „Ich für mein Teil wollte die Sprache der naturwissenschaftlichen Illustratoren des 19. Jahrhunderts so benutzen, wie sie es sich selber nie erträumt hätten – um unser kollektives Bewusstsein in Bezug auf die Natur und die anderen Lebewesen, mit denen wir uns diesen Planeten teilen, auszuloten."

4.4 Wozu Umweltgeschichte?

Das Leben wird zwar vorwärts gelebt, aber nur in der Schau nach rückwärts verstanden.
(nach Søren Kierkegaard (1813–1855))

Die in diesem Abschnitt zu behandelnde Frage lautet nicht, „welchen Sinn hat eine historische Betrachtung?" Es ist Aufgabe der Geschichtswissenschaft, hierauf allgemein zu antworten bzw. Antworten anzubieten. Die Frage, der hier nachgegangen wird, lautet: gibt es eine Anschlussfähigkeit für umwelthistorische Fragestellungen außerhalb der Beschäftigung mit ihnen um ihrer selbst willen? Eine Beschäftigung mit umwelthistorischen, und allgemeiner mit wissenschaftlichen Fragen um ihrer selbst willen, bedarf keiner weiteren Erklärung oder Rechtfertigung. In einem solchen Fall erörtert der Wissenschaftler die von ihm gefundene Frage mit derselben Begründung, mit der ein Bergsteiger die Gipfelspitze erklimmt: „... weil sie da ist."

In der Einführung (1.1) wurde die Setzung formuliert: „Umweltgeschichte befasst sich mit der Rekonstruktion von Umweltbedingungen in der Vergangenheit sowie mit der Rekonstruktion der Wahrnehmung und Interpretation der jeweiligen Umweltbedingungen durch die damals lebenden Menschen. Sie bewertet den zeitgenössischen Zustand der Umwelt und die zeitgenössischen umweltwirksamen Normen, Handlungen und Handlungsfolgen nach wissenschaftlichen Kriterien. *Umweltgeschichte befasst sich also mit sozionaturalen Kollektiven und systematisiert die Abläufe in diesen Kollektiven nach soziokulturellen und naturalen Kriterien.*"

Mit Blick auf die Umweltgeschichte bietet sich bei der Suche nach der Anschlussfähigkeit umwelthistorischer Fragestellungen eine Formulierung Max Webers an. Er hob hervor, dass Sinn und Bedeutungszuschreibung für einen Ausschnitt aus der Unendlichkeit des Weltgeschehens für das menschliche Selbstverständnis wichtig wären. („Kultur ist ein vom Standpunkt des Menschen aus mit Sinn und Bedeutung bedachter endlicher Ausschnitt aus der sinnlosen Unendlichkeit des Weltgeschehens."). In dieser Setzung wird die Totalität alles Existierenden auf einen Ausschnitt reduziert, der für den Betrachter „Bedeutung" und darüber hinaus „Sinn" bekommt, in dem er beides zuschreibt. Dies entspricht im Grunde einer Kombination des von uexküllschen „Umwelt"-Begriffs mit der von Cassirer gefundenen symbolischen Bedeutung der Wirklichkeit: Dinge der Umgebung bekommen als „Umwelt" für ein Lebewesen „Bedeutung". Im Falle der Menschen ergibt sich die Bedeutung auch aus dem symbolischen Aufgeladensein der Dinge der Umgebung, die *auch deshalb* in die Umwelt eintreten.

„Sinn und Bedeutung" sind jedoch mit dem Prozessgeschehen in der Natur unvereinbar. Der Prozess läuft zwar geregelt ab, weil ihm mit den genetischen Codierungen in den Organismen ein Programm unterliegt und die Gesetzmäßigkeiten der Physik und Chemie auch regelbasierte Änderungen bei den unbelebten Naturdingen begründen (Monod 1977). Dennoch läuft der Prozess nicht zielsuchend ab, er hat keine Zweckursache, er ist teleonomisch, nicht teleologisch. Er ist als Prozess und in allen seinen Elementen sinnfrei.

„There is no ought from an is." hatte David Hume (1711–1776) behauptet. Die moderne Naturwissenschaft hat keinen Anlass, dieser Auffassung zu widersprechen.

Es scheint viel Unbehagen in der Welt darüber zu bestehen, die Frage nach dem „Sinn" als unbeantwortbar abzutun. Mit einem Kniff holte z. B. Kant die Sinnfrage wieder in sein Räsonnement zurück, nachdem er den Selbstregulierungsprozess in der Natur erkannt hatte. Denn die Sinnfrage, das ist die eigentliche Botschaft seiner Einsicht, kann nicht an ein sich selbst regulierendes System gerichtet werden. Sinnleere war aber nicht akzeptabel:

> Wenn für die Zweckmäßigkeit der Natur der bloße Mechanism derselben zum Erklärungsgrunde angenommen wird, so kann man nicht fragen: wozu die Dinge in der Welt da sind; denn es ist alsdann, nach einem solchen idealistischen System, nur von der physischen Möglichkeit der Dinge (welche uns als Zwecke zu denken bloße Vernünftelei, ohne Objekt, sein würde) die Rede: man mag nun diese Form der Dinge auf den Zufall, oder blinde Notwendigkeit deuten, in beiden Fällen wäre jene Frage leer. (§ 84 Kritik der Urteilskraft)

Wäre nun der Prozess der Natur nicht zweckfrei, würde der Prozess teleologisch verlaufen, d. h., der Prozess würde der Erreichung eines Endzweckes entgegenstreben. Dieser Endzweck ist nicht erkennbar, sondern muss offenbart bzw. gesetzt werden.

Den Anspruch, durch Offenbarung Kenntnis vom Endzweck der Prozessabläufe in der Totalität alles Existierenden erhalten zu haben, erheben alle Überzeugungssysteme, z. B. mit einem Versprechen eines jenseitigen Lebens oder der Behauptung, der Mensch sei die „Krone" (der Endzweck) der Schöpfung. Tatsächlich ist z. B. auch Kant als Denker der Aufklärung der Überzeugung, dass der „letzte Zweck der Natur hier auf Erden" der Mensch sei, und dass „der erste Zweck der Natur [...] die *Glückseligkeit*, der zweite die *Kultur* des Menschen" wäre. Das wäre eine kaum verhüllte Variante der Verpflichtung der Natur zum Dienst am Menschen, wie sie z. B. auch biblisch formuliert ist. Nach Kant hätte der Mensch in einem Akt der *Selbstermächtigung* der Natur und sich selbst eine Zweckbestimmung zu geben, also einen Sinn setzen (§ 83 Kritik der Urteilskraft).

Möglicherweise ist nicht jedes individuelle Handeln zweckgerichtet, aber jedes gesellschaftliche Handeln ist es. Selbst „interesseloses Wohlgefallen" dient letztlich der Erreichung des Wohlgefallens, und auch „altruistisches Handeln" ist als Unterstützungshandeln auf das Erreichen eines Zieles im Interesse eines Dritten gerichtet. Zielgerichtetes Handeln ist konstitutiv für den politischen Raum, weil Individuen und Gesellschaften ständig Sinnzuschreibung betreiben und diese durch Handlungen konkretisieren möchten. Viele Zielsetzungen betreffen direkte oder indirekte Folgen des menschlichen Verhaltens für die Umweltmedien, die naturalen Ressourcen, aber auch die übrige erreichbare Totalität alles Existierenden. Gleichgültig, ob man nun die Konferenz der Vereinten Nationen über Umwelt und Entwicklung von Rio de Janeiro (1992) und Folgekonferenzen oder das Millenium Ecosystem Assessment (2005) als Bezugspunkte wählt, sie stellen in der Form eines Generalkonsens der politischen Entscheidungsorgane eine Selbstermächtigung bezüglich künftigen umweltbezogenen Handelns dar. Die Selbstermächtigung besteht in diesen politischen Deklarationen in der Behauptung, dass der Mensch *Verantwortung* für den Zustand der Natur auf der Erde trage.

Das ist eine nicht selbstverständliche Schlussfolgerung. Sie trägt dem Faktum Rechnung, dass viele Handlungen des Menschen qualitativ beispiellose Folgen für das Prozessgeschehen in der Natur haben. Zwar sind alle Handlungen aller Organismen in ihren Wirkungen irreversibel. Aber die menschlichen Handlungen haben eine unvergleichliche Eingriffstiefe erreicht, die an die Stelle jenes Zufalls treten kann, der für das Prozessgeschehen konstitutiv ist. Es erklärt sich aus dem Faktum, dass der Mensch selbst dem Naturstoff als Naturmacht gegenübertritt (Karl Marx). Die Schlussfolgerung, wonach der Mensch diese Verantwortung zu übernehmen habe, ist nicht zwingend und würde von konsequenten Evolutionisten sicher nicht geteilt. Eine Alternative wäre das Zurückweisen von „Verantwortung" als einer im Weltprozess nicht enthaltenen Qualität. Das wäre vermutlich eine vernunftwidrige Einstellung. Aber sowohl die Position des verweigernden Evolutionisten wie die Position des Verantwortungsbereiten befindet sich auf der Ebene der Sinnzuweisung, die aus den Dingen selbst nicht ableitbar ist, sondern gesetzt wird.

Akzeptiert man „Verantwortung" als Zielsetzung, so bleibt diese ohne umweltbezogene Kenntnisse, die in der Vergangenheit gesammelt wurden oder aus ihr rekonstruiert werden, ohne jede mögliche rationale sachliche Begründung. Das Bewusstsein, z. B. in einer Zeit klimatischer Veränderung zu leben, resultiert allein aus Vergleichen mit historischen Daten. Diese Daten liefern tatsächlich die Grundlage bzw. den Bezugsrahmen für umweltbezogenes Handeln. Welche umweltbezogenen Überlegungen auch immer angestrengt werden, es ist keine Abwägung von Handlungsoptionen ohne historischen Rückgriff möglich.

Im Falle der Umweltgeschichte liegen zwei grundsätzlich unterschiedliche Datensätze vor, solche, die im Sinne der Naturwissenschaft objektivierbar sind und solche, deren konsensfähiger Gehalt mit hermeneutischen Techniken gefunden werden muss. Die Ergebnisse beider Datensätze müssen zusammengeführt und zu einer einheitlichen, widerspruchsfreien Gesamtaussage verbunden werden. Dies ist die alleinige Aufgabe der Umweltgeschichte, nicht aber die Formulierung von Handlungsoptionen oder wie immer auch gearteter Sinnzuschreibungen. Aber Handlungsoptionen und Sinnzuschreibungen können aus der Umweltgeschichte – wie aus jedem anderen wissenschaftlichen Gebiet – *abgeleitet* werden.

Jenseits der umwelthistorischen Betrachtung um ihrer selbst willen ist Umweltgeschichte damit in zweierlei Hinsicht bedeutsam.

Sie ist einmal die Vorgeschichte der Gegenwart der Umwelt. Damit ist sie alleiniger Bezugspunkt u. a. auch für Maß und Zahl für oder gegen Aufgeregtheiten in der Gegenwart und gewinnt durch Vergleich nützliche Einsichten in frühere Lösungen, die Menschen bei der Bewältigung ihrer umweltbezogenen Probleme gefunden haben (Hall 2010; Sieferle 2010).

Zum anderen ist sie als Element der ökologischen Grundbildung eines jeden Menschen gewonnen. Indem sie grundlegende Einsichten in die Abläufe in den sozionaturalen Kollektiven und in deren historische wie naturale Bedingtheiten vermittelt, ist sie ein selbstverständliches Element seiner allgemeinen Kultur.

Literatur

Bass H (2007) The crisis in Prussia. In: Ó Gráda C, Paping R, Vanhaute E (Hrsg) When the potato failed. Causes and effects of the last European subsistence crisis, 1845–1850. Brepols, Turnhout, S 185–212 (Corn Publication Series, Comparative Rural History of the North Sea Area Vol 9)

Blackbourne D (2007) Die Eroberung der Natur. Eine Geschichte der deutschen Landschaft. DVA, München

Bourke A (1993) „The visitation of God?" The potato and the great Irish famine. Lilliput, Dublin

Connell KH (1950) The population of Ireland (1750–1845). Clarendon, Oxford

Denecke D (1976) Innovation and diffusion of the potato in Central Europe in the seventeenth and eighteenth centuries. In: Buchanan RH, Butlin RA (Hrsg) Fields, farms and settlement in Europe. Institute of Irish Studies, Belfast, S 60–96

Ford W (2009) Pancha Tantra. Mit einer Einleitung von Bill Buford. Taschen, Köln (Originalausgabe Taschen, New York (2007))

Geißler E (1998) Biologische Waffen – Nicht in Hitlers Arsenalen. Studien zur Friedensforschung. Bd 13. LIT, Münster

von Gundlach C (1986) Agrarinnovation und Bevölkerungsdynamik – Aufgezeigt am Wandel der Dreifelderwirtschaft zur Fruchtwechselwirtschaft unter dem Einfluß der Kartoffeleinführung im 18. Jahrhundert. Eine Fallstudie im südwestdeutschen Raum. Geowissenschaftliche Dissertation, Universität Freiburg

Hall M (Hrsg) (2010) Restauration and history: the search for the usable environmental past. Routledge, New York

Henkel A, Schöne A (Hrsg) (1996) Emblemata. Handbuch zur Sinnbildkunst des XVI. und XVII. Jh. Metzler, Stuttgart

Herrmann B (2006) Zur Historisierung der Schädlingsbekämpfung. In: Meyer T, Popplow M (Hrsg) Technik, Arbeit und Umwelt in der Geschichte. Günter Bayerl zum 60. Geburtstag. Waxmann, Münster, S 317–338

Herrmann B (2006b) Die friderizianische Melioration des Oderbruchs. In: Interner Werkstattbericht des Graduiertenkollegs 1024. Nachdruck in: Herrmann B, Dahlke C (Hrsg) (2008) Schauplätze der Umweltgeschichte. Universitätsdrucke Göttingen, Göttingen, S 23–33

Herrmann B (2006) „Auf keinen Fall mehr als dreimal wöchentlich Krebse, Lachs oder Hasenbraten essen müssen!" – Einige vernachlässigte Probleme der „historischen Biodiversität". In: Baum HP, Leng R, Schneider J (Hrsg) Wirtschaft – Gesellschaft – Mentalitäten im Mittelalter. Festschrift zum 75. Geburtstag von Rolf Sprandel. Beiträge zur Wirtschafts- und Sozialgeschichte, Bd 107., S 175–203

Herrmann B (2009a) Kartoffel, Tod und Teufel. Wie Kartoffel, Kartoffelfäule und Kartoffelkäfer Umweltgeschichte machten. In: Herrmann B, Stobbe U (Hrsg) Schauplätze und Themen der Umweltgeschichte. Umwelthistorische Miszellen aus dem Graduiertenkolleg. Werkstattbericht. Universitätsdrucke Göttingen, Göttingen, S 71–126 (hierin weiterführend umfangreicher Anmerkungsapparat, zahlreiche Quellen- und Literaturangaben)

Herrmann B (2009b) Umweltgeschichte wozu? Zur gesellschaftlichen Relevanz einer jungen Disziplin. In: Masius P, Sparenberg O, Sprenger J (Hrsg) Umweltgeschichte und Umweltzukunft. Zur gesellschaftlichen Relevanz einer jungen Disziplin. Universitätsverlag Göttingen, Göttingen, S 13–50

Herrmann B (2010) 100 Meisterwerke umwelthistorischer Bilder. Ein Plädoyer für eine Galerie mit Bildern, umwelthistorischen Objekten, Vorbildern, Metaphern, Deutungsebenen und Dokumentationen. In: Herrmann B, Kruse U (Hrsg) Schauplätze und Themen der Umweltgeschichte. Umwelthistorische Miszellen aus dem Graduiertenkolleg. Werkstattbericht. Universitätsdrucke Göttingen, Göttingen, S 107–154 (hierin weiterführend umfangreicher Anmerkungsapparat, zahlreiche Quellen- und Literaturangaben)

Herrmann B (2011) „... mein Acker ist die Zeit." Aufsätze zur Umweltgeschichte. Universitätsverlag Göttingen, Göttingen

Herrmann B, Kaup M (1997) „Nun blüht es von End' zu End' all überall." Die Eindeichung des Nieder-Oderbruches 1747–1753. Umweltgeschichtliche Materialien zum Wandel eines Naturraums. Waxmann, Münster

Herrmann B, Woods W (2010) Neither biblical plague nor pristine myth. A lesson from European sparrows. Geographical Review 100:176–187

Hobhouse H (2000) Fünf Pflanzen verändern die Welt. Chinarinde, Zucker, Tee, Baumwolle, Kartoffel. Klett-Cotta/dtv, München

Hüttermann A (1999) The ecological message of the Thora. Knowledge, concepts, and laws which made survival in a land of „milk and honey" possible. South Florida Studies in the History of Judaism 199. Scholars Press, Atlanta

Jakupi A (2007) Zur Rekonstruktion historischer Biodiversität aus archivalischen Quellen: Das Beispiel des Oderbruchs (Brandenburg) im 18. Jahrhundert. Math.-Nat. Dissertation Univ Göttingen

Jakupi A, Steinsiek P, Herrmann B (2003) Early maps as stepping stones for the reconstruction of historic ecological conditions and biota. Naturwissenschaften 90:360–365

Langenbruch G (1998) 100 Jahre Pflanzenschutzforschung. Der Kartoffelkäfer in Deutschland. Mitteilungen aus der Biologischen Bundesanstalt für Land- und Forstwirtschaft. Bd 341. Parey, Berlin

Livi-Bacci M (1992) A concise history of world population. Blackwell, Cambridge

Millenium Ecosystem Assessment (2005) Ecosystems and human well-being: synthesis. Island, Washington/DC

Monod J (1977) Zufall und Notwendigkeit. Philosophische Fragen der modernen Biologie (Le hasard et la nécessité). dtv, München

Neumann T (1985) Human-wildlife competition and the passenger pigeon: population growth from system destabilization. Human Ecology 13:389–410

Ritter J (1989) Landschaft. Zur Funktion des Ästhetischen in der modernen Gesellschaft. In: Ritter J (Hrsg) Subjektivität. Suhrkamp, Frankfurt/M, S 141–163

Schöber-Butin B (2001) Die Kraut- und Braunfäule der Kartoffel und ihr Erreger Phytophthora infestans (Mont.) deBary. Mitteilungen aus der Biologischen Bundesanstalt für Land- und Forstwirtschaft. Bd 384. Parey, Berlin

Schorger A ([1955] 2004) The Passenger Pigeon. Its natural history and extinction. Blackburn, Caldwell, NJ (Reprint)

Sieferle R (2010) Lehren aus der Vergangenheit. Externe Expertise für das WBGU-Hauptgutachten „Welt im Wandel: Gesellschaftsvertrag für eine Große Transformation". WBGU, Berlin (verfügbar im Internet www.wbgu.de/veroeffentlichungen)

UN (1992) Rio Declaration on Environment and Development. Report of the United Nations Conference on Environment Development. Rio de Janeiro, 3–14 June 1992 (http://www.un.org/documents/ga/conf151/aconf15126-1annex1.htm)

Vanhaute E, Paping R, Ó Gráda C (2007) The European subsistence crisis of 1845–1850: a comparative perspective. In: Ó Gráda C, Paping R, Vanhaute E (Hrsg) When the potato failed. Causes and effects of the last European subsistence crisis 1845–1850. Corn Publication Series, Comparative Rural History of the North Sea Area, Bd 9. Brepols, Turnhout, S 15–40

Zusätzliche Leseempfehlungen

Ergänzend zu den Literaturhinweisen zu den einzelnen Kapiteln werden folgende allgemeine Literaturhinweise gegeben.

Ausgewählte umwelthistorische Reihen und Zeitschriften

Beiträge zum Göttinger umwelthistorischen Kolloquium (seit 2007) Universitätsverlag Göttingen

Rachel Carson Center, München, „Perspectives" (seit 2011) weitere Reihen im Aufbau

Zeitschrift „Environmental History" (seit 1996, Vorläuferzeitschriften unter Environmental Review, 1976–1989, und Environmental History Review, 1990–1995), Oxford University Press

Zeitschrift „History and Environment" (seit 1995), White Horse Press

Monographien und Nachschlagewerke

Apel F (2000) Deutscher Geist und deutsche Landschaft. Eine Topographie. Siedler, München

Bayerl G, Troitzsch U (1998) Quellentexte zur Geschichte der Umwelt von der Antike bis heute. Muster–Schmidt Verlag, Göttingen [u. a.]

Benzing B, Herrmann B (Hrsg) (2003) Exploitation and overexploitation in societies past and present. IUAES-Series Vol 1. LIT Verlag, Münster [u. a.]

Calließ J, Rüsen J, Striegnitz M (Hrsg) (1989) Mensch und Umwelt in der Geschichte. Centaurus, Pfaffenweiler

Cronon W (1991) Nature's metropolis: Chicago and the Great West. Norton, New York

Egan D, Howell E (Hrsg) (2001) The historical ecology handbook. A restorationists's guide to reference ecosystems. Island Press, Washington [u.a]

Fagan B (1999) Floods, famines and emperors. El Niño and the fate of civilisations. Basic Books, New York

Hazelrigg L (1995) Cultures of nature. An essay on the production of nature. Social Science and the Challenge of Relativism Vol 3. Univ Press of Florida, Gainesville [u. a.]

Jaeger F (Hrsg) (ab 2005) Enzyklopädie der Neuzeit. Metzler, Stuttgart

Krech S, McNeill J, Merchant C (Hrsg) (2004) Encyclopedia of World Environmental History. 3 Bde. Routledge, New York [u. a.]

Makowski H, Buderath B (1983) Die Natur dem Menschen untertan. Ökologie im Spiegel der Landschaftsmalerei. Kindler, München

Mann C, Plummer M (1995) Noah's choice. The future of endangered species. Alfred Knopf, New York

B. Herrmann, *Umweltgeschichte*, DOI 10.1007/978-3-662-48809-6

McNeill J (2000) Something new under the sun. An environmental history of the twentieth century. Norton & Company, New York [u. a.]

McNeill J (2005) Blue planet: Die Geschichte der Umwelt im 20. Jahrhundert. Bundeszentrale für Politische Bildung, Bonn [dtsch. Übersetzung von „Something new under the sun"]

Moscovici S (1982) Versuch über die menschliche Geschichte der Natur. Suhrkamp, Frankfurt/M.

Pointing C (1993) A green history of the world. The environment and the collaps of great civilisations. Penguin Books, New York [u. a.]

Radkau J (1994) Was ist Umweltgeschichte? In: Abelshauser W (Hrsg) Umweltgeschichte. Umweltverträgliches Wirtschaften in historischer Perspektive. Vandenhoeck & Ruprecht, Göttingen. S. 11–28 (Geschichte und Gesellschaft, Sonderheft 15)

Reith R (2011) Umwelt-Geschichte der frühen Neuzeit. Enzyklopädie Deutscher Geschichte Bd 89. Oldenbourg, München

Robinson J, Wiegandt K (Hrsg) (2008) Die Ursprünge der modernen Welt. Geschichte im wissenschaftlichen Vergleich. Fischer Taschenbuch Verlag, Frankfurt/M.

Russel E (2011) Evolutionary History. Uniting history and biology to understand life on earth. Cambridge, Cambridge [u. a.]

Schama S (1996) Der Traum von der Wildnis. Natur als Imagination. Kindler, München

Sieferle R (2009) Der Gegenstand der Umweltgeschichte. In: Kirchofer A (Hrsg) Nachhaltige Geschichte. Festschrift für Christian Pfister. Chronos, Zürich, S 35–46

Sieferle R, Breuninger H (1999) Natur-Bilder. Wahrnehmungen von Natur und Umwelt in der Geschichte. Campus, Frankfurt/M. [u. a.]

Simmons I (1989) Changing the face of the earth. Culture, environment, history. Blackwell, Oxford [u. a.]

Simmons I (1993) Environmental history. A concise introduction. Blackwell, Oxford [u. a.]

Trepl L (1987) Geschichte der Ökologie. Vom 17. Jahrhundert bis zur Gegenwart. Athenäum, Frankfurt/M.

Turner B, Clark W, Kates R, Richards J, Mathews J, Meyer W (Hrsg) (1990) The earth as transformed by human action. Global and regional changes in the biosphere over the past 300 years. Cambridge Univ Press, Cambridge [u. a.]

Uekötter F (2007) Umwelt-Geschichte im 19. und 20. Jahrhundert. Enzyklopädie Deutscher Geschichte Bd 81. Oldenbourg, München

Winiwarter V, Knoll M (2007) Umweltgeschichte. Eine Einführung. UTB Böhlau, Köln

Sachverzeichnis

L

M

Printed in the United States
By Bookmasters